高等院校教材

动物学

主　审：付荣恕

主　编：谢桂林　杜东书

副主编：王智超　谢桐音

编　委：（按姓氏笔画排序）

马俊红　王汉男　王智超　仇有文

付　颖　朱道玉　任道全　孙　超

杜东书　杨宇姝　李　江　宋　勇

张　青　张明辉　张贵生　陈付学

林青战　姜吉刚　徐兴军　矫洪涛

韩娜娜　曾燕玲　谢桂伟　谢桂林

谢桐品　谢桐音　谢德舜　赫福霞

復旦大學出版社

前　言

本教材是在参考其他同类教材的基础上，根据长期奋战在动物学教学一线教师的教案和教学实践编写而成。随着教学改革的推进，在各综合性大学和农业、林业、师范等专业院校，作为专业基础课程的动物学的课时总量一再被压缩，而全国大多数院校采用的仍是内容非常详细的教材。内容广博、容易理解是动物学教材应有的特点，但是，在较少的课时内，让学生掌握广博的知识却是不太现实的。为了适应各综合性大学和农业、林业、师范等专业院校教学的实际需求，本教材尽可能减少教学大纲要求以外知识点的收录，仅收录教学大纲要求学生掌握的内容，未加入无脊椎动物和脊椎动物的比较解剖，也未包括半索动物、动物的生态、动物的地理分布及动物进化的基本原理和起源等内容，从而在一定程度上减少了教材的篇幅。

在编写过程中，首先，我们注重分类学知识的应用。因为动物学学习的目的之一，是让学生学完该课程后，对动物学有基本的了解，在日常生活中会辨认不同的动物类群。例如，在野外，要让学生能够大概知道某种动物所属的类群，就需要掌握一定的分类学知识，这些知识不能太多，需要言简意赅。用昆虫来举例，学生只要知道有 3 对足且身体分头、胸、腹 3 部分的无脊椎动物就是昆虫，这样就可以将昆虫与其他动物区分开来。由于课时的限制，分类学的知识必须具有言简意赅的特点。其次，学生在学习结束后对动物学要有大概的了解，因而要求教材重点突出，将教材的重点放到教学大纲要求的内容上来。所以，对于每一个类群，我们都着重介绍该类群的主要特征及该类群特殊的方面。最后，动物学由于知识点相对比较分散，还需要激发学生的学习兴趣。实际应用是培养兴趣最好的老师，因此在每章之后，我们都介绍该类群与人类之间的关系，让学生通过日常生活常识来理解动物学的内容。

本教材共有 16 个章节，其中东北农业大学的仇有文负责编写第一章和第七章；东北农业大学的张明辉负责编写第三章、第八章和第十六章；东北农业大学的赫福霞和遵义师范学院的曾燕玲负责编写第十章；东北农业大学的矫洪涛和杨宇姝负责编写第十一章；塔里木大学的王智超负责编写第八章和第十四章；塔里木大学的宋勇和任道全负责编写第十二章；上海大学的陈付学、杜东书负责编写第四章；南开大学的谢桐音和西北农林科技大学的孙超负责编第十五章；谢桐品负责编写第二章和第五章；齐齐哈尔大学的徐兴军负责编写第六章；菏泽学院的张贵生、朱道玉、谢桂伟负责编写第十三章；谢德舜、马俊红、张青负责编写第九章。山东师范大学的付荣恕教授担任本教材的主审。另外，本教材的附图主要由王汉男、林青战、付颖、姜吉刚、李江和韩娜娜完成。

本教材可作为综合性大学和农业、林业、师范等专业院校开设动物学课程的专业教材，也可以作为各个院校及相关专业人员的参考用书。

教学改革需要在教材编写方面进行更新，我们尝试着做些工作，希望能为教学改革尽一点微薄之力。但由于我们水平有限，经验不足，编写时间又较为仓促，书中肯定有不足之处，敬请使用者批评指正。

编　者

2014年7月于哈尔滨

目　录

绪论

第一节　生物的分界及动物在生物界的地位

一、生物的分界

自然界由生物和非生物两大类物质组成。生物是具有生命力的有机体，即具有新陈代谢、生长发育和繁殖、感应性和适应性、遗传和变异等各种生命特征的有机体。非生物是阳光、水分、空气、土壤、岩石等不具有生命力的物质的统称。非生物构成生物赖以生存的环境条件。

地球上生物种类繁多、数量庞大、分布广泛，目前已鉴定的生物种类约为 2×10^6 种，据估计实际生存的生物种类可能超过 10^7 种。随着时间的推移和科学技术手段的更新发展，每年都会有以往科学上未被描述的物种被发现并被报道。为了更好地认识和利用生物，人们在对生物的分界上做了很多工作，分为若干不同的界(Kingdom)。

比较有代表性的生物分界工作如下所述。

古希腊学者亚里士多德(Aristotle，公元前384—公元前322)将生物分为动物和植物两大类。

1735年，瑞典科学家林奈(Linnaeus)以生物能否运动为标准，明确提出将生物界分为动物界(Animalia)和植物界(Plantae)，这就是“二界学说”。

19世纪中叶，随着显微镜的广泛使用，人们对自然界的认识由此进入微观世界。学者赫克尔(Haeckel)和霍格(Hogg)把单细胞生物(细菌、藻类、真菌和原生生物)从动物界和植物界中分离出来，建立了原生生物界(Protista)，形成了“三界学说”。

随着电子显微镜(简称电镜)技术的发展，生物学家观察了细菌、蓝藻细胞的细微结构，这些结构与其他生物有显著不同，形成了原核生物(Prokaryote)和真核生物(Eukaryote)的概念。考柏兰(Copeland)将原核生物另立为新界，形成了“四界系统”，即原核生物界(Monera)、原始有核界(Protoctista)、后生植物界(Metaphyta)和后生动物界(Metazoa)。

20世纪60年代，随着电镜技术的完善和在生物学研究中的广泛应用，人们对自然界的认识进入了超微结构阶段。1969年，美国学者惠特克(Whittaker)把细菌、蓝藻归为原核生物界，把真菌定为真菌界，提出把生物界分成包括原核生物界(Monera)、原生生物界(Protista)、真菌界(Fungi)、植物界(Plantae)和动物界(Animalia)的五界系统，称为“五界学说”。原核生物界包括细菌、立克次体、支原体、蓝藻；原生生物界包括单细胞的原生动物、藻类；真菌界包括黏菌和真菌；植物界包括苔藓植物、蕨类植物、裸子植物和被子植物四大基本类群；动物界包括无脊椎动物和脊椎动物两大类群。

近年来，我国著名动物学家陈世骧等认为，原五界分类系统把原生生物界列为一个中间阶段，削弱了原核与真核两个基本阶段的对比性；在原核生物界和原生生物界内，也没有考虑生态关系，故提出更为完善的三总界六界系统。即原核生物总界(含细菌界和蓝藻界)、真核生物总界(含植物界、真菌界和动物界)和非细胞生物总界(含病毒界)，形成了现今生物分类系统中的“六界学说”。

综上所述，学术界目前对生物的分界尚无完全一致的观点。各种观点的不同在于对低等生物的分类地位看法不一致，但对植物界和动物界的分类地位是一致认同的。

二、动物在生物界的地位

生物界中的植物，能通过其体内含有的叶绿体，进行光合作用，将二氧化碳、水和无机盐在体内合成自身必需的糖类等物质，从而使太阳能转变为淀粉等可以储存的能量。因而，在整个食物链中，植物是食物链的生产者，故称为“自养生物”。动物生存的基本条件是占据一定空间、摄取一定量食物以获取代谢所需能量和繁殖后代。在获取营养方面，动物则必须直接或间接从生产者那里获得营养和能量，故称“异养生物”。动物是生物界中能量的消费者。

无论动物还是植物，它们都有一定的寿命，当动、植物死后，其尸体被微生物分解为可循环的物质，返回到自然界中供绿色植物重新利用。因此，微生物是食物链中的分解者，处于还原者的地位。生物之间在物质和能量两个方面相互联系、协调一致，共同完成了生物界中的物质流动和能量循环。

第二节　动物学及其分科

一、动物学的概念

动物学(zoology)是生命科学的一大分支，是研究动物的形态结构、生活习性、地理分布、发生和发展等规律及其与周围环境相互关系的科学。

随着科学的发展，动物学的研究内容越来越丰富，研究领域也不断深入。其完整的学科体系应当利用辩证唯物主义的观点和方法，即以机体与环境、个体发育与系统发育、功能与形态的统一性为前提，系统地研究动物的形态、生理、生态、分类、分布及其历史发展的基本规律。

二、动物学的主要分科

随着科学的发展，动物学已发展成为一门内容极其丰富的基础性学科。根据研究的内容和方法，动物学可以分为以下 4 个大系列。

1. 系统动物学(systematic zoology)　系统动物学主要研究动物间的亲缘关系、进化过程和发展规律等。

2. 形态学(morphology)　形态学是以动物的形态构造为主要研究对象及它们在个体发育和系统发展过程中的变化规律，包括解剖学、比较解剖学、现代解剖学、组织学、细胞学、胚胎学和古生物学等。

3. 生理学(physiology)　生理学是以有机体生命现象为研究对象，一般以器官和细胞的功能为出发点，包括人体生理学、动物生理学、比较生理学和生理化学等。

4. 实验动物学(experimental zoology)　实验动物学是新兴的科学，是从超显微结构，即在分子水平上研究生命的活动规律。实验动物学融合了分子生物学、生物化学、遗传学、微生物学的技术内容，物理学的发展(如 X 线)也对其发展起了重要作用。

根据研究方向的不同，动物学还有以下更加具体的分科。

1. 解剖学(anatomy)　解剖学是研究生命体的结构和组织的生物学分支学科，即用解剖的方法观察和研究动物的构造，包括人体解剖学、家畜解剖学等。

2. 比较解剖学(comparative anatomy)　比较解剖学是对各系统、各族系的生物所表现的体制及

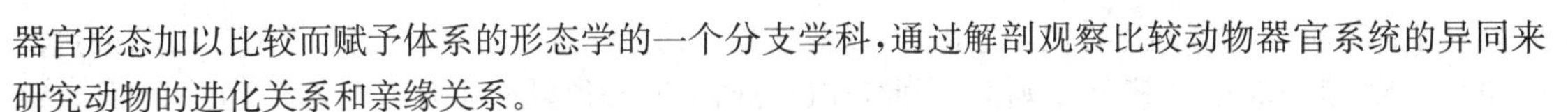

器官形态加以比较而赋予体系的形态学的一个分支学科，通过解剖观察比较动物器官系统的异同来研究动物的进化关系和亲缘关系。

3. 生物化学(biochemistry)　生物化学是指用化学的原理和方法，研究生命现象的学科。通过研究生物体的化学组成、代谢、营养、酶功能、遗传信息传递、生物膜、细胞结构及分子病等阐明生命现象。

4. 动物生理学(animal physiology)　动物生理学是侧重研究正常动物有机体的功能活动(如消化、呼吸、循环、排泄、分泌、生殖、运动、刺激反应性等)或生命活动规律的一门科学。

5. 动物生态学(animal ecology)　动物生态学是指由动物学与生态学等交叉形成的学科，是从生物种群和群落的角度研究动物与其周围环境相互关系的科学。

6. 胚胎学(embryology)　胚胎学是指研究精子、卵子的发生及成熟和受精，以及由一个受精卵开始发育成为一个新成体过程的科学。

7. 动物遗传学(animal genetics)　动物遗传学主要研究与人类有关的各种动物，如家畜、鱼类、鸟类、昆虫等动物性状的遗传规律和遗传改良的原理与方法。

8. 组织学(histology)　组织学是研究有机体微细结构及其与功能关系的一门形态科学。

9. 细胞生物学(cytobiology)　细胞生物学是从细胞整体、显微、亚显微和分子等各级水平上，研究细胞结构、功能及生命活动规律的科学。

10. 动物分类学(animal taxonomy)　动物分类学是主要研究动物的种类、种类之间的亲缘关系、进化过程及发展规律的科学。

根据研究对象的不同，动物学可有以下分科。

1. 原生动物学(protozoology)　原生动物学是以原生生物界中的单细胞动物为研究对象的科学。

2. 昆虫学(entomology)　昆虫学是指以昆虫为研究对象的科学。

3. 寄生虫学(parasitology)　寄生虫学是研究寄生虫病病原(寄生虫)的生物学、生态学、致病机制、实验诊断、流行规律和防治的科学。

4. 鱼类学(ichthyology)　鱼类学是指以鱼类的分类、形态、生理、生态、系统发育和地理分布等为研究对象的科学。

5. 鸟类学(ornithology)　鸟类学是指以鸟类为研究对象的科学。

6. 哺乳动物学(mammalogy)　哺乳动物学是指以哺乳动物为研究对象的科学。

三、动物学的目的和任务

动物学是一门学科内容广泛的自然科学，它与农、林、牧、渔、医学等联系密切。研究动物学的目的在于认识动物体和动物界，寻找动物生命活动的一般规律，并通过合理利用这些规律，为人类满足自身需要、动物的合理利用及保护等作出贡献。

从动物学自身和当今生物科学的发展来看，动物学已由描述性的阶段发展到了各学科相互渗透、学科内容交叉并高度综合的分子时代。目前，不仅要加强基础理论的研究，而且要重视新技术、新方法在动物学科中的应用，发展我国的动物学科学。

动物学的任务，不仅要使动物学这门学科得到丰富和发展，而且要提供充分利用和保护动物资源的方法、途径和理论依据，使有益的动物资源不断得到开发和利用，而有害动物的危害不断降低；探索解决动物学上的重大问题的方法和途径，解决当前人们面临的实际问题，如动物资源保护、有害动物控制及防控人畜共患病等，如严重急性呼吸综合征(SARS)、禽流感(H7N9)等。

四、动物学的研究方法

动物学是探讨自然界中生命科学的一个重要分支，学习动物学首先要有正确的生物学观点。研究自然界的动物时，必须从整体的观念出发，以对立统一的规律处理动物与周围环境的关系；通过实验和野外观察揭示问题及其变动规律。因此，在进行研究时必须以辩证唯物主义的观点为指导。动物学的研究一般分3个阶段。

第一，观察和记述，即实践的阶段。主要是多方面接触自然与实际，通过对研究对象的观察及查阅相关文献，将内容准确详细地记述下来，为进一步研究提供材料。

第二，提出假设，即认识的阶段。将观察记述的材料进行整理(分析、综合、判断和推理)，产生假设。

第三，进行实验，即再实践的阶段。通过实验验证假设，从而获得正确的研究结果。

除上述科学研究的3个阶段外，还有一些具体的研究方法。

1. *观察描述法* 观察是动物学习研究的基本方法之一。观察可以获得最为真实的资料。科学观察的基本要求是客观地反映所观察的事物，实事求是地报道观察结果。描述主要是通过观察把动物的外形特征、内部构造、生活习性及经济性能等用文字或图表等系统地记录下来，包括文字描述、生物绘图、摄影摄像、仪器记录等诸多方式。观察描述法的特点是观察必须仔细和精密；描述必须正确有条理。这是研究动物学最基本的经验方法。

2. *比较法* 比较法是动物学研究最常用的方法之一。没有比较就可能分辨不出差别，通过对各类动物形态结构、生理特点、生活习性等多方面系统的对比研究，找出它们之间的异同，进而发现其规律。例如，现代动物学通过研究分子水平上的差异，获取更为直接的分子证据支撑系统分类，使得分类的结果更为准确。

3. *实验法* 实验法是动物学研究中实践性和技术性较强的方法，它是通过控制实验条件，对动物生命活动过程进行观察、研究。由于实验条件的可控性，通过控制单一变量进行实验，实验结果比一般的观察更能揭示影响动物活动的变量，是科学研究中最常用的方法。

4. *历史法* 历史法是指根据现在所观察的生命过程及其规律来推论过去所发生的生命过程。研究生命的本质及发展规律，必须应用这种方法。英国博物学家达尔文(Darwin)就是应用历史法获得巨大成就的学者。

5. *人工模拟法* 人工模拟法是指通过动物药理实验、动物病理实验及电脑模拟来探索高级神经思维活动的规律。

动物学是一门综合性科学，只有运用多学科的知识，采用多种措施，进行综合研究，才可能取得更多的研究成果。上述各种研究方法并不是孤立存在的，而是彼此紧密联系的，在实际的研究工作中应综合使用。

第三节 动物学的发展简史

动物学的历史悠久，积累了无数前人的辛勤劳动。动物与人类的生产活动关系密切。在以渔猎为主要生产方式的原始社会，人类就认识了一些与人类关系密切的动物，了解它们的习性及活动规律，掌握了狩猎技巧，提高了成功率。在漫长的历史发展中，人们经过反复尝试和不断发展饲养驯化有益动物，实现了较高的应用价值，在有害生物的防治工作方面也取得了很大的提高。

一、国外动物学简史

国外古代动物学的兴起，可追溯到2000多年前古希腊学者亚里士多德。被誉为“动物学之父”的亚里士多德，在《动物历史》一书中描述了454种动物，首次建立起动物分类系统，把动物分为赤血类和无血类，并用了种(species)和属(genus)的术语。他在比较解剖学、胚胎学方面也有巨大贡献。

16世纪后，动物学蓬勃发展，尤其以解剖学的发展更为突出，分类学和解剖学的著作大量问世。

17世纪，显微镜的问世，推动了微观领域中组织学、胚胎学及原生动物学的繁荣发展。

18世纪，瑞典生物学家林奈创立了动物分类系统及动、植物的双名法则；将动、植物分为纲、目、属、种和变种5个阶元，奠定了现代分类学的基础。

19世纪初，法国生物学家拉马克(Lamark)提出了物种进化论点，并以著名的"用进废退"和"获得性遗传"学说来解释进化的原因。同时期的居维叶(Cuvier)认为有机体各个部分之间是相互联系的，确定了器官的相关定律，在比较解剖学及古生物学方面作出了贡献。

19世纪中叶，德国植物学家施莱登(Schleiden)和动物学家施旺(Schwann)创立了细胞学说，认为细胞是动、植物的基本结构单位。1859年，达尔文发表了《物种起源》，确立了生物进化的学说，阐明了物种是不断地从简单到复杂、从低等到高等地向前发展的观点，并以环境的变化、生物的变异和自然选择来解释进化的原因。他用"生存竞争"、"自然选择"的具体实例剖析自然界动物的多样性、同一性和变异性等，推动了动物学的前进。奥地利学者孟德尔(Mendel)用豌豆进行杂交试验，发现后代各相对性状的出现遵循着一定的比例。这一发现与后来发现的细胞分裂染色体的行为相吻合，成为摩尔根(Morgan)派基因遗传学的理论基础之一。

20世纪进化学说的新成就进一步证明，突变产生的新的遗传基础在进化中有重要的意义，自然选择和生殖隔离使同一物种的不同种群向不同方向发展。由于生物学与数学、物理、化学等学科的相互渗透，电镜及分子生物学研究手段的不断改进，促成了动物学的飞跃发展。

二、我国动物学的发展

公元前3000多年，我们的祖先就懂得养蚕和饲养家畜。

公元前2000多年，物候方面的著作《夏小正》中记载了"五月蜉蝣出现，十二月蚂蚁进窝"等生态现象。

公元前1027的《尔雅》一书中，有释虫、释鱼、释鸟、释兽、释畜5类，每篇描写了近100种动物，是动物学研究的最早记录。其他如《诗经》述及100余种动物。《周礼》把动物分为毛(兽类)、羽(鸟类)、介(甲壳类)、鳞(鱼类)、蠃(软体动物)5类。晋朝人张华的《博物志》记有草木虫鱼和飞禽走兽，并有养蜂方法的详细记述。稽含的《南方草木状》绘制了人们利用蚂蚁防治柑橘害虫的情景，这是世界上关于生物防治的最早记录。北魏贾思勰的《齐民要术》总结了渔、桑、农、牧的经验。唐代陈藏器在《本草拾遗》中以侧线鳞数作为鱼类分类的重要性状，详细记述了鱼的分类及许多其他动物的名称。

明代李时珍在《本草纲目》中描述了400多种动物，将其分为虫、鳞、介、禽、兽5类，并附图1100多幅；根据采集实物绘制的图，其精确度可鉴定到"目"、"科"，有的还可考定到"种"，堪称动物学史上的伟大著作。

在清代以前，我国有关动物学方面的知识相当丰富；鸦片战争后，我国沦为半殖民地半封建社会，阻碍了现代技术的发展，动物学的发展非常缓慢。

新中国成立后，生产关系发生了根本的变化，生产力得到了飞速的发展，动物学的发展与其他学科一样，进入了崭新的阶段。截至目前，除了调整原有的科研机构和高等院校的专业设置外，我国还相继成立了许多有关动物方面的专门研究机构，如中国科学院动物研究所等；创立了许多学术刊物，如《动物学报》、《动物分类学报》、《昆虫学报》等；充实了有关高等院校动物学方面的师资和设备，大力培养人才，广泛开展科学研究；组织各领域的动物科学工作者进行了大规模的动物区系的资源调查和生态研究，制定了动物地理区划等，为合理利用、保护动物资源提供了理论依据。在此期间，有许多动物学专著纷纷问世。动物细胞学、组织胚胎学、实验动物学等新兴基础理论研究也取得了显著的成绩，并在蛋白质的人工合成方面曾处于世界领先地位。此外，在防治人畜寄生虫病，驯养、饲养和水产养殖等方面都取得了显著成效。

当今的动物学已发展成为内容十分全面的动物科学，由过去的观察、描述阶段上升到了以整个生物学的普遍规律为基础，利用分子生物学手段和先进的信息技术全方位研究动物生命活动规律的阶段。动物学已经进入研究发展的高峰期，并成为开拓人类未来品质生活的重要手段。

第四节　动物分类的基本知识

地球上生存着多种多样的动物，为了更为全面地认识整个动物界，充分利用动物界的现有资源和防治对人、畜有害的动物，科学工作者开展了对动物进行系统分类的工作，并逐渐建立了一个专门的学科——动物分类学。

一、分类的方法

动物的分类方法一般为两种。

1. 人为分类法　此分类法是以动物形态或生活习性方面易见的特征为分类依据。其目的只求辨认上的便利，不考虑动物体内的基本构造和动物间在进化上的亲缘关系。

2. 自然分类法　此分类法是以动物形态或解剖上的基本构造及其发育的相似性和差异性的总和作为分类依据，在分类上基本能反映出动物之间在进化上的自然亲缘关系，故又称为自然分类系统。此法比人为分类法更接近于客观实际，因此，自然分类系统是目前广大学者分类的主要依据。

二、分类阶元和分类的基本单位

（一）分类阶元

分类学根据生物之间相同、相异的程度及亲缘关系的远近，使用不同等级特征，将生物逐级分类。动物分类系统，由大到小有界(Kingdom)、门(Phylum)、纲(Class)、目(Order)、科(Family)、属(Genus)、种(Species)7个重要的分类等级，称之为分类阶元(category)。任何一个已知的动物均可归属于这几个阶元之中。在动物界分类系统中，种是最基本的单元，在形态上具备一定的可以区别于其他物种的特征。因此，种与种之间可以相互区别；同时，每个种都占有一定的生态位和分布区。

为了更精确地反映动物的分类地位，在上述阶元之间还可以加入另外一些阶元。加入的阶元名称，常常是在原有阶元名称之前加上总(Super-)或亚(Sub-)而形成。总科、科和亚科等都有标准的词尾(总科-oidea，科-idae，亚科-inae)。一般采用的阶元如下：

界(Kingdom)
　门(Phylum)
　　亚门(Subphylum)
　　　总纲(Superclass)
　　　　纲(Class)
　　　　　亚纲(Subclass)
　　　　　　总目(Superorder)
　　　　　　　目(Order)
　　　　　　　　亚目(Suborder)
　　　　　　　　　总科(Superfamily)

科(Family)
亚科(Subfamily)
属(Genus)
亚属(Subgenus)
种(Species)
亚种(Subspecies)

如果将一种动物用分类阶元方式全面表达出其在动物界的系统地位,可称这种表达方式为完全分类表示法。例如,中华大仰蝽的完全分类表示法如下。

中华大仰蝽

界(Kingdom)	动物界 Animalia
门(Phylum)	节肢动物门 Arthropoda
纲(Class)	昆虫纲 Insecta
目(Order)	半翅目 Hemiptera
科(Family)	仰蝽科 Notonectidae
属(Genus)	大仰蝽属 *Notonecta*
种(Species)	中华大仰蝽 *Notonecta chinensis*

(二) 分类的基本单位——物种

物种(简称为种)是分类的基本单位,即分类系统中最基本的阶元。关于种的概念,至今还没有统一的定义,被大多数学者接受的一种定义为:物种是指一群具有生物界发展的连续性和间断性统一的基本间断形式;在有性生物,物种呈现为统一的繁殖群体,由占有一定空间,具有实际或潜在繁殖能力的种群所组成,并且与其他这样的群体在生殖上是隔离的。所谓生殖隔离是指在自然条件下,两个不同种的动物不能杂交或能杂交但是产生的后代不能生育。

由此可见,种是经过长期自然选择形成的一个相对稳定的遗传体系,不同的种具有不同的遗传基因(包括染色体数目和结构)。正是由于遗传基因的差异,才导致不同种间的不杂交或杂交不育。

在种内又有亚种和品种之分。

1. **亚种** 亚种是指种内的一部分个体,由于长期分布在某一地理区域,使之与原种或分布在其他地区的同种动物在个体的形态和性状上发生了一些差异。这种由于地理阻隔形成的具有一定的形态特征和地理特征的群体,称为亚种或地理亚种。一般多用于动物分类。

2. **品种** 品种是指种内的一部分个体,经过长期的人工选择和定向培育,使之在形态或性状上与原种产生了差异,而这些新产生的形态或性状,通常符合人类的经济目的。种内这些由人工选择产生的新形态或新性状的个体,称为品种。

三、动物命名法规

国际上除订立了上述共同遵守的分类阶元外,还规定了对每一种生物都必须取一个世界通用且唯一的科学名称,即学名(scientific name)。现在各种生物在国际上通用的学名都采用林奈创建的双命名法来定名。双命名法规定每一种动物都有一个学名。这一学名是由两个拉丁字或拉丁化的文字所组成。前面一个字是该动物的属名,后面一个字是它的种本名。属名用主格单数名词,首字母大写;后面的种本名用形容词或名词等,首字母小写。属名和种名打印体使用斜体或手写体加下划线。学名之后,还附加当初定名人的姓氏及定名年代,以方便后人查找核对原始文献及标本。例如,中华大仰蝽的完整学名为 *Notonecta chinensis* Fallou, 1887。表明这个物种是由 Fallou 在 1887 年首次描述和定名的。

亚种一般采用三名法命名，须在种名之后加上亚种名的拉丁单词。例如，海南蚤蝽（*Helotrephes semiglobosus hainanicus* Zettel *et* Polhemus，1998）是蚤蝽的一个地理亚种，分布于我国的海南省。

四、动物界的系统发育与现存动物的主要分门

（一）动物界的系统发育

根据达尔文的进化论，生物是从简单到复杂、从低级到高级进化演变而来的，生物进化是一个长期的历史过程。古生物以化石的形式存在于大自然中，化石是古代生物的遗迹。有些遗体已经腐烂，全部被矿质浸润而变为石质；有些遗体被保存；还有些是外部的形状印在岩中，这些都统称为化石。动物学中的古生物学是研究古代动物化石的科学。

动物在进化过程中，不同时期形成的化石种类也有所不同。研究动物的化石，不仅可了解从古至今动物界的系统发育规律，而且可作为鉴别地质年代的依据。

地球的历史大约有40亿年，地球上有记录的生物化石是32亿年前的杆菌化石，但地球上生命活动开始的时期比这个时期还早得多。现将地质年代和纪及动物发展概况列表如下，以供参考（表1-1）。

表1-1 地质年代和纪及动物发展概况

代	纪	距今年代（百万年）	动物的主要发展阶段
新生代	第四纪	2	现代动物及人类时代
	第三纪	65	哺乳动物繁盛时代，无脊椎动物接近于现代
中生代	白垩纪	135	爬行动物大发展时代
	侏罗纪	180	大型爬行动物繁盛；出现了始祖鸟
	三叠纪	225	六放海绵、六放珊瑚及多孔螅出现；掘足类及腹足类新发展，出现了原始哺乳类动物
古生代	二叠纪	280	胸足类及海百合类衰退；三叶虫及板足鲎灭绝
	石炭纪	350	出现了有肺类软体动物和昆虫；出现了原始爬行动物
	泥盆纪	400	珊瑚及腕足类达到高峰；鹦鹉螺、三叶虫开始衰退；鱼类繁盛；出现了两栖动物
	志留纪	440	淡水贝类开始出现；板足鲎、海百合类达到高峰；鱼类繁盛，出现了两栖动物
	奥陶纪	500	有孔虫达到高峰；出现了珊瑚虫、剑尾类及板足鲎；笔石及鹦鹉螺繁盛；出现了最早的脊椎动物（无颌类）
	寒武纪	600	除脊椎动物外，几乎所有的主要门类都有；其中最多的是三叶虫，其次是腕足类，还有原始海绵、软体动物和其他节肢动物（古介形虫）
元古代	震旦纪（前寒武纪）	1000	细菌、钙藻
太古代		4500	杆菌

注：以上表格的内容记忆歌诀为："寒武奥陶志留泥，无脊到两栖；石炭古生二叠纪，爬行陆生起；三叠侏罗白垩中，新生三四纪。"该歌诀以时间为顺序，将地质年代和纪及动物发展概况串联起来。

（二）现存动物的主要分门

地球上现存的动物种类繁多，根据动物的异化程度（细胞数量及分化、胚层形成、体制及分节、附肢的性状、内部器官的分布和特点及个体发育等）将动物界分为若干个门。目前，国内外学者对于动物分门的数目及各门动物在动物进化系统上的位置持有不同见解，并根据新的准则、新的证据，不

断提出新的观点。到目前为止,动物界已经分立成30多个门类。本书主要介绍其中一些重要门类。

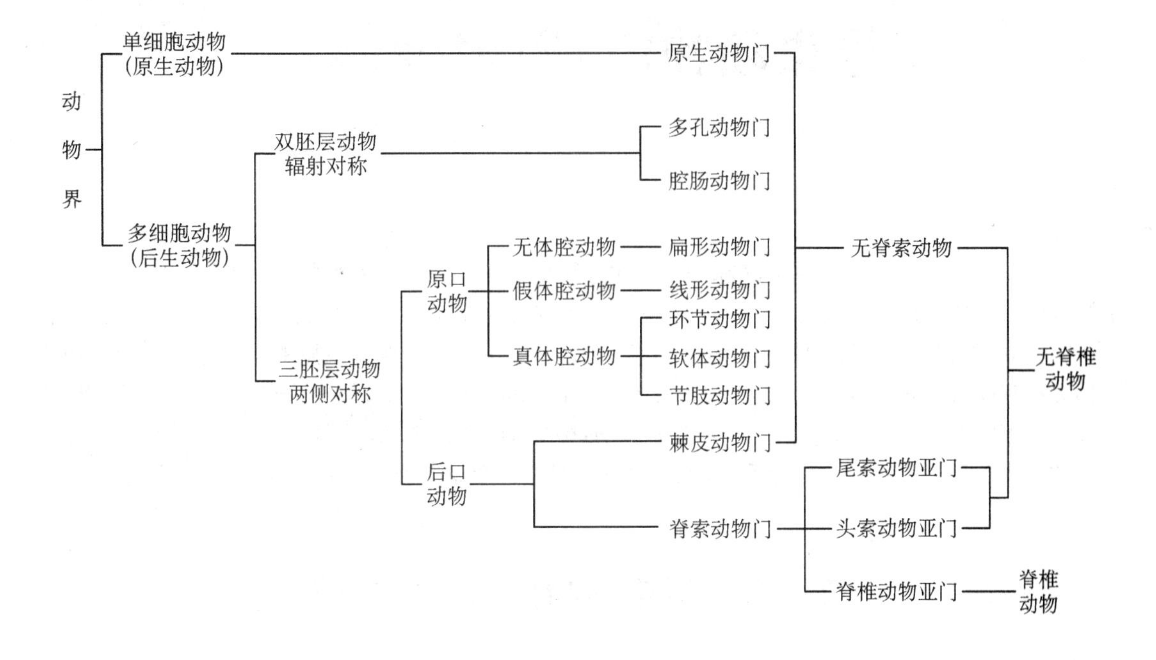

复习思考题

1. 名词解释:双名法,物种,亚种,品种,生殖隔离,化石,自然分类法。
2. 生物分界的理论依据是什么?目前最多可把生物分为几界?
3. 动物学的定义是什么?研究动物学的目的、任务是什么?
4. 古今中外对动物学的发展有突出贡献的科学家有哪些?
5. 简述动物学的研究方法。

(谢桂林　仇有文)

第一章
原生动物门(Protozoa)

原生动物是动物界里最原始、最低等的类群,其整个身体是一个完整的、能营独立生活的、单细胞结构的有机体。原生动物分布广泛,营自由生活或寄生生活。原生动物身体较小,身体长度为30～300 μm,如最小的原生动物利什曼原虫体长为2～3 μm,一般需要在显微镜下才能看见。原生动物大约有3万多种(有的教材提到大约有5万多种,其中包括约2万种化石)。根据运动胞器、营养方式及细胞核,一般可将原生动物分为7个纲:鞭毛纲、肉足纲、孢子纲、纤毛纲、梨形虫纲、黏孢子纲和微孢子纲,其中鞭毛纲、纤毛纲、孢子纲和肉足纲4个纲是原生动物中最重要的纲。

第一节　原生动物门的主要特征

原生动物是动物界中最原始、最低等、最简单的一大类群,整个身体只有一个细胞构成。少数原生动物常常是由数个或许多个个体聚集在一起,个体之间出现了初步的形态、功能的分化,但每个个体都保持着一定的独立性,这类原生动物被称为群体(colony),如盘藻(*Gonium*)、团藻(*Volvox*)、杂球藻(*Pleodorina*)等。原生动物的身体是一个单细胞,从细胞结构上看,原生动物的这个细胞与多细胞动物身体中的一个细胞相似,细胞质的表面由细胞膜(cell membrane)包围,细胞内部有细胞质(cytoplasm)和细胞核(nucleus)。从功能上看,原生动物的这个细胞却是一个能营独立生活的有机体,能够完成多细胞动物所具有的运动、呼吸、排泄、营养、生殖及对外界刺激产生反应等各种功能,所有这些功能都是由细胞器(organelle)来完成的。细胞器是指构成原生动物体的单个细胞,是一种能营独立生活的有机体,由细胞分化出不同的部分来完成各种功能。完成这些功能的部分与高等动物体内的器官相当,因此称为细胞的器官,简称细胞器(又称类器官)。

一、一般形态

原生动物身体微小、结构简单,是一类需要借助显微镜才能看清楚的小型动物,身体长度为30～300 μm。最小的种类体长仅为2～3 μm,如寄生于人网状内皮系统及脊椎动物细胞内的利什曼原虫(*Leishmania*);有些种类个体较大,如淡水生活的旋口虫(*Spirostomum*)体长可达3 mm;有些原生动物体长可达7 cm,海产的有孔虫类(Foraminifera)新生代化石有孔虫的体长竟达19 cm,如钱币虫(*Nummulites*)。

1. *细胞膜*　原生动物的细胞膜一般分为质膜(plasmalemma)、表膜、硬膜3种类型。质膜极薄,不能维持身体固定形状;表膜较厚且有弹性;硬膜则是单细胞身体外面一层坚固的外壳,其成分在不同原生动物不一样,表壳虫的为几丁质,鳞壳虫的为硅质,有孔虫的为钙质,植鞭目的为纤维质。具有质膜的原生动物,身体没有固定的形态,细胞的原生质流动使体形不断地改变,如变形虫(*Amoeba*,又称为阿米巴原虫)。具有表膜、硬膜的原生动物,由于体表的细胞膜内的蛋白质增加了厚度及弹性,或者在身体外面分泌一些物质形成外壳或骨骼以加固体形,因而身体有固定的体形,如眼虫(*Euglena*)、衣滴虫(*Chlamydomonas*)。

通常原生动物的体形还与其生活方式相关。营固着生活的种类,如钟形虫(*Vorticella*)、足吸管虫(*Podophrya*),身体多呈锥形、球形,有柄,柄内有肌丝纤维,可使虫体收缩运动。漂浮生活的种类,如辐射虫(*Actinosphaerium*)及某些有孔虫,身体多呈球形,并伸出细长的伪足,以增加虫体的表面积。营游泳生活的种类,如草履虫(*Paramecium*),身体呈倒置的草鞋状。营底栖爬行生活的种类,如棘尾虫(*Stylonychia*),身体多为扁形,腹面的纤毛可联合形成棘毛用以爬行。营寄生生活的种类,有的鞭毛借原生质膜与身体相连形成波动膜(undulating membrane),以增加鞭毛在血液或体液中运动的能力,如锥虫(*Trypanosoma*);有的失去了鞭毛,如利什曼原虫;有的能分泌一些物质形成外壳或骨骼以加固体形,如薄甲藻(*Glenodinium*)能分泌有机质而在体表形成纤维素板,壳虫(*Arcella*)能分泌几丁质形成褐色外壳,砂壳虫(*Difflugia*)能在体表分泌蛋白质胶再黏着外界的砂砾形成砂质壳,有孔虫能够分泌碳酸钙形成壳室,棘骨虫(*Acanthometra*)和放射虫类(Radiolaria)可在细胞质内分泌形成几丁质的中心囊并有硅质或钙质骨针伸出体外以支持身体。

2. *细胞质* 细胞质可以分为外质(ectoplasm)和内质(endoplasm)。外质透明清晰,较致密,不含颗粒;内质不透明,其中含有颗粒。在变形虫体内这种区分很明显,并能看到外质与内质可以相互转化形成伪足。外质还可以分化出一些细微结构,如腰鞭毛虫类的刺丝囊(nematocyst),丝孢子虫类的极囊(polar capsule),纤毛虫类的刺丝泡(trichocyst)、毒泡(toxicyst)。这些结构在受到刺激时,可释放出长丝以麻醉或刺杀敌人,或用以固着,具有攻击和防卫的功能。一些纤毛虫类外质还可分化成由许多可收缩的纤维组成的肌丝(myoneme),参与构成运动细胞器,如鞭毛、纤毛及伪足等,又如钟形虫的柄部。内质中包含由细胞质特化形成的能够执行一定功能的细胞器,如色素体(chromatophore)、眼点(stigma)、食物泡(food vacuole)、伸缩泡(contractile vacuole)、内质网(endoplasmic reticulum)、线粒体(mitochondrium)、高尔基体(Golgi apparatus)及溶酶体(lysosome)等。

3. *细胞核* 细胞核位于内质中,除了纤毛虫类之外,细胞核均为一种类型。在一个动物体内,核的数目是一个或多个。通过电镜观察,核的外层是一个双层膜结构,其上有小孔,连通核基质与细胞质。核膜内包含有核基质、染色质及核仁,分为致密核(massive nucleus)和泡状核(vesicular nucleus)。致密核的核内散布有丰富、均匀而又致密的染色质,泡状核的核内散布的核质较少且不均匀。纤毛类具有大核(macronucleus)和小核(micronucleus)两种类型的核。其中大核是致密核,含有 RNA,与纤毛虫的表型无关,具有表达功能;小核通常是泡状核,含有 DNA,无表达功能,与生殖有关,也称生殖核。

二、运动

原生动物的运动是由运动细胞器完成的,运动细胞器有两种类型:一种是鞭毛(flagellum)和纤毛(cilium)(图 1-1);另一种是伪足(pseudopodium)。它们运动的方式不同。鞭毛与纤毛在结构与功能上没有明显的区别,电镜观察的结果证明它们的结构是相同的,只是鞭毛较长(5～200 μm)、数目较少(多鞭毛虫类除外),多数鞭毛虫具有 1～2 根鞭毛。纤毛较短(3～20 μm)、数目特别多。鞭毛与纤毛的直径是固定的,两者直径的差为 0.1～0.3 μm。鞭毛呈对称摆动,一次摆动包括数个左右摆动的运动波;纤毛呈不对称运动,一次摆动仅包括一个运动波。鞭毛与纤毛的外表是一层与细胞的原生质膜相连的外膜,膜内共有 11 条纵行的由微管构成的轴丝,其中 9 条轴丝从横断面上排成一圈,称为外围纤维(peripheral fibril)。每条外围纤维是由两个亚纤维(subfibril)组成双联体,其中一个亚纤维不成管状,断面看是具有两个顺时针方向排列的腕。在 9 条外围纤维的中间有 2 条外面有中心鞘包围的单管状的中心纤维(central fibril)。这就是鞭毛及纤毛轴丝排列的"9+2"微管结构模式。9 个外围纤维在进入细胞质内形成筒状结构的毛基体(kinetosome),或称生毛体(blephroplast)。每根外围纤维变成 3 个车轮状排列的亚纤维,中心纤维则在进入细胞质之前终止。

毛基体向细胞内伸出的纤维称为根丝体(rhizoplast),终止在细胞核或其附近。在细胞分裂时,毛基体可起中心粒的作用,其结构也与中心粒相似。纤毛数量很多,在毛基体之间都有动纤丝(kinetodesma)相连,构成一个纤毛间协调动作的下纤列系统(infraciliature)。不仅原生动物的鞭毛与纤毛有相似的结构,所有后生动物如精子的鞭毛、扁形动物原肾细胞中的鞭毛和涡虫纲腹面的纤毛、海绵动物领鞭毛细胞的鞭毛、哺乳动物气管内表面的纤毛、尾索动物内柱和背板处的纤毛、河蚌外套膜内表面的纤毛都有相似的结构,这可作为各类动物之间有亲缘关系的一个例证。鞭毛与纤毛除了运动功能之外,还具有某些感觉功能。另外它们的摆动,可以引起水流,利于取食,推动物质在体内的流动。伪足也是一种运动细胞器,其形成与运动是由细胞质内微丝的排列来决定,是由原生质的流动而形成,形状有叶状、针状、网状等。可以形成伪足的原生动物,其身体都可改变形状,故伪足可用来在物体表面上进行爬行运动。

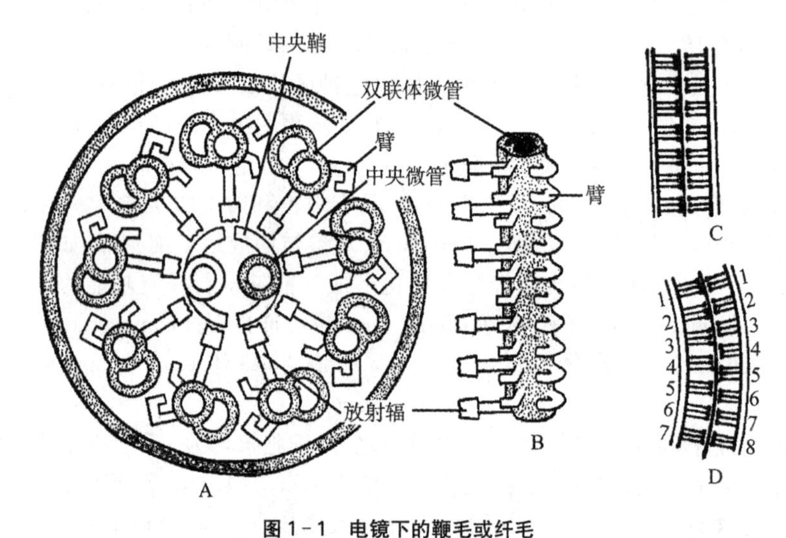

图 1-1　电镜下的鞭毛或纤毛

A. 横断面　B. 一个带臂和放射辐的双联体微管　C. 部分直的纤毛纵切面　D. 部分弯的纤毛纵切面

三、营养方式

原生动物的营养方式(nutrition)包含了生物界的全部营养类型:植物性营养(holophytic nutrition)、腐生性营养(saprophytic nutrition)和动物性营养(holozoic nutrition)。在鞭毛纲植鞭亚纲,内质中含有色素体,色素体中含有叶绿素(chlorophyll)、叶黄素(xanthophyll)等,这些色素体像植物的色素体一样,能够利用日光能将二氧化碳和水合成碳水化合物进行光合作用,自己制造食物,这种营养方式称为植物性营养。孢子纲及其他一些寄生或自由生活的种类,能通过体表的渗透作用从周围环境中摄取溶解在水中的有机物质而获得营养,这种营养方式称为腐生性营养。绝大多数原生动物是通过取食活动而获得营养。例如,变形虫类通过伪足的包裹作用(engulment)吞噬食物(图 1-2);纤毛虫类通过胞口、胞咽等细胞器摄取食物,食物进入体内后被细胞质形成的膜包围成为食物泡(food vacuole),食物泡随原生质而流动,经消化酶作用使食物消化,消化后的营养物经食物泡膜进入内质中,不能消化吸收的食物残渣再通过体表或固定的胞肛(cytopyge)排出体外,这种营养方式称为动物性营养。

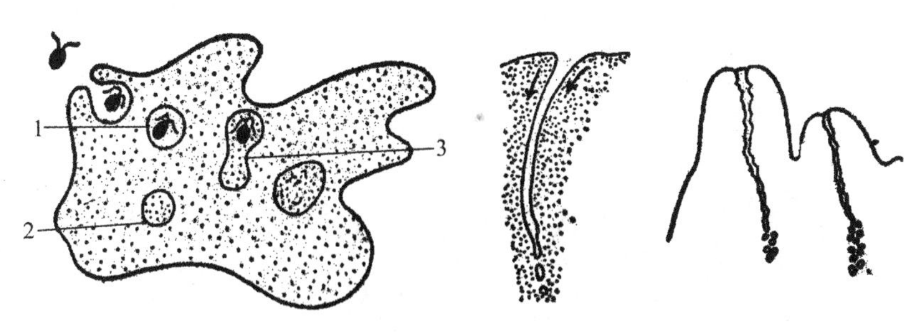

图 1-2 变形虫的胞内消化和胞饮

1. 食物泡，2. 溶酶体，3. 消化泡

四、呼吸

绝大多数原生动物的呼吸作用(respiration)是通过气体的扩散(diffusion)，从周围的水中获得氧气。线粒体是原生动物的呼吸胞器，其中含有三羧酸循环的酶系统，能把有机物完全氧化分解成二氧化碳和水，并释放出各种代谢活动所需要的能量，呼吸产生的二氧化碳通过扩散作用排到水中。少数腐生性或寄生的种类，生活在低氧或完全缺氧的环境下，利用大量糖的发酵作用产生很少的能量来完成代谢活动，有机物不能完全氧化分解。

五、水分调节和排泄

原生动物的水分调节(water regulation)及排泄(excretion)主要是通过体表或伸缩泡(contractile vacuole)来完成。淡水生活、某些海产或寄生的原生动物，随着取食及细胞膜的渗透作用，水分随之不断地进入体内，因此需要不断地将体内过多的水分排出体外，否则原生动物将会因膨胀而致死。在原生动物身体的一定部位，细胞质内过多的水分聚集，形成小泡，由小变大，最后形成一个由被膜包围的伸缩泡。伸缩泡是指淡水产原生动物体内的一种有节律性收缩的液泡，它能及时收集体内多余的水分并排出体外，以维持体内水分的平衡，并具有一定的排泄作用。伸缩泡的数目、位置、结构在不同类的原生动物中不同。

六、生殖和生活史

(一) 生殖

原生动物的生殖包括无性生殖(asexual reproduction)和有性生殖(sexual reproduction)两种方式。

1. 无性生殖　无性生殖存在于所有原生动物。在一些种类，如锥虫，无性生殖是唯一的生殖方式。无性生殖有以下几种形式：二分裂(binary fission)、出芽生殖(budding reproduction)、复分裂(multiplefission)和质裂(plasmotomy)。二分裂是原生动物最普遍的一种无性生殖方式，一般是有丝分裂(mitotic)。分裂时细胞核先由一个分为二个，染色体均等分布在两个子核中，随后细胞质分别包围两个细胞核，形成两个大小、形状相等的子个体(图 1-3)。二分裂可以是纵二裂，如眼虫；也可以是横二裂，如草履虫；或者是斜分裂，如角藻(*Ceratium*)。出芽生殖，实际上也是一种二分裂，只是形成的两个子体大小不等，大的子细胞称为母体，小的子细胞称为芽体。复分裂，即分裂时细胞核先分裂多次，形成许多核之后细胞质再分裂，最后形成许多单核的子体。复分裂也称裂体生殖(schizogony)，多见于孢子纲。质裂，即核先不分裂，而是由细胞质在分裂时直接包围部分细胞核形成数个多核的子体，子体再恢复成多核的新虫体。这种生殖方式存在于一些多核的原生动物，如多核变形虫、蛙片虫等。

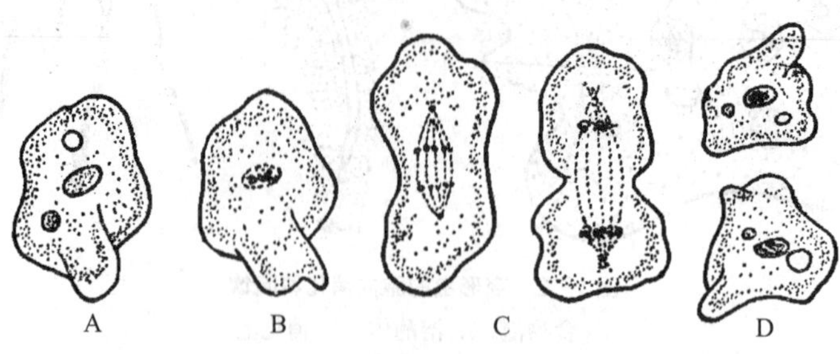

图 1-3 变形虫的二分裂繁殖

A. 前期 B. 中期 C. 后期 D. 子细胞

2. *有性生殖* 有性生殖包括配子生殖(gamogenesis)和接合生殖(conjugation)两种方式。

(1) 配子生殖:大多数原生动物的有性生殖都是配子生殖,即经过两个配子的融合(syngamy)或受精(fertilization)形成一个新个体。配子生殖包括同配生殖(isogamy)和异配生殖(heterogamy)。同配生殖是指同形配子(isogamete)的生殖。同形配子是指融合的两个配子在大小、形状上相似,仅在生理功能上不同。异配生殖是指异形配子(heterogamete)所进行的生殖。异形配子是指融合的两个配子在大小、形状及功能上均不相同。根据异形配子大小不同分别称为大配子(macrogamete)及小配子(microgamete),大、小配子从仅略有大小的区别,分化到形态和功能完全不同的卵(ovum)和精子(sperm)。卵受精后形成受精卵,亦称合子(zygote)。

(2) 接合生殖:接合生殖是纤毛纲原生动物所具有的一种有性生殖方式。接合生殖时,首先两个二倍体虫体相贴,口沟相对,每个虫体的大核逐渐消失,小核减数分裂,形成单倍体的配子核,相互交换新形成的较小核,交换后的单倍体较小核与对方的单倍体较大核融合,形成一个新的二倍体结合核,然后两个虫体分开,各自再行有丝分裂,形成 4 个二倍体的新个体。

(二) 生活史

原生动物的生活史有多种类型。有的种类如锥虫,生活史中仅有分裂生殖,从未出现过有性生殖,这样子体与母体都是单倍体(haploid),用“N”表示。一些鞭毛纲及孢子纲原生动物,如有孔虫,在生活史中尽管出现了无性生殖与有性生殖,但生活史的大部分时期为单倍体(N)时期,即细胞核内染色体的数目为受精后染色体数目的 1/2,受精后染色体数目比配子的多 1 倍,形成二倍体(diploid),用“2N”表示。其二倍体时期很短,当孢子形成时又进行减数分裂(meiosis),所以减数分裂是出现在受精作用之后,结果单倍体与二倍体交替出现,单倍体时期为无性世代(asexual generation),二倍体时期为有性世代(sexual generation)(图 1-4)。原生动物纤毛纲及多细胞动物生活史的绝大部分时期为二倍体,减数分裂发生在受精作用之前,减数分裂之后才产生单倍体的配子,配子在受精作用之后个体又立刻进入二倍体时期。

七、生态

原生动物广泛分布于淡水、海水、潮湿的土壤、污水沟,甚至雨后积水中,从两极的寒冷地区到60℃温泉中都可以发现它们。原生动物具有很强的应变能力,如许多相同的种可以在差别很大的温度、盐度等条件下发现,说明原生动物可以逐渐适应改变了的环境。许多原生动物在不利的条件下可以形成包囊(cyst)。包囊是指当原生动物遇到不良的环境时,首先身体变圆,解除全身的类器官,排出体内多余的水分,然后体外分泌一层坚固的囊壁形成包囊。包囊能渡过不良的环境,一旦

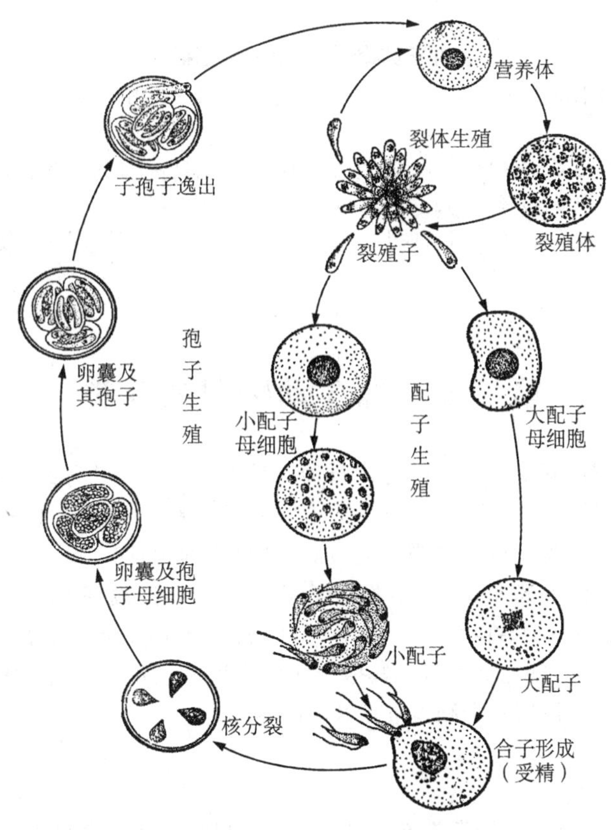

图 1-4 孢子虫生活史图解

遇到适宜的环境,原生动物就破囊而出,自由自在地生活,所以它是原生动物对不良环境的一种适应方式。包囊具有抵抗干旱、极端温度、盐度等各种不良环境的能力,并且可以借助于水流、风力、动物、植物等进行传播,在恶劣环境下甚至可存活数年不死,而一旦条件适合时,虫体还可破囊而出,甚至在包囊内可以进行二分裂、出芽及形成配子等生殖活动。所以,许多原生动物是世界性分布的。当然,不同的原生动物对环境条件的要求也是不同的。原生动物的分布受各种生物、化学及物理等因素的限制,在不同的环境中都有它的优势种。水及潮湿的环境对所有原生动物的生存及繁殖都是必要的,原生动物最适宜的温度范围是 20℃～25℃,过高或过低温度的骤然变化常常引起虫体的大量死亡,但如果温度缓慢地升高或降低,很多原生动物会逐渐适应正常情况下致死的温度。淡水及海水中的原生动物都有其最适宜的盐度范围。中性或偏碱性的环境常具有更多的原生动物。一些纤毛虫可以在盐度很高的环境中生存,甚至在盐度高达 20%～27%的盐水湖中也曾发现原生动物。此外,食物、含氧量等都可构成原生动物的限制性因素,但这些环境因素往往只是决定原生动物在不同环境中的数量及优势种,并不决定它们的存活与否。原生动物与其他动物存在着各种各样的相互关系。如共栖现象(commensalism),即两种动物生活在一起,一方受益、一方无益也无害。纤毛纲的车轮虫(*Trichodina*)与腔肠动物门的水螅(*Hydra*)就是共栖关系。共生现象(symbiosis),即两种动物生活在一起,双方受益,如多鞭毛虫与白蚁之间的共生。还有寄生现象(parasitism),即两种动物生活在一起,一方受益、一方受害,如寄生于人体的痢疾变形虫等。原生动物的各纲中都有寄生种类,而孢子纲全部是营寄生生活的。

原生动物门的主要特征总结

(1) 原生动物身体微小,长度为30～300 μm,分布广泛,身体由单个细胞构成,故又名单细胞动物,是动物界中最原始、最低等的动物。

(2) 原生动物是一个完整独立的有机体,因此它们具有一切生理特性,如感应性、营养、呼吸和排泄等。

(3) 原生动物具有3种营养方式:植物性营养、腐生性营养和动物性营养。

(4) 原生动物的生殖包括无性生殖和有性生殖两种类型,可以包囊形式渡过不良环境。

第二节　原生动物门的分类

原生动物约有5万种,其中约2万种为化石种。对于原生动物的分纲,动物学家是有争论的,很多原生动物学家主张将原生动物上升为"界"或"超门",鞭毛虫类、纤毛虫类等列为"门"或"亚门"。本书采用多数动物学家所接受的观点,将原生动物仍列为"门",鞭毛虫类等仍列为"纲"。关于纲的划分也存在分歧,一般将原生动物分为以下7个纲:鞭毛纲(Mastigophora)、肉足纲(Sarcodina)、孢子纲(Sporovoa)、纤毛纲(Ciliata)、梨形虫纲(Piroplasma)、黏孢子虫纲(Myxospora)和微孢子纲(Microsporea)。鞭毛纲、肉足纲、孢子纲和纤毛纲是原生动物门中最重要、最基本的纲,为了便于学习和掌握,本书以这4个纲为重点学习内容。

一、鞭毛纲

鞭毛纲动物约有1万种。一般具鞭毛,以鞭毛为运动胞器,鞭毛通常有1～4条或稍多。鞭毛的结构为内周缘部排列9条双联体微管,中央有2条中央微管。无性繁殖一般为纵二分裂,有性繁殖为配子生殖或整个个体结合。在环境不良的条件下一般能形成包囊。根据营养方式的不同,可分为两个亚纲:植鞭亚纲(Phytomastigina)和动鞭亚纲(Zoomastigina)。

(一) 主要特征

(1) 具鞭毛,以鞭毛为运动胞器,通常有1～4条,少数种类具有较多鞭毛。

(2) 具有3种营养方式:植物性营养(光合营养)、动物性营养(吞噬性营养)和渗透性营养(腐生性营养)。

(3) 生殖方式多样:无性生殖为纵二裂;有性生殖为配子生殖,包括同配生殖、异配生殖;环境不良时能形成包囊。

(二) 分类

1. **植鞭亚纲**　植鞭亚纲种类多,形状各异,一般具有色素体,能行光合作用,自养,自由生活在淡水或海水中;也有无色素的类群,是在进化中失去了色素体,其结构与有色素体的类群基本相似。不少淡水生活的种类会引起水污染,但绝大多数的植鞭毛虫是浮游生物的组成成分,是鱼类的自然饵料。植鞭亚纲可分为金滴虫目(Chrysomonadida)、隐滴虫目(Cryptomonadida)、腰鞭毛目(Dinoflagellida)、眼虫目(Euglenida)、绿滴虫目(Chloromonadida)和团藻目(Volvocida)等。本亚纲在植物界中属于裸藻门、绿藻门、甲藻门等。如眼虫(*Euglena*),盘藻(*Gonium*,一般由4～16个个体排在同一个平面上,呈盘状,每个个体都有2根鞭毛,有纤维素的细胞壁,有色素体,每个个体都能进行营养和生殖),团藻(*Volvox*,由成千上万个个体构成,排成一个空心圆球形,有简单的生殖和营养个体的分化),钟罩虫(*Dinobryon*),尾窝虫(*Uroglena*),合尾滴虫(*Synura*),夜光虫(*Noctiluca*,属于腰鞭毛虫类,生活在海中,颜色发红,大量繁殖时可引发赤潮)。

(1) 眼虫:眼虫是眼虫目(Euglenida)眼虫属生物的统称,在植物学中称为裸藻,是一类介于动物和植物之间的单细胞真核生物。眼虫是植鞭亚纲的代表种。

眼虫生活在有机物质丰富的水沟、池沼或缓流中,在河堤、海湾湿土或含盐沼泽中亦有发现,在其他藻类体上、植物碎片及小甲壳类的身体上也能见到,营有机性的种类则多见于下水道的水内。温暖季节大量繁殖时常使水呈绿色。

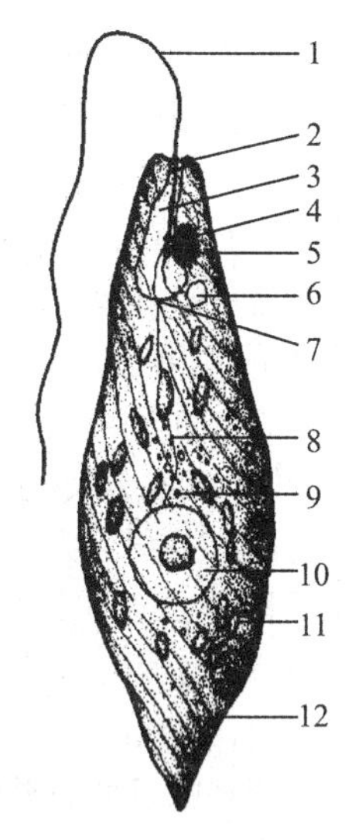

图 1-5 绿眼虫的一般结构

1. 鞭毛,2. 胞口,3. 储蓄泡,4. 光感受器,5. 眼点,6. 伸缩泡,7. 基体,8. 根丝体,9. 副淀粉粒,10. 胞核,11. 叶绿体,12. 表膜

眼虫身体呈梭形,绿色,长约 60 μm,前端钝圆,后端尖(图 1-5)。在虫体中部稍后有一个大而圆的核,活体中核是透明的。体表具弹性带斜纹的表膜。经电镜观察,表膜又称三分质膜,是由许多螺旋状的条纹连接而成,表膜条纹的一边有向内的沟(groove),另一边有向外的嵴(crest)。一个表膜条纹的沟与其邻接表膜条纹的嵴相关联,形成似关节结构。由于嵴可在沟中滑动,眼虫生活时,表膜条纹能够彼此相对移动。表膜下的黏液体(mucusbody)外包有膜,与体表的膜相连续,有黏液管通到嵴和沟。黏液对沟嵴连接形成的"关节"有滑润作用。表膜覆盖整个体表、胞咽、储蓄泡、鞭毛等处,既可使眼虫保持一定形状,又能做收缩变形运动。眼虫身体前端有一个胞口(cytostome),胞口向后连接着一个膨大的储蓄泡(reservoir),一条鞭毛(flagellum)从胞口中伸出。鞭毛是能动的细胞表面的突起,下面连有 2 条细的轴丝(axoneme)。每一轴丝在储蓄泡底都和一对虫体分裂起着中心粒作用的基体(basal body)相连,由基体产生出鞭毛。每一个基体连一细丝[根丝体(rhizoplast)]至核,表明鞭毛受核的控制。

鞭毛最外面为细胞膜,其内由纵行排列的"9+2"双联体(doublets)微管(microtubule)组成。9 对联合微管在周围,每个双联体上有 2 个短臂(arms),对着下一个双联体,各双联体有放射辐(radial spoke)伸向中心,中央有 2 个微管。在双联体之间又有具弹性的连丝(links)。微管由微管蛋白(tubulin)组成,微管上的臂是由动力蛋白(dynein)组成,具有 ATP 酶的活性。实验证明,鞭毛的弯曲,是由于双联体微管彼此相对滑动的结果。相对滑动时,弯曲的内、外侧的放射辐间隔不改变,弯曲是由于弯曲的外侧微管和放射辐相对于弯曲内侧的微管和放射辐的滑动而形成。一般认为臂能使微管滑动(很像肌肉收缩时,横桥在粗、细肌丝间的滑动),臂上的 ATP 酶分解 ATP 以提供能量。眼虫借鞭毛的摆动进行运动。眼虫的运动有趋光性,一种解释是在鞭毛基都紧贴着储蓄泡有一红色眼点(stigma),靠近眼点近鞭毛基部有一个膨大部分,能接受光线,称为光感受器(photoreceptor)。眼点是由埋在无色基质中的类胡萝卜素(carotenoid)的小颗粒组成的。也有人认为是由胡萝卜素(carotene)组成,或是由 β-胡萝卜素与血红蛋白组成。眼点呈浅杯状,光线只能从杯的开口面射到光感受器上,因此,眼虫必须随时调整运动方向,趋向适宜的光线。另一种解释是,眼点是吸收光的"遮光物",当眼点处于光源和光感受器之间时,眼点遮住光感受器,并切断能量的供应,于是在虫体内形成另一种调节,使鞭毛打动,调整虫体运动,使得光线连续地照到光感受器上,最后这样连续的调节使眼虫趋向光线。眼点和光感受器普遍存在于进行光合作用营养方式的绿色鞭毛虫。

在眼虫的细胞质内有叶绿体(chloroplast)。叶绿体的大小、数量、形状(卵圆形、盘状、片状、带状、星状等)及其结构(有无蛋白核及副淀粉鞘)为眼虫属及种的分类特征。眼虫主要通过叶绿体在有光的条件下利用光能进行光合作用,把二氧化碳和水合成糖类。这种与一般绿色植物相同的营养方式称为光合营养(phototrophy)。光合作用中制造的过多食物一般形成半透明的副淀粉粒(paramylum granule)储存在细胞质中。副淀粉粒是糖类的一种,与淀粉相似,但与碘作用不呈蓝紫色。副淀粉粒是眼虫类特征之一,其形状大小也是其分类的依据。在无光的条件下,眼虫可通过体表吸收溶解于水中的有机物质，这种营养方式称为渗透营养(osmotrophy)。对于眼虫前端的胞口是否取食固体食物颗粒尚有异议，但已经肯定的是通过胞口可以排出体内过多的水分。在储蓄泡旁边有一个大的伸缩泡(contractile vacuole)，其主要功能是调节水分平衡，收集细胞质中过多的水分(其中也有溶解的代谢废物)，排入储蓄泡，再经胞口排出体外。眼虫在有光的条件下，利用光合作用所放出的氧进行呼吸作用，呼吸作用所产生的二氧化碳，又被利用来进行光合作用。在无光的条件下，则通过体表吸收水中的氧，排出二氧化碳。

眼虫的无性生殖是纵二分裂，即先是核进行有丝分裂，在分裂时核膜不消失，基体复制为二，继之虫体开始从前端分裂，鞭毛脱去；同时由基体再长出新的鞭毛，或是一个保存原有的鞭毛，另一个产生新的鞭毛；胞口也纵裂为二，然后继续由前向后分裂，断开成为2个个体(图1-6)。在环境条件不良时，如水池干涸，眼虫身体变圆，外面分泌一层胶质形成包囊，将自己包围起来。刚形成的包囊，有眼点，绿色，以后逐渐变为黄色，眼点消失，代谢降低，可以存活很久，能够随风散布于各处。当环境适合时，虫体破囊而出，并在出囊前进行1次或数次纵分裂。包囊形成是眼虫很好地适应不良环境的一种方式。

淡水中习见的眼虫包括以下5种(图1-7)：①绿眼虫(*Euglena viridis*)，体纺锤形，前端钝圆，后端宽，末端尖呈尾状，鞭毛与体等长，色素体1个，星状；②梭眼虫(*Euglena acus*)，长纺锤形，鞭毛短，色素体多个；③长眼虫(*Euglena deses*)，体圆柱形，狭长，鞭毛为体长的1/3～1/2；④螺纹眼虫(*Euglena spirogyra*)，体易变形，体表螺旋形带纹明显，鞭毛短；⑤扁眼虫(*Phacus*)，体呈宽卵圆形，背腹扁，后端尖刺状，鞭毛与体等长。

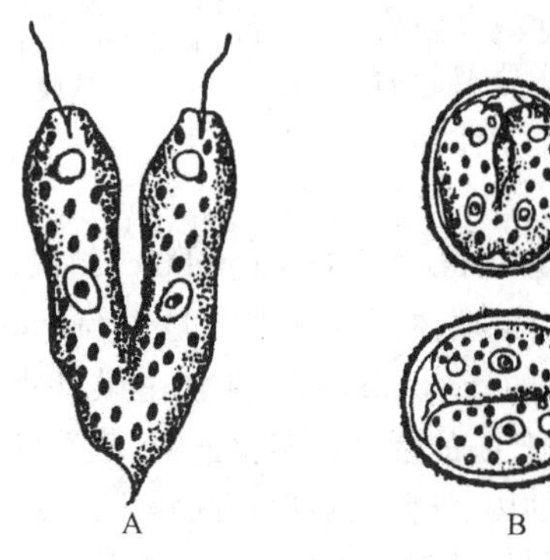

图1-6　眼虫的生殖

A. 纵二分裂　B. 包囊形成

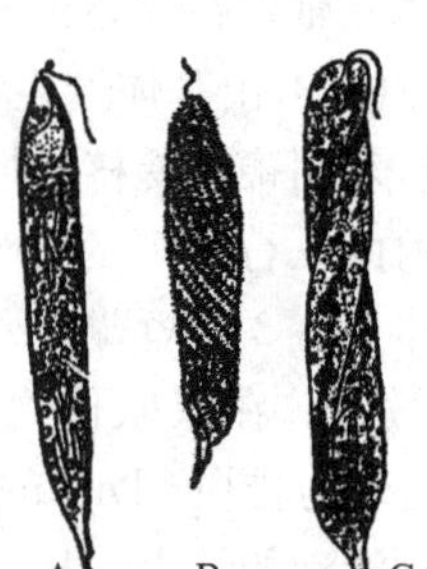
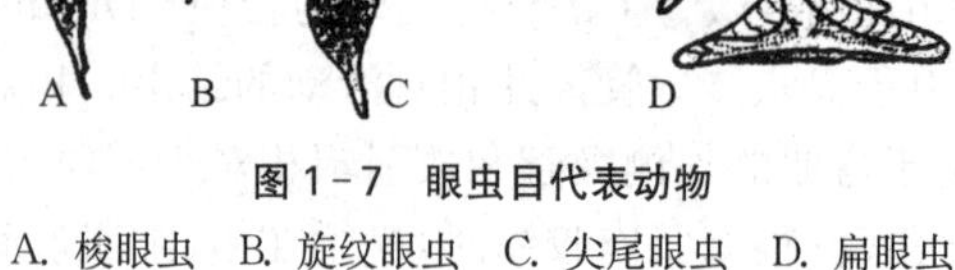

图1-7　眼虫目代表动物

A. 梭眼虫　B. 旋纹眼虫　C. 尖尾眼虫　D. 扁眼虫

多年来利用眼虫进行的基础理论研究取得较多成果，不仅对遗传变异理论的探讨有意义，而且对了解有色、无色鞭毛虫类动物间的亲缘关系和了解动、植物的亲缘关系都有重要意义(图1-8)。

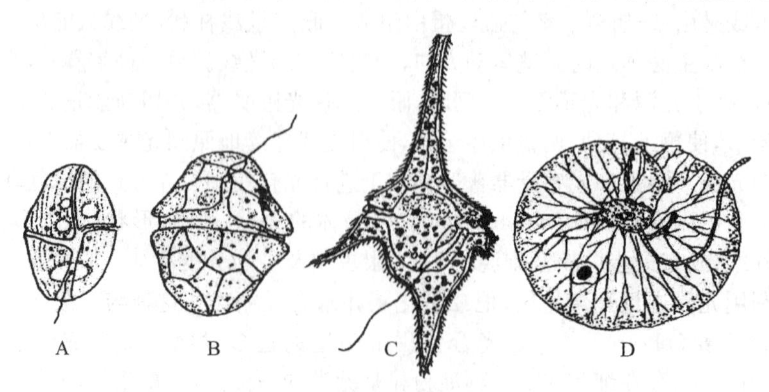

图1-8　腰鞭毛虫目代表动物

A. 裸甲腰鞭虫　B. 薄甲藻　C. 角藻　D. 夜光虫

近年来也有用眼虫作为有机物污染环境的生物指标，以确定有机污染的程度，另外眼虫对净化水体中的放射性物质也有作用。

(2) 夜光虫：夜光虫属腰鞭毛虫目(Dinoflagellida)，由于在夜间海水波动的刺激下能发光而得名。夜光虫的身体为圆球形，直径为 1 mm 左右，颜色发红，细胞质球体的一部分密集，其内有核，其他部分由细胞质放散成粗网状，网眼间充满液体。体外有两根鞭毛，一根较大，称为触手，另一根较小。繁殖方法有分裂法和出芽法两种。出芽法是在身体表面生出很多小的个体，脱离母体后发育成新的个体。如闪光夜光虫身体的直径为 0.5～2 mm，肉眼看到的是一个个晶亮的小球，有透明的细胞膜、网状分散的细胞质、浓密的细胞核、一根细小的鞭毛，以及原生质突起形成的粗大可动的触手。因其体内含有许多受到机械刺激时能发光的拟脂颗粒。在海水中生活的夜光虫和其他一些腰鞭毛虫[如沟腰鞭虫(*Gonyaulax*)、裸甲腰鞭虫(*Gymnodinium*)等]在海水被大量 NO_2^-、NO_3^-、PO_4^{3-} 等污染时，可大量繁殖，每立方米海水可有多达 $(2\sim4)\times10^7$ 个个体，密布海面而造成自然缺氧，并分解出金色拟脂物质，致使海水呈现红色或褐色，并散发出臭味，称为赤潮。由于它们排出大量代谢产物及污染海水，造成沿海鱼类及养殖贝类的大量死亡。

腰鞭毛目具两根鞭毛，分别位于身体中部的横沟及后部的纵沟内，横沟内的鞭毛使身体旋转，纵沟内鞭毛推动身体前进。色素体黄色或褐色，少数种无色素体，眼点通常是存在的。一些种类体表裸露，如裸甲腰鞭虫(*Gymnodinium*)，多数种类体表有纤维素形成的薄膜或甲板，如薄甲藻(*Glenodinium*)、膝沟藻(*Gonyaulax*)等。有些种无性生殖可行横二裂及斜分裂，如角藻(*Ceratium*)。

(3) 团藻：团藻属于团藻目(Volvocida)，在植物界中属绿藻门团藻属(图 1-9)。藻体呈球形，直径 1～2 mm，内有许多黄色素，有成束的鞭毛向外伸出，外面有薄胶质层，能游动，多生活在有机质较丰富的淡水中。每个团藻由 1 000～50 000 个衣藻型细胞组成，所有细胞都排列在球体表面的无色胶被中，彼此有原生质桥相连，球体中央为充满液体的腔。成熟的团藻群体，细胞分化成营养细胞(体细胞)和生殖细胞(生殖胞)两类。营养细胞能制造有机物，具光合作用能力，数目很多。每个营养细胞都具有 1 个杯状的叶绿体，叶绿体基部有 1 个蛋白核，细胞前端朝外，生有 2 条等长的鞭毛。因每个细胞外面的胶质膜被挤压，从表面看细胞呈多边形。生殖细胞具繁殖功能，数目很少，仅 2 至数十个，但体积却为营养细胞的十几倍甚至几十倍，通常分布在球体后半部。环境适宜时，团藻进行无性生殖，首先由生殖胞经多次分裂，发育成子群体，然后子群体陷入母体中央的腔中，待母体破裂或母体壁上出现裂口时逸出，最后发育成新的团藻个体。团藻根据种类不同而有雌雄异体与雌雄同体之分。团藻的有性生殖为卵生，多发生在生长季末期。有性生殖时，雌雄异体的个体

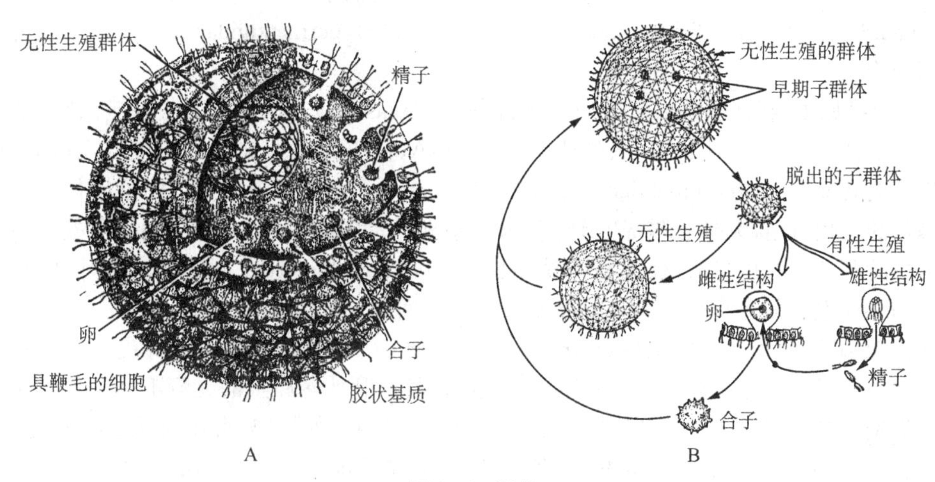

图 1-9 团藻

A. 群体 B. 团藻的生活史

在雄性个体由生殖胞形成大的精子囊,在雌性个体由生殖胞形成大的卵囊。雌雄同体的个体则是既产生精子囊又产生卵囊。精子囊中形成的精子,形成彼此并行连接的精子板或精子团块。整个精子板自精子囊中游出,待到达卵囊上方时才彼此散开,精子穿过卵细胞周围的胶质,与卵结合形成合子。合子一般暂时不会萌发,而是分泌出一个厚壁,转入休眠状态,到次年环境适合时,合子经减数分裂,形成 4 个单倍体的子核,其中 3 个退化,仅 1 个发育成具 2 条鞭毛的游动孢子(或静孢子)。合子外壁破裂时,内壁成一薄囊包裹住游动孢子,被包裹的游动孢子从裂口逸出,经多次分裂,最后发育成 1 个新的团藻个体。团藻属有 10 多个种,遍布于全球,在淡水池塘或临时性积水中较为多见。团藻能够吸收和富集放射性物质 P32,对净化水质有一定意义。

(4) 衣滴虫:衣滴虫(*Chlamydomonas*)也称衣藻,是绿色双鞭毛单细胞生物。在植物学上衣滴虫属于团藻目(Volvocales),在动物学上属于近似植物的原生动物门团藻目(Volvocida)。衣滴虫属被认为是有重要进化意义的原始生物类型,其细胞有眼点、杯状的叶绿体和球形的纤维素膜,既可进行光合作用,又能通过细胞表面吸收营养。无性繁殖是指通过动孢子进行的孢子生殖;有性生殖方式则为配子生殖。衣滴虫的游动、有性生殖和融合等行为都有赖于某些类似激素具有调节作用的物质(定性素、配子激素)。衣滴虫生长在土壤、淡水池塘、肥料污染的沟渠中,常使水变成绿色。

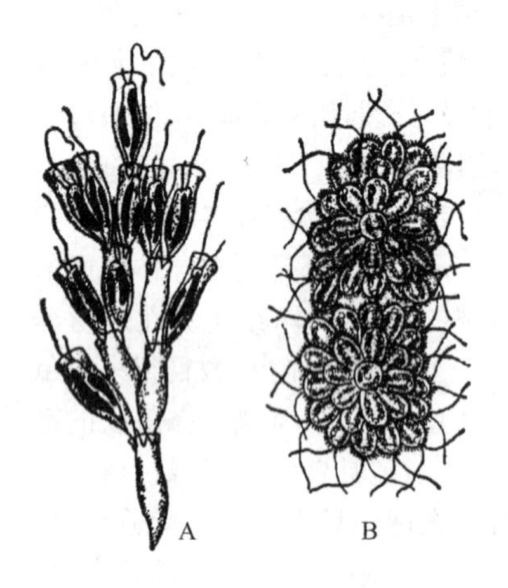

图 1-10 两种淡水鞭毛虫
A. 钟罩虫 B. 合尾滴虫

(5) 钟罩虫:钟罩虫属金滴虫目(Chrysomonadida),单体或群体,个体呈瓶形、杯形、管形,个别种呈变形虫状。每个个体有1~2 根鞭毛,1~2 个黄色或褐色的色素体,个体外有胶质囊包围或形成外壳。生活于淡水及海水中,大量存在时可使水有鱼腥味(图 1-10)。

2. 动鞭亚纲 动鞭亚纲体内无色素体存在,异养,鞭毛 1 至多根,细胞表面只有细胞膜,营养方式为动物性营养或腐生性营养,以糖原作为其食物的储存物;许多种类营共生或寄生生活,少数种类营自由生活,其中有不少寄生的种类危害人类或成为经济动物。例如,利什曼原虫(*Leishmania*),感染后可引起黑热病,由白蛉子传播;锥虫(*Trypanosoma*),感染后可引起昏睡病;隐鞭虫(*Cryptobia*),常寄生于鱼鳃;披发虫(*Ttrichonympha*),共生于白蚁肠道,使其可以消化木材的纤维素。动鞭亚纲包括领鞭毛目(Choanoflagellida)、根足鞭毛虫目(Rhizomastigida)、动质体目(Kinetoplastida)、曲滴虫目(Retortamonadida)、双滴虫目(Diplomonadida)、毛滴虫目(Trichomonadida)和超鞭毛目(Hypermastigida)。下面介绍几种常见的动鞭亚纲动物。

(1) 利什曼原虫:利什曼原虫属于动质体目(Kinetoplastida),具有 1~2 根鞭毛,该属所有的种类都有一动质体,常与根丝体相连,根丝体中含有 DNA,位于大而延伸的线粒体内,身体一侧有波动膜。生活史有前鞭毛体(promastigote)和无鞭毛体(amastigote)两个时期。前鞭毛体寄生于节肢动物(白蛉)的消化道内,无鞭毛体寄生于哺乳动物或爬行动物的细胞内,通过白蛉传播。对人和哺乳动物致病的利什曼原虫包括:杜氏利什曼原虫(*Leishmania donovani*)可引起人体内脏利什曼病(图 1-11);热带利什曼原虫(*Leishmania tropica*)和墨西哥利什曼原虫(*Leishmania mexicana*)可引起皮肤利什曼病;巴西利什曼原虫(*Leishmania araziliensis*)引起黏膜皮肤利什曼病等。我国五大寄生虫病之一的黑热病是由杜氏利什曼原虫引起的。杜氏利什曼原虫的无鞭毛体主要寄生在人体的肝、脾、骨髓、淋巴结等器官的巨噬细胞内,常引起全身症状,如发热、肝脾肿大、贫血、鼻出血等。在印度,患者皮肤上常有暗的色素沉着,并有发热,故又称 Kalaazar,即黑热的意思。黑热病的致病力较强,很少能够自愈,如不治疗患者常因并发症而死亡。新中国成立前,我国黑热病患者较多,主

要集中于长江以北广大地区。新中国成立后，通过在各流行区建立专门的防治机构，发动群众从治病、消灭病犬和白岭子3个方面进行防治，现已在全国范围内基本上控制了黑热病的流行。

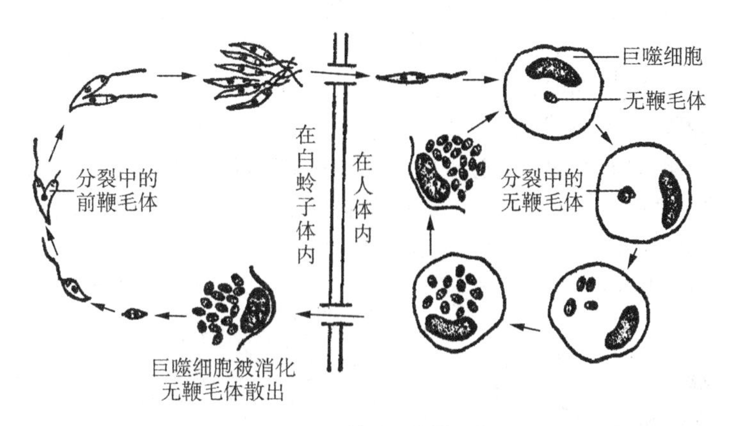

图1-11 杜氏利什曼原虫

(2) 锥虫：锥虫是动质体目锥虫科锥虫属的统称。锥虫(图1-12)身体呈柳叶状，细胞核1个，繁殖方式为二分裂，主要通过胞饮作用从宿主获得营养，是一类寄生在血液中的鞭毛虫。运动胞器是位于体表的一根鞭毛，鞭毛与虫体之间连成波动膜，借以增强在黏滞性较高的血液中的活动能力。动基体是锥虫体内的特殊细胞器，位于体内唯一的线粒体内，含有丰富的DNA，称为动基体DNA(KDNA)，能自我复制，动基体的确切功能至今仍不明。锥虫的种类多，能够寄生在各种脊椎动物(鱼类、两栖类、爬行类、鸟类和哺乳类)的血液和组织液中，个别种类如枯氏锥虫还可寄生在人的细胞内。除马媾疫锥虫是通过交媾直接传播外，所有寄生于脊椎动物体内的锥虫均要依赖某些昆虫(如采采蝇等)进行传播。含有锥虫的脊椎动物血液被媒介动物吸食后，锥虫在媒介动物消化道中由于生活环境的改变，需要依次经过无鞭毛体或前鞭毛体、上鞭毛体和后循环锥鞭毛体几个不同的发育阶段。在媒介动物中的这种后循环锥虫对宿主才有感染力。当媒介动物再次叮咬宿主时，便把后循环锥虫输入宿主体内。伊氏锥虫在媒介动物消化道中不进行任何发育，靠媒介在吸血后短时间内可进行机械传播。锥虫属的所有种类均可在体外连续培养，是人和家畜重要的寄生虫之一。按其传播方式，锥虫可分为两大类：①粪便型，后循环锥虫经被其污染的粪便传播；②唾液型，后循环锥虫经唾液传播。对人有严重致病作用的锥虫有3种：罗得西亚锥虫、冈比亚锥虫和枯氏锥虫。前两者主要流行于非洲各地，引起所谓非洲睡眠病；后者主要分布在南美洲(特别是巴西)，引起美洲锥虫病，即夏格病，我国至今还没有发现人体锥虫的病例。对家畜有严重致病作用的锥虫有布氏锥虫、活泼锥虫、刚果锥虫、伊氏锥虫和马媾疫锥虫等。前3种主要流行于非洲，我国目前尚无记载；伊氏锥虫在我国分布甚广，牛、马感染的伊氏锥虫病即所谓苏拉病，在我国南方各省流行相当严重，常造成大批家畜死亡。由于锥虫存在抗原变异的特性，所以至今仍未获得有效的疫苗。寄生家畜的布氏锥虫和寄生鼠的路氏锥虫还是实验室常用的研究材料。

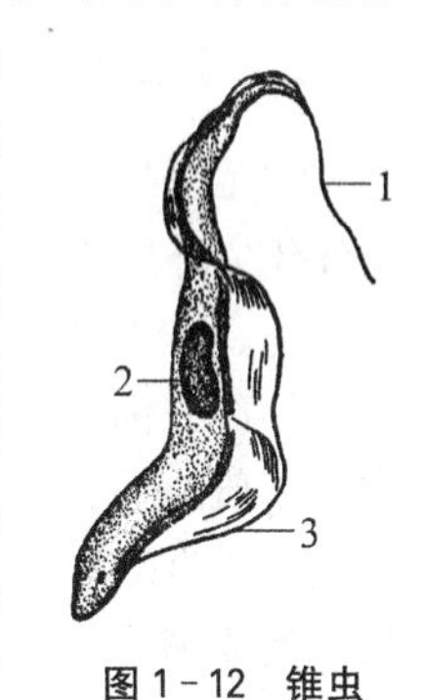

图1-12 锥虫
1. 鞭毛，2. 核，3. 波动膜

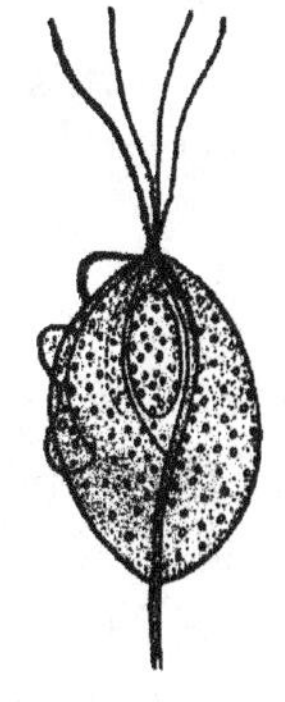

图1-13 阴道毛滴虫

(3) 毛滴虫：毛滴虫(*Trichomonas vaginalis*)属于毛滴虫目(Trichomonadida)，是寄生在人体阴道和尿道的鞭毛虫，主要引起滴虫性阴道炎和尿道炎，是以性传播为主的一种传染病(图1-13)。毛滴虫活体呈体态多变，固定染色后身体呈梨形，无色透明，有折光性，长为 10～30 μm，胞质内有深染的颗粒，为该虫特有的氢化酶体。前端有 1 个泡状核，核上缘有 5 颗排列成环状的基体，由此发出 5 根鞭毛，其中 4 根前鞭毛（与虫体等长）和 1 根后鞭毛。1 根轴柱，纤细透明，纵贯虫体，自后端伸出体外。体外侧前 1/2 处，有一波动膜，其外缘与向后延伸的后鞭毛相连。虫体借助鞭毛摆动前进，以波动膜的波动做旋转式运动，活动力强。虫体以纵二裂法繁殖。生活史仅有滋养体阶段而无包囊阶段。滋养体主要寄生于女性阴道，尤以后阴道穹窿处多见，有时可侵入尿道。男性感染者一般寄生于尿道、前列腺，也可侵及睾丸、附睾及包皮下组织。滋养体既是繁殖阶段，也是感染和致病阶段，常通过直接或间接接触的方式在人群中传播。

(4) 披发虫：披发虫属于超鞭毛目（Hypermastigida）。超鞭毛目是动鞭亚纲中结构最复杂的一类，虫体鞭毛数目极多，成束排列或散布在整个体表，是白蚁、蜚蠊及一些以木质纤维为食昆虫的消化道内共生的鞭毛虫。共生时，宿主为超鞭毛虫提供食物及居住场所，超鞭毛虫则可把宿主肠道内的纤维素分解成可溶性的糖，以供宿主吸收。杀死宿主肠内共生的超鞭毛虫后，宿主则不能利用木质，以致被饿死。昆虫如果由于脱皮而失去共生的鞭毛虫，可以通过取食鞭毛虫的包囊，或者通过舔食同类昆虫的粪便即可重新获得它们。所以超鞭毛虫的生活史常与宿主脱皮激素产生的周期相关。另外，超鞭毛虫是动鞭亚纲中唯一被证明具有有性生殖的种类。除寄生在白蚁肠道中的披发虫外，还有寄生于蜚蠊肠道内的缨滴虫（*Lophomonas*）（图 1-14）。

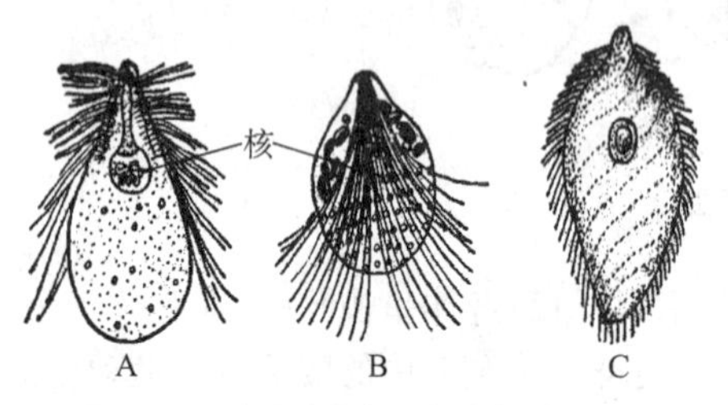

图 1-14　寄生在白蚁肠中的鞭毛虫代表

A. 披发虫　B. 裸冠鞭毛虫　C. 脊披发虫

二、肉足纲

肉足纲最典型的特征是具有运动和摄食功能的伪足。体表仅有极薄的细胞质膜，细胞质常明显分化为外质与内质。外质在质膜之下，无颗粒，均匀透明；外质之内是内质，具有颗粒，有细胞核、伸缩泡、食物泡等，能流动。内质可分为两部分，处在外层相对固定的部分称为凝胶质，在其内部呈液态的部分称为溶胶质。虫体依靠两者的相互转化完成变形运动。虫体有裸露，有具石灰质、矽质或几丁质的外壳。繁殖为二分裂，少数种类具有性生殖，包囊形成普遍。生活于淡水或海水中，也有些寄生生活。肉足纲动物已发现 8 000 多种，根据伪足形态分为 2 个亚纲：根足亚纲（Rhizopoda）和辐足亚纲（Actinopoda）。

(一) 主要特征

肉足纲虫体的细胞质可以延伸形成伪足，伪足是其运动和取食的细胞器。体表具有一层很薄的细胞膜，使虫体有很大的弹性，可以改变虫体的形状并做变形运动（amoeboid movement）。多数种类营单体自由生活，少数种类营群体生活，在淡水、海水中均有分布，极少数种类营寄生生活。肉足纲结构简单，细胞器较少，许多种类有复杂的"骨骼"结构，均为异养，生活史中出现带鞭毛的配子时期。

1. 一般形态　许多肉足纲动物的体形不固定，体表有一层很薄的细胞膜，如大变形虫（*Amoeba proteus pallas*）。虫体可以不停地变换形状，虫体的任何部位都可以延伸形成伪足，伪足伸出的方向代表身体临时的前端，由于可以不断地伸出新伪足，所以体形是不固定的。大变形虫的伪足粗短，末端较钝，其中包含有流动的细胞质，这种伪足称为叶型伪足（lobopodium）。在光学显微镜下，虫体可以明显地分成无色透明的外质（ectoplasm）和具有颗粒、不透明的内质（endoplasm），内质中含有伸缩泡、食物泡及大小不等的颗粒物质。大变形虫的细胞核呈圆盘形，通常位于身体中央的内质中。肉足纲许多种类的结构，均较裸露的变形虫复杂，虫体的表面可以由不同物质形成不同形状的外壳或内壳。有的种类细胞表面可分泌黏液，并黏着细砂粒，构成砂质壳，如砂壳虫

(*Difflugia*);或由细胞质分泌几丁质,构成几丁质外壳,如表壳虫(*Arcella*)等;或由细胞质分泌碳酸钙,形成单室或多室的钙质壳并排列成各种形态,如有孔虫类(*Foraminiferida*)。有的种类可形成硅质的壳,或者是硅质外壳,如鳞壳虫(*Euglypha*);或者是硅质内壳,位于细胞质内,称为中心囊,如太阳虫类(*Haliozoa*)(图 1-15)。还有的种类能够向体外伸出长的骨针,如放射虫类(*Radiolaria*)。伪足的形态多种多样,大变形虫成叶型伪足,是由外质与内质共同形成。一些有壳变形虫类(*Testacea*)的伪足细长,末端尖,仅由外质构成,称为丝型伪足(filopodium);有孔虫类的伪足也细长如丝,但随后伪足又分枝,分枝再相互连接形成网状或根状,称为根型伪足(rhizopodium);太阳虫类及放射虫类伪足也细长如丝,伪足内有一束微管构成轴杆,起支持作用。伪足的表面是一薄层原生质,常黏着些颗粒,必要时伪足可缩短或撤回,称为轴型伪足(axopodium)。

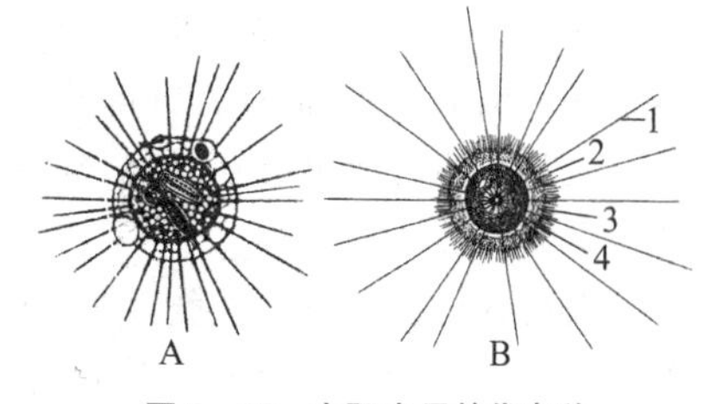

图 1-15 太阳虫目的代表种

A. 辐射虫 B. 太阳虫

1. 轴足, 2. 刺, 3. 皮质, 4. 髓质

2. *运动* 肉足纲动物的运动细胞器是伪足,通常所说的“变形运动”是指叶型伪足的运动方式。大变形虫体表有一层极薄的细胞膜,细胞质区分成外质与内质,内质又可分为固态的凝胶质(plasmagel)和液态的溶胶质(plasmasol)。大变形虫运动时,虫体后端的凝胶质由于蛋白质的收缩而产生液体压力,迫使溶胶质向前流动,同时伸出伪足。伪足的顶端形成透明层(hyaline layer),流到前端后压力减少,凝胶质变薄,透明层区的溶胶质又由前向后回流,溶胶质又变成了凝胶质,身体后端的凝胶质也部分液化形成了溶胶质,如此反复形成了变形运动。关于变形运动的机制,有人用电镜观察变形虫的切片,发现其中包含有粗、细两种微丝,其长度分别为 16 nm 和 7 nm,类似于脊椎动物横纹肌的粗肌球蛋白丝和细肌动蛋白丝。肌肉的收缩是由 ATP 提供能量靠肌动蛋白丝在肌球蛋白丝上的滑动而进行,变形虫的运动可能也是靠伪足内肌丝的滑动而进行。丝型、根型及轴型伪足,由于仅由外质组成,或伪足中具轴杆,其运动方式不同于叶型伪足。在光学显微镜下借助于伪足内颗粒的流动,可以看到原生质在伪足内沿两个相反的方向流动:在伪足的一侧由基部向端部流动;另一侧则由端部向基部流动。底栖生活的种类,靠伪足拖曳身体向前爬行。完全漂浮的种类在水中的垂直运动是通过增加或减少外质的泡化,内质中油滴的改变而进行调节。水平方向的运动借助于水流或风力,其伪足主要不是为了运动,而是作为取食的细胞器,轴型伪足的延伸及收缩在运动中仅起辅助作用。

3. *营养* 肉足纲动物中除了寄生生活的种类营腐生性营养之外,其他种类都营动物性营养。动物性营养种类取食的食物包括细菌、藻类、其他原生动物,甚至小型的多细胞动物。具有不同伪足的种类取食的方式不同。具有叶型伪足的种类取食时,靠伪足在食物周围呈杯形包围,伪足逐渐向食物四周延伸靠拢,直至把食物完全包围在原生质内形成食物泡,食物泡内含有一定量的水分,使食物悬浮在水中。具丝型伪足的种类取食时,伪足紧贴食物进行包围,食物泡中不含水分。在根型及轴型伪足的种类,当伪足接触到食物时,立刻被伪足表面的颗粒黏着,并迅速被表面的黏液膜包围。黏液膜中含有溶酶体,溶酶体能麻醉及消化捕获物,形成食物泡后再进入虫体的细胞质中,食物泡是肉足纲临时的消化细胞器,内质分泌的酸及各种消化酶注入其中进行食物的分解与消化。具有中心囊的种类,食物泡是在囊外的原生质中进行消化,不能消化的食物残渣随原生质的流动被留在身体后端,最后通过细胞膜排出体外,食物残渣被排出的过程称为排遗。

4. *生殖与生活史* 无性生殖是肉足纲动物的主要生殖方式,主要行二分裂或复分裂。不同种类的分裂方式不同:裸露变形虫的无性生殖就是细胞的有丝分裂。有壳变形虫分裂时先由壳口流出部分的细胞质,在壳外形成一个新壳,新壳初步形成后,细胞质与细胞核再进行有丝分裂,生出各自失去的部分,最后形成两个新个体,其中一个新个体具有原来的壳,另一个新个体的壳是新形成的，如鳞壳虫。放射虫的无性生殖类似于有壳变形虫：一个新个体接受原来的中心囊，另一个新个体重新形成中心囊，而其骨针部分或是分配到2个子细胞，或一个子细胞重新形成骨针。一些多核太阳虫及多核变形虫行复分裂，分裂时每个细胞核周围围有一部分细胞质，最后母细胞破裂形成许多新个体。

肉足纲动物的有性生殖，除了裸露的变形虫尚不清楚之外，其他各个目的动物都是存在的。如太阳虫(*Actinophrys*)行有性生殖时，轴足缩回，虫体形成包囊，在包囊内进行细胞分裂，形成2个子细胞，以后2个子细胞各自进行减数分裂(meiotic)，分裂时涉及细胞核，染色体的数目由44减少到22，随着成熟分裂，1个子细胞核的内含物作为极体被抛出，每个子细胞只有1个核发育成配子核，然后2个子细胞的配子核融合形成合子核，染色体的数目又回到44个，最后形成一个新个体。在大多数多壳室的有孔虫具有二态现象(dimorphism)，即有两种形态的个体。一种形态为小球型，即具有小的胚室(proloculum)，小球型体内含有多核，以无性生殖方式产生许多个体。此时的个体具有大的胚室，因此称为大球型。大球型成熟后能够产生许多具有双鞭毛的游动配子。当不同个体的配子结合时又形成了结合子，由结合子再发育成小球型个体完成生活史，所以小球型称为无性世代，大球型称为有性世代。无性世代与有性世代交替进行，称为世代交替现象(metagenesis)。单壳室的有孔虫的生活史及生殖方式与多壳室种类相同，只是大球型与小球型在胚室形态上没有区别。

5. 水分调节　肉足纲动物淡水生活的种类都有伸缩泡，但在海洋生活及寄生生活的种类一般都没有。伸缩泡的数目1个到许多个，伸缩泡水分的排出可以发生在体表的任何部位，变形虫仅有1～2个伸缩泡，可随原生质的流动而收集体内过多的水分并将其排出体外，以维持体内水分的平衡。

6. 行为　肉足纲动物对外界环境中的刺激能产生一定的行为反应，刺激包括接触、热、光、温度、化学等多个方面。变形虫身体的任何一点接触到固体物质的刺激，会立刻改变运动的方向。悬浮生活的种类遇到固体物质又立刻伸出伪足，直到爬上固体物；适当的温度促使变形虫加快运动，过高或过低的温度又会抑制它的运动。适当的光线刺激引起被刺激部位的溶胶质凝胶化，并增加局部凝胶质的弹性；任何微量的化学物质的刺激都会使它们产生逃避运动。如果将变形虫由培养液中移入清水，它会很快变成放射状，当清水中加入适量的氯化钠后，体形又恢复正常。总之，变形虫对刺激产生的反应是逃避性的，称为负趋性(negatively taxis)；产生的反应是趋向性的，称正趋性(positively taxis)。肉足纲动物没有感觉细胞器，所产生的行为反应，说明原生质对环境刺激具有应激性。

肉足纲的主要特征总结

(1) 具有司运动和摄食功能的伪足。
(2) 体表有极薄的质膜，有些种类具有壳。
(3) 吞噬型营养，通过吞噬作用和胞饮作用完成。
(4) 多行二分裂生殖，包囊形成极为普遍。

(二) 分类

根据伪足的不同可将肉足纲分为两个亚纲，肉足纲的各代表见图1-16。

1. 根足亚纲　根足亚纲动物的伪足为叶型、丝型及根型，但无轴型，在淡水或海水中生活，极少数寄生于昆虫、脊椎动物及人体消化道内。有些种类自由生活，有些种类营寄生生活。

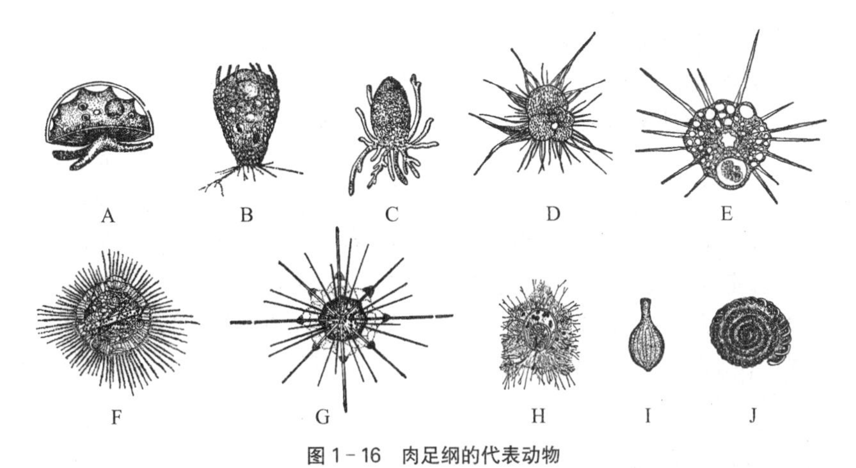

图 1-16　肉足纲的代表动物

A. 衣壳虫　B. 鳞壳虫　C. 沙壳虫　D. 球房虫　E. 放射太阳虫　F. 艾氏辐球虫　G. 等辐骨虫　H. 环骨虫　I. 瓶虫　J. 纺锤虫

常见种类包括：各种变形虫、表壳虫(*Arcella*)、砂壳虫(*Difflugia*)、球房虫(*Globigerina*)和有孔虫(*Foraminifer*)。

(1) 变形虫目(Amoebina)：变形虫目动物身体裸露、体形随原生质流动而改变，同时形成叶型伪足，包囊形成普遍。多数种类生活于淡水，少数生活于海洋，极少数变形虫寄生于无脊椎动物及脊椎动物体内，常见种类包括：大变形虫(*Amoeba proteus*)、棘变形虫(*Acanthamoeba*)、哈氏变形虫(*Hartmannella*)及寄生于白蚁及蜚蠊体内的内变形虫(*Endamoeba*)和寄生于人体肠道内的痢疾内变形虫(*Entamoeba histolytic*)。

大变形虫：大变形虫生活在田边水沟、清水池塘或水流缓慢且藻类较多的浅水中，通常在浸没于水中的植物或其他物体上可以找到。大变形虫(图 1-17)是变形虫中最大的一种，直径 200～600 μm，能够不断改变身体形状，结构简单。变形虫在运动时，其体表任何部位都可形成暂时性的细胞质突起，称为伪足，它是变形虫的运动和摄食胞器。伪足形成时，外质向外凸出呈指状，内质流人其中，即溶胶质向运动的方向流动，流动到临时的突起前端后，即向外分开，接着变为凝胶质，同时后边的凝胶质马上转变为溶胶质。凝胶质与溶胶质相互转变，虫体向伪足伸出的方向移动，这种现象叫做变形运动。当变形虫遇到单胞藻类、小的原生动物等食物时，即伸出伪足进行包围(吞噬作用)，形成食物泡，与质膜脱离，进入内质中。随着内质的流动，食物泡和溶酶体融合，由溶酶体所含的各种水解酶消化食物，已消化的食物进入周围的细胞质中。不能消化的物质，随着变形虫的前进，则留于虫体后端，最后通过质膜排出体外，这种现象称为排遗。变形虫还能摄取一些液体物质，就像饮水一样，这种现象称为胞饮作用。在内质中有一个泡状结构的伸缩泡，可以有节律地膨大和收缩，排出体内多余的水分及部分代谢废物，以调节水分平衡。由于细胞质与海水等渗，海水中的变形虫一般没有伸缩泡，而呼吸作用所需的氧气和排出二氧化碳主要通过体表进行。变形虫的无性生殖方式主要是二分裂生殖。二分裂是典型的有丝分裂，分裂时细胞核先分裂为两个相等的部分，然后细胞质一分为二，质膜收缩，最终分成两个新个体。变形虫在不良环境条件下能形成包囊，在包囊中仍能进行分裂繁殖，当环境适宜时，虫体破囊而出，进行正常生活。

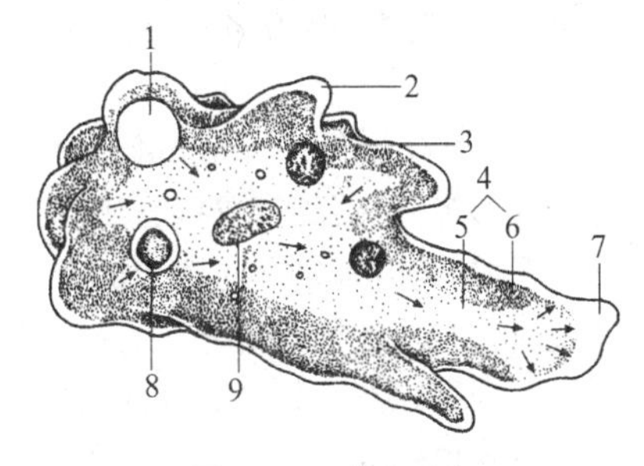

图 1-17　大变形虫

1. 伸缩泡，2. 外质，3. 质膜，4. 内质，5. 溶胶质，6. 凝胶质，7. 伪足，8. 食物泡，9. 细胞核

痢疾内变形虫：痢疾内变形虫又称溶组织阿米巴，寄生在人的肠道里，能溶解肠壁组织引起阿米巴痢疾。痢疾内变形虫的形态按其生活史可分为3型：大滋养体、小滋养体和包囊。滋养体(trophozoite)一般是指原生动物摄取营养阶段，能活动、摄取养料、生长和繁殖，是寄生原虫的寄生阶段。包囊是指原生动物不摄取养料阶段，其周围有囊壁包围，具有抵抗不良环境的能力，是寄生原虫的传播感染阶段。包囊中有4个核，当人误食了包囊之后，在人小肠内包囊破裂，4个细胞核释放出来，形成小滋养体；小滋养体在肠腔中以细菌为食，行无性繁殖形成更多的小滋养体或大滋养体。大滋养体侵入肠壁，溶解肠组织，吞噬组织和红细胞，造成肠壁脓肿，大便脓血，称为阿米巴痢疾或赤痢。大滋养体还可侵入肝、脑、肺等器官，并造成该器官的脓肿，并发炎症，在肠内只有小滋养体可以形成包囊，随宿主粪便排出体外，进行传播(图1-18)。

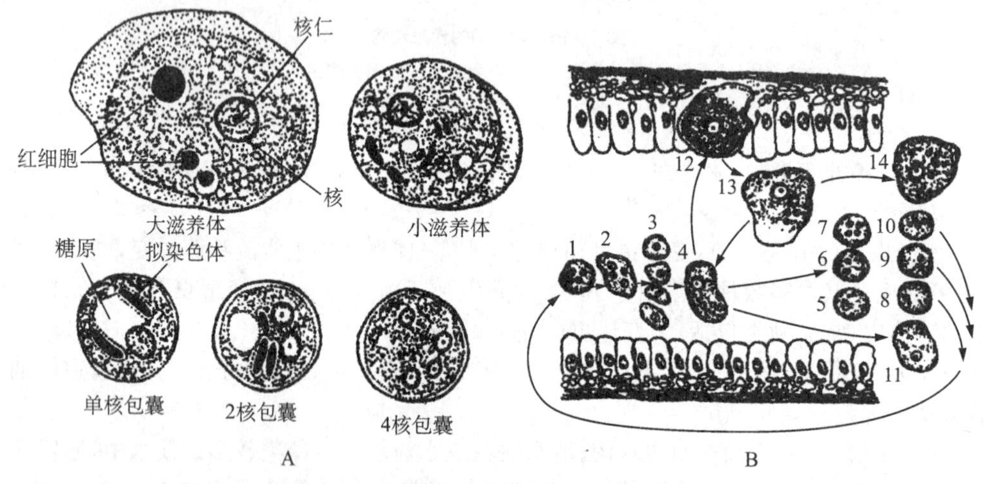

图1-18 痢疾内变形虫的形态(A)及生活史(B)

1. 进入人肠的4核包囊，2～4. 小滋养体的形成，5～7. 含1,2,4核包囊，8～10. 排出1、2及4核包囊，11. 从人体排出小滋养体，12. 进入组织的大滋养体，13. 大滋养体，14. 排出的大滋养体

(2) 有壳目(Testacea)：有壳目动物体外具有拟壳质或几丁质构成的单室壳，或者体外有黏液黏着砂粒等外来物后形成的砂质壳。壳的一端具有大孔，叶型或丝形伪足由此孔伸出。无性生殖是横二分裂或纵二分裂；有性生殖是配子呈变形虫状的异配生殖。包囊现象普遍，主要分布在海水、淡水、潮湿土壤的表面。常见的代表种类有：表壳虫(*Arcella vulgaris*)，壳半圆形、黄褐色，虫体能够伸出原生质丝用以将虫体固着在壳内；鳞壳虫(*Euglypha strigosa*)，壳上伸出长刺，由硅质板组成；砂壳虫(*Difflugia oblonga*)是由胶质黏合外来砂粒形成壳，壳内虫体的结构与变形虫相似。

(3) 有孔虫目(Foraminiferida)：有孔虫目动物壳的形状多种，有节房虫形、圆线形、球形、瓶形及螺旋形等，是碳酸钙或拟壳质构成的单室壳或多室壳(图1-19)。多室壳是由胚壳室按一定方向排列形成，壳内各室之间由上面有小孔的钙质板相隔，壳室内的原生质通过小孔彼此相连。壳室的外表面包有一层极薄的外质，壳内的细胞质中含有1个至多个细胞核，通过壳口及壳外的原生质伸出根型伪足。有人估计有孔虫有2万种之多，绝大多数为海洋底栖或漂浮生活，其壳及尸体在海底形成有孔虫软泥，覆盖了全世界海洋的1/3海底，深度约在4 000 m之内，如球房虫(*Globigerina*)等；极少数生活在淡水中，如网足虫(*Allogromia*)。

2. 辐足亚纲　辐足亚纲动物具轴型伪足，身体多呈球形，多营漂浮生活，生活在淡水或海水中。

(1) 太阳虫目(Heliozoa)：太阳虫目动物体呈球形，主要营淡水漂浮生活，具轴型伪足，由球形身体周围伸出、较长，内有轴丝，伪足上有成排的颗粒，是捕食细胞器。细胞质可以明显地分为高

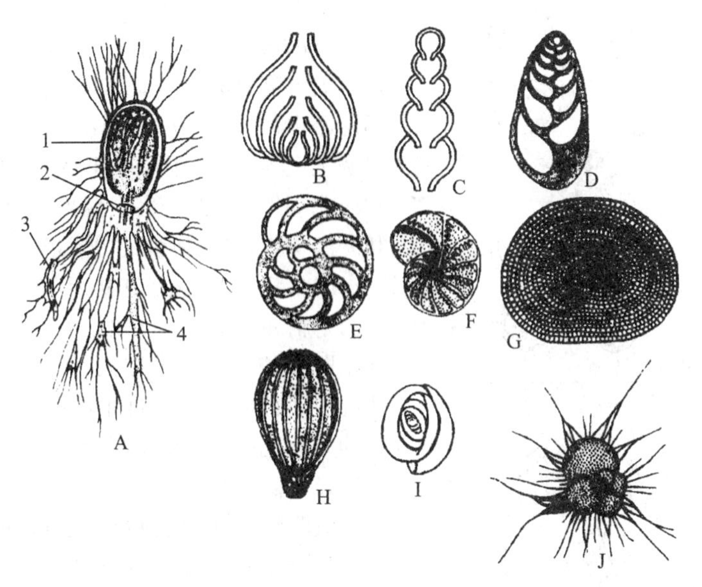

图 1-19 有孔虫目的虫体结构及壳室

A. 异网足虫 B,C. 节房虫形 D. 织虫形 E, F. 螺旋形 G. 圆线形 H. 瓶形 I. 粟孔虫形 J. 球房虫
1. 壳, 2. 壳孔, 3. 食物, 4. 网状伪足

度泡化的外层和具颗粒的致密的内层,外层中含有 1 至数个伸缩泡,内层中具有食物泡和细胞核以及共生的藻类等。一些种类还有拟壳质的囊包围在虫体之外,是浮游生物的组成部分,也是海洋动物的天然饵料。常见的种类有:辐射虫(*Actinosphaerium*)、太阳虫(*Actinophrys*)等。

(2) 放射虫目(Radiolaria):放射虫目动物伪足轴形或丝形,身体呈球形放射状,多数种类具有矽质骨骼,骨骼是由虫体的中央向四周伸出放射状的长骨针和外表硅质或硫酸锶质的网格壳共同构成。在内、外细胞质之间有 1 个几丁质或拟壳质的中央囊,囊外部分具有黏着物质包围形成的许多大的充满黏液的黏泡,用以增加虫体浮力,使虫体适应于漂浮生活,囊外部分具有营养功能;中心囊上有小孔,使内、外的原生质可以相互沟通;在囊内有一或多个细胞核,有生殖功能。放射虫是古老的动物类群,虫体最大直径可达 5 mm,当虫体死亡之后,其骨骼能形成海底放射虫软泥。代表种包括:等棘虫(*Acanthometra elasticum*)、锯六锥星虫(*Hexaconus serratus*)和等辐骨虫(*Acanthometron*)。

三、孢子纲

孢子纲动物全部营寄生生活,没有运动细胞器,只在生活史中的特定阶段具有伪足或鞭毛,异养,多具有顶复合器结构,宿主 1~2 个,生活史包括裂体生殖和孢子生殖,有世代替现象。分布广,约有 3 500种,常见的包括:疟原虫(*Plasmodium*)、球虫(*Eimeria*)、焦虫(*Piroplasmia*)、碘孢虫(*Myxobolus*)等。

(一) 主要特征

(1) 无运动胞器,裂殖体具与虫体侵入宿主细胞有关的顶复合器。

(2) 全营寄生生活,多为细胞内寄生,一般缺乏摄食胞器,渗透性营养。

(3) 生活史复杂,有世代交替,裂体生殖、配子生殖和特有的孢子生殖。

(二) 常见种类

1. *疟原虫* 疟原虫能引起疟疾,发作时,患者的症状为在一定的间隔时间内发冷、发热,俗称“打摆子”、“发疟子”。疟疾为我国五大寄生虫病之一。疟原虫有 100 多种,寄生在脊椎动物身体中,

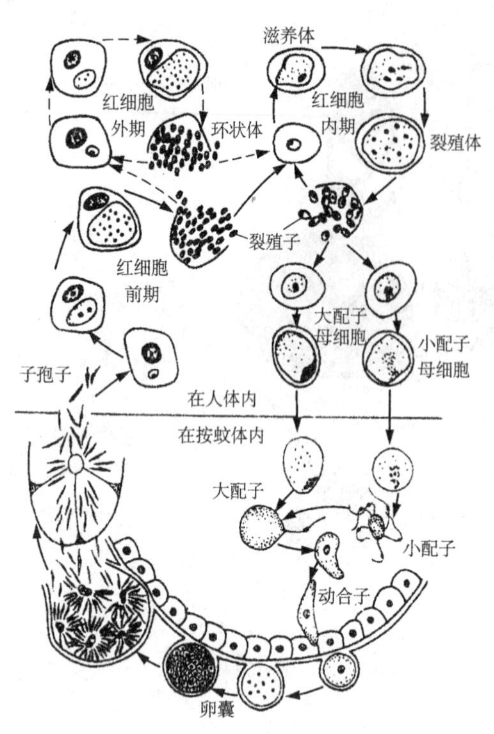

图 1-20　间日疟原虫的生活史

其中寄生在人体的疟原虫主要有 4 种:间日疟原虫(*Plasmodium vivax*)、三日疟原虫(*Plasmodium malaria*)、恶性疟原虫(*Plasmodium falciparum*)和卵形疟原虫(*Plasmodium ovale*)。疟原虫的分布很广,遍及全世界。在我国,间日疟主要发生在华北、东北和西北等地区;恶性疟主要发生在云南、贵州、四川和海南一带,过去所说的"瘴气",实际上就是恶性疟。

间日疟原虫生活史复杂,有世代交替现象。其有两个宿主,即人和按蚊。无性世代及有性时期的开始即配子体的形成在人体内,有性世代在雌按蚊体内。间日疟原虫通过中间宿主按蚊传播,使被感染的人患疟疾。其生活史分为 3 个时期(图 1-20)。

(1) 裂体生殖:①红细胞前期:当感染了疟原虫的按蚊叮咬人时,疟原虫的子孢子随唾液被注入人体。随着血液流动,子孢子首先侵入肝细胞,在肝细胞内发育为滋养体,然后进行裂体生殖。细胞核经过多次分裂,形成裂殖体,细胞质和细胞膜再分割并包围每个核,从而产生大量裂殖子。裂殖子使肝细胞破裂,逸出肝细胞后进入血液。这一时期需 8～9 天,是该病的潜伏期。②红细胞内期:间日疟原虫的裂殖子形成后,入侵红细胞,首先以血红蛋白为养料,体积逐渐增大,成为中央有一空泡、核偏在一侧的环状滋养体(环状体),接着进一步发育,成为可伸出伪足的大滋养体。成熟的大滋养体几乎占满了红细胞,疟原虫再进行裂体生殖,形成多个裂殖子,裂殖子成熟后,红细胞膜破裂,无法利用的血红蛋白分解,其颗粒产物沉积在红细胞中,称为疟色素。裂殖子则侵入其他红细胞,重复进行裂体生殖,使大量红细胞破坏,造成贫血,这段时期称为红细胞内期。由于大量红细胞破裂及裂殖子的代谢产物释放到血液中,引起人生理上的一系列反应,临床表现为高热、寒战交替出现的症状。每个裂殖子从进入红细胞内到形成新裂殖子的时间周期为 48 小时,故称之为间日疟原虫。③红细胞外期:间日疟原虫在红细胞前期成熟后,胀破肝细胞,散发到体液和血液中,一部分裂殖子被人体中的吞噬细胞吞噬掉,一部分侵入红细胞,进入红细胞内期,还有一部分又继续侵入其他肝脏细胞,由于此时红细胞内已有疟原虫,故称红细胞外期。红细胞外期的存在是疟疾复发的根源。

(2) 配子生殖:间日疟原虫红细胞内期的裂殖子经过数次裂体生殖后,或机体内环境对疟原虫不利时,一部分裂殖子侵入红细胞后不再进行裂体生殖,而是发育成为大、小配子母细胞。大、小配子母细胞在人体血液中可存活 30～60 天。如果遇到其他按蚊叮咬这位患者,大、小配子母细胞可随人的血液进入按蚊胃中,分别发育成熟。大配子母细胞较大,比正常的红细胞大 1 倍,成熟后称为大配子(macrogamete),其形态变化不大;小配子母细胞较小,细胞核分裂成数小块移动到细胞周缘,同时胞质活动,由边缘突出 4～8 条活动力很强的毛状细丝,每个核进入到一个细丝体内,之后鞭毛状细丝一个个脱离下来形成小配子(microgamete)。大、小配子在蚊胃腔中结合形成合子(zygote)。合子逐渐长大,能蠕动,称为动合子(ookinate)。

(3) 孢子生殖:动合子穿入蚊胃壁,定居在胃壁基膜与上皮细胞之间,体形变圆,外层分泌囊壁,发育形成卵囊。卵囊在一只蚊的胃壁上可有一至数百个。卵囊里的核和胞质经不断分裂形成大量的长梭形子孢子。卵囊随子孢子的成熟而破裂,释放出来的子孢子可以进入到蚊的各组织中,但最多是经血液和淋巴聚集于唾液腺内。1 只蚊子的唾液腺内最多可有 20 多万个子孢子。当按蚊再次叮人时，就将子孢子注入新的宿主体内。

引起疟疾的病原是疟原虫生活史中红细胞内无性增殖期的裂殖体。当成熟裂殖体胀破红细胞时，就向血流中释放出裂殖子、疟原虫的代谢产物，以及红细胞碎片等。其中相当一部分物质被巨噬细胞及多形核细胞吞噬，刺激细胞产生内源性热原质。内源性热原质和疟原虫代谢物共同作用于下丘脑的体温调节中枢，引起发热。疟疾发作周期和红细胞内期的裂体增殖周期一致。因此，间日疟为隔日发作一次，恶性疟初期发作通常隔日一次，其后则发作不规则。

典型的疟疾症状表现为周期性的寒战、发热和出汗退热 3 个连续阶段。疟疾发作数次后，患者继之出现贫血、脾大及凶险型疟疾等。

贫血症状以恶性疟尤为严重，因为恶性疟原虫侵犯各种红细胞，繁殖数量大，破坏红细胞较严重。疟疾引起贫血的原因：①主要是红细胞内期疟原虫直接破坏红细胞；②脾功能亢进，脾中巨噬细胞数量增多，吞噬能力加强，可吞噬受染及正常的红细胞；③骨髓中红细胞的生成障碍；④免疫病理的原因，如抗原-抗体复合物的作用，引起红细胞溶解。

脾肿大的主要原因是充血与淋巴样巨噬细胞增生。如果反复发作或多次感染，则脾大更加明显。

凶险型疟疾症状发生在恶性疟暴发流行时，有时也见于严重的间日疟患者，如脑型疟疾、肾衰竭、重度贫血及严重腹泻等。其中常见的是脑型疟疾，患者高热、昏迷，不及时治疗可致死亡。对于凶险型疟疾的发病机制多数学者支持机械性阻塞学说，即由于内脏(包括脑)微细血管被疟原虫所寄生的红细胞阻塞，导致局部组织缺氧及细胞变性坏死，进而造成全身性的功能紊乱。

疟疾防治原则，应根据疟原虫生活史和流行区实际情况，采用因地因时制宜的综合防治措施。一方面用抗疟药杀灭人体内发育各阶段的疟原虫，防止疟疾发作及控制传染源；另一方面积极开展媒介蚊虫的防治，以控制疟疾的传播。

2. 血孢子虫　血孢子虫在其生活史中有 2 个宿主：裂体生殖时期的宿主是脊椎动物或人(寄生在体内血液中或细胞中)；配子生殖和孢子生殖时期的宿主是吸血的节肢动物(蚊或蜱)。孢子无壳，因为其整个生活史在宿主体内进行，如疟原虫、巴贝斯焦虫(*Babesia*)和泰勒焦虫(*Theileria*)。巴贝斯焦虫和泰勒焦虫对家畜均有危害，可引起家畜患焦虫病。焦虫有许多种，通常寄生在家畜的红细胞内，虫体呈圆形、环形、梨形(单个或成对)等不同形态。不同的家畜各有特定的焦虫致病，彼此互不感染，其中以牛焦虫种类最多，其他家畜的较少，病原体通过硬蜱传播。当被感染的硬蜱吸取家畜血液时，焦虫即可进入家畜的红细胞，或者先进入淋巴细胞和组织细胞中繁殖，再进入红细胞内寄生，然后以成对出芽法或二分裂进行繁殖。当红细胞破裂后，虫体再侵入其他的红细胞，如此反复进行，即可破坏大量红细胞。严重者可造成部分血红蛋白由肾排出，成为血尿。焦虫在蜱体内发育繁殖较复杂，有些具体过程尚不完全清楚或无一致结论。有些种类在蜱内发育一段时间后，一部分虫体侵入蜱的卵巢，随着蜱卵的形成，被包在卵内，并借此传递给下一代，当蜱的幼虫到家畜身体上吸血时又传给家畜。或者不经过卵传递，蜱在幼虫或若虫阶段吸血感染焦虫，焦虫即在蜱体内发育繁殖，等蜱长成若虫或成虫吸血时再传给其他家畜。焦虫对家畜危害较大，死亡率可高达 90%。

3. 球虫　球虫的孢子有厚壁，多在脊椎动物消化器官的细胞内寄生，主要寄生于羊、兔、鸡、鱼等动物体内。据调查，我国至少有 9 种兔球虫，寄生在肝胆管上皮细胞的兔球虫为兔肝艾美球虫(*Eimeria stiedae*)，寄生在兔肠上皮细胞的兔球虫有穿孔艾美球虫(*Eimeria perforans*)等(图 1-21)。它们多混合感染，对家兔危害很大，尤其是对断奶前后的幼兔更为严重，有时可引起家兔大量死亡，对养兔业是很大威胁。除了只寄生在一个宿主体内和卵囊必须在宿主体外进行发育外，生活史与疟原虫的基本相同。兔误食了卵囊(感染阶段)后，子孢子在小肠内从囊内出来，侵入肝胆管的上皮细胞或肠上皮细胞内发育成滋养体，进行裂体生殖。过一段时期后产生大、小配子母细胞，进行配子生殖，形成合子，合子外分泌厚壳，称为卵囊。卵囊随粪便排出体外。在合适的外界条件下

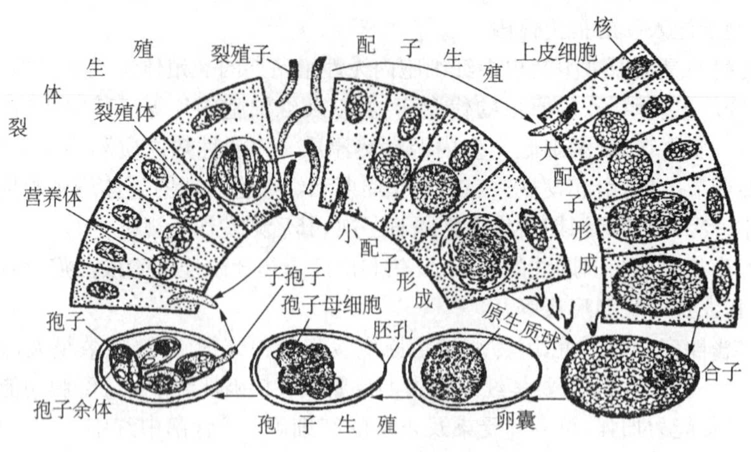

图 1-21 兔肝艾美球虫的生活史

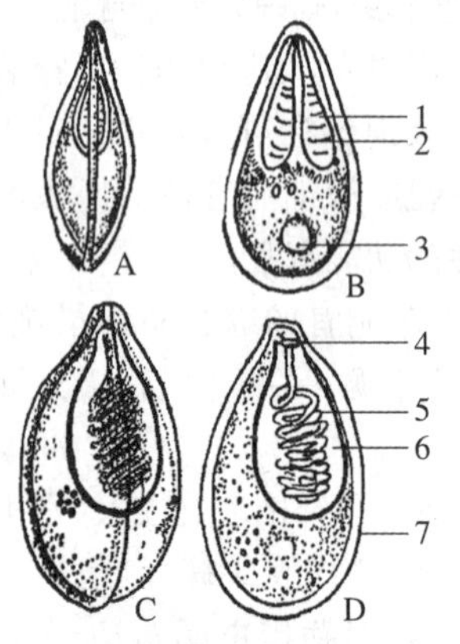

图 1-22 黏孢子虫

A. 碘泡虫的侧面观 B. 碘泡虫的正面观 C. 单极虫的侧面观 D. 单极虫的正面观

1. 极囊，2. 极丝，3. 嗜碘泡，4. 极囊孔，5. 极丝，6. 极囊，7. 孢子壳

卵囊发育，核分裂形成 4 个孢子母细胞，每个孢子母细胞外分泌外壳，成为 4 个孢子，每个孢子内又分裂成为 2 个子孢子，即每个卵囊内有 8 个子孢子。在此阶段的卵囊，如被另一兔吃下就可被感染，或者重复感染。卵囊对外界条件的抵抗力很强，根据实验，用浓度低于 1% 的苯酚（石炭酸）、高锰酸钾、甲酚（来苏儿）以及饱和盐水和碱水等都不能将卵囊杀死，但用 80℃以上水处理可使卵囊迅速死亡，因此用开水洗刷兔笼及用具或用 80℃～100℃高温处理是预防此病的有效措施。

4. 黏孢子虫 黏孢子虫在发育初期，一般为变形虫状，然后行裂体生殖，在宿主的肌肉、皮下、鳃等部位生长发育，刺激寄生组织逐渐形成一小肿瘤，表面看有时如一些大、小白点，在其内发育的很多黏孢子虫，形成很多孢子（图 1-22）。孢子结构复杂，具有 1～4 个极囊和极丝，多半具有 2 个极囊和极丝。当小肿瘤破裂时，其中的孢子逸出，遇到其他宿主，翻出极丝，刺到另一宿主体上，再进行发育，如此传染给另一个体。黏孢子虫种类很多，大部分寄生在鱼类，极少数寄生于两栖、爬行类，如碘泡虫（*Myxobolus*）。寄生的部位也较广，几乎每个器官都能寄生。

四、纤毛纲

纤毛纲是原生动物门中种类最多、结构最复杂的一个纲。纤毛纲动物成体或生活周期的某个时期具有纤毛，以纤毛为其运动及取食的细胞器。纤毛的结构与鞭毛相同，但纤毛较短，数目较多，运动时节律性强。纤毛虫都具有两种类型的细胞核，即大核与小核。大核与细胞的 RNA 合成有关，也称营养核（vegetative nucleus）；小核与细胞的 DNA 合成有关，也称生殖核（reproduction nucleus）。无性生殖为横二分裂，有性生殖为接合生殖（conjugation）。生活在淡水或海水中，也有些营寄生生活。

（一）主要特征

1. 形态与结构 纤毛纲动物是分布极广泛的原生动物，在任何水域，甚至污水沟都有分布。大多数为单体，营自由、共生或寄生生活，少数群体营固着生活。体长为 10 μm～3 mm。体形变化很大，游动的种类身体一般呈长圆形或卵圆形，爬行生活的种类多呈扁平形，营固着生活的种类具有长柄，极少数种类可以分泌黏液或用外来物质黏合形成兜甲。体表细胞膜均为表膜结构，表膜结构为整齐排列的突起及凹陷，在光学显微镜下表膜表现为无数整齐排列的六角形小区。小区的中央即为凹陷部分，称为纤毛囊(ciliary capsule)。由纤毛囊伸出1～2根整齐排列的纤毛。突出部分是由于纤毛基部附近形成的突起状表膜小泡(alveoli)形成，表膜小泡可以增加表膜的硬度和固定纤毛及刺丝泡的位置，有利于体形的维持。表膜外全身或部分具有纤毛或纤毛的衍生物，纤毛与鞭毛的结构相似，也是由典型的“9+2”双联体微管纤维组成。基体位于外质中纤毛的基部，在基体一侧发出1～2条很细小的纤维，称为细动纤丝(kinetodesmal fibril)。细动纤丝前行一段距离之后，与同行其他基体发出的细动纤丝联合，形成一条较粗的纵行的动纤丝(kinetodesmas)，构成纤毛虫的下纤列系统(infraciliature)。下纤列系统为纤毛虫类所特有，在一些成虫期纤毛消失的种类如吸管虫(*Suctorida*)仍保留有下纤列系统。由于纤毛虫类具有乙酰胆碱和乙酰胆碱酯酶，故有人认为下纤列系统具有神经传导和协调纤毛运动的作用。由基体还向深层发出纵行丝，其中含有肌球蛋白及肌动蛋白，纤毛运动的性质与肌肉一样，也是由肌动蛋白丝在肌球蛋白丝上滑动所引起。内质与外质分化明显，外质结构复杂，在外质的深部与纤毛相间排列的是一些棒状或卵圆形小体，垂直于体表，成行排列，称为刺丝泡(trichocyst)。刺丝泡散布整个体表或限制在体表的一定区域。刺丝泡未排放时呈管状或囊状，当遇到各种理化刺激时，囊中的物质排出，由于吸水聚合而成为刺丝，刺丝通常有毒，用以捕获及麻醉其他动物或用于自身防卫。内质中有较多的颗粒，含有食物泡、伸缩泡、细胞核等结构。纤毛根据着生部位及功用的不同分为体纤毛及口纤毛。体纤毛着生在身体表面，作用是运动。在原始的纤毛虫，纤毛是均匀覆盖在整个身体表面，较高等的种类纤毛仅分布在身体的一定区域或纤毛愈合成棘毛(cirrus)(图1-23)。口纤毛着生在口区，成排的纤毛黏着成板状，再由许多纤毛板联合成带状，称为小膜(membranella)，或者由更多的纤毛单行排列成波动膜(undulating membrane)。小膜带或波动膜上纤毛协调摆动，可以收集或传送食物。

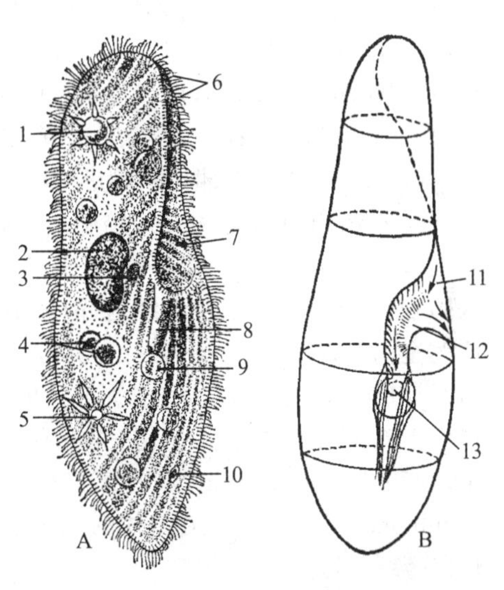

图1-23 草履虫

A. 整体 B. 草履虫的摄食胞器(箭头表示食物流动路线)

1. 伸缩泡，2. 大核，3. 小核，4. 食物泡，5. 伸缩泡，6. 纤毛，7. 口前庭，8. 口腔，9. 食物泡，10. 胞肛，11. 口前庭，12. 口腔，13. 胞口

2. *运动* 原生动物中纤毛虫类的运动是最迅速的，其运动方式主要是划动。每个纤毛在运动时，纤毛伸长，从前向后尽快移动，以产生较大的水的阻力，像船桨一样先产生一次推动运动，然后纤毛弯曲，由后向前恢复到原来的位置并尽量减少水的阻力，如此以推动身体前进。由于纤毛排列紧密，一个纤毛的划动可诱导其邻近的纤毛相随而进行划动，所以纤毛的运动是呈波浪状依次进行，使身体表面的纤毛群呈波浪运动。纤毛运动的方向是倾斜于身体的纵轴，当所有的体表纤毛运动时，会引起虫体旋转前进。前进中如遇到障碍物时，纤毛会产生相反方向的运动，引起身体的倒退。随后纤毛又恢复正常运动，身体又前进。这种现象在草履虫的回避运动或试探性前进中常可看到(图1-24)。纤毛除

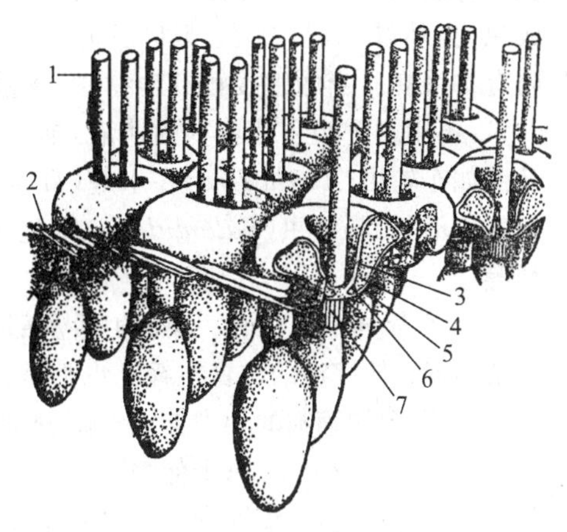

图1-24 草履虫表膜

1. 纤毛，2. 动纤丝，3. 表膜，4. 质膜，5. 刺丝泡，6. 表膜泡，7. 动体

了用以游泳，还可用以爬行及跳跃。例如，游扑虫(*Euplotes*)身体腹面的纤毛愈合成许多用以爬行或步行棘状毛；弹跳虫(*Halteria*)纤毛联合成毛刷状，联合产生爆发式运动，使身体在水中呈跳跃状前进。纤毛除了运动功能之外，也是一种感受器，在运动时具有感觉作用。还有一些纤毛虫，身体的运动是靠肌丝(myoneme)完成的，如一些营固着生活的种类：钟形虫(*Vorticella*)，在身体的基部有长柄，以柄营固着生活，柄的外质中包含有肌丝，肌丝的收缩使柄部缩短；喇叭虫(*Stentor*)，整个虫体的外质中都含有肌丝，围绕口区旋转分布，所以虫体可以全身收缩，或部分收缩而使虫体旋转。

3. 营养　自由生活的纤毛虫类都是动物性营养，能够捕食其他原生动物、腹毛虫、轮虫等小型动物，或者取食悬浮于水中的细菌、有机物颗粒，少数种类可以绿藻及硅藻为食。绝大多数纤毛虫都有胞口、胞咽、纤毛等取食的细胞器，只有极少数种类取食的细胞器次生性退化。纤毛虫类的取食结构在不同的种类有很大的变化，其复杂程度与其在纤毛纲中进化的水平密切相关。在原始的裸口目(Gymnostomata)，胞口位于虫体的顶端或前端，胞咽很不发达，其中有具支持作用的毛状体。庭口目(Vestibulifera)口区的表膜下陷，形成一个前庭(vestibulum)，前庭内只有来自表膜的简单纤毛，胞口位于前庭的底部，其后为胞咽。膜口目(Hymenostomata)前庭底部进一步延伸形成了口前腔(buccal cavity)，前庭及口前腔中是由纤毛联合形成小膜带或波动膜，不再是简单的纤毛。如四膜虫口前腔的右侧有一波动膜，左侧有3个小膜带，草履虫由前庭向后延伸经口前腔再经胞口进入胞咽，共同形成一漏斗形结构，前庭及口前腔中也有波动膜。缘毛目(Peritrich)体纤毛相当退化或完全消失，口纤毛却相当发达，并在虫体的顶端形成大的围口盘。围口盘由两圈纤毛带组成，由纤毛带的起始处进入一细长漏斗形的口前腔，再经胞口到胞咽，如钟形虫。其内层的纤毛带旋转产生水流，外层的纤毛带作为一个滤食器，悬浮在水中的微小食物可以从两纤毛带之间进入口前腔中。旋毛目(Spirotricha)具有高度发达的由许多小膜带联合组成的口旁纤毛列(adoral zone membranelle)，如喇叭虫在身体的顶端形成一个盘状纤毛列，游扑虫在围绕着口前腔形成一个三角形口旁纤毛列。

纤毛纲动物在取食时，都是由口区纤毛的摆动将食物颗粒依次送入前庭、口前腔，胞口再进入胞咽。食物在胞咽的末端形成食物泡，然后离开胞咽进入内质中。食物泡随内质的环流而流动，并同时进行食物的消化，先经过酸性再经过碱性的消化过程以后被吸收，并以糖原及脂肪的形式在内质中储存，不能被消化的食物残渣由固定的胞肛(cytopyge)排出体外。少数纤毛虫如栉毛虫(*Didinium*)可以捕食，捕食时虫体的顶端突出形成吻，口位于吻的前端，当吻接触到草履虫或其他食物时，立刻用吻吸附着捕获物，再用口进行取食。自由生活的足吸管虫(*Podophrya*)成虫时，体纤毛、口纤毛、胞口及胞咽均消失，体表形成多个触手(tentacles)，触手末端呈球形，内有黏液囊。当触手接触到食物时，黏液囊被排出附着在捕获物体表并破坏该处体表形成一个开口，再用触手吸食捕获物的体液，捕获物的原生质被全部吸收后，仅仅留下其表膜。极少数纤毛虫如车轮虫(*Trichodina*)在水螅(*Hydra*)或某些淡水鱼类的体表营共生生活，也有一些种类营寄生生活，如肠袋虫(*Balantidium*)寄生在人体或猪的结肠内，斜管虫(*Chilodonella*)寄生于鱼鳃、鳍等处。

4. 水分调节及排泄　淡水生活及部分海洋生活的纤毛虫以伸缩泡作为身体水分调节及排泄的细胞器。伸缩泡的位置在纤毛虫类是固定的，具有一个伸缩泡的种类，伸缩泡常位于身体的近后端，具有两个伸缩泡的种类伸缩泡则分别位于身体的近前端与近后端，少数种类具有多个伸缩泡。伸缩泡的结构较复杂，每个伸缩泡的周围有6～10个收集管(collecting canals)，收集管的近端膨大并与伸缩泡相连，伸缩泡囊体中央有小孔与外界相通。在电镜下观察，收集管周围的内质中充满网状小管，当这些网状小管在收集内质中过多的水分及部分代谢产物时，可与收集管相连，经收集管再送入伸缩泡。当伸缩泡中充满水分时，收集管停止收集，内质中的网状小管与收集管分离，伸缩泡排出其中的液体。排空之后,收集管又重新开始收集内质中过多的水分及部分代谢产物,如此重复即可调节体内水分及排出代谢物(图1-25)。有些纤毛虫没有收集管,水分调节的过程是先由内质直接收集水分形成小泡,再由小泡愈合成大泡,最后将水分再送入伸缩泡。伸缩泡收缩的频率与纤毛虫的生理状况相关。运动时,取食停止,只有很少的水分进入虫体,伸缩泡收缩的间隔时间较长,如草履虫可长达8分钟之久;静止并取食时,2个伸缩泡交替进行收缩,伸缩泡收缩的间隔时间较较短,仅数秒钟。靠近口端的伸缩泡一般较远离口端的收缩更快。

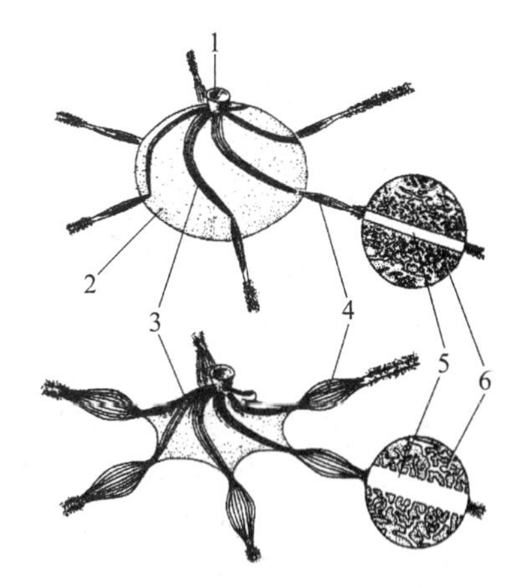

图1-25 草履虫的伸缩泡

1. 伸缩泡孔,2. 伸缩泡主泡,3. 收缩丝(1束微管),4. 收集管壶腹,5. 收集管,6. 内质网

5. 生殖 纤毛虫类的生殖与细胞核密切相关。纤毛虫类都具有大核和小核两种类型的细胞核,大核的形状随种而不同。如草履虫的大核呈肾形,喇叭虫的大核呈念珠形,游扑虫的大核呈"C"形,钟形虫的大核呈马蹄形,吸管虫的大核呈球形。大核中包括有许多核仁及RNA,主要负责细胞的正常代谢、有丝分裂、分化控制及通过蛋白质合成而进行的表现型基因控制,可以通过DNA的复制而成为多倍体核。因此,大核又称为营养核。小核一般呈球形,数目不定,含极少的RNA。小核是基因的储存地,均为二倍体,负责基因的交换、基因的重组,并由它产生大核,因此小核又称为生殖核。

纤毛虫类具有无性生殖和接合生殖两种生殖方式。

无性生殖主要是二分裂,除了缘毛目为纵二分裂之外,其余均为横二分裂。无性生殖时,每个小核分裂时都出现纺锤丝(spindle),小核行有丝分裂(mitosis);多倍体大核包含有许多由内质有丝分裂产生的基因组(genomes),但核本身的分裂不涉及染色体的改变,故大核先延长膨大,不形成纺锤丝,然后再浓缩集中,最后进行分裂,行无丝分裂(amitosis)。极少数纤毛虫如吸管虫行出芽生殖,包括外出芽生殖和内出芽生殖。若出芽生殖时由身体表面分裂出一些子细胞,子细胞再形成芽体,则称为外出芽生殖;若由母体表面凹陷形成一空腔,再由空腔内长出芽体,以后芽体由母体上脱落,幼体上长有数圈纤毛,自由游泳一段时间后长出柄,用以固着生活,幼体纤毛也消失,形成成体,则称内出芽生殖。

有性生殖是接合生殖,即2个进入生殖时期的虫体,临时以口面相贴,各自进行核染色体的重组与核的分裂,并交换部分小核,然后分开,各自再进行分裂的过程(图1-26)。纤毛虫接合生殖是否出现,受该物种内在因素及外部环境所决定。有的种可以无限地进行无性生殖而不需要接合生殖,有的种则在进行一定代数无性生殖之后必须要有接合生殖,否则该群落会衰退直至死亡。外部条件温度、光照、盐度、食物等的改变都会诱发接合生殖。接合生殖对一个物种是有利的,因为它融合了两个个体的遗传性,特别是使大核得到了重组与更新,有利于虫体进行连续的无性生殖,故多数纤毛虫的有性生殖都是接合生殖。所有纤毛虫的接合生殖方式是相当一致的,只是每个种小核的数目略有不同,合子核分裂的次数可能不完全相同。有的由合子核直接分裂成新个体的大核与小核;在具有2个小核的种,在细胞质分裂时合子核多分裂一次形

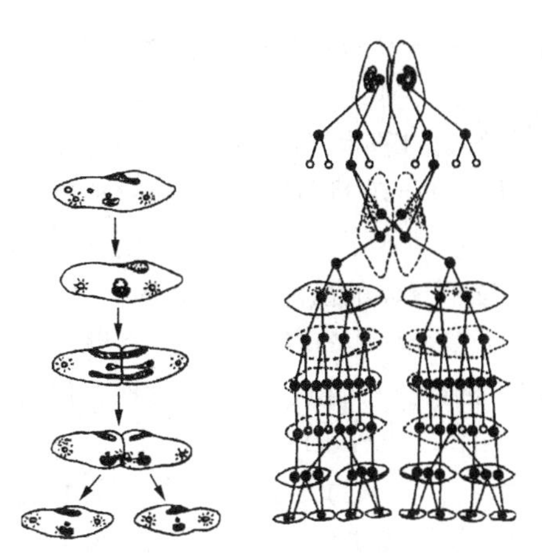

图1-26 大草履虫的横二分裂和接合生殖

成具有1个大核2个小核的新个体；在具有多小核的种，合子核分裂多次之后再进行细胞质的分裂而形成多小核的个体；固着生活种类的接合生殖发生在相邻的个体间，钟形虫等则是小型的个体脱离柄部游向正常个体进行接合，但最后只有正常个体才形成合子核。纤毛虫类中还有另一种核的重组与更新形式，称为自配(autogamy)。自配所进行的过程及效果与接合生殖相似，只是核的融合在同一虫体内进行，其过程也包括大核的退化消失，小核分裂数次并形成配子核，然后形成合子核，再由合子核形成新的大核及小核。草履虫就有这种自配生殖现象。

当环境中虫口过度拥挤、食物缺乏、代谢产物积累过多等因素诱发下，纤毛虫会形成包囊。在包囊壁形成之前，细胞内首先储存大量的淀粉及糖原，接着细胞的周围出现胶状物质的积累，细胞质浓缩、食物泡被排出，运动细胞器被吸收，包囊逐渐形成。包囊由多糖、几丁质或角蛋白组成，其形态随种而异。当环境条件改善后，包囊内的细胞器重新再生，细胞质环流开始，囊壁由于吸水而破裂，新个体由包囊中出来。

6. 行为　原生动物对外界刺激有一定的反应，通常有正负方向移行的表现，称为趋性。趋向刺激的称为正趋性，避离刺激的称为负趋性。按刺激的性质分为趋电性、趋光性、趋热性、趋化性及趋流性等。如将含有草履虫的培养液滴在载片上，在水滴的中央加入微量弱酸，草履虫很快游向中心进入弱酸区，这是它的正趋性。如果酸度增加，草履虫立刻会逃避，这是它的负趋性。另外草履虫对可见光没有反应，但回避紫外光，在紫外光下很快死亡。草履虫喜欢在流水中逆流而上，当游到水面后，纤毛不再反转。弱电流时，虫体一般趋向负极，强电流时则趋向正极。纤毛虫最适宜的生长温度是20℃～28℃，过高或过低的温度会引起它们生长繁殖的延缓或死亡。纤毛虫类的许多种都表现出明显的试探行为，前进中遇到障碍物时，它们会前进、后退、再前进，试探多次，直到成功地越过障碍物。

纤毛纲的主要特征总结

(1) 以纤毛为运动胞器。

(2) 核和细胞质出现高度分化，包括大核(营养)、小核(生殖)、摄食胞器等。

(3) 吞噬性营养。

(4) 无性生殖为二分裂，有性生殖为接合生殖。

(二) 分类

Corliss J. O. (1975)根据纤毛的模式及胞口的性质，提出将纤毛纲分为3个亚纲7个目的分类系统，目前该分类系统已为大多数原生动物学家所接受。

1. 动片亚纲(Kinetofragminophora)　动片亚纲动物口区有独立的基体列，体表纤毛一致，没有复合纤毛器官，包括裸口目(Gymnostomata)、庭口目(Vestibulifera)、下毛目(Hypostomata)和吸管虫目(Suctoria)4个目。

(1) 裸口目：裸口目动物是纤毛纲中最原始的一个目，胞口位于身体的前端、侧面或腹面，直接开口于体表；纤毛一致，沿口区成规则的平行线旋转排列，分布于整个体表；口区无纤毛，咽壁具有支持棍，一些种类成虫期体纤毛消失；生活在淡水、海水及潮间带的砂土中，植食性或肉食性。代表种类有：榴弹虫(*Coleps*)、栉毛虫(*Didinium*)、棒槌虫(*Dileptus*)和长吻虫(*Lacrymaria*)等。

(2) 庭口目：庭口目动物体表纤毛一致，口区具前庭，前庭中只有简单的纤毛，胞口位于前庭底部，口前腔(口沟)或无或有，但其中无纤毛。绝大多数自由生活，如肾形虫(*Colpoda steini*)生活在含有腐烂植物的水中；少数共生或寄生在脊椎动物消化道内，如肠纤毛菌虫(*Isotricha intestinalis*)

共生于牛胃中,内毛虫(*Entodinium*)共生在植食性家畜体内;结肠肠袋虫(*Balantidium coli*)通过包囊感染,引起宿主肠道溃疡及痢疾,是唯一寄生于人体的纤毛虫。

(3) 下毛目:下毛目动物身体呈瓶形、卵圆形、背腹扁平,身体前端有一对外质漏斗,漏斗内有纤毛伸入胞口与胞咽,胞口位于腹面,体纤毛常减少。自由生活种类常以外出芽方式行无性生殖,也有的种类外共生于海洋甲壳动物的体表,如蓝管虫(*Nassula aurea*)、旋漏斗虫(*Spirochona*)和枪尾纤毛虫(*Trochilia Palustris*)等。

(4) 吸管虫目:吸管虫目动物幼虫具纤毛,营自由生活;成虫期纤毛消失,具柄,营固着生活,常附着在水生植物上生活。体表具表膜或甲,无口,具触手。有的种触手有两种类型,一种用以穿刺,一种用以吸食,所以触手是捕食和吸食器官。无性生殖为外出芽生殖、内出芽生殖以及二裂法生殖;有性生殖为接合生殖。一些种在无脊椎动物体表或体内营共生或寄生生活,如壳吸管虫(*Acineta*)、足吸管虫(*Podophrya*)等。

2. 寡毛亚纲(Oligohymenophora) 寡毛亚纲动物口区结构较发达,具有复合的纤毛器官,包括膜口目(Hymenostomata)和缘毛目(Peritricha)2个目。

(1) 膜口目:膜口目动物口前腔中有纤毛构成的小膜带或波动膜,口前腔末端为胞口及胞咽;体纤毛一致,覆盖全身,腹面具前庭及口前腔;大多数淡水自由生活,少数营寄生生活,常见有草履虫(*Paramecium caudatum*)、四膜虫(*Tetrahymena*)、口帆纤毛虫(*Pleuronema*)和豆形虫(*Colpidium*)等。草履虫常作为研究有性生殖、交配型及遗传学的实验材料;四膜虫由于可以在纯无机饲养液中饲养,因此是作为细胞学、营养学、遗传学等的研究材料。

(2) 缘毛目:缘毛目动物口纤毛带显著,体纤毛退化或消失,虫体顶端具口盘,口盘周围有两行平行排列的波动膜组成口旁纤毛带。由口盘进入口前腔,胞口位于口前腔基部,单体或群体,生活于淡水或海水生活。很多种类反口端具有一个可伸缩的柄,柄内有肌丝,营固着生活,如端毛轮虫(*Telotrocha*)、钟形虫(*Vorticella*)、独缩虫(*Carchesium*)和累枝虫(*Epistylis*)等。端毛轮虫的幼虫可以自由游泳,对固着生活种类的传播有重要作用。少数种类可以自由游动,例如车轮虫(*Trichodina pediculus*),其反口端有一个盘状的纤毛附着器,可在两栖类、淡水鱼及水螅的体表营共生或外寄生生活。

3. 多膜亚纲(Polyhymenophora) 多膜亚纲动物口区具有显著的口旁小膜带,体表纤毛一致,或构成复合的纤毛结构,如棘毛。多膜亚纲只有旋毛目(Spirotricha)1个目。

旋毛目:体表纤毛一致或形成棘毛,口旁小膜带发达,身体呈卵圆形、长圆形等。生活在淡水或海水中,少数营共生或寄生。分为异毛亚目(Heterotrichida)和腹毛亚目(Hypotrichida)2个亚目。① 异毛亚目:体纤毛一致,成平行线覆盖全身,身体具有发达的可以灵活收缩的肌丝。如喇叭虫(*Stentor*)、赭纤虫(*Blepharisma*)、旋口虫(*Spirostomum*)等。喇叭虫身体呈喇叭形,大型个体,体长可达3 mm,肉眼可见,口旁纤毛带在虫体顶端旋转排列,大核呈念珠状,可以再生,但再生过程必须有大核参与,常作为研究细胞水平形态发生的重要材料。② 腹毛亚目:身体通常背腹扁平,位于腹面的口旁纤毛带发达,常呈三角形;体表纤毛不一致,大多数体纤毛愈合成棘毛,位于腹面的棘毛常用以爬行,棘毛的数目及位置是进行分类的依据;背面仅留有少数的触觉毛。腹毛亚目是原生动物中高度进化的种类,常见的代表种类有游仆虫(*Euplotes*)、棘尾虫(*Stylonychia*)等。

(三) 常见种类

纤毛纲的常见种类见(图1-27)。

1. 草履虫(*Paramecium*) 草履虫是纤毛纲及原生动物的代表种,全世界已知有22种。常见有大草履虫,体长180~300 μm;双小核草履虫,体长80~170 μm,伸缩泡2个,有两个小核,很小;多小核草履虫,体长180~310 μm,有时有3个伸缩泡,小核泡型有3~12个;绿草履虫,体长80~150 μm,细胞质内有绿藻共生,在见光处培养后通体呈绿色,小核1个,致密型。

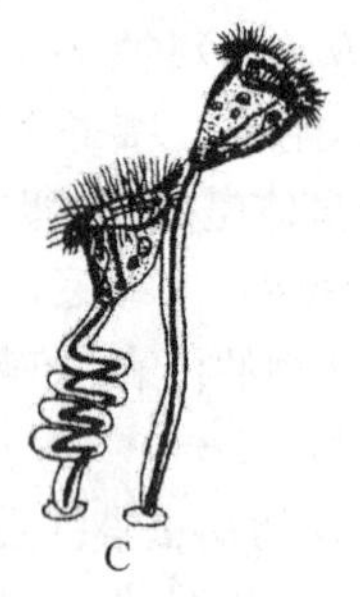

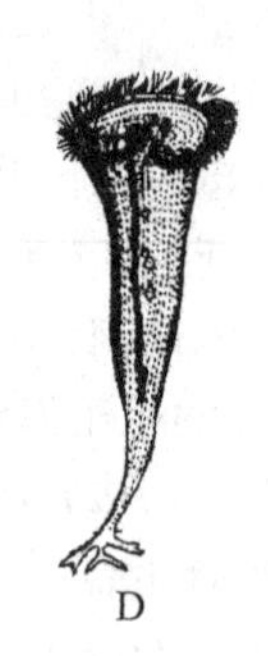

图 1－27　常见纤毛虫代表

A. 棘尾虫　B. 游仆虫　C. 钟虫　D. 喇叭虫

大草履虫(*Paramecium caudatum*)最常见,属于膜口目草履虫科大草履虫属,生活在有机质较丰富的池塘、缓流的小沟、小河以及居民区附近的水沟中。大草履虫是原生动物中体形较大的种类,用肉眼观察草履虫的培养液,很多针尖状发亮的浮动的白色小点就是草履虫。

草履虫身体呈长圆筒形,前端钝圆,后端宽而略尖,形状似倒置的草鞋,由此得名。草履虫全身长满纵行排列的纤毛,纤毛与鞭毛的结构基本相同。虫体的表面细胞膜又称表膜,由 3 层膜组成,起到缓冲和保护作用,里面的细胞质分化为内质与外质。每一根纤毛都是从位于表膜下的一个基体发出来,整个表膜下的基体由纵横连接的小纤维连接成网状的下纤列系统,起到协调纤毛活动的作用。表膜下的外质中有一排小杆状的囊泡结构,与表膜垂直排列,叫做刺丝泡,开口于表膜上,当虫体遇到刺激时,刺丝泡射出其内容物,遇水形成细丝,一般认为刺丝泡具有防卫和捕食的作用。

草履虫营吞噬营养,有较复杂的消化细胞器。由虫体近前端开始有一条口沟,斜着伸向身体中部,口沟末端与表膜相连处形成胞口,下面连着漏斗形的胞咽。细菌、小的生物和腐烂的有机物等食物通过口沟处纤毛摆动而进入胞口,在胞咽下端积聚成下泡,被细胞质包裹而胀大,形成食物泡,在固定的路径中流动,与溶酶体融合后进行消化,最后不能消化的残渣由身体后部的胞肛排出虫体外。在草履虫内、外质之间有 2 个伸缩泡,1 个位于体前部,1 个位于体后部。每个伸缩泡向周围细胞质伸出放射排列的收集管,这些收集管端部与内质网的小管相通。在伸缩泡的主泡和收集管上都有由一束微管组成的收缩丝,内质网收集的水分以及代谢废物通过收缩丝的收缩而进入收集管,进而注入伸缩泡,从表膜小孔(排泄孔)排出虫体外。前后 2 个伸缩泡交替收缩,维持其体内水分平衡,所以伸缩泡的功能是调节渗透压和排泄。草履虫的呼吸作用主要通过体表进行,由体表吸取水中的氧气,将新陈代谢产生的二氧化碳排出体外。

大草履虫有 2 个细胞核,大核与营养有关,小核与遗传有关。生殖可分为无性生殖和有性生殖。

无性生殖为横二分裂,小核先进行有丝分裂,大核再进行无丝分裂,然后细胞质一分为二,最后虫体从中部横断,成为 2 个新个体。

有性生殖为接合生殖。生殖时,虫体成群聚集,适合于交配的 2 个草履虫口沟相对,各以口面分泌黏液粘合在一起,使两个虫体以口面紧贴,然后相贴处细胞膜溶解愈合,两个虫体之间有原生质桥连接而使细胞质相通。此时每个接合体(conjugants)各有一个小核,小核为二倍体。小核离开大核,分裂 2 次,其中一次是减数分裂(meiosis),细胞核内的染色体数目减半,结果各形成 4 个单倍体的小核,其中 3 个退化解体,剩下的 1 个小核进行有丝分裂,形成大小不等的 2 个单倍体的配子核:较大核和较小核。较大核不活动,可以认为是雌性核;较小核是游动的,可以认为是雄性核。然后两接合体互换其较小核,并与对方的较大核融合,形成 1 个二倍体的合子核,这一过程相当于受精作用。此后 2 个虫体溶解掉的细胞膜重新形成,2 个虫体分开。同时,原来接合体的大核逐渐退

化消失。到接合体分开之后，各自的合子核再分裂 3 次形成 8 个核，原来的大核已完全消失，分裂后的 8 个核中 4 个变成新的大核，4 个变成小核；4 个小核中有 3 个解体，剩下 1 核分裂 1 次形成 2 小核，接着每个小核分别与 2 个大核一起形成 2 个虫体。最后新形成虫体的小核再分裂 1 次形成 2 小核，每个小核与 1 个大核一起再形成新虫体，结果原接合的 2 个亲本虫体各形成 4 个草履虫，新形成的 8 个草履虫都有 1 个大核和 1 个小核，完成了接合生殖。每种纤毛虫都可以分为不同的遗传上独立的变种，每个变种都包含有 2 个或更多的交配型。草履虫的接合生殖不是在任何 2 个个体之间都可以进行，而是必须在相同的变种但不同的交配型(mating type)之间进行，原因是只有不同的交配型体表的纤毛才能相互黏着，引起接合。

2. 钟虫(*Vorticella*)　钟虫属缘毛目钟虫科。钟虫成体营固着生活，体纤毛退化，身体呈吊钟形，钟口盘状口区周围有一肿胀的镶边，其内缘着生三圈反时针旋转的纤毛，身体其他处没有纤毛。口盘与镶边均能向内收缩。口自镶边内缘斜入体内，有一振动的波动膜。大核马蹄形，小核颗粒状。钟状身体的底部收缩为帚胚，由此长出能伸缩的、内含肌丝的柄，以固着在各种基质上。身体反口面的顶端有一长柄，内有肌束，用以附着于其他物体上，当虫体收缩时，也可呈螺旋状卷曲。无性生殖，单体，但常簇生，生活于淡水中，以细菌 、碎屑或藻类为食。我国已发现 111 种。钟虫在废水生物处理厂的曝气池和滤池中生长十分丰富，能促进活性污泥的凝絮作用，并能大量捕食游离细菌而使出水澄清，因此是监测废处理水效果和预报出水质量的指示生物。

3. 车轮虫(*Trichodina*)　虫体侧面观如毡帽状，反面观圆碟形，运动时如车轮转动样。隆起的一面为前面或称口面，相对而凹入的一面为反口面。游泳时一般用反口面向前像车轮一样转动，所以称为车轮虫。口面上有向左或反时针方向螺旋状环绕的口沟，其末端通向胞口。口沟两侧着生一行纤毛，形成口带，直达前庭腔。反口面的中间为齿环和辐线环。在辐线环上方有 1 个马蹄形的大核，1 个长形的小核和 1 个伸缩泡，辐线环中部向体内凹入，形成附着盘，用于吸附在鱼体的鳃丝或皮肤上，并能够来回滑动。无性生殖采用纵二分裂法，有性生殖为接合生殖。

第三节　原生动物与人类的关系

原生动物与人类的关系比较密切，其对了解动物演化也是重要的。

一、有益于人类的方面

(1) 原生动物是组成海洋浮游生物的主体。

(2) 古代原生动物大量沉积水底淤泥，在微生物和覆盖层的作用下形成石油。

(3) 原生动物中有孔类化石是地质学上探测石油的标志。

(4) 可以利用原生动物对有机废物、有害细菌进行净化，对有机废水进行絮化沉淀。

(5) 原生动物是科学研究的重要实验材料，如草履虫、四膜虫是研究真核细胞细胞器的实验材料。

二、对人类造成的危害

(1) 有些原生动物危害人体健康。如经口传播的寄生于肠道的痢疾内变形虫可以引起阿米巴痢疾，患者大便血多脓少；经白蛉传播的寄生于巨噬细胞的利什曼原虫可以引起黑热病，患者肝脾肿大、发热；经舌蝇传播的寄生于脑、脊髓的锥虫可以引起非洲睡眠病，患者昏睡、致死；寄生于泌尿生殖系统的阴道滴虫可以引起滴虫性阴道炎、滴虫性尿道膀胱炎，患者白带增多、外阴瘙痒、月经不调，尿频、血尿和排尿灼样疼痛。

(2) 有些原生动物是危害牲畜的病原体。例如,黏孢子虫能引起鱼类大量死亡;艾美球虫是引起鸡、兔死亡率很高的球虫病;血孢子虫则可引起牛、马排出血尿。

(3) 海洋中鞭毛纲的夜光虫等大量迅速繁殖,可形成赤潮,造成鱼、虾、贝类等海洋生物大量死亡,给海洋养殖业带来很大危害。

复习思考题

1. 名词解释:赤潮,接合生殖,纵二分裂,横二分裂,包囊,伸缩泡,光合营养,细胞器。
2. 为什么说原生动物是最原始、最低等、最简单的动物?原生动物有哪些主要特征?
3. 原生动物门中重要的四纲是哪些?它们的主要区别是什么?
4. 绘图说明草履虫的结构。
5. 图解说明疟原虫的生活史。
6. 试述原生动物的各种繁殖方式。

(仇有文)

第二章
多细胞动物（Metazoan）的起源及多孔动物门（Porifera）

第一节　多细胞动物的起源

一、多细胞动物起源于单细胞动物的证据

原生动物是单细胞动物。与原生动物相对而言，绝大多数多细胞动物称为后生动物（Metazoa），一般认为多细胞动物起源于单细胞动物。很多学者认为，在原生动物和后生动物之间，还有一个过渡类群，称为中生动物（Mesozoa），其分类地位至今尚难确定。中生动物身体较小，整个虫体由20～30个细胞组成，全部寄生在海洋无脊椎动物体内，生活较复杂。多细胞动物起源于单细胞动物有以下证据。

（一）古生物学证据

古代动、植物的遗体或遗迹，经过地壳的变迁和造山运动等，被埋在地层中可形成化石。在考察中发现，越古老的地层中，化石越简单；年代越近的地层中，化石越复杂且高等。如在太古代的地层中发现大量单细胞动物有孔虫的化石，很少有多细胞动物的化石，由此说明最初出现的是单细胞动物，多细胞动物是以后出现的。

（二）形态学证据

现存动物有单细胞动物和多细胞动物，它们在形态结构上形成了由简单到复杂、由低等到高等的序列，并且有单细胞过渡到多细胞动物的中间类型。例如，原生动物中有群体鞭毛虫（盘藻、团藻、实球藻等），其形态与多细胞相似，可以推测动物是从单细胞动物发展成群体后，又进一步发展成多细胞动物。

（三）胚胎学证据

恩格斯说："有机体的胚胎向成熟有机体的逐步发育同植物和动物在地球历史上相继出现的次序之间有特殊的吻合。正是这种吻合为进化论提供了最可靠的根据。"多细胞动物的胚胎发育，经历了从受精卵开始，经过卵裂、囊胚、原肠胚等过程，逐渐发育成成体。根据生物发生律，个体发育是系统发育简短而迅速的重演，多细胞动物的早期胚胎发育基本上是相似的，可以证明多细胞动物起源于单细胞动物。

二、多细胞动物胚胎发育的几个重要阶段

多细胞动物的胚胎发育比较复杂，不同种类的动物，胚胎发育的情况不同，但是早期胚胎发育的几个重要阶段是相同的。多细胞动物胚胎发育的一般规律是所有多细胞动物都是由一个受精卵发育而来，胚胎发育的全过程都是细胞的量变增殖和质变分化及细胞运动的过程。

（一）受精与受精卵

由雌、雄个体产生雌、雄生殖细胞，雌性生殖细胞称为卵，雄性生殖细胞称为精子，精子与卵结

合成的一个细胞称为受精卵，这个过程就是受精(fertilization)。卵较大，卵内一般含有大量卵黄。卵可根据卵黄的多少分为少黄卵、中黄卵和多黄卵。卵黄多的一端称为植物极(vegetal pole)，另一端称为动物极(animal pole)。精子个体小，尾部为"9+2"双联体微管结构，能活动，可游动到卵与卵受精。受精卵是新个体发育的起点，新个体即是由受精卵发育而成。

(二) 卵裂

受精卵至细胞分化前，动物胚胎的细胞分裂与一般细胞分裂不同，每次分裂形成的新细胞未经长大，又继续分裂，分裂成的细胞越来越小，故将这种细胞分裂称为卵裂(cleavage)，其分裂形成的新细胞称为分裂球(blastomere)。从受精卵形成到胚胎开始出现空腔的阶段称为卵裂期。由于不同动物的卵细胞内卵黄多少及卵黄在卵内分布情况不同，卵裂方式也不同(图2-1～图2-6)。

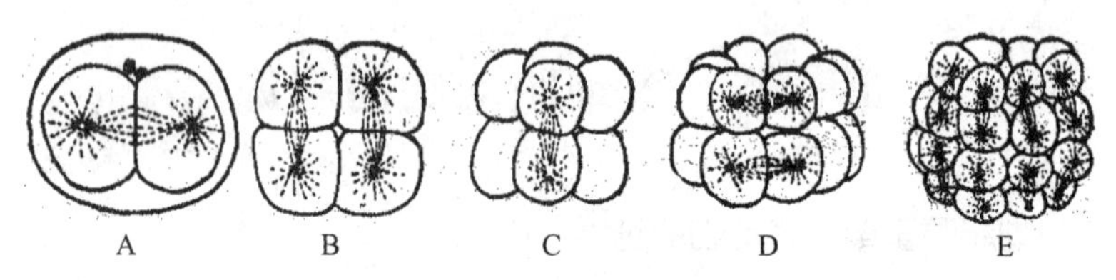

图2-1 全裂型的辐射卵裂

A. 2细胞期 B. 4细胞期 C. 8细胞期 D. 16细胞期 E. 32细胞期

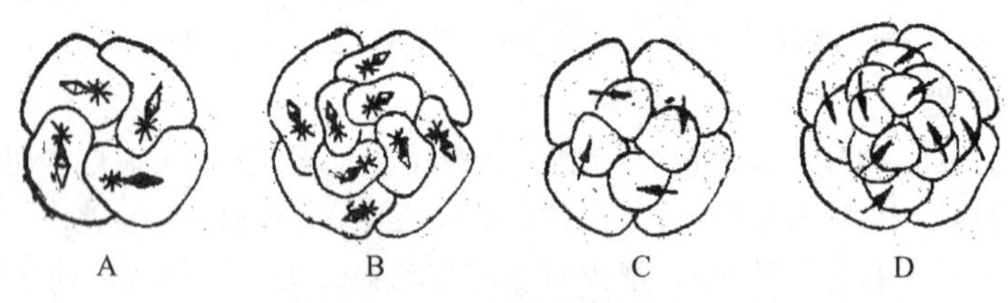

图2-2 全裂型的螺旋卵裂

A. 从4个细胞分裂成8个细胞 B. 从8个细胞分裂成16个细胞 C. 8细胞期 D. 16细胞期

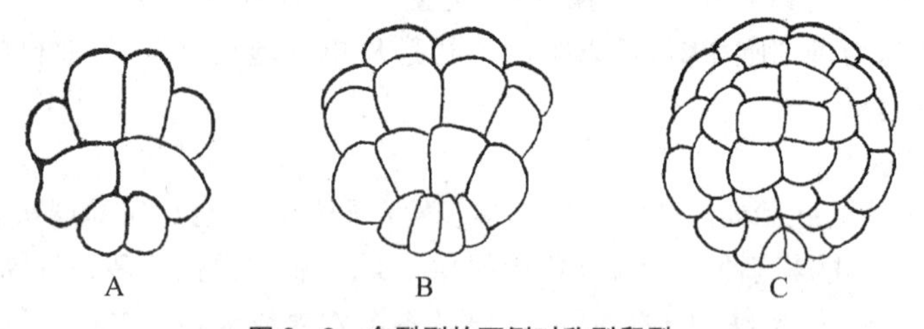

图2-3 全裂型的两侧对称型卵裂

A. 16细胞期 B. 32细胞期 C. 64细胞期

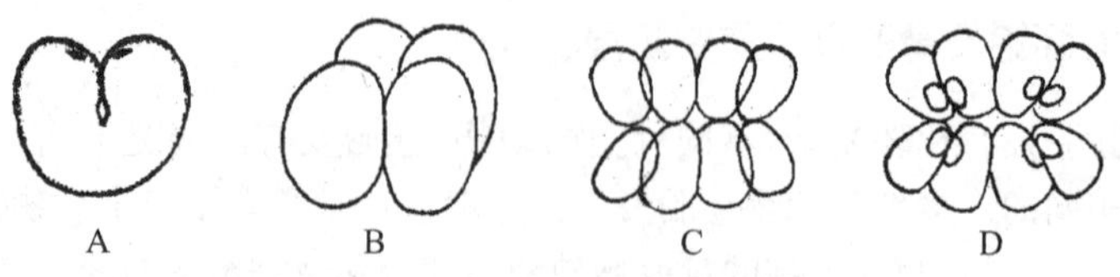

图2-4 全裂型的两轴对称型卵裂

A. 2细胞期 B. 4细胞期 C. 8细胞期 D. 从8个细胞期分裂为16个细胞

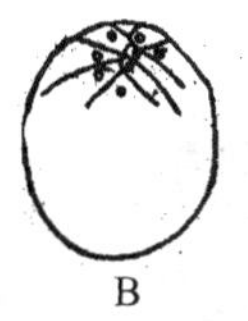

图 2-5 偏裂型的盘状卵裂

A. 2 细胞期 B. 4 细胞期(侧面观) C. 8 细胞期
D. 16 细胞期(动物极观)

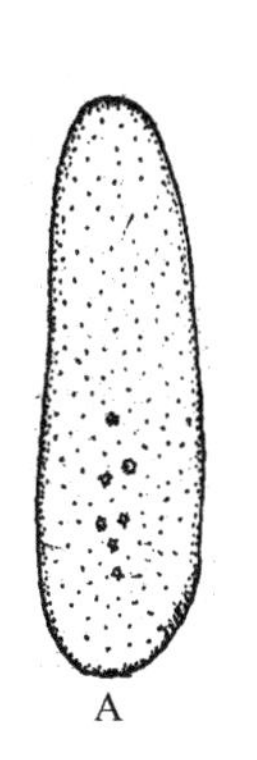

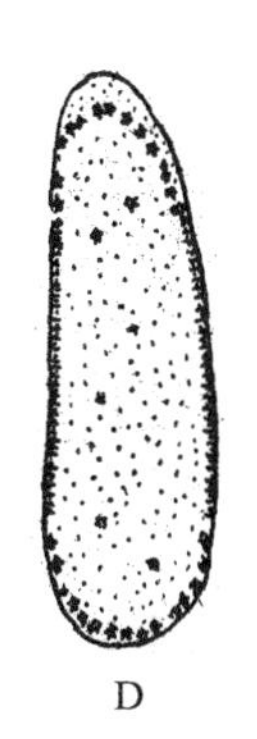

图 2-6 偏裂型的表面卵裂

A. 细胞核分裂 B,C. 细胞核向外周迁移
D. 细胞核排列在外周,形成表面囊胚

1. 完全卵裂(total cleavage) 完全卵裂是指整个卵细胞都进行分裂,多见于少黄卵。如果卵黄少且分布均匀,形成的分裂球大小相等称为均等卵裂,如文昌鱼。如果卵黄在卵内分布不均匀,形成的分裂球大小不等的称为不均等卵裂,如多孔动物、蛙类。

2. 不完全卵裂(partial cleavage) 不完全卵裂常见于多黄卵。因卵内的卵黄多,细胞分裂受阻,受精卵只在不含卵黄的部位进行分裂。分裂只在胚胎处进行的称为盘裂(discal cleavage),如鸡卵。分裂只在卵表面进行的称为表面卵裂(peripheral cleavage),如昆虫卵。各种卵裂的结果,虽然形态上有差别,但都会进入下一个发育阶段。

(三) 囊胚的形成

卵裂的结果是分裂球排列成中空的球状胚,称为囊胚(blastula)。囊胚中间的腔称为囊胚腔(blastocoel),囊胚壁上的一层细胞组成囊胚层(blastoderm)。从胚胎出现空腔到囊胚层开始向内变化的阶段,称为囊胚期(图 2-7)。

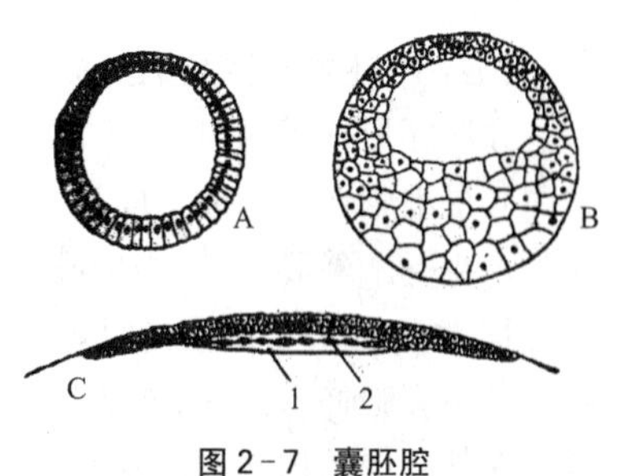

图 2-7 囊胚腔

A. 棘皮动物的腔囊胚 B. 两栖类的腔囊胚 C. 鸟类的囊状囊胚
1. 胚盘下腔, 2. 囊胚腔

(四) 原肠胚的形成

囊胚进一步发育即可形成原肠胚。从囊胚层开始向内变化到中胚层开始形成的阶段称为原肠胚期,期间胚胎将分化出内、外两胚层和原肠腔(图 2-8)。各类动物原肠胚的形成方式不完全相同,主要有以下 5 种。

1. 内陷(invagination) 囊胚的植物极细胞向内陷入,最后形成两层细胞,包在外面的一层细胞称为外胚层(ectoderm),陷入里面的一层细胞称为内胚层(endoderm)。内胚层所包围的腔,将来形成动物的肠腔,故称为原肠腔(gastrocoel)。原肠腔与外界相通在原肠胚表面形成的孔称为原口或胚孔(blastopore)。

2. 内移(ingression) 由囊胚的部分细胞向内移入,然后进行卵裂形成内胚层。初移入的细胞

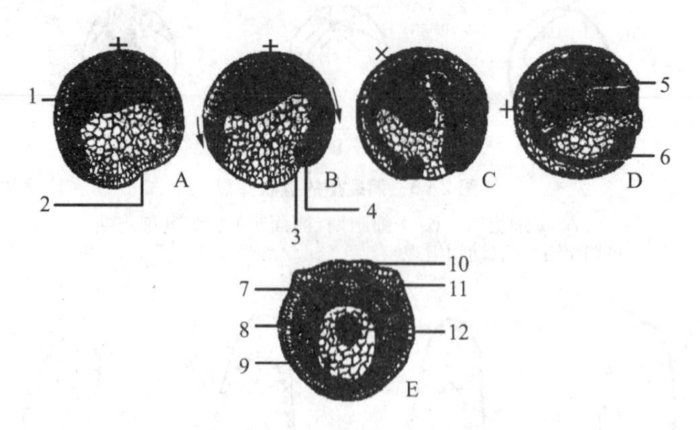

图2-8　两栖类原肠胚及3个胚层的形成

A. 植物极开始内陷成胚孔　B. 继续内陷和内卷　C. 细胞仅以步内陷和移入，形成原肠腔　D. 囊胚腔逐渐缩小　E. 后期胚横切，示脊索和三胚层的形成

1. 囊胚期，2. 胚孔，3. 内陷，4. 内卷，5. 原肠腔，6. 囊胚腔，7. 脊索，8. 中胚层，9. 外胚层，10. 神经板，11. 神经褶，12. 内胚层

无规则地充填于囊胚腔内，之后随着卵裂的进行逐渐排成一层内胚层，内移形成的原肠胚开始没有胚孔。胚孔是在原肠胚后期，由胚的一端开个口形成的。

3. 外包(epiboly)　植物极的细胞卵黄多，分裂非常慢；动物极的细胞卵黄少，分裂较快。随着卵裂的进行，动物极的细胞逐渐向下扩展，将植物极细胞包裹，形成外胚层，被包围的植物极细胞为内胚层。此时的原肠胚不显著，胚孔位于内胚层外漏的地方。

4. 分层(delamination)　囊胚细胞分裂时，细胞沿切线方向分裂，向着囊胚腔内部分裂形成的一层细胞称为内胚层，留在表面的一层细胞称为外胚层。

5. 内转(involution)　通过盘裂方式形成的囊胚，继续分裂时细胞由下面的边缘折入向内伸展成为内胚层，上面的细胞称为外胚层。

以上原肠胚形成的5种方式经常综合出现，最常见的是内陷和外包同时进行，分层和内移相伴而行。

(五) 中胚层及体腔的形成

原肠胚形成了内、外两个胚层后，会继续发育。多孔动物和腔肠动物在内、外胚层之间，外胚层和内胚层细胞侵入形成了间质，不形成中胚层，称为两胚层动物。从扁形动物开始，在内、外胚层之间又产生一个新胚层，称为中胚层(mesoderm)。中胚层的形成方式主要有以下两种。

1. 端细胞法　在胚孔两侧的内外胚层交界处各有一个细胞分裂成许多细胞，即中胚层细胞，随后中胚层细胞伸入到内、外胚层之间，形成囊状。两个囊接触后愈合成一个大囊，充填于囊胚腔中，紧贴在外胚层的内面和内胚层的外面，分别形成体壁中胚层和肠壁中胚层。在中胚层之间形成的空腔随着胚胎发育逐渐形成动物的体腔(真体腔)。由于此体腔是在中胚层细胞之间裂开形成的，因此又称裂体腔(schizocoel)，原口动物和高等脊索动物都是以端细胞法形成中胚层和体腔的。

2. 体腔囊法　在与原口相对的原肠背部两侧，内胚层向外突出形成成对的囊状突起称为体腔囊。体腔囊发育到一定程度后与内胚层脱离，在内、外胚层之间逐渐扩展成为中胚层囊，逐渐发育，紧贴在外胚层的内面和内胚层的外面，分别形成体壁中胚层和肠壁中胚层，中胚层囊的囊腔以后则发育为体腔。因为体腔囊来源于原肠背部两侧，所以又称为肠体腔(enterocoel)。棘皮动物、半索动物及原索动物等后口动物均以此法形成中胚层和体腔。

（六）胚层的分化

胚胎时期开始出现的细胞有可塑性，较简单、均质。随着胚胎发育的进行，由于遗传性、环境、营养、激素以及细胞群之间的相互诱导等因素的影响，而变为具稳定性、较复杂、异质性的细胞，这种变化称为细胞的分化(differentiation)。简言之，细胞分化是指细胞由普通型变为特殊型之意，故细胞分化又称细胞的特化，之后，分化的细胞又可以形成组织、器官和系统。从细胞分化角度看，组织是指起源于一定的胚层、经过分化、具有相似形态结构和行使同一功能的细胞群与一些非细胞形态的物质所组成的综合体。动物体的组织、器官都是从内、中、外三胚层发育分化而来的。分化的结果是：内胚层分化为消化管的大部分上皮、肝、胰、呼吸器官、内分泌腺、排泄与生殖器官的小部分；中胚层分化为肌肉组织、结缔组织（包括骨骼、血液等）、排泄与生殖器官的大部分；外胚层分化为皮肤的上皮及上皮各种衍生物、神经组织、感觉器官、消化管的两端。

三、生物发生律

生物发生律（biogenetic law）又称重演律（recapitulation law），是德国博物学家赫克尔（E. Haeckel，1834—1919）用生物进化论的观点总结了当时胚胎学方面的工作所提出的一条生物进化发展的定律。1866 年，赫克尔在《普通形态学》一书中写道："生物发展史可分为两个互相联系的部分，即个体发育(ontogeny)和系统发展(phylogeny)，也就是个体的发育史和有同一起源所产生的生物群的发展历史。个体发育史是系统发展史简单而迅速的重演。"例如，文昌鱼的个体发育，由受精卵开始，经过囊胚、原肠胚，产生中胚层、胚层，进一步分化及各器官系统的形成，最后到成体。这反映了它在系统发展过程中经历了像单细胞动物、单细胞的球状群体、腔肠动物、原始三胚层动物、头索动物的基本过程。说明了文昌鱼的个体发育重演了其祖先的进化过程，即个体发育过程相当于系统发展过程的缩影(图 2-9)。

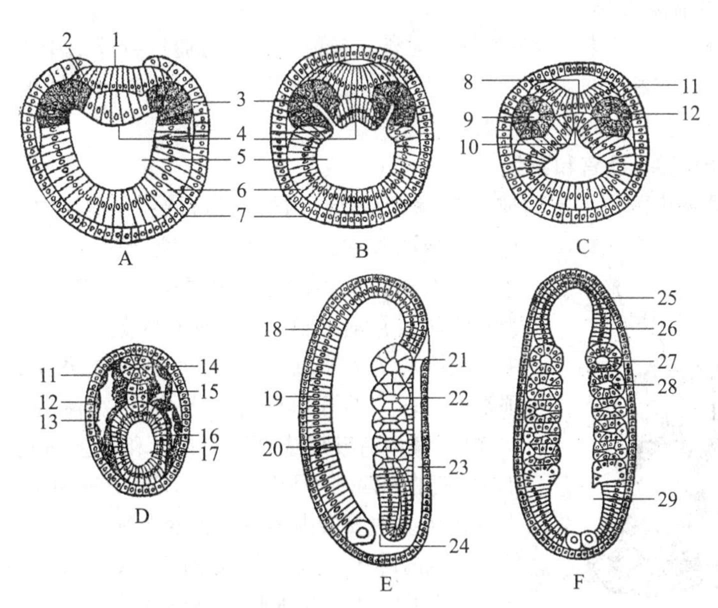

图 2-9　文昌鱼神经、脊索、中胚层及体腔的发生

A～D. 胚胎的横切面　E. 胚胎纵切面　F. 胚胎的水平切面

1. 神经板，2. 神经褶，3. 中胚层，4. 脊索，5. 原肠腔，6. 内胚层，7. 外胚层，8. 神经板，9. 体腔囊，10. 脊索　11　外胚层，12. 中胚层，13. 体腔囊，14. 神经管，15. 脊索，16. 内胚层，17. 原肠腔，18. 外胚层，19. 内胚层，20. 原肠腔，21. 体腔囊，22. 体腔，23. 神经管，24. 神经肠管，25. 外胚层，26. 内胚层，27. 体腔囊，28. 体腔，29. 原肠腔

四、关于多细胞动物起源的学说

多细胞动物是由单细胞动物进化而来的理论已被学者们所公认。但是多细胞动物由什么样的单细胞动物以什么方式进化来的，学者们看法不一。目前有两种不同的假说。

1. *赫克尔的原肠虫学说* 赫克尔认为，多细胞动物最早的祖先是由类似团藻的球形群体。其一端内陷，形成了具有原肠、两胚层和原口的多细胞动物的祖先。赫克尔称之为原肠虫(gastraea)。

2. *梅契尼柯夫的吞噬虫学说* 梅契尼柯夫认为，多细胞动物最早的祖先是由一层细胞构成的单细胞群体，其中个别细胞摄取食物后移入群体之中形成内胚层，结果形成了两胚层的实心的多细胞动物的祖先。梅氏称之为吞噬虫(phagocitella)。

以上两种学说都有其胚胎学上的根据。但在低等动物中，多数是由细胞移入而形成的两个胚层(分层法)，而赫克尔的内陷法很可能是以后出现的，因此梅氏的吞噬虫学说更具有说服力。

第二节 多孔动物门

多孔动物又称海绵动物，体形大小相差悬殊，有杯状、球状、瓶状、壶状和树枝状或不规则的块状等；全部营固着生活，多为群体，全部水生，绝大多数生活于海洋中，少数生活于淡水中，是最原始、最低等的多细胞动物；其形态结构特化，是后生动物中的一个旁枝，即是动物演化上的一个侧枝，故又称侧生动物。

一、主要特征

(一) 体型多为辐射对称

多孔动物的体型多种多样，但多为辐射对称。辐射对称是指通过身体的中央纵轴，有无数的切面可以把身体分为左右相等的两部分。辐射对称是对固着生活的适应而形成的，多孔动物只有固着端和游离端之分，身体的周围是相似的。

(二) 无明显的组织、器官和系统

多孔动物的体壁由两层细胞构成，外层称为皮层，内层称为胃层，在两层之间有中胶层。胃层包围形成的腔称为中央腔或胃腔，整个海绵动物的基本构造就像一个双层的口袋。皮层主要由一层扁平的皮层细胞构成，称为扁细胞。在扁细胞之间穿插有无数孔细胞，孔细胞呈戒指状，中央的孔称为入水孔，是外界水进入中央腔的通道。中央腔的顶端有一较大的开口称为出水孔，是水流的出口。中胶层是胶状物质，其中有硅质或钙质的骨针和类蛋白质的海绵丝：骨针有单轴、三轴和四轴等形状；海绵丝呈分支网状，两者共同起骨骼支持作用。中胶层内还有 4 种变形细胞：①成骨细胞，能分泌骨针；②成海绵质细胞，能分泌海绵丝；③原细胞，能消化食物，形成精子和卵；④芒状细胞，具神经传导功能。胃层在单沟系海绵是由领细胞所构成。领细胞有一透明领围绕着一条鞭毛，鞭毛摆动为水流通过海绵体提供动力，水流中的食物颗粒和氧附于领上，再进入细胞质中形成食物泡，在领细胞内直接消化或将食物传给变形细胞再消化，食物残渣由变形细胞排到中央腔，随流出的水流被带出体外(图 2－10、图 2－11)。

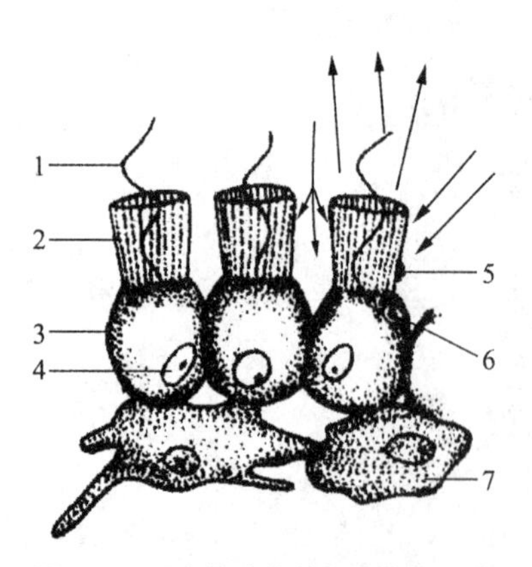

图 2－10 海绵动物的领细胞与取食
(注：箭头示水流方向)

1. 领细胞鞭毛，2. 领细胞领，3. 领细胞鞭体，4. 领细胞鞭核，5. 捕食的食物颗粒，6. 食物泡，7. 变形细胞

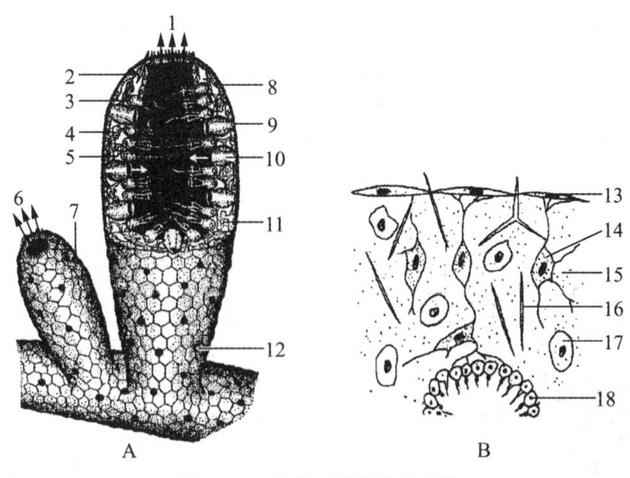

图 2-11 海绵动物的体壁结构

A. 白枝海绵 B. 海绵体内各种细胞

1. 出水口，2. 骨针，3. 领细胞，4. 变形细胞，5. 中胶层，6. 出水口，7. 芽体，8. 皮层细胞，9. 进水小孔，10. 孔细胞，11. 卵，12. 进水小孔，13. 扁细胞，14. 芒状细胞，15. 中胶层，16. 骨针，17. 变形细胞，18. 领细胞

多孔动物无消化腔，无神经系统，食物在细胞内消化，刺激的信息只靠细胞间传递，因此感受刺激的反应极为缓慢，并且只是局部反应，所以说多孔动物是处在细胞水平的最原始多细胞动物。

(三) 具有水沟系

水沟系(canal system)是多孔动物所特有的结构，即多孔动物体内水流所经过的途径，是营固着生活的一种适应。按照构造和进化程度，多孔动物的水沟系可分为 3 种类型(图 2-12)。

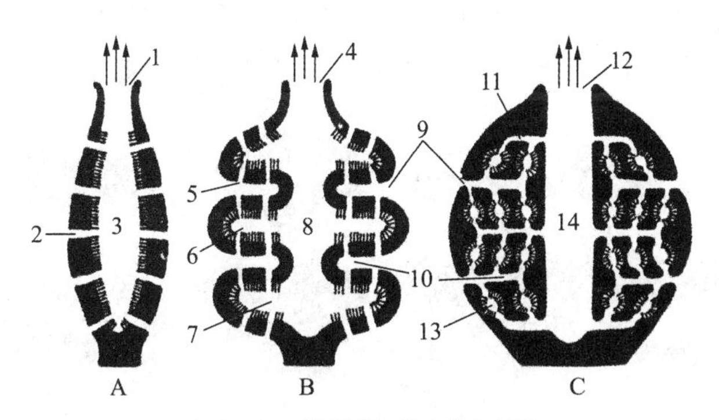

图 2-12 海绵动物的水沟系类型

A. 单沟系 B. 双沟系 C. 复沟系

1. 出水口，2. 进水小孔，3. 中央腔，4. 出水口，5. 前幽门孔，6. 辐射管，7. 后幽门孔，8. 中央腔，9. 流入孔，10. 流入管，11. 流出管，12. 出水口，13. 鞭毛室，14. 中央腔

1. 单沟系(ascon type) 水流途径是：外界→进水小孔(ostium)→中央腔(central cavity)或称海绵腔(spongiocoel)→出水孔(osculum)→外界，是最简单的水沟系。如白枝海绵(*Leucosolenia*)。

2. 双沟系(sycon type) 指体壁凹凸形成与外界相通的流入管(incurrent canal)和与中央腔相通的辐射管(radial canal)两种管道。水流途径是：外界→流入孔(incurrent pore)→流入管(incurrent canal)→前幽门孔(prosopyle)→辐射管→后幽门孔(apopyle)→中央腔→出水孔→外界。如毛壶(*Grantia*)。

3. 复沟系(leucon type) 体壁上具有鞭毛室(flagellated chamber),鞭毛室借流入管与外界相通,又借流出管与中央腔相通。水流途径是:外界→流入孔→流入管→前幽门孔→鞭毛室→后幽门孔→流出管(excurrent canal)→中央腔→出水口→外界。复沟系是最复杂、最高级的水沟系。如浴海绵(*Euspongia*)和淡水海绵。

(四) 生殖与发育

多孔动物的生殖有无性生殖和有性生殖两种方式。

1. 无性生殖 包括出芽(budding)和形成芽球(gemmule)两种(图 2-13)。出芽生殖时,海绵体壁的一部分向外突出形成芽体,芽体长大后,或脱离母体形成独立个体,或与母体连在一起形成群体。芽球是中胶层内的原细胞聚集成堆,外包几丁质膜和小骨针后形成,多孔动物凭芽球渡过不良环境。所有淡水海绵都能形成芽球。

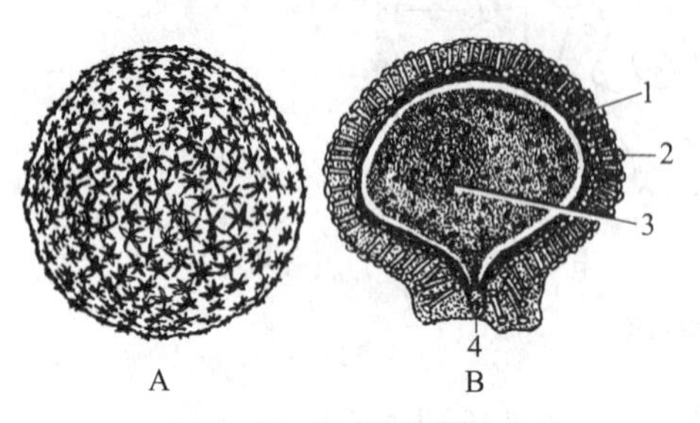

图 2-13 淡水海绵的芽球

A. 外形 B. 切面

1. 几丁质膜, 2. 双盘头骨针, 3. 原细胞, 4. 胚孔

2. 有性生殖 多孔动物雌雄同体(monoecy)或雌雄异体(dioecy),异体受精。受精方式特殊非常特殊:中胶层的原细胞发育成卵和精子,成熟的卵留在中胶层内;精子则从水沟系逸出,随水流进入另一个海绵体内,被其领细胞吞食;领细胞吞食精子后失去领和鞭毛成为变形虫状,陷入中胶层中,将精子带入卵,完成受精。

多孔动物的胚胎发育过程:由受精卵经卵裂形成囊胚,此时动物极的小细胞向囊胚腔内生出鞭毛,植物极的大细胞在中间裂出一开口,然后动物极的小细胞从开口处倒翻出来,其鞭毛也随着翻到胚胎表面。此时的胚胎称为两囊幼虫(amphiblastula),幼虫一半的外表具有鞭毛,能游动,离开母体后,具鞭毛的动物极小细胞内陷,形成内层,而植物极的大细胞则包在外面形成外层,这与其他多细胞动物原肠胚形成正相反,因此称为胚层逆转(图 2-14)。

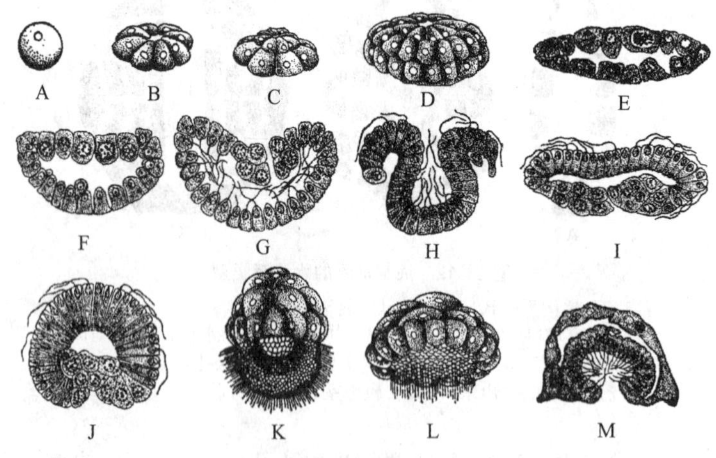

图 2-14 海绵动物的发育

A. 受精卵 B. 8 胚泡期 C. 16 胚泡期 D. 48 胚泡期 E, F. 囊胚期(切面) G. 囊胚的小胚泡向囊胚内生鞭毛(切面) H, I. 大胚泡一端形成 1 个开孔,并向外包,里面的变成外面(鞭毛在小胚的表面)(切面) J. 两囊幼虫(切面) K. 两囊幼虫 L. 小胚泡内陷 M. 固着(纵切面)

二、分类及分类地位

多孔动物目前已知种类约1万种,根据骨骼特点分为3个纲(图2-15)。

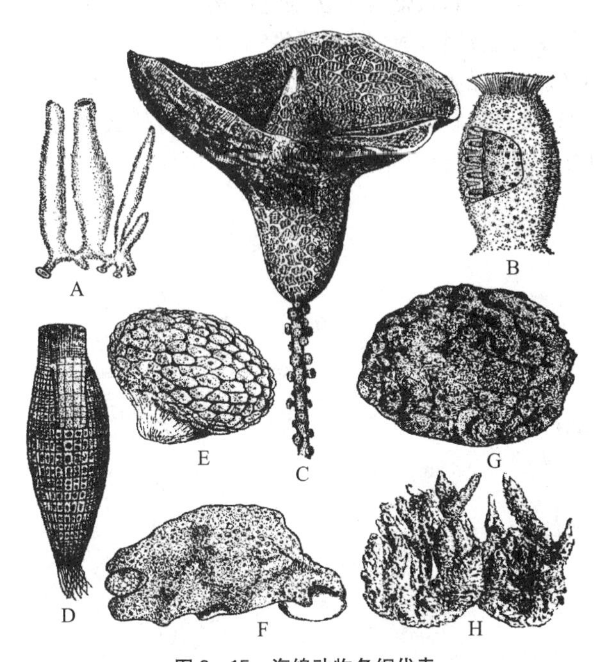

图2-15 海绵动物各纲代表

A. 白枝海绵 B. 毛壶 C. 拂子介 D. 偕老同穴 E. 南瓜海绵 F. 穿贝海绵 G. 洛海绵 H. 马海绵

1. 钙质海绵纲(Calcarea) 骨针钙质,水沟系多为单沟系或双沟系,结构简单,体形较小,多生活于浅海。如毛壶、白枝海绵。

2. 六放海绵纲(Hexactinellida) 骨针六放形、硅质,水系沟为复沟型,体型较大,鞭毛室大,多产于深海。如拂子介(*Hyalonema*)、偕老同穴(*Euplectella*)。

3. 寻常海绵纲(Demospongiae) 骨针非六放形、硅质,海绵丝角质,水沟系为复沟型,体形常不规则,鞭毛室小,海产或淡水产。如浴海绵。

多孔动物是最原始的后生动物,其原始性表现在:无明显的组织分化,无消化腔,行细胞内消化,无神经系统,具有很强的再生能力等。

由于多孔动物胚胎发育过程中有胚层逆转现象,因此将多孔动物的外层体壁称为皮层;内层体壁称为胃层,以区别其他多细胞动物的内、外胚层。此外,多孔动物还具有一些特殊结构,如领细胞、骨针、海绵丝、水沟系等。说明多孔动物和其他多细胞动物的演化道路不同。因此,多孔动物常被认为是很早由原始的群体领鞭毛虫发展来的一个侧支,故称为侧生动物。

三、经济意义

多孔动物对人类有利也有害。有利方面如浴用海绵的海绵丝柔软而富有弹性,吸收液体能力强,在医药上多用于吸收药液、血液和脓汁等,工业上用于擦拭机器。拂子介和偕老同穴的骨骼可做装饰品。由于多孔动物处于低等、原始的位置,常被作为研究生命科学的材料。有害方面表现在,有的种类生长在软体动物贝壳上,能把贝壳封闭起来,造成贝类死亡。还有的可分解碳酸钙,溶蚀贝壳,对贝类养殖危害很大。淡水海绵大量繁殖时,可堵塞水道。

复习思考题

1. 为什么说海绵动物是最原始、最低等的多细胞动物?
2. 多细胞动物起源于单细胞动物的证据有哪些?
3. 试述多细胞动物胚胎发育的几个重要阶段。
4. 什么是生物发生律,它对了解动物的演化和亲缘关系有什么意义?
5. 如何理解海绵动物在动物演化上是一个侧支?

(谢桐品)

第三章

腔肠动物门(Coelenterata)

腔肠动物的身体呈辐射或两辐射对称,体壁具外胚层和内胚层2个胚层,外胚层和内胚层之间由中胶层相连。由体壁包围形成的腔称为消化循环腔(gastrovascular cavity),消化循环腔一端开口,另一端封闭,即有口无肛门。腔肠动物大部分生活在海水中,少数生活在淡水中。

第一节　腔肠动物门的主要特征

一、身体呈辐射对称

腔肠动物的体型多数为辐射对称(radial symmetry),即通过身体的中轴可以有无数个切面把身体分为2个相等的部分。辐射对称是一种原始的低级的对称形式,整个身体只有上、下之分,没有前后左右之分,这种体形适于水中营固着或漂浮生活。有些种类,由辐射对称发展为两辐射对称(biradial symmetry),是介于辐射对称和两侧对称的一种中间形式,即通过身体的中央轴只有两个切面可以把身体分为相等的两部分。

二、两胚层和原始消化腔

腔肠动物是二胚层动物,在内外胚层之间有由内、外胚层细胞分泌的中胶层。在体内可同时进行细胞外及细胞内消化,具有消化的功能,消化腔又兼有循环的作用,能将消化后的营养物质输送到身体各部分,故腔肠动物的消化腔称为消化循环腔。腔肠动物有口无肛门,不能消化的残渣仍将由口排出,其口兼有摄食和排遗的双重功能。

中胶层(mesoglea)是腔肠动物的外胚层与内胚层之间的部分。水螅体内的中胶层通常很薄,不发达,里面几乎没有细胞分布。水母型体内的中胶层发达,其中含有纤维及少量来源于外胚层的细胞,占据了身体的绝大部分。中胶层的作用是使腔肠动物保持体形及伸缩功能。

三、细胞和原始的组织分化

腔肠动物主要有6种细胞:上皮肌肉细胞(epithelio-muscular cell)、间细胞(interstitial cell)、腺细胞(gland cell)、感觉细胞(sensory cell)、刺细胞(cnidoblast)和神经细胞(nerve cell)(图3-1、图3-2)。

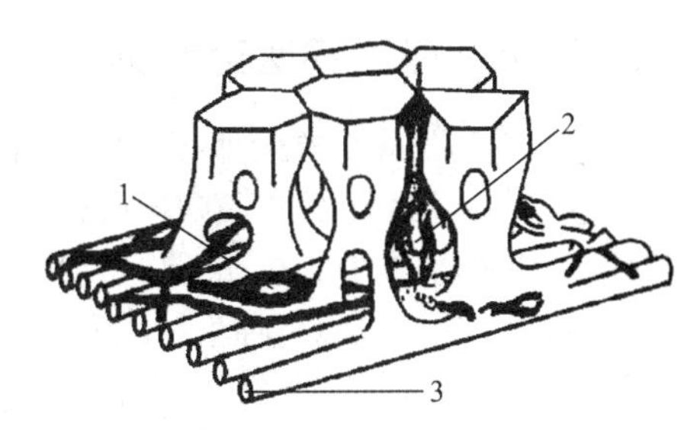

图3-1　水螅的皮肌细胞与神经网

1. 神经细胞,2. 感觉细胞,3. 收缩突起

1. 上皮肌肉细胞　腔肠动物的上皮细胞内包含有肌原纤维,"⊥"形,既是上皮细胞,又是肌肉细胞,兼有上皮和肌肉的两种功能,简称皮肌细胞。上皮与肌肉组织没有完全分开,说明了腔肠动物组织的原始性。

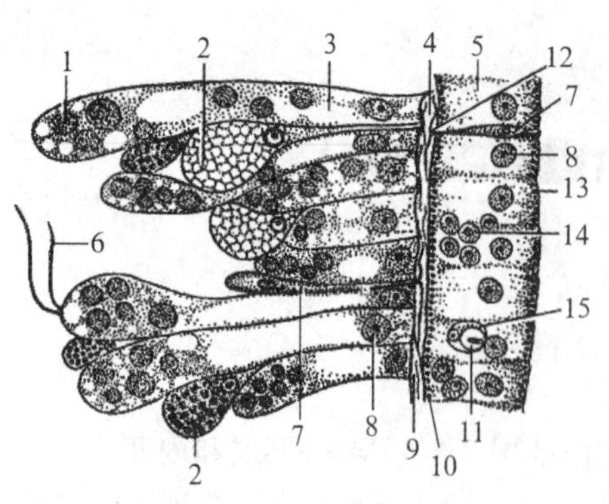

图 3-2 水螅体壁横切面

1. 食物泡，2. 腺细胞，3. 内皮肌细胞，4. 中胶层，5. 外皮肌细胞，6. 鞭毛，7. 感觉细胞，8. 细胞核，9. 内环肌纤维，10. 外环肌纤维，11. 刺丝囊，12. 神经细胞，13. 颗粒层，14. 间细胞，15. 刺细胞

2. *间细胞* 间细胞具有大的细胞核，在外胚层中较多，内胚层中较少，是小型未分化的胚胎性细胞，常成堆或零散地分布在皮肌细胞的基部。可分化成刺细胞、皮肌细胞和生殖细胞等。

3. *腺细胞* 腺细胞多分布于内体层，是一种具分泌能力的上皮细胞，细胞长形，基部细长，顶端膨大。能分泌消化液至消化腔，在消化腔中对食物进行细胞外消化。

4. *感觉细胞* 感觉细胞在口区及触手上丰富，细胞体长形，垂直于体表，分散在上皮肌肉细胞之间。细胞基部具有很多神经突起，端部具感觉毛，能感受各种刺激，然后将刺激经神经突起传递并作用于效应器或细胞。

5. *刺细胞* 刺细胞多分布于外层体壁，一般触手上最多，是腔肠动物特有的一种攻击及防卫性细胞。刺细胞基部有基粒，顶端具 1 个刺针(cnidocil)，伸出体表，其超微结构与鞭毛相似。刺细胞一般呈囊状，细胞核 1 个，位于囊的基部，细胞内一般有 1 个刺丝囊(nematocyst)，刺丝囊的顶端为盖板(lid)，囊内为细长盘卷的刺丝。刺丝囊有 4 种：穿刺刺丝囊、卷缠刺丝囊和 2 种黏性刺丝囊。当腔肠动物受到刺激时，刺丝囊从刺细胞中被排出，同时刺丝也由刺丝囊外翻出来，形成不同长度的刺丝，用以捕食及防卫。有些穿刺刺丝囊毒性特别强，海洋中的某些大型水母，如箱水母，用它攻击人时，可以置人于死地。

6. *神经细胞* 神经细胞位于上皮肌肉细胞基部，靠近中胶层，平行于体表排列。每个神经细胞都有 2～3 个或更多的细长突起，彼此互相联络构成网状神经系统。

四、神经网

腔肠动物是最早出现神经系统的多细胞动物，其神经系统是由神经细胞及感觉细胞基部的纤维互相连接而形成一个疏松的网，故称为网状神经系统，简称神经网。神经网不具有神经中枢，传导方向不定，传播速度慢，也称为弥散型网状神经系统，是动物界里最原始、最简单的神经系统。神经网的结构因腔肠动物种类而异，有 1～3 个：有些种类只有 1 个神经网，存在于外胚层的基部；有些种类有 2 个神经网，分别存在于内、外胚层的基部；还有些种类除了内、外胚层的神经网外，在中胶层中也有神经网。神经细胞之间及神经网之间多以突触相连接。

五、水螅型、水母型及世代交替现象

腔肠动物的体型有两种：营固着生活的水螅型和营漂浮生活的水母型。水螅型身体呈圆筒状，口向上，中胶层薄，有的有石灰质骨骼，以出芽方式进行无性生殖，是无性世代。水母型呈圆盘状，口向下，中胶层厚，有性生殖，是有性世代。多数腔肠动物的水螅型以无性生殖的方式产生水母型个体，水母型个体又以有性生殖的方式产生水螅型个体。无性生殖和有性生殖交替进行，这种现象称为世代交替(图 3-3)。

六、生殖与发育

腔肠动物的生殖方式有无性生殖和有性生殖两种。无性生殖多为出芽生殖，即母体的一部分体壁先向外突形成芽体，芽体逐渐长大，之后与母体脱离成为独立的新个体。有些种类的芽体长成后不脱离母体，而留在母体上构成复杂的群体。有性生殖为异配生殖，且多为雌雄异体种类，其生殖细胞由间细胞分化形成。许多海生种类在个体发育过程中有浮浪幼虫阶段(图3-4)。

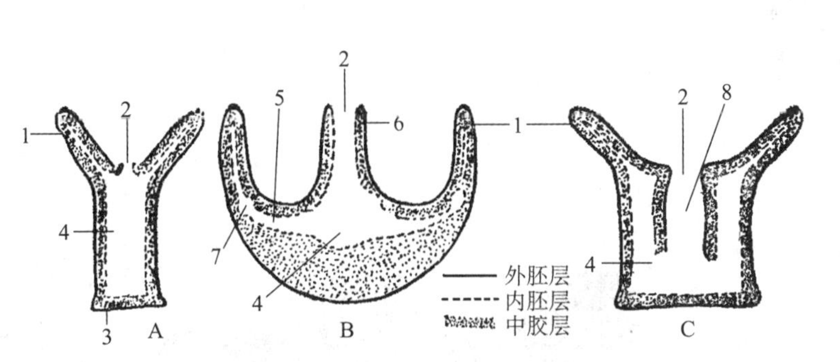

图3-3 水螅型和水母型的比较

A. 水螅型(水螅) B. 水母型 C. 水螅型(珊瑚虫)

1. 触手，2. 口，3. 基盘，4. 消化循环腔，5. 辐射管，6. 垂唇，7. 环管，8. 口道

图3-4 浮浪幼虫

第二节 代表动物——水螅

一、外部形态及生活习性

水螅生活在水质清洁、水流缓慢、水草丰富的淡水中。身体为圆柱状，最下面为基盘，身体上端为垂唇，略隆起，垂唇中央为口，垂唇周围着生5～12个触手。触手为捕食器官，平时伸展的很长，当遇到食物等刺激时，可迅速抓住食物并收缩，将食物送入口中。水螅喜食活的蚤类动物和一些类似于蚤类的小昆虫，如蚊子的幼虫孑孓。生活状态下，水螅常吸附在固体物或气泡上，也可以利用触手和基盘翻跟斗。

二、结构和功能

水螅是二胚层腔肠动物的代表，内胚层和外胚层分别形成多种细胞构成的内层体壁和外层体壁，在内外层体壁之间有由内、外胚层细胞分泌的中胶层。水螅无呼吸和排泄器官，由各细胞完成呼吸和排泄(图3-5、图3-6)。

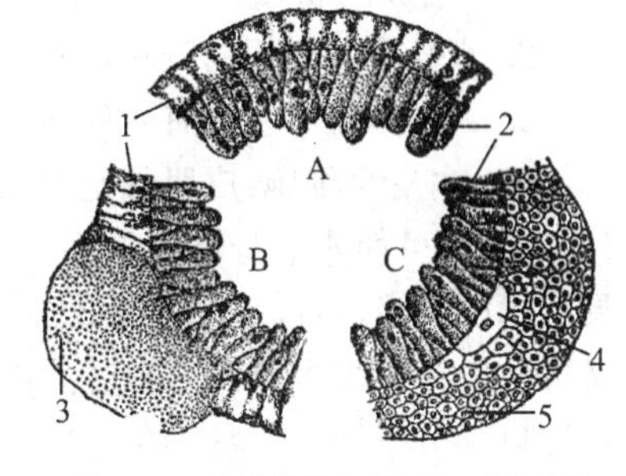

图3-5 水螅的横切面(示3种切面)

A. 普通体壁横切面 B. 过精巢处横切面 C. 过卵巢处横切面

1. 外胚层，2. 内胚层，3. 精子，4. 卵，5. 营养细胞

1. *外层体壁* 含有6种细胞，分别是外皮肌细胞、间细胞、刺细胞、腺细胞、感觉细胞和神经细胞。

(1) 外皮肌细胞：细胞形状为“⊥”形。细胞基部含有肌原纤维，肌原纤维按水螅体纵轴排列，其收缩可以牵动身体的伸缩。细胞核位于细胞的外侧，核内有一染色很深的核仁。

(2) 间细胞：大小类似于皮肌细胞的核，成堆分布，位于靠近中胶层一侧。间细胞是一种未分化的细胞。

(3) 刺细胞：刺细胞是腔肠动物特有的一种细胞，在外胚层大量分布，尤其在触手上更多，细胞内有刺丝囊。刺丝囊的种类不一，水螅有 4 种：卷缠刺丝囊、穿刺刺丝囊（中空刺丝可以将毒液注入猎物或敌人体内）和 2 种黏性刺丝囊。由刺针接收来的刺激，引起刺丝囊内压力的变化使得刺丝放出（图3－7）。

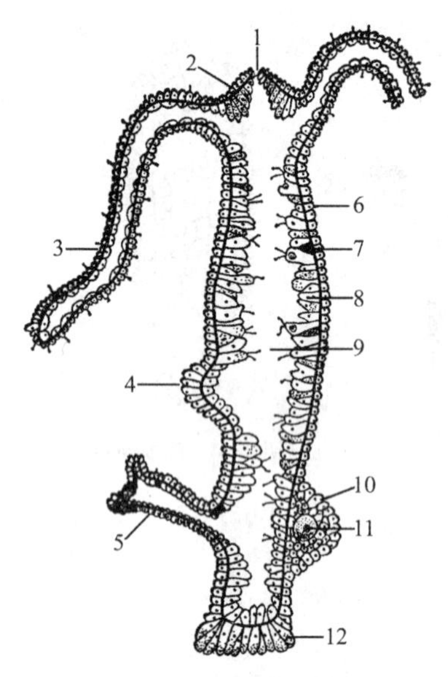

图 3－6　水螅的纵切面

1. 口，2. 垂唇，3. 触手，4. 芽体形成早期，5. 芽体，6. 外胚层，7. 中胶层，8. 内胚层，9. 消化循环腔，10. 卵巢，11. 卵细胞，12. 基盘

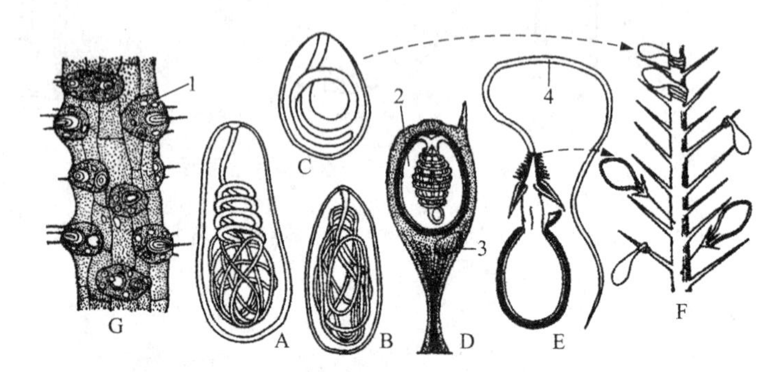

图 3－7　水螅的刺细胞

A，B. 黏性刺丝囊　C. 卷缠刺丝囊　D. 含有穿刺刺丝囊的刺细胞　E. 穿刺刺丝囊的刺丝外翻　F. 刺出的卷缠刺丝囊缠在甲壳动物的刺毛上　G. 触手的一段（示其上的刺细胞）

1. 刺细胞，2. 刺丝囊，3. 核，4. 刺丝

（4）腺细胞：主要集中在基盘，可以分泌黏液，供固着或漂浮。

（5）感觉细胞：分散地夹在外皮肌细胞之间，在口、触手和基盘上分布较多，端部具感觉毛，另一端与神经系统相连。

（6）神经细胞：每个神经细胞都有多个细长的突起。在外胚层基部近中胶层处，神经细胞的突起相互连接成网状，形成一种散漫的神经网络。

2. *中胶层*　透明的胶状物质，由内、外胚层细胞分泌形成，对身体有支持作用。

3. *内层体壁*　主要有 4 种细胞：内皮肌细胞、腺细胞、少量的间细胞和神经细胞。

（1）内皮肌细胞：皮肌细胞的长度为外皮肌细胞的 3 倍左右。肌原纤维与身体纵轴垂直排列，收缩时可使水螅身体和触手变细。口周围的肌原纤维可控制口的开闭。内皮肌细胞游离端具有两根鞭毛，可以打动水流；内皮肌细胞同时可以伸出伪足进行细胞内消化，所以内皮肌细胞又可称为营养细胞。食物经过消化后，可以经过内皮肌细胞扩散到其他细胞，不能消化的残渣再经过口排出体外。

（2）腺细胞：口周围的腺细胞可以分泌黏液，润滑食物，中段的腺细胞可以分泌以胰蛋白为主的消化酶于消化腔内，进行细胞外消化。

（3）间细胞和神经细胞：内胚层还有少量的间细胞和神经细胞，神经细胞不连成网。

三、生殖

1. *无性生殖*　出芽生殖，体壁向外突，逐渐长大，开始由母体提供营养，当芽体长大，长出口、垂唇和触手以后，自己也可以取食，最后脱离母体而独立生活。

2. 有性生殖 雌雄同体或异体,外层体壁的间细胞分化形成临时的精巢和卵巢。卵巢为卵圆形,精巢为圆锥形。每一个卵巢只有一个卵细胞,周围是大量的营养细胞。每个精巢有许多精子发育成熟,卵巢成熟后暴露出卵,成熟的精子游过来完成受精。成熟后的卵细胞如果不能在24小时内受精将会死亡。受精卵行完全卵裂,以分层的形式形成囊胚,然后分泌形成一个壳,次年环境条件变好后,壳破裂,胚胎逸出,发育成为新个体。

3. 再生 水螅的再生能力较强,除触手外,其他各个部分被切成小段后仍能发育为一个个体。以前认为水螅再生与间细胞有很大关系,因为它可以分化出各种细胞,后来发现杀死间细胞后的水螅仍有很强的再生能力,所以间细胞在再生和出芽生殖时不是必需的。

第三节 腔肠动物门的分类

腔肠动物现存约1.1万种,依据形态特点和世代交替现象分为3个纲:水螅纲(Hydrozoa)、钵水母纲(Scyphozoa)和珊瑚纲(Anthozoa)。

一、水螅纲

绝大多数水螅纲动物生活在海水中,生活史中有世代交替现象,少数生活在淡水中。

(一) 主要特征

(1) 一般个体较小,是小型的水螅型或水母型动物。

(2) 水螅型个体只有简单的消化循环腔,结构简单。

(3) 水母型个体有缘膜,触手基部有司平衡感觉的平衡囊,囊内有钙质平衡石。

(4) 大部分种类生活史中有世代交替现象。少数种类水螅型发达、无水母型(如水螅)或水母型不发达(筒螅);也有的种类水母型发达、水螅型不发达或不存在(如钩手水母、桃花水母等)。有些群体种类有多态现象,即在一个群体上,同时存在形态上和生理上分工各异的个体。例如,薮枝螅(*Obelia*)有营养体和生殖体之分。贝螅由营养、生殖和保护3种个体组成,司保护作用的个体长形、无口、上面有很多球状突起,故称为指状体。管水母类最复杂,有7种不同的个体:①司漂浮作用的浮囊;②司保护作用的叶状体;③司运动功能的游泳体;④司吞食作用的营养体;⑤司防卫和捕食作用的指状体;⑥司生殖功能的生殖体;⑦司防卫和捕食功能的触手。

(二) 代表动物——薮枝螅

薮枝螅,又称为薮枝虫,为一树枝状的水螅型群体,固着在岩石、海藻或其他物体上;基部固着部分很像树根,称为螅根。由螅根分支出许多直立的茎,称为螅茎。螅茎上有水螅体和生殖体两种个体。围鞘包围在整个群体外面着,由外胚层分泌的一层透明的角质膜,具有支持和保护的功能。

水螅体构造与水螅基本相同,有口及触手,触手是实心的,垂唇大而长,主要管营养,故称为营养个体。水螅体外面有一层透明的杯形鞘,称为水螅鞘。生殖体无口及触手,只有1个中空的轴,称为子茎。子茎周围包有透明的瓶状鞘,称为生殖鞘。水螅体和生殖体彼此由螅茎中的共肉连接,整个群体的消化循环腔是相通的,群体中任一水螅体捕食消化后,均可将营养物质通过消化循环腔输送给其他部分或其他个体;生殖体能行无性生殖,其营养主要靠水螅体供给。生殖体成熟后,子茎以出芽方式从顶端依次产生许多圆盘状的水母芽,水母芽成熟后脱离子茎,由生殖鞘顶端开口逸出,浮游于海水中,逐渐发育成自由生活的水母体。水母体伞状,结构简单,体形微小,伞边缘着生有许多触手,触手基部有8个司平衡觉的平衡囊。伞下中央悬挂有短的垂唇,垂唇中间为口,口内连着胃,胃伸出4个辐管,与伞边缘内部的环管相通,由口、胃、辐管和环管组成消化循环腔。水母体雌雄异体，生殖腺由外胚层形成，共 4 个，位于口面 4 条辐管上方。精子、卵细胞成熟后排出体外，在水中受精。受精卵首先发育成双胚层具纤毛的浮浪幼虫，浮浪幼虫在水中游动一段时间后，固着于水底，以出芽的方式发育成水螅型群体(图 3-8)。

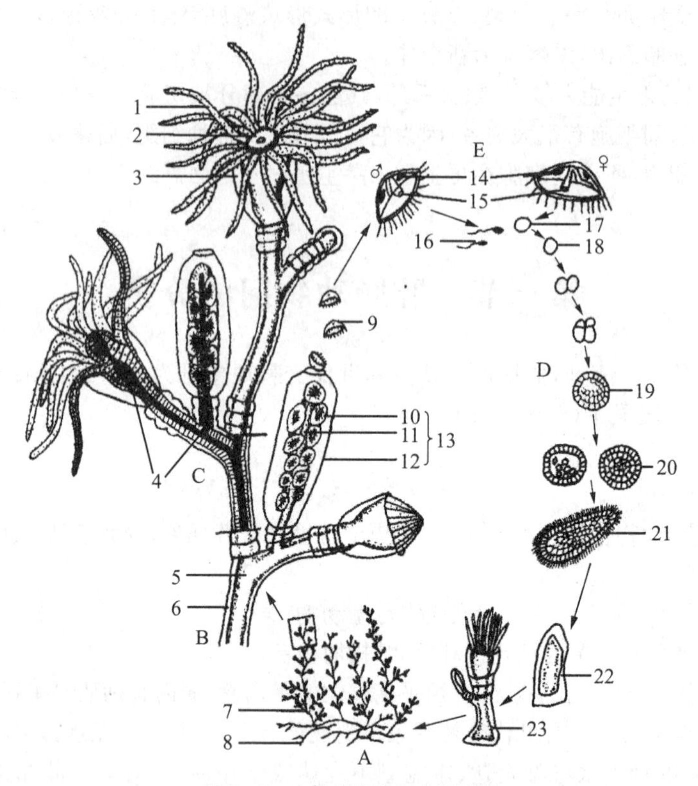

图 3-8　水螅的有性生殖各时期

A. 水螅型群体　B. 部分群体放大　C. 部分剖面观　D. 生活史　E. 水母型

1. 触手，2. 垂唇，3. 螅鞘，4. 消化循环腔，5. 共肉，6. 围鞘，7. 螅茎，8. 螅根，9. 小水母，10. 水母芽，11. 子茎，12. 生殖鞘，13. 生殖体，14. 生殖腺，15. 口，16. 精子，17. 卵，18. 受精卵，19. 囊胚，20. 原肠胚及其形成，21. 浮浪幼虫，22. 固着，23. 新群体开始

薮枝螅的生活史经历两个阶段：水螅型群体以无性出芽方式产生水母型个体；水母型个体又以有性生殖方式形成水螅型群体。其整个生活周期就是通过这种无性与有性的世代交替来完成的。

(三) 分类

水螅纲动物约有 3 000 种，可分为 5 目(图3-9)。多数种在沿海生活，大多附着在岩石、海草、贝壳上，是小型水螅型动物，常被误认为是海藻。单体或群体生活，身体呈水螅型，或少数种的身体呈水母型，或水螅型与水母型身体同时存在于群体中，形成二态或多态现象；或是水螅型与水母型在生活周期中不同时期出现，形成世代交替。水螅纲的水螅型结构简单，没有口道，消化循环腔中也没有隔膜。水母型绝大多数具有缘膜，胃腔中没有刺细胞。水螅型及水母型的中胶层中均无细胞结构，生殖细胞均来源于表皮层(外胚层)，个别种即使来源于内胚层，但最后仍在外胚层中发育成熟。

1. 花水母目(Anthomedusae)　花水母目也称为裸芽目(Gymnoblastea)。水螅型世代发达，体表围鞘不包围螅体，触手多呈棒状或丝状，其数目常随年龄增长而增加。生殖腺附着在垂唇上，水

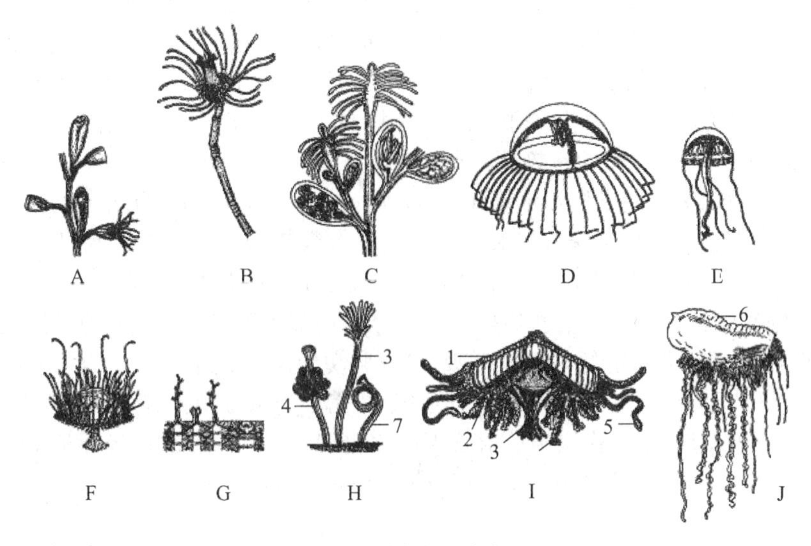

图 3-9 水螅纲代表动物

A. 钟螅 B. 海筒螅 C. 淡水棒螅 D. 钩手水母 E. 小舌水母 F. 桃花水母 G. 多孔螅 H. 贝螅 I. 帆水母 J. 僧帽水母

1. 浮囊，2. 水母芽，3. 营养成员，4. 生殖成员，5. 触手，6. 浮囊，7. 保护成员

母型存在或不存在，呈高杯状，如筒螅(*Tubularia*)，其水母芽附着在亲本上，受精卵也在亲本上发育，经浮浪幼虫及辐射幼虫后才离开亲本，附着后出芽形成群体。多孔螅(*Millepora*)为水螅型群体，能分泌碳酸钙质的外骨骼，常与造礁珊瑚一起生活在热带海洋中。多孔螅具营养体、指状体及水母芽体，这些个体死亡后在骨骼上留下无数小孔，故称为多孔螅。伞形螅(*Corymorpha*)呈单体水螅型，生殖芽分支，附着在两圈触手之间，具自由游泳生活的水母体阶段；水母体呈高杯状，仅有单个触手，行有性生殖。此外，真枝螅(*Eudendrium*)、贝螅(*Hydractinia*)、笔螅(*Pennaria*)及淡水水螅均属此目，它们的触手均呈丝状。

2. 管水母目(Siphonophora) 管水母目动物均为较大型的营漂浮生活的水母型群体。身体是由几种变态了的水螅型及水母型个体被共肉连接在一起，个体间紧密聚集，彼此分工形成大型群体。管水母目一般根据浮囊体及游泳体的有无分为 3 个亚目：钟泳亚目(Calycophora)、胞泳亚目(Physonectae)、囊泳亚目(Cystonectae)。钟泳亚目：没有浮囊体，仅有游泳体，如五角水母(*Muggiaea*)。胞泳亚目：具浮囊体及游泳体，如盛装水母(*Agalma*)。囊泳亚目：有浮囊体、无游泳体，如僧帽水母(*Physalia*)。

僧帽水母是成簇的水螅集合体，水螅体分 3 类，包括指状个体、生殖个体和营养个体，分管捕食、生殖和摄食。僧帽水母顶端的气囊直径可达 30 cm，在气囊下仅留有茎的残基，有气腺可分泌气体进入气囊，僧帽水母可以靠气囊在海面随波逐流。僧帽水母没有游泳体及叶状体，在大多数个体中发现有刺细胞，它所射出的蛋白质有很高毒性，螫人极痛，能引起发热、休克和心肺功能障碍等严重反应。

一般认为管水母类是由硬水母进化而来，是由自由游泳的辐射幼虫阶段及成体水母型阶段合并，并逐渐分化而形成的多态群体。

3. 软/薄水母目(Leptomedusae) 水螅型群体的围鞘包围螅体，营养体触手的数目不随年龄而增加。大多不具自由生活的水母体。水母体多扁平盘形，多以假单轴型或复合型形成群体。代表种类有薮枝螅(*Obelia*)、海榧(*Plumularia*)、钟形螅(*Campanularia*)等。

4. 淡水水母目(Limnomedusae) 生活史具有单体的小型水螅体和自由游泳的水母型体，但以水母型为主。水水螅体无围鞘，甚至无触手，单体大小常常仅有数毫米。水母体也为小型，都具缘膜，这是水螅水母的特征，具有很多条触手。例如桃花水母(*Craspedacusta*)，是仅有的一种淡水生活的小型水母，生活在清洁的江河、湖泊、水井之中，在我国的长江流域有分布，为世界级濒危物种，是我国一级保护动物，有"水中大熊猫"之称。桃花水母已记录有 11 种，除索氏桃花水母(*Craspedacusta sowerby*)和日本的伊势桃花水母 2 种外，其余 9 种在我国均有分布，如中华桃花水母(*Craspedacusta sinensis*)、楚雄桃花水母(*Craspedacusta sowerbyi*)等。桃花水母的水母体直径为 1.5～2 cm，具有很多触手，缘膜很厚，其水螅型阶段仅有数毫米大小。钩手水母(*Gonionemus*)，小型，广泛分布于大西洋、印度洋和太平洋的浅海区，在暖海中密集成群。转钩手水母(*Gonionemus vertens*)的刺细胞有毒，人被蜇后，皮肤灼痛，很快起疱，局部水肿，10～30 分钟后感到乏力、麻木，四肢关节疼痛，呼吸困难并可能暂时停止呼吸，可致肝功能失常，急性症状持续4～5天。

5. 硬水母目(Trachylina) 生活史中没有水螅型，完全为水母型。身体属小型，生活在浅海至深海中。具或不具有垂唇，生殖腺位于放射管下的表皮细胞间，间接发育，经浮浪幼虫及辐射幼虫再发育成水母型体，如壮丽水母(*Aglaura*)、三身翼水母(*Geryonia*)等。

二、钵水母纲

(一) 主要特征

(1) 钵水母纲动物全部生活在海水中。

(2) 钵水母纲动物是腔肠动物中的大型种类，单体，中胶层较厚，内有形变细胞和纤维。

(3) 世代交替现象明显。水螅型个体常以幼虫的形式出现，非常退化；水母型发达，构造比水螅纲的水母体(即水螅水母)复杂。钵水母一般为大型；水螅水母为小型。

(4) 钵水母与水螅水母的主要区别：钵水母无缘膜，感觉器官为触手囊，触手囊具有眼点、平衡石、嗅窝等结构，有感光、平衡、化学感受器等功能；水螅水母有缘膜，感觉器官为平衡囊。钵水母结构复杂，有复杂的消化循环腔，胃囊内有胃丝；水螅水母结构相对简单，无胃丝。钵水母生殖腺产生于内胚层；水螅水母的生殖腺产生于外胚层。

(二) 代表动物——海月水母

1. 形态及分布 海月水母(*Aurelia*)的身体为白色透明的圆盘状，直径 10～30 cm。伞的上方称外伞，下方称内伞，内伞中央有口，口的四角着生有 4 条口腕，口腕上有口沟(图 3-10)。触手细丝状，整齐排列于整个伞缘，伞缘均匀间隔着 8 个缺刻，缺刻中有触手囊。营漂浮生活，在我国分布于青岛、烟台等沿海。

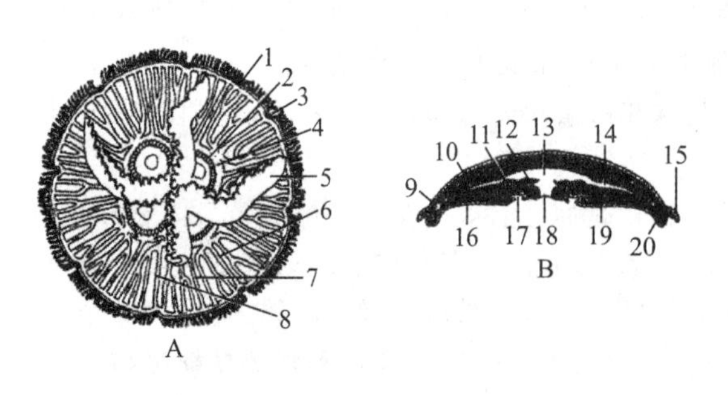

图 3-10 海月水母的结构

A. 口面观 B. 剖面观

1. 触手，2. 生殖腺，3. 感觉器，4. 胃囊，5. 口腕，6. 间辐管，7. 从辐管，8. 主辐管，9. 环管，10. 内胚层，11. 生殖腺，12. 胃丝，13. 胃腔，14. 辐管，15. 笠，16. 外胚层，17. 生殖下穴，18. 口，19. 中胶层，20. 感觉器

2. 消化循环系统与食性 海月水母的消化循环系统较为复杂，主要包括两部分：一是由口、极短的食管、胃和胃囊组成的消化道部分，胃囊 4 个，分别由胃向 4 个方向发出；二是由辐射管和围绕伞缘的环管组成的循环管道部分。辐射管根据所在的位置分成 3 种：正辐管、间辐管和从辐管。正辐管又称为主辐管，是由口腕位置发出的 4 条分支的管道。间辐管是由胃囊底部正中发出的 4 条分支的管道。从辐管是由胃囊底部两侧发出的 8 条不分支的管道。

海月水母以溶解于水中的有机物及浮游动

物为食。胃囊内有内胚层形成的胃丝,胃丝上有刺细胞和腺细胞。浮游动物等食物进入胃腔后,即被胃丝上的刺细胞杀死,然后被腺细胞的分泌物分解和消化,消化后的营养物质靠循环管道内壁上纤毛的摆动提供的动力,输送到身体各部分进行吸收,最后不能被消化的食物残渣仍由口排出。携带食物的水流经的途径是:口→食管→胃腔→从辐管→环管→正辐管→间辐管→胃腔→口→排出。

3. 神经系统和感觉器官　海月水母在外胚层内侧有控制伞搏动的弥散神经网,在伞内分布着许多神经细胞和神经纤维组成的控制摄食等局部反应的神经丛。在正辐管和间辐管主干通向伞缘的地方有伞缘缺刻,缺刻处有触手囊。触手囊共有8个,每个触手囊内都有由内胚层细胞分泌的小块钙质平衡石,囊的上面有眼点,眼点被外伞延长形成的笠遮盖,在触手囊的下面有缘瓣,其上有感觉细胞和纤毛,是一种平衡觉感受器。此外,海月水母触手囊缘瓣处还有2个内陷的嗅窝,嗅窝是一种嗅觉感受器。

4. 生殖与发育　海月水母的生殖腺有4个,呈马蹄形,来源于内胚层,由胃囊壁产生,位于胃囊底部边缘,在生殖季节特别发达。

海月水母雌雄异体,其有性生殖一般发生在春夏季,受精过程多数在体内进行,少数在海水中进行。有性生殖时由生殖腺产生出精子和卵,雄体成熟的精子由口排出,随水流游到雌体内与卵受精,形成受精卵。在口腕中,受精卵发育形成浮浪幼虫。浮浪幼虫形成后便离开母体,到海水中浮游一段时间后,开始固着于海藻或其他物体上,在其游离的一端形成口和触手,形成的幼体与水螅型个体类似,称为螅状幼体。此后,在冬季或早春,螅状幼体即以横分裂方式进行无性繁殖,形成由许多盘状体相叠起来的横裂体。横分裂的结果是盘状体由上至下依次成熟,然后脱离母体游离到水中,称为碟状幼体。碟状幼体是一种胶质的扁形小体,直径仅数毫米,中央有口,边缘有8个分叉的缘瓣,缘瓣的分叉内有感觉器,此处将来发育成触手囊。碟状幼体在水中漂浮一段时间后逐渐长大,最后发育成圆盘状的水母体。由此可见,钵水母类的生活史中有世代交替,水母型发达,水螅型则退化成为幼体。

(三) 分类

生活史的主要阶段是单体、水母型,其水螅型阶段不发达或完全消失。钵水母纲的水母体不同于水螅纲的水母体,两者的区别主要表现在:①钵水母纲的水母体一般体型较大,没有缘膜;②消化循环腔复杂,辐射管发达,有内胚层起源的胃丝,胃丝上有刺细胞;③中胶层中有外胚层起源的细胞及纤维;④生殖细胞起源于内胚层,而水螅纲水母的生殖细胞均来源于外胚层;⑤神经感官较发达,集中形成4～8个感觉器官。本纲动物已知约200种,全部营海洋生活,可分为5目。

1. 立方水母目(Cubomedusae)　立方水母的整个伞部呈立方形,伞缘呈四边形,在间辐区由伞缘伸出一条或多条触手,触手在基部形成足叶,具有8个触手囊,位于间辐区及正辐区伞缘上。下伞面向内延伸形成假缘膜(velarium)。具有边缘神经环,并与触手囊相连,这与水螅水母有些相似。发育中钵口幼虫可以直接形成成体,主要分布在热带及亚热带浅海,少数在开阔的海洋中营漂浮生活。触手上的刺细胞具有很强的毒性,对浅海游泳者构成威胁,常见种类有曳手水母(*Chiropsalmus*)和盒水母(*Carybdea*)等。

2. 冠水母目(Coronatae)　冠水母的水母体呈圆屋顶形、锥形或扁平形,但外伞中部有一紧缩沟,将伞分成上、下两部分,相应的胃囊也被分成上、下两部分。沟下有一圈厚的足叶(pedalia),足叶下端是触手,伞缘具触手囊,主要产于深海,如缘叶水母(*Periphylla*)。

3. 十字水母目(Stauromedusae)　十字水母是营固着生活的钵水母类,身体由水螅型和水母型联合形成,形如倒置的喇叭。十字水母的伞呈杯状,上伞面延长成柄状,末端具基盘,用以固着;下伞面向上,伞缘有8个边,有8簇短的触手,没有触手囊,仅在每个触手丛内有一个感觉小体。口四边形,位于下伞的中央,口周围有4个小的口叶,胃腔内有胃囊及隔板。浮浪幼虫没有纤毛,经爬行后,固着发育成成体。常分布在较冷的海水中,在海藻上营附着生活,如喇叭水母(*Haliclystus*)和高杯水母(*Lucrenaria*)等。

4. 旗口水母目(Semaeostomae) 旗口水母目是本纲中最常见的一个目,生活史有世代交替现象,但水母型个体发达而水螅型则退化成为幼虫。也有的钵水母无世代交替现象,只有水母型。水母型个体的伞呈碗形或蝶形,伞缘有8至许多个缺刻,每个缺刻中都有触手囊。触手的数目、分布、形状随种而异。旗口水母具口腕,口腕中有纤毛沟,由胃囊伸出复杂的辐射管,环管或有或无。典型的生活史:水母体→浮浪幼虫→钵口幼虫→横裂体→碟状幼虫→水母体。绝大多数在沿海生活。常见的种类有海月水母、游水母(*Pelagia*)和霞水母(*Cyanea*)等。

5. 根口水母目(Rhizostomae) 根口水母的外形接近于旗口水母,但伞缘无触手,口腕愈合,口封闭,又形成了许多小的吸口。早期发育中具有正常的口,并有4个口叶,后来4个口叶分支发育成8个口腕,口腕再分支愈合,原来口腕中的纤毛沟愈合成小管及吸口(suctorial mouth)。吸口、小管与胃腔相连,胃腔中也有辐射管,环管或有或无,具触手囊。常见种类有海蜇(*Rhopilema*)和硝水母(*Mastigias*)等。海蜇富含维生素B,在我国东海、南海等沿海产量较丰富。

三、珊瑚纲

(一) 主要特征

珊瑚纲动物是腔肠动物中种类最多的类群,全为海产,单体或群体,多生活在浅海、暖海的海底。身体呈两辐射对称,多数种类具有骨骼,少数种类例外(如海葵)。生活史中,无世代交替现象,只有水螅型,无水母型。珊瑚类的水螅型与水螅纲的水螅体比较,其不同点在于:①珊瑚纲只有水螅型,其构造复杂,有口道、口道沟、隔膜、隔膜丝;水螅纲的水螅体构造简单,只有垂唇,无上述结构。②珊瑚纲水螅体的生殖腺来源于内胚层;水螅纲的水螅体生殖腺来源于外胚层。常见的种类有海葵、珊瑚、海鳃等。被誉为"海底花园"的珊瑚主要由珊瑚虫构成,一般所见的珊瑚是珊瑚虫的骨骼。

(二) 代表动物——海葵

1. 一般形态与分布 海葵的分布很广,几乎遍布所有的海洋,以温暖的区域最丰富,在浅海和沿岸处的岩石上营固着生活。海葵体色一般都很鲜艳,有橘红色、绿色和橙色等。海葵无骨骼,身体呈圆柱状,附于海中岩石或其他物体上的一端为基盘,另一端有呈裂缝形的口,口周围部分称为口盘。口盘周围有几圈触手,触手上有刺细胞,可用来捕食鱼虾及活的小动物,当触手伸展时,像一朵朵盛开的菊花,故有"花虫"之称。海葵捕捉的食物经口进入口道,口道壁是外胚层细胞经口部向内折入而形成。在口道的两端各有一纤毛沟(也称口道沟,有些种类中只有一个纤毛沟),纤毛沟内壁的细胞具纤毛,即使海葵收缩成一团,水流也可由纤毛沟流入消化循环腔(图3-11)。

2. 消化循环系统 海葵的消化循环腔构造复杂,腔内具有辐射状排列的隔膜,隔膜是由内胚层细胞连同中胶层向腔内突出形成的,其作用是支持并增大消化面积。隔膜宽窄不同,根据隔膜的宽度,可将其分为一、二、三级隔膜。一级隔膜(也称初级隔膜)较宽,自体壁一直伸到口道壁,能够将消化腔完全隔开。二级隔膜(也称次级隔膜)较窄,只有一级隔膜长度的一半,其游离端不与口道壁相连,隔膜的游离缘在消化循环腔内形成隔膜丝,隔膜丝从横切面看呈三叶状。隔膜丝主要由刺细胞和腺细胞构成,刺细胞的作用是能杀死摄入体内的捕获物,腺细胞则分泌消化酶,对捕获物进行细胞外和细胞内消化。隔膜丝沿隔膜的游离边缘下行,直达消化循环腔的底部。有的隔膜丝达到消化循环腔底部时形成游离的含有丰富刺细胞的线状物,称为枪丝(毒丝)。当海葵身体收缩时,有防御及进攻功能的枪丝经常由口或壁孔射出。在较大的隔膜上都有肌旗,肌旗是一纵肌带,肌旗与隔膜的排列是分类的依据之一。三级隔膜最窄,宽度只有一级隔膜的1/4或1/5。所有隔膜都是成对排列,由于隔膜的存在,消化循环腔被分成许多小室,相邻的小室可借一级隔膜上的小孔彼此相通。

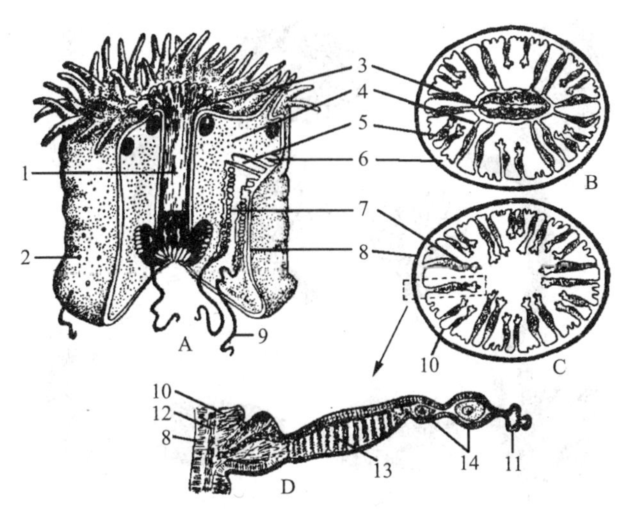

图 3-11 海葵的结构

A. 部分体壁纵横切面 B. 过口道横切面 C. 过消化循环腔横切面 D. 隔膜放大

1. 口道，2. 壁孔，3. 口道沟，4. 一级隔膜，5. 二级隔膜，6. 三级隔膜，7. 生殖腺，8. 外胚层，9. 毒丝，10. 内胚层，11. 隔膜丝，12. 中胶层，13. 隔膜纵肌，14. 生殖腺

3. *神经系统和感觉器官* 营固着生活的海葵神经系统不发达，只具有与水螅纲的水螅体相似的神经网，不具有任何感觉器官。

4. *生殖和发育* 海葵多为雌雄异体，极少数为雌雄同体，生殖腺来源于隔膜丝外侧的内胚层。多数种类雄性的精子成熟后，随水流由口流出，进入另一雌体内与卵结合形成受精卵，并在雌体内发育成浮浪幼虫。浮浪幼虫因体表有纤毛，能游动，形成后离开母体，游动一段时间后，以反口面的一端固着在其他物体上，发育成新个体。少数种类在海水中受精，有性生殖在体外发育；也有的海葵不经浮浪幼虫，直接发育到具有触手的幼体时才离开母体。海葵无水母型。海葵的无性生殖为纵分裂或出芽，并往往形成群体。

(三) 分类

珊瑚纲(Anthozoa)是腔肠动物门中最大的一个纲，约有 7 000 多种，全部海产，全部是水螅型的单体或群体动物，生活史中没有水母型世代。许多种可形成骨骼。不同种类的珊瑚，其骨骼形成的方式也不相同：大多数珊瑚虫的骨骼由外胚层细胞分泌形成，在低等八放珊瑚亚纲中，外胚层的细胞移入中胶层中，然后分泌角质或石灰质的骨针或骨片；有些种类的骨针则游离于中胶层中或突出于体表，如海鸡冠；笙珊瑚中胶层中的小骨片则相互连成管状骨骼；红珊瑚为树状群体，一般是在群体中共肉中央部形成坚硬的石灰质中轴骨骼。珊瑚纲的水螅型结构较水螅纲复杂，身体呈八放或六放的两辐射对称，故可将珊瑚纲分为 2 个亚纲：八放珊瑚亚纲(Octocorallia)和六放珊瑚亚纲(Hexacorallia)(图 3-12)。

1. *八放珊瑚亚纲* 全部营群体生活，身体呈圆柱状，直径一般为 0.5 mm～2 cm，具 8 个羽状触手。隔膜 8 个，不成对，隔膜丝单叶状，仅有一个口道沟，骨骼多在体内，或由体内发生后伸向体表，分为 6 个目。

(1) 匍匐珊瑚目(Stolonifera)：匍匐珊瑚目动物的所有个体均从一个匍匐茎上独立发生，水螅体顶端可以缩回螅体茎内，具有钙质骨针，如羽珊瑚(*Clavularia*)、笙珊瑚(*Tubipora*)。笙珊瑚的骨骼呈红色，生活在热带海洋中，在珊瑚礁中是最常见的种类，其群体如笙状，由许多个体平行紧密排列

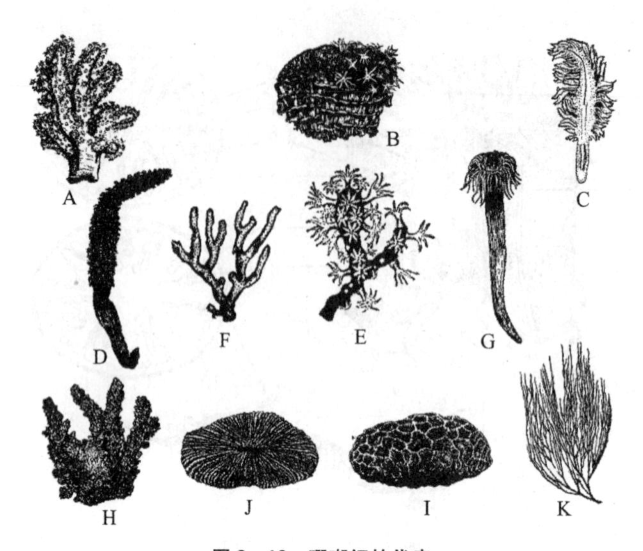

图 3-12　珊瑚纲的代表

A. 海鸡冠　B. 笙珊瑚　C. 海鳃　D. 海仙人掌　E. 红珊瑚　F. 黑珊瑚　G. 角海葵　H. 鹿角珊瑚　I. 菊珊瑚　J. 石芝　K. 角珊瑚

而成，同时共肉中的骨针愈合，形成平行排列的骨管；在横行茎上，骨针还联合形成骨板，再由骨板上长出骨管，层层排列，形成笙状。

(2) 苍珊瑚目(Helioporacea)：苍珊瑚目是八放珊瑚中唯一的造礁类群，其群体骨骼呈巨大块状，个体直径约 1 mm，具宽阔的胃腔，缺乏隔膜。共肉在表皮下形成许多盲管，用以增加表面积及分泌钙质。如苍珊瑚(*Heliopora*)，呈蓝色。

(3) 海鸡冠目(Alcyonacea)：海鸡冠目个体是肉质软珊瑚，群体呈树形或蘑菇形。在群体中，珊瑚个体均集中在远端，具有分散的骨针，能够埋在胶状共肉中。少数种类具二态性，即个体分为独立个体(autozooid)和管状体(Siphonozooid)。独立个体具有触手，能取食；管状体没有触手，或触手极不发达，不能取食，但有助于水在群体中流过。常见的种类如产于热带浅海的海鸡冠(*Alcyonium*)。

(4) 柳珊瑚目(Gorgonacea)：多数种类骨骼常呈黑色，中轴骨为硬蛋白质，身体为平面树状分枝，小型群体，如柳珊瑚(*Gorgonia*)。少数种类骨骼常为红色，中轴骨钙质，钙质骨针分布在中胶层中，身体也呈树状分枝，但不在一个平面上，常与造礁珊瑚生活在一起，如红珊瑚(*Corallium*)。红珊瑚色泽鲜艳，骨骼质地坚密，常用作宝石或雕刻材料，我国古代皇帝的朝珠即由红珊瑚制成；其还是一种药材，有定惊明目的功效，是我国一级保护动物。

(5) 海鳃目(Pennatulacea)：海鳃目动物是单体状肉质群体珊瑚，身体包括一个柱状的初级轴螅体和分布在初级轴螅体上面的许多次级体。所有的种均为二态，一种为初级轴螅体的下端具柄，用以将身体固着在泥沙中，次级体放射状排列在初级轴螅体上；另一种是次级体向初级轴螅体两侧平行排列，使群体呈羽状。有的种的初级轴螅体有钙质的中轴骨，共肉中有分散的骨针。海鳃目动物分布广泛，如海仙人掌(*Cavernularia*)、海鳃(*Pennatula*)等。

(6) 全腔目(Telestacea)：全腔目动物的个体中茎简单，呈直立或分枝状，向两侧长出珊瑚体，具有分散的钙质骨针，如全腔珊瑚(*Telesto*)。

2. 六放珊瑚亚纲　单体或群体生活，触手和隔膜均为 6 或 6 的倍数，故名六放珊瑚。六放珊瑚的触手呈指状，口道沟 2 个，隔膜成对发生，肌肉多相对而生。有骨骼的种类，其骨骼由表皮层分泌

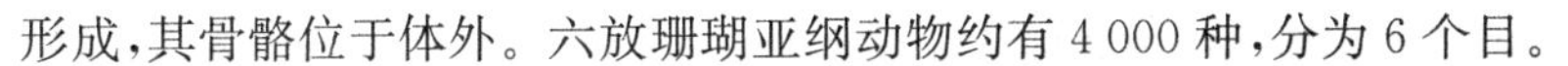
形成，其骨骼位于体外。六放珊瑚亚纲动物约有 4 000 种，分为 6 个目。

(1) 海葵目(Actiniaria)：海葵一般高 1.5～10 cm，直径 1～5 cm，为大型单体，是具两个口道沟、不具骨骼、在世界上分布最广的珊瑚纲动物。海葵目动物约有 1 300 多种，包括爱氏海葵科(Edwardsidae)、细指海葵科(Metrdidae)、海葵科(Actiniidae)、绿海葵科(Sagartiidae)等科。

(2) 石珊瑚目(Scleractinia)：单体或群体生活，单体体型较大，最大的直径可达 50 cm，如石芝(*Fungia*)；群体中的个体较小，直径仅有数毫米。石珊瑚隔膜成对，缺乏明显的口道沟，具杯状钙质的外骨骼，多是造礁珊瑚，是珊瑚纲最大的目。如脑珊瑚(*Meandrina*)、鹿角珊瑚(*Acropora*)、扁脑珊瑚(*Platygyra*)等。

(3) 六放珊瑚目(Zoanthidea)：六放珊瑚目动物多为群体，不分泌钙质骨骼，可形成围鞘或黏着外来颗粒。个体似海葵，直径 1～2 cm，由共肉相连，没有基盘。成对的隔膜一个与口道相连，另一个与口道不相连。如六放虫(*Zoanthid*)。

(4) 角珊瑚目(Antipatharia)：角珊瑚动物为群体，身体呈细长分枝羽状，具有角质黑色的轴状骨骼，由一层薄的共肉包围，隔膜不成对，肌肉也不发达，单体具 6 个不可收缩的触手。生活在热带和亚热带的深海中，如角珊瑚(*Antipathes*)。

(5) 角海葵目(Cerianthria)：角海葵动物为单体，穴居在其自身自行分泌和黏着沙砾形成的骨管中，也称为管海葵。具两圈触手，可缩回管内，没有基盘。隔膜排成一圈，不成对，均与口道相连，仅有 1 个口道沟。如角海葵(*Cerianthus*)。

(6) 四射珊瑚目(Tetracoralla)：四射珊瑚是一类已经灭绝的单体珊瑚，生存于寒武纪至二叠纪时期。四射珊瑚具有 4 个主要隔膜，故名。在珊瑚纲中还有一大类已灭绝的种类称为床板珊瑚(*Tabulata*)。床板珊瑚个体呈骨管状，体内无隔膜，由水平骨板将不同的个体连在一起。床板珊瑚和四射珊瑚共有 5 000 种左右，在古生物学研究中占有重要地位。

第四节　腔肠动物的系统发展

腔肠动物在动物的系统发生上占有很重要的地位，是真正多细胞动物的开始。在个体发育上，一般海产的腔肠动物都经过浮浪幼虫的阶段，由此推测，最原始的腔肠动物是具纤毛、能够自由游泳、形状像浮浪幼虫的动物。根据梅契尼柯夫的假说，腔肠动物可能是由群体鞭毛虫的一些细胞移入群体内部后形成的原始两胚层动物。

第五节　腔肠动物与人类的关系

腔肠动物与人类的关系密切，对其有益或有害的判断需要具体问题具体分析。例如，大型水母在海中袭击人时对人是有害的，但在仿生学上对人却是有益的。

一、有益的方面

该方面主要表现为具有比较大的经济价值。

1. 部分种类可食用　最具有食用价值的腔肠动物是海蜇，它被视为水产珍品，其富含蛋白质、糖、多种维生素和钙、磷、铁等无机盐，具有较高的营养价值。

2. 形成珊瑚岛和珊瑚礁　珊瑚虫终年生活在水深 50 米以下、水温 20℃以上的热带浅海中，大量繁殖后，其石灰质骨骼在海岛的四周或海边堆积，即可形成珊瑚礁、珊瑚岛。古珊瑚和现代珊瑚

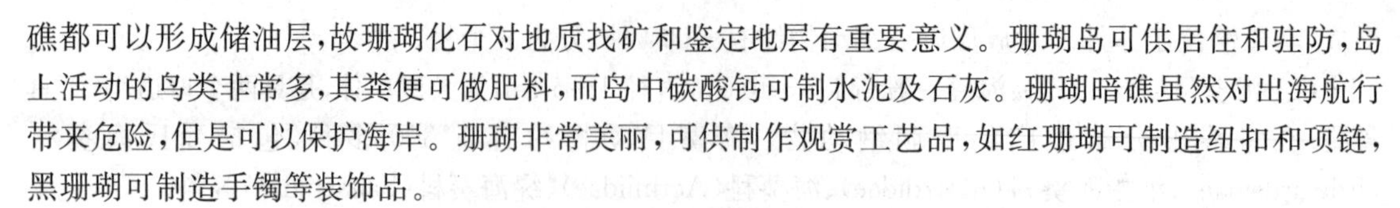
礁都可以形成储油层，故珊瑚化石对地质找矿和鉴定地层有重要意义。珊瑚岛可供居住和驻防，岛上活动的鸟类非常多，其粪便可做肥料，而岛中碳酸钙可制水泥及石灰。珊瑚暗礁虽然对出海航行带来危险，但是可以保护海岸。珊瑚非常美丽，可供制作观赏工艺品，如红珊瑚可制造纽扣和项链，黑珊瑚可制造手镯等装饰品。

3. 用于医药研究和生产　随着对动物研究的不断深入，发现许多海产腔肠动物可做药用。如海葵含有抗凝血因子；有些珊瑚能提取抗癌物质；柳珊瑚可提取前列腺素；海蜇有清热化痰、消肿散结、降压的功效，可治疗高血压、哮喘、气管炎和胃溃疡等疾病。

4. 仿生学　海蜇靠脉冲喷射进行运动，当风暴来临时，水母会游向深海，这些都可以用于仿生学的研究。例如，水母感觉器中的平衡石能感觉到风暴来临时发出的次声波。人们模拟水母感受次声波的器官，设计出的风暴预测仪可提前15小时预报风暴的来临。

二、有害的方面

腔肠动物门的3纲中都有对人有毒的种类，如细斑指水母、长须霞水母、僧帽水母等，当其触手接触人的皮肤后，毒液随刺细胞中的刺丝进入人体，使人感到剧痛。被腔肠动物伤害后的一般症状是虚脱、头痛、发热和原发性休克，较严重者可出现呼吸困难、肌肉痉挛、麻痹，其中的多数人在数分钟之内即可因心跳停止而死亡。腔肠动物的毒素包括肌肉毒素、心脏毒素和神经毒素，其中心脏毒素是引起接触者死亡的主要毒素。此外，还有些种类捕食小鱼及其他小动物，可给渔业造成一定损失。

复习思考题

1. 腔肠动物门的主要特征是什么？
2. 腔肠动物分哪几个纲？各纲的主要特征是什么？
3. 初步了解腔肠动物与人类的关系。

（张明辉）

第四章

扁形动物门(Platyhelminthes)

扁形动物开始出现了两侧对称的体型，在内、外胚层之间出现了中胚层。由于中胚层的形成，产生了复杂的肌肉系统，感受器趋完善，神经、摄食、消化、排泄等功能也随之加强，这些特征为动物从水生进化到陆生奠定了基础。扁形动物约2万种，根据形态特征和生活方式的不同分为3个纲：涡虫纲(Turbellaria)、吸虫纲(Trematoda)和绦虫纲(Cestoda)。

第一节　扁形动物门的主要特征

一、两侧对称及其意义

两侧对称(bilateral symmetry)是指通过身体的中轴只有一个切面可以将身体分成左右对称的两部分。两侧对称使身体明显分出了前端、后端，左侧、右侧及背面与腹面(图4-1)。身体的前端集中了口、神经与感官，逐渐形成了头部；为了更有效地感知外界环境和摄食，两侧对称的动物运动时总是头部一端向前，因此运动由不定向变成了定向。动物的附肢一般位于身体的腹面，腹面发展了运动功能，与腹面相对的一面为背面，背面和腹面的体色从下往上和从上往下看时常与周围环境相一致，发展了保护功能。两侧对称的体制提高了动物对复杂环境的应变能力，使动物更迅速而有效地趋向有利，躲避不利的局部环境。

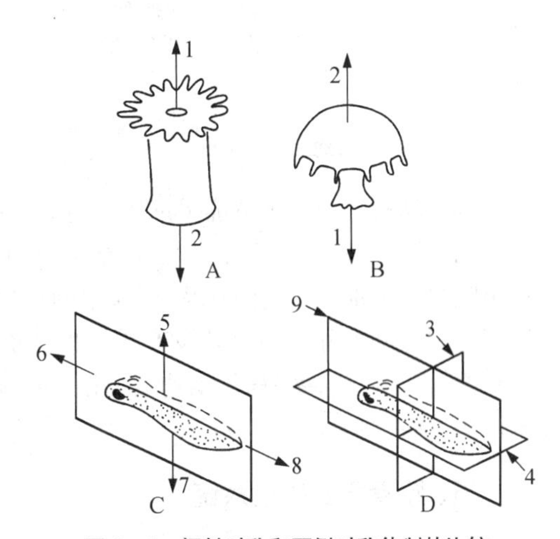

图4-1　辐射对称和两侧对称体制的比较

A. 水螅型　B. 水母型(示辐射对称轴图解)　C, D. 涡虫(示两侧对称面图解)

1. 口面，2. 反口面，3. 横切面，4. 水平切面，5. 背，6. 前，7. 腹，8. 后，9. 纵切面

二、中胚层的出现及其意义

扁形动物在内、外胚层之间出现了中胚层，其意义如下。首先，中胚层的出现，使动物产生了一系列组织、器官和系统的分化，为动物的形态结构的分化及生理功能的进一步复杂化提供了物质基础，提高了消化、排泄、生殖、神经等系统的功能。例如，中胚层形成了肌肉，增强了动物的运动功能，运动功能的增强又促使动物能够更加迅速地取食、消化、吸收及排泄。其次，中胚层形成的实质组织(parenchyma)中，储存有大量的水分及营养物质，填充在器官系统之间，实质组织可以提高动物抵抗干旱及饥饿的能力。因此，中胚层的出现是动物从水生进化到陆生的必要条件之一。

三、皮肤肌肉囊

从扁形动物开始，中胚层形成了由环肌(circular muscle)、纵肌(longitudinal muscle)、斜肌(diagonal muscle)构成的复杂肌肉结构。这些肌肉与外胚层形成的表皮紧密结合组成体壁。体壁包裹整个身体，外形呈囊状，具有运动和保护的功能，称为皮肤肌肉囊(dermo-muscular sac)(图 4－2)。

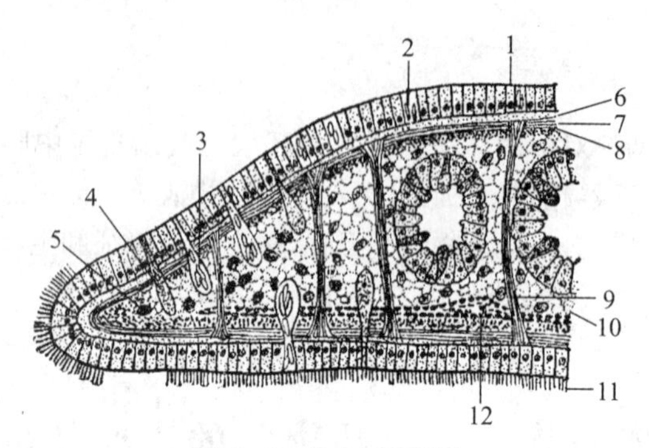

图 4－2 涡虫的横切面

1. 表皮细胞，2. 杆状体，3. 成杆状体细胞，4. 腺细胞，5. 形成细胞，6. 底膜，7. 环肌，8. 纵肌，9. 背腹肌，10. 实质，11. 纤毛，12. 腹神经索

四、消化系统

扁形动物门的消化系统(digestive system)仅有 1 孔通到体外，另一端是盲端，故称为不完全消化系统(imcomplete digestive system)。仅单咽目(Hyplopharyngida)涡虫，如单咽虫(*Haplopharynx*)有临时肛门。扁形动物除了肠以外没有扩大的体腔。肠是由内胚层形成的盲管，营寄生生活的扁形动物，消化系统趋于退化(吸虫纲)或完全消失(绦虫纲)(图 4－3)。

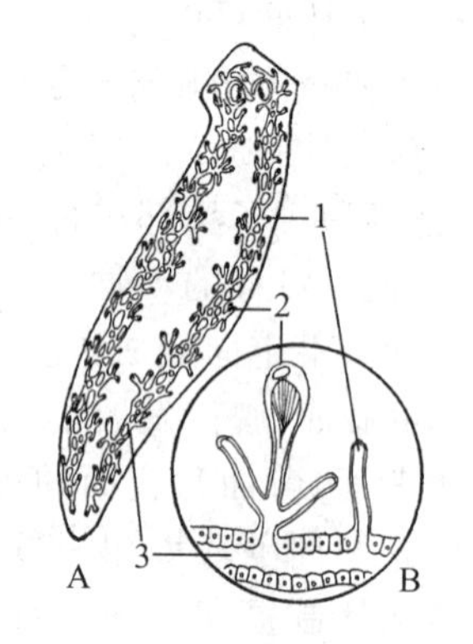

图 4－3 涡虫的排泄系统

A. 排泄系统 B. 焰细胞和排泄管
1. 排泄孔，2. 焰细胞，3. 排泄管

五、原肾管式排泄系统

扁形动物开始出现了原肾管(protonephridium)式的排泄系统(excretory system)。原肾管通常由具许多分支的排泄管构成，由排泄孔通体外，是由身体两侧外胚层陷入而形成。每一个排泄管小分支的最末端都由焰细胞(flame cell)组成盲管。焰细胞包括帽细胞(cap cell)和管细胞(tubule cell)。帽细胞位于小分支的顶端，盖在管细胞上形成盲端，帽细胞向管细胞中央生有两条或多条鞭毛，鞭毛打动时犹如火焰，故名焰细胞。电镜下，在帽细胞和管细胞间或管细胞上有无数小孔，管细胞连到排泄管的小分支上。原肾管的作用是通过帽细胞鞭毛的不断打动，在管细胞的末端产生负压，引起实质组织中的液体经过管细胞膜的过滤，Cl^-、K^+ 等离子在管细胞处被重新吸收形成低渗液体或水分，经过管细胞膜上的无数小孔进入管细胞围成的管腔中，最后经排泄管、排泄孔排出体外。原肾管的功能主要是调节体内水分的平衡，同时排出少量代谢物，调节渗透压。以上所述的体表代谢是扁形动物排出含氮废物的主要途径。原肾管存在于除无肠目以外的所有扁形动物类群。

六、梯形神经系统

扁形动物的神经细胞逐渐向前集中，形成“脑”，从“脑”向后分出纵神经索(longitudinal nerve

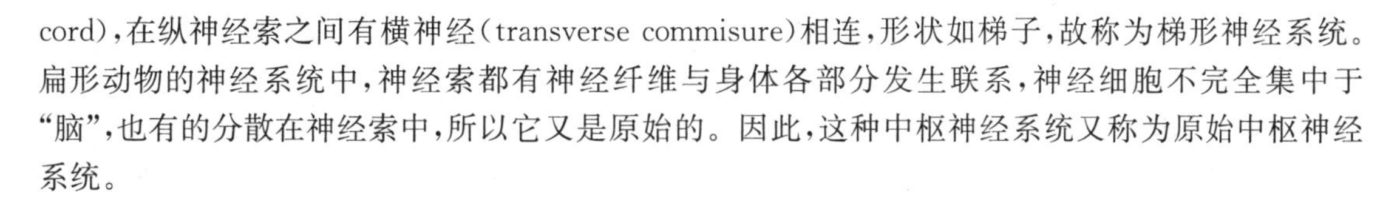

cord),在纵神经索之间有横神经(transverse commisure)相连,形状如梯子,故称为梯形神经系统。扁形动物的神经系统中,神经索都有神经纤维与身体各部分发生联系,神经细胞不完全集中于“脑”,也有的分散在神经索中,所以它又是原始的。因此,这种中枢神经系统又称为原始中枢神经系统。

七、生殖和发育

绝大多数扁形动物是雌雄同体的。原始的种类没有明显的生殖腺,生殖细胞来源于中胚层形成的间质细胞。生殖时,间质细胞排列成行即形成精巢或卵巢,没有生殖导管,如无肠目,但雌雄生殖孔单独开口于体外。大多数种类生殖系统的结构相当复杂,形成了固定的生殖腺和生殖导管及一系列附属腺,如输卵管(oviduct)、输精管(vas deferens)、前列腺(prostate gland)、卵黄腺(vitellaria)等,从而使生殖细胞能够通向体外,进行交配和体内受精。

一般涡虫纲是自由生活的种类,吸虫纲和绦虫纲是寄生生活的种类。淡水及陆地生活的涡虫纲动物为直接发育,海产涡虫纲动物为螺旋卵裂,经外包法形成实心的原肠胚,再形成能够自由生活的具有 8 个纤毛叶(ciliatedlobes)的牟勒氏幼虫(Müller's larva),经一段时间后变态发育为成虫(图 4-4)。

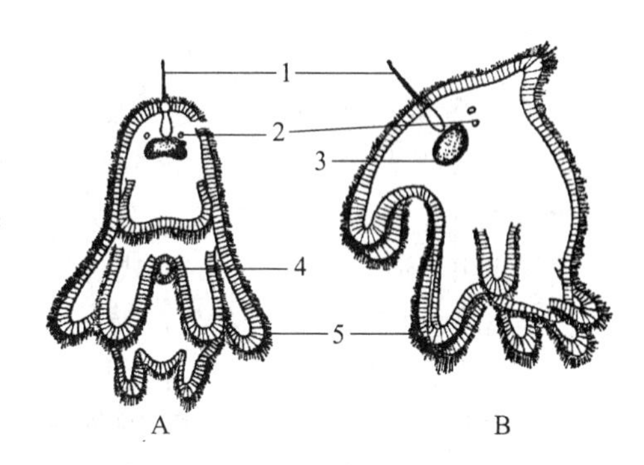

图 4-4 牟勒幼虫的结构

A. 正面 B. 侧面

1. 顶感觉毛, 2. 眼点, 3. 脑, 4. 口, 5. 纤毛叶

扁形动物门的主要特征总结

(1) 身体两侧对称。
(2) 出现中胚层。
(3) 出现皮肤肌肉囊。
(4) 自由生活,具有不完全消化系统,有口,无肛门;寄生种类消化系统退化或消失。
(5) 排泄系统为原肾管。
(6) 出现梯形神经系统。
(7) 大多雌雄同体,异体受精;海产种类个体发育经牟勒氏幼虫期。

第二节 扁形动物门的分类

扁形动物门的大部分种类营寄生生活,少数种类营自由生活。自由生活的种类广泛分布于潮湿的土壤、海水和淡水中。世界上已经发现的扁形动物约 2 万种,我国发现 1 000 种左右。一般分为 3 纲:涡虫纲、吸虫纲和绦虫纲。

一、涡虫纲

(一) 主要特征

涡虫纲是扁形动物中主要行营自由生活的一大类群,绝大多数涡虫纲动物生活在海洋中,多栖息于水质清洁海域的海藻表面或潮间带石块下，其中很多种类对温度和盐度的忍耐能力特别强。少数涡虫纲动物生活在清洁的溪流、湖泊及清泉等淡水中，对水质的要求是具有较高含氧量及矿物质，许多种类具有广温性，如在40℃～47℃的温泉中都能生存。微口涡虫在我国西藏地区5 000 m高原的池塘中仍可找到。但在水质污秽的湖泊、池塘中却很难发现涡虫。极少数种类生活于潮湿的陆地土壤中，但只限于热带及亚热带地区的丛林、草地上。那里有较高的年降雨量，气候潮湿，这些涡虫白天隐藏在落叶或石块下，夜间觅食，当气温干燥时，则可以分泌黏液将身体包围起来。此外，极少数涡虫营共生或寄生生活。例如，许多无肠目、单肠目体内实质组织中有黄藻或绿藻共生，其中藻类可以合成脂肪、糖及其他磷脂，为涡虫提供部分营养物质，而藻类则可以利用涡虫的代谢产物来维持自己的生长。一些单肠类涡虫失去了体表的纤毛及色素，增加了体表的黏着区或形成黏着器，在软体动物及棘皮动物体外营偏利共生(commensalism)。一些种类失去了杆状体及眼营内共生(endocommensalism)，还有极少数种类如切头虫目中的一些种，完全营寄生生活。

涡虫由于适应自由生活的方式，体表一般具有纤毛和皮肤肌肉囊，强化了运动功能；表皮中有利于捕食和防御敌害的杆状体；神经系统和感觉器官一般比较发达，能对外界环境如食物、水流及光线等作出迅速反应。

感觉器官常见有眼点、耳突、触角、平衡囊等。眼点通常1对，也有2～3对或很多个(如多目涡虫)的，分布在头及体两侧。耳突、触角分布有丰富的触觉感受器(tangoreceptor)、化学感受器(chemoreceptor)及水流感受器(rheoreceptor)，分别感受触觉、化学及水流的刺激。平衡囊主要存在于一些原始的种类，包埋在脑中或靠近脑。

神经系统有不同的形式，较原始的涡虫具有脑、3～4对纵神经索及上皮下神经网(subepithelial nerve net)，与腔肠动物有相似之处。较高等的涡虫，神经索的数目趋向于减少，其中2条腹神经索最为发达，与"脑"形成了原始的中枢神经系统，即梯形神经系统。

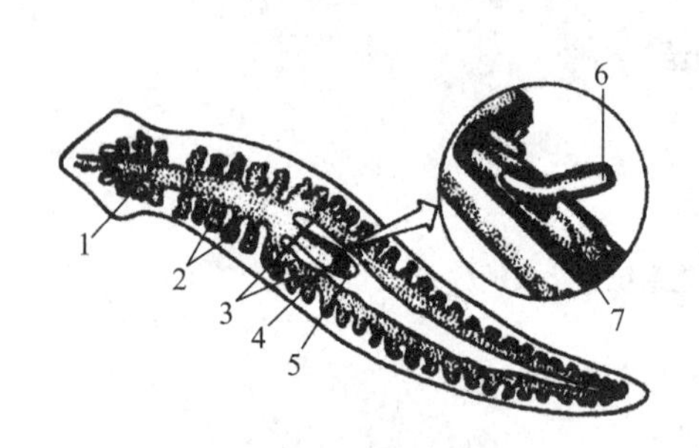

图4-5 涡虫的消化系统

1. 前肠，2. 肠分支，3. 侧肠，4. 肌肉质咽，5. 口，6. 咽从口伸出，7. 咽鞘

涡虫类有口无肛门(单咽目涡虫有临时性肛门)，属不完全消化系统，不同种类复杂程度不同。最原始的涡虫没有消化管，具消化功能的结构是由口通到体内一团来源内胚层的呈合胞体状的吞噬细胞(或称营养、消化细胞)。大口虫目、单肠目等的消化管结构简单，呈囊状或盲管状；多肠目等的消化管是由中央肠管向两侧伸出许多侧支。三角涡虫等三肠目涡虫的消化管分为3支(1支向前，2支向后)，或具有更多分支(图4-5)。

呼吸是通过体表来完成的。排泄系统为原肾管，具有排泄和渗透调节(osmoregulation)作用。生殖系统多为雌雄同体，少数单肠类为雌雄异体。一些多肠目海产种类个体发育经螺旋卵裂和牟勒氏幼虫阶段。涡虫纲具有较强的无性生殖能力(主要是通过横分裂)和强大的再生能力。此外，一些三肠目涡虫在饥饿时，除神经系统以外的内部器官逐渐被吸收消耗，虫体缩小，退行性生长(degrowth)，可缩小到虫体的1/10大小，再喂食又能重新生长。

(二) 分类

生殖系统的区别是涡虫纲分类的主要依据，再结合消化道的结构，涡虫纲分为2个亚纲：原卵巢涡虫亚纲(Archoophoran turbellarians)和新卵巢涡虫亚纲(Neoophoran turbellarians)。前者包括4个目：无肠目、链涡虫目、大口涡虫目和多肠目；后者包括5个目：卵黄上皮目、原卵黄卵巢目、新单肠目、切头虫目和三肠目。三肠目是进化程度最高的涡虫(图4-6)。

1. 原卵巢涡虫亚纲　该纲动物的生殖系统无卵黄腺，为内卵黄卵，卵裂为典型的螺旋卵裂，所属种类结构较原始。

(1) 无肠目(Acoela)：无肠目是涡虫纲中最原始的目。身体无色、绿色或黄褐色，体长 1～12 mm，小型，通常为 2 mm。长圆形或卵圆形。前端具头腺，口位于身体近中央的腹中线上，具简单的管状咽或无咽，不形成消化道，取食与消化仅靠一团内胚层起源的吞噬细胞进行(图 4-7)。无原肾管，神经系统由脑及多条纵行神经索并联成网状，很不发达。具平衡囊。生殖腺及导管无，生殖细胞直接来自实质细胞，皮下授精。海产，直接发育，螺旋卵裂，具有外共生及内共生。常见种类有旋涡虫(*Convoluta*)。

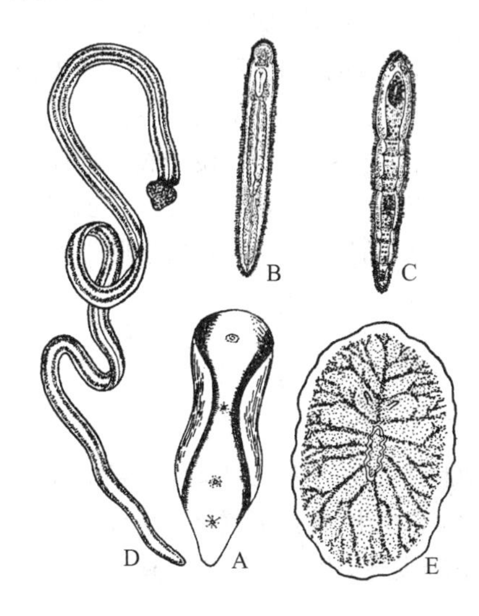

图 4-6　涡虫纲各目的代表

A. 旋涡虫　B. 直口涡虫　C. 微口涡虫　D. 土笄蛭涡虫　E. 平角涡虫

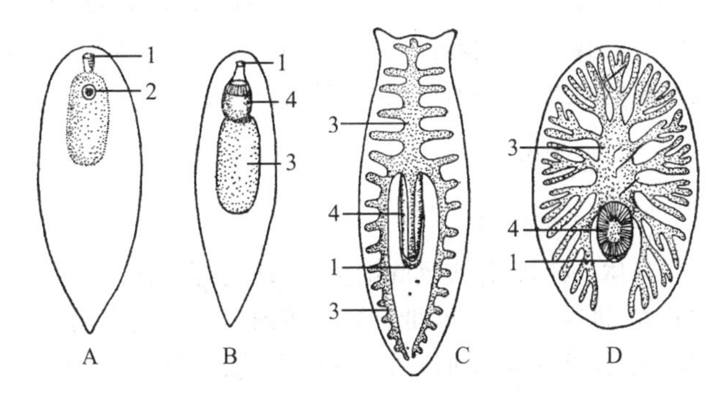

图 4-7　涡虫纲各目消化系统的比较

A. 无肠目　B. 单肠目　C. 三肠目　D. 多肠目

1. 口，2. 平衡囊，3. 肠，4. 咽

(2) 链涡虫目(Catenulida)：体小型，长圆形，体长 0.2～3 mm。无头腺及平衡囊，咽管状，肠呈不分枝的盲囊状；原肾管单个，位于身体中部。有性生殖很少发现，无性生殖为横分裂，常形成虫链，故名链虫目。淡水生活，常见种类有直口涡虫(*Stenostomum*)和链涡虫(*Catenula*)。

(3) 大口涡虫目(Macrostomida)：体小型，咽管状，肠呈不分枝盲囊状，原肾管成对，纵行侧神经索 1 对，常无性生殖，也形成虫链。过去的分类是将大口涡虫目、链涡虫目及新单肠目合为一目，称为单肠目(Rhabdocoela)，但其中前两目是无卵黄腺的而后一个目是有卵黄腺的种类。淡水和海产生活，常见种类有微口虫(*Microstomum*)和大口虫(*Macrostomum*)。

(4) 多肠目(Polycladida)：身体叶形或扁圆形，体长 2～15 mm，主要在潮间带底栖生活。在身体前端或前端边缘常具触手和多对眼点，无头腺及平衡囊。口位于腹中线近后部，咽具褶皱，由身体中部向四周肠分出多个盲囊状分支，故名多肠目。神经系统包括脑及成网状的神经索。精巢及卵巢数量多且分散，正常交配或皮下受精。海产，个体发育经历牟勒氏幼虫期。常见种类有平角涡虫(*Planocera*)和背平涡虫(*Notoplana*)。

2. 新卵巢涡虫亚纲　生殖系统具卵黄腺，为外卵黄卵，螺旋卵裂不典型，所属种类结构较发达。

(1) 卵黄上皮目(Lecithoepithellata)：身体长圆形，前端具纤毛窝，尾端具黏液乳突。神经索 4 对。原肾管 1 对，末端分支。咽和肠结构简单。胚卵黄腺(germovitellarium)单个或成对，胚卵黄腺是成丛的卵细胞被一圈滤泡细胞(follicle cell)状的卵黄细胞包围而形成。具阴茎刺。淡水或海水生活。常见种类有前吻涡虫(*Prorhynchus*)。

(2) 原卵黄卵巢目(Prolecithophora):神经索4对,原肾管1对、末端分枝,口位于身体前端,咽褶皱或呈球状,肠道结构简单。卵黄腺与卵巢分离,或者卵细胞被卵黄细胞包围。不具阴茎刺,海产或淡水生活。常见种类有斜口虫(*Plagiostomum*)。

(3) 新单肠目(Neorhabdocoela):咽球形,肠呈不分枝囊状,神经索1对,有性生殖,卵黄腺分离,淡水或海洋生活。常见种类有中口涡虫(*Mesostoma*)。

(4) 切头虫目(Temnocephalida):身体扁平、小型、无色,前端或两侧有许多对指状突起,后端具黏着盘。体表一般无纤毛,神经索3对,原肾管1对,具卵黄腺,外共生或寄生在淡水甲壳类及软体动物身上。常见种类有切头虫(*Temnocephala*)。

(5) 三肠目(Tricladida):身体小型至大型,体长2 mm～50 cm,背腹扁平,腹面具纤毛。

咽褶皱或呈球状,肠具3个分支。原肾管1对,呈分支网状。卵巢1对,卵黄腺具分支。常见种类有三角涡虫(*Dugesia*),其身体柔软扁平而细长,背面稍凸,多褐色,腹面色浅,前端呈三角形,两侧底角处各有一发达的耳突(auricle),头部背面中央有2个黑色眼点(eyespots),口位于腹面近体后1/3处,口稍后方为生殖孔,无肛门,身体腹面密生纤毛,借助纤毛和肌肉的运动。三角真涡虫能够在物体上做游泳状爬行。三角真涡虫生活在淡水溪流中的石块下,以活的或死的蠕虫、小甲壳类以及昆虫的幼虫为食物,可用豆腐进行诱捕。

二、吸虫纲

(一) 主要特征

身体呈杆状,体表具腺细胞,无纤毛,具附着器,如口吸盘和腹吸盘及小钩或小刺;外皮层具吸收营养、进行气体交换、抵抗宿主体内消化酶的作用;消化系统趋于退化,神经系统不发达,感觉器官消失,仅某些幼虫阶段可出现眼点,适应短暂自由生活;生殖系统发达,生活史复杂且有更换宿主的现象。

1. *外形* 吸虫类的身体卵圆形,背腹均扁平,前端稍尖,后端稍钝。体长1 mm～7 cm,身体无色、灰色或由于生殖腺和肠道中的食物而使身体呈现红色、黄色或褐色等。吸虫类显著的体表特征是具有附着器官,附着器官在不同种类结构不同。单殖吸虫亚纲,黏着器官发达,多由腺体构成,由腺体及肌肉构成盘,或是体壁凹陷或外突,其上有黏腺,黏着器上总是伴有钩、刺及角质化的网以起支持作用。附着器多出现在身体的一端或两端。若出现在两端则分别被称为前吸器(prohaptor)和后吸器(opisthaptor)。如三代虫(*Gyrodactylus*),在后吸器的中央还形成2～4个角质化的钩(hooks)或锚(anchors),边缘还有许多小钩,它们用黏液或吸钩附着在宿主体表。似多盘吸虫(*Polystomoides*)的黏着盘上出现一些凹陷,形成小的吸附器官,凹陷之间也有放射棘相分隔。在复殖吸虫亚纲,黏着器官不发达,少数种类有黏着器但没有钩或锚,其附着器官是与体壁分离由肌肉环绕的碗状吸盘。吸盘一般有两个:一个前端环绕在口周围的称口吸盘(oral sucker);另一个位于身体的腹面称腹吸盘(ventral sucker),如华支睾吸虫(*Clonorchis sinensis*)。具两个吸盘也称双盘吸虫(*Distome*),而后吸盘次生性消失只有口吸盘则称为单盘吸虫(*monostome*)。吸虫的口常位于身体前端,生殖孔则位于身体腹中线上(图4-8)。

2. *体壁* 吸虫的体壁最表层即原生质层,是活物质,并与深层的细胞有原生质相连,体壁中有线粒体(mitochondria)存在。吸虫体壁的原生质层是合胞体(syncytium)结构,没有细胞核及细胞膜,含有线粒体、内质网(endoplasmic reticulum)、结晶蛋白所形成的刺和胞饮小泡等,故又称原生质层为皮层(tegument)。皮层基部为基膜(basement membrane),基膜的细胞体及细胞核均下沉到实质中,这些细胞可伸出细长的小梁(trabeculae)穿过肌肉层与表面的原生质层相连。皮层的这种特殊结构及形态,既可以对抗宿主体内消化酶的作用,又可以对吸虫通过体表吸收宿主的营养物质及进行气体交换有重要作用。吸虫是营寄生生活,故皮层没有纤毛和杆状体等结构。皮层下面为由

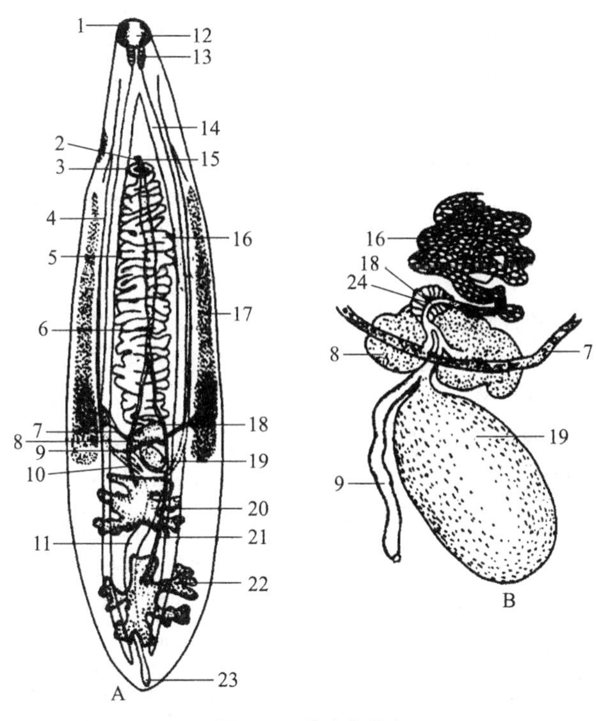

图 4-8 华支睾吸虫

A. 外观 B. 生殖腺部分放大

1. 口，2. ♀生殖孔，3. 腹吸盘，4. 排泄管，5. 储精囊，6. 输精管，7. 卵黄管，8. 卵巢，9. 劳氏管，10. 输出管，11. 排泄囊，12. 口吸盘，13. 咽，14. 肠管，15. ♂生殖孔，16. 子宫，17. 卵黄腺，18. 成卵腔，19. 受精囊，20. 前精巢，21. 输出管，22. 后精巢，23. 排泄孔，24. 梅氏腺

平滑肌构成的肌肉层，肌肉的排布为：外层为环肌，内层为纵肌。有的种还有斜肌，身体两侧的实质中还有背腹肌穿行，以维持身体的扁平，吸盘和咽处的肌肉特别发达。肌肉层和皮层共同构成皮肌囊。肌肉层里是实质组织。

3. 营养 吸虫类消化系统的结构很简单，消化道包括口、咽、食管和肠，无肛门。口周围常有吸盘围绕。肌肉质的咽便于抽吸食物，食管很短，肠末端为盲端，单枝或双分枝，也称为肠盲囊(intestinal caecum)。吸虫类因营寄生生活，其生活环境中有机质丰富。其食物因寄生部位而不同，能取食宿主的血液、上皮细胞、黏液等各种组织、组织的排出物及由宿主直接而来的食物颗粒。如寄生在人体肝门静脉中的血吸虫(*Schistosoma*)，直接以宿主的红细胞为食。血吸虫取食后先行胞外消化，再行胞内消化。其胃层的上皮细胞柱形或扁平形，胃层细胞的基部含有非特异性酯酶。吸虫类取食营养有两个途径：一是通过消化道；二是通过体壁的皮层。吸虫类的皮层通过原生质膜的扩散作用从环境中吸收许多溶解于虫体周围环境中的小分子物质；通过皮层的主动吸收(吞噬或胞饮)还可以从环境中获得一些较大的颗粒。

4. 呼吸与排泄 吸虫类没有专门的呼吸器官。外寄生的吸虫类及内寄生种类营自由生活的幼虫阶段都是通过体表进行有氧呼吸(aerobic respiration)，而内寄生种类，都是进行无氧呼吸(anaerobic respiration)。无氧呼吸也称为糖酵解作用(glycolysis)，是利用储存在体内的糖原(glycogen)在无氧条件下进行发酵作用以产生能量的过程。无氧呼吸是一种不完全的异化过程，是一种低效能的呼吸，所释放出的能量仅为有氧呼吸的1/19，而有氧呼吸是高效能的呼吸。吸虫类具原肾管式排泄器官，包括两条排泄管及大量的焰细胞，主要作用是维持渗透平衡。单殖吸虫的排泄管分别开口在身体的前端,其代谢产物主要是氨,少数种类可产生尿素或尿酸,代谢产物在单殖吸虫类有时通过体表排出,是排泄的主要形式。复殖吸虫类原肾管液体中有氨、尿素等,因此具有排泄作用。1对排泄管在身体后端中央联合形成1个Y形膀胱(bladder),以单个肾孔开口在身体后端中央。

5. 淋巴系统　一些同口科(Paramphistomidae)及环肠科(Cyclocoelidae)的复殖吸虫,其实质中有由扁平间质细胞组成的2~8个独立管,组成管系统,位于身体两侧,管内有液体,其中也漂浮着游离的细胞。这些管分出盲枝分布到肠、生殖器官及吸盘等处,被认为是一种淋巴系统。淋巴系统具有分散食物、排泄物及气体的功能。

6. 神经与感官　吸虫类的神经包括1对脑神经节,脑神经节之间有横的神经纤维相连。由脑神经节向前和向后分别发出3对纵神经索,其中腹神经索最发达。吸盘及咽处分布的神经较多。由于营寄生生活,环境非常稳定,其感官很不发达。感官多存在于一些外寄生的成虫或存在于自由生活的幼虫阶段。感觉器具触觉、化学感觉及触流感觉等功能,由一个神经细胞末端连着一根纤毛组成,或者由数个神经末端联合形成。眼点仅有色素杯,结构原始,感觉毛或感觉乳突散布在体表上,一般在头区较为丰富。复殖吸虫的感觉毛被体壁的皮层膜所包围,不外露。

7. 生殖　吸虫类生殖结构较复杂,绝大多数种类为雌雄同体,极少数为雌雄异体(如血吸虫)。雄性生殖系统包括精巢(睾丸)、输精管、储精囊及生殖孔。精巢的数目、形状及位置常作为分类的依据。例如,单殖吸虫亚纲精巢常多个,输精管1个;复殖吸虫亚纲精巢多为2个,输精管2个,后端联合形成储精囊,储精囊常被包在阴茎囊(cirrus sac)之中,储精囊的后端形成射精管(ejaculatory duct)和阴茎(cirrus),射精管的周围被前列腺包围,阴茎的末端或单独开口在体外,或以雄性生殖孔开口在生殖腔中,或由生殖腔中外伸出来。雌性生殖系统包括1个卵巢,由卵巢通出1条输卵管,输卵管后端接受精囊管、卵黄腺管,3个管汇合后膨大形成成卵腔(ootype),卵在成卵腔中受精。成卵腔周围有梅氏腺(Mehli's gland)。成卵腔后为一盘旋的管状子宫,子宫末端或直接开口体外或开口在生殖腔,生殖腔有肌肉包围,肌肉的收缩有助于卵排出。许多吸虫输卵管在进入成卵腔之前,具有一短管,称为劳氏管(Laurer's canal),其可能是退化的阴道,为排出过多的精子之用。吸虫多行异体受精,少数自体受精。交配时,雄性的前列腺分泌黏液,以保护精子的存活,交配后精子经雌性的子宫上游,最后储存于受精囊中。卵经卵巢排出后,由输卵管到成卵腔或在进入成卵腔之前与从受精囊出来的精子相遇而受精。吸虫的卵是外卵黄卵,受精卵周围接受卵黄物质。梅氏腺的功能包括:①对卵壳的形成起模板作用;②刺激卵黄细胞释放卵黄物质及活化精子;③其分泌物有滑润作用,以利于卵通过子宫。最后,卵经过子宫、生殖孔之后排出体外。吸虫的产卵量巨大,这与其寄生生活相适应。

8. 生活史　不同吸虫的生活史不一样。单殖吸虫亚纲生活史简单,宿主1个,卵首先发育成钩毛蚴(onchomiracidium),钩毛蚴体表披有纤毛,在水中营自由游泳生活,一段时间后通过化学引诱寻找鱼作为宿主,找到宿主后,在附着处脱去纤毛,如鱼的体表、鳃、鳃腔等部位,然后变态发育成成虫。复殖吸虫亚纲生活史复杂,宿主2~4个,均有更换宿主现象。宿主转移时期是其自由生活的阶段,一般有2个。生活史中有有性生殖,也有无性生殖。凡行有性生殖的宿主称为终宿主(definitive host),常是成虫寄生的宿主,多是脊椎动物;行无性生殖的宿主称为中间宿主(intermediate host),常是幼体寄生的宿主,多是软体动物的螺类或其他无脊椎动物及植物。复殖吸虫亚纲发育过程中所经历的虫态期大致可分为:卵(egg)、毛蚴(miracidium)、胞蚴(sporocyst)、雷蚴(redia)、尾蚴(cercaria)、后尾蚴(metacercaria)及成虫(adult)。并不是所有的吸虫都经过上述各发育阶段,不同的种有不同的改变:①最常见的改变是没有胞蚴或没有雷蚴;②多于一代胞蚴或雷蚴;③没有后尾蚴,由尾蚴直接感染终宿主(图4-9)。其特点详见表4-1。

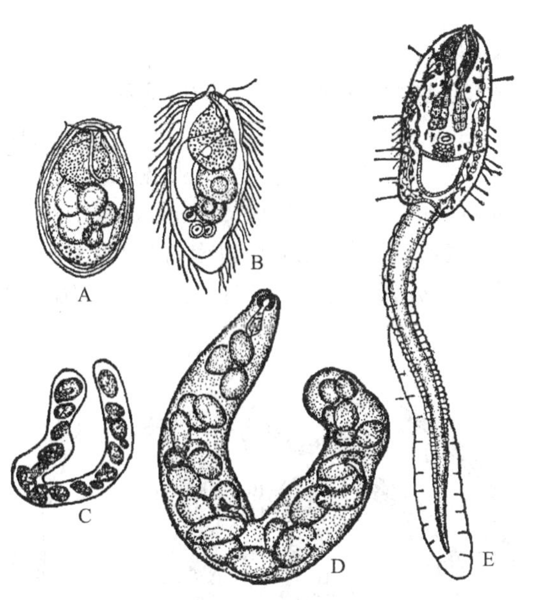

图 4-9 华支睾吸虫各期幼虫

A. 卵 B. 毛蚴 C. 胞蚴 D. 雷蚴 E. 尾蚴

表 4-1 复殖吸虫亚纲各虫态期的特征

虫态期	特　征
卵(egg)	吸虫卵多呈卵圆形,多数具卵壳和卵孔,多数种的卵在由母体产出前,其卵壳内已发育成胚胎或小的毛蚴。卵的大小、形态及卵壳常用来做鉴别及诊断成体类别的根据。卵的孵化受外界不同因素影响,如水、温度、气压、酸碱度及光照都是影响孵化的因素。例如,卵在 10℃～37℃、pH4.2～9 才能发育,也有的种的卵是被宿主吞食之后在宿主体内的酶等作用下才孵化。
毛蚴(miracidium)	毛蚴营自由游泳生活,是感染中间宿主的阶段。身体呈梨形,全身披有纤毛。毛蚴的年龄是其寻找宿主的关键。如孵化后 2～5 小时的毛蚴生命力最强,运动范围大易于寻找宿主,超过一定年龄后毛蚴则失去活力,不易找到中间宿主。其他的理化因素,如光也有利于其寻找中间宿主。当毛蚴发现中间宿主后,靠头部腺体分泌黏液穿透宿主表皮组织进入宿主体内,同时脱去纤毛,进入胞蚴期
胞蚴(sporocyst)	毛蚴进入螺体后,脱去纤毛,保留体壁、原肾管,其他结构消失,变成囊状胞蚴。胞蚴期是吸虫营无性生殖阶段。胞蚴多寄生在螺体的足、鳃、触角、淋巴等处,靠体表吸收宿主的营养供体内细胞的生长发育,胞蚴的无性生殖方式经 2^n 短时间内产生数量众多的雷蚴或子胞蚴
雷蚴(redia)	由胞蚴体内经无性繁殖出来的个体即为雷蚴。雷蚴身体长圆形,后端较钝,具有口、咽及不分枝的肠,通过肠道或体表吸收宿主的营养。雷蚴很活跃,可在螺体内爬行,常迁移到螺的肝区及生殖腺处。雷蚴也是吸虫类进行无性生殖、扩大种群数量的阶段。一般雷蚴在螺体内繁殖多代,在螺体内达到相当数量之后才出现尾蚴。雷蚴经无性生殖可形成许多尾蚴或子雷蚴
尾蚴(cercaria)	尾蚴有一长形尾,有口和口吸盘,肌肉质咽及分枝的肠道,是吸虫生活史中第 2 个自由生活的阶段,尾蚴身体前端有穿透腺,其分泌物帮助尾蚴穿透宿主皮肤。尾蚴有原肾管,其焰细胞的数目及排列是分类及鉴定种属的重要依据之一。尾蚴成熟后,自雷蚴体内出来,并离开中间宿主在水中自由游泳,寻找新的宿主(第二、三中间宿主或终宿主),故尾蚴是吸虫的第 2 个宿主转移阶段。尾蚴对光有正趋性,游泳时多漂浮到水面,静止时沉入水中,其在水中的感染力也有一定的时间限制,如超过最佳活力阶段,则很难进入新宿主体内
后尾蚴(metacercaria)	尾蚴在水中接触到新宿主后,靠头部的穿透腺进入宿主表皮内,脱去尾部,分泌外壁形成胞囊状,称为后尾蚴(或囊蚴)。有些吸虫的尾蚴进入第 3 中间宿主(啮齿类)后才发育成后尾蚴,如重翼吸虫(alaria)
成虫(adult)	一旦尾蚴或后尾蚴进入终宿主后,经过体腔或肝门静脉移行到寄生部位,如肝、肺及血液等处变态成成虫

(二) 代表动物——日本血吸虫

血吸虫是寄生在人体及哺乳动物静脉血管中的吸虫，是我国和世界卫生组织定义的五大寄生虫之一。我国定义的五大寄生虫是疟原虫、血吸虫、钩虫、丝虫、杜氏利什曼原虫。世界卫生组织定义的五大寄生虫是疟原虫、血吸虫、丝虫、杜氏利什曼原虫、锥虫。寄生于人体的血吸虫共有 3 种：日本血吸虫(*Schistosoma japonicum*)、埃及血吸虫(*S. haematobium*)和曼氏血吸虫(*S. mansoni*)。在我国流行的只有日本血吸虫，主要分布于长江流域以南，包括我国台湾省等在内的共 13 个省市、347 个县的数亿人口受到威胁。另外，日本、印度尼西亚、菲律宾等国家也是日本血吸虫病的重要流行区(图4-10)。

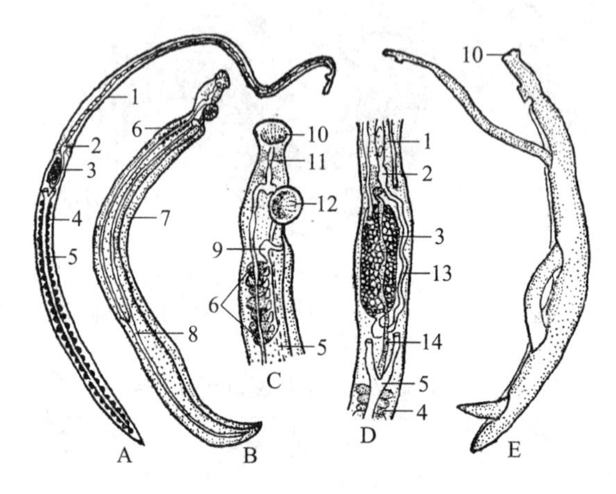

图 4-10 日本血吸虫

A. 雌虫 B. 雄虫 C. 雄虫生殖器官 D. 雌虫部分生殖器官 E. 雌雄合抱

1. 子宫，2. 成卵腔，3. 卵巢，4. 卵黄腺，5. 肠支，6. 精巢，7. 抱雌沟，8. 卵黄管，9. 储精囊，10. 口吸盘，11. 食管，12. 腹吸盘，13. 输卵管

日本血吸虫的雌雄异体，雄虫粗短，体长 10～20 mm，宽约 0.5 mm，口吸盘和腹吸盘均位于身体前部，腹面体壁内褶形成抱雌沟，雌虫常位于抱雌沟内呈雌雄合抱状。精巢 7 个排成 1 行，位于身体前部，肠分两支，后端汇合。雌虫细长，体长 12～26 mm，宽约 0.3 mm，卵巢位于身体中部，长圆形，卵巢之后有卵黄腺，卵巢之前有成卵腔及子宫。子宫中常充满卵，每个雌虫每日可产1 000～3 000粒卵。雌雄成虫寄生在人肠系膜的小静脉中，交配后在小静脉或肠壁的小血管里产卵，部分卵随血流到达肝脏，部分卵沉积在肠壁，经 10 多天的发育，卵发育成毛蚴，毛蚴分泌溶组织酶，穿破肠壁落入肠腔后，随宿主粪便排出体外。在水中毛蚴自卵壳出来，自由游泳，一旦遇到中间宿主钉螺(*Oncomelania hupensis*)则进入螺体内继续发育。在钉螺体内先形成母胞蚴，经无性生殖产生许多子胞蚴，子胞蚴再经无性生殖形成大量的尾蚴。母胞蚴和子胞蚴在螺体内的发育时间在夏季约为 2 个月左右，冬季则时间更长。每个钉螺体内可形成多至数万条尾蚴。尾蚴成熟后由螺体内逸出，在水中营自由生活，多漂浮于水面，继续发育 1～2 天后即具有感染力。尾蚴的尾部分叉，是分类的重要特征。尾蚴有时在潮湿的土壤、植物上的露水中也能逸出。如果人与含有尾蚴的水接触，尾蚴靠头部的穿刺腺分泌溶组织酶及尾摆动的机械性作用，从皮肤或黏膜处侵入人体，侵入时尾部脱落。尾蚴进入人体后称为童虫，童虫先侵入小静脉或淋巴管，随血液循环经右心房、右心室和肺动脉后到达肺，经肺部毛细血管进入肺静脉入左心房和左心室，进而经体循环流至全身各部，但只有到达肠系膜静脉的童虫才能发育成熟，也可以先在肝门静脉内发育到一定程度后，最后仍回肠系膜静脉寄生。人体感染日本血吸虫 25 天后，雌虫开始产卵，35 天后患者粪便中就可出现虫卵。部分虫卵

也可沉积在肝脏及结肠等处。成虫寿命数年，长的为 10～20 年，个别最长可达 30～40 年(图4-11)。日本血吸虫病的临床表现为：①感染初期：人体接触疫水，水中的尾蚴侵入人体皮肤，虫体在皮肤组织中移行，造成机械性损害，虫体的代谢产物可引起炎症反应，如尾蚴性皮炎、出血性肺炎和血管炎。②急性期：患者初次重度感染约 1 个月后常表现出急性症状：发热，多在 39℃～40℃，同时伴有畏寒和盗汗，可持续半月至 1～2 个月，以后自动缓解。重者出现严重贫血、消瘦、水肿、意识淡漠、听力减退及恶病质状态，临床上易误诊为伤寒；腹痛、腹泻、腹水形成；肝脾肿大、黄疸、肝硬化。③慢性期：无症状患者最多，可无急性发作史，但粪便检查中发现虫卵，血中嗜酸性粒细胞有增高表现。多在粪便普查、体检或因其他疾病就医时发现。有症状患者以腹痛、腹泻为常见，腹泻每日两三次，黏液脓血便，时轻时重，时发时愈。病程长者可出现肠梗阻、贫血、消瘦、乏力等。患者肝脾常肿大。④晚期：晚期血吸虫病主要对血吸虫病性肝纤维化而言，主要表现为肝硬化、门静脉高压、巨脾、腹水和侏儒症等。⑤异位损害：严重感染时，还可有异位损伤，多见于肺，其次是脑及胃等组织器官。

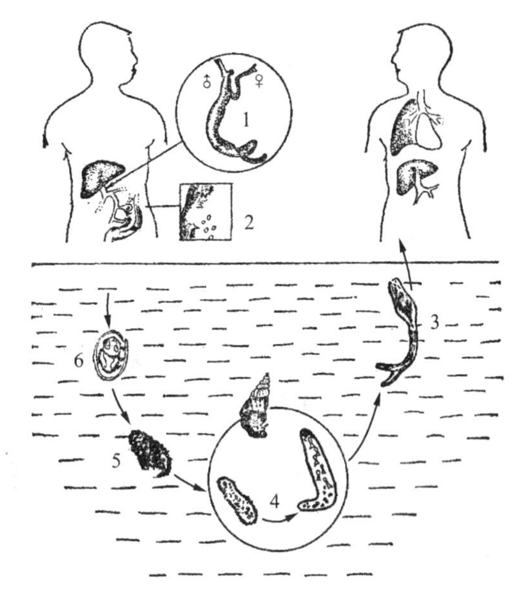

图 4-11 日本血吸虫生活史

1. 成虫，2. 虫卵落入肠腔，3. 尾蚴，4. 胞蚴，5. 毛蚴，6. 卵

日本血吸虫病在我国长江流域及以南地区流行的因素：①地理因素：江南一带土壤肥沃、水草丰富、湖泊滩洲众多，为钉螺的繁殖提供了良好的孳生地；②目前的生产方式及生活方式因素：我国南方种植水稻、农田沟渠纵横，农民多用未加处理的生粪施肥；③生活用水：多来自河流、湖泊等未加处理的自然水，这样造成了钉螺的扩散，有利于虫卵的传播与孵化，也有利于毛蚴及尾蚴寻找宿主；④各种家畜较多：如牛、羊、猪、狗及一些野生脊椎动物是日本血吸虫病的保存宿主。

(三) 分类

吸虫纲动物已知有 6 000 多种，分为 3 个亚纲：单殖亚纲(Monogenea)、盾腹亚纲(Aspidogastraea)和复殖亚纲(Digenea)。

1. 单殖亚纲　直接发育，生活史简单，仅有 1 个宿主，具钩毛蚴虫，主要寄生于鱼类、两栖类、爬行类等的体表和排泄或呼吸器官内，如皮肤、鳃、口腔，少数寄生在膀胱内。常缺少口吸盘，体后有发达的锚和小钩等附着器官。眼点有或无。排泄孔 1 对，开口在体前端。常见种类有三代虫(*Gyrodactylus*)、指环虫(*Dactylogyrus*)、合体吸虫(*Diplozoonparadoxum*)和似多盘吸虫(*Polystomoides*)。

2. 盾腹亚纲　盾腹亚纲是吸虫纲中很小的一类，直接发育，主要寄生在软体动物体表，少数种类寄生在鱼、海龟等脊椎动物的体表、消化系统及排泄系统，与宿主之间的寄生关系很疏松，是由自由生活到寄生生活的过渡类型。常见种类有盾腹虫(*Aspidogaster*)，其腹吸盘极大，位于身体腹面，几乎占满整个身体的腹面，吸盘上有许多小室(alveoli)，小室是由纵行及横行肌肉将成行成排的吸盘分隔而成。具口、咽、囊状肠。排泄孔 1 个，开口在身体后端中央，生殖系统与复殖吸虫相似。该纲中的少数种有幼虫期。

3. 复殖亚纲　复殖亚纲是吸虫纲中最大的一类，已知有 6 000 多种，多是人体及家畜等体内寄生虫。成虫有吸盘 1 个或 2 个，体后部无复杂的固着器，成虫无眼点，而幼虫有退化的感光器。生活史复杂，宿主至少 2 个，终宿主为脊椎动物，中间宿主为软体动物螺类、甲壳类、鱼类及水生植物等，具数个幼虫期。一般寄生在肠管内的称为肠吸虫，如布氏姜片虫；寄生在肝脏、胆管内的称为肝吸虫，如肝片吸虫；寄生在血液中的则称为血吸虫。

三、绦虫纲

(一) 主要特征

所有绦虫全部寄生在人及其他脊椎动物体内，其身体构造表现出对寄生生活的高度适应。身体呈背腹扁平的带状，一般由许多节片构成，少数种类不分节片。身体前端有一个特化的头节，吸盘、小钩或吸槽等附着器官都集中于头节，用以附着在宿主肠壁，以适应肠的强烈蠕动。体表纤毛消失，感觉器官完全退化，通过体表来吸收宿主小肠内已消化的营养，消化系统全部消失。绦虫体表具皮层微毛，以增加吸收营养物的面积，直接吸收营养物并输入实质组织中。生殖器官高度发达，在每一个成熟节片内都有雌雄生殖器官，繁殖力高度发达，每条绦虫平均每天可以生出十几个新节片，也可以脱落十几个孕卵节片，在孕卵节片的子宫内充满了成熟的虫卵，每个孕卵节片含卵3万～8万粒。虫卵可以因节片破裂或随节片与宿主粪便一同排出体外。

1. 外形　绦虫纲动物身体多呈长带状，如牛带绦虫（*Taenia saginata*）和猪带绦虫（*Taenia solium*）(图4-12)。身体一般呈乳白色或淡黄色，体长在1 mm～12 m。身体前端的头节（scolex）细小呈球形，具附着器；其后一小段称颈区（neck），或不分成节片或节片不清楚；颈区之后为长链状的分界明显的很多节片（proglottides），称为节裂体（strobila）。节片在颈区之后向后逐渐加宽，由宽度大于长度逐渐发育为长度大于宽度。绦虫的节片数因种而异，除了不分节片的旋缘绦虫（*Gyrocotyle*）之外，节片最少的如细粒棘球绦虫（*Echinococcus granulosus*），包括头、颈在内仅有4个节片；节片多的如阔节裂头绦虫（*Diphyllobothrium latum*）可达4 000多个。绦虫的头节一般较小，外表有附着器官，内有肌肉、间质、神经及排泄器官等结构。头节的结构与复杂程度有多种形态，是分类的重要依据之一。颈区是绦虫的无性生殖区，多数绦虫在颈区的前端靠近头节处能不断的横裂形成新的节片，新形成的节片分界不清。颈区之后的节裂体是由许多节片构成，越靠近颈区的越是年轻的节片，越远离颈区的节片是越老熟的节片。每一个节片都是一个独立的生殖单位，接近颈区的节片，宽度大于长度，其中生长的雌雄生殖系统尚未成熟，称为未成熟节片（immature proglottid）；身体中段的节片，宽度与长度相等，雌雄生殖系统在同一节片内已发育成熟，称为成熟

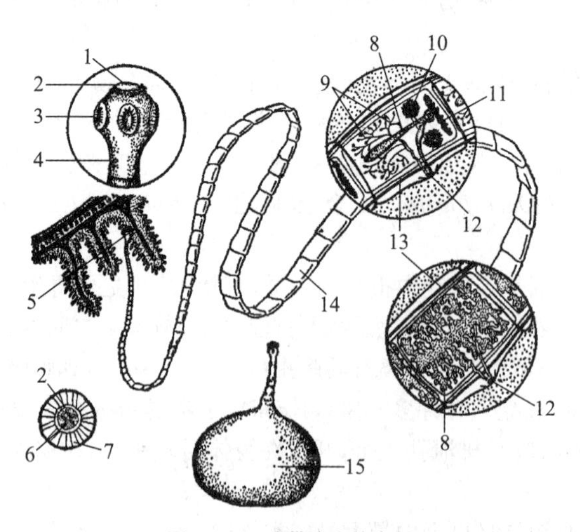

图4-12　猪带绦虫的全形

1. 头节，2. 钩，3. 吸盘，4. 颈，5. 头节附着于肠壁，6. 卵，7. 卵膜，8. 子宫，9. 精巢，10. 卵巢，11. 卵黄腺，12. 生殖孔，13. 神经，14. 节片，15. 囊虫

节片(mature proglottid)；靠近身体后端的节片，长度大于宽度，雌雄生殖系统已逐渐退化消失，仅留有发达分枝的子宫，子宫内充满了受精卵或胚胎，这种节片称为妊娠节片，也称孕卵节片(gravid proglottid)。

2. 体壁与营养　绦虫的体壁是由原生质层与其下面的肌肉层组成，细胞核沉入间质中。因绦虫的消化系统已完全退化消失，原生质层向外表伸出无数细小的微毛，布满全身甚至包括吸盘处，用于在宿主肠腔中直接吸收和消化营养物质。消化后的营养物质由宿主肠腔直接通过体壁微毛向虫体扩散，同时绦虫头节插入宿主细胞内也能吸收营养物质。体表的大量微毛也有助于虫体附着在宿主肠道内。另外，绦虫皮层细胞的分泌物可以防止在宿主肠腔中不被宿主的消化酶所消化。

3. 呼吸与排泄　绦虫主要通过糖酵解行无氧呼吸。绦虫的排泄器官为原肾管，其排泄物主要是氨及尿素；其焰细胞埋在实质中；排泄管 2 对，1 对位于背面，1 对位于腹面，纵贯全身，腹面的 1 对较发达。在每个节片的腹面后缘有 1 条横管将两侧的排泄管连接起来。排泄管在身体的后端膨大并联合，以单个的排泄孔开口在体外。

4. 神经与感官　绦虫有神经索 1 对，位于身体的腹侧与排泄管伴行，从头节开始直达身体的后端。在每个节片的后缘有 1 个神经环，侧神经与附属的两条侧干都与神经环相连，相连处略膨大。头节的神经环在腹面膨大成脑丛，脑丛中的神经细胞不是很多，有的种在脑丛之前还有顶环。绦虫没有感官，仅在体表及头节处有游离的神经末端，发挥触觉及化学感觉的功能。

5. 生殖与发育　除了个别种为雌雄异体之外，大多数绦虫均为雌雄同体。绦虫的生殖系统极为发达，占据了身体的主要部分，每个成熟节片都有 1～2 套完整的雌雄生殖器官；妊娠节片则完全被子宫所填塞，其结构、排列与分布常作为分类的依据。雄性生殖系统包括许多圆形泡状的精巢，从 1 个或数百个不等，散布在每个节片的实质中。有的种还具有开口在阴茎囊中前列腺。例如，牛绦虫每个成熟节片中有 300～400 个精巢小泡，每个精巢小泡具 1 条输精小管，所有输精小管联合成输精管，输精管末端膨大成储精囊，最后通入肌肉质的阴茎囊。阴茎囊开口在生殖腔中，以生殖孔开口在体外。生殖孔的位置因种而异，多数种所有节片均开口在身体一侧，但也有开口在两侧、背中线、腹中线上的。雌性生殖系统包括 1 个卵巢，其大小、形状、位置因种而异。牛绦虫的卵巢分两叶状，卵黄腺是位于卵巢之后的实心腺体。有的种卵黄腺成小泡状，散布在实质中。绦虫的卵为外黄卵，输卵管与阴道后端汇合形成成卵腔，卵在成卵腔中受精，受精卵接受卵黄细胞包围及梅氏腺分泌物，由卵黄物质形成卵壳，有些种的卵壳之外还有卵荚包围。卵壳形成后，卵进入子宫。受精卵通常在进入子宫之后立即开始胚胎发育过程。牛绦虫的子宫早期为囊状，随着卵的增多，子宫也逐渐发育成分枝状，子宫向两侧形成许多分枝，子宫的形态、分枝的数目也是分类特征之一。有的种子宫完全消失，卵散布在实质中。绦虫除个别种为直接发育外，均有幼虫期，其中间宿主包括甲壳类、昆虫、软体动物、环节动物及脊椎动物。

绦虫生活史的特点：①胚胎发育在卵中进行：多节片绦虫，卵孵化成六钩蚴(oncosphere)；单节片绦虫，卵孵化成十钩蚴(decacanth)。②卵的孵化在进入中间宿主体内之前或之后进行，并穿行到肠外部分。③幼虫在肠外变态进入后绦虫期(metacestode)，此时幼虫已具有头节，在相同宿主或另一宿主内发育成成虫。

(二) 代表动物——猪带绦虫

猪带绦虫的成虫寄生在人的小肠中，中间宿主为猪，故得名。成虫呈肉色、带状，有 700～1 000 个节片，全长 2～4 m。虫体分头节(scolex)、颈部(neck)和节片 3 部分。头节圆球形，直径约为 1 mm，头节有适应寄生生活的附着器官，包括前端中央的顶突(rostellum)，顶突上有 25～50 个小钩，大小相间或内外两圈排列，顶突下有 4 个圆形的吸盘，绦虫以吸盘和小钩附着于肠黏膜上。头节之后为颈部，颈部纤细不分节片，与头节间无明显的界限，是绦虫的生长区，能持续不断地以横分裂方法产生节片。依据节片内生殖器官的成熟情况，从前至后依次为未成熟节片、成熟节片和孕卵节片或称妊娠节片。未成熟节片宽大于长，内部构造尚未发育。成熟节片近于方形，内有雌雄生殖器官。孕卵节片长方形，几乎全被子宫所充塞。绦虫的体壁在皮层的表面有很多微毛，能增加吸收的表面积。绦虫没有消化系统，没有口和肠，而是通过主动运输由皮层直接吸收食物，皮层也可通过宿主的酶促进食物的消化作用。绦虫吸收的营养物主要以糖原的形式储存于实质中，并以厌氧呼吸方式获得能量。排泄器官属原肾管型，由焰细胞和许多小分枝汇入身体两侧的两对侧纵排泄管(1 对在背面，1 对在腹面)组成。在每个节片的后端有 2 条腹排泄管，其间有一横排泄管相连，在成熟节片中背排泄管消失，在头节的 2 对排泄管间形成一排泄管丛，在最末一个节片的后方，左右 2 条腹排泄管汇合，并由一总排泄孔通出体外。若该节片脱离身体，则 2 条纵排泄管末端与外界相通的孔即为排泄孔，不再形成总排泄孔。头节上的神经节不发达，由此神经节发出的神经索贯串整个节片，最大的 1 对神经索是在两纵行排泄管的外侧，节片边缘之内侧。猪带绦虫没有特殊的感觉器官。生殖系统最发达，雌雄同体，在每个成熟节片内，都有成套的雌雄生殖器官。雄性生殖器官：在成熟节片实质中散布有 150～200 个泡状的精巢，每个精巢都连有输出管(输精小管)，输出管汇合成输精管，输精管稍膨大盘旋曲折成为储精囊，其后为包在阴茎囊内的阴茎，开口于生殖腔，由生殖腔孔与体外相通。雌性生殖器官：卵巢分为左右两大叶，在靠近生殖腔的一侧有一小副叶(此为该种特征之一)，由卵巢发出的输卵管通入成卵腔，成卵腔的周围有梅氏腺。由成卵腔向上伸出 1 个盲囊状的子宫，向下通过卵黄管与卵黄腺相连，并由成卵腔伸出一管称为阴道(或称膣)，通至生殖腔，用以接受精子。受精可以是同一节片、不同节片，或 2 个个体之间进行。精子从阴道到成卵腔，一般在成卵腔或阴道内受精，并在成卵腔内由卵黄腺细胞和梅氏腺分泌形成外壳。梅氏腺的分泌物对卵还可起滑润作用。受精卵由成卵腔到子宫，子宫逐渐长大，最后子宫分成许多支，其中储存很多卵，节片中的其他部分逐渐消失，此时的节片称为孕卵节片。孕卵节片的子宫分支，猪带绦虫一般每侧分成约 9 支(7～13 支)。虫体后端的孕卵节片，逐渐和虫体脱离，随宿主粪便排出体外。被排出体外的孕卵节片，其子宫内的卵已发育成具 3 对小钩的六钩蚴，卵为圆形，直径 31～43 μm，卵外包有较厚的具放射状纹的胚膜，其外壳在卵排出时已消失，节片内的虫卵随着节片的破坏，散落于粪便中。虫卵在外界可存活数周，当孕卵节片或虫卵被猪吞食后，在其小肠内受消化液的作用，胚膜溶解，六钩蚴孵出，利用它的小钩钻入肠壁，随血流或淋巴流到全身各部，一般多存留在肌肉中，经 60～70 天发育为囊尾蚴(cysticercus)(图 4 - 13)。囊尾蚴为乳白色、卵圆形、半透明的囊泡，头节有小钩及吸盘，凹陷在泡内。具囊尾蚴的肉俗称为“米猪肉”或“豆肉”。这种猪肉被人误吃后，如果囊尾蚴未被杀死，其头节在十二指肠中自囊内翻出，借小钩及吸盘附着于肠壁上，经2～3 个月后发育成熟。成虫寿命较长，可达 25 年之久。此外，人误食猪带绦虫虫卵也可患囊虫病，其感染的方式包括：①经口误食被虫卵污染的食物、水及蔬菜等；②已有该虫寄生，经被污染的手传入口中；③由于肠之逆蠕动(恶心呕吐)将脱落的孕卵节片返入胃中，其情形与食入大量虫卵一样。这种情况下，人不仅是猪带绦虫的终宿主，也可为其中间宿主。猪带绦虫病可引起患者失眠、乏力、消化不良、腹痛、腹泻及头痛，并可影响儿童发育。猪囊尾蚴如寄生在肌肉与皮下组织，可出现局部肌肉酸痛或麻木；寄生在眼的任何部位可引起视力障碍，甚至失明；寄生在人脑，可引起癫痫、阵发性昏迷、呕吐及循环与呼吸紊乱。

(三) 分类

1. 单节绦虫亚纲(Cestodaria)　单节绦虫主要是鲨鱼、鳐等软骨鱼和原始的硬骨鱼及海龟的体内寄生绦虫。身体不具头节和节片，但有突出的吻，后端具附着盘，在肠道或体壁内寄生，具十钩蚴虫。常见种类有旋缘绦虫(*Gyrocotyle*)和两线绦虫(*Amphilina*)。

2. 多节绦虫亚纲(Eucestoda)　也称为真绦虫亚纲，成虫具头节，身体分成头节、颈部和节片，中间宿主 1～2 个，幼虫为六钩蚴，成虫寄生在各种脊椎动物肠道内。本书主要介绍以下 5 个重要的目。

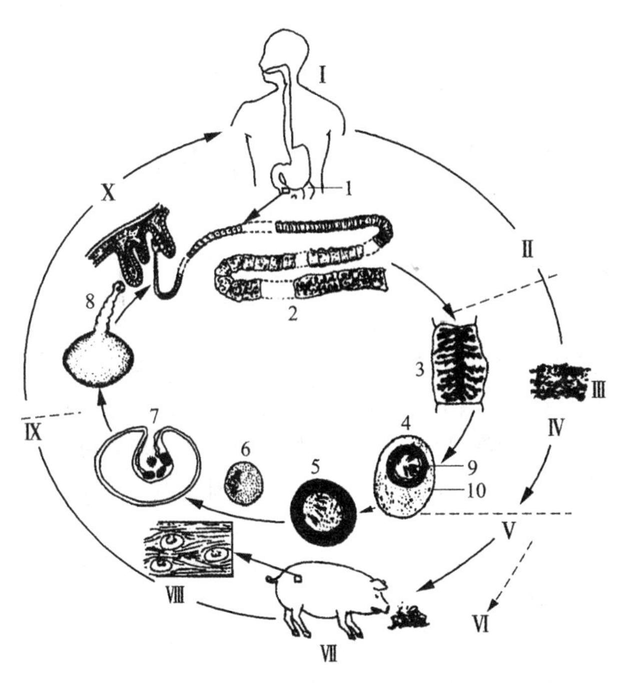

图 4-13 猪带绦虫的生活史

Ⅰ. 人(终宿主) Ⅱ. 孕卵节片 Ⅲ. 粪土 Ⅳ. 卵壳破裂消失 Ⅴ. 猪食有虫卵的人粪便 Ⅵ. 人误食虫卵也成为中间宿主(至此虫的生活史终止) Ⅶ. 猪(中间宿主) Ⅷ. 含囊尾蚴的猪肌肉 Ⅸ. 人食未熟的猪肉 Ⅹ. 头节附于小肠黏膜上

1. 小肠, 2. 成虫(寄生在人的小肠), 3. 孕卵节片, 4. 卵, 5. 卵, 6. 六钩蚴, 7. 囊尾蚴, 8. 囊尾蚴头节翻出, 9. 胚膜, 10. 卵壳

(1) 假叶目(Pseudophyllidea):头节具有两个浅的吸槽,成熟节片中雌雄生殖孔单独开口在腹中线或背中线上,卵黄腺为小囊状,散布在节片内,终宿主为犬、猫、鼬及人等。具两个中间宿主,即剑水蚤(*Cyclops*)等甲壳类和大麻哈鱼(*Salmons*)等鱼类。常见种类有阔节裂头绦虫(*Diphyllobothrium latum*)。

(2) 四叶目(Tetraphyllidea):体长 20~30 cm,小型,仅有数百个节片,头节具 4 个叶状或喇叭状裂片,裂片光滑或褶皱、有柄或无柄,成虫寄生在软骨鱼类的消化道内,未成熟节片常脱落并在宿主肠道内移动的过程中逐渐成熟,每个节片有 1 套生殖系统,生殖孔开口于体侧,生活史尚不完全清楚,但其裂头蚴普遍存在于甲壳类、软体动物及鱼类。常见类群有叶槽绦虫(*Phyllobothrium*)。

(3) 锥吻目(Trypanorhyncha):成虫一般长 20~30 cm,头节长形,具 2~4 个上有小刺的浅裂片,由头节顶端伸出 4 个可外翻的具小刺的吻。头节内有 4 个发达的有肌肉控制伸缩的吻球。成虫以吻插入宿主肠道中,主要寄生在鲨鱼的肠道中。生活史不完全清楚,但其裂头蚴发现于海产甲壳类及软体动物等体内。常见类群有耳槽绦虫(*Otobothrlum*)。

(4) 变头绦虫目(Proteocephaloidea):身体短小,头节具顶突或具 4 个吸盘,周围有钩,节片与四叶目的节片相似。成虫寄生在淡水鱼、两栖类、爬行类及海产软骨鱼等动物的肠道中。一些种的中间宿主为剑水蚤等甲壳类,在宿主体腔中发育成原尾蚴及裂头蚴,最后感染终宿主,对鱼类养殖为害不大。常见类群有变头绦虫(*Proteocephalus*)。

(5) 圆叶目(Cyclophyllidea):多数体长 10~20 cm。头节具 1 个肌肉质顶突和 4 个吸盘,顶突上有一圈钩;卵黄腺为单个的实体状结构。每个成熟节片有 1~2 套生殖系统,生殖孔开口在体侧,子宫没有开孔。主要寄生在温血动物及人肠内,仅有 1 个中间宿主,生活史中有六钩蚴和囊尾蚴,许多种是人、畜体内重要的寄生虫。常见类群有牛带绦虫(*Taenia saginata*)、猪带绦虫(*Taenia*

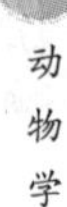

solium)和细粒棘球绦虫(*Echinococcus granulosus*)等。

第三节　寄生虫与宿主的关系

一、寄生动物对寄生生活的适应

寄生动物通常称为寄生虫,是指在宿主或寄主(host)体内或附着于体外以获取维持其生存、发育或者繁殖所需的营养或者庇护的一切生物。为了能够在宿主身体上寄生,寄生虫的身体发展了一系列的适应性结构,主要表现在以下4方面:①体形扁平,多数细长,皮肤无色、无纤毛,无任何运动器官,神经系统、感觉器官一般都退化;②体表都有角质膜,用于抵抗宿主分泌物的腐蚀,其上有小钩、吸槽、吸盘用于固着,不至于被宿主排出体外;③消化系统极其简单,厌养呼吸;④生殖系统高度发达,补偿更换宿主时后代大量死亡。

二、寄生动物与宿主的关系

(一)寄生虫对宿主的致病作用

由于寄生虫的寄生,给宿主的身体带来一定的伤害,主要表现在以下4方面:①夺取宿主营养:影响宿主的生长发育;②化学性作用:分泌物、排泄物或死亡虫体的分解物,局部发炎、过敏、哮喘、改变血相等;③机械性作用:寄生虫压迫、破坏组织或阻塞腔道,导致宿主组织坏死麻痹等;④传播微生物及激发病变:附着器官破坏黏膜,细菌入侵,产生炎症。

(二)宿主对寄生虫的免疫性

宿主在受到寄生虫的侵犯后,并不是束手待毙,而是具有一定的防御功能,主要表现在以下2方面:①先天免疫(天然免疫):对不是宿主固有的寄生虫表现特别明显,如人绝不会感染鸡疟原虫。②后天免疫(获得性免疫),一般表现为带虫免疫,虫体寄生时保持一定的免疫力;寄生虫减少或消失时,免疫力逐渐下降,甚至完全失去免疫力;带虫者免疫力较弱,可重复感染;有的寄生虫病如黑热病,恢复健康后可获得长期免疫力,很少发生再感染。

(三)防治原则

总的防治原则为切断寄生虫生活史的各个主要环节。贯穿"预防为主"的方针,加强卫生宣传教育工作,从小做起,从我做起,并采取综合性的防治措施。①减少传染源:治疗和处理保虫宿主,使用药物治疗患者和保虫者,如对终宿主进行杀灭,对感染的动物进行隔离、烧埋;②切断传播途径:杀灭和控制中间宿主或病媒,加强粪便、水体管理,改变生产方式和生活习惯;③注意卫生防护:进行积极的个人防护,注意个人卫生和饮食卫生,在有可能感染的地方加强个人防护,如进入水田作业时穿戴防护用具。

三、寄生现象的起源和更换宿主的生物学意义

(一)寄生现象的起源

一般认为寄生现象的起源和演化过程为先是动物之间共栖,然后发展成共生关系,最后为寄生,并且是先外寄生,后内寄生。①共栖关系:两种能独立生存的动物以一定关系生活在一起,使一方或双方获利而无害,如偕老同穴与绿毛龟;②共生关系:两种或一种动物不能独立生存,而共同生活在一起,或一种生活于另一种体内,两者相互依赖,各能获得一定利益,如白蚁与披发虫;③寄生关系:两种动物生活在一起,一方获利,另一方受害,如华支睾吸虫与人。

(二) 更换宿主的生物学意义

更换宿主一方面是与宿主的进化有关,最早的宿主应该是在系统发展中出现较早的类群,如软体动物,后来这些寄生虫的生活史推广到较后出现的脊椎动物体内去,这样较早的宿主便成为寄生虫的中间宿主;后来的宿主便成为终末宿主。

更换寄生的另一种意义是寄生虫对寄生生活方式的一种适应。因为寄生虫对其宿主来说总是有害的,若是寄生虫在宿主体内繁殖过多,就有可能使宿主迅速地死亡。宿主的死亡对寄生虫也是不利的,因为它会跟着宿主一起死亡。如果以更换宿主方式,由一个宿主过渡到另一个宿主,如由终末宿主过渡到中间宿主,再由中间宿主过渡到另一个终末宿主,可使繁殖出来的后代能够分布到更多的宿主体内去。这样可以减轻对每个宿主的危害程度,同时也使寄生虫本身有更多的机会生存,但是在寄生虫更换宿主的时候会遭受大量的死亡。在长期发展过程中,繁殖率大的、能产生大量的虫卵或进行大量的无性繁殖的种类就能生存下来。这种更换宿主及高繁殖率的现象对寄生虫的寄生生活来讲,是一种很重要的适应,也是长期自然选择的结果。

第四节 扁形动物的系统发展

目前对于扁形动物的起源尚无统一的认识,比较被学者认可的有以下 2 种学说。一种是朗格(Lang)学说,认为起源于腔肠动物爬行栉水母;另一种是格拉夫(Graff)学说,认为由浮浪幼虫状的祖先逐渐演变为涡虫纲的无肠目。这两种学说都有其根据,但是无肠目的机构是最简单和最原始的,因此大多数学者比较认同后一种学说。根据这一学说,扁形动物的系统发展历程为浮浪幼虫式的祖先,其中一支营固着或游泳生活且辐射对称,发展为腔肠动物;另一支则过渡为海底爬行发展为现在的扁形动物。涡虫纲营自由生活,为最原始的。吸虫纲与单肠目涡虫在神经系统、排泄器官和肠的结构方面有共同之处,有些涡虫没有纤毛,而有些吸虫在幼虫时具有纤毛。关于绦虫纲的起源说法不一。有人认为它是吸虫纲进一步适应的结果,单节亚纲身体不分节,形态有一些像吸虫。由于一些单肠目种类繁殖可以组成链状状群体,并且神经系统和排泄系统与绦虫纲都有一些相似,因此有人认为绦虫纲起源于单肠目。

复习思考题

1. 名词解释:皮肤肌肉囊,不完全消化系统,寄生,共生,共栖,格拉夫学说,后天免疫,“米猪肉”,微毛,囊尾蚴,六钩蚴,未成熟节片,成熟节片,孕卵节片,节裂体,后尾蚴,毛蚴,胞蚴,雷蚴,尾蚴,终末宿主,退行性生长,牟勒氏幼虫,梯形神经系统,原肾管。
2. 简述什么是两侧对称及其意义。
3. 简述中胚层出现的意义。
4. 简述复殖吸虫亚纲各虫态期的特征。
5. 扁形动物门的主要特征是什么?在动物演化上有什么进步特征及意义?
6. 扁形动物门分哪几个纲?各纲的主要特征是什么?
7. 试述日本血吸虫的生活史和猪带绦虫的生活史。
8. 简述寄生动物对寄生生活的适应。
9. 简述更换宿主的生物学意义。
10. 简述寄生动物与宿主的关系。

(陈付学 杜东书)

第五章

原腔动物(Protocoelomata)

原腔动物是动物界中比较复杂的一个类群，又称为假体腔动物(Pseudocoelomata)或线形动物(Nemathelminthes)，是动物演化上的一个分支。原腔动物的体腔是由胚胎时期的囊胚腔发育而来的，与中胚层裂开形成的真体腔相比有明显的不同，故称为原体腔。

第一节　原腔动物的主要特征

原腔动物目前全世界约有1.7万种，其形态结构差异很大，主要有以下共同特征。

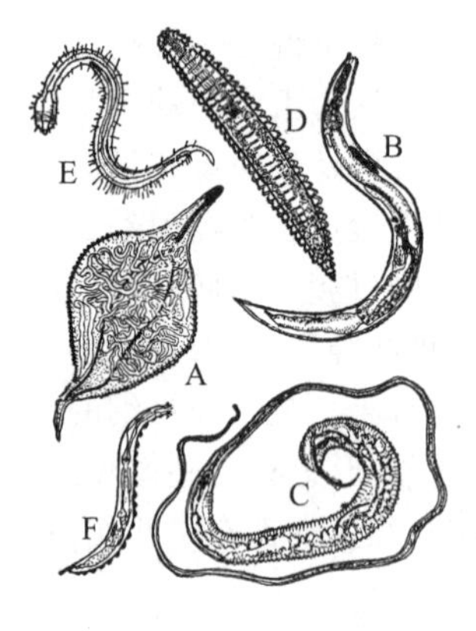

图5-1　线虫的外部形态

A. 四棱线虫　B. 小杆线虫　C. 鞭虫　D. 环线虫　E. 毛线虫　F. 瘤线虫

一、外部形态

绝大多数原腔动物的身体呈细长的圆柱形，两端略尖。极少数原腔动物为橄榄形或卵形。无明显头部，身体不分节，两侧对称。自由生活的原腔动物通常很小，一般在1 mm以下。寄生的原腔动物大小差异很大，小的在1 mm以下，大的长度可超过1 m(图5-1)。

二、体壁及假体腔

原腔动物体壁由外向内依次由角质层、表皮层(或称下皮层)和肌肉层组成。角质层光滑且富有弹性，是由表皮层细胞分泌的胶原物质构成。在不同种类，角质层因有环纹而出现假分节的现象，有的则可形成棘、刚毛及鳞片。角质层下面是由上皮细胞形成的合胞体的表皮层。表皮之内就是中胚层形成的肌肉层，一般只有一层纵肌无环肌。

原腔动物有三胚层，具原体腔。原体腔是指在中胚层形成的体壁肌肉层和内胚层形成的肠壁之间的空腔。原体腔由于在系统演化上出现早，由胚胎时期的囊胚腔发育而来，只有体壁中胚层，无体腔上皮形成的体腔膜和肠壁中胚层及肠系膜。体腔直接被体壁肌肉所包围，故称为初生体腔，又称为假体腔。在密闭的体腔内充满体腔液，维持膨压，加上体壁肌肉只有纵肌无环肌，使整条线虫呈膨胀的紧绷状态，不能做伸缩运动，只能做弯曲运动(图5-2)。

三、消化系统

原腔动物的消化管分化为一条简单的直管，前端有口，让食物进入，后端有肛门，排出食物残渣，成为完全消化管。身体结构出现了“管中套管”的结构形式。原腔动物的消化管可分为前肠、中肠和后肠3部分。前肠是胚胎时期的外胚层在原口处部分内陷而成，包括口、咽(食管)部，咽部有发达的肌肉，形成吸囊，帮助原腔动物吸吮；中肠是一条直管，由内胚层细胞发育组成，是食物消化和吸收的部分；后肠是后端外胚层内陷而成，包括直肠和肛门。在动物进化史上，从原腔动物开始

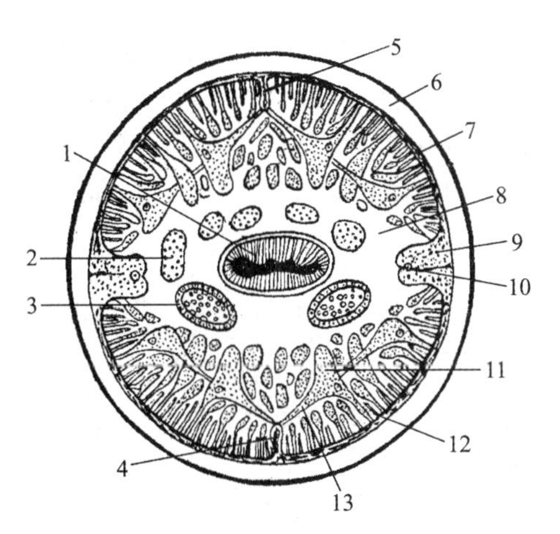

图 5-2 蛔虫的横切面

1. 肠，2. 精巢，3. 输精管，4. 腹神经，5. 背神经，6. 角质层，7. 表皮层，8. 假体腔，9. 皮下层细胞的细胞体，10. 排泄管，11. 肌细胞的细胞体，12. 收缩部，13. 传导突起

出现肛门，肛门的出现促进了消化管生理功能和形态的分化，避免了食物和粪便的混合，便于营养的吸收和粪便的排出有序进行，大大提高了消化率。

四、循环与呼吸系统

原腔动物没有循环和呼吸系统。养料和气体的运送靠体腔液的流动来完成。自由生活的原腔动物，呼吸作用通过体壁来进行；寄生的原腔动物一般生活在缺氧环境中，通常进行厌氧呼吸。

五、排泄系统

原腔动物的排泄系统是外胚层演化而来的原肾管系统，即一端以排泄孔通体外，而通体内的一端则为盲端，与扁形动物原肾管的主要区别在于完全没有纤毛或鞭毛。原腔动物的排泄器官可分为 2 种类型：腺型和管型。腺型是原始的类型，通常为单一腺细胞，即原肾细胞或排泄细胞，有的种类有 2 个腺细胞，存在于海产自由生活种类体内。寄生原腔动物的排泄系统多为管型，是由一个原肾细胞衍生而成，如蛔虫为“H”形管型原肾管。

六、神经系统与感觉器官

原腔动物的神经系统包括围咽神经环和与其相连的神经节。由围咽神经环发出 6 条神经干，前端连接感觉乳突。6 条神经干包括 1 条背神经干、1 条腹神经干、2 条背侧神经干和 2 条腹侧神经干。其中以腹神经干最为发达，各神经干之间有横神经联络，组成圆筒状的梯形神经系统。

原腔动物的感觉器官不发达。乳突是在体表上司感觉的感觉器官。头感器和尾感器与乳突不同，其内部膨胀成袋状与神经相连，属化学感觉器。头感器位于虫体前端，尾感器位于虫体后端。寄生的种类，头感器退化，尾感器发达。

七、生殖系统与发育

原腔动物绝大多数是雌雄异形异体，通常雄虫较小，末端蜷曲。原腔动物的生殖器官呈连续的管状结构，雄性通常是单管型，可分精巢、输精管、储精管、射精管，最后与直肠汇合成泄殖腔。多数种类具有交接刺囊，囊中的交接刺用来撑开雌性生殖孔以便输精。雌性生殖器官通常是双管型，有 1 对卵巢、1 对输卵管和 1 对子宫。这对子宫在末端汇成阴道，以雌性生殖孔开口于腹中线上。

原腔动物的精子一般呈圆形或圆锥形，能做变形运动。交配时，雄虫用交接刺插入雌虫的雌性生殖孔中，精子由雌性生殖孔经阴道到达子宫，在子宫的上方和卵子受精，受精后的卵在子宫中形成卵壳。原腔动物的卵可留在子宫内继续发育或在受精后由雌性生殖孔排出。自由生活的种类产卵数量少；寄生种类产卵量巨大。原腔动物的发育有直接发育和间接发育，也有蜕皮现象。

八、生态

原腔动物的生活史和生活环境比扁形动物更为多样化，有自由生活的，也有寄生于动植物的。有的成虫营自由生活，幼虫营寄生生活；有的成虫营寄生生活，幼虫营自由生活；有的成虫和幼虫都营寄生生活；有的终生生活在宿主体内，但必须交换宿主。自由生活的原腔动物，其生活环境有陆生的，也有水生的；有淡水的，也有海产的；同是水生但也有浅水与深水、急流与温泉等不同环境之分，极其复杂多样。

原腔动物的主要特征总结

(1) 身体两侧对称，3胚层，蠕虫状。
(2) 体表被角质层。
(3) 具有发育完全的有口、有肛门的消化管。
(4) 排泄器官属原肾管系统。
(5) 神经系统简单，仅具围咽神经环、纵神经及神经节。
(6) 雌雄异体。
(7) 营自由生活或寄生生活。

第二节　原腔动物的分类

原腔动物包括线虫动物门(Nematoda)、线形动物门(Nematomorpha)、腹毛动物门(Gastrotricha)、轮虫动物门(Rotifera)和棘头动物门(Acanthopcephala)，但它们在演化上的亲缘关系并不很密切，形态结构差异明显，有许多重要的不同之处。本书重点介绍线虫动物门，并介绍腹毛动物门和轮虫动物门。

一、线虫动物门

线虫动物门是原腔动物中最多和最重要的一个类群，营自由或寄生生活，数量极大。线虫与螨类、跳虫同称为三大土壤动物，如农田土壤中每平方米有线虫1 000万条，因而与人类关系密切。自由生活的种类广泛分布于海洋、淡水、土壤等各种环境；寄生种类可寄生在无脊椎动物、脊椎动物和植物体内，常引起人、畜、禽、鱼类等患严重疾病，或造成农作物减产。

(一) 代表动物——猪蛔虫

猪蛔虫和人蛔虫在形态上十分相似，但属不同种，两者的区别在于地理分布、卵在外界发育的速度和所要求的最适温度、卵早期的形态。

1. 外形　猪蛔虫的身体呈圆线形，中间较粗，两端逐渐尖细，新鲜虫体略呈粉红色。雌雄异体，雌虫较长大，体长20～25 cm，直径0.5 cm，在体前端1/3处的腹面有1个生殖孔，身体后部伸直，腹面近末端处为肛门。雄虫较短小，尾端向腹面卷曲成钩状，有时可见交接刺。雌雄虫体的头部都有 1 个背唇片和 2 个腹唇片。在唇片上均有司感觉的乳突，背唇上有 2 个，腹唇上各有 1 个(图 5-3)。

2. 体壁　猪蛔虫的体壁，最外层是角质层，呈透明状，由表皮分泌的非细胞构成。角质层之下是外胚层形成的合胞体结构的表皮层，在四分位上向内加厚成 4 条纵线。在背方的纵线称为背线，内有背神经；在腹方的纵线称腹线，内有腹神经；两侧的纵线称为侧线，内有排泄管。表皮层之内是纵肌层。故猪蛔虫的体壁是由角质层、表皮层和纵肌层组成的皮肤肌肉囊(图 5-4)。

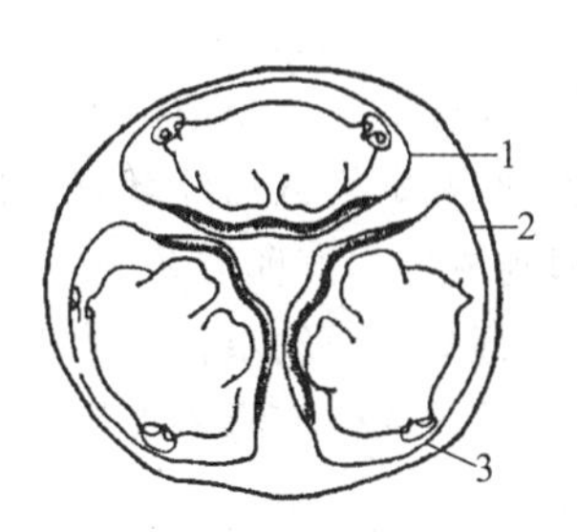

图 5-3　蛔虫头部顶面观

1. 背唇，2. 腹唇，3. 乳突

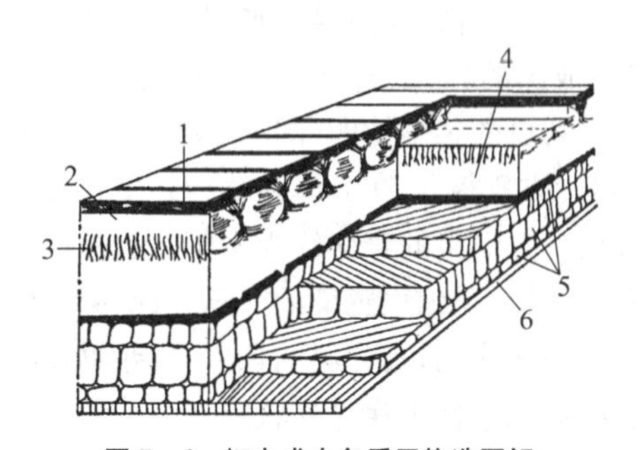

图 5-4　蛔虫成虫角质层构造图解

1. 外皮层，2. 内皮层，3. 纤丝层，4. 中层，5. 基层，6. 底膜

3. 消化系统　猪蛔虫的消化管为一直管，贯穿全身，分口、咽、肠、直肠和肛门。因有口、有肛门称为完全消化系统。

4. 排泄系统　猪蛔虫具由 1 个原肾细胞衍生而成的管状或"H"形没有焰细胞的排泄系统，即原肾细胞向后形成了分成 2 支的长盲管状的排泄管，2 支排泄管分别嵌在两侧线内，并由后向前到咽处汇成一条，最后由开口于腹面的排泄孔通向体外。

5. 循环与呼吸　猪蛔虫无循环和呼吸器官。原体腔中充满了流动的体液，对于营养物质的输送有一定的作用。呼吸一般进行厌氧呼吸，即在某些酶的参与下，将体内储存的糖原分解成二氧化碳、氢、脂肪酸和其他有机酸，并释放能量。

6. 神经系统　猪蛔虫前端有围食管神经环，神经环向后伸出 6 条神经索。其中背、腹神经索特别发达，嵌在下皮层的背线和腹线中。各神经索间也有横神经相连，形成成圆筒状梯形神经系统(图 5-5)。

7. 生殖系统　雌雄异体。雄性生殖系统为单管型；雌性为双管型。

8. 生活史　雌、雄个体成熟后，在猪的小肠内完成交配，卵在子宫中受精，受精卵由雌性生殖孔排出。在外界有氧和温度、湿度适宜的环境中，发育 15～30 天即成熟，成熟的虫卵内含有感染性的幼虫。此虫卵被猪吞食后，在肠内幼虫从卵壳中逸出，钻入肠黏膜并进入肠静脉，随血液进入肝脏、右心房、右心室、肺动脉及肺部。幼虫在肺脏内蜕皮 2 次，此时体长可达 1～2 mm。再由肺微血管进入肺泡，使肺部受伤而出现点状出血。随即移入支气管、气管、咽和口腔，随唾液和食物一起吞下，经食管、胃，最后到小肠停留，以肠黏膜的上皮和肠的内容物为食，逐渐发育为雌、雄成体。在肠内生活 7～10 个月后，离开小肠随粪便排出。

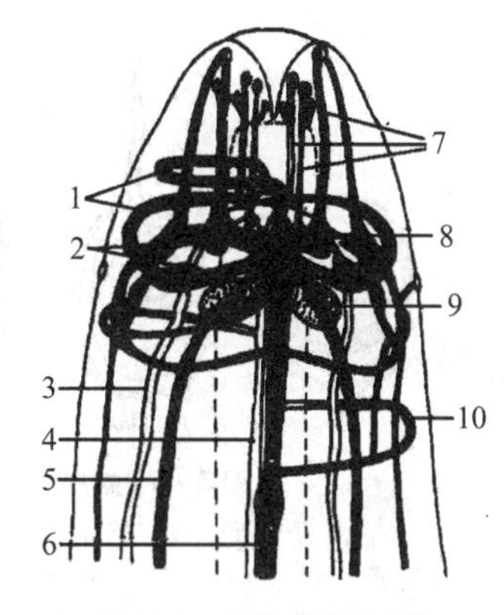

图 5-5　蛔虫的神经系统

1. 背腹神经连合，2. 侧神经节，3. 背侧神经，4. 背神经，5. 腹侧神经，6. 腹神经，7. 头突神经，8. 神经环，9. 腹神经节，10. 背腹神经连合

猪蛔虫遍布世界各地。3～6个月的仔猪受其害最为严重，可使猪的发育受阻，体重可减轻30%，甚至致死。

(二) 重要的寄生线虫

1. 动物的寄生线虫　寄生在人体和动物身体的线虫种类较多，严重危害畜禽等动物的生命和人的健康。

(1) 人蛔虫(*Ascaris lumbricoides*)：人蛔虫是一种人体常见的寄生虫，分布广、感染率高，可引起蛔虫病。形态和生活史与猪蛔虫的相似。雌虫较粗大，后端较直；雄虫较小，后端呈弯曲钩状，具2条交接刺。成熟的雌、雄虫交配产卵在人的小肠内完成，受精卵随粪便排出体外，在环境条件适宜时发育为含有幼虫的感染性卵(图5-6)。感染性卵被人误食后，幼虫在小肠中孵出来，钻入肠壁，随血液至心脏、肺等器官，在人体内移行并生长发育，再经气管到咽部，吞入后经食管、胃，最后到肠中发育为成虫。人蛔虫的寿命约为1年，人自吞入感染性虫卵到成虫再产卵需要60～75天。蛔虫病的症状多种多样，受蛔虫感染的儿童，可引起身体和智力的发育受阻。幼虫在人体内移行时对各种脏器有机械损伤作用，其分泌的毒素、代谢物和死后的分解物都对人体有毒害作用，能引起病变，常表现为腹绞痛和急性炎症等症状。

(2) 十二指肠钩虫(*Ancylostoma duodenale*)：十二指肠钩虫在1843年发现于意大利，是一种严重危害人体的寄生性线虫，可引起钩虫病，又称黄病、黄肿、黄胖病、桑叶黄等。雌雄异体，雌虫体长10～13 mm，口囊发达，腹侧有内外2对钩，背侧有1对三角形齿板，每天排卵在2万粒以上；雄虫体长8～11 mm，尾端具交合囊(copulatory bursa)，其背肋小枝有3个分叉。经过交配所产出的虫卵，在潮湿的土壤中发育，经杆状蚴(rhabditiform larva)到丝状蚴(filariform larva)，蜕2次皮，丝状蚴直接从皮肤侵入人体，进入血管后在人体内移行，最后在人体肠内寄生，3～4周后蜕1次皮发育为成虫。十二指肠钩虫以口囊吸附肠壁，摄取肠黏膜及血液，使被感染的宿主出现咳嗽、呕吐、贫血、便血、肠溃疡及水肿，严重者可因贫血性心脏病、腹泻等并发症而致死。十二指肠钩虫还可寄生于猪、狗、猫、狮、虎及大猩猩体内，在其他肉食兽和反刍动物中也有寄生；分布广，在华中、华南、四川等地较为严重(图5-7)。

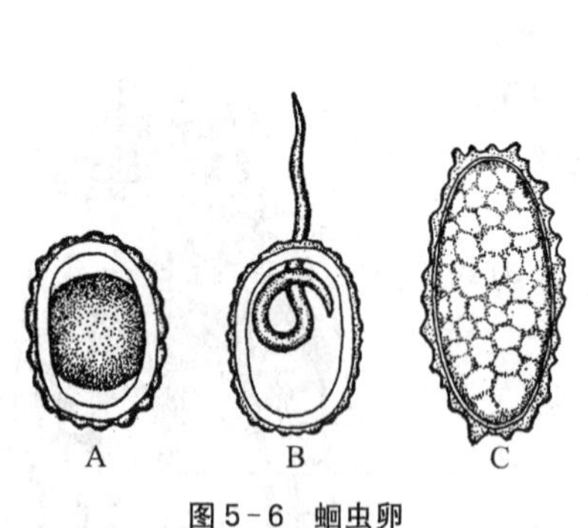

图5-6　蛔虫卵

A. 受精卵　B. 感染期卵　C. 未受精卵

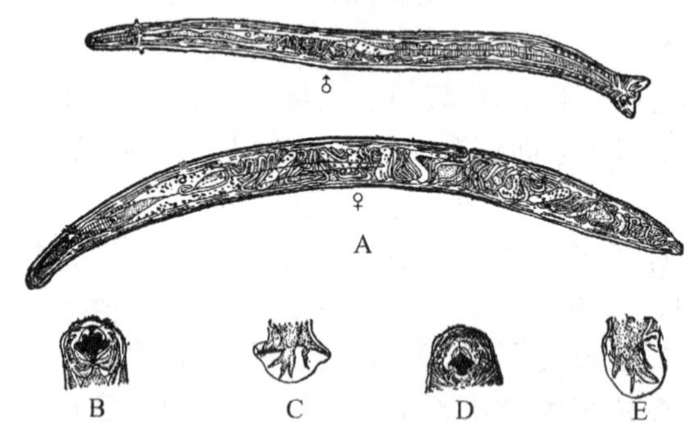

图5-7　钩虫

A. 十二指肠钩虫雌雄成虫　B. 十二指肠钩虫的口囊　C. 十二指肠钩虫的交合伞　D. 美洲钩虫的口囊　E. 美洲钩虫的交合伞

(3) 血丝虫：血丝虫是由按蚊(*Anopheles*)和库蚊(*Culex*)等传播的一类严重的人体寄生虫。在我国主要有班氏血丝虫(*Wuchereria bancrofti*)和马来丝虫(*Brugia malayi*)2种。成虫寄生在人的淋巴系统中，并在其中交配，雌成虫以胎生方式产生微丝蚴(microfilaria)。微丝蚴体长200～300 μm，体外有一鞘膜，内充满细胞核，在人体中可生活2周以上。白天在内脏血液中，夜间则移至体表血液中。被蚊虫吸食后，在蚊体内经 10～17 天发育成感染性微丝蚴。待蚊再叮咬人时，从伤口侵入人体内，发育为成虫。感染血丝虫的患者，由于血丝虫可引起组织增生，使下肢、阴囊等处畸形发展，形成丝虫热、乳糜尿和皮肤变硬、变厚的象皮肿等症状(图 5-8)。

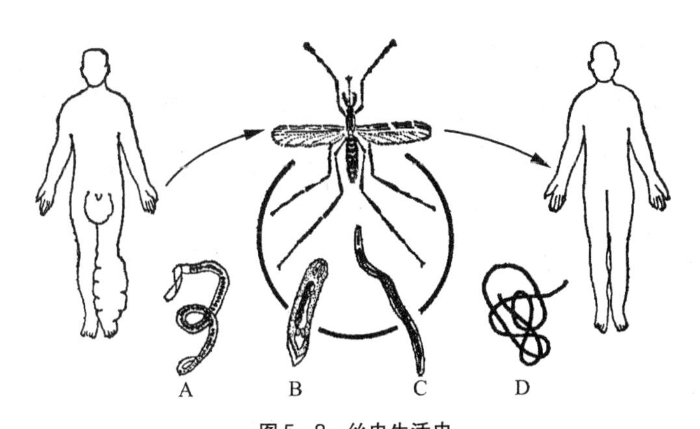

图 5-8 丝虫生活史

A. 微丝蚴 B. 腊肠期幼虫 C. 感染期幼虫 D. 成虫

(4) 旋毛虫(*Trichinella spiralis*)：旋毛虫是一种小型的线虫。成虫寄生于人、鼠、犬、猪、猫等哺乳动物的十二指肠或空肠内，幼虫寄生于横纹肌中。猪可因吞食鼠感染，人误食未熟的含有旋毛虫囊胞的猪肉而被感染，囊胞内的幼虫在胃内逸出，到十二指肠和空肠中发育为成虫。雌虫体长 3～4 mm，雄虫体长小于 2 mm。雌、雄成虫交配后，雄虫随宿主粪便被排出体外，雌虫进入肠黏膜或肠系膜淋巴结节内产出幼虫，幼虫经血液循环到宿主体内各部位的横纹肌内发育。患者可出现不规则高热、胃肠道紊乱、肌痛或运动功能障碍、水肿等，严重时可致死，死亡率达 3%左右。

(5) 蛲虫(*Enterubius vermicularis*)：蛲虫可寄生于人、驴、骡、马、鸡、鸭、鹅等体内，在人体中主要寄生于盲肠、结肠、阑尾等处，虫体钻入肠黏膜吸取营养，在儿童之间容易传播。蛲虫寄生的部位不同，可引起不同的症状。例如，寄生于盲肠中，可引起食欲缺乏、消化不良、腹痛、腹泻等症状；寄生在阑尾中，可引起阑尾炎；寄生于肛门处，雌虫在午夜时从肛门爬出产卵，致使肛门奇痒，使患者失眠、烦躁、神经过敏、贫血、消瘦等。在畜禽体内，主要寄生于盲肠内，引起食欲缺乏、发育不良，严重时可致死(图 5-9)。

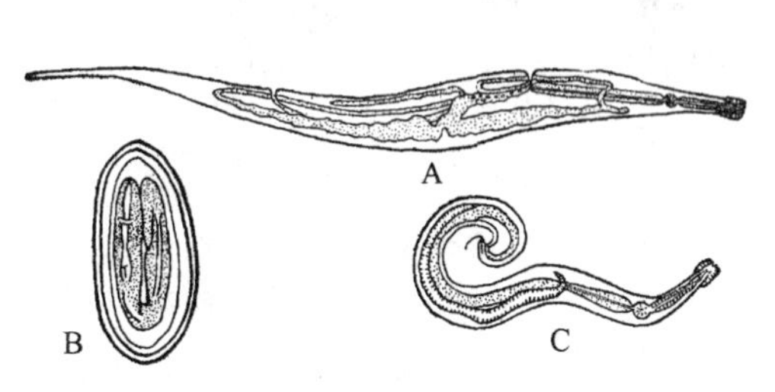

图 5-9 蛲虫和虫卵

A. 雌性 B. 卵 C. 雄性

2. 植物寄生线虫　线虫是最重要的农业害虫之一，常见的有小麦线虫(*Anguina tritici*)。其幼虫休眠于干燥的病粒即虫瘿中，虫瘿随小麦种子播入土中，线虫随小麦的生长而发育。当小麦抽穗时线虫侵入麦穗内部，迅速成长为成虫，子房因受线虫的刺激而成为虫瘿。雌、雄成虫在虫瘿内交配产卵，卵在虫瘿内孵化出数千条幼虫，每条幼虫蜕皮 2 次后进入休眠状态，借此越过夏、秋、冬季，等到下年春播时，又重复它们的生活史。小麦线虫在土壤中活动，首先侵害小麦根部，然后沿植株穿入小麦的叶腋，当小麦抽穗时，又转移到麦穗；可使小麦茎发育不良、植株变短、叶片卷曲，严重时引起小麦死亡(图 5-10)。

此外，不同种类的线虫可以侵害不同的植物。例如，马铃薯、甜菜、烟草及其他瓜果蔬菜等都有专门的线虫侵害(5-11)。

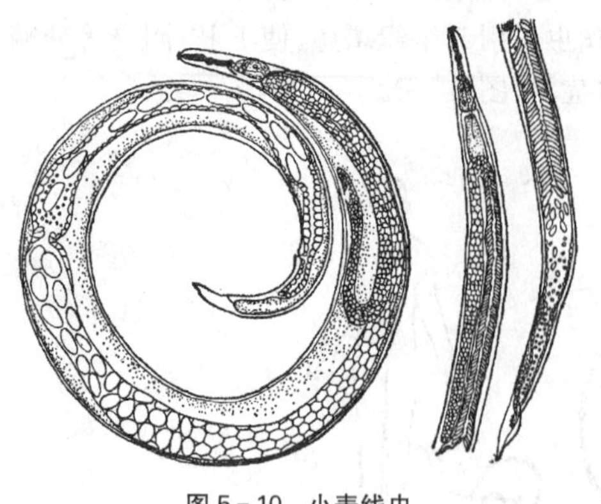

图 5-10 小麦线虫

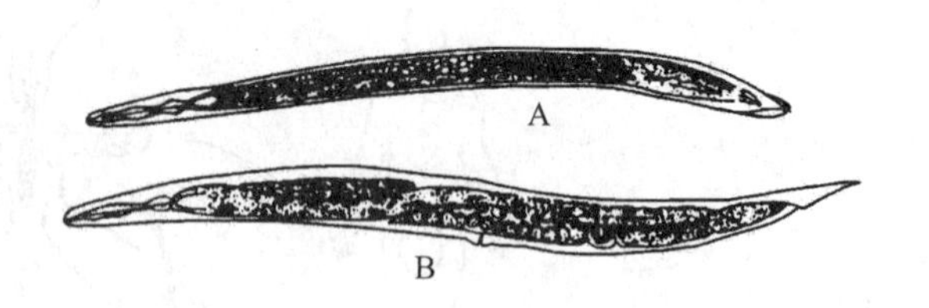

图 5-11 小杆线虫
A. 雄性 B. 雌性

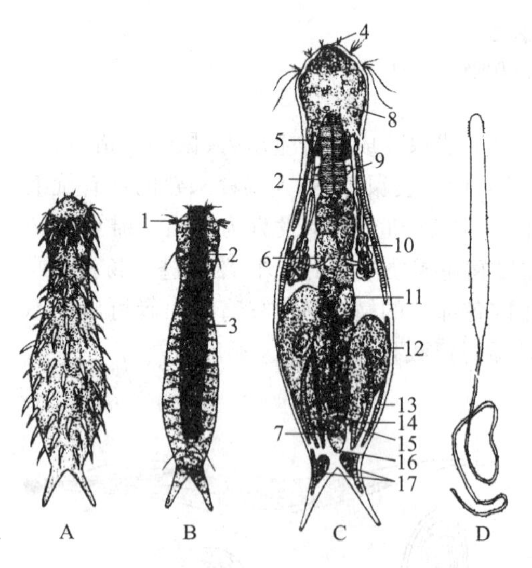

图 5-12 鼬虫
A. 鼬虫 B. 盾磷鼬虫 C. 鼬虫的内部构造 D. 尾趾虫
1. 棘毛束，2. 咽，3. 中肠，4. 口，5. 焰球，6. 排泄孔，7. 直肠，8. 脑神经节，9. 咽腺，10. 排泄管，11. 肠，12. 卵，13. 纵肌，14. 生殖孔，15. 卵巢，16. 肛门，17. 黏腺

二、腹毛动物门

腹毛动物门动物目前已知约200余种，体长一般为0.07 ～1.5 mm，是一类微小的动物。常见的种类为有鼬虫(*Chaetonotus*)(图 5-12)。鼬虫头部生有长纤毛和棘毛丛；身体背面呈隆起的长圆筒状；腹面扁平，由若干纵带或横带排列的纤毛，故为腹毛动物。体表被角质膜，有许多鳞片和棘。表皮层为合胞体结构，原体腔发达。消化管与线虫相似，分口、咽、肠、直肠和肛门。咽部富有肌肉，肛门位于体后腹面。身体后部分两叉，每叉的末端有黏液腺(腹腺)的开口，分泌黏液，具附着作用。排泄系统为两条具焰球的原肾管，位于消化管中部两侧，排泄孔开口于腹面中央。在咽前端的两侧有 1 对脑神经节。多数为雌雄同体，直接发育，无幼虫期，有些种类可营孤雌生殖。

三、轮虫动物门

轮虫是一群小型多细胞动物，分布广，多数自由生活，也有寄生或群体生活的。身体为长形，体长100～500 μm，分头部、躯干和尾部 3 部分。头部有 1 个由 1～2 圈纤毛组成的、能转动的轮盘(头冠)，形如车轮，故称轮虫。轮盘为轮虫的运动和摄食器官，大多数轮虫以细菌、真菌、酵母菌、藻类、原生动物及有机颗粒为食。咽内有 1 个几丁质的咀嚼器。躯干呈圆筒形，背腹扁宽，外面有透明的角质膜，常在躯干部增厚，称为兜甲(lorica)，其上常具刺或棘。尾部末端有分叉的趾，趾内有腺体分泌黏液，借以固着有其他物体上。雌雄异体，卵生，多为孤雌生殖。绝大部分种类的雌、雄个体形态差别极大。雄体体长只有同种雌体的 1/8～1/3，雄体不吃食物，没有消化系统，或有咀嚼器和胃，但没有口和肛门。雄性生殖系统发达，占据假体腔的大部分，精巢 1 个，呈膨大的梨形或球形，下接输精管通至阴茎(交配器)，没有阴茎的种类在交配时输精管通过体壁有纤毛的小孔向外翻出。雄体的轮盘皆向前方长满纤毛，游泳十分迅速，从不固着，特别当有雌体存在时更为活跃，直到与其中一个交配为止。交配和精子的传递通过雌体的泄殖腔孔或体壁。雌体在正常情况下所产的卵不需要受精，立即发育孵化为雌体，这种卵称为非需精卵(夏卵)。产非需精卵的雌体称为不混交雌体。不混交雌体和非需精卵的细胞核中都含有双倍的染色体，这种只依靠雌体繁殖后代的方法称为孤雌生殖。轮虫在环境条件适宜的情况下都进行孤雌生殖。孤雌生殖的特点是生殖量大、生殖率高和种群发展迅速。当环境条件恶化时，轮虫进行两性生殖，此时不混交雌体所产的卵在成熟前要经减数分裂，卵细胞核内的染色体为单倍体，这种卵称为需精卵。需精卵的发育有两个去向，未经受精的需精卵发育为雄体，经受精的需精卵称为受精卵，又称冬卵或休眠卵。休眠卵有厚的卵壳保护，能抵抗不利的环境条件，如干燥、低温、高温或水质化学变化等。休眠卵沉到水底待休眠期满且温度、溶氧、渗透压等水质条件合适时才发育孵化出不混交雌体(5-13)。

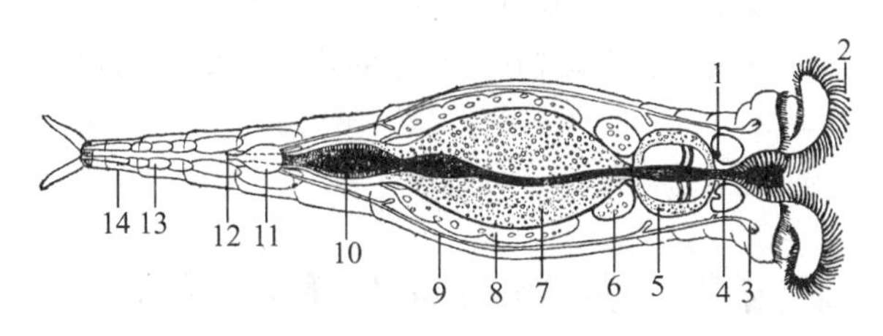

图5-13 轮虫的内部构造

1. 眼，2. 纤毛冠，3. 焰细胞，4. 口，5. 咽(咀嚼囊)，6. 消化腺，7. 胃，8. 卵巢，9. 原肾管，10. 肠，11. 膀胱，12. 肛门，13. 足腺，14. 足

轮虫广泛分布于湖泊、池塘、江河、近海等各类淡、咸水水体中，以及潮湿土壤和苔藓丛中。轮虫因其极快的繁殖速率，生产量很高，因而在对生态系统结构、功能和生物生产力的研究中具有重要意义。轮虫是大多数经济水生动物幼体的开口饵料，在渔业生产上有较大的应用价值。轮虫也是一类指示生物，在环境监测和生态毒理研究中被普遍采用(图5-14)。

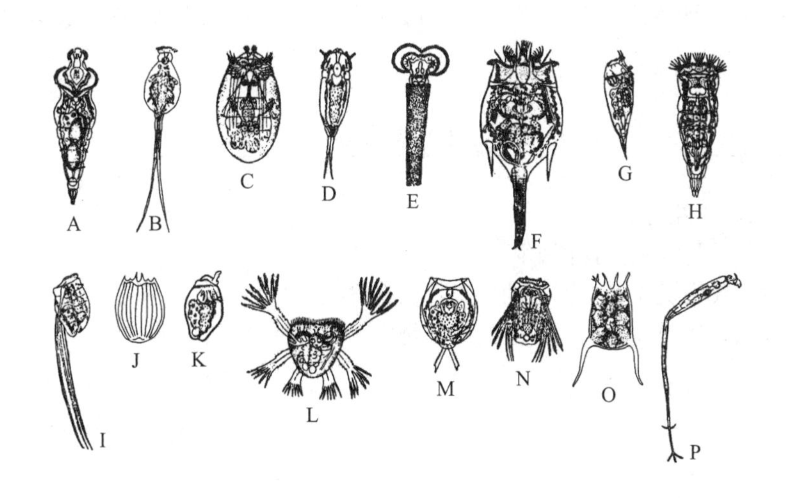

图5-14 习见轮虫

A. 前额犀轮虫 B. 真鞘轮虫 C. 前节晶囊轮虫 D. 钩形猪尾轮虫 E. 金鱼藻轮虫 F. 萼花臂尾沼轮虫 G. 对棘同尾轮虫 H. 椎尾水轮虫 I. 长三肢轮虫 J. 鳞状叶轮虫 K. 团藻无柄轮虫 L. 大腕轮虫 M. 月形轮虫 N. 针簇多肢轮虫 O. 矩形龟甲轮虫 P. 长足轮虫

第三节　原腔动物的系统发展

一般认为线虫类与扁形动物的涡虫类有较接近的血缘关系，腹毛类是两者之间的桥梁。它一方面具有纤毛、原肾管和生殖器官等涡虫类的构造特征，另一方面又有完全的消化管、食管的肌肉（呈辐射形）、体表被有角质层和原体腔等线虫类的构造特征。因此，线虫类是在涡虫类演化成腹毛类时分出来的一支。

轮虫的构造和胚胎发生，均与涡虫相似；而轮虫具有角质层的体表，有纤毛、原肾管、原体腔及足等构造，两者显然与腹毛类最接近。同时，轮虫表皮层细胞及细胞核数目恒定，又与线虫相同，但比线虫类活跃，神经系统和感觉器官更发达，故认为轮虫和线虫可能有共同祖先，即由涡虫类进化而来。这样看来，比较可信的说法是轮虫动物门、腹毛动物门及线虫动物门都起源于扁形动物的涡虫纲。

第四节　原腔动物与人类的关系

原腔动物与人类的关系十分密切，许多线虫是农业害虫（如蝗虫、蝼蛄、金龟子幼虫等）的寄生虫，对农业生产有着积极的作用。同时，在土壤中聚居着许多微小、自由生活的线虫，以腐败的有机物质为营养，在增加土壤的肥力方面有很大的作用，是组成土壤生物的主要成分，也是三大土壤动物之一。大多数轮虫是以原生动物、藻类及食物碎屑为食，能净化池水，还可作为鱼类特别是青、草、鲢、鳙四大家鱼或仔鱼的良好饵料。因此，轮虫在鱼类养殖业及淡水食物链中起很重要的作用。

此外，大多数的线虫寄生在人、家畜、家禽和农作物的体内，给人类健康带来很大危害。例如，寄生在人体的蛲虫可使患者失眠、神经过敏、工作效率降低；丝虫病患者严重时会丧失劳动能力；钩虫能引起钩虫病，是一种慢性地方病，患者一般出现精神不振、反应迟钝、智力衰退，对患儿生长发育也有很大影响。

复习思考题

1. 名词解释：原体腔，孤雌生殖。
2. 试述原体腔动物的主要特征。
3. 蛔虫等寄生线虫适应寄生生活的主要特征有哪些？
4. 试比较线虫动物门、轮虫动物门、腹毛动物门的主要特征。

（谢桐品）

第六章

环节动物门(Annelida)

环节动物门为两侧对称、分节的裂体腔动物。体长从数毫米到3米不等。栖息于海洋、淡水或潮湿的土壤，是在软底质生活环境中最占优势的潜居动物。目前已描述的约1.7万种，分为多毛纲(Polychaeta)、寡毛纲(Oligochaeta)和蛭纲(Hirudinea)3纲，常见种类有沙蚕、蚯蚓、蚂蟥等。

第一节 环节动物门的主要特征

一、分节现象

环节动物的身体由许多形态结构相似的体节(metamere)构成，称为分节现象(metamerism)。节间沟是体节的分界，由体节与体节间以体内的隔膜(septum)相分隔后在体表形成相应的凹沟。其循环、排泄、神经等内部器官也表现出按体节重复排列的现象。原始种类的环节动物体节分界不明显，高等种类的环节动物除体前端2节和最末体节外，其余各体节的形态结构基本相同，称为同律分节(homonomous metamerism)。高等无脊椎动物的体节进一步分化，各体节的形态结构发生明显差别，身体不同部分的体节完成不同功能，内脏各器官也集中于特定体节中，这种分节称为异律分节(heteronomous metamerism)。异律分节为动物体向更高级发展，为逐渐分化出头、胸、腹各部分提供了可能。分节现象起源低等蠕虫的假分节(pseudometamerism)，开始时低等蠕虫的消化、生殖等内脏器官成对按体节重复排列，接着各器官之间的体壁处在动物体做左右蠕动时产生了褶缝，最后在前后褶缝间逐渐分化出肌肉群形成体节。分节现象不仅增强运动功能，也是生理分工的开始，对促进动物体的新陈代谢、增强对环境的适应能力以及对系统演化都有重大意义，是无脊椎动物在进化过程中的一个重要标志。

二、次生体腔

次生体腔(secondary coelom)或称为真体腔(true coelom)，是环节动物的体壁和消化管之间的广阔空腔。在环节动物早期胚胎发育时期，中胚层细胞形成左右两团中胚带，胚胎继续发育，中胚带内裂开成腔，并逐渐扩大，形成次生体腔。其内侧中胚带附在内胚层外面，分化成脏壁肌肉层和脏体腔膜，与肠上皮构成肠壁；外侧中胚带附在外胚层的内面，分化为体壁肌肉层和壁体腔膜，与体表上皮构成体壁。因为次生体腔位于中胚层中间，为中胚层裂开形成，故又称为裂体腔(schizocoel)。次生体腔为中胚层所包裹，并形成体腔上皮(peritoneum)，或称为体腔膜。次生体腔的出现，赋予消化管壁肌肉层，增强了消化管蠕动能力，使得食物与消化液能够更加充分地混合，提高了消化功能。同时次生体腔为循环、排泄等器官的发生提供了广阔的空间，促进了动物体的结构进一步复杂和各种功能更加完善。次生体腔还由体腔上皮依各体节间形成双层的隔膜，将体腔分为许多小室，各室彼此有孔相通。次生体腔内充满体腔液，体腔液在体腔内的流动，既能辅助物质的运输，也与体节的伸缩密切相关，所以说次生体腔是动物结构上一个重要发展。

三、刚毛与疣足

环节动物的运动器官有刚毛(seta)和疣足(parapodium)。刚毛存在于大多数环节动物,疣足一般只是海产种类具有。刚毛是上皮内陷形成刚毛囊(setal sac),由囊底部一个大的成形细胞(formative cell)分泌几丁质物质形成。刚毛一方面在基部着生有能牵引刚毛发生伸缩牵引肌,使动物可爬行运动;另一方面,刚毛在生殖交配时,可以使身体后退,将生殖带产生的蛋白管前移到纳精囊处完成受精作用,进而将蛋白质管从身体上退下来,形成卵茧。根据种类不同,每一体节所具有的刚毛数目、刚毛着生位置及排列方式等也不同。有的刚毛多,环生于体节中央;有的刚毛少,每体节只对生出 4 对;有的刚毛成束存在(图 6-1)。疣足是最原始的附肢形式,由体壁凸出的扁平片状突起双层结构,其中是体腔的延伸,一般每体节 1 对。疣足分成背肢(notopodium)和腹肢(neuropodium)(图 6-2)。背肢的背侧具一指状的背须(dorsalcirrus),腹肢的腹侧有一腹须(ventral cirrus),均有触觉功能。个别种类的背须特化成疣足鳃(parapodialgill)或鳞片等。背肢和腹肢内各有 1 根起支撑作用的足刺(aciculum)。背肢有 1 束刚毛,腹肢有 2 束刚毛,刚毛形态各异。疣足的功能包括:①使身体划动进行游泳,有运动功能;②疣足内密布微血管网,可进行气体交换。环节动物刚毛和疣足的出现,增强了运动功能,使运动更敏捷、更迅速。无疣足无刚毛的蛭类,依靠吸盘及体壁肌肉的收缩进行运动。

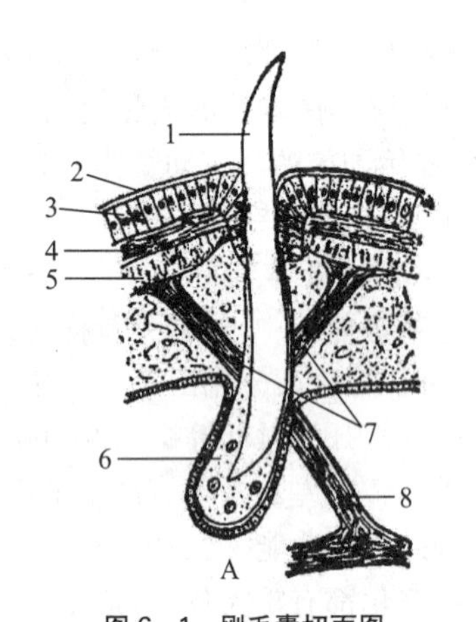

图 6-1 刚毛囊切面图

1. 刚毛,2. 角质膜,3. 表皮,4. 环肌,5. 纵肌,6. 刚毛囊,7. 牵引肌,8. 牵缩肌

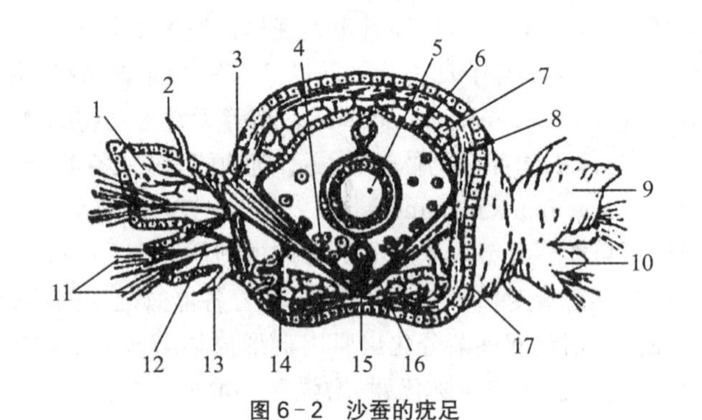

图 6-2 沙蚕的疣足

1. 微血管丛,2. 背须,3. 斜肌,4. 卵,5. 肠,6. 体腔膜,7. 纵肌,8. 环肌,9. 背肢,10. 腹肢,11. 刚毛,12. 足刺,13. 腹须,14. 肾管,15. 腹神经索,16. 腹血管,17. 表皮

四、闭管式循环系统

环节动物的循环系统由纵血管和环血管及其分支血管组成,血管间以微血管网相连,血液始终在血管内流动,不进入组织间的空隙中,构成了闭管式循环系统(closed vascular system)。血液循环的方向一定、流速恒定,提高了机体运输营养物质和携带氧气的功能。环节动物循环系统的出现与次生体腔的发生关系密切。次生体腔的发展,逐渐挤压原体腔,使之不断减小,最后原体腔只在心脏和血管的内腔留下遗迹。蛭类的次生体腔被间质填充而缩小,血管完全消失,形成了腔隙(lacuna),称为血腔或血窦。血液(实为血体腔液)在血腔或血窦中循环,代替了血循环系统。因血浆中含有血红蛋白,故环节动物的血液呈红色,但血细胞无色。

五、后肾管型排泄系统

环节动物的原始类群,其排泄器官为由管细胞(solenocyte)与排泄管构成的原肾管;多数环节动物,其排泄器官为按体节排列的后肾管(metanephridium)。后肾管来源于外胚层,每体节一对或很多。典型的后肾管为一条迂回盘曲的细长管,也称大肾管(meganephridium),前端开口于前一体节的体腔,具有带纤毛的漏斗,称为肾口(nephrostome);后端开口于本体节的体表,称为肾孔(nephridiopore)。寡毛类的后肾管特化为小肾管(micronephridium),有的无肾口,肾孔开于体壁,有的开口于消化管。后肾管的主要功能是排除血液中的代谢产物和多余水分。

六、链状神经系统

环节动物的神经系统为链状神经系统,由 1 对咽上神经节(suprapharygeal ganglion)、1 对围咽神经(circumpharygeal connective)、1 对愈合的咽下神经节(subpharygeal ganglion)和腹神经链(ventral nerve cord)构成(图 6-3)。咽上神经节位于体前端咽背侧,愈合成的脑,围咽神经位于咽部左右两侧;咽下神经节位于咽的前端腹侧,自此向后延伸为纵贯全身的腹神经链。腹神经链由 2 条纵行的腹神经合并而成,在每体节内形成 1 个神经节,整体形似索链状。咽上神经节控制全身的运动和感觉,腹神经链上的神经节发出神经至体壁和各器官,司反射作用。链状神经系统相比前面提到的神经系统进一步集中,使环节动物的反应更加迅速,动作更为协调。多毛类环节动物的感官发达,有眼、项器(nuchal organ)、平衡囊(statocyst)、纤毛感觉器(ciliated sence organ)及触觉细胞(tactile cell)等。寡毛类及蛭类的感官则不发达,无眼,体表有分散的感觉细胞、感觉乳突及感光细胞(photoreceptor cell)等。

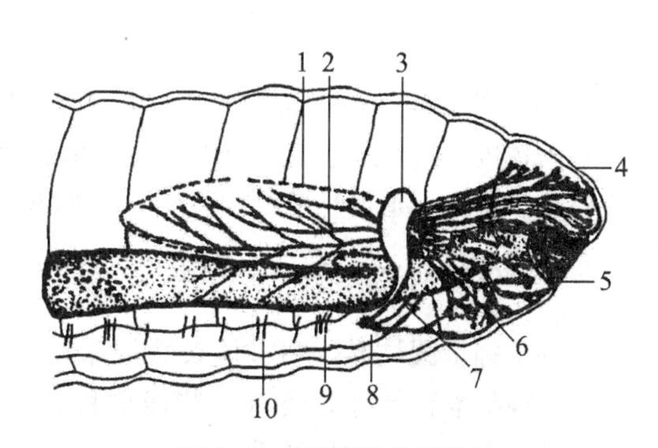

图 6-3 环毛蚓的神经系统

1. 咽头腺,2. 交感神经,3. 脑,4. 围口节,5. 口腔,6. 交感神经节,7. 围咽神经,8. 咽下神经节,9. 外周神经,10. 腹部神经节

七、担轮幼虫

陆生和淡水生活的环节动物为直接发育,无幼虫期。海产的环节动物为间接发育,个体发生中有幼虫期,称为担轮幼虫(trochophore)。担轮幼虫是受精卵经螺旋卵裂、囊胚,以内陷法形成原肠胚,最后发育而成。呈陀螺形,纤毛环在体中部有 2 圈、在体末有 1 圈,体中部位口前的 1 圈纤毛环称为原担轮(protroch),口后的 1 圈纤毛环称为后担轮(metatroch),体末的纤毛环称为端担轮(telotroch)。体前端顶部有一束纤毛,有感觉作用,纤毛基部为神经细胞组成的感觉板(sensoryplate)和眼点。消化管包括口、食管、胃、肠及肛门,内具纤毛,只有肠来源于内胚层。其原始特点为:身体不分节,具 1 对由管细胞构成的原肾管,原体腔,神经与上皮相连。担轮幼虫借纤毛环在海水中游泳一段时间后沉入水底,原担轮前的部分形成成体的口前叶,后担轮以后的部分逐渐延长,体节和成对的体腔囊由中胚带形成,近体末端的体节最早形成,最后幼虫的结构萎缩退化消失而发育成成虫(图 6-4)。

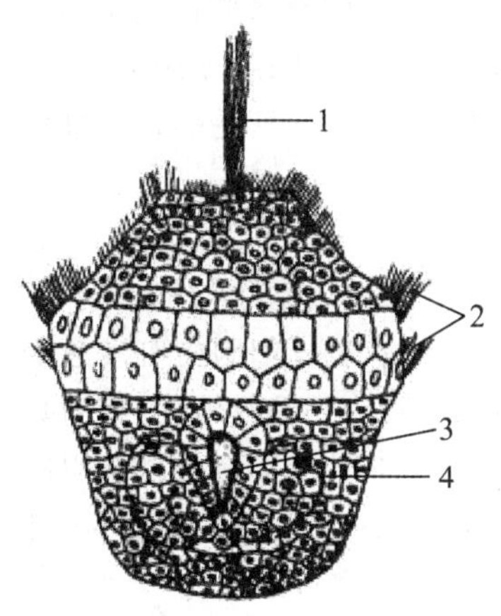

图 6-4 担轮幼虫

1. 顶纤毛束,2. 前担轮,3. 原口,4. 中胚层

环节动物门的主要特征总结

(1) 出现了分节现象。
(2) 次生体腔(真体腔、裂体腔)。
(3) 具有刚毛和疣足等特殊的运动器官。
(4) 闭管式循环系统。
(5) 排泄系统为后肾管。
(6) 链状神经系统。
(7) 陆生、淡水种类直接发育;海产种类间接发育,具担轮幼虫。

第二节　代表动物——环毛蚓

环毛蚓(*Pheretima*)又称为蚯蚓,生活在土壤中,昼伏夜出,以腐败的有机物为食,连同泥土一起吞入体内,可使土壤疏松,具有改良土壤、提高土壤肥力的作用,被广泛应用于土壤生态的各种研究。全世界已报道的环毛蚓约有 1 800 种,我国有 229 种。

一、外部形态

环毛蚓呈圆柱形,细长,体长数厘米至 1 米,同律分节,节与节之间为节间沟(intersegmental furrow),在体节上有时还有一些浅槽称为体环。每节中央都有一圈环绕体节分布的环生刚毛(perichaetineseta),故称环毛蚓(*Pheretima*)。刚毛是由体壁中表皮细胞形成的刚毛囊分泌形成的。刚毛囊有伸肌和缩肌来控制其运动,每个刚毛囊可分泌 1 根或 1 束刚毛,刚毛脱落后可重新分泌形成。身体前端第 1 体节,具肌肉质突起形成口前叶,有摄食、掘土及感触功能。环毛蚓第14～16体节无刚毛和节间沟,性成熟时,这 3 个体节体壁的腺体加厚,膨胀而形的成环带(clitellum)也称为生殖带。其内的细胞能分泌黏液,交配后的黏液形成卵茧,另外细胞分泌的类蛋白物质(albuminoid material)还有滋养胚胎的作用。在 6/7、7/8、8/9 节间沟的腹面两侧,有 3 对纳精囊孔,用于接受和储存异体的精液。第 14 体节腹面中央有 1 个雌性生殖孔,第 18 体节腹面的两侧有 1 对雄性生殖孔。从第 11 体节开始,在背中线上节间沟处还有数目不等的背孔(dorsal pores),背孔是体腔直接与外界相通的小孔。由小孔排出的体液可以滑润及潮湿皮肤,有助于环毛蚓在土壤中钻行。

二、体壁、运动及体腔

环毛蚓的体壁从外至内由角质层、表皮细胞、环肌、纵肌和体腔膜组成。表皮细胞中有发达的腺细胞,可以分泌黏液湿润皮肤,以利于在土壤中运动。环毛蚓的运动方式为蠕动收缩,收缩时数个体节成为一组,一组内纵肌收缩,环肌舒张,体节则缩短,同时刚毛随体腔内压力增高而伸出以附着;而相邻的体节组环肌收缩,纵肌舒张,体节延长,体腔内压力降低,刚毛缩回;每个体节组与相邻体节组的纵肌与环肌交替收缩,使身体呈波浪状蠕动前进。环毛蚓每收缩一次可前进 2～3 cm,收缩方向可以反转,因此在形成卵茧时可做倒退运动。环毛蚓体腔发达,从前至后被发达的隔膜分割成按节排列的体腔室。隔膜上有小孔及括约肌,以控制体腔液由一个体节流入另一个体节。体壁肌肉收缩时,隔膜肌可以调节体腔内的压力,协助体节的延伸(图 6-5)。

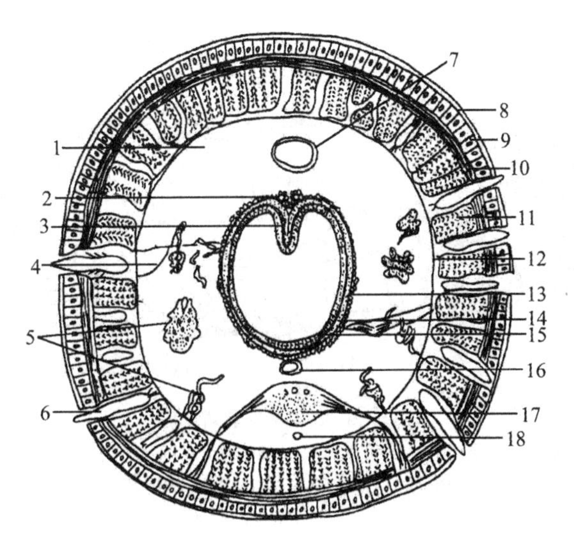

图6-5 环毛蚓的横切面

1. 体腔，2. 肠上纵排泄管，3. 盲道，4. 隔膜，5. 小肾管，6. 刚毛，7. 背血管，8. 角质膜，9. 上皮，10. 环肌，11. 纵肌，12. 壁体腔膜，13. 黄色细胞，14. 肠壁纵肌，15. 肠上皮，16. 腹血管，17. 腹神经索，18. 神经下血管

三、取食与营养

环毛蚓以腐烂的植物或其他有机物为食物，可以吞食土壤及砂砾，以获取其中的有机物质。环毛蚓的消化道为一直管，包括口、咽、食管、嗉囊、砂囊、胃、肠、盲肠和肛门。口位于围口节上，口后为一很小的口腔，口腔位于第1～2体节，内无齿和颚，但有纵褶，可翻出口外摄取食物。口腔后为咽，咽位于第3～5体节，咽不能伸出，咽壁具发达的肌肉，形成球状，咽肌收缩时使咽腔扩大，有泵的抽吸作用。咽壁上还有大量的肌肉纤维连接到体壁上，以至形成一个肌肉质盘，包在咽的周围，以增强其抽吸作用。咽壁内有发达的单细胞腺体，称为咽头腺，可分泌黏液湿润食物，使食物颗粒黏结成块状；分泌物中也含有蛋白酶，可分解食物中的蛋白质，对食物进行初步消化。咽后为窄长的管状食管。食管位于第6～7体节，较细，在食管两侧有1对或数对由食管壁内陷形成的食管腺或称为钙质腺(calciferous glands)。食管腺可分泌钙质，主要是中和土壤酸度，以减少体内随食物进入的过多的钙，并通过控制离子的浓度以维持体液与血液的酸碱平衡，调节体内组织中钙质的量。食管之后形成嗉囊(crop)和砂囊(gizzard)。嗉囊位于第7～8体节，是食管后膨大的薄壁囊，为暂时储藏食物的场所。砂囊位于第9～10体节，是多肌肉球形的厚壁囊，内表面有一层厚的几丁质，用以研磨食物成为细粒，即机械消化的场所。砂囊后是富有血管和腺体的稍细的管状胃，位于第11～14体节，胃前面有一圈胃腺，能分泌消化液，促使食物分解消化。胃后从第15体节起消化道扩大为肠，它纵贯其余体节，是食物消化和吸收的主要场所。肠的前端上皮细胞能分泌蛋白酶和纤维素酶等以进行食物的分解消化，消化后的营养物质由血液送到全身。在肠的前端还形成1对发达的盲肠，环毛蚓盲肠在第26体节处，盲肠内有发达的腺体，也是消化的重要场所。肠可分为3部分：盲肠前部、盲道部和盲道后部。盲肠前部的后端就是以这对盲肠为界；盲道部最长，背部中央有一条凹入的盲道(typhlosole)，具有增加分泌、消化和吸收面积的作用；其后为盲道后部，末端为肛门，该部肠壁血管少，已消化的养料由肠上皮吸收，未消化的物质形成蚓粪由肛门排出。肠壁外周的体腔膜细胞改变成黄色细胞，或称为黄色组织(chloragogen tissue)。黄色组织是由于细胞内黄绿色脂类内含物的存在而成为黄色，它在物质的中间代谢中起重要作用，即是脂肪和糖原合成及储存的中心，并能使蛋

白质脱氨基而分解成氨及尿，有一定的排泄作用。其功能与脊椎动物的肝脏相类似(图 6-6)。

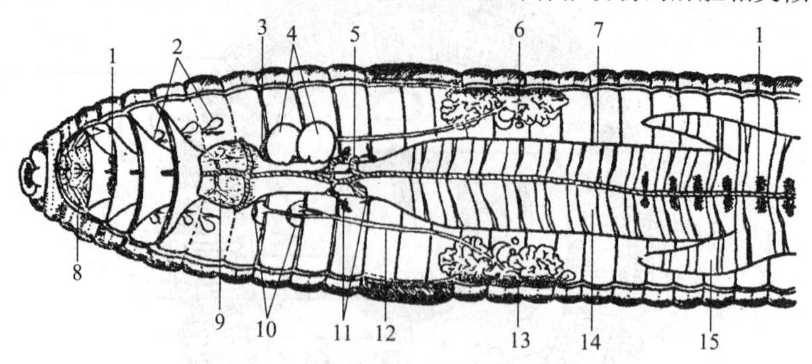

图 6-6　环毛蚓的前端背面

1. 淋巴腺，2. 受精囊，3. 精巢囊，4. 储精囊，5. 心脏，6. 副性腺，7. 背血管，8. 咽头，9. 砂囊，10. 精巢，11. 卵巢及漏斗，12. 输精管，13. 前列腺，14. 肠，15. 盲肠

四、呼吸系统

环毛蚓无专门的呼吸器官，通过血液在体表进行气体交换称外呼吸，又叫皮肤呼吸。环毛蚓皮下分布丰富的微血管，并组成血管丛，通过扩散作用进行气体交换。环毛蚓依靠体表分泌黏液和背孔射出来的体腔液使体表湿润，空气中的氧通过潮湿的皮肤而被吸收。因此，环毛蚓体表只有保持经常湿润，才能进行外呼吸，体表一旦干燥，气体交换立刻停止，将导致环毛蚓窒息死亡。环毛蚓的血浆中溶解有丰富的血红蛋白，血红蛋白很容易与氧结合并释放出氧。因此，通过血液将氧气带给全身，供全身各部组织作呼吸之用，称为内呼吸。可见，环毛蚓的循环系统和呼吸作用有着直接的关系。

五、循环系统

环毛蚓属闭管式循环，血管系统的结构也较复杂，主要有 5 条纵血管，包括：1 条背血管、1 条腹血管、1 条神经下血管和 2 条食管侧血管。此外，在第 7、9、12、13 体节内各有 4 对环血管连接背腹两血管，内有心瓣，能进行节奏性搏动，故称“心脏”。背血管位于消化道的背面，由于血管管壁的肌肉较发达，管内尚有瓣膜，靠其波状收缩，迫使血液由后向前流。背血管及心脏决定着血液的流向，背血管自第 14 体节以后收集每节 2 对背肠血管和 1 对壁血管的血液流到身体前端后，一部分血液分布到口腔、食管、咽、脑等处，大部分血液经 4 对“心脏”流入腹血管。“心脏”也有瓣膜，可以有节奏地跳动，也起控制血液流向的作用。腹血管位于消化道腹面，不能搏动，腹血管中的血液由前向后流，腹血管在每个体节都有血管分支，分布到体壁、肠道及肾管等处，在那里形成微血管网。在体壁经过气体及物质的交换之后，前 14 体节的血液流入消化道两侧的食管侧血管(lateral esophageal vessel)，第 14 体节之后经交换后的血液流入腹神经之下的神经下血管(subneural vessel)。食管侧血管与神经下血管是相连的，血液也是由前向后流。神经下血管中的血液再通过每节 1 对的壁血管(parietal vessel)流回背血管，背血管也接受肠血管(intestinal vessel)的血液。如此循环，完成气体和营养物质的传递功能(图 6-7)。

六、排泄系统

环毛蚓的排泄器官为典型的后肾管。在每个体节内有为数极多的小肾管，其数目可达数百个。按其分布部位不同可分 3 类：①体壁小肾管，位于体壁的内侧，每节有 200 余条，尤其是在环带处最

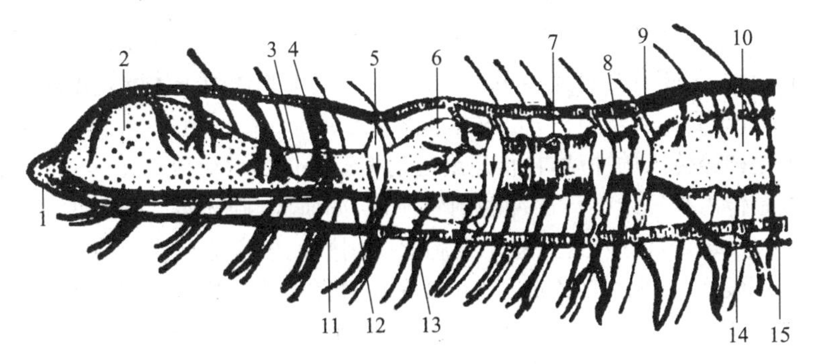

图 6-7 环节动物的消化系统与循环系统

1. 口腔，2. 咽，3. 食管，4. 环血管，5. 心脏，6. 砂囊，7. 前环管，8. 胃，9. 背血管，10. 小肠，11. 腹血管，12. 食管外血管，13. 至体壁血管，14. 神经下血管，15. 壁血管

多，直接由肾孔开口于体外；②咽头小肾管，位于咽头和食管的两旁成束或成堆存在，开口于消化道；③隔膜小肾管，在第 15 体节后每一隔膜的两面和小肠的两侧有 40～50 个，通入肠上纵排泄管后再分别在各体节开口于肠内。这些小肾管是典型的后肾管，以体壁小肾管为例，在每体节体腔内的各个肾口，呈漏斗形，由 10～12 个细胞构成，体腔液内的废物由此收集，进入盘绕的细肾管，细肾管的内端段内有纤毛，外端段内无纤毛，末端为无纤毛多肌肉的排泄管，最后由开口于后一体节体壁上的肾孔，将含氮废物排出体外(图 6-8)。

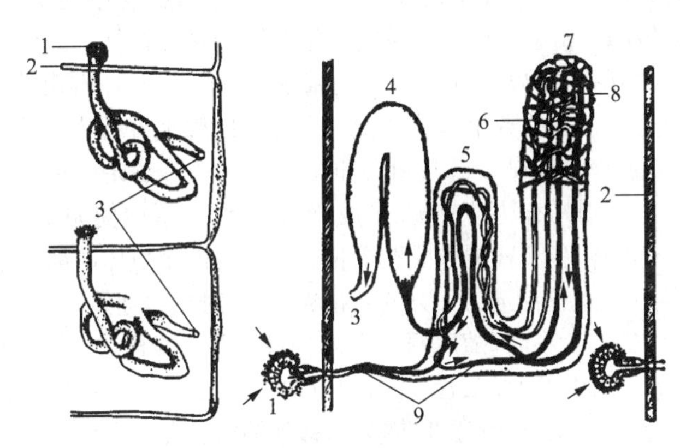

图 6-8 环节动物的后肾(体节器)

1. 肾口，2. 隔膜，3. 肾孔，4. 排泄管，5. 短环，6. 血管网，7. 长环，8. 无纤毛的细肾管，9. 具有纤毛的细肾管

小肾管的功能除排泄体腔中的含氮废物外，由于小肾管上密布血管，因此可排泄血液中多余的水分和蛋白质废物；大多数的小肾管的排泄物排入消化道，其中的水分被吸收，因而既可润湿食物，又有储水的功能，以适应干旱环境。有些环毛蚓在干燥条件下可钻入土下 3 m 深处，停止活动，即使体内水分丧失 70%也不致死亡。一旦解除干燥，环毛蚓就会快速地恢复活动。

七、神经系统与感觉器官

环毛蚓具典型的链状神经系统，其神经结构脱离上皮，而位于体壁肌肉层之内体腔内。脑位于第 3 体节咽的背面，脑发出神经控制口前叶及口腔等，对身体则仅控制其协调。在围咽神经环及腹神经链连接处形成咽下神经节，它发出神经到前端体壁上，是其运动及反射的控制中心，并控制整个腹神经链。咽下神经节之后为腹神经链，腹神经链在每个体节都形成 1 个神经节，神经节分出 3

对神经到体壁、内脏肠道等处，其中包括感觉纤维和运动纤维。环毛蚓具有简单反射弧(reflex arc)，包括3种神经元：①感觉神经元(sensory neuron)，其细胞体位于体壁表皮细胞中，功能是感受刺激后经传入神经纤维到达神经节内；②联络神经元(association neuron)，其整个细胞均在神经节内，功能是接受感觉神经传入的冲动，再传递到运动神经元；③运动神经元(motor neuron)，细胞体位于中枢内，功能是传出神经纤维传出冲动到效应器，如肌肉、腺体等。各种神经元之间不直接接触，而是通过突触(synapsis)传递，这种感觉细胞感受刺激使效应器产生反应。环毛蚓由于在土壤中钻穴生活，感官不发达，无眼，其感觉功能主要是由分散于表皮中的有触觉及化学感觉功能的感觉细胞来完成。表皮内还有独立的晶体状的光感受细胞，具突起进入上皮下，并与脑神经分支相连，它对光的强弱有反应，主要分布在头、尾两端的背面，所以环毛蚓有趋向弱光、回避强光的本领。此外，体壁上还分布有丰富的触觉功能的神经末梢。

八、生殖系统与发育

环毛蚓主要行有性生殖，有固定形态的生殖腺，且仅限于有限的数个体节之内。环毛蚓的雄性生殖系统具有2对精巢囊，分别位于第10、11体节内；每对精巢囊的后方各有1对由体腔隔膜形成的储精囊，位于第11、12体节内，并与精巢囊相通。当精细胞在精巢囊中形成后，首先要在储精囊中发育成熟，然后再回到精巢囊中，经其中的精漏斗进入输精管。同侧的两条输精管紧密并行，穿过数个体节后到第18体节与前列腺管汇合，并以雄性生殖孔开口于腹面两侧。生殖孔的周围有前列腺，其分泌物有滋养精子和帮助交配的作用。雌性生殖系统具有1对卵巢，位于第13体节，经卵漏斗进入很短的输卵管，以共同的雌性生殖孔开口在第14体节的腹中线上。在第6～9体节内，有2～3对纳精囊(spermatheca)，属于雌性生殖系统。每个纳精囊都包括1个坛和1个盲管，在后一体节节间沟处腹面一侧单独开孔，用以储存交配后的精子。环毛蚓的环带由第14～16体节构成，仅在性成熟时出现。环带是由相邻的数个体节体壁的上皮细胞膨大并分布有大量的单细胞腺体所形成。环毛蚓的环带中有黏液腺(mucousgland)、卵茧分泌腺(cocoon secreting gland)及白蛋白腺(albumingland)，其分泌物分别具有协助交配、形成卵茧、分泌白蛋白使卵悬浮于卵茧中并获得营养等功能。环毛蚓虽为雌雄同体，但仍需异体交配受精。交配时两个虫体的前端腹面以头、尾相反的方向相互吻合，以一方的雄性生殖孔对准另一方的纳精囊孔，这时虫体连接在一起，相互交换精子，每个纳精囊装满对方的精子约需1.5小时，随后两个个体各自分开。交配数日后，卵开始成熟，同时环带向外分泌黏液并包围环带，凝固后形成茧管，环带再分泌白蛋白，成熟的卵排入其中。此时环带与茧管彼此分离，随着虫体的倒退蠕动，茧管逐渐前移，当移到纳精囊孔所在体节时，精子由纳精囊孔注入茧管中。当茧管完全脱离虫体后，其外层的黏液物分解后将两端封闭，形成卵茧，卵在卵茧中受精。卵茧呈卵圆形，淡黄色，其中有卵1～20粒不等。1条环毛蚓在生殖季节内数日后即可再产生1个卵茧，连续不断可形成多个。受精卵在卵茧中发育，卵茧中的白蛋白为胚胎提供丰富的营养。环毛蚓均直接发育，受精卵经不等的完全卵裂形成中空的囊胚，经内陷法形成原肠胚，由端细胞形成中胚层带，裂腔法形成体腔。环毛蚓发育的时间需2～3周，寿命由1年至数年不等。

第三节　环节动物门的分类

目前已描述的环节动物约1.7万种，广布于各种环境，分为3纲：多毛纲、寡毛纲和蛭纲。

一、多毛纲

多毛纲是环节动物中种类最多、较原始的一类，有1万余种，绝大多数底栖于海洋中。多毛纲

动物的一般特征为有发达的头部和感觉器官，具疣足，雌雄异体，无生殖带，间接发育，发育中有担轮幼虫。多毛类的生活类型有两种：一种是游走类(errantia)，自由生活，包括在海底泥沙表面爬行的种类、钻穴的种类、自由游泳的种类及远洋生活的种类；另一种是隐居类(sedentaria)，不能自由活动，包括一些管居的或固定穴居的种类。分别归为两个亚纲：游走亚纲(Errantia)和隐居多毛亚纲(Sedentaria)。一些多毛类在生殖时期会出现异型化(epitoky)、群婚(swarming)等一些特征性的生殖现象。异型化现象是指沙蚕、矶沙蚕、裂虫等在生殖时期离开它们穴居的生活环境，开始在水中游泳，同时头部、体节、疣足、刚毛等会发生形态改变而出现异型化。群婚现象是指性成熟的个体在环境的影响下，如光强度的改变，使异型虫体成群地离开海底，游到水面，雌雄个体相互环绕游动，进行群婚。行群婚的沙蚕往往是能生物发光的个体，当群婚时，常使其周围的海面出现一片光环。

1. 游走亚纲　游走类环节动物体节数目较多且相似，同律分节，每个体节1对发达的具足刺和刚毛的疣足。头部明显，感觉器官发达，咽能外翻，具颚和齿。主要包括爬行、游泳、管居及穴居的种类。常见的科如下。

(1) 鳞沙蚕科(Aphroditidae)：身体多为椭圆形，背面盖有刚毛或鳞片，刚毛细长，鳞片覆瓦状排列。如背鳞虫(*Lepidonotus*)和鳞沙蚕(*Aphrodita*)。

(2) 叶须虫科(Phyllodocidae)：爬行生活，疣足背须发达，单分枝，呈扁平叶状。如巧言虫(*Eulalia*)。

(3) 裂虫科(Syllidae)：爬行生活，身体较小而细弱，疣足具背须和腹须，单枝型，前端体节背须较长，出芽生殖。如锥裂虫(*Trypanosyllis*)和自裂虫(*Autolytus*)等。

(4) 沙蚕科(Nereidae)：爬行生活，体大型，眼2对，围口触手4对，咽上有1对颚。如沙蚕(*Nereis*)。

(5) 吻沙蚕科(Glyceridae)：穴居生活，口前叶长圆柱形，吻长、具4个颚。如疣吻沙蚕(*Tylorrhynchus heterochaetus*)，俗称禾虫，可食用。

(6) 矶沙蚕科(Eunicea)：大型管居或穴居种类，管为羊皮纸质，体表具强烈的金属光泽，吻上的颚复杂，疣足背须发达，由背须上分出分枝的鳃。如矶沙蚕(*Eunicea*)和巢沙蚕(*Diopatra*)。

(7) 吸口虫科(Myzostomidae)：共生或寄生于棘皮动物体内的小型多毛类动物，身体微小扁平圆形，直径仅数毫米。如吸口虫(*Myzostoma*)。

2. 隐居多毛亚纲　身体多分区，头部具有用以取食的触须等结构，无颚和齿，疣足不发达，无足刺和复杂的刚毛，口前叶无感觉附器，鳃常限制在身体的一定区域内。

(1) 毛翼虫科(Chaetopteridae)：管居生活，身体分区，长触须1对，疣足改变较大，过滤取食。如毛翼虫(*Chaetopterus*)(图6-9)。

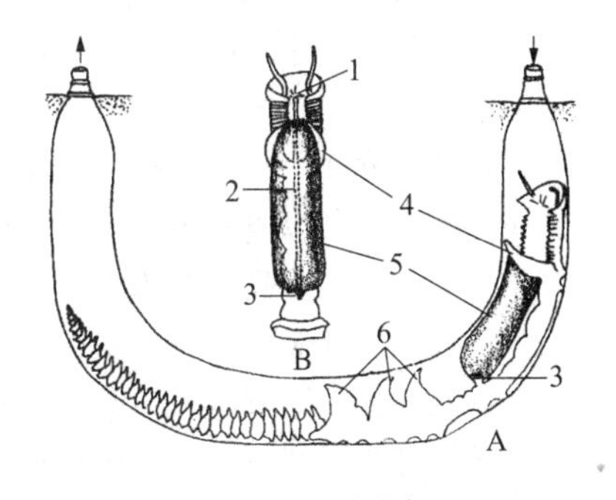

图6-9　毛翼虫

A. 毛翼虫及其栖管　B. 前端放大

1. 口，2. 纤毛背沟，3. 食物杯，4. 翼状背叶，5. 黏液袋，6. 扇状疣足

(2) 丝鳃虫科(Cirratulidae)：身体呈红色，前端的体节具细长丝状的鳃，疣足不发达。如丝鳃虫(*Cirratulus*)。

(3) 泥沙蚕科(Opheliidae)：穴居生活，口前叶圆柱形，体节数目较少并在同一种内数目固定。如沿穴虫(*Ophelia*)。

(4) 沙蠋科(Arenicolidae)：穴居生活，头部无触须等结构，疣足不发达，鳃呈分枝状、并位于身体中部体节上。如沙蠋(*Arenicola*)。

(5) 帚毛虫科(Sabellariidae)：管居生活，身体前端有头冠和2个刚毛环，具可封闭管口的厣板。如帚毛虫(*Sabellaria*)。

(6) 蛰龙介科(Terebellidae)：穴居或管居生活，口前叶上有成丛兼有呼吸作用的丝状触手，鳃分支并位于口后的数个体节上，疣足不发达。如蛰龙介(*Terebella*)、须头虫(*Amphitrite*)。

(7) 缨鳃虫科(Sabellidae)：管居生活，生活的管质地为膜质；口前触须为半圆形的羽状触手，触手上有血管分布，具鳃的功能；眼点微小，位于触手上。疣足不发达。如缨鳃虫(*Sabella*)。

(8) 龙介科(Serpulidae)：管居生活，生活的管质地为钙质；口前须为半圆形的羽状触手，厣板由其中的一个触手末端膨大形成，当虫体缩回管内时，封闭管口。如龙介(*Serpula*)、螺旋虫(*Spirorbis*)。

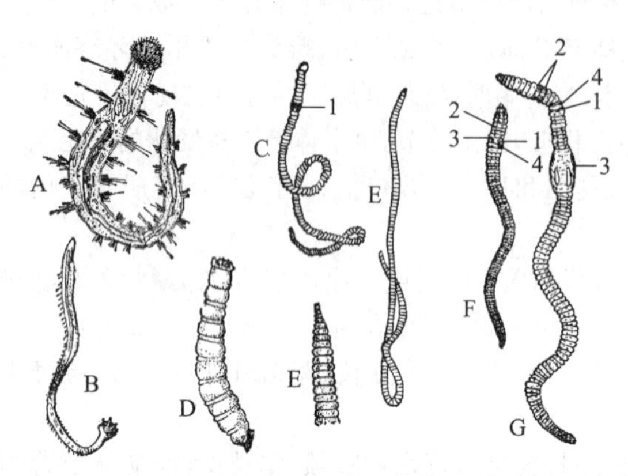

图 6-10　常见的寡毛纲代表动物

A. 颗体虫　B. 尾盘蚓　C. 水丝蚓　D. 蛭形蚓　E. 带丝蚓前端腹面观　F. 杜拉蚓　G. 异唇蚓
1. 雄孔，2. 受精囊孔，3. 生殖带，4. 雌孔

二、寡毛纲

一般认为寡毛纲动物是由海产穴居的原始环节动物侵入淡水及陆地而发展起来的一支，其区别于多毛类的特征包括：①体表具刚毛，但刚毛的数目远远少于多毛类，因此称为寡毛类；②身体分节但不分区，疣足退化；③雌雄同体，生殖腺1～2对，有体腔管起源的生殖导管，性成熟时体表出现环带(clitellum)，交配时可相互授精，卵产于环带中，脱落后形成卵茧，直接发育。寡毛类约有6 700种。1978年，Jamieson根据生殖腺、环带及刚毛等结构，将寡毛类分为带丝蚓目(Lumbriculida)、颤蚓目(Tubificida)和单向蚓目(Haplotaxida)。常见的寡毛纲动物有环毛蚓、颤蚓(*Tubifex*)等(图6-10)。

1. 带丝蚓目　每个体节具4对刚毛，精巢1对，雄性生殖孔位于精巢所在体节。卵巢1～2对，环带很薄，包括雄性生殖孔及雌性生殖孔。仅带丝蚓科(Lumbriculidae)。如带丝蚓(*Lumlbriculus*)，体细长，红褐色，无鳃，体末端呈喇叭状，淡水生活。

2. 颤蚓目　刚毛常呈发状，4束，每束多超过2根。精巢、卵巢各1对，位于相邻的2个体节内，雄性生殖孔位于精巢体节之前或之后的相邻体节上。环带薄，略隆起，包括雄性生殖孔及雌性生殖孔。淡水、海水生活，少数陆地生活。可分为两个亚目。

(1) 颤蚓亚目(Tubificina)：刚毛多样，纳精囊孔在雄性生殖孔之前或之后的相邻体节上，很少在相同的体节上。如颤蚓、水丝蚓(*Limmodrilus*)、仙女虫(*Nais*)和尾盘虫(*Dero*)等。

(2) 线蚓亚目(Enchytraeina)：刚毛简单，纳精囊在精巢之前，两者相距5个体节。如白丝蚓(*Fridericia*)。

3. 单向蚓目　通常精巢2对，位于2个体节内，其后为2对卵巢体节。但也有的种仅1对精巢，或仅1对卵巢，或两者均1对。仅1对精巢的种，其卵巢必与精巢相隔1～2个体节。雄性生殖孔在精巢之后1个或数个体节上。分为4个亚目，我国仅有3个亚目。

(1) 单向蚓亚目(Haplotaxina)：刚毛简单或分叉，4束，每束2根。精巢在第10和11体节，卵巢在第12和13体节或只在第12体节，雄性生殖孔在精巢后面的1个体节。环带薄。淡水或半陆生生活。仅单向蚓科(Haplotaxidae)。如单向蚓(*Haplotaxis*)。

(2) 链胃蚓亚目(Moniligastrina)：刚毛简单，每节4对。精巢1～2对，位于精巢囊中，雄性生殖孔1～2对，在精巢囊后面1节的后缘处，卵巢1对。环带薄，有的是大型环毛蚓。如链胃蚓(*Moniligaster*)和杜拉蚓(*Drawida*)等。

(3) 正蚓亚目(Lumbricina)：刚毛简单，数量较多，排成环状。精巢1～2对，一般在第10～11体节，雄性生殖孔1对，位于后精巢之后2个或更多的体节腹面两侧；卵巢1对，位于第13体节。环带较厚，卵黄较少。主要陆生，少数为水生或半水生。该目包括大量常见的环毛蚓。正蚓(*Lumbricus*)、爱胜蚓(*Eisenia*)、异唇蚓(*Allolobophora*)的雄性生殖孔开口在第15体节环带前；寒宪蚓(*Ocnerodrilus*)的雄性生殖孔开口在第17体节；巨蚓(*Megascolex*)、环毛蚓、微蠕蚓(*Microscolex*)的雄性生殖孔开口在第18体节。我国著名的发光环毛蚓为赤子爱胜蚓(*Eisenia foetida*)和毛里巨蚓(*Megascolex mauritii*)。

三、蛭纲

蛭纲动物一般称为蛭或蚂蟥，营暂时性外寄生生活。身体背腹扁平，体节数固定，一般为34体节，末7体节愈合成吸盘，故体节可见只有27节，无刚毛。每体节又有数个体内无隔膜、只在体表表现为浅槽的体环(annulus)。头部不明显，眼点数对。体前端和后端各具1个吸盘，前端的称为前吸盘(口吸盘)，后端的称为后吸盘，均有吸附和辅助运动功能。蛭类的真体腔多退化，胚胎时期的囊胚腔由于肌肉、间质或葡萄状组织(botryoidalis tissue)的扩大而缩小形成一系列不规则腔隙(lacuna)，血液(即所谓血淋巴)在此间隙中流动。这种胚胎时期的囊胚腔形成的原体腔称为血腔，也可称为血窦。具有血腔或血窦的动物，体内的血液不完全在心脏与血管内流动，能流进细胞间隙，这种循环方式称为开管式循环。蛭类的消化管分化为口、口腔、咽、食管、嗉囊、胃、肠、直肠及肛门等。吸血性的蛭类，口腔内具3片颚，上有齿，可咬破宿主的皮肤。咽部具有单细胞唾液腺，能分泌蛭素(hirudin)。食管短，嗉囊发达，嗉囊两侧生有数对盲囊，可储存血液，如医蛭有11对，蚂蟥有5对。蛭类除少数肉食性外，大多数以吸食无脊椎动物的体液和脊椎动物的血液为生。蛭类雌雄同体，异体受精，有交配现象，具有生殖带。雄性生殖器官包括数对精巢、输精管、储精囊、射精管及阴茎。阴茎可从雄性生殖孔伸出。雌性生殖器官包括1对卵巢、1对输卵管、阴道及雌性生殖孔。当生殖季节交配时，精液先在射精管末端膨大处由前列腺分泌物形成的精荚，再由阴茎将精荚送入对方的雌性生殖孔内。蛭类的受精作用在生殖带分泌的卵茧内完成并形成受精卵，直接发育。蛭类大部分生活在淡水中，少数陆生或海产。蛭纲约有500多种，可分为4目。我国已报道5科25属62种(图6-11)。

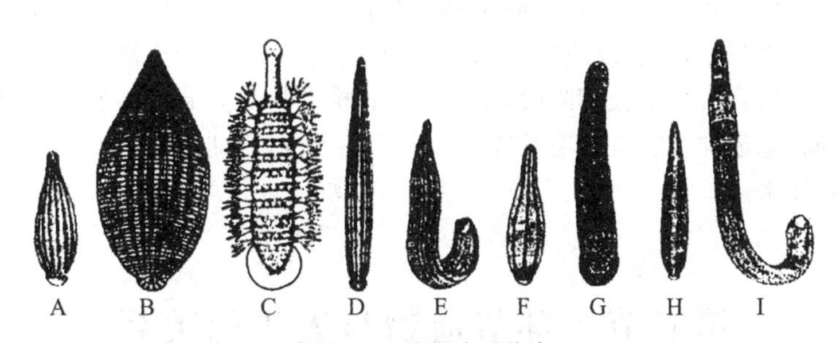

图6-11　蛭纲各目代表

A. 喀什米亚扁蛭　B. 宽身扁蛭　C. 养子扁蛭　D. 日本医蛭及其前端　E. 宽身蚂蟥及其前端　F. 日本山蛭及其前端　G. 天目山蛭　H. 带状石蛭　I. 勃氏石蛭

1. **棘蛭目**(Acanthobdellida)　较原始，身体只有后吸盘，具刚毛，次生体腔发达，血管系统存在，血液循环为闭管式。种类少，仅棘蛭科(Acanthobdellidae)。常见种类为棘蛭(*Acanthobdellida*)，寄生在鲑鱼(salmo)鳃上，分布于俄罗斯北部。

2. **吻蛭目**(Rhynchobdellida)　前吸盘有或无。具有可伸出的管状吻，无颚。体腔退化，血管系统存在，血液循环为开管式。多数终生寄生在蚌、鱼、鳖等体上。常见以下种类。喀什米亚拟扁蛭(*Hemiclepsis kasmiana*)体小，棍状，寄生在无齿蚌体上。宽身扁蛭(*Glossiphonia lata*)体背腹扁平，卵形，多生活在池沼石块下面，喜食贝类血液。扬子鳃蛭(*Ozobranchus yantseanus*)的身体两侧具鳃，寄生在一种淡水龟体上。中华颈蛭(*Trachelobdella sinensis*)寄生于鲤鱼鳃盖下。

3. *颚蛭目*(Gnathobdellida) 有前吸盘和后吸盘，口腔内具颚，无循环系统，肉食性或吸食脊椎动物及人的血液。常见以下种类。日本医蛭(*Hirudo nipponica*)，分布广，河流、池沼、稻田等淡水中多有分布；体狭长，略呈圆柱状；眼5对，后吸盘腕状；嗜吸人及牲畜血液，是临床常用的种类。宽体金线蛭(*Whitmania pigra*)，又称为宽身蚂蟥，身体棕褐色，宽大，背侧具5条黑黄斑点组成的纵纹，眼5对，吸盘发达。天目山蛭(*Haemadipsa tianmushana*)，体狭长，灰褐色，体两侧各有1条黄色纵纹，喜食人畜血液，陆生，栖于潮湿的山林间。日本山蛭(*Haemadipsa japonica*)，身体圆柱形，背侧有3条褐色纵纹，有吸血习性，栖于山林间。

4. *石蛭目*(Herpobdellida) 口腔内无颚片，具肉质的伪颚，咽长。常见以下种类。带状石蛭(*Herpobdella lincata*)，身体两侧成深浓2条纵纹，茶褐色，分布在池塘、河流中。勃氏齿蛭(*Odontobdella blanchardi*)，身体背侧有不规则的黑斑点，长圆柱形，眼1对，口腔具3对小齿。通常生活在潮湿土壤中，以昆虫、环毛蚓等为食。

第四节 环节动物的系统演化

环节动物的起源有两种不同的学说。一种学说认为，环节动物起源于扁形动物涡虫纲，其根据是某些环节动物的成虫和担轮幼虫都具有与扁形动物在本质上相同的原肾管；多毛类个体发生中卵裂和涡虫纲多肠目的卵裂均为螺旋式；涡虫纲三肠目某些涡虫的肠、神经、生殖等均有原始分节现象；环节动物的担轮幼虫与扁形动物涡虫纲的牟勒幼虫在形态上有相似之处。这一学说被多数学者接受。另一种学说认为，环节动物起源于似担轮幼虫式的假想祖先担轮动物。其根据是多毛类在个体发生中具担轮幼虫，且这种假想的担轮动物与轮虫动物门的一种球轮虫非常相似。

环节动物身体分节，刚毛和疣足使其运动敏捷，次生体腔的出现促进循环系统和后肾管的发生，并使各种器官系统趋向复杂，功能增强；神经组织进一步集中，脑和腹神经链形成，构成链状神经系统，感觉发达，接受刺激灵敏，反应快速，能更好地适应环境，向着更高的阶段发展。因此，环节动物在动物演化上发展到了一个较高阶段，是高等无脊椎动物的开始。一般认为，环节动物的演化为：多毛类比较原始；寡毛类可能是多毛类较早分出的一支，适应陆地穴居生活的结果；蛭类可能由原始的寡毛类演化而来。

第五节 环节动物与人类的关系

环节动物种类多，数量大，分布广，与人类之间的关系密切，具有重要的经济意义。其与人类的关系可分为有益和有害两个方面。

一、有益方面

1. *食用* 我国南方沿海居民有炒食沙蚕的习惯。环毛蚓加工后可制作饼干、面包等食品。环毛蚓含蛋白质较高，其含量占干重的50%～65%，含18～20种氨基酸，其中10余种为禽畜的必需氨基酸，故环毛蚓是一种优良的动物性蛋白添加饲料，可用于家禽、家畜、鱼类饲料的生产。

2. *药用* 新型杀虫剂杀螟丹就是从多毛动物异足索沙蚕中得到启发后人工合成的。杀螟丹对家蝇、蚂蚁、水稻害虫有毒杀作用且不易使昆虫产生抗药性，因为温血动物能将其分解排出而对人和家畜无毒性。杀螟丹是一种广谱、高效、低毒的神经性毒剂，称为沙蚕毒素。环毛蚓在中药中称为地龙，含地龙素、多种氨基酸、维生素等，有解热、镇静、平喘、降压、利尿等功能，自古即入药。蛭素是由65种氨基酸组成的低相对分子质量多肽，有抗凝血、溶解血栓的作用，是一种有效的天然抗凝剂。蛭类可干燥后全体入药，含有蛭素、肝素等，有破血通经、消积散结、消肿解毒之功效。在整形外科中，可利用医蛭吸血消除手术后血管闭塞区的瘀血，减少坏死发生；再植或移植组织器官时用医蛭吸血，可使静脉血管通畅，提高手术的成功率。

3. 饵料　多毛类幼体是浮游生物的一大类群，常是经济动物幼体的摄食对象，是水螅、扁虫、软体动物、棘皮动物、甲壳类、鱼类及其他多毛动物的饵料，而且当群浮生殖多毛类在海面大量出现时，会引起鱼类的集群，对渔场的形成及鱼类对产卵场的选择都有较密切的关系。寡毛类中的水蚓类可作为淡水鱼类的饵料，只是繁殖过多时，会损害鱼苗或堵塞输水管道。

4. 生态环境　多毛类可作为海洋生态环境的指示生物。如耐低氧的小头虫、奇异稚齿虫等出现的多寡可指示底质污染的程度。陆蚓类穴居土壤中，在土壤中穿行，吞食土壤，能使土壤疏松，改良土壤的物理化学性质。经过环毛蚓消化管的土壤，排出成蚓粪，其中所含氮、磷、钾的量较一般土壤高出数倍，是一种高效有机肥料。蚓粪又可增加腐殖质，对土壤团粒结构的形成起很大作用。环毛蚓吞食土壤和有机物质的能力很大，聚集土壤中某些重金属(镉、铅、锌等)，可利用环毛蚓处理城市的有机垃圾和受重金属污染的土壤，保护环境，防止污染，化害为利，抑制公害。

二、有害方面

龙介虫(石灰虫)和螺旋虫具石灰质栖管，多附于岩石、贝类、珊瑚、海藻叶片、船只和码头上；才女虫可通过凿穴破坏珍珠贝，对人类经济和生产活动有很大的危害。

蛭类吸血后可使伤口血流不止，易感染细菌，引起化脓溃烂等，对人和家畜危害很大。一些种类通过吸血还可以传播皮肤病病原体和血液中的寄生虫，或为其中间宿主；有些蛭类寄生在鱼体上，发生细菌性溃烂，影响鱼类的生长发育。内侵袭吸血蛭类可随人畜饮水进入其鼻腔、咽喉、气管等部位营寄生生活，造成极大的危害。

复习思考题

1. 名词解释：皮肤肌肉囊、分节现象、同律分节、异律分节、次生体腔、疣足、后肾管、生殖带、闭管式循环、群婚现象、异型化、咽头腺、食管腺。
2. 环节动物门的主要特征有哪些？身体分节和次生体腔的出现在动物演化上有何重要意义？
3. 环节动物门分哪几个纲？各纲的主要类群有哪些？
4. 环毛蚓在改良土壤中的作用有哪些？
5. 环毛蚓是如何运动的？
6. 环毛蚓是如何繁殖和发育的？
7. 试述环毛蚓的血液循环途径。
8. 试述环毛蚓链状神经系统的结构特点。

(徐兴军)

第七章
软体动物门(Mollusca)

软体动物是动物界中的第二大类群，种类多，数量大，分布广，与人类的关系非常密切，不仅是很多寄生虫的中间宿主，而且很多种类是人们常说的海鲜，有着重要的经济价值。

第一节　软体动物门的主要特征

软体动物身体柔软，不分节，具有3胚层、两侧对称，是由裂腔法形成的真体腔动物；大多具贝壳，身体一般包括头、足、内脏团和外套膜4部分。

一、形态结构

1. 头部　软体动物的头部位于身体前端。进化程度较高、运动敏捷的种类：头部发达，分化明显，背面着生有触角和眼等感觉器官，如田螺、蜗牛、乌贼、章鱼等；比较原始、行动迟缓的种类：头部不发达，仅有口，与身体没有明显的界线，如毛肤石鳖等；营穴居或固着生活的种类：头部退化，体躯完全包被于外套膜和贝壳之内，如蚌类、牡蛎等。

2. 内脏团　内脏团位于身体背部，包括胃、肠、消化腺、心脏、肾脏、生殖腺等内脏器官，为外套膜和贝壳所包被。多数种类的内脏团为左右对称，少数扭曲成螺旋状，失去了对称性，如螺类。

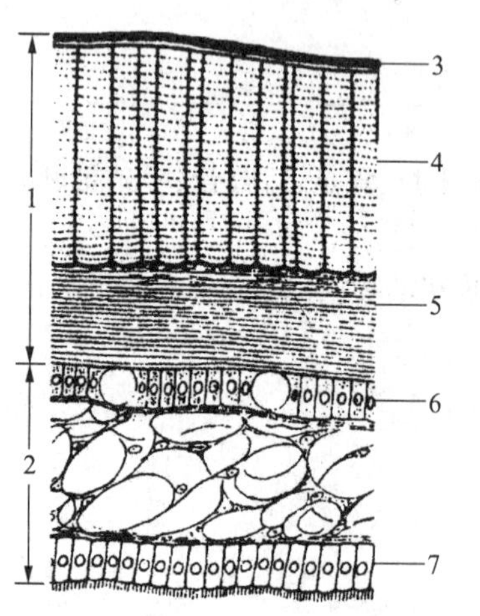

图7-1　软体动物的贝壳与外套膜横切面

1. 贝壳，2. 外套膜，3. 角质层，4. 棱柱层，5. 珍珠层，6. 表皮细胞(分泌珍珠层)，7. 纤毛上皮

3. 外套膜　外套膜是身体背部皮肤皱褶向腹面延伸而形成的一种保护结构，由内外表皮、中间结缔组织和少数肌肉纤维组成。外套膜与内脏之间的空腔是外套腔，鳃、口、肛门、肾脏和生殖腺均开口于外套腔。外套膜的边缘常具各种形状的触手，有的种类有外套眼，构造很复杂。外套膜内表皮细胞具纤毛，纤毛摆动，为水流动提供动力，使水在外套腔内循环，借以完成呼吸、排泄、摄食等。左右2片外套膜在后缘处常有一两处愈合，形成出水孔(exhalant siphon)和入水孔(inhalant siphon)。有的种类的出入水孔延长成管状，伸出壳外形成出水管和入水管。

4. 贝壳　软体动物体外多具贝壳。贝类学(Malacology)即研究软体动物的学科。贝壳由外套膜分泌的钙质和有机质形成。贝壳的数量和形态是区分种类的重要特征：有的种类有1扇贝壳，如腹足纲、掘足纲；有的种类有2扇贝壳，如瓣鳃纲；有的种类有8扇贝壳，如多板纲；有的种类贝壳退化成内壳；有的种类无壳。贝壳的形态随种类变化很大，有的呈帽状，有的呈螺旋形，有的呈管状，有的呈瓣状(图7-1)。

贝壳的主要成分是碳酸钙和壳基质(conchiolin，或称贝壳素)。贝壳的结构从外至内分为3层：①最外层是角质层(periostracum)；

很薄，透明，有光泽，由不受酸碱侵蚀的壳基质构成，能够保护贝壳；②中间层为壳质层(ostracum)：又称棱柱层(primatic layer)，由角柱状的方解石构成，占贝壳的大部分；③最内层为壳底(hypostracum)：又称珍珠质层(peral layer)，具光泽，由叶状霰石(aragonite)构成。外套膜边缘主要分泌形成外层和中层，这两层不增厚，但可随动物的生长逐渐加大；内层由整个外套膜分泌形成，既可随个体的生长而加大，又能增加厚度。珍珠由珍珠质层形成，其形成过程为：当微小砂砾等异物侵入刺激外套膜时，受刺激处的上皮细胞即以该异物为核，逐渐陷入外套膜上皮之间的结缔组织中，接着陷入的上皮细胞自行分裂形成珍珠囊，最后珍珠囊分泌珍珠质，将核层复一层地包裹而逐渐形成珍珠。角质层和壳质层的生长不是连续的，受食物、温度等因素影响，在一定时间内贝壳的生长速度不同，因而在贝壳表面形成生长线，用以表示其生长的快慢(图 7-2)。

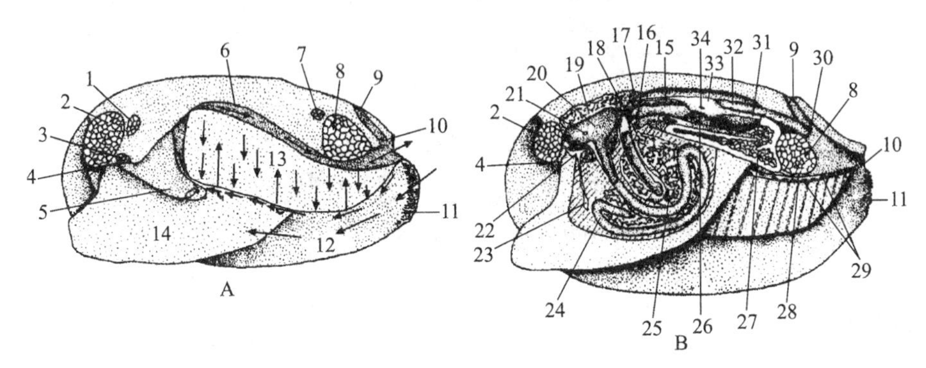

图 7-2　无齿蚌的结构

A. 除去左壳外套膜　B. 内部构造

1. 前缩足肌，2. 前闭壳肌，3. 伸足肌，4. 口，5. 唇片，6. 鳃上腔，7. 后缩足肌，8. 后闭壳肌，9. 背套膜孔，10. 出水管，11. 入水管，12. 外套膜，13. 鳃，14. 足，15. 前大动脉，16. 肾孔，17. 肾口，18. 生殖孔，19. 肝，20. 胃，21. 肝管开口，22. 脑侧神经节，23. 足神经节，24. 肠，25. 生殖腺，26. 心耳，27. 肾，28. 脏神经节，29. 水管，30. 肛门，31. 后大动脉，32. 直肠，33. 心室，34. 耳室孔

5. *足部*　足部是软体动物的运动器官，位于身体腹侧，随生活方式不同呈现不同形式：有的种类蹠面平滑，适于在陆地或水底爬行，如腹足纲；有的种类呈斧状，有利于挖掘泥沙在水底营埋栖生活，如瓣鳃纲；有的种类足退化，适应固着生活，如牡蛎科；有的种类有足丝腺，能分泌足丝，不能运动，但可用以附着在外物上生活，如贻贝科、扇贝科等。头足纲动物，足特化成头部的腕，上面生有许多吸盘，为捕食器官，部分足还变态成漏斗，适于游泳生活，如乌贼和章鱼等。翼足目(Pteropoda)的足在侧部(即侧足，parapodium)特化成片状，可游泳，称为翼或鳍。平衡器通常着生在足部，有的足上部生有许多触手。

二、消化系统

软体动物的消化系统由口、食管、胃、肠、肛门和附属腺体组成。瓣鳃纲的口是一个简单的开口或具较发达的肌肉，口周围有发达的唇瓣，唇瓣三角形，上面布满纤毛。头足纲口的周围有口膜。除瓣鳃纲外，软体动物的口腔内均有颚片(mandible)和齿舌(radula)。腹足纲的颚片，若有 1 个则位于背面，若有 2 个则位于口腔两侧。头足纲有 2 个颚片，分别位于口腔的背腹面，可辅助捕食。齿舌是软体动物口腔底部的舌突起(odontophore)连同表面排列成行的角质齿构成，似锉刀状，摄食时以齿舌作前后伸缩运动刮取食物，是软体动物特有的器官。齿舌的形态、小齿的形状、小齿的数目和排列方式是科属分类的主要依据。口腔连有唾液腺，口腔向下为食管，食管下部常形成嗉囊。食管有附属腺体，如腹足类的勒布灵腺、毒腺等。食管下面连接胃，胃内壁有强有力的收缩肌，通常形成花卵形口袋状，内有肝脏的开口。胃的后部为肠，胃肠之间常有1个瓣膜分开。肠的末端为直肠，直肠以肛门开口于体外(图7-3)。

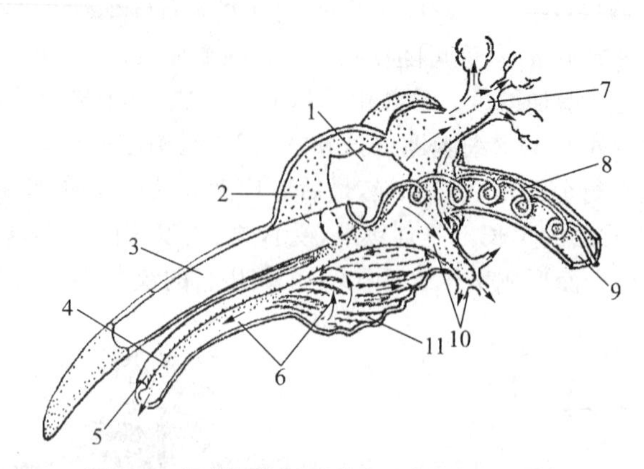

图7-3　河蚌胃的切面(箭头示食物流通的途径)

1. 胃楯，2. 胃，3. 旋转的晶杆，4. 肠，5. 皱褶，6. 流入肠的食物大颗粒，7. 皱褶，8. 旋转的食物黏液索，9. 食管，10. 流入消化腺的食物小颗粒，11. 食物拣选区

三、呼吸系统

鳃是水生软体动物的呼吸器官。鳃是由外套膜内面的上皮伸展形成的，形态各异，包括鳃轴和鳃丝，鳃轴与动脉和静脉贯通。软体动物的鳃有多种类型：①盾鳃指鳃轴两侧均生有鳃丝，呈羽状；②栉鳃(ctenidium)是指仅鳃轴一侧生有鳃丝，呈梳状；③瓣鳃(lamellibranch)是指鳃成瓣状；④丝鳃(filibranch)是指鳃延长成丝状。有的软体动物本鳃消失，在背侧皮肤表面生出次生鳃(secondary branchium)。也有的软体动物无鳃。鳃的数目和形态随类别而异，可单个或成对，在单板纲为5或6对，多板纲为6～88对，原始的腹足类为1对，较高级的腹足类为1个，瓣鳃纲为1对，头足类为1对或2对。

陆生软体动物均无鳃，为了适应陆地生活，它们在外套腔内部一定区域形成微细血管密集的肺室，用以直接摄取空气中的氧。

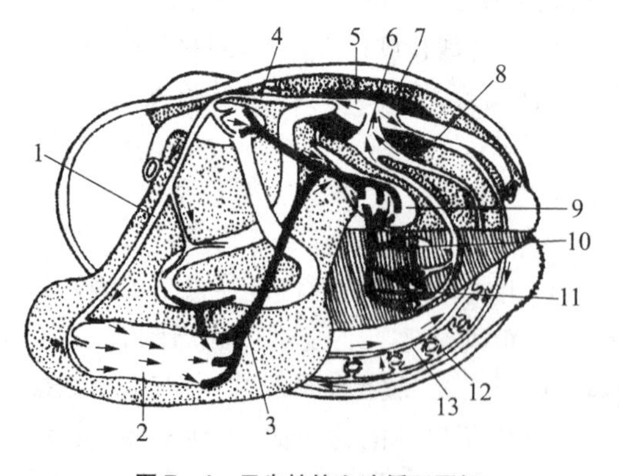

图7-4　无齿蚌的血液循环图解

1. 足动脉，2. 足窦，3. 静脉，4. 前大动脉，5. 心室，6. 心耳，7. 围心腔，8. 后大动脉，9. 肾，10. 出鳃静脉，11. 入鳃静脉，12. 外套动脉，13. 外套静脉

四、循环系统

循环系统由心脏、血管、血窦及血液组成。心脏位于身体背部的围心腔(pericardinal cavity)中，由心室和心耳构成。心室1个，壁厚，能搏动，为血液循环的动力；心耳1个、2个或4个，常与鳃的数目一致，可收集血液回心室。心耳与心室间有防止血液逆流的瓣膜，血管分化为动脉和静脉。血液自心室经动脉，进入身体各部分，后汇入血窦，由静脉回到心耳，故软体动物的循环系统一般为开管式循环(图7-4)。较高等的头足纲，动脉管和静脉管通过微血管联络成为闭管式循环。血液含5-羟色胺(血清素)，呈无色或青色，血细胞呈变形虫状。仅瓣鳃纲中的蚶和腹足纲的扁卷螺科有血红蛋白，血液呈红色。软体

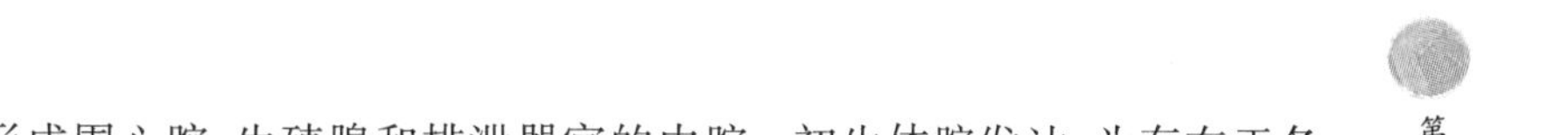

动物的次生体腔极度退化,仅形成围心腔、生殖腺和排泄器官的内腔。初生体腔发达,为存在于各组织器官的间隙,内有血液流动,形成血窦。

五、排泄系统

软体动物的肾脏呈囊状,由后肾管形成。后肾管由腺质部分和管状部分组成,腺质部分富血管,肾口具纤毛,开口于围心腔;管状部分为薄壁的管子,内壁具纤毛,肾孔开口于外套腔,不仅能输送汇集于围心腔中的废物,而且能过滤血液中的废物排出体外。肾脏在不同类群中数量不同:高等的腹足纲只有 1 个;多板纲、瓣鳃纲、原始腹足纲及头足纲的二鳃类为 1 对,四鳃类为 2 对;单板纲为 6 对。除肾脏外,腹足纲、瓣鳃纲和头足纲等许多种类的围心腔壁上的围心腔腺也是重要的排泄器官。

六、神经系统

软体动物中,神经系统在原始种类无神经节的分化,由围咽神经环、1 对足神经索(pedal cord)和 1 对侧神经索(pleural cord)组成,如单板纲。较高等种类由脑神经节(cerebral ganglion)、足神经节(pedal ganglion)、侧神经节(peural ganglion)和脏神经节(visceral ganglion)4 对神经节和与之联络的神经构成:①脑神经节司感觉,1 对,位于食管背侧,发出的神经支配头部和体前部;②足神经节司运动和感觉,1 对,位于足的前部,发出的神经支配足部;③侧神经节 1 对,位于体前部,发出的神经支配外套膜和鳃等;④脏神经节 1 对,位于体后部,发出的神经支配内脏诸器官;⑤各神经节之间都有神经连索相互联系,如腹足纲、瓣鳃纲和掘足纲等。在高等的头足纲则形成脑,脑位于头部,由各神经节集合而成,在外有软骨包围。

七、感觉器官

软体动物感觉灵敏,有触角、眼、嗅检器及平衡囊等感觉器官。

1. 触角　不同软体动物的触角具有不同的数目和形状:①新碟贝有 2 个口前小触角;②腹足纲前鳃亚纲有 1 对头触角;③肺螺亚纲有一大一小 2 对触角,其中 1 对大触角起嗅觉作用。与肺螺亚纲的大触角相似的感觉器官还有后鳃亚纲的嗅角、头足纲的嗅觉陷。瓣鳃纲动物起触觉作用的是分布于外套膜边缘和水管触手的感觉细胞。

2. 眼　软体动物眼的构造有的简单,有的复杂,最简单的是色素凹陷,复杂的则具有晶体和网膜结构。眼通常 1 对,位于头部两侧,有的生于眼柄顶端形成柄眼。头部不发达或头部退化的软体动物无眼,个别种类如石鳖类的贝壳表面有微眼,瓣鳃纲的很多种类有外套眼。

3. 平衡囊　平衡囊存在于除双神经类以外的所有软体动物,由足部皮肤内陷而形成,位于足部,左右各 1 个,受脑神经节的控制。平衡囊内在原始的种类具耳沙,进化的种类则具耳石,耳沙或耳石的刺激,使得动物能测定行动的方向和保持身体的平衡。

4. 嗅检器　嗅检器是水生软体动物受脑神经节发出的神经控制,用来检验水流中沉积物的质量和水的化学性质的器官。

八、生殖系统

软体动物的生殖系统由生殖腺、生殖导管、交接器和一些附属腺体构成。生殖腺由体腔壁形成,其内的生殖腺腔有生殖导管内端开口,生殖导管外端则开口于外套腔或直接开口于体外。雌雄异体或雌雄同体。多板纲、绝大多数前鳃亚纲和瓣鳃纲、头足纲等为雌雄异体,通过交尾受精,或将生殖产物分别排到水中受精。无板纲、后鳃亚纲、肺螺亚纲以及少数前鳃类和瓣鳃纲为雌雄同体,通过交尾受精。

软体动物受精卵的卵裂是典型的螺旋形卵裂,然后通过外包、内陷或由两者形成原肠胚,之后

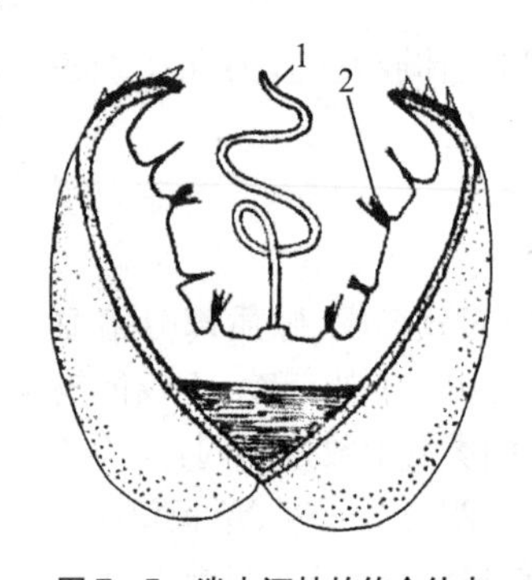

图7-5 淡水河蚌的钩介幼虫
1. 足丝，2. 感觉刚毛

很快发育为自由游泳的担轮幼虫。少数软体动物从担轮幼虫直接发育成成体，大多数种类先从担轮幼虫发育成面盘幼虫(veliger larva)，然后才发育成成体。担轮幼虫与环节动物多毛类的幼虫相似，面盘幼虫在发育早期，背侧有外套的原基，且分泌外壳，腹侧有足的原基，面盘或称缘膜(velum)由口前纤毛环发育成。有的担轮幼虫在卵袋中度过，如大多数海产腹足类；有的担轮幼虫和面盘幼虫都在卵袋中度过，如前鳃类、淡水腹足类和肺螺类。钩介幼体(glochidium)是淡水中生活的蚌类为适应寄生生活由面盘幼虫特化而来。钩介幼体寄生在鱼类的鳃、鳍或其他部位，在鱼体上形成胞囊。一段时间后，幼虫通过从宿主身体获取营养逐渐发育成成体，破囊而出，沉落水底营底栖生活(图7-5)。头足纲为直接发育，其卵裂属于不完全分裂的盘状卵裂。

软体动物门的主要特征总结

(1) 身体柔软，一般分头、足、内脏团和外套膜4部分，具贝壳或退化。
(2) 初生体腔和次生体腔并存，开管式循环系统。
(3) 消化系统呈"U"字形，许多种类具齿舌，具肝脏。
(4) 水生种类以肺呼吸，陆生种类以外套膜一定区域的微血管密集成网的"肺"呼吸。
(5) 排泄系统包括后肾管和围心腔腺。
(6) 神经系统一般不发达，但头足类很发达，是无脊椎动物中最发达的神经系统。
(7) 大多雌雄异体，异体受精；多为间接发育，出现担轮幼虫、面盘幼虫和钩介幼虫。

第二节 软体动物门的分类

软体动物是动物界中仅次于节肢动物的第二大门类，种类繁多，分布广泛。现存的软体动物有11万种以上，还有3.5万化石种。软体动物门可分为7个纲：无板纲(Aplacophora)、多板纲(Polyplacophora)、单板纲(Monoplacophora)、掘足纲(Scaphopoda)、腹足纲(Gastropoda)、双壳纲(Bivalvia)和头足纲(Cephalopoda)。其中仅腹足纲和双壳纲有淡水生活的种类，一些腹足纲软体动物利用"肺"进行呼吸，身体具有调节水分的能力，使其可以在地面上生活，与节肢动物一起构成了无脊椎动物中的陆生动物。腹足纲和双壳纲包含了软体动物中95%以上的种类，其他各纲均为海洋生活。

一、无板纲

无板纲为原始种类，全部海产，多数在软泥中穴居，少数可在珊瑚礁中爬行生活。体长一般在5 cm左右，体呈蠕虫状，无贝壳，细长或肥厚，头不发达，足退化，具腹沟。无板纲有300种左右，有新月贝目和毛皮贝目2个目，前者占绝大多数。

二、多板纲

多板纲通称石鳖，身体一般为椭圆形，左右对称，背腹扁，头部不明显，背部有外套膜形成的8个覆瓦状排列的贝壳，腹面为肌肉发达的足部。足与外套膜之间的空间为外套腔，鳃环列于外套腔中足的周围,外套腔中还有生殖器官和排泄器官的开口。口盘位于足的前端,内有齿舌;肛门在身体后端,与口在同一直线上,一般草食性,以齿舌刮取礁石上的海藻为食。具有梯形神经系统。雌雄异体,体外受精。卵子受精孵化在海水中或是在母体的鳃叶间进行,间接发育,具担轮幼虫和面盘幼虫。世界性分布,全部海产,约有600多种,另有350左右化石种,分为2个目:鳞侧石鳖目(Lepidopleurida)和石鳖目(Chitonida)。我国沿海常见种类有毛肤石鳖(*Acanthochiton*)、锉石鳖(*Ishnochiton*)和鳞侧石鳖(*Lepidopleurus*)等(图7-6)。

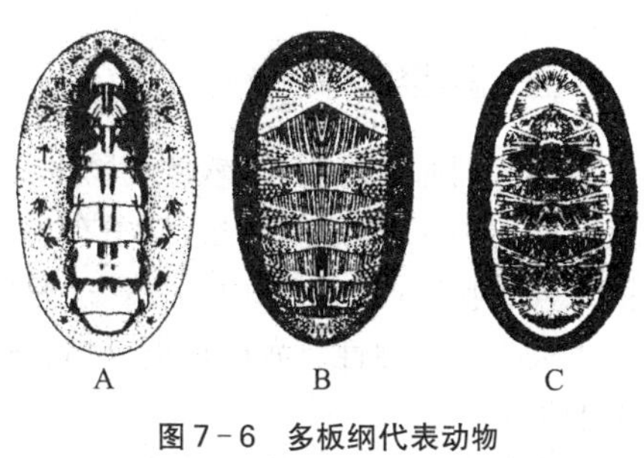

图7-6 多板纲代表动物

A. 红条毛肤石鳖 B. 朝鲜鳞带石鳖 C. 函馆锉石鳖

三、单板纲

单板纲均为深海生活,许多动物学家都认为很可能单板纲就是现存腹足类、双壳类及头足类的祖先动物。在寒武纪及泥盆纪的地层中发现它们的化石,到1952年才发现活的动物标本——新蝶贝(*Neopilina galathea*)。这些标本是由丹麦"海神号"调查船(Galathea Expedition)在哥斯达黎加(Costa Rica)海岸3 350 m深处的海底发现的。之后,在太平洋及南大西洋等许多地区2 000~7 000 m深的海底先后又发现了单板类7个不同的种。

新蝶贝(图7-7)形态与多板纲的石鳖相似,是原始的软体动物,其原始性表现为楯形壳、爬行足、头化不明显,具齿舌、鳃、肾及肌肉的重复排列。具有1个两侧对称的扁平楯形或矮圆锥形壳,壳顶指向前端,故称单板类。新蝶贝体长0.3~3 cm,头部很不发达。足位于身体腹面,扁平宽大,受体内靠两侧的8对足缩肌(pedal retractor muscles)控制。外套沟(pallial groove)是外套膜与足之间的空间。新蝶贝可以取食硅藻、有孔虫及海绵动物,消化系统包括口、胃、肠、直肠和肛门。口位于足前端的身体腹面,口前方两侧有1对缘膜(velum),较大,须状,具纤毛;口后具1对褶状的口后触手(postoral tentacles)。口腔内有齿舌和发达的消化腺,胃内有晶杆和晶杆囊,肠高度盘旋,肠后端为直肠,直肠末端以肛门开口在身体后端外套沟内。直肠两侧有1对心室和2对心耳构成心脏,被包围在1对围心腔中,2个心室发出的血管联合成前大动脉,血液循环是开放式循环。单栉鳃5~6对,位于外套沟中。后肾6对,除第1对外,其他5对一端开口在体腔,另一端开口于外套沟。神经系统包括口周围有神经环和足神经索及侧神经索的2对神经索,神经索之间都有横神经相连。雌雄异体,体外受精,生殖腺2对,各自的生殖导管与中部的2对后肾相连,故生殖细胞通过肾孔排到体外。

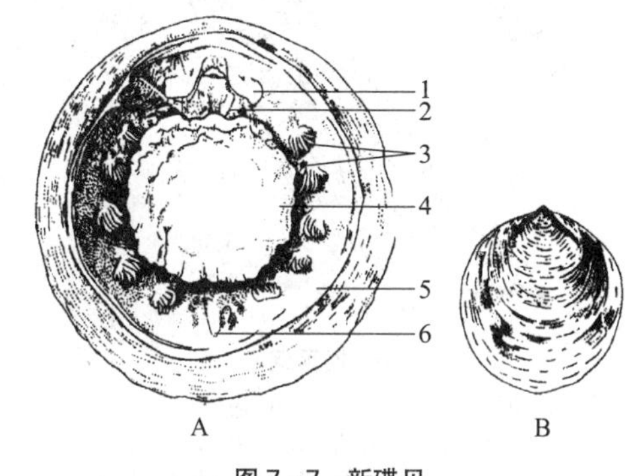

图7-7 新碟贝

A. 腹面观 B. 贝壳

1. 口盖,2. 扇状触手,3. 鳃,4. 足,5. 外套膜,6. 肛门

四、掘足纲

掘足纲的贝壳呈长圆锥形、稍弯曲的管状或象牙状,两端开口,又称为管壳类(图7-8)。头部退化为前端的一个突起,足发达,呈圆柱状,全部海产,多在泥沙中营穴居生活,滤食浮游生物。掘足纲约有350种,分为角贝科和光角贝科2个科。

五、腹足纲

腹足纲通称螺类，是软体动物中最大的一纲，分布广泛，各种水域都有它们的身影。肺螺类具有明显的头部，有眼及触角，口中有齿舌，体外有1枚螺旋卷曲的贝壳，壳口大多具厣，头、足、内脏团及外套膜均可缩入壳内。发育过程中，身体经过扭转(torsion)，致使神经扭成了“8”字形，内脏器官也失去了对称性。海产种类具担轮幼虫期和面盘幼虫期，是真正征服陆地环境的种类，可以在陆地上生活(图7-9)。

腹足纲是软体动物中最繁盛的一类，广泛分布在海洋、淡水和陆地。目前有7.5万生存种和1.5万化石种，分为3个亚纲：前鳃亚纲(Prosobranchia)、后鳃亚纲(Opisthobranchia)和肺螺亚纲(Pulmonata)(图7-10)。

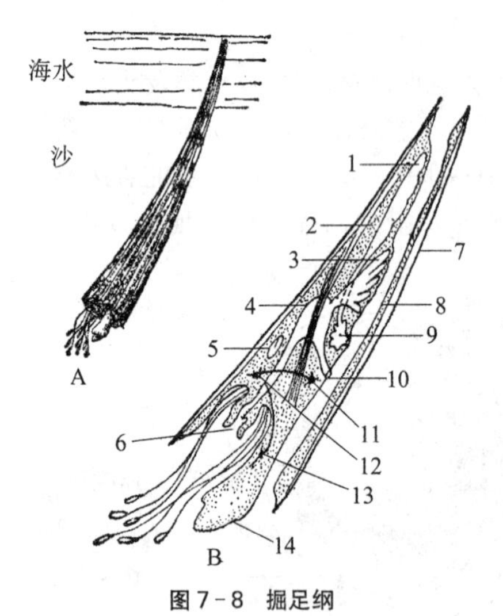

图7-8　掘足纲

A. 角贝生活状态　B. 角贝内部解剖

1. 生殖腺，2. 缩肌，3. “肝”，4. 胃，5. 心脏，6. 口，7. 贝壳，8. 外套膜，9. 肾管，10. 肛门，11. 脏神经节，12. 脑神经节，13. 足神经节，14. 足

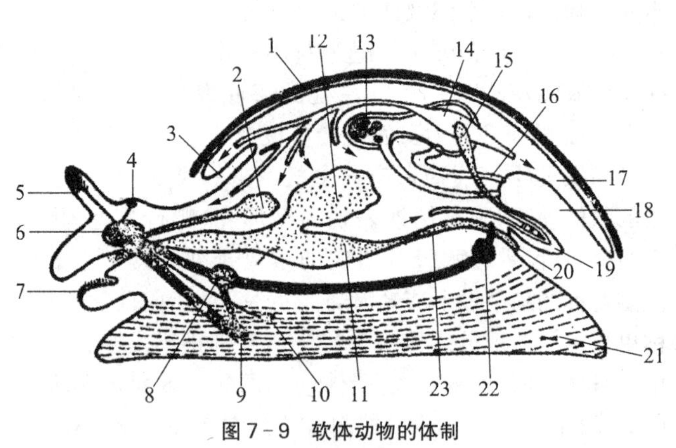

图7-9　软体动物的体制

1. 贝壳，2. 唾液腺，3. 外套腔，4. 眼，5. 触手，6. 脑神经节，7. 齿舌，8. 侧神经节，9. 足神经节，10. 平衡胞，11. 胃，12. 肝脏，13. 生殖腺，14. 心脏，15. 心耳，16. 肾脏，17. 外套膜；18. 鳃腔，19. 鳃，20. 肛门，21. 足，22. 脏神经节，23. 肠

(一) 前鳃亚纲

前鳃亚纲又称扭神经亚纲(Streptoneura)，具外壳；头部具一对触角；鳃位心室前方；侧脏神经连索，左右交叉成“8”字形；雌雄异体；生活于海水或淡水中。包括3个目：原始腹足目(Archaeogastropoda)、中腹足目(mesogastropoda)和新腹足目(Neogastropoda)。

1. *原始腹足目*　又称为古腹足目。具1对盾状鳃，1个心室，2个心耳，2个肾，齿舌具极多角质齿。常见以下种类。鲍(Haliotis)，即常说的鲍鱼，贝壳大而低，螺旋部退化，壳口极大，无厣，足肥大。鲍鱼为海味中的珍品，壳可入药，称为石决明。笠贝(*Notoacmea*)，壳笠状，圆锥形，无螺旋部，无厣。蝾螺(*Turbo*)，壳厚，螺旋形，具石灰质厣。马蹄螺(*Trochus*)，壳圆锥形，珍珠质层厚，可制纽扣。昌螺(*Umbonium*)，壳质坚实，圆锥形，较低而宽，华北沿海潮间带沙滩习见种类。

2. *中腹足目*　具1个栉状鳃，1个心耳，1个肾，通常无吻、无水管，种类较多，有的种类营寄生生活。常见以下种类。滨螺(*Littorina*)，近球形，壳小，分布于海滨岩石上，退潮后可暴露在空气中生活。钉螺(*Oncomelania*)，淡水产，体细长，形似螺钉，为血吸虫的中间宿主。沼螺(*Parafossarulus*)，淡水产，壳短圆锥形，厣石灰质，为华支睾吸虫的中间宿主。玉螺(*Natica*)，壳近球形，体螺层膨大，

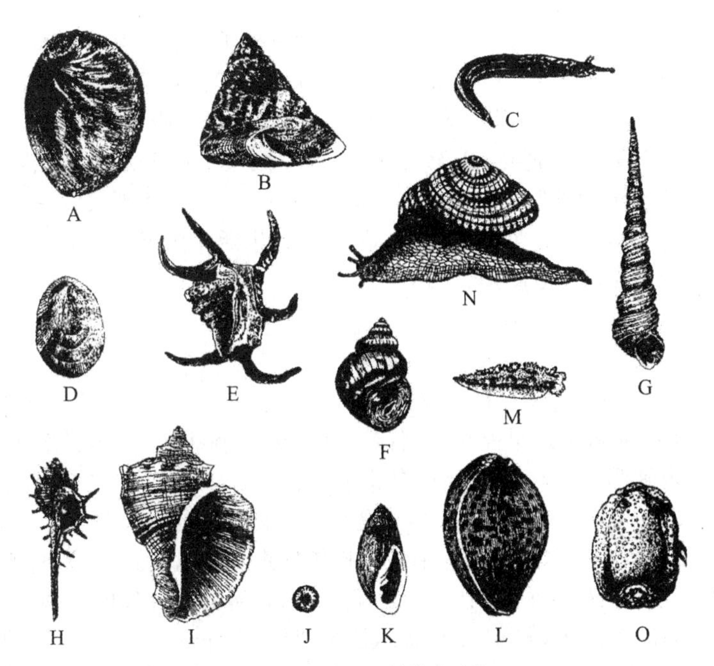

图7-10 腹足纲的代表动物

A. 鲍 B. 马蹄螺 C. 蛞蝓 D. 笠贝 E. 蜘蛛螺 F. 田螺 G. 锥螺 H. 骨螺 I. 红螺 J. 隔扁螺 K. 耳螺 L. 宝贝 M. 马勇海牛 N. 蜗牛 O. 海牛

可危害牡蛎养殖。宝贝(*Cypraea*),壳色鲜艳,富光泽,螺旋部退化,极小,埋于体螺层内,我国南海估计有50种,如虎斑宝贝(*Cypraea tigris*),为国家一级保护动物。冠螺(*Cassis*),大型螺,螺旋部小,体螺层膨大,整个贝壳呈冠状,壳质重厚,在我国海南、台湾有分布,为螺类中最大种类,如唐冠螺(*Cassis cornuta*)为国家一级保护动物。

3. 新腹足目 又称狭舌目(Stenoglossa)。吻发达,有水管,齿舌狭长,具1个栉鳃,1个心耳,1个肾,全海产。常见以下种类。红螺(*Rapana*),壳陀螺形,大而厚,外唇内面呈红色,可危害牡蛎养殖。荔枝螺(*Thais*),壳塔状,厚而坚,可危害牡蛎养殖。骨螺(*Murex*),壳的各螺层上常具各种形状的突起,可危害贝类养殖。延管螺(*Magirus*),壳小,能分泌石灰质长管,栖于珊瑚礁间。织纹螺(*Nassa*),壳塔状,螺肋明显,生长线细。织锦芋螺(*Conus textile*),壳似纺锤形,有毒腺,人被蜇伤后严重的会有生命危险。

(二) 后鳃亚纲

后鳃亚纲又称为直神经亚纲(Euthyneura),贝壳不发达,有的为内壳,有的壳退化,有的无壳;触角1对、2对或无;鳃位于心室后方;侧脏神经连索次生性变直,不左右交叉成"8"分字形;雌雄同体;全部海生。主要分为被鳃目(Tectibranchia)和裸鳃目(Nudibranchia)2个目。

1. 被鳃目 具鳃,部分为侧足或外套膜遮盖,具嗅检器和外壳或内壳,无厣。常见以下种类。壳蛞蝓(*Philine*),壳薄,具2螺层,被外套膜完全遮盖。海兔(*Aplysia*),体肥满,形似兔,贝壳退化,触角2对。拟海牛(*Doridium*)壳圆形,包在外套膜内,侧足发达,触角1对。

2. 裸鳃目 无壳和鳃,具次生性鳃。常见种类有:蓑海牛(*Eolis*),呈蛞蝓状,体背侧有成列的锥状突起。

(三) 肺螺亚纲

肺螺亚纲无鳃,以肺囊呼吸,陆地或栖于淡水中。触角1～2对,贝壳无厣,直接发育。主要分为基眼目(Basommatophore)和柄眼目(Stylommatophore)2 个目。

1. 基眼目　具外壳，1 对触角，眼位触角基部。常见以下种类。菊花螺(*Siphonaria*)，贝壳锥形，具细的放射肋，生活于潮间带。椎实螺(*Lymnaea*)，半透明，壳薄，体螺层膨胀，无厣。萝卜螺(*Radix*)，耳状，壳质薄，体螺层极膨胀。萝卜螺和椎实螺都是肝片吸虫的中间宿主。

2. 柄眼目　贝壳或发达，或退化，或无壳，触角 2 对，眼位于眼柄的顶端。常见以下种类。华蜗牛(*Cathaica*)，小型，壳呈低圆锥形。条华蜗牛(*Cathaica fasciola*)，体螺层有一条黄褐色带，在我国分布广泛。巴蜗牛(*Bradybaena*)，贝壳扁球形，脐孔圆形，生活在潮湿山林间。蛞蝓(*Agriolimax*)，体呈长叶状，具退化的内壳，世界性分布(图 7－11)。

六、双壳纲

双壳纲通称贝类。身体侧扁，左右对称；体表具 2 片贝壳，故名双壳类。头部退化，只保留有口，口内无口腔及齿舌。足部发达呈斧状，故名斧足纲(Pelecypoda)。外套膜发达呈两片状，由身体背部悬垂下来，并与内脏团之间构成宽阔的外套腔，外套腔内有鳃 1～2 对，呈瓣状，故名瓣鳃纲(Lamellibranchia)(图 7－12)。瓣鳃的主要功能是收集食物及进行气体交换。神经系统较简单，有脑、脏、足 3 对神经节。海产种类发育过程中常有担轮幼虫和面盘幼虫，淡水蚌则有钩介幼虫。现存种类约有 3 万种。根据贝壳的形态、铰合齿的数目、闭壳肌的发育程度和鳃的构造不同，双壳纲一般分为 6 亚纲：古列齿亚纲(Palaeotaxodonta)、隐齿亚纲(Cryptodonta)、翼形亚纲(Pterimorphia)、古异齿亚纲(Palaeoheterodonta)、异齿亚纲(Heterodonta)和异韧带亚纲(Anomalodesmacea)。

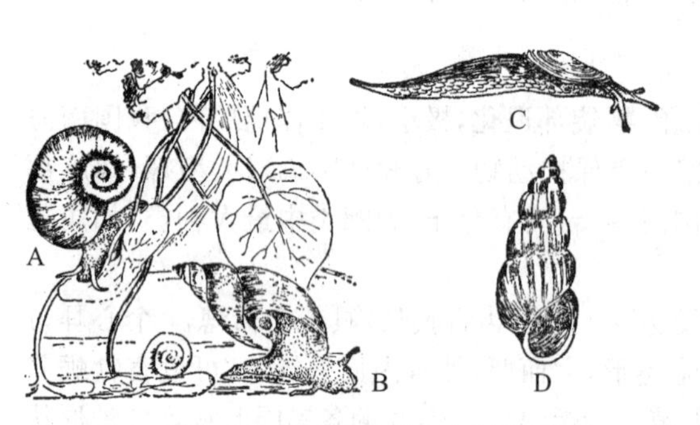

图 7－11　肺螺亚纲的代表动物

A. 隔扁螺　B. 椎实螺　C. 大蛞蝓　D. 湖北钉螺

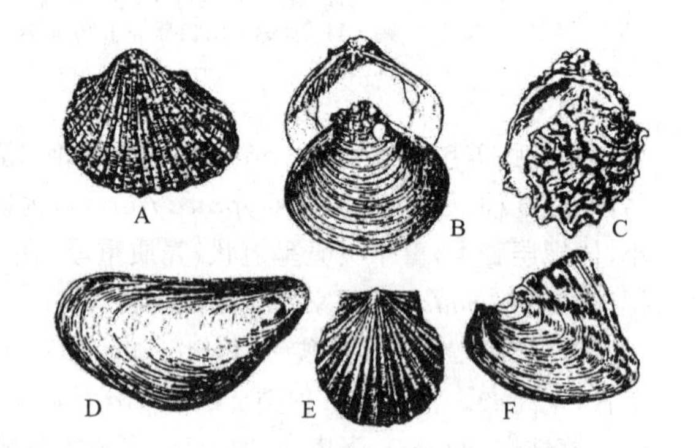

图 7－12　瓣鳃纲的代表动物

A. 蚶　B. 河蚬　C. 牡蛎　D. 贻贝　E. 扇贝　F. 三角帆蚌

七、头足纲

头足纲身体分为头、足和躯干 3 部分。头部发达，两侧具 1 对构造非常完善的眼。神经系统复杂，神经节集中于头部，脑神经节、足神经节和脏侧神经节合成发达的脑，外面有中胚层形成的软骨匣保护。足生于头部前方，特化为 8 或 10 条腕和 1 个漏斗。除鹦鹉螺等原始种类具外壳，其余均具内壳或无壳。心脏发达，闭管式循环。雌雄异体。全部海产，现存约 100 种，包括鹦鹉螺、乌贼、柔鱼、章鱼等。根据鳃和腕的数目，头足纲分为四鳃亚纲(Tetrabranchia)和二鳃亚纲(Dibranchia)2 个亚纲。

(一) 四鳃亚纲

四鳃亚纲，又称为鹦鹉螺亚纲(Nautiloidea)或外壳亚纲(Ectocochlia)。外壳 1 个，钙质，盘旋；腕数达数十个，上无吸盘，漏斗状或两叶状；心耳 2 对；肾脏 2 对；无墨囊；鳃 2 对，故名四鳃类。四鳃亚纲大多为化石类群，如菊石目(Ammonitida)，约有 9 000 种，现存仅鹦鹉螺目(Nautiloids)(图 7－13)。

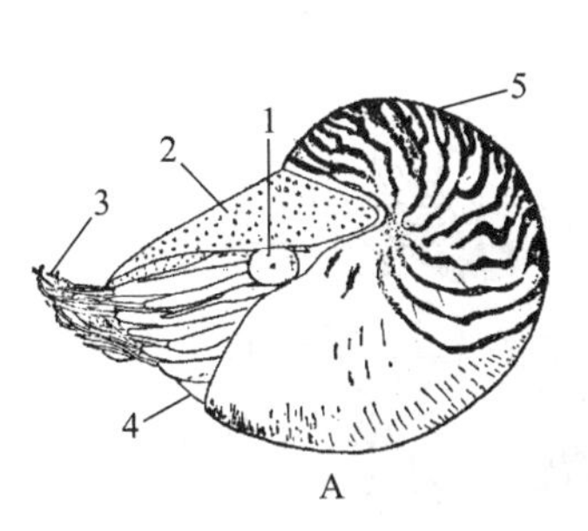

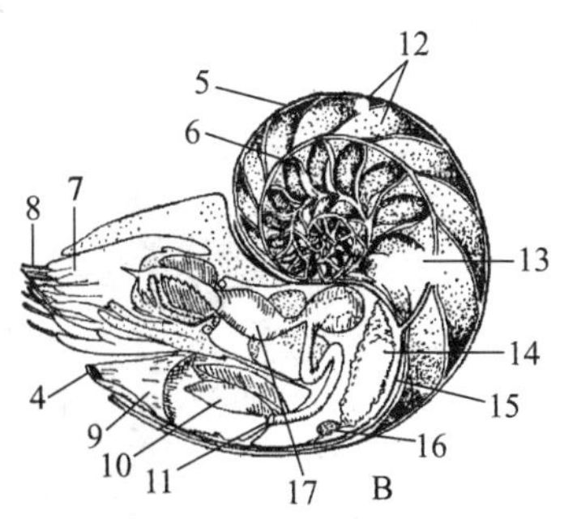

图 7-13 鹦鹉螺

A. 外部形态 B. 内部结构

1. 眼 2.冠,3. 触手,4. 水管,5. 贝壳,6. 通道,7. 颚,8. 触手,9. 外套膜,10. 鳃,11. 肛门,12. 隔膜,13. 胃,14. 卵巢,15. 外套膜,16. 心脏,17. 肝

1. *鹦鹉螺目*(Nautiloids) 鹦鹉螺目具鳃 2 对,60(雄)～90(雌)个不具吸盘和钩的小腕,无墨汁囊。壳由内、外两层物质组成,外层是磁质层,内层是富有光泽的珍珠层,其内的空腔由横膈板分为 30 多个壳室,动物身体位于"住室"中。"住室"在最后一个隔壁的前边,是最大的壳室。其他各层称为"气室",内充满气体以增加浮力。每一隔层的凹面向着壳口,凹面中央有一个的圆孔,体后引出的索状物从圆孔穿过,隔层彼此之间以此相联系。外壳的隔膜与壳壁结合的缝合线为不折叠的直线。鹦鹉螺目出现于寒武纪后期,古生代前半期最繁盛,到中生代以后衰落,约有 3 500 种,绝大多数为化石种。现存仅鹦鹉螺属(*Nautilus*),3～4 种,分布于南太平洋热带海区,底栖生活在 200～400 m 海底,可进行短暂的浮动和游泳。我国仅在南海发现过鹦鹉螺的空壳,极少采到活体标本,已将其列为国家一级保护动物。

2. *菊石目*(Ammonitida) 缝合线复杂曲折,全为化石种类,由鹦鹉螺进化而来,繁盛期为侏罗纪至白垩纪,至白垩纪末期突然消失。作为化石可供划分地层和探矿参考。菊石目约有 5 000 多种,常见种类有菊石、箭石。

(二) 二鳃亚纲

二鳃亚纲,又称为新蛸亚纲(Neocoleoidea)或内壳亚纲(Entocochlia)。无壳,或具钙质、几丁质或角质内壳;腕 8～10 条,腕上具吸盘;心耳 1 对;肾脏 1 对;具有墨囊;漏斗是 1 个完整的管子;鳃 1 对,故名二鳃类。现存的大多数头足类都属于该亚纲,分为十腕目(Decapoda)和八腕目(Octopoda)2 个目。

1. *十腕目* 十腕目具 10 条腕,腕上有具柄的吸盘,其中两腕较长,称为触腕,一般仅在触腕末端有吸盘。胴部两侧大部有鳍,内壳石灰质或角质。胴部、头部及漏斗基部通过软骨质的闭锁器相连,雌体一般具缠卵腺。十腕目约包括 30 个科,常见有深海乌贼科(Bathyteuthidae)、乌贼科(Sepiidae)、旋壳乌贼科(Spirulidae)、后耳乌贼科(Sepiadariidae)、耳乌贼科(Depiolidae)、大王乌贼科(Architeuthidae)、柔鱼科(Ommastrephidae)、枪乌贼科(Loliginidae)、爪乌贼科(Onychoteuthidae)、武装乌贼科(Enoploteuthidae)及微鳍乌贼科(Idiosepiidae)等(图 7-14)。曼氏无针乌贼(*Sepiella maindroni*)和金乌贼(*Sepia esculenta*)为常见种,前者是我国产量最大的头足类,后者肉厚味美,产量很大,被视为我国四大海产之一。中国枪乌贼(*Loligo chinensis*)的干品称"鱿鱼"。大王乌贼(*Architeuthis dux*)体长可达 18 m,重达 30 t,是最大的无脊椎动物。柔鱼(*Ommatostrephes*)亦是著名海产,外形极类似于乌贼,价格较低。柔鱼与乌贼的区别在于:①柔鱼属开眼类,也就是眼睛最外面有一层透明的表层,称为"假角膜";有小孔与外界相通,故称"开眼类"。乌贼属闭眼类,眼睛的假角膜不与外界相通,是封闭的(图 7-15)。②柔鱼的肉鳍短,位于胴体的末端,两鳍相接呈心脏形;

乌贼的肉鳍位于胴体后2/3处两侧。③柔鱼个体小，体长一般在30 cm左右；乌贼的个体大，体长可达60 cm(图7-16)。

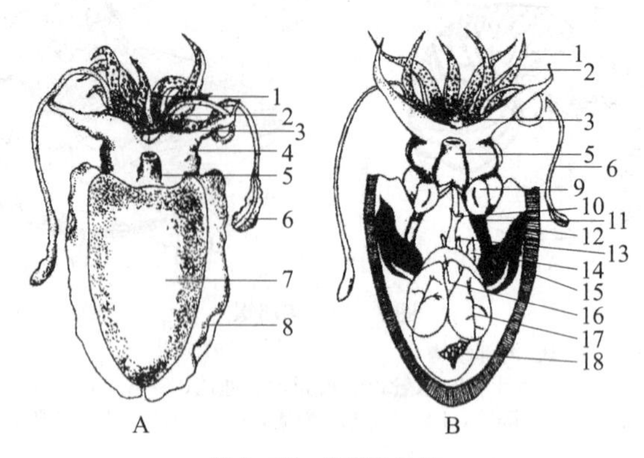

图7-14 乌贼的构造

A. 腹面观 B. 内部构造

1. 腕，2. 吸盘，3. 口，4. 头，5. 漏斗，6. 触腕，7. 躯干，8. 鳍，9. 闭锁槽，10. 肛门，11. 头收缩肌，12. 鳃，13. 肾孔，14. 输卵管，15. 外套膜，16. 副缠卵腺，17. 缠卵腺，18. 卵巢

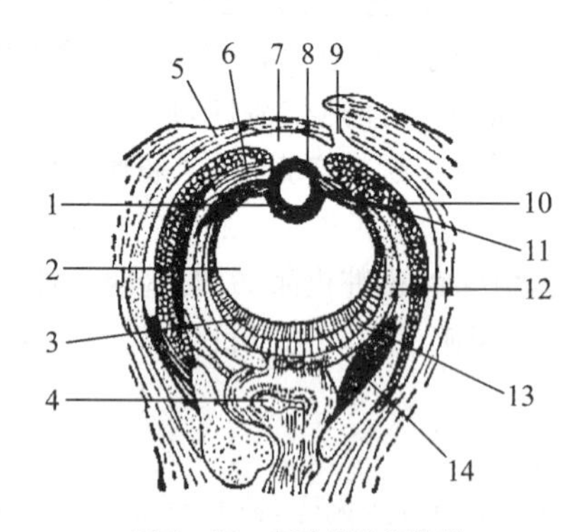

图7-15 乌贼的眼部构造

1. 晶体的后半部，2. 后室，3. 色素层，4. 视神经节，5. 假角膜，6. 虹彩，7. 前室，8. 晶体的前半部，9. 泪孔，10. 巩膜，11. 纤毛体，12. 巩膜软骨，13. 网膜细胞层，14. 杆状体层

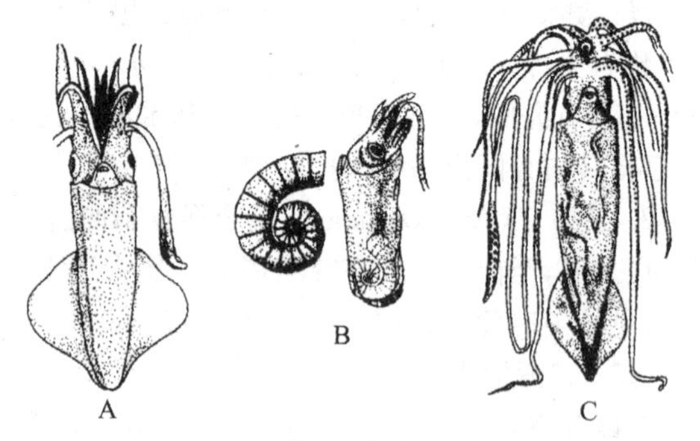

图7-16 头足纲十腕目代表动物

A. 雌日本金枪乌贼 B. 潘氏旋壳乌贼(右)和壳(左) C. 日本大王乌贼

2. 八腕目　八腕目，又称章鱼目，俗称蛸(xiāo)，具8条长而大小相同的腕，吸盘无柄，角质环及小齿，腕间膜(伞膜)发达。鳍小或缺，腕长大于胴长，胴部以皮肤突起、凹陷或以闭锁器与漏斗基部嵌合相连。有须类在外套膜侧面具1对或2对鳍，腕上有须毛，深海产；无须类无鳍，腕上无须毛。内壳退化或完全消失，雌体不具缠卵器。可分为为幽灵蛸科(Vampyroteuthidae)、须蛸科(Cirroteuthidae)、面蛸科(Opisthoteuthidae)、十字蛸科(Stauroteuthidae)、水母蛸科(Amphitretidae)、异夫蛸科(Alloposidae)、船蛸科(Argonautidae)、快蛸科(Ocythoidae)、水孔蛸科(Tremoctopodidae)、单盘蛸科(Bolitaenidae)、蛸科(章鱼科)(Octopodidae)、玻璃蛸科(Vitreledonellidae)12科。蛸科是软体动物门头足纲中最大一科，广泛分布于世界各海域，约有140种，通称章鱼。章鱼胴部卵圆形，甚小，内壳仅在背部两侧残留两个小壳针；眼位于头部两侧，眼径较小；头前和口周围有腕4对，腕上大多具两行吸盘，右侧或左侧的第三腕茎化，腕的顶端变形，称

为“端器”。章鱼主要营底栖生活，以龙虾、虾蛄、蟹类、贝类和底栖鱼类为食。蛸的干制品可食用和药用，称八蛸干或章鱼干。体型最大的章鱼是水蛸(*Octopus dofleini*)，体长可达3 m，体重可达30 kg。

第三节 软体动物的系统发展

软体动物和环节动物在系统发生中有共同的起源，因为软体动物的海产种类个体发生中为螺旋形卵裂，具有担轮幼虫，排泄器官为后肾管，这些特点均与环节动物尤其是多毛类近似。故认为软体动物是在长期进化中朝着不活动的生活方式发展，因而体节消失，产生了贝壳，运动器官和神经感官均趋于退化。软体动物中单板纲、无板纲和多板纲较为原始，它们的次生体腔发达，具近似梯形神经系统；个别种类身体呈蠕虫形，无壳；许多器官如鳃、肾、外壳等无分节排列现象。这些原始性状接近软体动物的原始祖先，后来各自独立发展成一支。

腹足纲生活方式活跃，头部发达，较为原始。瓣鳃纲无头，但原始种类具盾鳃，足部具趾面，生活方式不活动，与腹足纲接近。掘足纲头部不明显，外套膜在胚胎时为2片，随着发育才愈合呈筒状，具成对的肾，脑神经节与侧神经节分开，这些特征接近于原始的瓣鳃类，但掘足类无鳃和心脏；贝壳筒形，又显示与其他纲动物在演化上较为疏远，可能是较早分出的一支。头足纲是一个古老的类群，起源早，化石种类多，其生殖腔与体腔相通，与无板纲相似。个体发生过程中，在胚胎早期无肾，与多板纲和无板纲相似；生殖导管来源于体腔导管，又与多板纲相似。头足纲这些原始特点说明它们与软体动物的原始种类接近，但头足纲又具有以下特点：①有机结构复杂，神经系统高度集中，且外面被软骨质包围；②眼的结构似高等脊椎动物；③循环系统为闭管式循环；④直接发育，无幼虫期。由于头足纲既有原始性状，又有高度的进化特征，故推测它们可能是很早就分化出来，然后沿着更为活跃的生活方式发展的一个独立的分支。

第四节 软体动物与人类的关系

软体动物中有很多种类可以为人类所利用，有益于人类，但也有许多种类会危害人类并常造成经济上的损失。

一、有益方面

1. 食用价值　海产的鲍鱼、玉螺、香螺、红螺、东风螺、泥螺、蚶、贻贝、扇贝、江珧、牡蛎、文蛤、蛤仔、蛤蜊、蛏、乌贼、枪乌贼、章鱼，淡水产的田螺、螺蛳、蚌、蚬，陆地栖息的蜗牛等含有丰富的蛋白质、无机盐和维生素，肉味鲜美，具有很高的营养价值。

2. 药用价值　鲍的贝壳可以治疗眼疾，中药称“石决明”；宝贝的贝壳叫“海巴”，能明目解毒；珍珠是名贵的中药材，具平肝潜阳、清热解毒、镇心安神、止咳化痰、明目止痛和收敛生机等功效；乌贼的贝壳叫“海螵蛸”，可以用于止血，治疗外伤、心脏病和胃病；蚶、牡蛎、文蛤、青蛤等的贝壳是常用中药材；鲍鱼、凤螺、海蜗牛、蛤、牡蛎、乌贼等可以用于提取抗生素和抗肿瘤药物。

3. 农业价值　软体动物繁殖迅速，繁殖量大，有时可以做农田肥料或饲料。例如，我国沿海出产的寻氏肌蛤、鸭嘴蛤、篮蛤等可以喂猪、鸭、鱼、虾；淡水产的田螺、河蚬可以饲养淡水鱼类。

4. 工业价值　软体动物的贝壳是烧石灰的良好原料，我国东、南沿海各地有许多贝壳烧石灰窑，为建筑领域提供石灰。珍珠层较厚的贝壳(如蚌、马蹄螺等)是制纽扣的原料。

5. 工艺价值或装饰价值　很多瓣鳃纲的贝壳有独特的形状和花纹，富有光泽，绚丽多彩，如宝贝、芋螺、凤螺、梯螺、骨螺、扇贝、海菊蛤、珍珠贝等是玩赏品。有些贝类，如蚌、贻贝、鲍、唐冠、瓜螺等是制作贝雕、螺钿和工艺美术品的原料。

6. 地学价值　软体动物在地质历史时期中有很多可作为指示沉积环境的指相化石。在寒武纪的最底部，已有单板纲和其他软体动物化石出现；中生代的不少菊石成为洲际范围内划分、对比地层的带化石，有些可用以了解古水域温度和含盐度等；蜗牛化石还能反映第四纪气候环境。

二、有害方面

很多软体动物是人体寄生虫的中间宿主，如钉螺是日本血吸虫的中间宿主。植食性的腹足类是以各种海藻，水生或陆生植物为食，可根据不同的生活环境而取食不同的植物，有些种甚至造成农业上的危害。例如，蜗牛可以危害玉米种植，造成大面积减产。有些软体动物如贻贝大量繁殖时，可以堵塞管道，且很难清除。

复习思考题

1. 名次解释：外套膜，齿舌，嗅检器，面盘幼虫，钩介幼虫，外套沟。
2. 简述软体动物门的主要特征。
3. 简述腹足纲、瓣鳃纲及头足纲的主要特征。
4. 简述珍珠的形成过程。
5. 简述软体动物与人类的关系。

（仇有文）

第八章 节肢动物门(Arthropoda)

节肢动物是在环节动物同律分节的体制结构基础上发展起来的一个庞大的体躯分部、附肢分节的动物类群。已知种类多达100万种以上,约占动物界总数的85%,是动物界中最大的门,其种类多、数量大、分布广、适应性强的特点是任何其他动物所不能比拟的。生活方式多样,大部分营自由生活,少数营寄生生活,个别种类具有高度群栖社会性。节肢动物是最重要的动物学研究对象,常见节肢动物有虾、蟹、蜘蛛、蜱螨、蜈蚣及昆虫等。

第一节 节肢动物门的主要特征

一、身体分部与附肢分节

动物身体的若干原始体节分别组成头、胸、腹各部,此现象称为异律分节。节肢动物的躯体因体节发生不同程度的愈合而形成形式多样、功能各异的体区(tagmata)。身体分区是异律分节的高级形式,有助于身体结构功能的复杂化和形态结构的多样化。节肢动物的身体通常包括头、胸、腹3部分。但有的节肢动物头、胸两部愈合而成为头胸部,如甲壳纲的虾;有的节肢动物胸部与腹部愈合而成为躯干部,如多足纲的蜈蚣。随着身体的分部,器官趋于集中,功能也相应地有所分化。如头部具有感觉、调节和摄食功能;胸部具有运动和支持功能;腹部具有营养代谢与生殖功能。各部既有分工又相互联系和配合,从而保证了个体的生命活动及种族繁衍。

节肢动物不仅身体分部,而且附肢分节,故称为节肢动物。节肢动物的附肢按其构造特征可分为双肢型和单肢型两种基本类型。双肢型附肢比较原始,由着生于体壁的原肢和同时连接在原肢上的外肢与内肢所构成。原肢常由2~3节组成,分别为前基节、基节和底节,前基节常与体壁愈合而不明显,因而成为2节。原肢内、外两侧常具有突起,分别称为内叶和外叶。内肢从原肢顶端的内侧发出,一般具有5节,分别为座节、长节、腕节、掌节和指节;外肢由原肢顶端的外侧发出,一般节数较多。单肢型附肢由双肢型附肢演变而来,其外肢退化,只剩下原肢和内肢。甲壳纲除第1对触角是单肢型外,其余都是双肢型的。适于陆地生活的多足纲和昆虫纲的附肢是单肢型。附肢各节之间及附肢和体躯之间都有可动的关节,从而加强了附肢的灵活性,能适应更加复杂的生活环境,继而导致附肢形态的高度特化。附肢因着生体区不同,形态功能变化很大,头部附肢形成触角和口器;其余附肢形成运动足及辅助呼吸、生殖的结构。附肢除了步行外,还有游泳、呼吸和交配的功能,也出现一些用以防卫、捕食、咀嚼以及感觉作用的特殊结构。因此,身体分部和附肢分节是动物进化的一个重要标志(图8-1)。

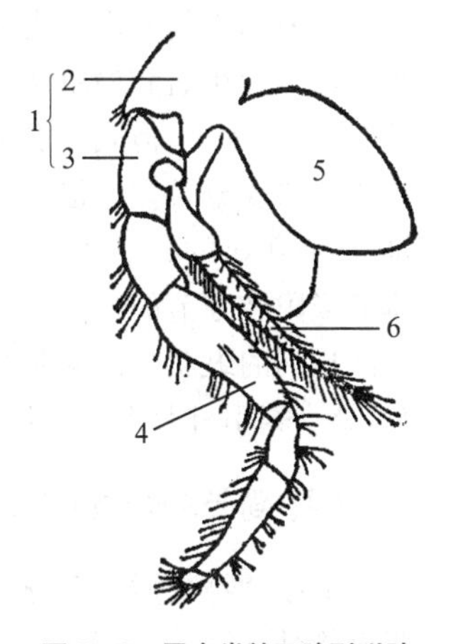

图8-1 甲壳类的双肢型附肢

1. 原肢节,2. 底节,3. 基节,4. 内肢节,5. 上肢节,6. 外肢节

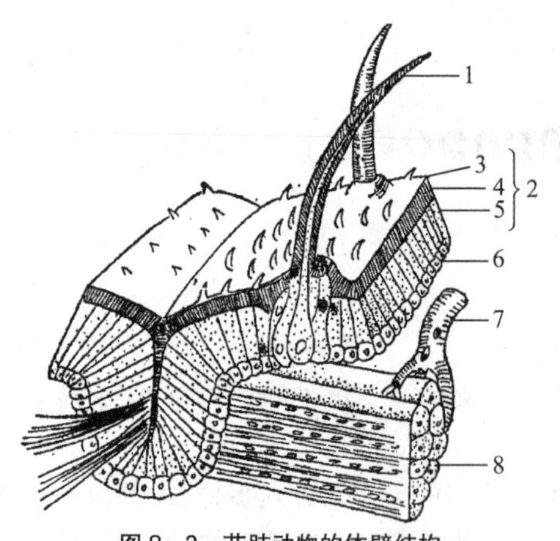

图 8-2 节肢动物的体壁结构

1. 刚毛，2. 角质膜，3. 上表皮，4. 外表皮，5. 内表皮，6. 上皮层，7. 气管，8. 肌肉束

二、坚厚发达的外骨骼——体壁

节肢动物的体壁一般由底膜、上皮细胞层和角质膜3部分组成。上皮细胞层是单层多角形的活细胞层，向内分泌形成底膜。底膜是一层无定形的颗粒层；向外分泌而形成角质膜。角质膜由内向外又可分为内角质膜（内表皮）、外角质膜（外表皮）和上角质膜（上表皮）（图8-2）。

节肢动物的角质膜为非细胞结构部分，主要成分是几丁质和蛋白质。几丁质是节肢动物所特有，是含氮多糖醋酸酰胺葡萄糖组成的高分子聚合物，分子式为 $C_{32}H_{54}N_4O_{21}$。几丁质比较柔韧，能为水渗透，但不溶于水、乙醇、弱酸和弱碱。上角质膜具有蜡层，使体壁具有不透水性，在外角质膜的几丁质中沉积有钙质或节肢蛋白，使体壁变硬。因此，体壁具有保护内部器官和防止体内水分蒸发的功能。体壁的某些部位向内延伸，成为体内肌肉的附着点，故又称为外骨骼。外骨骼使节肢动物对陆地上复杂生活环境的适应能力远远超过其他动物。节肢动物的角质膜形成和硬化后，便不能继续扩展增大，因而限制了身体的生长。于是，当节肢动物身体发育到一定程度时，必须蜕去旧的外骨骼，身体才能长大，此现象称为蜕皮。蜕皮时上皮细胞分泌含有几丁质酶和蛋白酶的蜕皮液，将旧角质膜的内角质膜溶解，使外角质膜与上皮细胞层分离。与此同时上皮细胞层又分泌出新角质膜，待旧角质膜变软而破裂时，动物通过运动从旧皮中钻出来，接着动物吸收水分、空气或肌肉伸张使身体体积增大，然后新的外骨骼逐渐硬化，身体体积的生长停止。所以，节肢动物身体体积和重量的增长是个不连续的过程，而身体内的有机物质成分还是连续地增加。通常甲壳纲等动物可以终身蜕皮，昆虫变态为成虫后不再蜕皮。动物每蜕一次皮即增长一龄，在每次蜕皮之间的生长期称为龄期。节肢动物的龄期因种类而异。

三、强劲有力的横纹肌

节肢动物的肌肉是由横纹肌肌纤维组成，呈束状，着生于外骨骼的内壁或表皮内突之上。横纹肌可以分为快肌和慢肌两种类型。快肌肌节短，收缩力强，主要依靠糖酵解供能，易疲劳；慢肌肌节长，收缩力量小，但氧化能力高，耐疲劳。如中国明对虾的腹部肌肉中快肌比例较大，而胸部附肢肌肉中慢肌成分较多。根据肌肉着生的部位和功能，可分为体壁肌和内脏肌。体壁肌一般是按体节排列，有明显的分节现象。一般起始于一个体节或附肢分节的外骨骼内表面或内突，终止于下一个体节或附肢分节的外骨骼内表面或内突。内脏肌包被于内脏器官之上，一般分横向排列的环肌和纵向排列的纵肌。体壁肌又常是伸肌和缩肌成对地排列，相互起拮抗作用。当这些肌肉迅速伸缩时，就会牵引外骨骼产生敏捷的运动。

四、简单的开管式循环系统

节肢动物的循环系统由具备多心孔的管状心脏和由心脏前端发出的一条短动脉（蝗虫的称为背血管）构成。这条短动脉伸入头部，末端直接开口于体腔，无微血管相连。血液通过这条动脉离开心脏后，就流入身体各部分的组织间隙中。所以说，节肢动物的循环系统是开管式的。之后，这些血液由身体各部分的组织间隙逐渐汇集到体壁与内脏之间的混合体腔中，再通过心孔，回归心脏。由于开管式循环，节肢动物的体腔内充满血液，故节肢动物的体腔又名血腔。节肢动物的这种体腔，在胚胎发育过程中，一般是由囊胚腔(初生体腔)和真体腔(次生体腔)混合而形成，所以节肢动物的体腔又称为混合体腔。心脏和血管位于消化道的背方。节肢动物的血液在心脏中由后向前，流经血管进入体腔；血液在体腔中则由前向后流动，最后汇人围心窦，由心孔流回心脏，这种往复的过程属于开管式循环。

节肢动物的混合体腔内充满血液。直接浸润在血液中的肠道所吸收的养料，可以透过肠壁进入血液内，然后再随血液被分送到身体各部分。节肢动物的循环系统构造和血液流程与呼吸系统有着密切的关系。若呼吸器官只局限在身体的某一部分(如虾的鳃、蜘蛛的书肺)，其循环系统的构造和血液流程就比较复杂。若呼吸系统分散在身体各部分(如昆虫的气管)，其循环系统的构造和血液流程就比较简单。例如，昆虫等大多数节肢动物的血液只负责输送养料，而氧气和二氧化碳等的输送，则主要借助气管来完成。靠体表呼吸的小型节肢动物，循环系统可能全部退化。例如，恙螨、剑水蚤、蚜虫等都没有循环系统。

五、消化系统

根据各类节肢动物的食性不同，其消化系统的具体结构和功能也有所变化。一般情况下，节肢动物的消化系统分为前肠、中肠和后肠 3 部分，前肠和后肠是由外胚层内陷而成。因此，其肠壁上也具有几丁质的外骨骼，并可形成突起和刚毛等构造，用来研磨或滤过食物(如虾类)。当蜕皮时前肠和后肠的外骨骼也要脱落，然后再重新分泌；而中肠则是由内胚层形成，是负责消化和吸收的主要部位。节肢动物头部的附肢，还常常变成咀嚼器或帮助抱持食物的构造，如昆虫头部的附肢还可以和头的一部分构成口器。节肢动物的一部分种类有十分发达的中肠突出物，用于储存养料。昆虫无中肠突出物，但是在体壁内和肠道周围有许多脂肪细胞，用于养料储存，这对陆栖生活至关重要。绝大多数节肢动物都有直肠垫，通常 6 个，能从将要排出的食物残渣中回收水分，并将水分输送到体腔内，以维持体内水分的平衡。

六、呼吸系统和排泄系统

在节肢动物中，呼吸器官多种多样，陆生种类的呼吸器官为气管或书肺，水生种类的呼吸器官为鳃或书鳃。鳃和气管均是体壁的衍生物，两者的区别在于形成方式不同，鳃是体壁外突而形成的，气管是体壁内陷而形成。气管是体壁的内陷物，不会使体内水分大量蒸发，其外端有气门与外界相通，内端则在动物体内延伸，并一再分支，布满全身，最细小的分支一直伸入组织间，直接与细胞接触。气管可以直接供应氧气给组织，也可以直接将二氧化碳从组织中排放出来，无须经过气体交换，故气管是一种高效的呼吸器官。书鳃是水生节肢动物腹部附肢的书页状突起。书肺是蜘蛛等陆生节肢动物腹部腹面体壁内陷形成囊状的肺室，肺室壁伸出若干中空的薄片状叶瓣，空气从腹壁两侧的裂缝进入肺室，流经叶瓣之间和叶瓣内面的血液进行气体交换。通常书肺有 1 对。有一些陆生的昆虫，其幼虫生活在水中，而具有气管鳃，即鳃里面含有气管。此外，较小的节肢动物，如水中的剑水蚤、陆上的蚜虫或恙螨，都可以靠全身体表进行呼吸，因此没有特别的呼吸器官。

节肢动物的排泄器官，可分为两种类型：一种是由肾管变来的腺体结构，如甲壳纲的颚腺和绿腺、蛛形纲的基节腺、原气管纲的肾管等都属于此种类型；另一种如昆虫或蜘蛛的马氏管。在同一种动物体内可以同时具有这两种排泄器官。基节腺是由体腔囊演变而来的，在头胸部内，1 对或 2 对，为薄壁的球状囊，血液中的代谢废物通过球状囊的薄壁，被吸收进囊内，经过一条盘曲的排泄管，由开口于步足基节的排泄孔排出体外。马氏管是肠壁向外突起而成的盲管，来源于内胚层，开口于中、后肠交界处。马氏管浸泡在血腔内的血液中，吸收血液中的代谢废物及血腔中的废物，进入后肠，回收水分，经肛门排出体外。马氏管排出的含氮废物为难溶于水的尿酸等；同时，后肠上皮

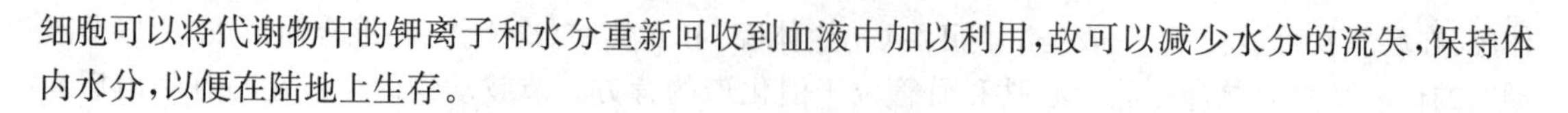

细胞可以将代谢物中的钾离子和水分重新回收到血液中加以利用，故可以减少水分的流失，保持体内水分，以便在陆地上生存。

七、神经系统和感觉器官

节肢动物的神经系统属于链状神经结构，与环节动物相同，常与身体的异律分节相适应。神经节有明显的愈合趋势，如蜘蛛的神经节都集中在食管的背方和腹方，形成很大的神经团。神经节的愈合，提高了神经系统传导刺激、整合信息和指令运动等功能，更加有利于陆栖生活，如头部 3 对神经节愈合为脑，分别形成前脑、中脑和后脑 3 部分。头部后面的 3 对神经节愈合成食管下神经节(咽下神经节)。脑是节肢动物的感觉和统一调节活动的主要神经中枢，但并非重要的运动中心，如切除脑的昆虫，给予适当刺激，昆虫仍能行走，但不能觅食。脑神经分泌细胞还能分泌脑激素，用于活化其他内分泌腺，如心侧体、咽侧体及前胸腺等，产生保幼激素和蜕皮激素，以控制蜕皮和变态等生理机制。

节肢动物的感觉器官是很完备的，主要有触觉、视觉、嗅觉、味觉、听觉等器官，这些感觉器官受神经支配，可以产生各种活动和行为。如视觉器官，有单眼和复眼，单眼只能感知光线强弱；复眼不仅能感知光线强弱，还可以形成物像。

八、生殖系统和发育

除蔓足类和一些寄生性的等足类是雌雄同体外，多数节肢动物是雌雄异体。节肢动物的生殖方式多种多样，主要为两性生殖、卵生或卵胎生、孤雌生殖、幼体生殖和多胚生殖等方式。卵为中黄卵，富含卵黄，卵裂属表面卵裂，即细胞核分裂并迁移到卵的表面周围，然后各自形成细胞膜，接着进入囊胚期。原肠胚形成则靠内陷法或分层法。节肢动物的胚后发育有很大差异，有直接发育，也有间接发育。间接发育往往具有不同阶段的发育期和不同形式的幼体或蛹期。

第二节　节肢动物门的分类

节肢动物是动物界最大的一个门，根据呼吸器官、身体分部及附肢的不同，分为 3 个亚门、7 个纲。

一、有鳃亚门(Branchiata)

有鳃亚门动物多数水生，用鳃呼吸，有触角 1～2 对。

1. 三叶虫纲(Trilobita)　触角一对，身体背部中央隆起，被两条纵沟分为 3 叶，体段划分为头部、胸部或躯干、腹部或尾甲，附肢为双肢型附肢。卵生，经过脱壳生长，在个体发育过程中，形态变化很大。一般划分为幼虫期、中年期和成年期 3 期，此为分类的重要根据之一。全部种类在 2 亿年前即已灭绝，现全为化石种类，分为 7 目：球接子目、褶颊虫目、莱得利基虫目、镜眼虫目、耸棒头虫目、裂肋虫目及齿肋虫目。迄今全世界已发现 19 个种的三叶虫纲化石，其中，我国三叶虫化石是早古生代的重要化石之一，也是划分和对比寒武纪地层的重要依据(图 8-3)。

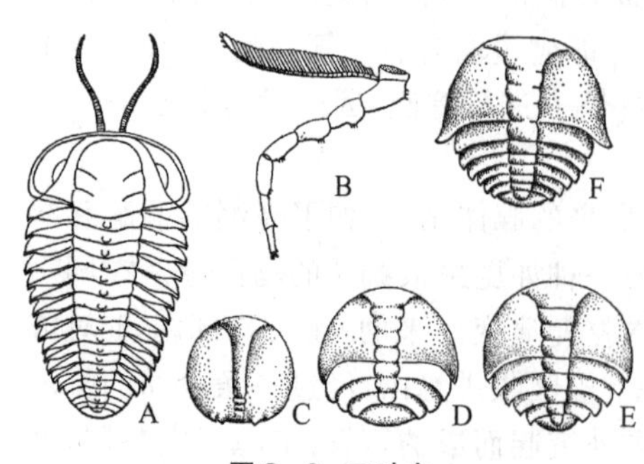

图 8-3　三叶虫

A. 三叶虫外形(背面观)　B. 三叶虫附肢　C～F. 幼体的发育

2. 甲壳纲(Crustacea)　身体分头胸部和腹部。头部和胸部外具发达的头胸甲(carapax)，保护躯体、附肢和鳃。附肢多为双肢型;头部附肢5对,分别为小触角、大触角、大颚各1对,小颚2对。大颚的咀嚼体上有门齿突(processus incisivus)和臼齿突(processus molaris),基柄处有大颚转肌可引起大颚相向活动。胸肢前3对为颚足,与大、小颚共同构成口器;后5对为单肢型步足,外肢退化、内肢发达,发达的第2(或第1)对步足有钳,称为螯足(cheliped)。腹部6对双肢型附肢,前5对为游泳足,雄虾第1对游泳足特化成交接器,第2对游泳足内缘有雄性附肢(appendix masculine),末对附肢为尾肢(uropod),与尾节构成尾扇(tail fan)。胃内的角质膜加厚形成胃磨(gastric mill),故称为磨胃(masticatory stomach),包括碎化食物的贲门胃和过滤食物的幽门胃两部分,中肠腺发达。心脏发出数条大动脉构成开管式循环系统,用鳃呼吸。蛋白质代谢的终产物有氨、尿素和尿酸,由触角腺、小颚腺和鳃排出。低等种类神经系统梯形,高等种类神经节愈合成脑或神经团;有触角、复眼、嗅毛、触毛和平衡囊等感官。多数雌雄异体,两性生殖,少数有孤雌生殖。间接发育,幼体类型多样。

二、有螯亚门(Chelicerata)

有螯亚门动物多数陆生,少数水生;身体分头胸部(前体部)和腹部(后体部);通常不分节,头胸部紧密愈合;无触角和大颚;附肢6对,第1对为螯肢,第2对为脚须,其余为步足。陆生种类用书肺或气管呼吸,水生种类用书鳃呼吸。

1. 肢口纲(Mercxstomata) 肢口纲动物海产,身体背腹扁平,分头胸部、腹部和尾剑(tail spine)3部分,头胸部和腹部之间有关节。头胸部也叫前体,由顶节和前6个体节愈合而成。背面被覆1块向上弓起而呈宽大半圆形的宽大厚甲,特称为盾甲(peltidium)。盾甲背面3条纵嵴,中嵴前端两侧有1对单眼,侧嵴外侧有1个复眼。腹部也称后体,又可分为中体和末体。中体由7个体节愈合而成,其左右侧缘各列生6枚活动刺。末体退化萎缩,其尾节向后延长为尾剑。头胸部有6对圆柱形附肢,第1对是螯肢,后面是5对步足。5对步足的第1肢节均形成额基,辐射排列于口的左右两侧,由于附肢着生在口的周围两侧,故名肢口,用来咀嚼食物。第2对步足的脚须,在雄性末端呈钩状,用以抱握雌体。第5对步足较长,结构独特,共分7个肢节。第5肢节末端有4片扁平的附属物,第6和第7肢节形成细长的钳,适于在海底掘洞和爬行,第7肢节还有1上肢,特称为扇叶,用于阻止杂物进入鳃室和激起呼吸水流。腹部共有7对附肢,第1对形成1块唇瓣(chilaria),第2对左右愈合形成1片生殖厣,后5对腹肢是扁平的游泳足,均由原肢和宽大的上肢构成。每个上肢的后壁突起形成扁平状书鳃(bookgill),共约150片,组成1枚书鳃,用于呼吸。有胃磨和2对中肠腺;开管式循环系统,心脏长管形,有心孔8对;动脉系统发达,3条前动脉,4对侧动脉,血液经血窦流入书鳃气体交换后进入围心窦,经心孔流回心脏,血液中含有血蓝蛋白和鲎素(limulin)。中枢神经系统除脑外,还有由2~8对神经节愈合成的食管下神经节。感觉器官除复眼外,还有感觉毛,遍布全身。生殖腺1对,位于头胸部内。夏季繁殖季节,雌雄聚集潮间带,雄鲎用脚须抱握雌体,雌体挖坑产卵,每穴产中黄卵200~300粒,体外受精,完全卵裂,间接发育,有三叶幼体。生活在浅海海底,或爬行,或腹面朝上仰泳,也可钻入泥沙中,以蠕虫和薄壳的螺类与蚌类为食。摄食时,先用步足的小钳夹住食物,随即转送到额基之间咀嚼,最后借螯肢送入口中。本纲为残遗动物,约有120种化石种类,现存仅1目(剑尾目)、1科(鲎科)、3属(美洲鲎属、鲎属和蝎鲎属),共4~5种。如分布于我国南海的中国鳖,也称为三刺鲎、日本鲎。(图8-4)。

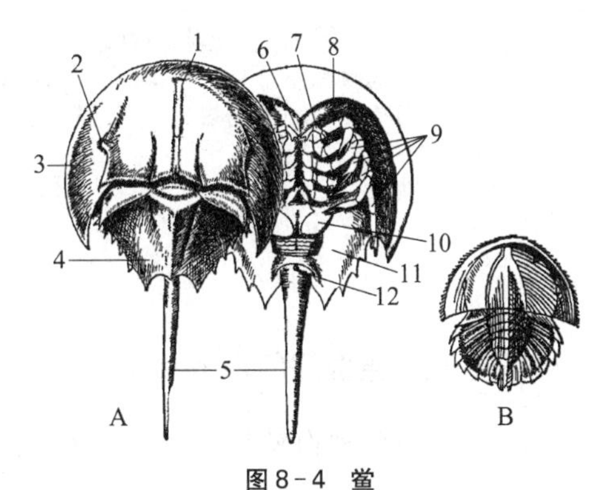

图8-4 鲎

A. 外形 B. 幼体

1. 单眼,2. 复眼,3. 背甲,4. 腹甲,5. 剑尾,6. 口,7. 螯肢,8. 触肢(脚须),9. 步足,10. 生殖厣,11. 腹肢,12. 肛门

2. 蛛形纲(Arachnida)　蛛形纲约有6.6万种,是节肢动物门中仅次于昆虫纲的第二大类群。几乎全部为陆栖,在潮间带的盐碱草地和农田中较多,多数种类活动于地面,不少种类织网悬栖于空中,甚至还可飞翔。身体较短,不分节。身体分头胸部和腹部,头胸部有6对附肢,前2对为头肢,即螯肢和脚须,可抓住落网昆虫注入毒液并将其撕裂、灌注中肠消化酶,溶解成液体供吸胃吮吸;后4对步足为胸肢。腹部由12个体节愈合而成,残存的第10、11腹肢演变为特有的前、中、后纺器(spinneret),其顶部由刚毛演变形成的纺管(fusule)与各种丝腺(silk gland)相连,腺体细胞分泌丝心蛋白(fibroin)等液体物质经纺管抽出,遇到空气就变成固体的蛛丝,纺出不同韧性的丝织成各种蜘蛛网。纺丝织网是蜘蛛重要的生物学特性,也是适应陆地生活的结果。消化系统分为前肠、中肠和后肠。前肠包括口、食管和吸胃,中肠十分发达,吸胃之后,中肠分出1对盲管,后肠短,背侧有一个直肠囊。循环系统为开管式循环,心脏呈长管形,有3对心孔,并发出前大动脉和后大动脉各1条及侧动脉3对。多数种类有2种呼吸器官,即1对书肺和1对气管(图8-5)。排泄器官有2种,即基节腺和马氏管同时存在,排泄尿酸、鸟嘌呤等含氮代谢废物。中枢神经系统高度集中,脑和全部神经节几乎合并成1个大的神经团,位于头胸部,由此发出神经通往感觉器官和身体各处。单眼8个。蜘蛛多夜间活动,靠分布在全身的触毛(tactile hairs)和步足跗节末端的嗅毛等感觉器获得外界信息。雌雄异体,雌性个体一般大于雄性个体,除蜱螨间接发育外,其余均直接发育。故本纲的主要特征可以总结为:①陆栖,能纺丝织网,以气管和书肺呼吸;②身体分头胸部和腹部,不少种类甚至这2个体部也愈合在一起,全身无明显体节;③附肢少,无触角,只头胸部有6对附肢,即1对螯肢,1对触须和4对步足,腹肢几乎全部退化。常见种类有蜘蛛、蝎子及蜱螨等(图8-6)。

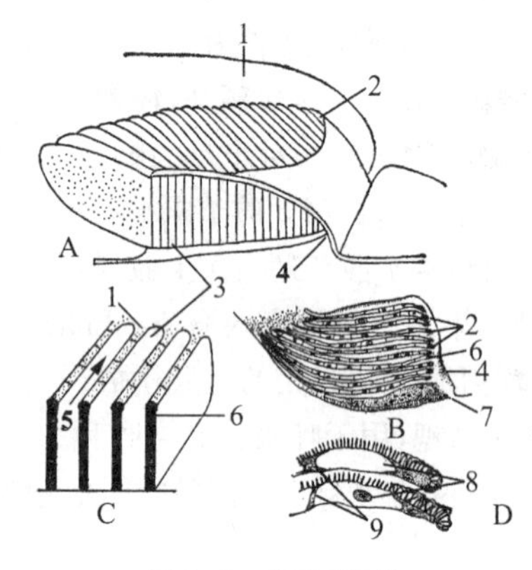

图8-5　书肺的构造

A. 大腹圆蛛书肺模式结构　B. 书肺横切　C. 部分书肺页(示气室与血窦)　D. 两片书肺页的顶端切面

1. 血液,2. 书肺页,3. 气室,4. 前庭,5. 空气,6. 角质柱,7. 书肺孔,8. 血窦及血细胞,9. 垂直支隔

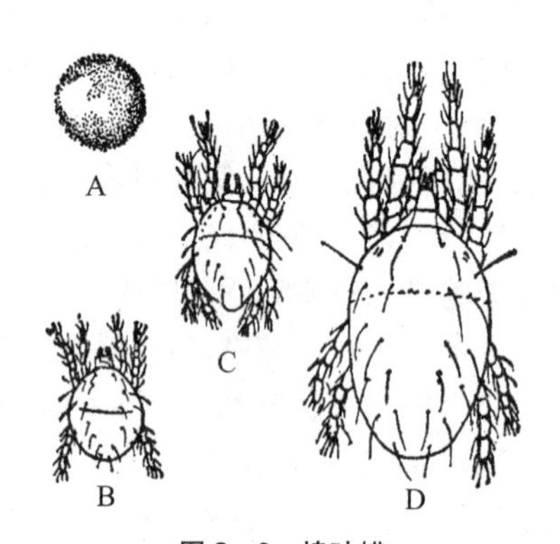

图8-6　棉叶螨

A. 卵　B. 幼螨　C. 若螨　D. 成螨

三、有气管亚门(Tracheata)

有气管亚门动物多数陆生,少数水生,全部用气管呼吸。

1. 原气管纲(Prototracheata)　原气管纲又称有爪纲(Onychophora),近年来有人将其独立为有爪动物门。体呈蠕虫形,长1.5～15 cm,体外分节不明显,只在表面密布由体表的小乳突排列而成的环纹。身体分头和躯干两部分,头部不明显,由顶节和前3个体节愈合而成。附肢具爪但不分节,只是中空的体壁突起,每对附肢标志1个体节。有1对触角,2对口肢和14～43对步足。身体

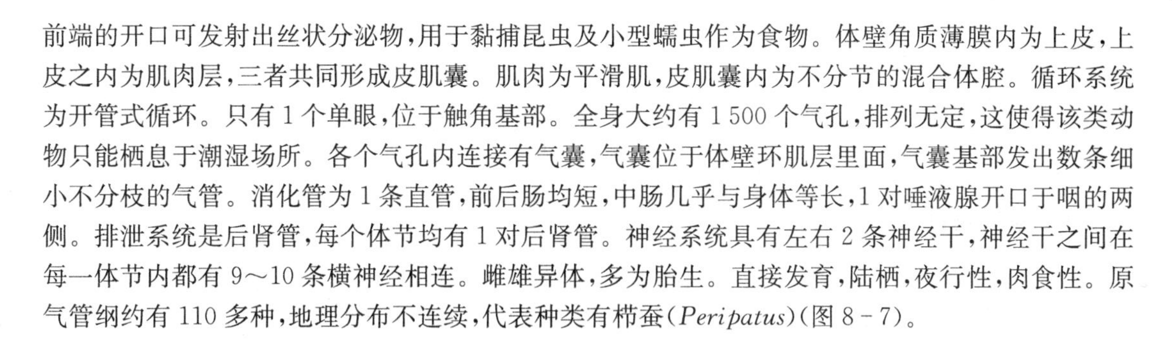

前端的开口可发射出丝状分泌物，用于黏捕昆虫及小型蠕虫作为食物。体壁角质薄膜内为上皮，上皮之内为肌肉层，三者共同形成皮肌囊。肌肉为平滑肌，皮肌囊内为不分节的混合体腔。循环系统为开管式循环。只有 1 个单眼，位于触角基部。全身大约有 1 500 个气孔，排列无定，这使得该类动物只能栖息于潮湿场所。各个气孔内连接有气囊，气囊位于体壁环肌层里面，气囊基部发出数条细小不分枝的气管。消化管为 1 条直管，前后肠均短，中肠几乎与身体等长，1 对唾液腺开口于咽的两侧。排泄系统是后肾管，每个体节均有 1 对后肾管。神经系统具有左右 2 条神经干，神经干之间在每一体节内都有 9～10 条横神经相连。雌雄异体，多为胎生。直接发育，陆栖，夜行性，肉食性。原气管纲约有 110 多种，地理分布不连续，代表种类有栉蚕(*Peripatus*)(图 8 - 7)。

图 8 - 7 栉蚕

A. 栉蚕的自然状态 B. 头部侧面观 C. 前部腹面观

1. 触角，2. 单眼，3. 口乳突，4. 足，5. 肾管孔，6. 颚

2. 多足纲(Myriapoda) 多足纲动物几乎全部陆栖，多为土壤动物，隐居泥缝、石缝和落叶间，夜间活动。

身体长而扁平，由头和躯干部两部分组成，头部由 6 个体节愈合而成，有 3～4 对附肢。第 2 个体节的附肢为触角，其长短、形状及节数因种类而异，是多足纲动物的触觉和嗅觉器官，口器包括 1 对大颚和 1～2 对小颚。躯干部由多个体节组成，各节几乎相同，每个体节由 4 片几丁质板连接而成，侧板上具有步足、气孔和几丁质化的小片。每一个体节具有 1～2 对同型的附肢，最后 3 个体节为前生殖节、生殖节和肛节。雄性的前生殖节腹板大，有阴茎，并残存 1 对生殖肢，故从身体腹面观察，易于区别雌雄。第 1 躯干节的附肢十分发达，特化形成颚足，也称毒爪或毒颚，呈钳状，有 5 个肢节，左右颚足各有 1 个毒腺，位于粗壮的第 2 肢节内，毒腺输出管开口于颚足近末端处。

皮肤腺发达，是由体壁的上皮细胞演变而来的，如蜈蚣的毒腺和马陆的臭腺。

消化管直而不弯曲，分为前肠、中肠和后肠。循环系统为开管式循环，以气管呼吸，步足基部的气孔内连气囊。排泄器官是马氏管，1～2 对。感觉器官以触角为主，视觉器官不发达，只在部分种类有单眼，单眼为侧眼。中枢神经系统由脑、食管下神经节和腹神经链 3 部分组成，腹神经链上的神经节相互不愈合，每个躯干节有 1 或 2 个神经节。雌雄异体，几乎全部为两性生殖。在温带，蜈蚣的交配季节是春季。雄性排出的是精荚。交配后，雌性一般在夏季产卵，秋季孵化，幼体 3 年才能达到性成熟，寿命一般为 6～7 年。

多足纲共有 1.05 万种，分唇足亚纲(Chilopda)和前殖亚纲(Progoneata)2 个亚纲，7 个目。常见种类有少棘蜈蚣(*Scolopendra mutilans*)(图 8 - 8)和马陆(*Julus*)。

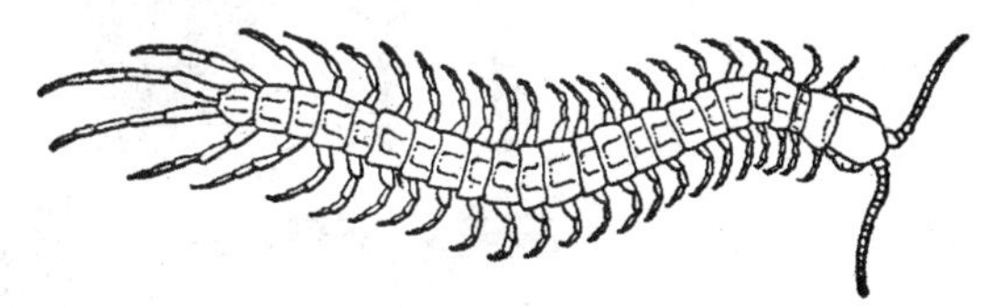

图 8 - 8 少棘巨蜈蚣

3. 昆虫纲(Insecta) 昆虫纲是动物界中最大的一个纲，已知种类约 100 万种，占整个动物界的 3/4 以上，占节肢动物门种数的 94%以上。昆虫种类多，数量大，分布广，适应性强，遍布全球。每种昆虫都有 5 个不同的发育期或形态期(各龄幼虫、蛹、成虫)，增加了虫体的差异性。大多数昆虫都是陆生的，少数种类在其一生中有 1～2 个发育阶段为水生或终生水生，海产种类极其稀少。

第三节　昆　虫　纲

一、主要特征

(一) 外部特征

昆虫身体分节，且部分体节相互愈合而成为头、胸、腹 3 个体部(图 8-9)。

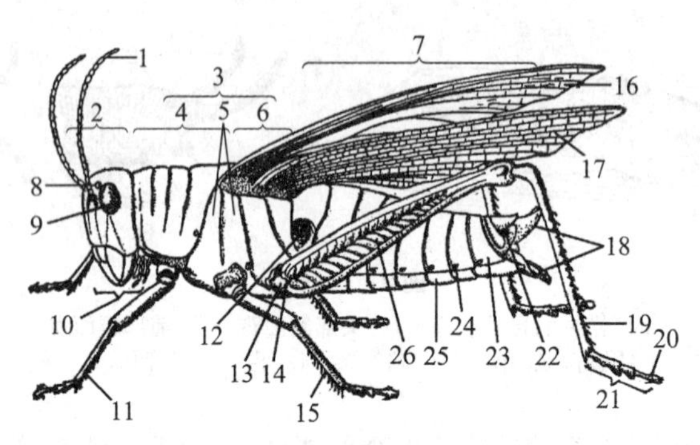

图 8-9　棉蝗的外形

1. 触角，2. 头，3. 胸，4. 前胸，5. 中胸，6. 后胸，7. 腹，8. 单眼，9. 复眼，10. 口器，11. 前足，12. 听器，13. 基节，14. 转节，15. 中足，16. 前翅，17. 后翅，18. 产卵器，19. 胫节，20. 爪，21. 跗节，22. 尾须，23. 背板，24. 气孔，25. 腹板，26. 腿节

1. 头部　头部是昆虫的感觉和摄食的中枢，由 4 或 6 个体节愈合而成，成体已无任何分节的痕迹。

(1) 触角：头部有触角 1 对，由头部第 2 体节的附肢形成，一般着生在 2 只复眼之间，分节，由基部到端部包括 1 节柄节(scape)，1 节梗节(pedicel)，其余多节统称为鞭节(flagellum)。触角主要司触觉，也兼有嗅觉及听觉作用。不同种类的昆虫，触角形态有很大变异，即使同种昆虫的雌雄之间，触角形态也不相同。因此，触角的形态常用作分类及鉴别雌雄的依据(图 8-10)。常见触角的类型如下。①刚毛状触角(setaceous)：触角短，基节与梗节较粗大，其余各节细似刚毛。如蝉、蜻蜓等的

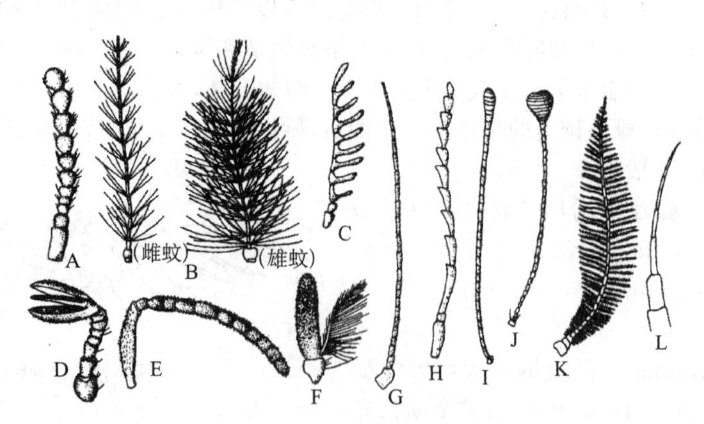

图 8-10　昆虫的各种触角

A. 念珠状(白蚁)　B. 环毛状　C. 梳状(报死岬)　D. 鳃瓣状(金龟子)　E. 膝状(蜜蜂)　F. 具芒触角(蝇)　G. 丝状(蝗)　H. 锯齿状(萤)　I. 棒状(蝶)　J. 锤状(长角蛉)　K. 双梳状(天蛾)　L. 刚毛状(蜻蜓)

触角。②丝状触角(filiform):也称为线状触角。触角细长,除基部第1、2节较粗外,其余各节的大小和形状相似,向端部渐细。如直翅目蝗虫。③念珠状触角(Moniliform):鞭节各亚节的形状和大小基本一致,近似圆球形,像一串念珠。如白蚁的触角。④羽状触角(Bipectinate):也称为双栉状触角。鞭节各亚节向两侧突出很长,似篦或鸟的羽毛。如鳞翅目雄蚕蛾的触角。⑤锯齿状触角(serrate):鞭节各亚节的端部向一侧突出如锯齿。如鞘翅目芫青和叩头甲雄虫的触角。⑥棒状触角(clavate):又称为球杆状触角。触角细长如杆,端部数节渐膨大。如鳞翅目蝶类的触角。⑦锤状触角(capitate):类似棍棒状,但鞭节端部数节突然膨大似锤。如鞘翅目瓢虫、郭公虫的触角。⑧鳃叶状触角(lamellate):鞭节端部数节扩展成片状,可以开合,状似鱼鳃。如鞘翅目金龟子的触角。⑨栉齿状触角(pectinate):鞭节各亚节向一侧突出很长,形如梳子。如雄性绿豆象的触角。⑩芒状触角(aristate):又称为触角芒(arista)。触角短,鞭节不分亚节,较柄节和梗节粗大,其上有一刚毛状或芒状构造。如双翅目蝇类的触角。⑪膝状触角(geniculate):又称为肘状触角。柄节较长,梗节短小,鞭节由大小相似的亚节组成,在柄节和梗节之间成膝状弯曲。如膜翅目蜜蜂、蚁的触角。⑫环毛状触角(plumose):除基部两节外,大部分触角具有一圈细毛,越近基部的毛越长,渐向端部递减。如双翅目雄摇蚊的触角。

(2) 口器(mouthparts):昆虫的口器在头部的位置不同,因而头部的口式分为以下3种类型。①下口式(hypognathous):口器在头的下部,如蝗虫,多见于植食性昆虫的头式;②前口式(prognathous):口器在头的前部,如步行虫、天牛幼虫,多为捕食性及蛀食性昆虫所有;后口式(opisthognathous):口器在头的下后方,头的纵轴与体轴呈一锐角,如蝉、蚜虫,多具刺吸式口器(图8-11)。

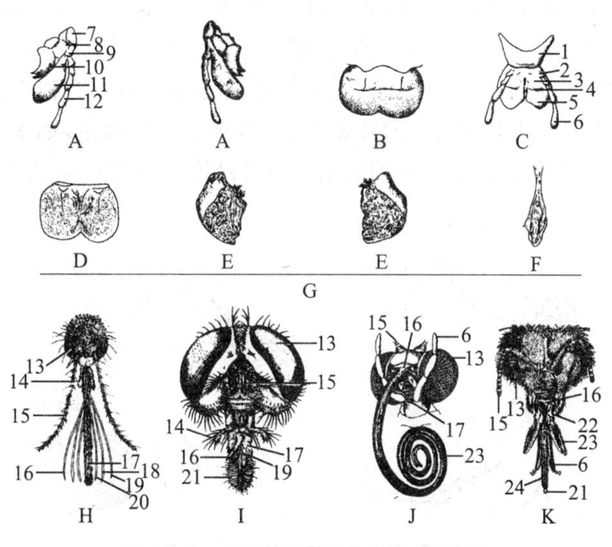

图8-11 飞蝗的口器及昆虫的口器类型

A. 下颚 B. 上唇 C. 下唇 D. 内唇 E. 上颚 F. 舌 G. 咀嚼式口器(飞蝗) H. 刺吸式口器(雌蚊) I. 舔吸式口器(家蝇) J. 虹吸式口器(蝶、娥) K. 嚼吸式口器(蜜蜂)

1. 后颏节,2. 负唇须节,3. 前颏节,4. 中唇舌,5. 侧唇舌,6. 下唇须,7. 轴节,8. 基节,9. 负颚须节,10. 内颚叶,11. 外颚叶,12. 下颚叶,13. 复眼,14. 小颚须,15. 触角,16. 上唇,17. 下唇,18. 小颚,19. 舌,20. 大颚,21. 唇瓣,22. 小颚须,23. 小颚外叶,24. 中舌

口器是昆虫的取食器官,由头部的骨片及3对附肢组成,也是昆虫分目的重要依据之一。根据食性及取食方式的不同,昆虫的口器可分为以下5类:咀嚼式口器(chewing mouthparts)、刺吸式口

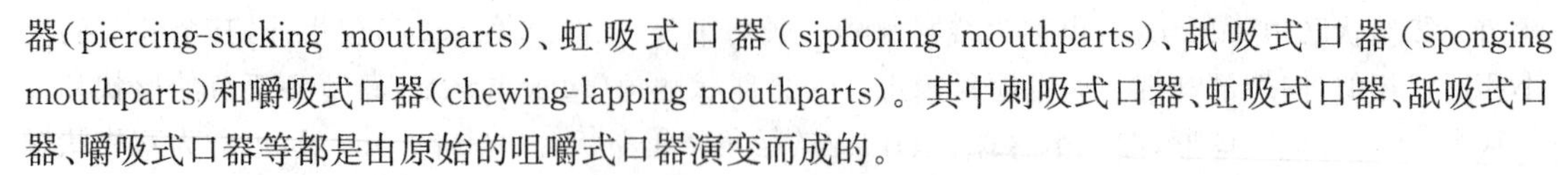
器(piercing-sucking mouthparts)、虹吸式口器(siphoning mouthparts)、舐吸式口器(sponging mouthparts)和嚼吸式口器(chewing-lapping mouthparts)。其中刺吸式口器、虹吸式口器、舐吸式口器、嚼吸式口器等都是由原始的咀嚼式口器演变而成的。

咀嚼式口器是昆虫中最原始、最基本的口器类型,包括上唇、大颚、小颚、下唇及舌5部分。①上唇(labrum)1片,是头部唇基下面的骨片,内有肌肉牵引,可以前后活动,形成口器的上盖。②大颚(mandible)1对,位于上唇之后,是头部第4体节附肢形成的一对坚硬的几丁质结构,前端相对面具粗齿,用以切碎食物,后端具细齿,用以研磨、咀嚼食物。③小颚(maxilla)1对,位于大颚之后,由头部第5节附肢形成,由轴节、茎节、内颚叶、外颚叶及小颚须组成,具把持及刮取食物的功能,小颚须有嗅觉与味觉作用。④下唇(labium)1片,位于小颚之后,形成口器的底盖,由头部第6节附肢愈合形成,形态与小颚相似,包括颏节、亚颏节、侧唇叶、中唇叶及下唇须。下唇须具感觉作用。⑤舌(hypopharynx)是头壳腹面的一个肉质突起,位于两小颚之间,基部有唾液腺开口,具搅拌及运送食物的作用。舌上具许多感觉毛,有味觉功能。咀嚼式口器适于取食固体食物,如蝗虫、胡蜂等。

了解昆虫的口器类型,对于识别昆虫类群和了解昆虫的食性及取食方式都有重要意义。例如,根据口器类型判断被害症状,亦可根据被害症状确定害虫,从而采用不同的杀虫剂,因而在防治害虫上有实际意义。

2. 胸部　胸部是昆虫的运动和支持中心,由前胸、中胸和后胸3节组成。

(1) 足(leg):每1胸节着生有1对足,分别称为前足(fore leg)、中足(median leg)和后足(hind leg),着生在各节侧、腹板间的膜质基节窝内,以关节与体躯相连。典型的胸足可分为6节,即基节(coxa)、转节(trochanter)、腿节(femur)、胫节(tibia)、跗节(tarsus)和前跗节(pretarsus)。昆虫最基本的足是步足(walking leg),步行时一侧的前、后足与对侧的中足为一组,两组相互交替,移动与支撑身体。但由于生活环境、取食方式等不同,昆虫的足在形态构造上有很大的变化,产生了不同的具有高度适应性的类型。常见类型有:①开掘足,如蝼蛄;②抱握足,如雄龙虱;③捕捉足,如螳螂;④攀缘足,如虱子;⑤跳跃足,如蝗虫的后足;⑥携粉足,如蜜蜂;⑦游泳足,如松藻虫、龙虱等水生昆虫的后足(图8-12)。

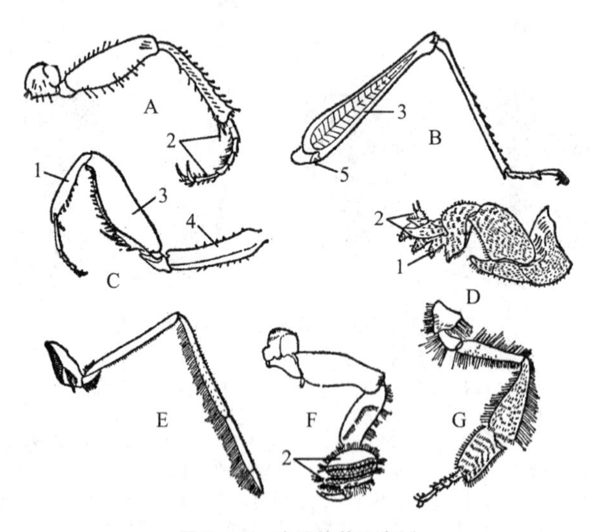

图8-12　胸足的若干类型

A. 步行足(步行虫)　B. 跳跃足(稻蝗后足)　C. 捕捉足(螳螂前足)　D. 开掘足(蝼蛄前足)　E. 游泳足(松藻虫后足)　F. 抱握足(龙虱前足)　G. 携粉足(蜜蜂后足)

1. 胫节,2. 跗节,3. 腿节,4. 基节,5. 转节

(2) 翅:大多数昆虫的成虫,在中胸和后胸的背侧着生有2对翅。在无脊椎动物中,只有昆虫有翅能飞,这对于昆虫扩展其分布范围、寻找配偶、寻觅适宜生境和食物、逃避天敌的伤害等都具有重大意义。作为飞行器官,翅不是附肢的演变物,而是翅芽逐渐发育形成的。翅芽是指中胸和后胸近背面左右侧壁的扁平褶突。外翅类即不完全变态的昆虫,翅芽从幼虫时期就开始突出在体外;内翅类即完全变态的昆虫翅芽则隐藏在幼虫的角质膜下面,直到蛹期才初见于体外。发育完全的翅是由两层极薄的膜状物即体壁自中后胸背面向外延伸而成,随着虫体发育成长,上下两层紧密黏合,形成扁平的翅。在上下两层膜状物黏合时,留有许多高度角质化的纵横的孔道,以后气管、血液及神经便贯穿其中形成翅脉(vein),翅脉对翅有支持作用。翅脉分为纵脉和横脉2种,从翅基部通向翅边缘的脉称为纵脉,相邻两纵脉之间相连的短翅脉称为横脉。各个翅脉都有特定的名称和缩写符号,纵脉和横脉相互交织,将脉面分成许多个小区,每个小区称为1个翅室。原始种类的翅不能折叠,翅脉极多呈网状,如蜻蜓、蜉蝣。较高等种类的翅静止时折叠在背部,翅脉数逐渐减少。多数蜻蜓目、啮虫目和膜翅目昆虫翅的前缘近顶角处有1个深色斑叫翅痣(pterostigma)。翅脉在翅面上的分布形式称为脉相(venation,也称为脉序或脉系)。脉相因种而异,变化很大,但是针对某一种昆虫而言,其脉相非常独特而且恒定不变,所以脉相是昆虫分类的重要依据。根据对化石及生存种类不同脉相的分析比较,可以推论出一个原始的基本的脉相,称为假想翅脉。

昆虫的翅,除原始无翅种类外,随着生活方式及所处环境而发生变化。翅通常为膜状,透明而薄,称为膜翅(membranous wing),如蝗虫的后翅为膜翅;但是蝗虫的前翅略厚,似革,半透明,用以保护,称为覆翅(tegmen)。甲虫的前翅角质更厚而硬化,不见翅脉,完全用于保护,称为鞘翅(elytron)。蝽象的前翅翅基半部为角质或革质,端半部为透明膜质,称为半翅(hemielytron)。鳞翅目的蝶类和蛾类的前后膜质翅上覆盖有鳞片,称为鳞翅(lepidotic)。蓟马的翅缘上着生很长的缨状毛,称为缨翅(fringed)。蚊、蝇的后翅退化,变为一对棍棒状,称为平衡棒,外观上蚊、蝇只有左右各一的2个翅,故称为双翅目昆虫。石蛾的膜质翅上生有密毛,称为毛翅(piliferous)。有些昆虫,如笨蝗、跳蚤、虱、臭虫、雌介壳虫等,幼虫或蛹期具有翅芽,也就是原始有翅,但是随着个体变态发育的进行,退化成无翅型。

3. 腹部 原始种类昆虫的腹部有12个腹节,其他各类多为9～11个腹节;有的种类由于腹节的合并或退化,仅有3～5节(如青蜂)或5～6节(如蝇类、跳虫)。大部分内脏器官和生殖器官位于腹部,所以腹部是代谢活动和生殖的中心。昆虫腹部常无附肢,但末节多有1对尾须,有时尾须很长并分为多节;腹部末端具肛门及外生殖器。雌性昆虫的外生殖器是由腹部第8、9节的附肢演化而成,雄性昆虫的外生殖器则由第9节的附肢变成(图8-13)。

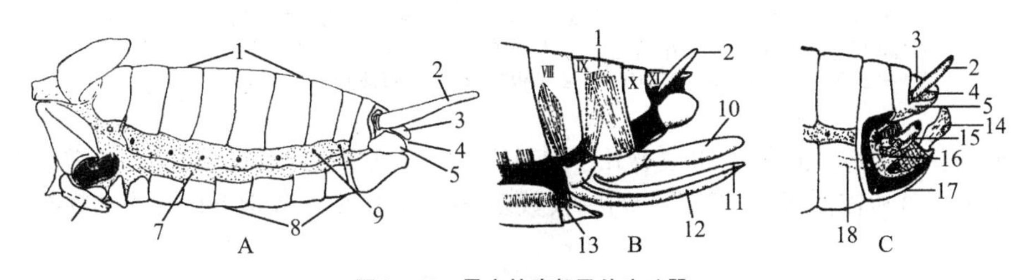

图8-13 昆虫的腹部及外生殖器

A. 腹部体节 B. 雌性昆虫的外生殖器 C. 雄性昆虫的外生殖器

1. 背板,2. 尾须,3. 肛上板,4. 肛门,5. 肛侧板,6. 后胸节,7. 侧膜区,8. 腹板,9. 气孔,10. 第3产卵瓣,11. 第2产卵瓣,12. 第1产卵瓣,13. 生殖孔,14. 抱握器,15. 阴茎,16. 阴茎基,17. 生殖下板,18. 射精管

(二) 内部构造

1. 体壁与肌肉 昆虫的体壁含有几丁质和骨蛋白,质地坚硬而富弹性,以保护体内构造。体壁

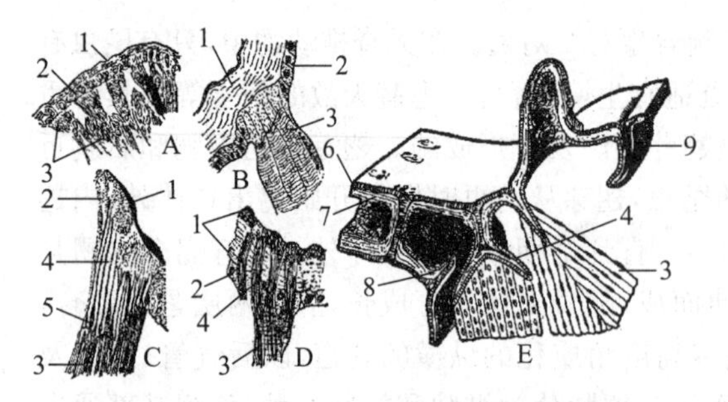

图 8-14　昆虫体壁肌与体壁和内突的连接方式

A. 美洲鲱蠊胚胎期肌肉和体壁的连接　B. 天蛾幼虫肌肉的末端　C. 蜻蜓稚虫的下唇肌　D. 吉丁虫成虫肌肉的着生(示肌小腱深入到表皮层内)　E. 肌肉与体壁内脊或内突的连接

1. 表皮层，2. 表皮细胞层，3. 肌肉，4. 肌小腱，5. 细胞核，6. 外表皮，7. 内表皮，8. 内突，9. 悬骨

由内向外分为基膜、表皮细胞层和表皮层(外骨骼)。体壁的表皮层外还有蜡质层，用以防止水分，并防止外界药物的侵入，构成体壁的不透性，使得昆虫可以很好地适应陆生生活，甚至可以生存于干旱和沙漠地区。昆虫的体表还形成了非细胞性突起，如脊纹、棘等，以及细胞性突起，如距、刚毛、鳞片等(图 8-14)。

昆虫的肌肉无论是随意肌或不随意肌全部都是横纹肌，其体壁肌纤维的端部直接着生在体壁或体壁内陷而成的“内骨骼”上。昆虫肌肉的数目多，可达 4 000 余条，这些肌肉的收缩能力非常强大，当肌肉与身体的环节及附肢关节配合起来时，就会产生飞行、爬行、跳跃、游泳、取食、交配等各种复杂运动。

2. *消化系统*　昆虫的消化道可分为前肠、中肠和后肠 3 部分。前肠和后肠起源于外胚层，其内壁具几丁质衬膜，衬膜与表皮一样可以随蜕皮而更换。中肠由内胚层形成，无几丁质衬膜，大多数昆虫的中肠具有一层管状的、将食物与肠壁细胞隔开的围食膜。围食膜为昆虫中肠所特有，其作用为防止食物直接摩擦肠壁细胞而受损伤。昆虫消化系统随食性不同又各有差异，植食性昆虫的消化道一般较长，吸血性昆虫的消化道都比较短；吮吸昆虫的咽特别发达，其功能犹如唧筒便于吮吸；蜜蜂的嗉囊则特化为“蜜胃”，是使唾液与吞入的花蜜充分搅拌并使花蜜转化为蜂蜜的地方(图 8-15)。

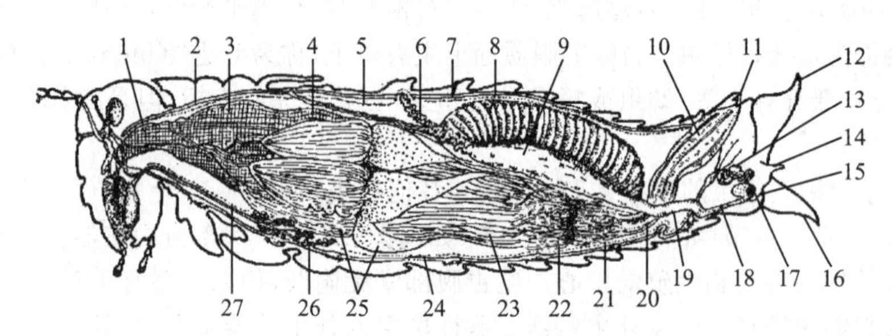

图 8-15　棉蝗的内部解剖(示消化、生殖等系统)

1. 食管，2. 动脉，3. 嗉囊，4. 前胃，5. 背隔，6. 副性腺，7. 心脏，8. 卵巢，9. 卵萼，10. 直肠，11. 肛门，12. 背产卵瓣，13. 受精囊，14. 中产卵瓣，15. 导卵突起，16. 腹产卵瓣，17. 生殖孔，18. 输卵总管，19. 输卵管，20. 结肠，21. 回肠，22. 马氏管，23. 胃，24. 腹神经索，25. 胃盲囊，26. 唾液腺，27. 腹隔

昆虫能取食各种类型的食物，其食物几乎包括所有的有机物质。食性差异大，只需很少的食物便能满足完成发育所需的营养，因而繁殖快、代数多，这也是昆虫在数量上比其他动物都多许多的原因。

3. *循环系统*　昆虫都是开管式循环，由心脏和血腔(也称体腔)组成。血液自背面围心窦(也称背窦)内的心脏流入极短且直接开口于血腔的动脉，经一段动脉后便在血腔中运行，经腹窦、围脏窦返回围心窦，通过心孔再进入心脏。心脏常呈管状，位于腹部第 1～9 腹节的背方，每节有 1 个膨大的心室，心室的数目为 1～12 个，因种类不同而变化，每个心室都有 1 对心孔。血液在血腔内按一定方向流动的原因是：心脏有节律地收缩或扩张，造成薄膜的波状运动，进而使血液定向流动。血液是由液态的血淋巴及悬浮在血淋巴中的血细胞所组成。血液无色或含血清蛋白，呈黄色或绿色，无呼吸色素,故不携带氧,主要功能是运输营养和激素及代谢废物。

4. 呼吸系统　昆虫生活环境多样,故呼吸方式也不相同。大多数昆虫以气管进行呼吸。气管呼吸是昆虫的一种特殊的呼吸方式,以直接输送气体,代替血液携带气体。一些个体微小的昆虫可以直接利用体表进行呼吸。一些水生昆虫也用气管呼吸,但表现为鳃的形式,所以称为气管鳃。气管鳃是少数水生昆虫身体皮肤的扩展,里面有气管分布,形式上是鳃,但是溶于水中的氧气通过扩散进入鳃内气管来进行气体交换,完成呼吸作用。大部分水生昆虫仍旧定时露出水面呼吸大气中的空气。寄生昆虫常常是利用宿主体壁从大气中获得氧(图 8-16)。

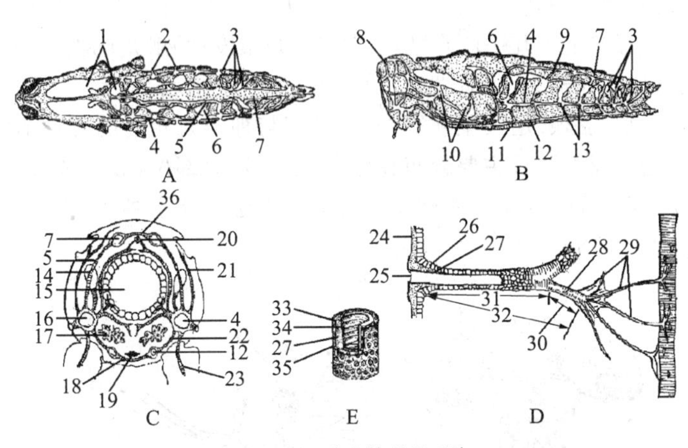

图 8-16　蝗虫的呼吸系统

A. 背面观　B. 侧面观　C. 经一胸节的横切面　D. 部分气管系统(示气门、气管及微气管的相互关系)　E. 气管的结构

1. 胸部气囊,2. 腹部气门,3. 腹部膨胀的气管,4. 侧气管干,5. 背支,6. 腹部气囊,7. 背气管干,8. 头部气管,9. 腹部气囊,10. 胸部气门,11. 腹支,12. 腹气管干,13. 腹气门,14. 胸气囊,15. 消化道,16. 胸气门,17. 唾液腺,18. 腹接索,19. 胸神经节,20. 背大动脉,21. 翅支,22. 侧支,23. 足支,24. 体壁,25. 气门,26. 上皮细胞,27. 内膜,28. 已去上皮,29. 微气管,30. 支气管,31. 主气管,32. 气管,33. 上表皮形成的螺旋丝,34. 外表,35. 管壁细胞(上皮细胞),36. 背连索

5. 排泄系统　昆虫的排泄器官是马氏管。马氏管是一种适应陆地生活的排泄器官,由外胚层分化而来。管壁只有一层大型细胞,其外是底膜,底膜外还有环形、螺旋形,甚至长形纵向排列的肌纤维。大型细胞层内面有很多微绒毛,开口于中肠与后肠交界处,细长盲管状,游离在血腔之中,数量因种类而异,主要功能是从血液中收集代谢废物,即尿酸。尿酸先进入大型细胞内,并在这些大型细胞所产生的数种酶的作用下,分解成尿囊酸、二羟醋酸和尿素等。它们都比尿酸易溶于水,因此就从大型细胞的管壁细胞进入管腔中,把它们运至肠管腔内,最后随粪便排出,故而也可以调节体液的水分平衡和盐分平衡。马氏管的主要排泄产物是尿酸。尿酸是极难溶于水的结晶,所以排出时不需要伴随多量的水,这有利于生活在干燥环境中的昆虫保持体内水分。此外,有的昆虫可将尿酸堆积于体内脂肪体的尿盐细胞中,也有“排泄”作用,即堆积排泄。

6. 神经系统和感觉器官　昆虫的神经系统为典型节肢动物的链状神经系统,由脑、围咽神经环、咽下神经节和腹神经索组成。不同昆虫神经节的合并程度各有不同。例如,棉蝗后胸内的神经节就是由后胸神经节及前 3 个腹神经节合并而成的;家蝇是胸部和腹部的所有神经节全部愈合形成了一个很大的神经团。交感神经系统包括口道交感神经系统、腹交感神经系统和尾交感神经系统。口道交感神经系统主要有额神经节和后头神经节,其神经纤维分布于前肠、唾液腺、咽侧体等部位;腹交感神经系统是连于腹神经索各神经节上的横神经,其神经纤维分布到各该节的气门;尾交感神经系统是由腹部末端神经节发出的神经,分布于后肠和生殖器官。

昆虫具有十分发达的感觉器官，对于光波、声波、气味的化学刺激和其他直接或间接的刺激，都能感受并产生反应，主要分5类：视觉器官、听觉器官、触觉器官、味觉器官和嗅觉器官。昆虫的视觉器官为单眼和复眼。单眼又分背单眼和侧单眼，每个单眼只有1个双凸的透镜，其内为一层角膜细胞。角膜细胞层内是由一群视觉细胞构成的小网膜；每个视觉细胞的近端突起延长称为单眼的神经纤维，在透镜边缘和视觉细胞之间常有色素细胞。复眼1对，能形成像，分辨近距离特别是运动的物体，还能辨别颜色。每个复眼有许多小眼组成，每个小眼又包括折射器和受纳器2部分。昆虫辨别光线的能力偏于短光波，故常用黑光灯来防治某些害虫。昆虫的听觉器官一般存在于能发音的昆虫，在不同的发音昆虫中其位置也不同，如蝗虫的鼓膜听器位于腹部第1节两侧，蟋蟀及螽蟖的鼓膜听器位于前足胫节上。几乎所有昆虫(尤以雄蚊最发达)触角的梗节中都有能感受声波和辨别音调的听觉器官(如江氏器)。触觉器官(感触器)突出于体表，呈毛状、板状、鳞片状、钟状等，大多位于触角、口器、唇须、颚须、足及尾须等处，基部有与神经元相连的感觉细胞。味觉器官分布于昆虫的口器和足等处。嗅觉器官主要分布在触角、下唇须等部位，数量很大，如雄蜜蜂的一根触角上就有3万多个嗅觉器，故嗅觉器官能敏锐地帮助昆虫感受化学刺激、协助寻找食物、发现配偶及产卵场所等(图8-17、图8-18)。

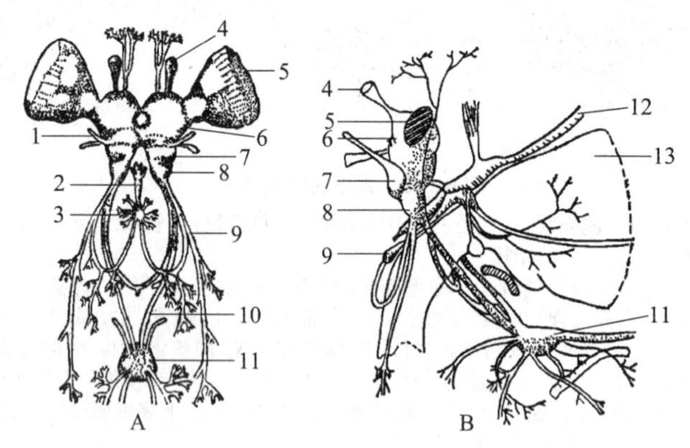

图8-17 蝗虫的头部神经系统

A. 正面观 B. 侧面观

1. 触角神经，2. 回神经，3. 额神经，4. 单眼梗，5. 视叶，6. 前脑，7. 中脑，8. 后脑，9. 额神经连索，10. 围食管神经，11. 食管下神经节，12. 大血管，13. 嗉囊

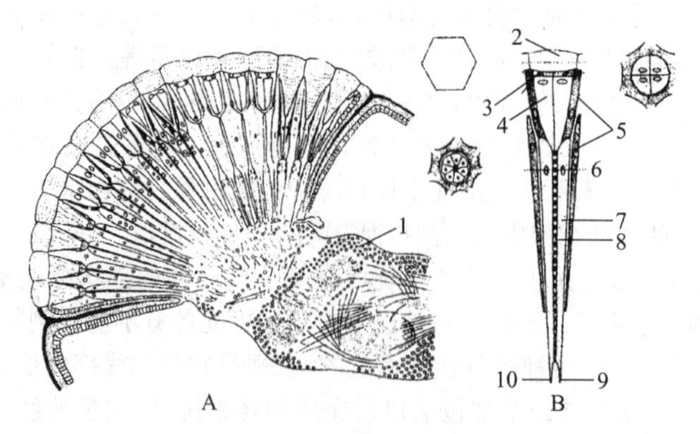

图8-18 昆虫复眼构造

A. 复眼纵切模式图 B. 个眼纵横切面图

1. 视觉中心，2. 透镜，3. 透镜细胞，4. 晶体，5. 色素细胞，6. 虚线所示的横切面，7. 视觉细胞，8. 视杆，9. 视神经纤维，10. 底膜

7. 内分泌系统　内分泌系统是昆虫体内的一个调节控制中心。昆虫体内的重要内分泌腺体有脑神经分泌细胞、咽侧体和前胸腺等。脑神经分泌细胞位于昆虫脑内背面，能分泌脑激素；脑激素经心侧体(有人认为它也有分泌作用)释放进入血液中，激活前胸腺分泌蜕皮激素，激活咽侧体分泌保幼激素，所以脑激素又称为活化激素。在蝗虫等渐变态的昆虫中，保幼激素和蜕皮激素同时存在于若虫体内，若虫蜕皮后仍为若虫，到若虫最后一龄期时，咽侧体的活动减退，体内的保幼激素浓度变得很低，而蜕皮激素相对较高，所以蜕皮后出现成虫性状。有翅亚纲的昆虫到成虫期后，前胸腺退化或者活动降低，致使蜕皮激素含量极低甚或没有，故成虫便不再蜕皮，但无翅亚纲的昆虫，由于前胸腺终身存在，故成虫可继续蜕皮。有翅亚纲中全变态昆虫的末龄幼虫，保幼激素分泌量减少，在大量蜕皮激素的影响下，蛹的性状出现，最后在蜕皮激素的单独控制下蜕皮为成虫。总之，脑激素、蜕皮激素、保幼激素(统称内激素)在昆虫发育过程中周期性产生，并且相互刺激或抑制，具有调节昆虫生长、发育、蜕皮、变态及代谢的作用(图 8-19)。

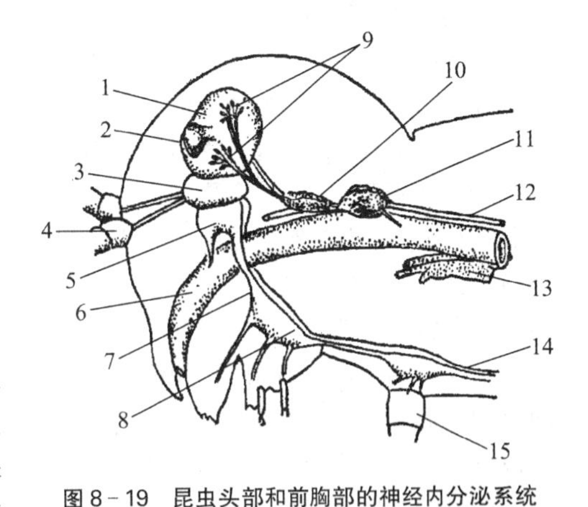

图 8-19　昆虫头部和前胸部的神经内分泌系统

1. 前脑，2. 视叶，3. 中脑，4. 触角，5. 后脑，6. 食管，7. 围食管神经，8. 食管下的神经节，9. 神经分泌细胞，10. 心侧体，11. 咽侧体，12. 动脉管，13. 前胸腺，14. 神经索，15. 前胸足

8. 昆虫的外激素(信息素)　信息素是由身体某一器官或组织分泌到体外的一些微量化学物质，借空气或其他媒介可传递到同种的另一个体或异种个体的感受器，引起它们产生一定的行为反应或生理效应。信息素有种内信息素和种间信息素两种。种内信息素又分为性信息素、追踪信息素、报警信息素和聚集信息素等；种间信息素分为利己素和利他素等。其中性信息素在害虫预报和对害虫的防治方面有重要的应用价值，人们已经人工合成了许多性诱剂，用来防治害虫。

昆虫纲的主要特征总结

(1) 昆虫种类多，数量大，分布广，适应性强。

(2) 昆虫的身体都有 20 个体节，愈合后形成头、胸、腹 3 个体部，头部是感觉和摄食中心，胸部是运动和支持中心，腹部是营养和繁殖中心。

(3) 附肢对数较少，且全部为单肢型，头部的 3 对口肢和唇、舌组成口器。

(4) 胸部有 3 对足和两对翅，前足和后足往往由于功能改变而形态发生相应特化。

(5) 消化管分为前肠、中肠和后肠 3 部分，这 3 部分都由单层细胞构成，其外有一层底膜，底膜外有 2 层肌纤维。

(6) 排泄器官是马氏管，是外胚层衍生而来的，马氏管的数目因昆虫种类而异。

(7) 具有发达的感觉器官，分为视觉器官、听觉器官、触觉器官、味觉器官和嗅觉器官 5 类。一般昆虫的神经系统包括中枢神经系统、周围神经系统和交感神经系统。

(8) 雌雄异体，两性异型明显，尤其是鳞翅目昆虫。个体发育分为胚胎时期和胚后时期两个阶段。胚胎时期的发育称为孵化。胚后发育为变态发育，共有 5 种变态类型：增节变态、表变态、原变态、不完全变态和完全变态。

二、生物学特征

(一) 生殖与发育

大多数昆虫行两性生殖，卵生或卵胎生。有些昆虫的卵未经受精即可进行生殖，称为单性生殖(或孤雌生殖)，如蜜蜂等产下的受精卵发育成雌蜂(蜂王、工蜂)，而未受精卵发育成雄蜂。蚜虫可进行周期性的孤雌生殖，如棉蚜仅在冬季来临时，才产生雄蚜，进行交配，所产受精卵到第2年发育成雌蚜。从春季始，连续多代都进行孤雌生殖，所生新个体皆为雌虫，而且未受精卵可在母体内孵化后产出子蚜，此现象为卵胎生。有的昆虫一个卵产生两个或更多的胚胎，每个胚胎都能发育成一个新个体，该生殖方式称为多胚生殖。多胚生殖常见于膜翅目小蜂科、细蜂科、小茧蜂科及姬蜂科的一部分寄生蜂类。还有少数昆虫可以进行幼体生殖，即在幼虫期产生幼虫，所以幼体生殖既是孤雌生殖又是胎生的一种形式，如瘿蚊科的种类。昆虫的卵属中黄卵，胚胎发育完成后，卵即孵化成幼虫破卵而出，刚孵出后的幼虫称为一龄幼虫，蜕一次皮后的幼虫称二龄幼虫，其余类推。最末一期蜕皮的幼虫习惯上称老龄幼虫。

昆虫的个体生长发育包括从卵到成虫性成熟的整个生命过程，该过程中要发生一系列外部形态和内部器官的变化，所以将胚后发育过程中同一虫体从幼期的状态改变为成虫状态的现象称为变态(metamorphosis)。昆虫的变态包括增节变态、表变态、原变态、不完全变态和完全变态5种基本类型，不完全变态又分为渐变态和半变态(图8-20)。

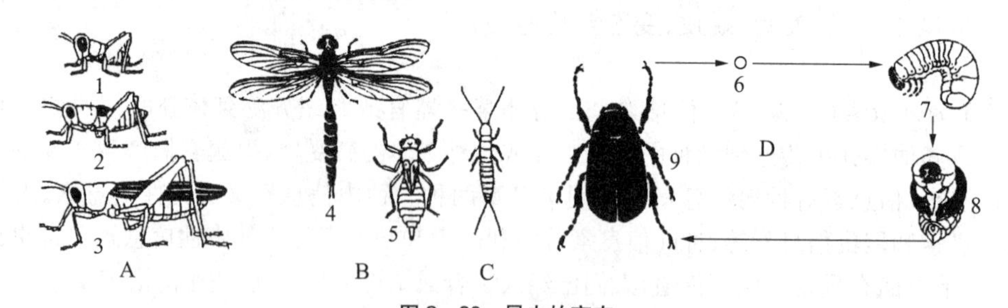

图8-20　昆虫的变态

A. 渐变态(蚱蜢)　B. 半变态(蜻蜓)　C. 表变态(衣鱼)　D. 全变态(金龟子)
1. 若虫，2. 若虫，3. 成虫，4. 成虫，5. 稚虫，6. 卵，7. 幼虫，8. 蛹，9. 成虫

(二) 休眠与滞育

昆虫在其生活年史中往往有一段或长或短的生长发育停滞的时期，即通常所说的休眠和滞育。休眠是指由不良环境条件直接引起的一种暂时性适应，当不良环境消除时，就可恢复生长发育；滞育则具有一定的遗传稳定性，不是由不利的环境条件直接引起的，因为在自然界中当不利的环境条件还未到以前，昆虫即已进入滞育。实验表明光周期的变化是引起滞育的重要因素，有些种类在短日照条件下发育正常，在长日照条件下滞育的百分率增加，这一类为长日照滞育型昆虫，如大地老虎、家蚕；另一些种类在长日照条件下发育，短日照可引起滞育的百分率增加，这一类就属于短日照滞育型昆虫，如棉铃虫、瓢虫。另外，温度也是影响昆虫滞育的重要因素。滞育是由激素控制的，激素是引起和解除滞育的内因。以卵滞育的昆虫取决于成虫；以幼虫或蛹滞育的昆虫，则是由于脑神经分泌细胞停止分泌脑激素，使前胸腺不分泌蜕皮激素而使幼虫或蛹处于滞育状态；以成虫期滞育的昆虫主要是成虫缺少保幼激素所致。

(三) 多态现象与社会性生活

昆虫雌雄不同形的现象称雌雄二型性。有些昆虫不仅雌雄不同形，且有3种或更多不同的形态，称为多态现象(图8-21)。例如，蜜蜂在一蜂群中有蜂后(雌)、工蜂(雌)和雄蜂之分。稻飞虱的雌、雄两性中各有长翅型和短翅型。蚜虫不仅有雌、雄性蚜之分，而且在同一季节还出现有翅和无翅的胎生雌蚜，入冬前又出现有翅的雄蚜和无翅的卵生雌蚜。蚂蚁有20多种不同的类型，多态现象更是惊人。

营社会性生活的昆虫家族中，其成员分为数种类型，各类型在形态和生理上都不相同，在群体中也担负不同的职责，不能互相顶替。例如蜜蜂，工蜂担任采粉、酿蜜、筑巢、养育幼蜂等工作；蜂后专司产卵，有机结构高度特化，不能离开工蜂独立生活；雄蜂的职能则是与蜂后交配。蚂蚁和白蚁也是具有高度分工社会生活现象的昆虫。

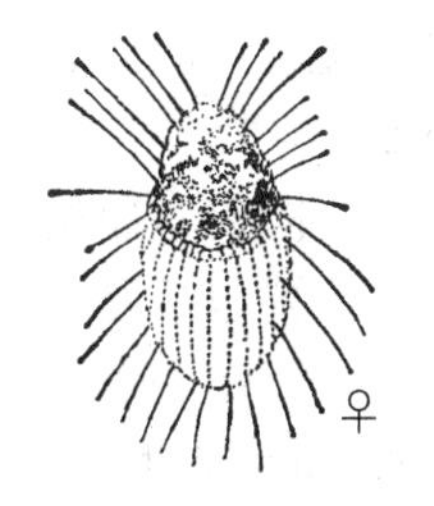
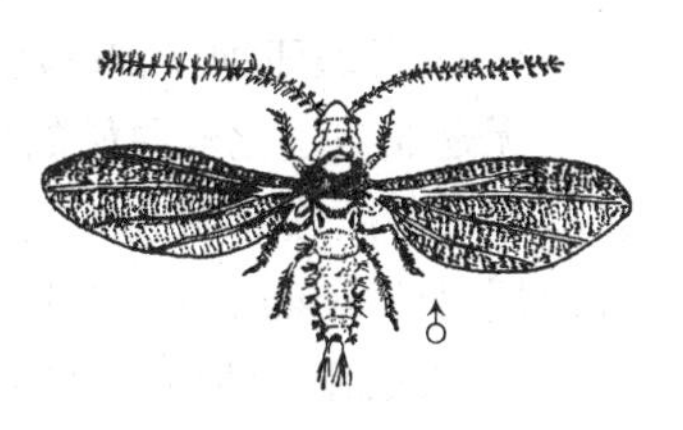

图8-21 吹棉蚧雌雄二型现象

(四) 生活习性

昆虫的习性是种或种群的生物学特性，包括昆虫的活动与行为。昆虫的重要习性如下。①活动节律：绝大多数昆虫的活动表现为不同的活动节律，如昼夜节律。蝶类和蜂类等昆虫在白昼活动，称为昼出性昆虫；而蛾类和蝼蛄等则在夜间活动，称为夜出性昆虫；有些昆虫如蚊类常在黎明、黄昏时的弱光下活动，称为弱光性(晨昏性)昆虫。②食性：按昆虫食物的性质分为植食性、肉食性、腐食性和杂食性等。相应的昆虫可被称为植食性昆虫、肉食性昆虫、腐食性昆虫和杂食性昆虫等。另外，按昆虫取食范围的广狭，可进一步区分为单食性、寡食性和多食性3类。③趋性：是昆虫对环境刺激表现出来的“趋”或“避”的反应，趋向刺激的反应称为正趋性，避开刺激的反应则为负趋性。如许多夜出活动的昆虫(蛾类、蝼蛄、叶蝉等)有很强的趋光性。趋化性则是昆虫通过嗅觉器官感受某些化学物质的刺激而趋向的行为，如菜粉蝶趋向含有芥子油气味的十字花科蔬菜上产卵。昆虫还有趋向适宜于它生活的温度条件的趋温性。④群集性：有些昆虫在一定的面积上能聚集大量的个体，有暂时群集和长期群集两种。暂时群集，如瓢虫冬季群集在石块缝中、建筑物的隐蔽处或地面落叶层下越冬，到春天就分散活动；长期群集，如群居型飞蝗群集形成后，便不再分开。⑤迁移性：有些昆虫有成群结队从一个发生地长距离地迁飞到另一地区的特性，如东亚飞蝗、黏虫、稻褐飞虱等，常造成灾害。还有一些昆虫能在小范围内扩散、转移为害的习性。⑥自卫习性：如金龟子等有假死性。昆虫体色还具有同其生活环境颜色相似的特性，在生物学上称为保护色。例如，生活在青草中的蚱蜢体为绿色，而生活在枯草中就变成厂枯黄色，这样不易被敌害发现。有些昆虫具有与背景显著不同而又特别鲜艳的颜色和花纹，对其捕食者有警戒作用，称为警戒色(aposematism)，如有的毛虫具有颜色鲜明的毒刺毛，使鸟类望而生畏，不敢吞食。拟态(mimicry)则是昆虫在形态上与其他物体或其他动物相似的适应现象。例如，食蚜蝇的体形和颜色与有毒刺的蜜蜂或胡蜂相似；竹节虫则酷似其为害植物的枝条，形态、翅色、翅脉都极像树叶，足上也有叶片状的附属物；枯叶蝶静止时两翅竖立合拢，形似一片枯叶(图8-22)。

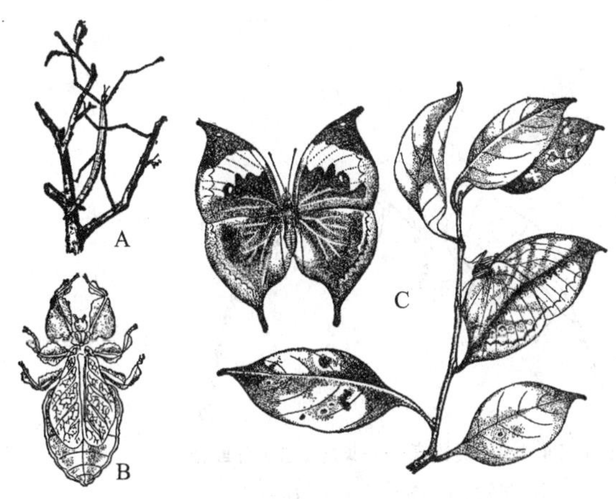

图8-22 昆虫的拟态

A. 竹节虫 B. 叶䗛 C. 枯叶蝶

三、分类

昆虫纲是动物界最大的一个纲，有1.5万化石种，现存约84万种。昆虫的分类在形态方面主

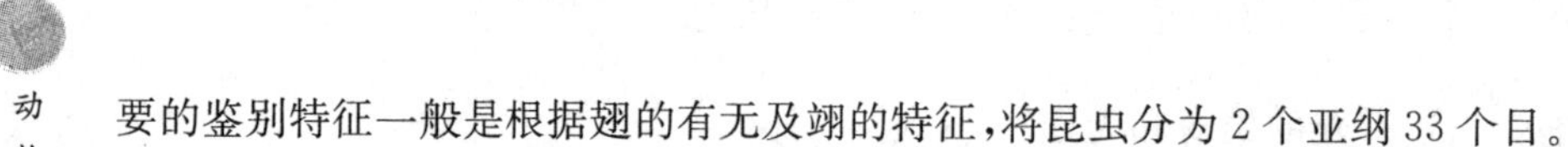

要的鉴别特征一般是根据翅的有无及翅的特征，将昆虫分为 2 个亚纲 33 个目。

(一) 无翅亚纲(Apterygota)

无翅亚纲是比较原始的昆虫，体细小，原始无翅，增节变态或表变态，腹部除生殖肢及尾须外，多具其他腹肢或有附肢的痕迹。主要包括原尾目(Protura)、双尾目(Diplura)、弹尾目(Collembola)和缨尾目(Thysanura)4 个目。

1. *原尾目* 体微小，体长在 2 mm 以下。内口式，增节变态。无复眼和单眼，无触角，前足长而向前伸，代替触角的作用。腹部 12 节，第 1～3 节各有 1 对附肢，无尾须，跗节 1 节。原尾虫终生在土壤中度过，主要是以寄生在植物根须上的菌根菌为食。全世界已知 649 种，我国目前已发现 164 种。如华山夕蚖(*Hesperentomon Huashanense*)。

2. *双尾目* (Dipl -双，ura -尾)体细长，体长 2～5 mm，少数种可达50 mm，如发现于我国西藏的藏铗尾虫体长可达 49 mm。口器咀嚼式，内口式，即头的后颊部向下延伸，包住上、下颚及下唇基部。触角丝状或念珠状。缺单眼和复眼。腹部 10 节，第 1～7 节或第 2～7 节上有成对的刺突和泡囊。尾须或细长多节，或呈铗状不分节，表变态。口器内藏式，足跗节 1 节，尾须 1 对，线状或铗状(图 8 - 23)。腹部 11 节，多数节上生有成对的刺突或泡囊。双尾虫极怕光，喜生活在阴湿的地方，一般在土表腐殖质层的枯枝落叶中、倒木下、腐烂的树干中或石缝内，有些生活在蚁穴或洞穴中，遇惊扰就转入缝隙内。一般在离地表 0～30 cm 范围内活动。全世界已知 800 余种，我国已知约 40 种，其中伟铗趴(*Atlasjapyx atlas* Chou et Huang)为国家二级保护动物。

3. *弹尾目* (Coll -胶，embola -黏管)体微小至小型，体长一般 1～3 mm，少数可达 10 mm。口器内颚式，适于咀嚼或刺吸。触角 4 节，少数 5～6 节。无真正的复眼，缺单眼。足的胫节与跗节愈合成胫跗节。腹部不超过 6 节，具 3 对附肢，即第 1 节的腹管，第 3 节的握弹器，第 4 或 5 节的弹器(图 8 - 24)。弹尾目一般生活在潮湿场所，以腐殖质和菌类为主要食物，有些种类取食孢子、发芽的种子及活植物；也有栖息在水面，取食藻类；还有极少数种类为肉食性。全世界已知约 8 000 种，我国已知 400 多种，如白符跳(*Folsomia candida*)。

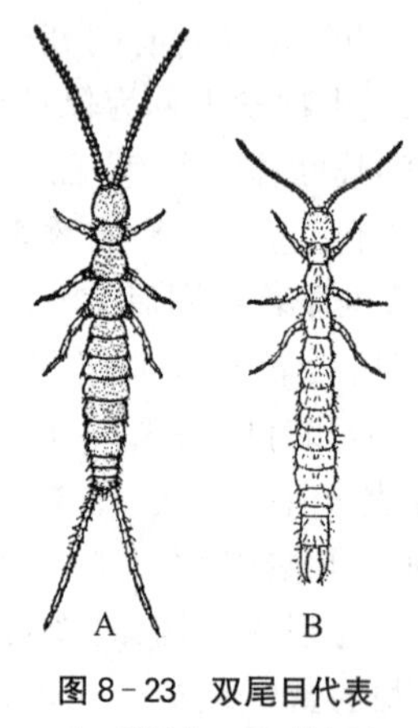

图 8 - 23 双尾目代表
A. 双尾虫 B. 铗尾虫

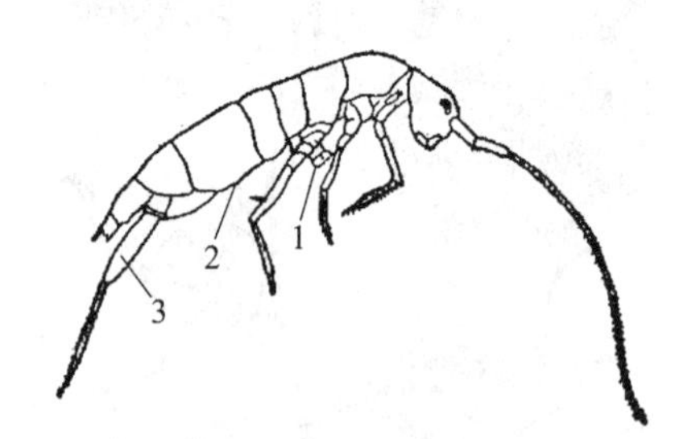

图 8 - 24 弹尾目代表——长尾跳虫(侧面观)
1. 腹管，2. 握弹器，3. 弹器

4. *缨尾目* 外口式，表变态，足的基节和腹部第 2～9 节上有刺突或泡囊，尾须 1 对，尾须间有中尾丝(图 8 - 25)。如石蛃(bristletails)，中型或小型，体长常短于 2 cm。被鳞片；咀嚼式口器；触角长丝状；复眼 1 对，单眼 2 个；胸部较粗且背面拱起；跗节 3 节；腹部 11 节；有尾须 1 对和中尾丝 1 条。主要栖息于阴湿处，以植食性为主，如腐败的植物、藻类、地衣、苔藓和菌类等，个别种类取食动物性产品。全世界已知石蛃有 280 多种，我国已知 13 种。衣鱼(*Lepisma Saccharina*)，中小型，体长常在 0.5～2 cm。被鳞片;咀嚼式口器;触角长丝状;复眼常发达,单眼 3 个或缺;胸部背面扁平;跗节2～5节;腹部 11 节,有尾须 1 对和中尾丝 1 条。衣鱼喜欢温暖的环境,野外种类生活在暗湿的土壤、苔藓、朽木、落叶、树皮、砖石的缝隙或蚁巢内;室内种类生活于衣服、书画、谷物、糨糊以及厨柜内的物品间。全世界已知衣鱼有 300 多种,我国已知 20 多种。

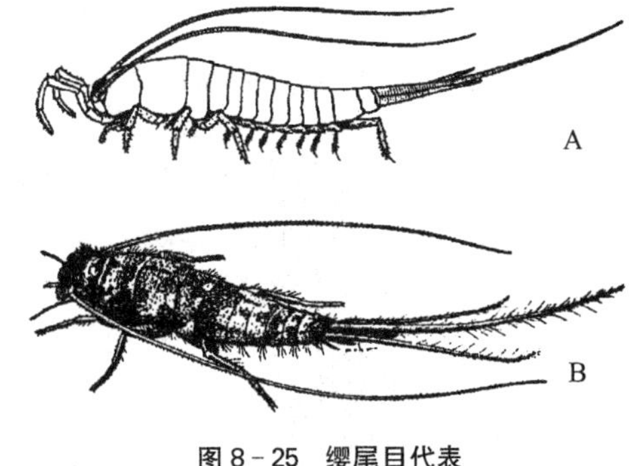

图 8-25 缨尾目代表

A. 石蛃 B. 衣鱼

(二) 有翅亚纲(Pterygota)

有翅亚纲是较高等的昆虫,多数具翅或翅在发育中消失,成虫腹部除生殖器和尾须外,无其他附器。变态有原变态类、不全变态类和全变态类。

Ⅰ 原变态类(Prometabola) 只有 1 个目:蜉蝣目(Ephemeroptera)。

5. 蜉蝣目 体中型,细长,脆弱;复眼发达,单眼 3 个;口器咀嚼式但退化;触角刚毛状,翅膜质;前翅发达,三角形,后翅小,近圆形,翅脉多,除纵脉外,还有很多插脉和横脉,休息时翅竖立在背上;尾须工对,长,有的还有中尾丝;陆生,有趋光和婚飞习性,寿命很短,不取食。原变态,产卵于水中,有亚成虫期,老熟稚虫一般浮升到水面爬到石块或植物茎上,羽化为“亚成虫”。稚虫:口器咀嚼式;复眼和单眼均发达;触角丝状,多节;腹节侧面有 4～7 对气管鳃;有分节的尾须及中尾丝。水生,主要取食小型水生动物和藻类。全世界已知 3 亚目:强气管蜉亚目(Rectracheata)、多毛蜉亚目(Setisura)、鱼形蜉亚目(Piscsforma),7 总科、29 科、2 250多种,我国已知约 250 种(图 8-26)。

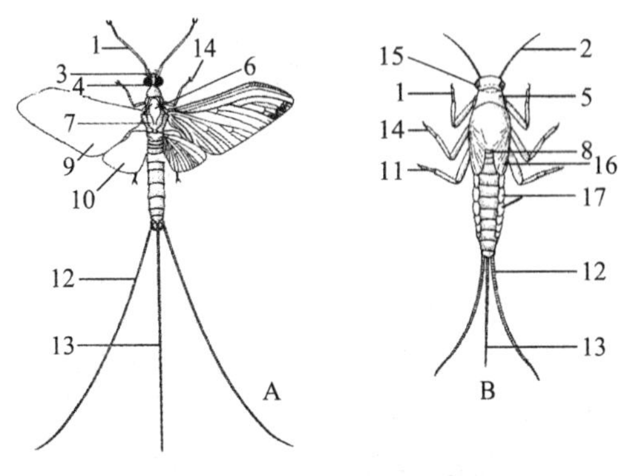

图 8-26 蜉蝣目代表——蜉蝣

A. 成虫 B. 稚虫

1. 前足,2. 触角,3. 单眼,4. 复眼,5. 前胸背板,6. 中胸背板,7. 中胸盾板,8. 后胸背板,9. 前翅,10. 后翅,11. 后足,12. 尾须,13. 中尾丝,14. 中足,15. 眼,16. 翅芽,17. 鳃

Ⅱ 不完全变态类(Heterometabola)

6. 蜻蜓目(Odonata) 陆生,体中至大型;咀嚼式口器;复眼发达,很大,单眼 3 个;触角短,刚毛状。中、后胸紧密结合向前倾斜,称为合胸;翅两对,膜质,透明,脉纹网状,有翅痣(stigma)和翅切(node),休息时翊平伸于身体两侧,或竖立于背上。腹部细长;雄虫外生殖器即交配器在第 2～3 腹节的腹面;尾须短小,不分节。成虫捕食飞行或静息的昆虫,有迁飞习性和在飞翔中点水产卵的习性。半变态。稚虫(俗称水虿):口器咀嚼式,下唇很长,能伸缩捕食,可折叠罩在头部腹面,称“面罩”。以直肠或尾鳃呼吸,属寡足型幼虫。稚虫水生,捕食蜉蝣稚虫、蚊子和摇蚊的幼虫等。成虫捕食蚊类、叶蝉等,稚虫捕食蚊类幼虫等昆虫,故为重要益虫。常见的种类有蜻蜓,休息时翅平置于体两侧;还有豆娘,休息时翅束立于体背。蜻蜓目有 2 个亚目:差翅亚目(Anisoptera)和均翅亚目(Zygoptera),全世界已知约有 5 500 种,以东洋区和新热带区种类最为丰富,我国已知约 450 种(图8-27)。

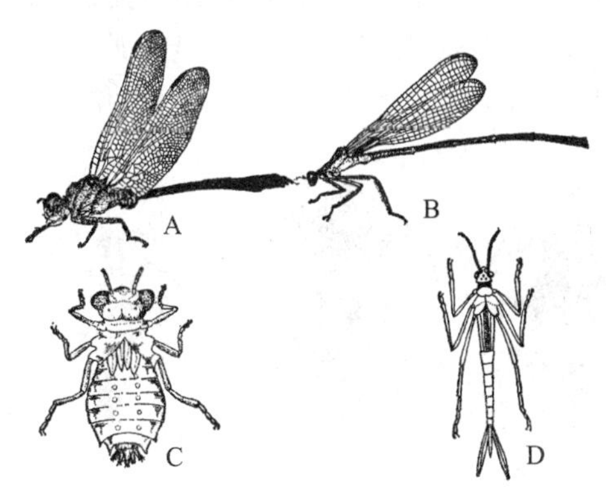

图 8-27 蜻蜓目代表

A. 蜻蜓 B. 豆娘 C. 红蜻的稚虫 D. 绿河蟌的稚虫

7. 襀翅目(Plecoptera) 体小到中型,扁长而柔软;头部宽阔,咀嚼式口器,上颚有的退化;复眼发达,单眼2~3个或无;触角丝状多节;前胸近方形;翅2对,膜质,前翅狭长;中脉和肘脉间有横列脉;后翅臀区发达,休息时平放于腹背上;足跗节3节,尾1对,丝状,多节或1节。半变态。稚虫形似成虫,咀嚼式口器发达,以气管鳃呼吸。稚虫大多生活在通气良好的流动水域中,以水中的蚊类幼虫、小型动物、植物碎片及藻类为食。成虫多不取食,常停息于水边的岩石、灌木和草丛中。全世界已知2 300多种,我国已知313种,如石蝇(*Stoneflies*)。

8. 纺足目(Embioptera) 体小到中型,扁长而柔软,色暗;口器咀嚼式;复眼肾形,缺单眼;触角丝状或念珠状;胸部长,几乎与腹部等长;雌无翅,雄有翅2对,翅长,翅脉简单,前后翅形状和翅脉相似,休息时平放于腹背;前足跗节3节,前足第1跗节特别膨大,能分泌丝质而结网;尾须2节,雄虫尾须与腹部末节常不对称。渐变态,生活于树皮缝隙、蚂蚁穴和白蚁巢等处的丝巢中。昼伏夜出。植食性,取食树的枯外皮、枯落叶、活的苔藓和地衣等。雌虫有护卵的习性。全世界已知300多种,主要分布于热带和亚热带地区。我国已记载6种,主要分布于云南、广东、福建及我国台湾等地区,如足丝蚁(webspinners)(图8-28)。

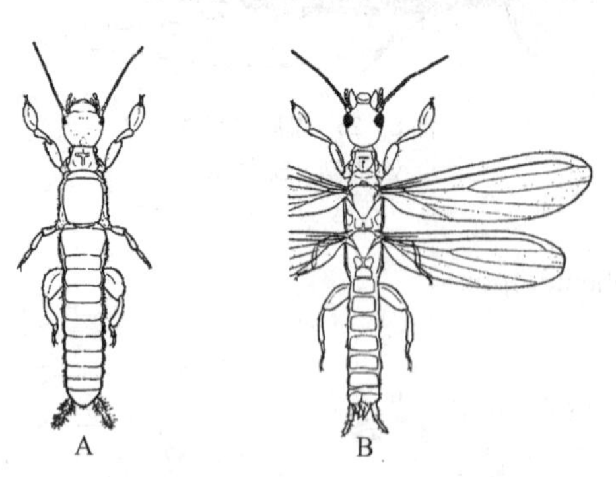

图8-28 纺足目代表——足丝蚁
A. 雌虫 B. 雄虫

9. 螳修目(Mantophasmatodea) (Manto-螳螂,phasmato-修)这是一个在2002年才被发现的昆虫新目。其外形既像螳螂,又像竹节虫,极其珍希。体小型至中型,次生无翅,呈圆柱状,略具雌雄二型现象。头近三角形;1对复眼大小不一,无单眼;下口式,咀嚼式口器;触角丝状多节,跗节5节,尾丝短;不分节。渐变态。夜出捕食性,捕食蜘蛛和昆虫,有自相残杀的习性。目前该目仅知1科、2属、3种,且仅分布于南非。我国尚未发现。

10. 螳螂目(Mantodea) 体中到大型,长1~11 cm,头活动,三角形,咀嚼式口器,前胸长,前足为捕捉足,中后足为步行足,跗节5节。前翅为覆翅,后翅为膜翅,臀区大,休息时平放于腹背上。尾须1对,雄虫第9节腹板上有一对刺突,渐变态,卵产于卵鞘中,卵鞘(中药中叫螵蛸)常附于树的枝干上。螵蛸可治小儿夜尿,以桑螵蛸最好。全为捕食性,广泛捕食蝇类、叶蝉、蝗虫、鳞翅目幼虫等,是多种害虫的天敌。有相互残杀的习性。交尾后,雌虫常嚼食雄虫。全世界已知2 200余种,主要分布于热带地区;我国已知112种,如拟刀螳螂(*Paraterodera sinewsis*)。

11. 蜚蠊目(Blattaria) 体中到大型;头宽扁,口器咀嚼式;前胸大,盖住头部;有翅或无翅,有翅的前翅为覆翅,后翅膜质;臀区大,休息时翅平置于体背;足长,多刺,跗节5节,善疾走。腹部10节,第6~7节背面有臭腺开口;雄虫第9腹节有1对刺突;1对尾须短,分节。渐变态,成虫和幼期生活于阴暗处,卵粒为卵鞘所包。野外种类一般生活在石块、树皮、枯枝落叶、垃圾堆下、朽木和各种洞穴内,多白天活动;室内种类喜夜间活动,以各种食品、杂物及粪便和痰汁为食。食性杂。一些种类可传播痢疾、伤寒、霍乱、结核、阿米巴痢疾等。但土鳖或地鳖是常用中药,有破血散瘀之功效,用于治疗跌打损伤、妇女闭经等症。全世界已知近3 800种,主要分布于热带、亚热带和温带地区;我国已知约250种,如蜚蠊(蟑螂)(*cockroaches*)(图8-29)。

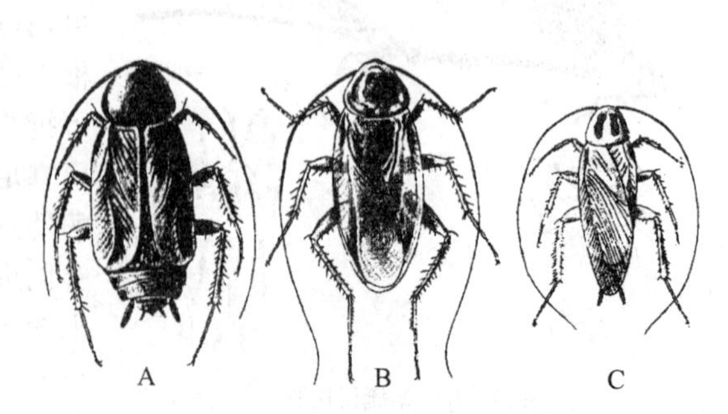

图8-29 蜚蠊目代表
A. 东方蜚蠊 B. 美国蜚蠊 C. 德国蜚蠊

12. 等翅目(Isoptera) (Iso-等,ptera-翅)体小到大型,白色柔软,为多型性社会昆虫。咀嚼式口器,触角连珠状,常有复眼和单眼,有翅型有翅2对,前后翅大小、形状相似,翅基有"肩缝",故称为等翅目。翅狭长,可沿基缝脱落,纵脉多,缺横脉,渐变态,少数种类雌虫也分泌卵鞘。如家白蚁(*Coptotermes formosanus*)。

13. 直翅目(Orthoptera) (Ortho-直,ptera-翅)体中到大型,头圆形;卵圆形或圆柱形,蜕裂线明显。咀嚼式口器,上颚强大而坚硬;触角丝状、剑状或槌状;复眼大且突出;单眼2~3个,但一些螽斯科种类缺单眼。前胸特别发达,背板常向后和两侧扩展呈马鞍形,盖住前胸侧板;前胸腹板在两前足基节之间平坦或隆起,或呈圆柱形突起,称为前胸腹板突;中胸与后胸愈合;一般有翅2对,前翅为覆翅,后翅膜质,臀区大,也有无翅或短翅的;后足多为跳跃足,有的前足为开掘式,在螽蟖和蟋蟀中,其雄虫前翅上有发音器(stridulating organ)。在蝗虫中,其雄虫的前翅和后足腿节外侧上有发音器,但癞蝗科(Pamphagidae)的发音器在腹部第2背板和后足腿节内侧。在螽蟖和蟋蟀中,在其前足胫节基部上有听器(auditory organ)。腹部一般11节;雌虫第8节或雄虫第9节发达,形成下生殖板。蝗虫、螽蟖和蟋蟀的雌虫产卵器发达,呈锥状、剑状、刀状或矛状;蝼蛄无特化的产卵器。尾须1对,不分节。在蝗虫类昆虫中,听器位于第1腹节背板的两侧。渐变态,一生经历卵期、若虫期和成虫期。雌虫产卵于土内或植物组织中。螽蟖和蟋蟀的卵多为单粒散产,蝗虫则多粒产于卵囊内。卵为圆形、圆柱形或长卵形。若虫一般5~7龄,第3龄后出现翅芽,其形态与成虫相似,生活习性相同。生活史多为一化性或二化性,少数三化性。多数在夏秋产卵,以卵越冬,翌年4~5月间孵化,6~7月间发育成为成虫。在成虫期,许多种类的雄虫能发音,用以吸引雌性,完成交配和生殖的使命。有些种类的鸣声动听引人,是有名的鸣虫。但绝大多数种类的雌虫都没有发音器,不能鸣叫。多为植栖性,少数土栖性和洞栖性。个别种类有群栖性,或迁飞习性。多为植食性,少数为杂食性或捕食性,无寄生性。蝗虫类多在昼间活动;螽蟖、蟋蟀和蝼蛄类多在夜间活动,有较强的趋光性。直翅目分为剑尾亚目(螽亚目)(Ensifera)和锥尾亚目(蝗亚目)(Caelifera),前者包括7总科,后者包括4总科。全世界已知约30科、2.5万种,我国已记录约2 400种。如东亚飞蝗(*Locusta migratoria manilensis*)、中华蚱蜢(*Acrida chinensis*)、华北蝼蛄(*Gryllotalpa unispina*)及蟋蟀(*Gryllus chinensis*)(图8-30)。

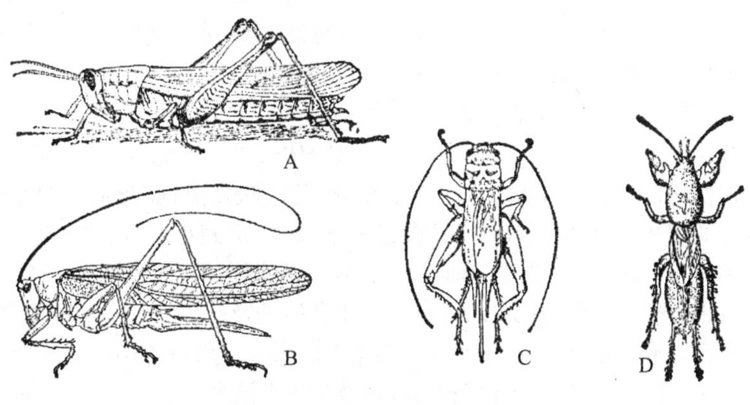

图8-30 直翅目代表

A. 蝗虫 B. 螽蟖 C. 蟋蟀 D. 华北蝼蛄

13. 竹节虫目(Phasmida) 体中到大型,细长如竹枝,或扁平似树叶。咀嚼式口器;前胸短,中胸长,后胸与腹部第1节愈合;足细长,易脱落,跗节多为5节;翅有或无,或退化成鳞状;有翅种类常分布于热带潮湿丛林中,温带种类常无翅。腹部长,有翅或无翅,有的前翅短,呈鳞片状。渐变态。大多数种类发现在热带潮湿地区，多为树栖性或生活于灌木上，少数生活于地面或杂草丛中，具拟态与保护色，不易被发现。有自残习性，采集时要特别小心。喜夜间活动。全为植食性。竹节虫目包括2亚目：胫棱亚目(Areolatae)和胫缘亚目(Anareolatae)，分6科。全世界已知约2 500种，主要分布于东洋区和中南美地区，我国已知60余种。如巨型竹节虫(*Pharnacia Serratipes*)。

14. 革翅目(Dermaptera) (Derm-革或皮，ptera-翅)体中等大小，体长而坚硬。头前口式，咀嚼式口器；触角丝状，10～50节；复眼发达，缺单眼；前胸大而略呈方形。有翅或无翅，有翅的前翅短小，革质覆翅，缺翅脉，端部平截；后翅大，膜质，翅脉呈放射状，休息时褶藏于前翅下，仅露少部分。跗节3节，尾须1对，或特化成坚硬的铗状。渐变态。喜夜间活动，白昼多隐藏于土中、石头或堆物下、树皮或杂草间，受惊动时常反举腹部并张开两铗，以示威吓状，但遇劲敌则装死不动。雌虫有护卵育幼的习性。食性较杂，常以植物的花粉、嫩叶及动物的腐败物质为食，也有肉食性的种类。全世界已知3亚目：蠼螋亚目(Forficulina)、蝠螋亚目(Arixeniina)和鼠螋亚目(Hemimerina)；4个总科，11科，1 951种。多分布于热带、亚热带地区，我国已知211种或亚种，如蠼螋(earwigs)。

15. 蛩蠊目(Grylloblattidea) (Gryllo-蛩，blatt-蜚蠊)体小型，长1～3 cm，扁而细长。头前口式，咀嚼式口器；触角丝状，细长；复眼退化，缺单眼；无翅；3对足步行式，跗节5节，第1～4节腹面端部两侧具1对膜质垫，有长而分节的尾须1对；产卵器发达，刀剑状，雄虫第9腹节有刺突。渐变态。生活于1 200 m以上的高山高寒地带。喜隐蔽生活，多夜出，活动于土壤中、石块下、枯枝落叶下、苔藓中或洞穴内。完成一个世代至少需7～8年。综合了直翅群中不少目的一些特征。如蛩蠊(*Grylloblatta campodeiformcs*)。全世界已知29种或亚种。我国仅知1种，由王书永于1986年首次发现于长白山，称为中华蛩蠊(*Galloisiana sinensis* Wang)，为我国一级重点保护野生动物。

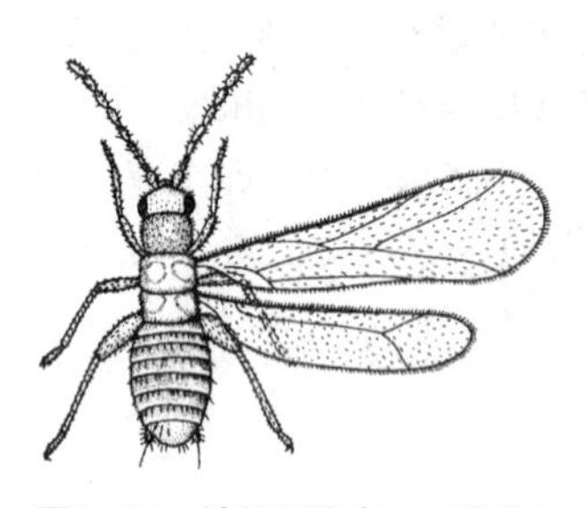
图8-31 缺翅目代表——缺翅虫

16. 缺翅目(Zoraptera) (Zor-完全，aptera-无翅)体小柔软，体长2～4 mm。咀嚼式口器；触角9节，念珠状；有无翅型和有翅型。无翅型无单、复眼；有翅型有复眼和单眼，复眼发达，单限3个。翅2对，狭长，易脱落，膜质，翅脉简单，纵脉1～2条。足跗节2节，尾须不分节。渐变态。常生活于常绿阔叶林地的倒木和折木的树皮下。有集群生活的习性。这是一个很难遇见的类群，主要分布于热带。该目仅有1科，即缺翅虫科，全世界已知30种。我国至今仅知2种，且仅分布于西藏东南部，均为我国二级保护动物。墨脱缺翅虫(*Zorotypus medoensis* Hwang)，由黄复生于1973年在我国西藏采集到，1974年首次报道(图8-31)。

17. 啮虫目(Psocoptera) (Psoco-磨碎，ptera-翅)体长1～10 mm，柔软。咀嚼式口器，后唇基(postclypeus)特别发达；复眼突出，单眼3个或退化；触角丝状多节；前胸细小如颈；有无翅的、短翅的和有翅的。有翅的翅2对，膜质，前翅大，常有翅痣，横脉少，后翅小。跗节2～3节。无尾须。渐变态。生活于树叶和枝条上，或草丛、篱笆、落叶层、土壤表层、洞穴内、储物间和家屋内等处，或白蚁巢和鸟巢内。大多为植食性和菌食性；少数为肉食性，捕食蚧类及蚜虫等。有翅种类多生活于室外，无翅种类多栖息于室内。啮虫目分为3亚目：窃啮亚目(Trogiomorpha)、粉啮亚目(Troctomorpha)和啮亚目(Psocomorpha)；8总科，37科，4 658多种。以热带亚热带最多，我国已知585种。

18. 食毛目(Mallophaga) (Mall-毛，phaga-食)体微小到小型，体长圆而扁，头宽扁，较前胸宽或等宽。咀嚼式口器；触角短，3～5节；前胸明显，中后胸愈合；无翅，足攀握式，跗节1～2节，爪1～2个；气门生于腹面，无尾须，无产卵器。渐变态。外寄生于鸟类和部分哺乳类，不侵袭人类。绝大多数以宿主的羽毛、毛发和皮肤分泌物为食，终生在宿主上度过。极少数种类也吸食宿主的血液。全世界已知4 500余种或亚种，隶属于3亚目，即钝角亚目(Amblycera)、丝角亚目(Ischnocera)和象虱亚目(Rhynchophthirina)。

19. 虱目(Anoplura)　(Anopl-无武装的,ura-尾)俗称虱子,体小而扁平,无翅,一般白色或灰白色;骨化部分为黄或褐色。头小,向前突伸,刺吸式口器;触角3～5节;复眼退化或消失,无单眼。胸部3节愈合,无翅,足粗,攀登式,跗节1节,爪1个,长而弯曲,与胫节下方的一指状突对握,适于攀缘宿主毛发。足跗节1节,爪1个,气门背生,无尾须。渐变态。卵长卵形,端部有盖,单产,黏附于宿主的毛发上或人的衣服上。虱子终身外寄生于哺乳动物及人体上,吸食宿主血液并传播疾病,如斑疹伤寒等。全世界已知7科、500余种,我国已知约65种。如寄生于人体上的头虱(*Pedicutus humanus capitis*)和体虱(*P. h. corporis*)(图8-32)。

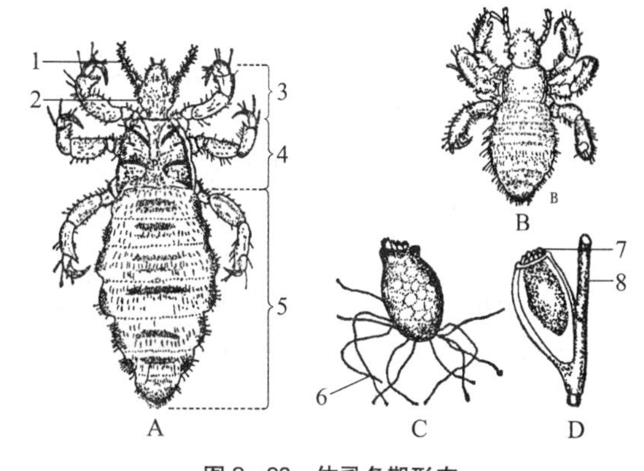

图8-32　体虱各期形态

A. 成虫　B. 若虫　C. 体虱卵　D. 头虱卵
1. 触角, 2. 眼, 3. 头部, 4. 胸部, 5. 腹部, 6. 衣服纤维, 7. 卵盖, 8. 头发

20. 缨翅目(Thysanoptera)　(Thysano-缨,ptera-翅)体微小到小型,体细长而扁平,一般为0.5～7 mm。锉吸式口器,左右不对称;复眼为聚眼式,单眼3个或无;触角线状,6～9节;缨翅2对,狭长,纵脉1～2条,边缘有长缨毛,也有无翅和1对翅的;跗节1～2节,端部有可伸缩的端泡(terminal protrusilbe vesicle)。腹部10节,锥尾亚目腹部第8腹节背板后缘常有栉毛列,第10节呈锥状,雌虫有锯状产卵瓣;管尾亚目第9腹节背板后缘常有3对粗鬃,第10腹节产卵器呈管状,常着生有4～6根肛鬃(anal setae),雌虫无产卵瓣;无尾须。过渐变态。经历卵、若虫和成虫3个阶段,但在锯尾亚目中,若虫4龄,其第3龄若虫出现外生翅芽,相对不太活动,不取食,叫"前蛹",第4龄不食不动,称为"蛹"。在管尾亚目中,若虫5龄,第3、4龄称"前蛹",第5龄称为"蛹",所以称为过渐变态。锥尾亚目雌虫用锯状产卵器将卵产入植物组织内,卵为肾形,单粒产;管尾亚目雌虫将卵产于植物表面、树皮下和缝隙里等,卵为长卵形,单粒产或成堆产。蓟马多数种类一年发生5～7代,以若虫、"蛹"或成虫越冬。繁殖方式主要为两性生殖,不少种类能同时进行孤雌生殖,如烟蓟马(*Thrips tabaci* Lindeman)。两性生殖多数为卵生,少数为卵胎生。孤雌生殖包括产雌孤雌生殖和产雄孤雌生殖。蓟马在干旱季节繁殖特别快,易成灾害。陆生。主要为植食性,生活于植物的花、幼果、嫩梢和叶片上;部分种类为菌食性和腐食性,生活于林木的枯枝上、树皮下或林地的枯枝落叶层;少数为捕食性,捕食蚜虫、粉虱、介壳虫、植食性蓟马等微小昆虫及螨类的卵和幼虫。由于该目的一些种类常见于蓟花上,故俗称蓟马。该目一般分为管尾亚目(Tubulifera)和锥尾亚目(Terebrantia)。全世界已知约6 000种,我国已知约400种。常见种类有节瓜(*Thrips palmi* Karny)和榕管蓟马(*Gynaikothrips uzeli* Zimm)(图8-33)。

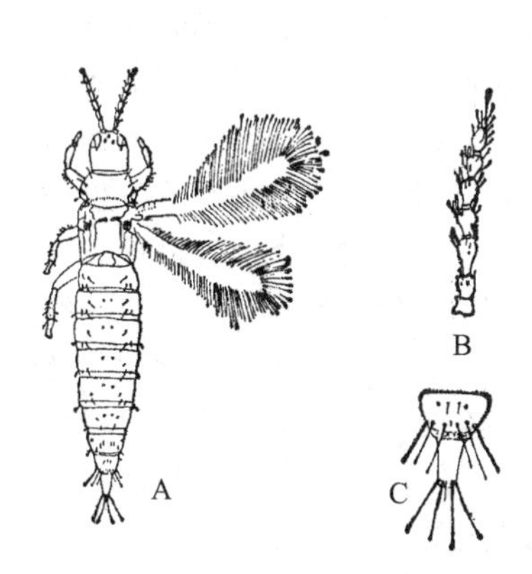

图8-33　缨翅目代表——麦管蓟马

A. 外形　B. 触角　C. 腹部末端

21. 半翅目(Hemiptera)　(Hemi-半,ptera-翅)体小至大型,扁平,后口式,刺吸式口器由头的前方伸出折向后方,下唇特化成喙;喙通常4节,少数3节或1节。触角常4～5节,多为丝状;复眼发达,单眼2个,少数种类无单眼;翅2对,前翅为覆翅、膜质或半鞘翅,其加厚的基半部常由革片(corium)和爪片(clavus)组成,有的还分为缘片(embolium)和楔片(cuneus),其膜质的端半部是膜片(membrane),膜片上常有翅脉,是分科的重要特征;后翅膜质,翅脉明显;少数种类翅退化或无翅;胸足发达,步行足,少数特化成开掘足、捕捉足、跳跃足或游泳足等。腹部常为10节,第2～8腹节的

腹侧面各具气门 1 对，背板与腹板汇合处形成突出的腹缘称侧接缘(connexivum)；雌虫产卵器由内瓣和腹瓣 2 对产卵瓣组成，缺背瓣，无尾须，水生种类或具呼吸管。蝽类昆虫有臭腺(fetid glands)，受惊遇袭时喷出大量臭液，产生浓烈的臭味，具防御和报警等作用。渐变态。经历卵、若虫和成虫 3 个阶段。卵单粒或成块产于宿主体表、组织内或土中。若虫一般 4～5 龄，少数 3 龄或 6～9 龄。繁殖方式为两性卵生，只有寄蝽和少数长蝽为卵胎生。多数种类 1 年发生 1 代，以成虫越冬；少数种类 1 年发生多代，以卵越冬。陆生、水中生或水面生，多数种类为植食性，如缘蝽、蝽、网蝽、长蝽和大部分盲蝽；部分为肉食性，如猎蝽、姬蝽、花蝽和部分盲蝽及多数水生种类。全世界已知 3.8 万余种，我国已知 3 100 种，是不完全变态类昆虫中种类数量最多的目(图 8－34)。

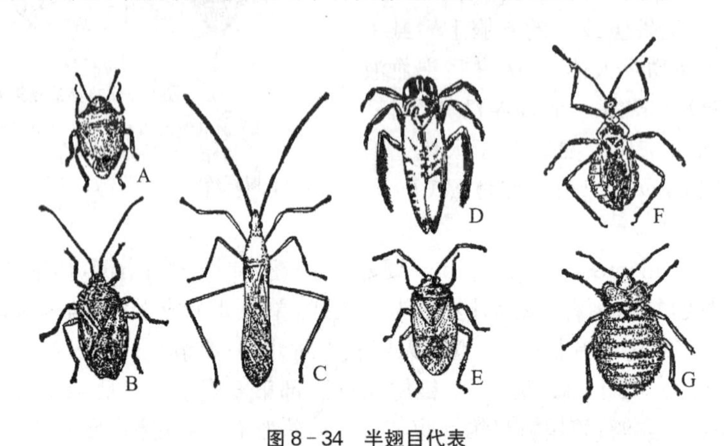

图 8－34　半翅目代表

A. 豆二星蝽　B. 梨蝽　C. 稻蛛缘蝽　D. 仰泳蝽　E. 绿盲蝽　F. 猎蝽　G. 臭虫

22. 同翅目(Homoptera)　(Homo－同，ptera－翅)体小型至大型。后口式，刺吸式口器，从头的下后方或前足基节间伸出；下唇特化形成喙；喙一般 3 节，少数 4 节、2 节、1 节或缺；触角刚毛状或丝状；复眼发达或退化。有翅 2 对或无翅；有翅 2 对的种类胸部分节明显，前翅质地均匀为膜翅或覆翅，后翅膜翅，静止时常在体背上呈屋脊状放置；雄性介壳虫的前翅为膜翅覆翅，后翅为棒翅；无翅种类如雌性介壳虫的胸部一般愈合，分节不明显。胸足一般发达，但雌性介壳虫因营固定生活，胸足退化；跗节多数 2～3 节，少数 1 节或缺。有翅种类有单眼 2～3 个；无翅种类常无单眼。腹部 9～11 节；雌性介壳虫腹部各节常有不同程度的愈合，分节不明显。雌虫一般有发达的产卵器，但介壳虫和蚜虫无瓣状产卵器；无尾须；多数种类腹部有蜡腺，可分泌虫蜡；一些种类的腹部还有发音器、听器、腹管、皿状孔等结构。渐变态，少数为过渐变态。陆生。全部为植食性。同翅目昆虫的繁殖力强。蝉、叶蝉和飞虱的生活史比较简单；蚜虫、粉虱和介壳虫的生活史非常复杂，可出现全年孤雌生殖，或包括两性生殖和孤雌生殖的世代交替。1 年发生 1 至多代，多以卵越冬，如一些蚜虫 1 年可发生 40 多代。但个别种类，如十七年蝉(*Magicicada* spp.)约需 17 年才能完成 1 个世代。全世界已知同翅目昆虫约 49 500 余种，隶属于 5 亚目、13 总科、62 科，我国已知 3 000多种(图 8－35)。

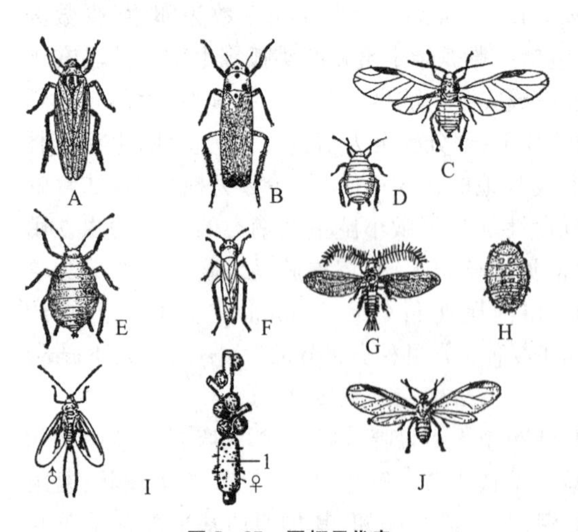

图 8－35　同翅目代表

A. 灰飞虱　B. 黑尾叶蝉　C～E. 蚜虫(C. 有翅；D, E. 无翅)　F. 棉叶蝉　G. 吹棉介壳虫(雄)　H. 吹棉介壳虫(雌)　I. 白蜡虫　J. 五培子蚜

1. 白蜡

Ⅲ 完全变态类(Holometabola)

23. 鞘翅目(Coleoptera) (Coleo-鞘,ptera-翅)体小到大型,体壁坚硬,头前口式或下口式。咀嚼式口器;复眼发达,但穴居或地下生活种类的复眼常退化或完全消失,多数无单眼,但隐翅虫科(Homaliinae)的亚科、埋葬甲科(*Pteroloma*)的属及水甲科(*Ochthebius*)的属有2个背单眼,还有少数有1个中单眼。触角多为11节,形状多样。前胸发达,前胸腹板在前足基节间向后延伸,叫前胸腹板突(prosternal process)。当前胸腹板突在穿过前足基节后变宽,封闭了前足基节窝时,叫前足基节窝闭式;相反,称为前足基节窝开式。在前胸背板与前胸侧板间,肉食亚目和菌食亚目有背侧缝(notopleural suture)。前翅为鞘翅,两鞘翅在体背中央相遇成一直线,称为鞘翅缝;若鞘翅在侧面突然向下弯异折,弯折部分就称为缘折(epipleuron)。飞翔时前翅杨举,与体躯成一定角度。后翅为膜翅,翅脉较少或无翅脉。一些步甲、拟步甲和象甲种类缺后翅。中胸只露出小盾片,足的跗节3～5节。腹部一般10节,但由于腹板常有愈合或退化现象,可见腹板多为5～8节。第1腹板的形状是分亚目的特征之一,在肉食亚目中,后足基节窝向后延伸,将第1腹板完全分割开;在多食亚目中,后足基节窝不把第1腹板完全分开。雌虫腹部末端几节渐细形成可伸缩的产卵管。无尾须。幼虫寡足型,少数无足型,绝大多数种类一生经历卵、幼虫、蛹和成虫4个阶段,属于完全变态。但芫青科以及步甲科、隐翅虫科、大花蚤科和豆象科的一些种类,其幼虫经历蛃型、蛴螬型和拟蛹3个阶段,为复变态。卵多为圆球形。产卵方式多样,可在表面、动植物组织内、土中等。幼虫一般3～5龄,寡足型。由于适应不同的生活环境,幼虫常分化为蛃型、蛴螬型、象甲型和天牛型共4种主要类型。蛹主要为离蛹,少数被蛹。生活史一般较长,1年1～4代,也有很长的,如1～5年才完成一代,甚至一些天牛需25～30年才完成一代。多数种类以成虫越冬,少数以幼虫或卵越冬,统称甲虫(胛)(beetles, weevils),有陆生和水生。主要为植食性,也有肉食性和腐食性。鞘翅目一般分为4个亚目:原鞘亚目(Archostemata)、藻食亚目(Myxophaga)、肉食亚目(Adephaga)和多食亚目(Polyphaga),全世界已知20总科、149科、35万多种,我国已知约1万多种。其中,肉食亚目和多食亚目与人类关系密切(图8-36)。

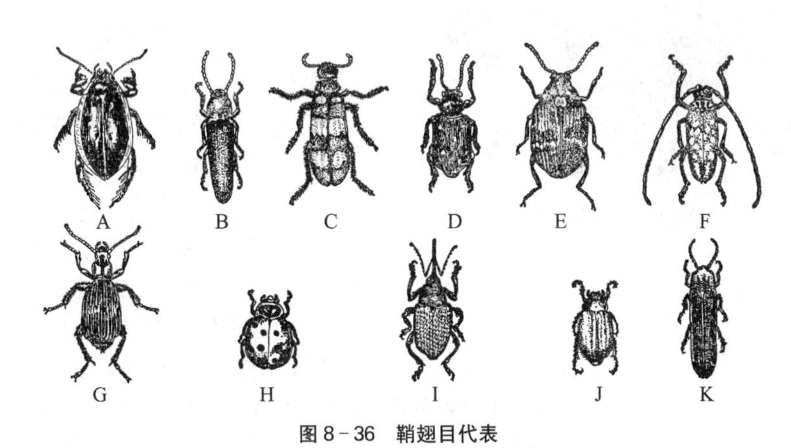

图8-36 鞘翅目代表

A. 龙虱 B. 扣头虫 C. 地胆 D. 叶甲 E. 豆象 F. 天牛 G. 步甲 H. 瓢虫 I. 象鼻虫 J. 金龟子 K. 萤火虫

24. 捻翅目(Strepsiptera) (Streph-捻,ptera-翅)体小,雌雄异型。雄虫有翅有足,自由活动。头大,前口式,口器退化;复眼的小眼分离,无单眼;触角4～7节,至少第3节有一旁枝,向侧面伸出,有的第4～6节也有旁枝,使触角呈栉状。胸部很长,前翅小,退化为平衡棒,后翅大,膜质,扇状,脉纹3～8条呈放射状。雌虫终身寄生。头胸部愈合,呈坚硬扁平的片状,露出宿主体外,有口和1对气门,露出宿主体外;腹部膜质呈袋状,形成育腔,腔内有生殖孔。翅、足、触角及复眼、单眼均缺如。复变态，陆栖，肉食性。宿主均为昆虫，主要为蜂、蚁、叶蝉和飞虱等，统称捻翅虫（蝙 twisted-winged insects）（strepsipterans，）。全世界已知400余种，我国已知23种。

25. 广翅目（Megaloptera） （Megal-大，ptera-翅）通称为齿蛉、鱼蛉或泥蛉。体小至中型，体长8～100 mm。黄褐色至黑褐色，有时黄色，有黑斑。头大，前口式，有些背腹扁平；咀嚼式口器，上颚发达，末端尖锐，内缘有齿；复眼发达半球形突出；单眼3个或无；触角多节，丝状、念珠状、锯齿状或栉状，有时有雌雄异型现象，雄性为栉状，雌性为锯齿状。胸部明显比头部窄；前胸近方形，中后胸形状相同；翅宽大，膜质，静止时呈屋脊状或稍平；翅脉分支较多，脉序网状，纵脉在翅缘一般不分叉；翅痣不明显；后翅与前翅大小、构造相似，有发达的臀区；跗节5节。腹部两侧有7～8对气管鳃，无尾须。全变态。成虫陆生，白天多栖于水边的岩石、树木或杂草上，夜间活动，有很强的趋光性。幼虫水生，常见于湖泊和溪流。均为捕食性。大多数种类1年1代，少数种类2～3年才能完成1个世代。卵呈圆形，深褐色。幼虫水生，衣鱼型，有些背腹扁平。前口式，口器咀嚼式。胸部3对足，发达。蛹为裸蛹，无茧。该目仅包括2个科：齿蛉科和泥蛉科。全世界已知500余种；我国已知10属，70余种（图8－37）。

26. 蛇蛉目（Raphidioptera） （Raphid-针，ptera-翅）蛇蛉，英文俗称snake-flies。体小到中型，头部延长，后部缩小如颈，前口式；咀嚼式口器；复眼发达，单眼3个或无；触角线状多节。前胸细长，延长成颈状；翅2对，膜质，前后翅形状相似，狭长透明，翅脉网状，有翅痣；足的跗节5节。雌产卵器细长如针。全变态。幼虫衣鱼型，背腹扁平；前口式，口器咀嚼式；触角刚毛状；前胸气门1对，大型，腹部气门7对。幼期和成虫均捕食性。成虫树栖，常在松、柏等树木上生活，白天活动，捕食性。幼虫通常在松散树皮下或落叶下生活，捕食性。生活周期一般需要2年。全世界已知约190种，多分布于亚热带和温带；我国已知约90种，统称蛇蛉（snakeflies）（图8－38）。

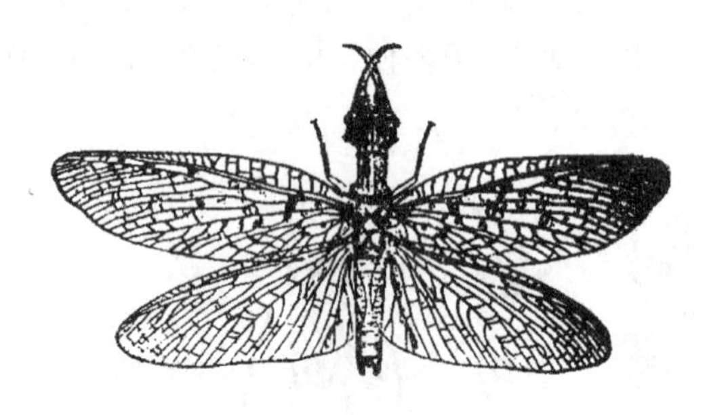

图8－37 广翅目代表——鱼蛉

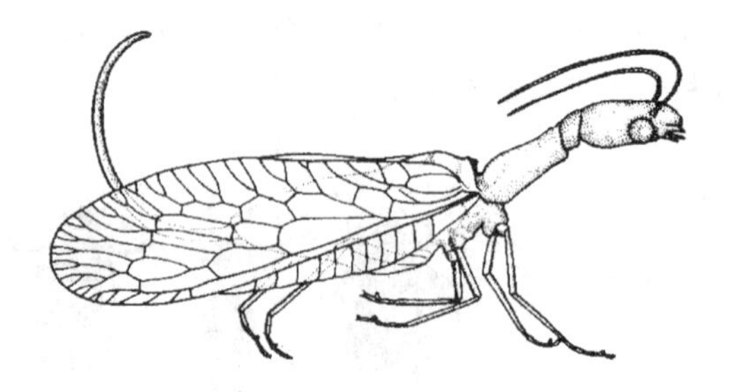

图8－38 蛇蛉目代表——草蛉

27. 脉翅目（Neuroptera） （Neuro-脉，ptera-翅）体小到大型，头下口式。咀嚼式口器；复眼发达，单眼3个或无；触角细长，形状多样。翅2对，膜质，前后翅形状相似，纵脉近翅缘二分支，横脉很多，脉纹网状。胸足为步行足，仅螳蛉前足为捕捉足，跗节5节。腹部通常10节。无尾须。幼虫寡足型，胸足发达，捕吸式口器。陆生，但少数种类幼虫水生或半水生，如水蛉、泽蛉和溪蛉等。成虫和幼虫均为肉食性，捕食蚜虫、介壳虫、木虱、粉虱、叶蝉和叶螨，还捕食鳞翅目和鞘翅目的低龄幼虫和各种昆虫的卵。部分种类有很强的趋光性，易于在灯下捕捉到。绝大多数种类为全变态，经历卵、幼虫、蛹和成虫4个阶段。但螳蛉幼虫寄生于蜘蛛卵袋里或胡蜂的蜂巢内，为复变态。卵为椭圆形或倒卵形，单粒散产或成堆块产。草蛉的卵产于长的丝柄上。幼虫3～4龄，寡足型，捕吸式口器，肛门可抽丝结茧；捕食时，用一对颚管夹住并刺入猎物体内，注入消化液将宿主麻痹并消化，再吸食其液状消化物。幼虫常有相互残杀的习性。老熟幼虫于丝质茧内化蛹。蛹为离蛹。一般1年发生2代左右，但蚁蛉需2～3年才能完成1代。多数以前蛹于茧内越冬。全世界已知2亚目，5总科，20科，4 500余种；我国已知14科，640余种。如草蛉（*Chrysopa nerla*）和蚁蛉

(antlionflies)(图 8-39)。

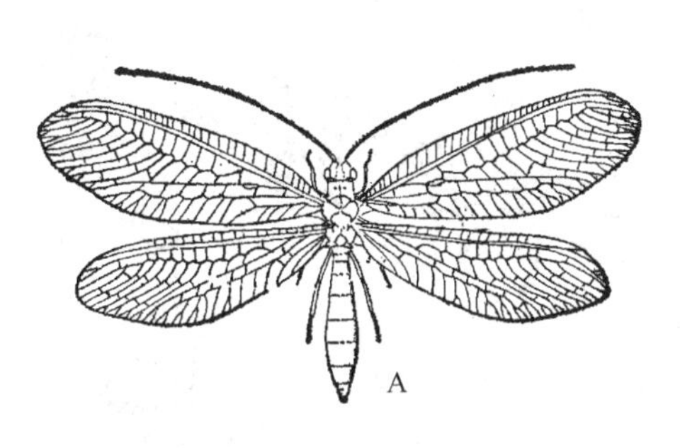

图 8-39 脉翅目代表

A. 叶色草蛉成虫 B. 大草蛉幼虫

28. 长翅目(Mecoptera) (Mec-长,ptera-翅)一般称为褐蛉。成虫体中型。头向腹面延伸成宽喙状,下口式;咀嚼式口器,位于喙的末端;复眼发达,单眼 3 个或无;触角长,丝状多节;膜翅,有翅痣,前后翅的大小、形状和脉序相似;跗节 5 节。雄虫第 9 腹节腹板后延伸成叉状突起,其外生殖器膨大呈球状,末端数节向背方举起如蝎子的尾。幼虫蠋型或蛴螬型,咀嚼式口器,胸足 3 对。生活于土壤中。全变态。陆栖。肉食性或植食性。成虫和幼虫生活于潮湿的森林或峡谷等植被茂密的地区,主要取食死的昆虫或苔藓类植物。全世界已知 500 多种;我国已知约 160 种,如蝎蛉(scorpionflies)。

29. 蚤目(Siphonaptera) (Sipho-吸管,aptera-无翅)成虫的体色为黄棕或黑褐色,体微小型至小型,侧扁而坚韧,体壁高度几丁质化。其上着生许多向后方延伸的鬃、刺或毛。无翅。刺吸式口器;触角短,放在头侧沟内;无单眼,复眼小或无;足基节宽扁,腿节发达;跗节 5 节,适于跳跃。幼虫为无足型,蛆状,咀嚼式口器,营自由生活。全变态,寄生于哺乳动物或鸟类身上,吸食血液,并传播鼠疫、地方性斑疹伤寒和皮肤病等。全世界已知约 5 总科,16 科,239 属,2 500 种或亚种,统称蚤(fleas);我国已知 4 总科,10 科,75 属,约 640 种或亚种。

30. 双翅目(Diptera) (Di-双,ptera-翅)体小到大型;口器有刺吸式、舐吸式、切吸式和刺舐式 4 种;复眼大,部分种类雄虫为接眼;单眼 3 个,少数单眼缺;触角形状多样。在环裂亚目中,触角具芒状,触角芒光裸,或基半长毛、端半光裸,或全部长毛;在短角亚目中,触角亦分 3 节,第 3 节的末端常有端刺(style);在长角亚目中,触角一般 6~18 节,末端无触角芒或端刺。在环裂亚目的一些蝇类中,触角基部上方有一倒"U"字形的缝,称为额囊缝(ptilinal suture);在额囊缝的顶部与触角基部之间有一新月形骨片,称为新月片(lunule)。前胸和后胸很小,中胸发达。翅 1 对,前翅常发达,膜质,在一些蝇类中,前翅的内缘近基部有 1~2 个腋瓣;在腋瓣外有 1 小翅瓣。后翅变成平衡棒(halteres)。跗节 5 节;前跗节有爪间突或无爪间突;爪间突刚毛状或垫状。腹部外观上由 4~5 节组成,雌虫腹部第 6~8 节常缩入体内,能伸缩,形成产卵管。雌虫无产卵瓣。幼虫无足型。完全变态。卵一般为长卵形。幼虫无足,一般分 4 龄,有显头型、半头型和无头型共 3 种类型。蛹有被蛹、围蛹和裸蛹。成虫的羽化有两种方式:直裂,成虫羽化时由蛹背呈"T"字形裂开;环裂,成虫羽化时由蛹的前端呈环状裂开。绝大多数是两性繁殖,一般为卵生,部分胎生;少数行孤雌生殖和幼体生殖。双翅目昆虫发育快,繁殖力强,甚至很惊人。双翅目昆虫全世界已知 3 个亚目:长角亚目、短角亚目和环裂亚目。全世界约 15 万种,我国已知约 6 000 多种(图 8-40)。

31. 毛翅目(Trichoptera) (Tricho-毛,ptera-翅)体形似鳞翅目的蛾类,俗称石蛾。体与翅面多毛,故名毛翅目。成虫体小型至中型,体长 2~40 mm。体色多为褐色、黄褐色、灰色及烟黑色。

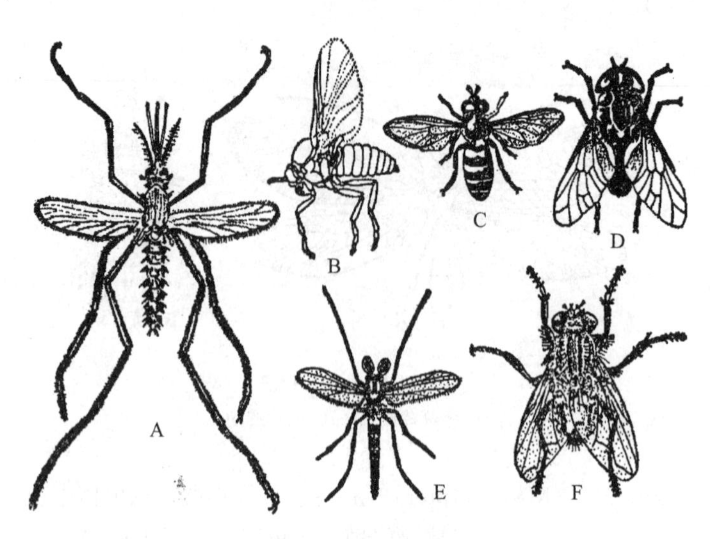

图 8-40　双翅目代表

A. 蚊　B. 蚋　C. 食蚜蝇　D. 虻　E. 摇蚊　F. 家蝇

头小，能自由活动。咀嚼式口器；复眼发达，左右远离；单眼 3 个或无；触角丝状多节，基部两节较粗大；翅 2 对，狭长，膜质，翅面被毛，脉序近似假想脉序；足细长，跗节 5 节，爪 1 对。幼虫蛃型或亚蠋型，胸足 3 对，腹部仅有 1 对具钩的臀足，常具气管鳃，幼虫以丝或胶质分泌物缀小枝、细砂等筑巢，常筑巢于石块缝隙中，故名石蚕。全变态。多数种类 1 年发生 1～2 代，少数 1 年发生 2～3 代。成虫陆生，多生活于幼虫栖息的水域附近，夜出性，日间隐蔽在草丛或湿度较大的灌木丛中，不取食或仅取食植物蜜露。幼虫水生，生活于清洁的淡水体中，如清泉、溪流、湖泊、河流等，常筑巢于石块缝隙中，有肉食性、植食性和腐食性。全世界已知近 1 万种；我国已知约 850 种，如石蛾(caddisflies)(图 8-41)。

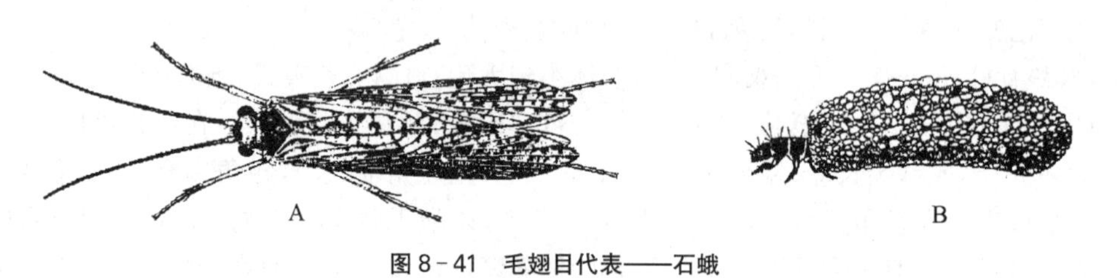

图 8-41　毛翅目代表——石蛾

A. 成虫　B. 幼虫

32. 鳞翅目(Lepidoptera)　(Lepido-鳞、美丽，ptera-翅)体小到大型，虹吸式口器。极少数种类如小翅蛾科(Micropterigidae)为咀嚼式口器；复眼多发达，单眼 2 个或无。蛾类触角有丝状、锯齿状、栉状或羽状，蝶类触角为棍棒状；复眼相对较小，缺单眼；翅 2 对，膜质，被鳞片和毛，翅基部中央常有中室，前翅和后翅翅面上常有由不同色彩鳞片排列成的斑纹。有些蝴蝶的翅面上有香鳞或腺鳞。跗节通常 5 节；腹部 10 节；无尾须。完全变态。卵圆柱形、馒头形、椭圆形或扁平形，表面常有饰纹，黏附于植物上或产于地表。幼虫俗称为蠋，一般分 5 龄。幼虫体上有刚毛、毛片、毛突(chalazae)、毛瘤(verruca)和毛撮等。幼虫老熟时，蝶类多在敞开的环境中化蛹，不结茧；蛾类则多在隐蔽处结茧或作土室化蛹，如小地老虎。蛹绝大多数为被蛹，仅毛顶蛾科和小翅蛾科等少数种类为离蛹。一般 1 年发生 1～6 代，一些种类可达 30 多代，也有 2～3 年才完成 1 代的，如木蠹蛾和蝙蝠蛾等。常以幼虫或蛹越冬，少数以卵或成虫越冬。鳞翅目昆虫已知有 16.5 万种，通称蝴蝶

(butterflies)和蛾(moths)。两者主要区别是蝶类触角末端膨大,停息时翅竖立在背上或平展,无翅缰,体色多鲜艳;多白天活动。蛾类触角末端尖细,停息时翅平覆在体背上,多有翅缰,体色多灰暗。多夜间活动(图 8-42)。

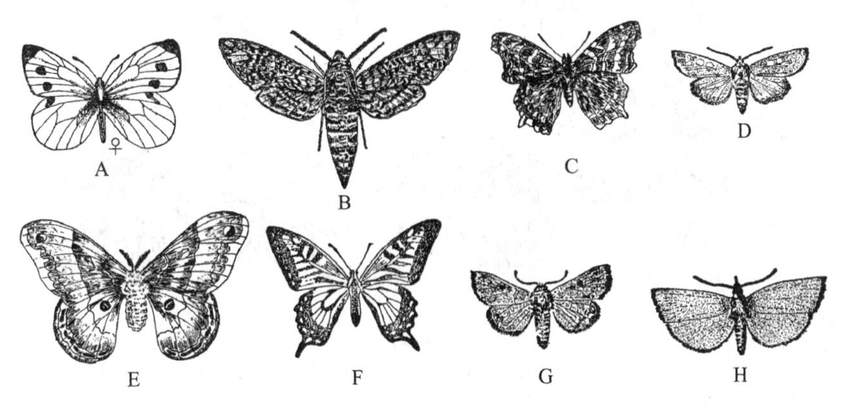

图 8-42 鳞翅目代表

A. 菜白蝶 B. 天蛾 C. 蛱蝶 D. 黏虫 E. 天蚕蛾 F. 凤蝶 G. 棉铃虫 H. 二化螟

33. 膜翅目(Hymenoptera) (Hymeno-膜,ptera-翅)体微小型至大型。下口式,咀嚼式口器或嚼吸式口器;复眼发达,单眼 3 个;触角的形状和节数变化较大,有丝状、念珠状、棍棒状、膝状和栉齿状等。在小蜂总科中,触角的梗节与鞭节之间常有环状节,且鞭节还可分为索节和棒节。胸部包括前胸、中胸和后胸。在细腰亚目中,还包括并胸腹节,所以细腰亚目的胸部又叫中躯(mesosoma 或 alitrunk)。膜翅两对,前翅大于后翅;前翅前缘常有翅痣,前翅肩角前有一小型的翅基片;翅脉的变化很大,有的复杂如叶蜂和蜜蜂等,有的退化甚至消失如小蜂总科。在姬蜂总科、瘿蜂总科、小蜂总科、青蜂总科和胡蜂总科中,部分种类无翅,至少雌虫无翅,还有部分种类为短翅(brachypterous)。足的变化也很大,包括足的各节形状与结构的变化和功能的特化。足转节 1 节或 2 节;胫节末端无距或有 1~2 枚距;跗节 5 节,少数 2~4 节。在广腰亚目中,前足胫节上的一个端距通常增大而特化成净角器(antennal cleaner);在细腰亚目中,前足基跗节基部有具刷的凹陷与距形成净角器。腹部一般 10 节,青蜂仅 2~5 节。在细腰亚目中,腹部由原始第 2 腹节及其以后的腹节组成,特称为柄腹部(gaster)或后体(metasoma),以免与真正的腹部(abdomen)混淆;柄腹部的第一节基部缩小,甚至呈细腰状,叫腹柄(petiole);产卵器发达,锯状、鞘管状或针状,适于锯、钻孔或穿刺产卵。雌性有发达的产卵器。全变态。卵为长卵圆形或纺锤形。幼虫主要可分为原足型、蠋型和无足型。蛹为裸蛹,常有茧或巢室包裹。化蛹场所可以是土中、植物组织内、植物表面上、宿主体内或体外。大多数寄生蜂的产卵瓣同时兼具有产卵和刺螫功能,但是在蜜蜂科中,产卵瓣完全失去产卵功能而特化为刺螫功能,用以防卫。绝大多数陆生,少数种类寄生于水生昆虫。成虫和幼虫大多为肉食性,少数植食性。成虫多喜阳光。多数种类的幼虫营寄生生活。膜翅目多数种类 1 年 1 代,少数 1 年 2 代或多代,个别种类需 2~6 年才完成 1 代。所有的膜翅目均为卵生生殖,主要包括两性卵生生殖、孤雌卵生生殖和多胚卵生生殖。其中,孤雌生殖又分为产雄孤雌生殖、产雌孤雌生殖和产雌雄孤雌生殖。本目昆虫大部分种类营独栖生活,但蚁科、胡蜂科和蜜蜂科的种类为真社会性生活,即群栖生活并有明显的社会分工。膜翅目传统上分为广腰亚目(Symphyta)和细腰亚目(Apocrita)2 个亚目,下设 19 总科、81 科。全世界已知约 15 万种,我国已知约 5 100 种(图 8-43)。细腰亚目又分为寄生部(Parasitica)和针尾部(Aculeata)。寄生部产卵器为鞘管状,有产卵和刺螫功能。针尾部产卵器为针状,无产卵功能,特化为刺螫时注射毒液的螫针。

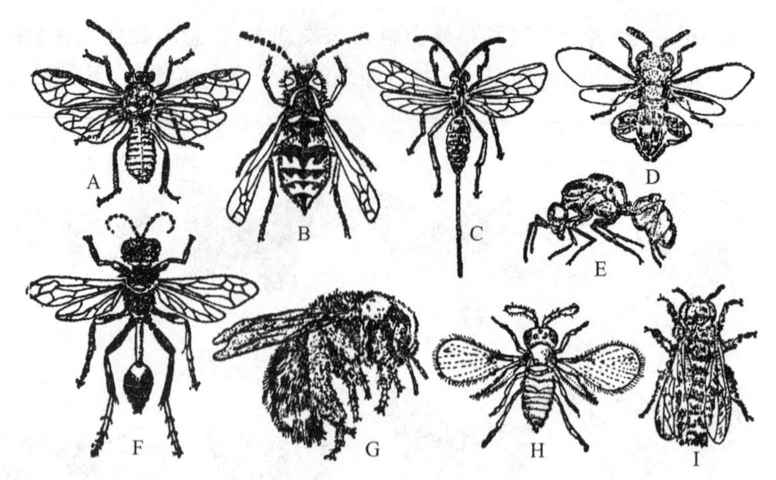

图8-43 膜翅目代表

A. 叶蜂 B. 胡蜂 C. 姬蜂 D. 小蜂 E. 蚁 F. 细腰蜂 G. 熊蜂 H. 赤眼蜂 I. 蜜蜂

第四节 节肢动物与人类的关系

节肢动物是地球上最繁盛的种类，对人类社会的生存和发展有重大的影响。人类的生存活动，特别是种植业和养殖业，与节肢动物形成了非常复杂又极其密切的关系。根据人类的利益观，可将节肢动物分为有益和有害两个方面。

1. 有益 节肢动物对人类的有益方面表现在：①食用：虾、蟹、蜂蛹、蝉等。②药用：很多昆虫或其产品，是名贵的药材或营养补品，如冬虫夏草、斑蝥、蝉蜕、蜈蚣、蝎、蜂王浆、蜂毒及虫茶等。③生产：一些昆虫产品是重要的工业原料，如丝蚕和蜂蜡等。在显花植物中，80%属于虫媒传粉，利用昆虫给植物传粉可以显著提高作物产量。④生物防治：在昆虫中，有1/3的种类属于捕食性或寄生性昆虫，它们多以植食性昆虫为食，为天敌昆虫，在害虫防治方面起重要的作用。

2. 有害 节肢动物对人类有害的方面表现在：①传染疾病，危害动物健康。如按蚊、跳蚤、蜱及牛虻等。②侵害农作物，危害农林生产。如蝼蛄、蝗虫及棉红蜘蛛等。

复习思考题

1. 节肢动物门有哪些重要特征？该门比环节动物高等表现在哪些方面？
2. 比较甲壳纲、蛛形纲、多足纲及昆虫纲在形态上的异同。
3. 甲壳纲、蛛形纲和昆虫纲的体躯分部、附肢种类、呼吸器官、排泄器官和血液循环有何不同？
4. 为什么昆虫能广泛分布在自然界而成为动物界最大的一个类群？
5. 节肢动物的种类、数量、分布特点有哪些？
6. 昆虫有哪些生殖方法和变态类型？简要说明各重要目的主要形态特征、变态类型、食性和代表种类。
7. 节肢动物与人类有什么利害关系？为什么说原气管纲是环节动物向节肢动物演化的一个过渡类型？

（王智超 张明辉）

第九章
棘皮动物门(Echinodermata)

棘皮动物是后口动物(deuterostome),根据种类不同其外观差别很大,有星状、球状、圆筒状和花状,成体五辐射对称(pentamerous radial symmetry)。身体区分为有管足的腕和无管足的中央盘,有口面和反口面之分。由许多分开的碳酸钙骨板构成的骨骼很发达。除消化系统外,内部系统如水管系统、神经系统、围血系统和生殖系统均为辐射对称。摄食方式为吞食性、滤食性和肉食性。多为雌雄异体,以生殖细胞释放到海水中受精。大多底栖,少数行浮游生活,自由生活的种类能够缓慢移动。对水质污染很敏感,再生能力一般很强。棘皮动物从浅海到数千米的深海都有广泛分布,现存种类6 000多种,但化石种类多达2万余种,从早寒武纪出现到整个古生代都很繁盛。沿海常见的种类有海星、海胆、海参和海蛇尾等。

第一节　棘皮动物门的主要特征

一、后口动物

在棘皮动物之前,所有的多细胞动物都属于原口动物。原口动物成体的口是由胚胎时期原肠胚的胚孔发育而来的,受精卵为螺旋卵裂,以裂腔法形成成体的体腔。棘皮动物、半索动物及脊索动物三门属于后口动物(deuterostome),因为它们在原肠胚期的胚孔发育成了成体的肛门,而在肛门相对的另一端重新形成成体的口;棘皮动物在发育中受精卵是放射卵裂,体腔由肠腔法形成。所以,棘皮动物在动物的进化中处于较高等的地位。

二、五辐射对称与次生辐射对称

棘皮动物全部是五辐射对称,即过身体的中轴有5个平面可以将身体分成左右相等的两部分。但其幼虫期的身体是两侧对称,所以成体的五辐射对称与腔肠动物的原始的辐射对称不同,是次生性的,这可能与原始种类的固着生活有关。

棘皮动物的体壁由表皮和真皮组成。体壁的最外面是一层很薄的角质层,其内为一层具纤毛的柱状上皮细胞(monociliated columnar epidermis),上皮细胞中夹杂有神经感觉细胞及黏液腺细胞构成表皮。表皮下面是一层神经细胞及纤维层,构成表皮下神经丛。随后是真皮层,由一层很厚的结缔组织和肌肉层构成。肌肉分为外层的环肌和内层的纵肌,反口面的纵肌发达,主要功能是收缩后使腕弯曲。肌肉层之内为体腔膜(peritoneum)。棘皮动物的骨骼是内骨骼,由中胚层形成,位于体壁的结缔组织中,由许多分离的不同形状的小骨片在结缔组织的连接下形成的网格状骨骼,成分是含10%碳酸镁的钙盐。小骨片上有穿孔,这样既可减轻重量,又可增加强度。除了骨片之外,体表还散布有一些骨骼成分的刺(spine)、叉棘(pedicellaria)及棘突束(paxilla)等,用以防卫及消除体表的沉积物。此外,表皮上还有大量的皮鳃(papulae)。

棘皮动物的神经系统都是分散的,与上皮细胞紧密相连,不形成神经节或神经中枢。一般海星类包括3个互不相连的神经结构：①外神经系统(ectoneural nervous system)，是最重要的神经结构，位于口面体壁的表皮细胞之下，在口面围口膜周围形成1个口神经环，由它发出神经支配食管及口，并向各腕分出辐神经(radial nerve)。辐神经断面呈"V"字形，沿步带沟底部中央直达腕的末端，沿途发出神经到管足和坛囊。外神经系统起源于外胚层，是感觉神经。②内神经系统(entoneural nervous system)，是由上皮下神经丛在步带沟外边缘加厚形成的1对边缘神经索(marginal nerve cord)。它发出的神经到成对的步带骨板的肌肉上，并在体腔膜下面形成神经丛，可以支配体壁的肌肉层。内神经系统起源于中胚层，是感觉神经。③下神经系统(hyponeural nervous system)，位于围血系统的管壁上，由一个围口神经环及5个间辐区神经加厚构成。下神经系统起源于中胚层，是感觉神经，此是动物界的特例。

眼点是棘皮动物唯一的感觉器官，单个，红色，位于每个腕末端的触手下面，由80～200个色素杯状的小眼构成。每个小眼由上皮细胞构成杯状，其中有红色色素颗粒，盖在其外面的角质层加厚处，作为晶体之用。表皮中还含有大量的具有长突起的神经感觉细胞，连接上皮神经丛，对光、触觉及化学刺激均有反应。这些感觉细胞在整个体表都有分布，在管足、触手、步带沟边缘特别丰富。

三、水管系统

水管系统(water vascular system)是棘皮动物所特有的来自体腔的管状系统，管内壁裹有体腔上皮，内部充满液体，主要功能在于运动。水管系统通过筛板与外界相通。筛板是1个圆板，石灰质，上面盖有一层纤毛上皮，表面具有许多沟道，沟底部通过许多小孔及管道通入下面的囊内，由囊再连到下面的石管(stone canal)。石管的管壁有钙质沉积，管壁有突起伸入管腔，进而将管腔不完全地隔开，以允许管内液体向口面和向反口面同时流动。石管由反口面垂直向下，到达口面内后与口周围的环水管(circular canal)相连。环水管位于口面骨板的内面，管壁也常有褶皱，也将管腔分成许多小管道，以利于液体在其中的流动。在间辐区的环管上有4～5对褶皱形成的囊状结构，称为贴氏体(Tiedemann's body)，其作用是产生体腔细胞。波里囊(Polian vesicle)是大多数海星类环管上1～5个具管的囊，囊壁上有肌肉，用以储存环管中的液体。由环管向每个腕伸出1个辐水管(radial canal)直达腕的末端，辐水管位于步带沟中腕骨板的外面，沿途向两侧伸出成对的侧水管(lateral canal)，左右交替排列。侧水管的末端膨大，穿过腕骨片向内进入体腔形成坛囊(ampulla)。坛囊的末端为管足，位于步带沟内。许多种类管足末端形成扁平的吸盘。由辐水管向两侧伸出的侧水管如果等长，则管足在步带沟内表现出两行；如果侧水管长短交替，则管足在步带沟内表现出4列，如海盘车。水管系统中充满液体，该液体与海水等渗，其中含有体腔细胞、少量蛋白质及很高浓度的钾离子，在运动中相当于1个液压系统。当坛囊收缩时，坛囊与侧水管交界处的瓣膜关闭，囊内的液体进入管足，管足延伸，与地面接触，管足末端的吸盘产生真空以附着地面。当管足的肌肉收缩时，管足缩短，液体又流回坛囊。棘皮动物的运动就是这样靠管足的协调收缩来完成，而水管系统的其他部分仅用以维持管内的压力平衡。

四、围血系统

棘皮动物没有专门的循环器官，循环功能由体腔液执行。体腔液是中央盘和腕中发达的体腔内充满液体，器官浸浴在其中，靠体腔膜细胞纤毛的摆动造成体腔液的流动，以完成营养物质的输送。体腔液中有体腔细胞，具吞噬功能。由于体腔液与海水等渗，缺乏调节能力，因此棘皮动物只能生存在海水中。棘皮动物具有一特殊的血系统(haemal system)及围血系统(perihaemal system)。血系统是一系列与水管系统相应的管道，即血管，其中充满液体，液体中有体腔细胞。在口面环水管的下面有环血管，向各腕也伸出辐血管，均位于辐水管之下。由环血管向反口面伸出1个深褐色海绵状组织的腺体，与石管伴行，称为轴腺(axial gland)，具有一定的搏动能力，可看成是棘皮动物的心脏。轴腺在接近反口面处伸出胃围血环(gastric hemal ring),并向幽门盲囊发出分支,到达反口面时再次形成反口面血环,并分支到生殖腺。血系统在靠近筛板处有一背囊,也有搏动能力,可推动液体的流动。围血系统是体腔的一部分,包在血系统之外形成一套窦隙,除了没有胃围血环之外,其余完全与血系统相伴而行(图 9-1)。实际上,海星类的呼吸及排泄主要由皮鳃、管足和体表进行。皮鳃是体壁的内、外两层上皮细胞向外突出的瘤囊状物,体腔液可流入其中。在皮鳃内体腔上皮纤毛的作用下,皮鳃的体腔液在其中流动,同时,皮鳃外层的纤毛上皮造成体表的水流动,这样可不停地进行着气体交换。

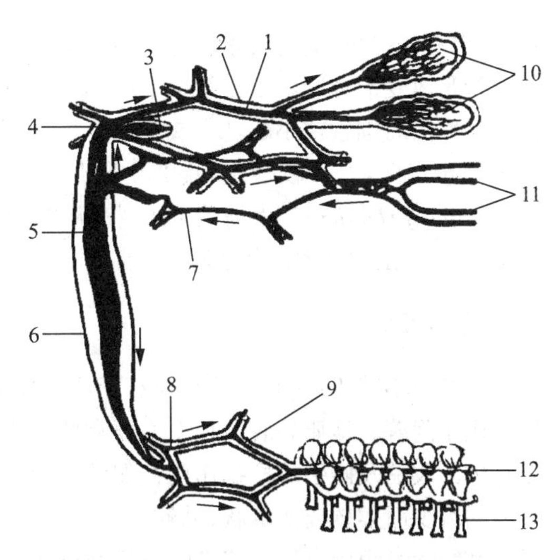

图 9-1 海盘车的血系统与围血系统

1. 反口血环,2. 生殖窦,3. 背囊,4. 轴腺起始,5. 轴腺,6. 轴窦,7. 胃血环,8. 下神经环窦,9. 围口血环,10. 生殖腺,11. 幽门盲囊血窦,12. 辐血窦,13. 管足

五、生殖系统

绝大多数的棘皮动物为雌雄异体,少数种类为雌雄同体。如海星类,在非成熟期腺体很小,位于 5 条腕的基部。在生殖期,生殖腺很大,几乎充满了整个的腕,雌雄体颜色不同,是辨别雌雄的最常用方法。雄性的生殖腺常为白色,雌性的生殖腺多为橙色,每个生殖腺都有 1 个生殖孔位于反口面腕基部中央盘上。生殖细胞均来自体腔上皮,产卵和受精均在海水中进行。生殖细胞的存在往往可以刺激其他个体也排卵或雄性排精,卵的成熟与排放与由辐神经的神经分泌细胞所分泌的物质所有关。大多数种类个体产卵量很大,可达 250 万粒,卵小,少黄卵,间接发育,个体发育要经过双羽幼虫和短腕幼虫(brachiolaria)。少数种产卵数目较少,卵亦大,卵黄亦多,为直接发育,但卵可由母体孵育。一般情况下,海星类都有很强的再生能力,一个腕只要带有部分中央盘都可以再生成一个整体,特别是带有筛板时更易于再生。

棘皮动物门的主要特征总结

(1) 次生性辐射对称,多数为五辐射对称。
(2) 具中胚层来源的内骨骼,常向外突出成棘刺,故名。
(3) 真体腔发达,具特殊的水管系统和围血系统。
(4) 胚胎发育过程极为典型:均黄卵,完全均等卵裂,属辐射型卵裂。
(5) 以内陷法形成原肠,以肠体腔法形成中胚层和体腔囊,为后口动物。
(6) 雌雄异体,体外受精,个体发育要经过双羽幼虫和短腕幼虫。

第二节 代表动物——海参

一、外形特点

海参类多数种类的体长在 10～30 cm,热带种类体型较大。体表颜色深暗,多呈黑色、褐色或灰色等,偶有淡绿色、橘色或紫色等。口与肛门位于身体长轴的两端,口周围有围口膜,其外围有一圈由口管足改变形成的触手。触手10~30个,可伸缩,有时借助体壁的收缩,口及触手可以完全缩入体内。肛门周围常被小的乳突或钙质骨板所环绕。海参用身体的腹面附着在海底,一般较平坦,包括3个步带区,背面较隆起,具2个步带区,背腹面逐渐有了分化。我国渤海湾沿岸常见的刺参(*Stichopus japonicus*)、南海常见的梅花参(*Thelenota ananas*)及沿海常见的叶瓜参(*Cucumaria frondosa*)都是很典型的代表种。

二、运动

海参类不善于运动,生活在岩石下或沙质海底,靠管足爬行。在一些硬质海底的种类,管足往往多用于附着。沙质海底的种类主要靠体壁肌肉的收缩而运动,特别是一些没有管足的种类,可以靠身体的收缩及触手的挖掘作用在泥沙中营穴居生活。极少数种类可以游泳。海参类的体壁由于骨骼的减少而柔软或似革状,最外层有一层角质膜,无纤毛,下为上皮细胞层,真皮位于上皮细胞之下。其结缔组织中有许多需借助于显微镜才能看到的微小骨片,骨片的形态因种而异,常作为分类的依据之一。结缔组织下为一层环肌,沿身体的步带区有纵肌。体壁中含有丰富的蛋白质,海参的食用价值及名贵程度一般根据体壁的厚薄及骨片的大小和多少来确定。水管系统与其他棘皮动物相似,只是筛板不直接与外界相通,而是悬挂于体腔内,咽的下面经一很短的石管与咽基部的环水管相连。由环水管向前分出一些小管,进入触手;向后发出5条辐水管,穿过围咽骨板后,到体壁内面沿步带区全身分布,沿途还分出侧水管进入管足,具坛囊。如管足减少,坛囊也相应地减少。在无管足的种类,辐水管及侧水管也消失。

三、生理特点

海参类主要是悬浮取食或沉积取食,悬浮取食是许多穴居或石下静止生活的种类,以分支的触手向体外延伸,触手表面具有黏液,黏着落入表面的有机物颗粒或主动捕捉微小食物,然后随触手一起缩回到体内,再将食物送入口,触手从咽壁获得黏液后又伸出体外。沉积取食是海参吞咽底部的泥沙,消耗其中的有机物,然后再将不能消化的物质由肛门排出。消化道的前端为口,口位于触手基部围口膜中央。口后为咽,咽的前部被1个钙质环环绕。钙质环由10个板连结形成,钙质环不仅能支持咽与环水管,也是体壁纵肌束和触手伸缩肌的附着处。咽后有微小的食管,与肠直接相连,无胃。肠的长度超过体长3~4倍,在体内环绕排列,并有隔膜固定位置,最后膨大变成泄殖腔,以肛门开口体外。大多数海参种类在消化道两侧有1对呼吸树(respiratory trees)。呼吸树作为呼吸器官,是由泄殖腔的前端发出的1对主干,由主干分出大量的分支及再分支,最后末端形成成丛的小囊,囊内充满体腔液,通过泄殖腔及呼吸树有节奏地收缩与扩张,可使水流入与流出以进行气体的交换。仅一次收缩就可将呼吸树中的水分完全排光。海参的体腔很宽阔,体腔内具纤毛上皮,使体腔液在体内流动并完成物质的循环。代谢产物主要为氨,常以结晶形式被体腔细胞携带到呼吸树、肠道等处,然后再排出体外。海参类具有平行于水管系统的环血管和辐血管,伴随肠道的有背、腹血窦。背血窦的搏动可以推动血液的流动。由背血窦分出大量的血管进入肠壁,由肠壁的小血管再汇集成腹血窦。海参的围血系统对气体及食物的输送能起着一定的作用。神经系统也与水管系统相平行,在触手基部有神经环,由它发出神经支配触手和咽。神经的内面被下神经窦(体腔来源)及上神经窦(非体腔来源)包围,辐神经本身也可分为厚的外神经及薄的下神经。上皮层中分布有较发达的感觉细胞,特别是在身体的两端。整个表面对光有反应。触手的基部有眼点。在钙质板附近有中空的平衡球,内有平衡石,负责身体的平衡。穴居种类具向地性(geotropic)。

四、生殖与发育

海参大多数为雌雄异体。极少数为雌雄同体，但不同时性成熟，一般雄性先成熟。海参只有 1 个由简单的或分支的管丛组成的生殖腺，后端连接生殖导管，形成拖布状，悬在体腔的前端，以生殖孔开口于背、中部的两触手之间。体外受精，发育几天后，先形成具纤毛带的耳状幼虫，然后经过一桶形幼虫期，经变态成为成体。桶形幼虫是海参最基本的幼虫形态。一些寒带海洋生活的种类具孵育幼虫的能力，孵育幼虫时，海参成体腹面和背面形成孵育袋，受精卵在孵育袋中发育。少数海参可在体腔内受精并孵育幼体，然后借肛门区体壁的破裂而释放出来。海参类具有很强的自切及再生能力。例如，海参、刺参等具有居维尔小管(Cuvier tubule)(图 9－2)。居维尔小管是位于海参呼吸树基部的黏液性盲管，数目不等，呈白色、粉色及红色等，在海参受到剧烈刺激、损伤或过度拥挤等异常情况下，引起体壁剧烈收缩，从肛门排出这些居维尔小管，或同时释放出黏液以缠绕入侵者，有的黏液含有毒素以用于防卫。有的海参在遇到天敌时，还伴随有内脏切除(evisceration)。内脏切除是指排放居维尔小管的同时，排出其两侧的呼吸树，甚至消化道、生殖腺和全部内脏器官，甚至由身体前端断裂，如瓜参。这种自切在有的种是一种季节性的自然现象。自切以后都能再生，身体不同部位的再生能力不同，泄殖腔是再生的中心。如果身体自切成两段，两段都能再生成两个个体。如自切成多段，一般只有带有部分泄殖腔的片段能再生成一个整体。但少数穴居的种类，只有前端部分才能再生，这可能与身体为这些部位细胞提供的空间大小有关。

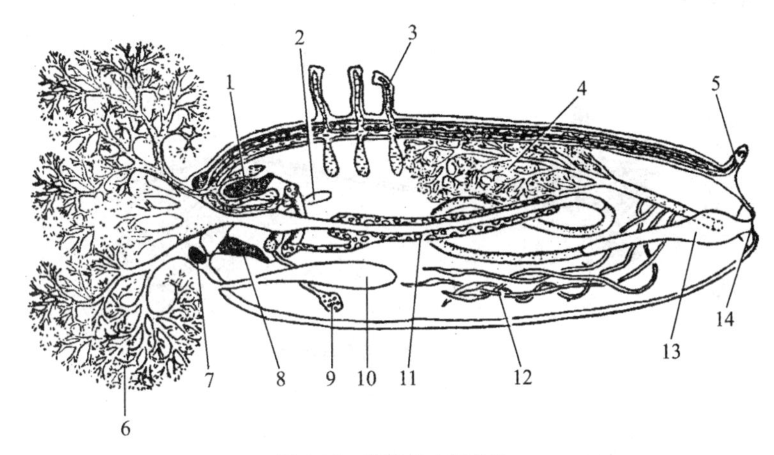

图 9－2 海参的内部结构

1. 口坛囊，2. 波里囊，3. 管足，4. 呼吸树，5. 端触手，6. 口管足，7. 神经环，8. 石灰环，9. 筛板，10. 生殖腺，11. 血管丛，12. 居维尔小管，13. 泄殖腔，14. 肛门

第三节 棘皮动物门的分类

现存种类 6 000 多种，按生活方式可分为有柄亚门(Pelmatozoa)和游移亚门(Eleutherzoa)2 个亚门和海百合纲(Crinoidea)、海参纲(Holothuroidea)、海胆纲(Echinoidea)、海星纲(Asteroidea)和蛇尾纲(Ophiuroidea)5 个纲。

一、有柄亚门

有柄亚门动物幼体具柄，营固着生活。口面向上，反口面向下，肛门和口均位于口面，主要的神经系统在反口面。消化管完整，主要以浮游动物为食。骨骼发达，骨板愈合成一完整的壳。有5纲，现存仅海百合纲(Crinoidea)，其余4纲为化石种类。

海百合纲　海百合纲大多营固着生活，体呈杯状，似植物。腕呈羽状分支，分支从5腕基部开始，并可变曲自如。具步带沟，管足无吸盘，无运动功能。个体发育有桶形的樽形幼虫。再生能力极强。

海百合纲是现有棘皮动物中最古老、最原始的纲，是古生代地层中很繁盛的一类，分为4个亚纲。海百合纲中化石种有5 000多种，分属游离海百合亚纲(Inadunata)、可曲海百合亚纲(Flexibilia)和圆顶海百合亚纲(Camerata)3个亚纲；而现存种类仅630多种，均属有关节亚纲(Articulata)。

现存种类分属等节海百合目(Isocrinida)、羽星目(Comatulida)、多腕目(Millericrinida)和弓海百合目(Cyrtocrinida)4个目，其中80多种具长柄，在200 m深海软泥或沙质海底营固着生活，这一类俗称海百合(sealilies)；其余550种无柄，在潮间带及浅海硬质海底或珊瑚礁中营自由生活，俗称海羽星(feeather stars)或海羊齿。

海百合体分根、茎、冠3部分。茎一般称柄，由许多骨板构成，其上常有分支的有附着作用的附支，称为根卷支(radiculus)。冠由萼和腕构成，萼即体盘，呈杯状或圆锥状，背侧由石灰质骨板组成，具口、肛门及步带沟。步带沟内生触手，可捕食，无运动功能。海羊齿的萼称体盘，腕原始为5个，但由于一再分支而成多个。腕由多个腕板构成，两侧发出许多羽支(pinnule)。生殖腺位于生殖羽支(genital pinnule)内，个体发育中有桶形的樽形幼虫(doliolaria)。海百合类再生能力极强，常将腕甚至萼等一起断落后再生(图9-3)。

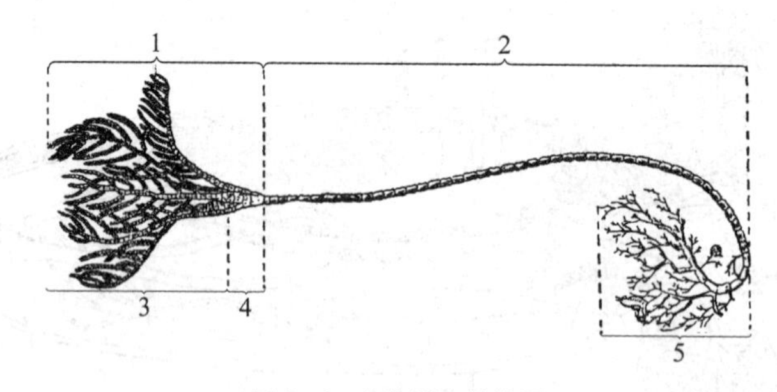

图9-3　柄海百合结构图

1. 冠，2. 茎，3. 腕，4. 萼，5. 根

(1) 等节海百合目：具长柄和卷枝，固着生活在200 m深沙质海底或海软泥上，是非常古老的一个类群，如海百合(*Metacrinus*)、西印度海百合(*Cenocrinus*)。

(2) 羽星目：无柄，营自由生活。大多产于浅海，底质为硬的石底、贝壳底或沙底，少数种生活在软泥底，也能暂时附着在岩石或海藻上。如海羊齿(*Antedon*)、羽星(*Comanthus*)。

(3) 多腕目：具长柄，无卷枝，固着生活在200 m深海软泥或沙质海底，如深海海百合(*Bathycrinus*)

(4) 弓海百合目：具长柄，有萼骨，无卷枝。

二、游移亚门

游移亚门动物无柄，自由生活；口面向下，反口面向上，口位于口面或体前端，肛门位于反口面或体后端，骨骼发达或不发达，主要的神经系统位于口面体壁内。包括海参纲(Holothuroidea)、海胆纲(Echinoidea)、海星纲(Asteroidea)和蛇尾纲(Ophiuroidea)4个纲。

1. 海参纲　体呈蠕虫状，两侧对称，背腹略扁，具管足，背侧常有一种变形管足称疣足(papillae)，无吸盘或肉疣。口于位体前端，周围有触手，其形状与数目因种类不同而异，肛门于位体末。内骨骼为极微小的骨片，形状规则，故食用时感觉不出骨骼的存在。消化道长管状，在体内回折，末端膨大成泄殖腔；呼吸树或水肺是由泄殖腔分出的 1 对分枝的树状结构，是海参特有的呼吸器官，受到刺激时，可从肛门射出，用以抵抗和缠绕敌害，且能再生。另有许多居维尔器，盲管状，司排泄。围绕食管有石灰环，辐水管和辐神经由此通过。筛板退化，位体内。海参营海洋底栖生活，匍匐行进，以混在泥沙中的有机质碎片、藻类及原生动物为食，摄食时连泥沙一同吞入。个体发育依次经耳状幼体(auricularia)、樽形幼虫(doliolaria)和五触手幼虫(pentactula)，最后变态为成体。海参是潮间带很常见的棘皮动物，分布在不同深度的海底，多隐藏在石块下，常成堆聚集，现存种类约有 1 100 种，化石种类较少。可分为指手目(Dactylochirotida)、枝手目(Dendrochirotida)、楯手目(Aspidochirotida)、弹足目(Elasipodida)、芋参目(Molpadiida)、无管足目(Apodida)6 目(图 9-4)。

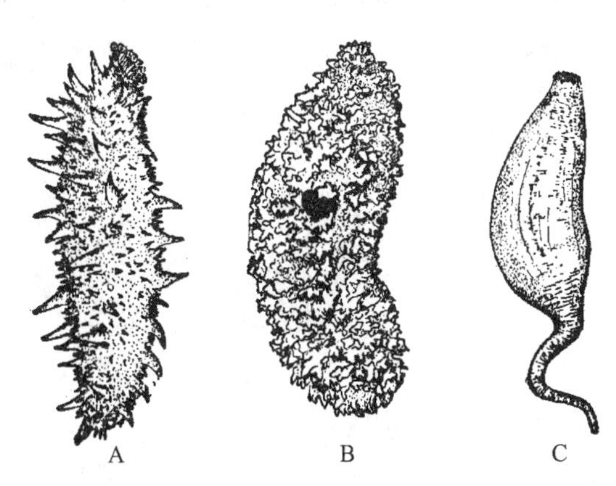

图 9-4 常见的海参纲动物

A. 刺参 B. 梅花参 C. 海棒槌

(1) 指手目：指手目为原始种类，触手简单，身体包在 1 个可变形的壳内。如高球参(*Sphaerothuria*)。

(2) 枝手目：枝手目的手(或口管足)呈树状分枝，有呼吸树，不具坛囊，腹面步带沟中有管足，或管足在腹面及背面均有分布。如瓜参(*Cucumaria*)和赛瓜参(*Thyone*)等。

(3) 楯手目：楯手目的触手叶状或盾形，身体腹面常具发达的管足，有呼吸树。常见类群包括：①刺参科(Stichopodidae)：个体大，体长 20～40 cm，最长的可达 1 m。体壁厚而柔软，背面具肉刺状的发达疣足。一般为 20 个基部有坛囊的楯形触手。2 束生殖腺位于背悬肠膜的两侧。呼吸道与消化道相连，石管常与体壁相连，无居维尔器。多生活于浅海的珊瑚礁或岩石底，常有排脏和自切现象，再生能力很强。我国北方沿海的刺参有夏眠习性，即：夏季产卵后，爬到石底，不活动，不摄食，消化道缩得很细，秋后温度下降再出来摄食。一些种类已可人工养殖。全世界约有 30 种，我国已知有 3 属 7 种，均为食用佳品。②梅花参(*Thelenota*)：是印度西太平洋区热带珊瑚礁特有的著名食用海参，伸展时体长可达 1 m，加工后的干品重量可达 500 g，是海参纲个体最大的种类。

(4) 弹足目：弹足目大多数为深海种，口在腹面，触手叶状，管足少，无呼吸树。如浮游海参(*Pelagothuria*)。

(5) 芋参目：芋参目具 15 个指状触手，有呼吸树，管足仅存在肛门附近，乳突状，在身体后端成尾状。包括芋参科(Molpadiidae)，如芋参(*Molpadia*)；尻参科(Caudinidae)，如尻参(*Caudina*)、海棒槌(*Paracaudina*)和海地瓜(*Acaudina*)。

(6) 无管足目：无管足目具触手 10～20 个，指状或羽状，无管足和呼吸树。如锚海参(*Synapta*)和细锚参(*Leptosynapta*)等。

2. 海胆纲　体呈球形、盘形或心脏形，无腕，具内骨骼互相愈合而成的坚固的壳，分 3 部。第 1 部最大，由 20 多行多角形骨板排列成 10 个步带区，其中 5 个为具管足的步带区和 5 个为无管足的步带区，两种步带区相间排列，而且各骨板上均有疣突和可动的长棘。第 2 部称为顶系，位于反口面中央，由 5 个生殖板、5 个板眼(ocular plate)和围肛部(periproct)组成；5 个生殖板上各有一生殖孔，其中一块生殖板兼筛板的作用，多孔，形状特异；5 个板眼上各有 1 个眼孔，辐水管末端自眼孔伸出，为感觉器官；围肛部上有肛门。第 3 部为围口部，位于口面，由 5 对排列规则的口板构成，各口板上均有1个管足,口周围有5对分支的鳃,是海胆的呼吸器官。多数种类口内具有复杂的咀嚼器,其上有齿,可咀嚼食物,称亚里士多德提灯(Aristotle lantern)。海胆消化管呈长管状,盘曲于体内,以藻类、水螅、蠕虫为食。多雌雄异体,个体发育中经长腕幼虫,后变态成幼海胆,经1～2年才达性成熟。海胆纲分布在从潮间带到数千米深的海底,多集中在滨海带的岩质海底或沙质海底,现存900种,化石有7 000多种,可分为规则海胆亚纲(Endocyclica)和不规则海胆亚纲(Exocyclica)2个亚纲、22个目(图9-5)。

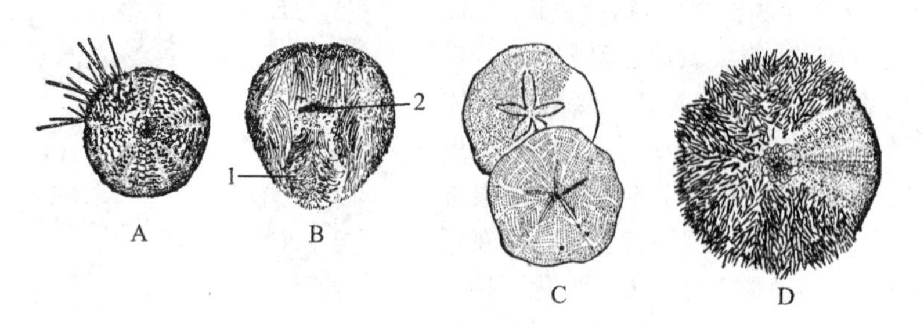

图9-5 常见的海胆纲动物

A. 细雕刻肋海胆 B. 心形海胆 C. 十角饼干海胆 D. 马粪海胆
1. 楯板, 2. 壳口

(1) 规则海胆亚纲:胆壳呈球形,五辐对称,具亚里士多德提灯,每2列步带板(ambulacral plates)与2列间步带板(interambulacral plates)相间排列。胆壳直径多为6～12 cm,体表多呈灰褐色、黑色、深紫色、绿色和白色等不同颜色。身体的口面平坦、向下、中央有口,反口面向上隆起,呈半球形,顶端中央有肛门和围肛区(periproct region)。身体沿口与反口极轴呈放射状相间排列着5个步带区及5个间步带区,整个胆壳由20个骨板围成。管足2列,分布在每个步带区靠边缘处,在骨板上留有管足孔,间步带区没有管足孔。围口膜位于口的周围,其内缘加厚形成唇。围口膜的步带区有5对口管足(buccal podia),口管足是突出的较大管足,其外围有5对葡萄状的鳃。许多小刺及叉棘也分布在围口区。围肛区位于反口面中央,由一圈大小不等的骨板围绕肛门组成。其外圈围有10个骨板,5个大的为生殖板(genital plates),中央有生殖孔(gonopore),其中一个生殖板变成了筛板;另外5个小的是眼板(ocular plates),相间排列,对准步带区。围肛板(periproct plate)1块,被10个骨板包围,中央为肛门。大量中空的长刺从整个胆壳的表面伸出,赤道处的刺最长,两极处最短,刺的基端凹陷与胆壳的突起相嵌合,因此刺可以向各个方向转动。另外,整个胆壳及围口区均有具柄的叉棘,叉棘有防卫和消除体表沉渣的作用。有的叉棘顶端有3～6个毒囊,可麻醉或毒杀小型动物。许多海胆在步带区有平衡囊。平衡囊是一种球形小体,分散于步带区或仅限于口面,有平衡作用。常见种类有头帕海胆(*Cidaris*)、马粪海胆(*Hemicentrotus pulcherrimus*)和细雕刻肋海胆(*Temnopleurus toreumaticus*)。

(2) 不规则海胆亚纲:胆壳非球形,口位于口面,肛门位于反口面顶板中央,亚里士多德提灯有或无。身体呈心形或圆盘形等不规则形,趋于两侧对称。身体一般较小,具更多的刺,适于营沙中穴居生活。如心形海胆(*Echinocardium cordatum*)身体的长轴成为前、后轴,口面平坦,反口面略凸出,口与围口区位于前端,肛门及围肛区位于身体后端,管足仅分布于口面与反口面,反口面的步带区形成花瓣状,此处的管足仅用以气体交换。口面的步带区也呈花瓣状,但此处的管足用以获得食物颗粒。体表布满浓密的刺,仅在花瓣状的步带区分布有纤毛状的刺,用以造成水流维持穴居。叉棘存在,口面有司感觉的平衡囊。常见种类有心形海胆(*Echinocardium cordatum*)、饼干海胆(*Laganum*)、砂币海胆(*Echinarachnius parma*)和楯海胆(*Clypeaster*)等。

3. 海星纲　海星纲是棘皮动物中生理结构最有代表性的一大类群。体扁平,多为五辐射对称,腕数为5或5的倍数,体盘和腕分界不明显。生活时口面向下,反口面向上。水管系统发达,腕柔韧可曲,腹侧具步带沟,沟内伸出2～4行管足,内骨骼的骨板以结缔组织相连。体表具骨骼的突起形成的棘和叉棘。呼吸器官为皮鳃(papula),皮鳃是从骨板间突出的膜质泡状突起,外覆上皮,内衬体腔上皮,其内腔连于次生体腔,称为皮鳃,作用是呼吸和使代谢产物扩散到外界。个体发育中经羽腕幼虫和短腕幼虫。海星纲广泛分布于软泥海底、砂质海底、珊瑚礁及各种深度的海洋中。现存种类1 600种,化石种类300种,分为显带目(Phanerozonia)、有棘目(Spinulosa)和钳棘目(Forcipulata)3个目(图9-6、图9-7)。

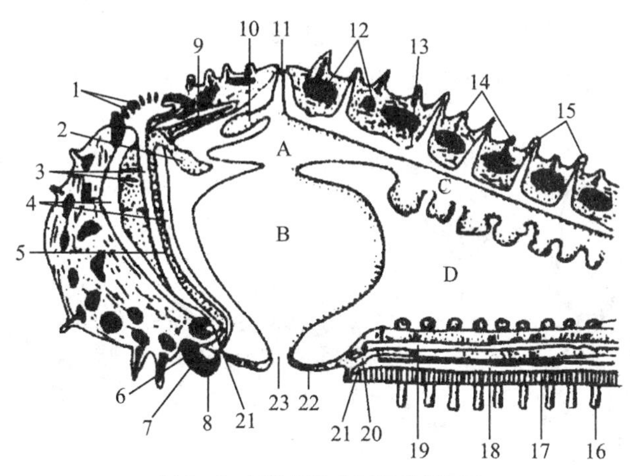

图9-6 过海星体盘及腕的纵切面

A. 幽门胃 B. 贲门胃 C. 幽门盲 D. 体腔

1. 筛板, 2. 胃血管, 3. 轴腺, 4. 轴窦, 5. 石管, 6. 环血窦, 7. 神经, 8. 围口神经环, 9. 生殖腺血管, 10. 肠盲囊, 11. 肛门, 12. 骨板, 13. 体腔膜, 14. 棘刺, 15. 皮鳃, 16. 管足, 17. 辐神经, 18. 辐血窦, 19. 辐水管, 20. 环血窦, 21. 环水管, 22. 围口腺, 23. 口

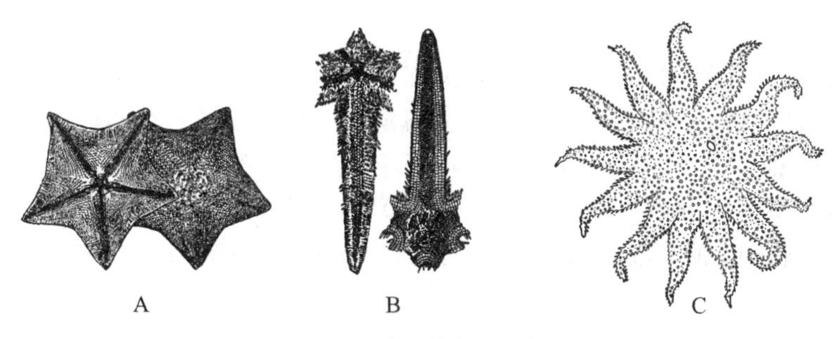

图9-7 常见的海星纲动物

A. 海燕 B. 砂海星 C. 陶氏太阳海星

(1) 显带目:生活在软质海底,没有皮鳃,腕具2行明显的边缘板,管足无吸盘,在步带沟中排成2列,有利于在泥沙穴居或爬行。大部分深海海星属于此目,如槭海星(*Astropectinidae*),以纤毛过滤取食,靠纤毛作用先将落入体表的沉渣有机物等扫入步带沟,形成食物索,再送入口内。

(2) 有棘目:叉棘简单或缺乏,边缘板很小。常见种类有太阳海星(*Solaster*)、海燕(*Asterina*)及鸡爪海星(*Henricia*)。

(3) 钳棘目:边缘板不显著,具剪状叉棘。常见种类有海盘车(*Asterias*)、翼海星(*Pterasteridae*)及冠海星(*Stephanasterias*)。

4. 蛇尾纲　蛇尾体小型，扁平，口面由一系列构成口区及间步带区的咀嚼板组成，中央为口，口两侧密生小齿向口内及反口方向延伸。中央盘小，呈扁圆形或五角形，直径为1～3 cm，最大的为12 cm，5个腕细长灵活，可做水平屈曲运动，上常被有明显的鳞片，无步带沟，由中央盘明显地向外伸出，腕和中央盘分界明显。有的种每个腕都可以连续分支，如蔓蛇尾类。管足退化，呈触手状，无吸盘，无运动功能。体壁的真皮细胞中含有胡萝卜素（carotenoid）、黑色素（melanin）、核黄素（riboflavin）及叶黄素（xanthophyll）等各种色素，使体表能表现不同的颜色。蛇尾的中央盘反口面没有皮鳃，光滑或具颗粒状，或盖有钙质骨板或小刺。筛板位于口面，消化管退化，食管短，连于囊状的胃，无肠，无肛门。以藻类、有孔虫、多毛类、甲壳类、有机碎屑为食。多数雌雄异体；少数雌雄同体，胎生。蛇尾纲又称海蛇尾纲，分布于浅海及深海，特别是在深海软质海底很丰富，是现存棘皮动物中最大的一个纲，约有2 000种及200化石种，可分为蔓蛇尾目（Euryalae）和真蛇尾目（Ophiurae）（图9-8）。

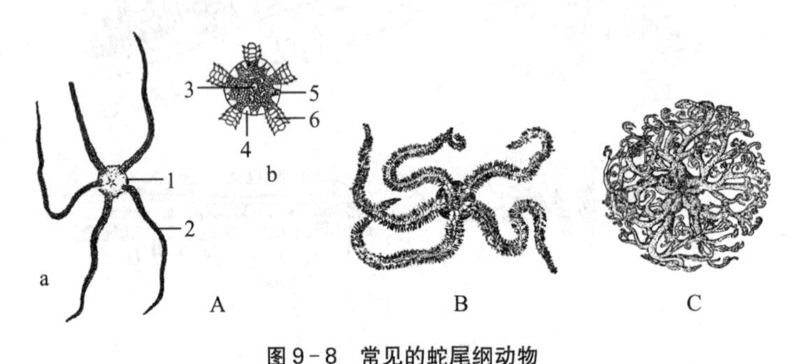

图9-8　常见的蛇尾纲动物

A. 阳遂足　a. 口面观　b. 反口面观　B. 刺蛇尾　C. 筐蛇尾
1. 中央盘，2. 腕，3. 背中板，4. 侧辐板，5. 轴板，6. 背腕板

（1）真蛇尾目：中央盘和腕常覆盖有骨板，腕不分支，如孔蛇尾（*Ophiotrema*）、真蛇尾（*Ophiura*）、阳遂足（*Amphiura*）等。滩栖阳遂足（*Amphiura vadicola*）的腕非常长，可达18 cm以上。

（2）蔓蛇尾目：中央盘和腕上不具骨板，腕分支，常缠绕成团。现存种类对环境条件（温度、盐度和底质）的要求比较严格，分布比较特殊，是研究海洋动物地理学的一个指标种。世界现存约120种，分为6科：始椎蛇尾科（Eospondylidae）、爪星蛇尾科（Onychasteridae）、衣笠蔓蛇尾科（Asteronychidae）、星蔓蛇尾科（Asteroschematidae）、筐蛇尾科（Gorgonocephalidae）和蔓蛇尾科（Euryalidae）。我国有15种，多分布在南海；黄海只有1种，即海盘车（*Astrospartus mediterraneaus*）。

第四节　棘皮动物与人类的关系

棘皮动物中多数种类对人类有益，少数有害。海参类中有40多种可供食用，如我国的刺参、梅花参等，含蛋白质高，营养丰富，是优良的滋补品。海参又可入药，有益气补阴、生肌止血之功效。海胆卵可食用，也是发育生物学的良好实验材料。据记载，我国明朝已有以海胆生殖腺制酱的应用。海胆壳入药，可软坚散结、化痰消肿；海胆壳亦可做肥料。海星及海燕等干制品可做肥料，并能入药，有清热解毒、平肝和胃、补肾滋阴的功能。海星卵是研究受精及早期胚胎发育的好材料。一些冷水性底层鱼（鳕鱼）常以蛇尾为天然饵料。海胆喜食海藻，故可危害藻类养殖；有些海胆的棘有毒，可对人类造成危害。海星喜食双壳类，是贝类养殖的敌害。

复习思考题

1. 名词解释:后口动物,轴腺,皮鳃,管足,居维尔小管,水管系统,五辐射对称。
2. 试述棘皮动物门的主要特征。
3. 简单比较游移亚门中 4 个纲各方面的异同。
4. 试述棘皮动物的经济价值有哪些。

(谢德舜 马俊红 张 青)

第十章
脊索动物门(Chordata)

第一节　脊索动物门的主要特征

脊索动物是动物界中最高等的一门，是与人类关系最密切的动物类群。相对于无脊椎动物，脊索动物在其个体发育的某一时期或整个生活史中，都具有脊索(notochord)、背神经管(dorsal tubular nervecord)、咽鳃裂(pharyngeal gill slit)，这是脊索动物的最主要的3个基本特征(图10-1)。

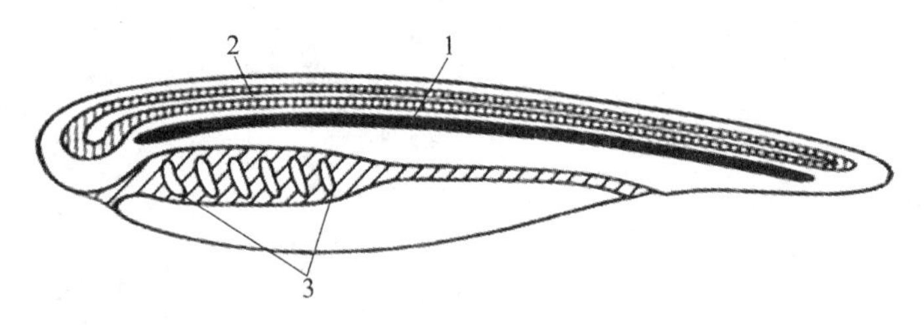

图10-1　脊索动物的3个基本特征

1. 脊索，2. 背神经管，3. 咽鳃裂

一、脊索

凡是脊索动物都具有脊索。脊索是脊索动物原始的中轴骨骼，位于身体背部正中央，消化道的背面，神经管的腹面，是一条由弹性、柔软、不分节的结缔组织组成的从前向后支持身体纵轴的棒状结构。从胚胎发生上，脊索来自内胚层，是原肠背壁经加厚、分化、外突，最后脱离原肠而成。脊索内部为富含液泡的脊索细胞，外面围有脊索细胞所分泌形成的结缔组织性质的脊索鞘(notochordal sheath)。脊索鞘常由纤维组织鞘(fibrous sheath)和弹性组织鞘(elastic sheath)形成内、外两层。充满液泡的脊索细胞由于产生膨压，使整条脊索既具弹性，又有硬度，进而发挥骨骼的基本作用。脊索在不同的脊索动物中保留程度不同。在低等脊索动物中，有的脊索终身保留而且很发达(如文昌鱼)；有的胚胎时期有脊索，而成体变态后消失，仅存在于尾部或仅见于幼体时期(如海鞘)。高等脊索动物只在胚胎期间出现脊索，发育完全后即被分节的由脊椎骨组成的脊柱(vertebral column)取代。组成脊索或脊柱等内骨骼(endoskeleton)的细胞，都能随同动物体发育而不断生长。而无脊椎动物缺乏脊索或脊柱等内骨骼，仅身体表面被有几丁质等形成的外骨骼(exoskeleton)。脊索保留程度的不同，与脊索动物的进化顺序有密切关系，即越是低等的脊索动物，脊索在成体保留的成分越多；而高等脊索动物，保留越少，相应骨化程度越高，支持负载的能力越强。

脊索在脊椎动物达到更为完善的发展，从而使脊椎动物成为在动物界中占统治地位的一个类群。脊索(以及脊柱)承受着整个体重，构成支撑躯体的主梁，为内脏器官提供了有力的支持和保护，为肌肉收缩提供了坚强的支点，保证动物在运动时不致由于肌肉的收缩而使躯体缩短或变形，让脊椎动物有可能向"大型化"发展。脊索的中轴支撑作用让动物体能够更有效地完成定向运动，使得动物个体主动捕食和逃避敌害更加准确、迅捷。脊索的出现带动了脊椎动物头骨的形成、颌的出现和椎管对中枢神经的保护在此基础上进一步完善化的发展，使动物体的支持、保护和运动的功能获得"质"的飞跃，是动物演化史上的重大事件。

二、背神经管

背神经管是所有脊索动物所特有的，由胚体背中部的外胚层下陷卷褶所形成的一条神经管，位于消化道和脊索的背方，形成脊索动物的中枢神经系统。低等的脊索动物背神经管终身保留并无大的变化，而高等的脊椎动物神经管前方膨大形成脑，脑的后面神经管发育成脊髓。管壁是有神经细胞和神经纤维构成，神经管腔(neurocoele)在成体仍保留，在脑中成为脑室(cerebral ventricle)，在脊髓中成为中央管(central canal)。而无脊椎动物神经系统的中枢部分为一条实性的腹神经索(ventral nerve cord)，位于消化道的腹面。

三、咽鳃裂

咽鳃裂是指位于低等脊索动物消化道前端的咽部两侧的一系列左右成对排列、数目不等的裂孔。咽鳃裂直接开口于体表或以一个共同的开口间接地与外界相通。水生的脊索动物鳃裂是终身保留，在鳃裂之间的咽壁上着生着充满血管的鳃，作为呼吸器官。陆生的脊索动物仅在胚胎时期和某些种类的幼体期(如两栖纲的蝌蚪)有鳃裂，成体时消失。而无脊椎动物的鳃不位于咽部，有的位于尾部、附肢基部等特定部位；有的则位于全身各处，如软体动物的栉鳃，节肢动物的肢鳃、尾鳃、气管等(图 10-2)。

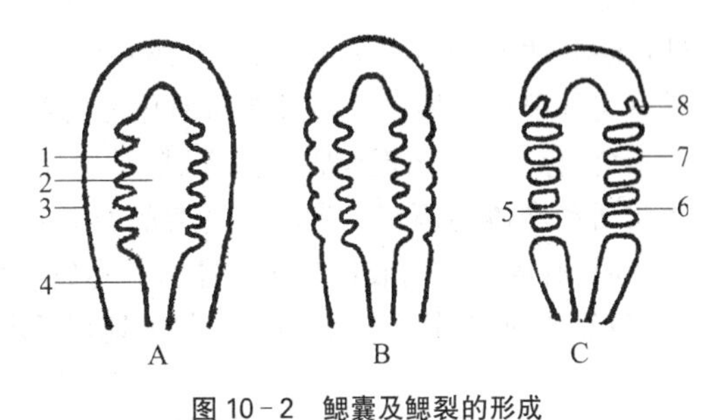

图 10-2 鳃囊及鳃裂的形成

1. 鳃囊，2. 鳃腔，3. 外胚层，4. 内胚层，5. 内鳃裂，6. 外鳃裂，7. 鳃隔，8. 鼓室

此外，与无脊椎动物的心脏及主动脉在消化道的背面、循环系统大多为开管式不同，脊索动物的心脏及主动脉位于消化道的腹面、循环系统为闭管式。无脊椎动物的肛孔常开口在躯干部的末端，而绝大多数脊索动物于肛门后方有肛后尾(postanal tail)。脊索动物还有中胚层形成的内骨骼，肌肉中含有肌酸。

除了以上脊索动物和无脊椎动物之间的区别点，脊索动物还有一些性状与高等无脊椎动物相同。如后口动物、身体和某些器官的分节现象、三胚层、真体腔、两侧对称的体制等，这些共同点表明脊索动物是由无脊椎动物进化而来的。

第二节 脊索动物门的分类概述

已知的脊索动物约有 7 万多种，现存的种类有 4 万多种，可分为尾索动物亚门(Urochordata)、头索动物亚门(Cephalochordata)和脊椎动物亚门(Vertebrata)3 个亚门。尾索动物亚门和头索动物亚门是脊索动物中低级的类群，总称为原索动物亚门(Protochordata)。

一、尾索动物亚门

脊索和背神经管只在幼体的尾部存在，到成体就退化或消失。成体体表被有被囊(tunic)。有些种类有世代交替现象，营自由生活或固着生活。该亚门分为尾海鞘纲(Appendiculariae)、海鞘纲

(Ascidiacea)和樽海鞘纲(Thaliacea)3个纲。常见种类有柄海鞘(*Styela clava*)、住囊虫(*Oikopleura*)、樽海鞘(*Doliolum deuticulatum*)和巨尾虫(*Megalocercus huxleyi*)。

二、头索动物亚门

脊索和神经管在背部纵贯全身的,且延伸至背神经管的前方,并终生保留。咽鳃裂非常多。该亚门仅包括头索纲(Cephalochorda)1个纲,身体呈鱼形,左右侧扁,半透明,体节分明,表皮只有一层细胞,头部不明显,故称为无头类(Acrania)。如厦门白氏文昌鱼(*Branchiostoma belcheri*)。

三、脊椎动物亚门

脊椎动物的脊索只出现在胚胎发育阶段,随后或多或少地被脊椎骨连接而成的脊柱所代替,保护脊髓,前端形成头骨保护脑。神经管出现分化,前端形成脑,后部形成脊髓。感觉器官向前端集中,形成明显的头部,故称为有头类(Craniata)。此加强了动物对外界刺激的感应能力。低等水生种类用鳃呼吸,陆生种类及次生水生种类成体用肺呼吸,咽鳃裂只在胚胎时期出现。由于脊椎动物具有脊索动物门的以上三大特征,故归为脊索动物门,该亚门包括圆口纲(Cyclostomata)、鱼纲(Pisces)、两栖纲(Amphibia)、爬行纲(Reptilia)、鸟纲(Aves)、哺乳纲(Mammalia)6个纲。此外,除圆口类外都具有加强主动摄食和消化能力的上下颌,以支持口部。高等脊椎动物还具有完善的循环系统,包括:①出现能收缩的心脏,动脉血与静脉血完全分开,使机体的氧气供应充足,保持高的代谢活动和体温恒定;②构造复杂的肾脏代替了肾管,提高了代谢废物的排泄能力;③除原口类外,都具有成对的附肢作为运动器官。尽管一些种类因生活环境、生活方式的改变,失去了一对(或全部)附肢,但在其身体上还不同程度地保留着附肢的痕迹(图10-3)。

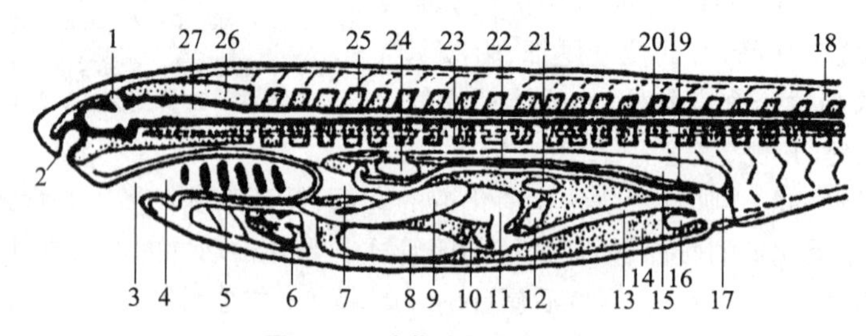

图10-3 脊椎动物的主要结构

1. 中央的眼,2. 嗅觉器官,3. 口,4. 咽,5. 鳃裂,6. 心脏,7. 食管,8. 肝,9. 肺,10. 胆囊,11. 胃,12. 胰,13. 肠,14. 体腔,15. 肾,16. 膀胱,17. 泄殖腔,18. 肌节,19. 排泄管,20. 脊髓,21. 脾,22. 输卵管,23. 脊索,24. 生殖腺,25. 椎骨,26. 颅骨,27. 脑

第三节 尾索动物亚门

一、主要特征

尾索动物成体的身体包在胶质(gelatinous)或近似植物纤维素成分的特殊被囊中,脊索及背神经管仅存在于幼体的尾部,成体则消失或退化,所以称为尾索动物或被囊动物(tunicate)。尾索动物体包括单体或群体两个类型,绝大多数无尾种类只在幼体时期自由生活,成体底栖固着生活于浅海潮间带,少数终身有尾种类营自由游泳生活(图10-4~图10-6)。

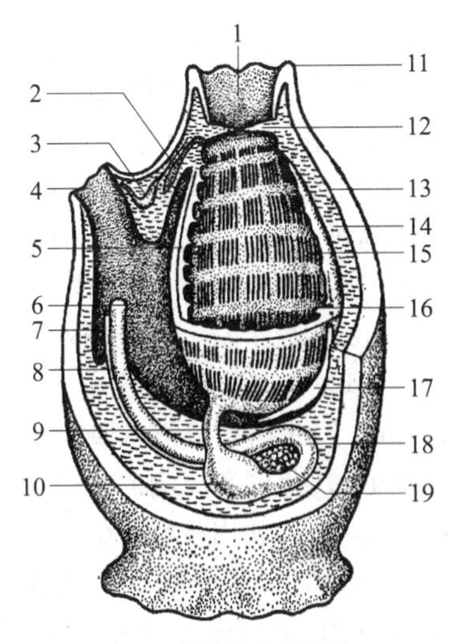

图 10-4 海鞘的内部构造

1. 口，2. “神经”腺，3. 神经索，4. 围鳃腔吸管，5. 背板，6. 肛门，7. 围鳃腔，8. 生殖管，9. 食管，10. 胃，11. 口吸管，12. 缘膜，13. 外套膜，14. 被囊，15. 鳃裂，16. 内柱，17. 心脏，18. 肠，19 生殖腺

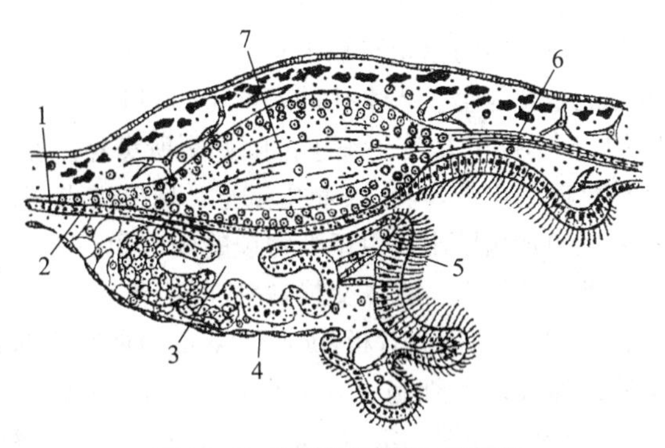

图 10-5 海鞘的神经节和脑下腺

1. 后神经，2. 背沟，3. 脑下腺，4. 咽，5. 纤毛，6. 前神经，7. 神经节

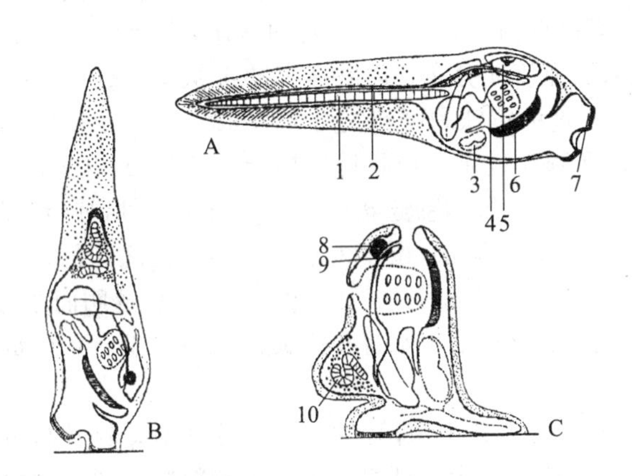

图 10-6 海鞘的变态过程

A. 自由活动的幼体 B. 变态初期 C. 变态后期

1. 脊索，2. 神经管，3. 肠管，4. 心脏，5. 围鳃腔，6. 脑泡，7. 内柱，8. 附着突，9. 神经节，10. 神经下腺

二、代表动物——海鞘

营固着生活的尾索动物，成体呈长椭圆形，外形像日常盛水的茶壶，壶底即身体基部以柄附生在海底或被海水淹没的物体上，另一端有 2 个相距不远的孔。顶端的一个是入水孔(incurrent siphon)，相当于壶口，孔内通消化管而中间有一片筛状的缘膜，缘膜的作用是滤去粗大的物体，只容许水流和微小食物进入消化道；位置略低的一个孔是出水孔(excurrent siphon)，相当于壶嘴。水从壶口进入，从壶嘴出去，从胚胎发生和幼体变态的过程来看，两孔之间是背部，对应的一侧为腹部。水流从入水孔进入而由出水孔排出，但当受惊扰或刺激时，则可引起体壁骤然收缩，体内积储的水

分别从2个孔中似乳汁般同时喷射而出，故在山东省沿海一带俗称海奶子。刺激缓解后，身体又逐渐恢复原状。尾索动物的体壁即是包藏内部器官的外套膜(mantle)，外套膜由上皮细胞和肌肉纤维组成，以支配身体及出、入水孔的伸缩和开关。体壁能分泌一种化学成分类似植物纤维素的被囊素(tunicin)，并由此形成包围在动物体外的被囊。外套膜在入水孔和出水孔的边缘处与被囊汇合，汇合处有环形括约肌，可以控制管孔的启闭。内部器官中只有咽的上缘及腹面的一部分与外套膜愈合。对种群的繁衍有积极意义的一种现象是，被囊表面通常不易被其他动物所附着，但是同种个体却能重叠附生。入水孔的底部有口，口下方是宽大的咽，咽具四周长有触手的缘膜，咽占据了身体的75%，咽壁被许多细小的咽鳃裂所贯穿。宽大的围鳃腔(peribranchial cavity)是咽外外套膜与咽壁之间的空腔，与出水管孔相通。从口进入咽内的水流经过咽鳃裂，到达围着咽外的围鳃腔中，然后经出水孔排出。由于咽鳃裂的间隔里分布着丰富的毛细血管，因此当水流携带着食物微粒通过鳃裂时就能进行气体交换，完成呼吸作用。咽腔的内壁生有纤毛，其背侧和腹侧的中央各有一个沟状结构，分别称为背板(dorsal lamina)或咽上沟(epipharyngeal groove)和内柱(endostyle)。沟内有腺细胞和纤毛细胞。背板和内柱相对，在咽的前端以围咽沟(peripharyngeal groove)相连。取食时，腺细胞能分泌黏液，使沉入内柱的水流携带着食物微粒黏聚成团，由沟内的纤毛摆动，将食物团从内柱底部推向口的方向，经围咽沟沿背板往后导入食管、胃及肠进行消化。肠开口于围鳃腔，不能消化的残渣通过围鳃腔，随水流经出水孔排出体外。血液循环为开管式，围心腔(pericardial cavity)位于身体腹面靠近胃部，心脏位于围心腔内，凭借围心膜的伸缩而搏动。心脏两端各发出一条血管，前端沿咽腹发出分支到鳃裂间的咽壁上为鳃血管，后端分支到各内脏器官并注血进入器官组织的血窦之间称为肠血管。心脏收缩有周期性间歇，当它的前端连续搏动时，血液不断地由鳃血管压出至鳃部，接着心脏有短暂的停歇，容纳鳃部的血液流回心脏，然后于其后端开始搏动，将血液注入肠血管而分布到内脏器官的组织间。故血管既无动脉和静脉之分，血液也无固定的单向流动方向，这种特殊的可逆式血液循环方式在动物界中是绝无仅有的。尾索动物无专门的排泄器官，只是在肠附近有一堆具排泄功能的细胞，常含尿酸结晶，称为小肾囊(renal vesicles)。成体营固着生活，神经系统和感觉器官都特别退化，中枢神经退化为一个没有内腔的圆而坚硬小瘤状的神经节(nervus ganglion)，位于入水孔和出水孔之间的外套膜壁内，其分出若干神经分支到身体各部。神经腺(neural gland)是位于神经节旁，无色透明而略为膨大，相当高等动物的脑下腺(hypophysis)。除了在入水管孔、出水管孔的缘膜和外套膜上有少量散在的感觉细胞外，无专门的感觉器官。

尾索动物的无性生殖方式是出芽生殖；有性生殖一般为雌雄同体(hermaphroditism)，异体受精。生殖腺位于肠管间和外套膜内壁上。精巢为乳白色颗粒状小块，大而呈分支状；卵巢淡黄色，内含许多圆形的卵细胞，呈长管状；精巢和卵巢紧贴重叠，通过1根生殖导管(gonoduct)将成熟的性细胞输入围鳃腔，然后经出水管孔排至体外，或在围鳃腔内与另一个体的生殖细胞相遇受精。卵和精子并不同时成熟，所以不能自体受精。个别动物生活史中有世代交替现象，如樽海鞘。大多数尾索动物的受精卵都是先发育成善于游泳的蝌蚪状幼体，再行逆行变态(retrogressive metamorphosis)发育。幼体具有脊索动物的三大主要特征；体长约0.5 mm，尾内有发达的脊索，脊索背方有中空的背神经管，神经管的前端膨大成脑泡(cerebral vesicle)，内含眼点和平衡器官等；消化道前段分化成咽，有少量成对的咽鳃裂，心脏位于身体腹侧。经过数小时的自由生活后，幼体用身体前端的附着突起(adhesive papillae)黏着在其他物体上开始变态，首先尾连同内部的脊索和尾肌逐渐萎缩，并被吸收而消失，神经管及感觉器官退化为1个神经节，咽部扩张，咽鳃裂数急剧增多，同时围绕咽部的围鳃腔形成，柄替代附着突起。附着突起背面生长迅速，逐渐把口孔的位置推移到背部，造成内部器官的位置随之转动了90°～180°的角度。最后，由体壁分泌被囊素形成保护身体的被囊，从自由生活的幼体变为营固着生活的成体。尾索动物经过变态，失去了一些重要的构造，形体变得更为简单，这种变态称为逆行变态。

三、分类

尾索动物在世界各个海洋均有分布，包括尾海鞘纲(Appendiculariae)、海鞘纲(Ascidiacea)和樽海鞘纲(Thaliacea)3个纲，约1 370多种，我国已知有14种左右(图10－7)。

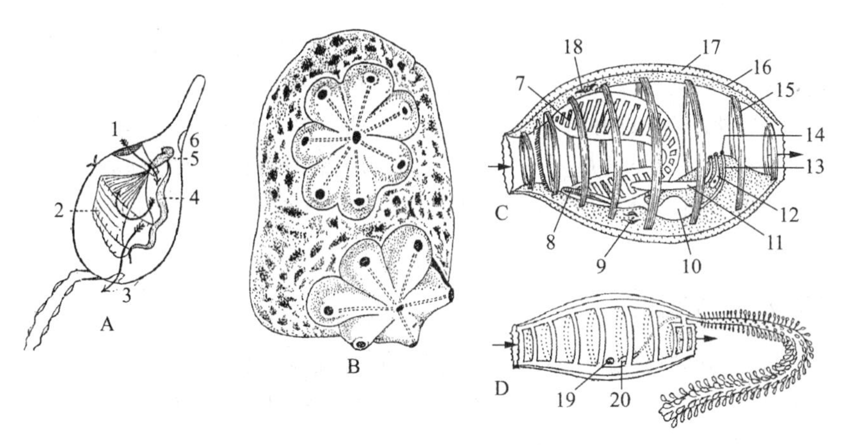

图10－7 尾索动物亚门分类

A. 住囊虫 B. 菊花海鞘 C. 樽海鞘有性世代 D. 樽海鞘无性世代

1. 入水孔，2. 滤网，3. 出水孔，4. 尾，5. 体，6. 孔，7. 鳃裂，8. 内柱，9. 心脏，10. 胃，11. 精巢，12. 卵巢，13. 肠，14. 肛门，15. 肌肉环带，16. 被囊，17. 壳，18. 神经节，19. 心，20. 芽茎

1. 尾海鞘纲 尾海鞘纲是尾索动物中的原始类群，体长数毫米至20 mm；共1目，3科，60余种。尾海鞘纲体外无被囊，两个咽鳃裂直接开口体外，无围鳃腔，终生保持着带有长尾的幼体状态(neotonous)，大多在沿岸浅海中营自由游泳生活，生长发育过程中无逆行变态，又称幼形纲(Larvacea)。代表动物有住囊虫(*Oikopleura*)和巨尾虫(*Megalocercus huxleyi*)等。我国至今尚未发现该纲动物。

2. 海鞘纲 海鞘纲动物种类繁多，约有1 250种，有单体和群体2种类型，附着于水下物体或营水底固定生活。单体型种类的最大体长可达200 mm，群体的全长可超过0.5 m以上。许多群体型种类的个体都以柄相连，并被包围在一个共同的被囊内，分别以各自的入水孔进水，有共同的排水口，如群体海鞘(*Diplosoma*)。在我国广布的海鞘纲动物有柄海鞘(*Styela clava*)、米氏小叶鞘(*Leptoclinum mitsukurii*)、星座美洲海鞘(*Amaroucium constellatum*)、长纹海鞘(*Ascidia longistriata*)、玻璃海鞘(*Ciona intestinalis*)、菊海鞘(*Botryllus ssp.*)、瘤海鞘(*Styela canops*)、乳突皮海鞘(*Molgula manhattensis*)、龟甲海鞘(*Chelyosoma*)和西门登拟菊海鞘(*Botrylloides simodensis*)等。

3. 樽海鞘纲 樽海鞘纲动物体呈桶形或樽形，成体无尾，咽壁有2个或更多的咽鳃裂，入水孔和出水孔分别位于身体的前后端。被囊薄而透明，囊外有环状排列的肌肉带，肌肉带自前往后依次收缩时，水流即可从入水孔流进的体内通过出水孔排出体外，以此推动樽海鞘前进，完成摄食和呼吸作用。樽海鞘大多是营自由游泳生活的漂浮型海鞘，生活史较复杂，繁殖方式是有性与无性的世代交替。樽海鞘纲约有65种，代表动物有樽海鞘(*Doliolum deuticulatum*)、小海樽(*Dolioletta natilnalis*)和磷海鞘(*Pyrosoma atlanticum*)等。磷海鞘的别名是火体虫。

第四节　头索动物亚门

一、主要特征

头索动物亚门(Cephalochordata)是一类终生具有发达脊索、背神经管和咽鳃裂等重要特征的无头鱼形脊索动物。脊索终身保留，且延伸至背神经管的前方，故称为头索动物。头索动物身体呈纺锤形，略似小鱼，无明显的头部和脑，所以又称为无头类。具有明显“<”字形肌节现象，身体两侧的肌节交错排列，其数目是分类的重要依据。头索动物生活时身体埋入沙中，仅前端外露，用以进行呼吸和滤食水体中的硅藻；分布很广，遍及热带和温带的浅海海域，尤以北纬48°至南纬40°之间的沿海地区数量较多。

二、代表动物——文昌鱼

1. *外形*　文昌鱼的外形略似小鱼，身体两端尖出，又称双尖鱼(Amphioxus)，因其尾形很像矛头常被称为海矛(图10-8)。文昌鱼左右侧扁，无明显的头部，半透明，可见皮下的肌节(myomere)和腹侧块状的生殖腺；体长约50 mm，最大可超过100 mm，如加州文昌鱼(*Branchiostoma californiense*)。腹面的前端为一漏斗状的口笠(oral hood)，口笠内为前庭(vestibule)，前庭内壁有轮器(wheel organ)，前庭底部中央为口，口周围有环形缘膜(velum)。口笠和缘膜的周围分别环生触须(cirri)和缘膜触手(velar tentacle)，可阻挡粗沙等物随水流进入口中，具有保护和过滤作用。整个背面沿中线有一条背鳍(dorsal fin)，后端与绕尾的尾鳍(caudal fin)相连，肛门之前有臀前鳍(preanal fin)，无偶鳍。腹褶(metapleura fold)是身体前部的腹面两侧由皮肤下垂形成的纵褶。腹褶和臀前鳍的交界处有一腹孔(atripore)，是咽鳃裂周围的围鳃腔总排水口，故又名围鳃腔孔。文昌鱼喜栖于水质清澈的浅海沙滩上，平时很少活动，常把身体半埋于沙中，前端露出沙外，借水流携带矽藻等浮游生物进入口内，也可在海水中进行短暂的游泳。寿命约32个月，5～7月为生殖季节，一生中可繁殖3次，其中以最后一次产卵最多。

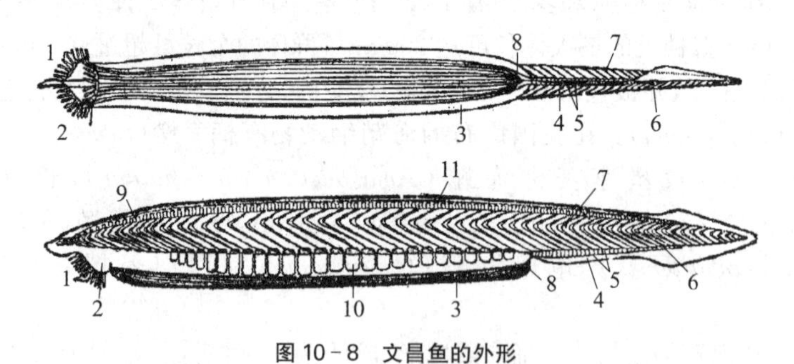

图10-8　文昌鱼的外形

1. 触须，2. 口笠，3. 腹褶，4. 臀鳍，5. 鳍条，6. 肛门，7. 肌节，8. 腹孔，9. 脊索，10. 生殖腺，11. 背鳍

2. *皮肤*　文昌鱼的皮肤薄而半透明，最外面是角皮层(cuticle)，紧挨的是单层柱形细胞的表皮和冻胶状结缔组织的真皮。幼体期在表皮外生有纤毛，成体则消失。文昌鱼以纵贯全身的脊索作为支持动物体的中轴支架，无骨质的骨骼。脊索外围有脊索鞘膜，脊索细胞呈扁盘状，收缩时可增

加脊索的硬度。在口笠触须、缘膜触手、轮器内部都有角质物支持,奇鳍的鳍条(fin rays)和鳃裂的鳃条(gill bar)由结缔组织支持。文昌鱼的肌肉背部厚实而腹部比较单薄,全身主要的肌肉是60多对肌节(myomere),呈"V"字形,按节排列于体侧,尖端朝前,肌节间为结缔组织的肌隔(myocomma)。为在水平方向做弯曲运动,文昌鱼两侧的肌节互不对称。围鳃腔腹面的横肌和口缘膜上的括约肌等可控制围鳃腔的排水及口孔的大小(图10-9)。

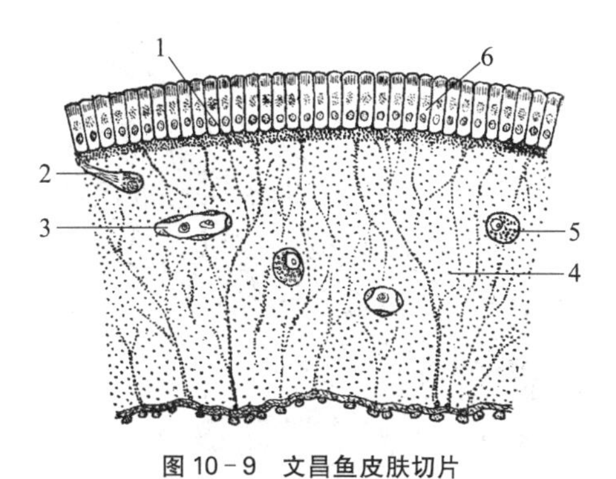

图10-9 文昌鱼皮肤切片

1. 真皮,2. 神经,3. 血管,4. 皮下层,5. 神经,6. 表皮

3. 消化和呼吸器官 文昌鱼取食时,水流中的食物微粒靠轮器和咽部纤毛的摆动,经口入咽,被滤下留在咽内,咽内的食物微粒被内柱细胞的分泌物黏结成团,在纤毛推动下,从后向前流动,经围咽沟转到咽上沟,往后推送进入肠内。肠为一直管,向前伸出一个肝盲囊(hepatic diverticulum)。肝盲囊突入咽的右侧,能分泌消化液,与脊椎动物的肝脏为同源器官。肝盲囊细胞可吞噬食物团中的小微粒营细胞内消化,大微粒在肠内分解成小微粒后,也转到肝盲囊中进行细胞内消化,未消化的食物由肝盲囊重返肠中,在后肠部进行消化和吸收。肠的末端开口于身体左侧的肛门,不能被消化的食物残渣由肛门排出体外。文昌鱼的咽部极度扩大,几乎占据身体全长的1/2,咽腔内具有内柱、咽上沟和围咽沟等。咽壁两侧有60多对鳃裂,彼此以鳃条分开,鳃裂内壁有纤毛上皮细胞和血管。水流进入口和咽时,凭借纤毛上皮细胞的纤毛运动,通过鳃裂,并使之与血管内的血液进行气体交换。最后,水再由围鳃腔经腹孔排出体外。咽是收集食物和呼吸的场所(图10-10、图10-11)。

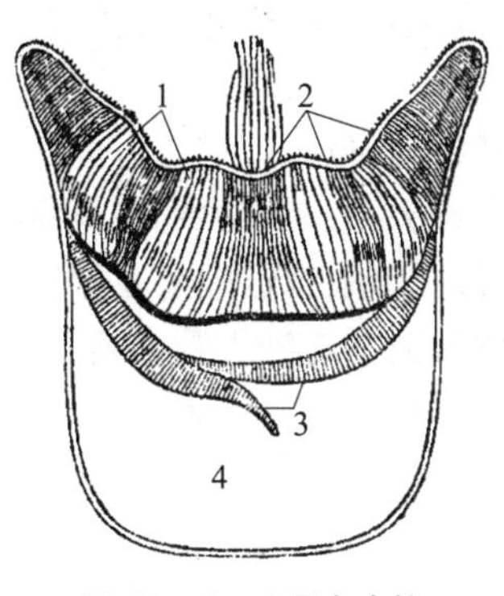

图10-10 文昌鱼内柱

1. 腺细胞,2. 纤毛细胞,3. 鳃棒,4. 围鳃腔

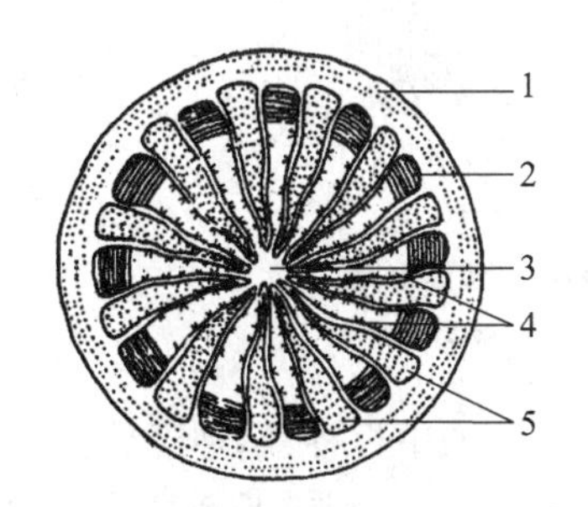

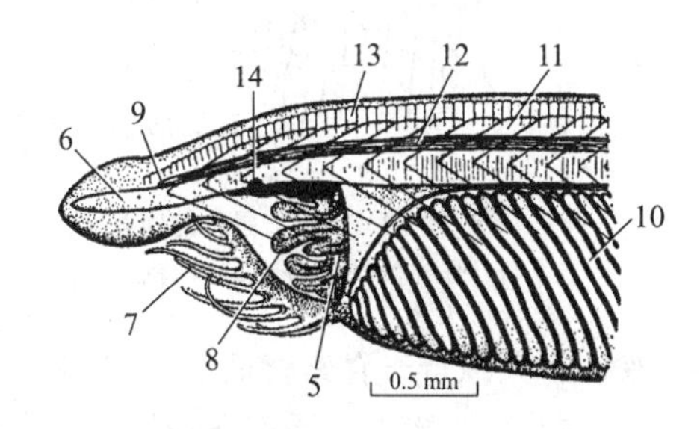

图10-11 文昌鱼的缘膜(左)和文昌鱼的前部(右)

1.缘膜,2.括约肌,3. 口,4. 感觉突,5. 缘膜触手,6. 脊索,7. 触须,8. 轮状器官,9. 色素点,10. 咽,11. 肌节,12. 神经管,13. 鳍条,14. 哈氏窝

4. 循环系统 文昌鱼无心脏,但具有搏动能力的腹大动脉(ventral aorta),故又称为狭心动物。由腹大动脉往两侧分出许多成对的鳃动脉(branchial arteries)进入鳃隔,鳃动脉不再分为毛细血管,直接完成气体交换,之后在咽鳃裂背部汇入左、右2条背大动脉根,故背大动脉根内含多氧血。背大动脉根内的血液往前流向身体前端,向后则由左、右背大动脉根合成背大动脉(dorsal aorta),由此分出血管到身体各部(图10-12)。血液无色、无血细胞和呼吸色素,动脉中的血液通过组织间隙进入静脉。前主静脉(anterior cardinal vein)1对,收集从身体前端体壁静脉(parietal vein)返回的血液;尾的腹面有一条尾静脉(caudal vein),收集一部分身体后部回来的血液,进入肠下静脉

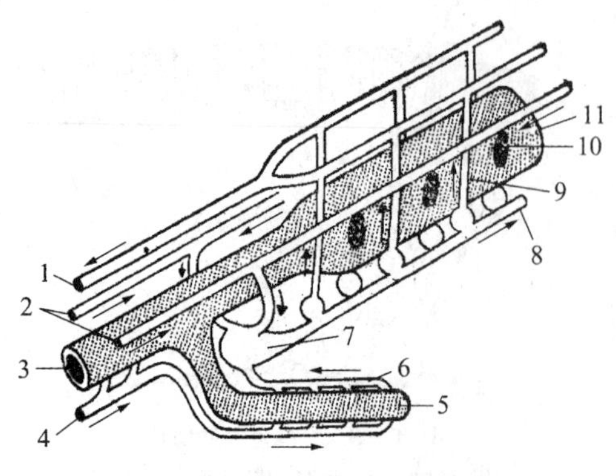

图 10-12　文昌鱼血液循环示意图

1. 背主动脉，2. 主静脉，3. 肠，4. 肠下静脉，5. 中肠盲囊，6. 肝静脉，7. 静脉窦，8. 腹主动脉，9. 鳃动脉，10. 鳃裂，11. 咽

(subintestinal vein)，而身体后部回来的大部分血液则流进 2 条后主静脉(posterior cardinal vein)。左、右前主静脉和 2 条后主静脉的血液全部汇流至一对横形的总主静脉(common cardinal vein)，或称居维叶管(ducts Cuvieri)。左、右总主静脉会合入静脉窦(sinus venosus)，然后通入腹大动脉。肠下静脉(subintestinal vein)是由毛细血管网集合成，收集从肠壁返回的血液，尾静脉的部分血液也注入其中；肠下静脉前行至肝盲囊处血管又形成毛细管网，由于这条静脉的两端在肝盲囊区都形成毛细血管，因此被称为肝门静脉(hepatic portal vein)。由肝门静脉的毛细血管再一次合成肝静脉(hepatic vein)并将血液汇入静脉窦内。文昌鱼的血液完全在血管内流动，属于闭管式循环系统。

5. *排泄器官*　排泄器官由肾管(nephridium)组成，肾管数 10 对，按节排列，位于咽壁背方的两侧。每个肾管是一短而弯曲的小管，弯管的背侧连接着 5～6 束管细胞(solenocytes)，弯曲的腹侧有单个开口于围鳃腔的肾孔(nephrostome)，其结构和功能与原管肾比较相似。管细胞远端呈盲端膨大，紧贴体腔，内有一长鞭毛，由体腔上皮细胞特化而成。代谢废物通过体腔液渗透进入管细胞，在鞭毛摆动的推动下到达肾管，再由肾孔送至围鳃腔，随水流排出体外(图 10-13)。

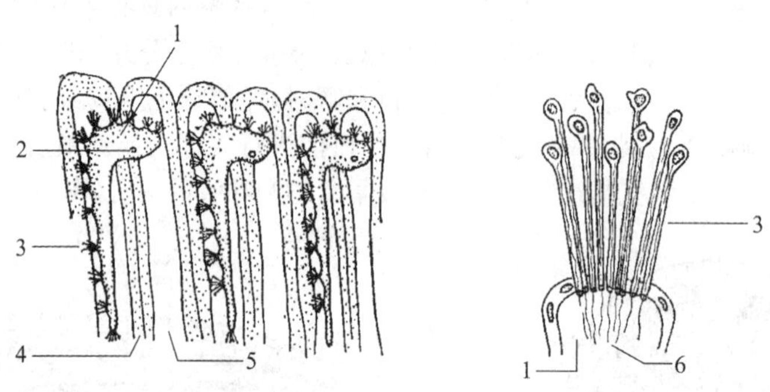

图 10-13　文昌鱼的肾管(左)和文昌鱼的有管细胞(右)

1. 肾管腔，2. 肾孔，3. 肾管细胞，4. 鳃棒，5. 鳃裂，6. 纤毛

6. *神经系统*　一条纵行于脊索背面的背神经管是文昌鱼的中枢神经，神经管的前端为脑泡(cerebral vesicle)，内腔略为膨大。脑泡在幼体顶部有神经孔与外界相通，长成后完全封闭。背裂(dorsal fissure)是神经管的背面未完全愈合而留有一条裂隙。周围神经包括由脑泡发出的 2 对“脑”神经和自神经管两侧发出的成对脊神经。神经管在每个肌节相应的部位，背侧发出 1 对背神经根，简称背根(dorsal root)。背根是兼有感觉和运动功能的混合性神经，接受皮肤感觉和支配肠壁肌肉运动。从腹侧发出 2 到数条腹神经根，简称腹根(ventral root)。腹根专管运动，分布在肌肉上。背根和腹根左右交错而互不对称，不连接成一条脊神经，在身体两侧的排列形式与肌节一致。文昌鱼的感觉器官很不发达，主要有脑眼(ocelli)和眼点(eye spot)。每个脑眼是由一个感光细胞和一个色素细胞构成，可通过半透明的体壁，起到感光作用，是一种光线感受器，数量很多，呈黑色小点状，位于神经管两侧。眼点(eye spot)是神经管前端的单个大于脑眼的色素点(pigment spot)。有人认为此是退化的平衡器官，有人则认为此有遮挡阳光使脑眼免受阳光直射的作用，但无

视觉作用。此外,全身皮肤中特别是口笠、触须和缘膜触手等处还散布着零星的感觉细胞(图10-14)。

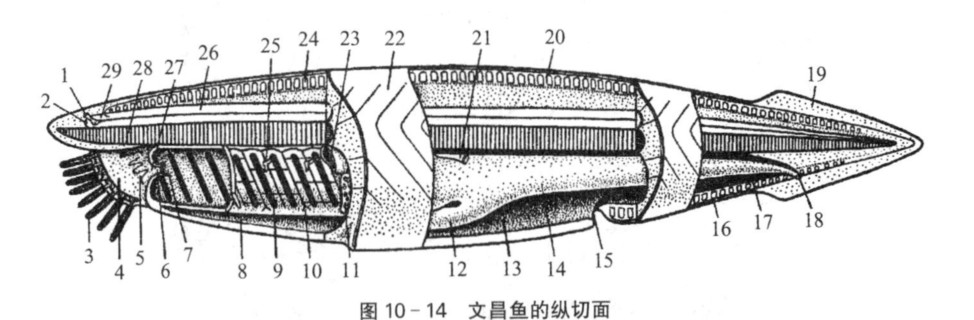

图 10-14 文昌鱼的纵切面

1. 嗅窝,2. 色素点,3. 口触须,4. 口笠,5. 轮器,6. 缘膜,7. 缘膜触手,8. 围鳃腔,9. 鳃裂,10. 鳃条,11. 生殖腺,12. 肝盲囊,13. 围鳃腔,14. 肠,15. 围鳃腔孔,16. 臀鳍,17. 体腔,18. 肛门,19. 尾鳍,20. 背鳍,21. 褐漏斗,22. 肌节,23. 体腔,24. 背鳍条,25. 肾管,26. 神经管,27. 口,28. 脊索,29. 脑

7. 胚胎发育和变态 文昌鱼为雌雄异体。精巢或卵巢是26对左右厚壁的矩形小囊,附生于围鳃腔两侧的内壁上,性成熟时精巢为白色或卵巢呈现淡黄色,由此可鉴别文昌鱼的雌雄。精子和卵成熟后,通过生殖腺壁的破口释出,坠入围鳃腔,随同水流由腹孔排出,在海水中完成受精作用,通常产卵和受精都在傍晚进行。文昌鱼在6～7月份产卵,卵为均黄卵(isolecithal egg),小且含卵黄少,卵径0.1～0.2 mm,后经历受精卵、卵裂、桑葚胚、囊胚、原肠胚、神经胚各个时期,孵化成幼体。在这个发育过程中,文昌鱼的卵裂是几乎均等的全分裂(holoblastic),经过多次卵裂后,许多细胞发育成一个形似实心圆球的桑葚胚(morula)。桑葚胚在继续卵裂的同时,中心的细胞逐渐向胚体表面迁移,从而变成一个内部充满胶状液的空心囊胚(blastopore)。囊胚呈球形,囊胚中的腔为囊胚腔(blastocoel),囊胚的壁为囊胚层(blastoderm)。囊胚上端为动物极(animal pole),囊胚层细胞略小;囊胚下端是植物极(vegetative pole),囊胚层细胞较大。原肠胚(gastrula)阶段指囊胚的植物极大细胞开始向内陷入,直达与上端动物极细胞的内壁互相紧贴的一段时间。原肠胚期间,囊胚腔因受挤压而消失,重新形成的空腔为原肠腔(archenteron)(图10-15)。原肠腔通过植物极细胞内陷处的胚孔(或称原口)与外界相通。此时的胚胎具内、外两层细胞,分别称为内胚层(endoderm)和外胚层(ectoderm),胚体表面长有纤毛并能在胚膜中进行回旋运动。原肠胚自前端沿背中线至胚孔的外胚层下陷成神经板(neural plate),下陷到表皮内的神经板首先在板的两侧往上隆起成神经褶(neural fold),然后卷合围成背面留有一条纵裂的神经管(neural tube),管内为神经管腔(neurocoel)。其前端以神经孔(neuropore)和外界相通,后端经胚孔与原肠相通成神经肠管(neurenteric canal)。成体时,神经孔关闭成嗅窝,而神经肠管也闭塞不通并在胚孔部形成肛门,此时的胚胎称为神经胚(neurula)。在背神经管形成的同时,脊索和中胚层也在形成。原肠背面正中出现一条纵行的隆起实体,即脊索中胚层。它与原肠分离后发育成脊索。脊索两侧各有一列按节排列和彼此连接的体腔囊(coelomic sac),这就是新发生的中胚层,体腔囊中的每个空腔即体腔(coelom)。文昌鱼身体前部的中胚层是以体腔囊的方式所形成,与棘皮动物及半索动物相同,身体后部中胚层的发生方式又与脊椎动物一致。随着每个体腔囊的发育,又分化成背、腹两部分。背部称为体节(somite),腹部称侧板(lateral plate),体节内的体腔以后自行消失,而侧板内的体腔最初因体腔囊分节彼此独立存在,后来由于体腔囊壁前后沟通,才在体内形成一个完整的由中胚层所构成的体腔。体节内侧部分分化为生骨节(sclerotome),后进一步发育形成脊索鞘、背神经管外的结缔组织和肌隔等;体节中部分化为肌节;体节外侧部分进一步发育形成皮肤的真皮。侧板外层为体壁

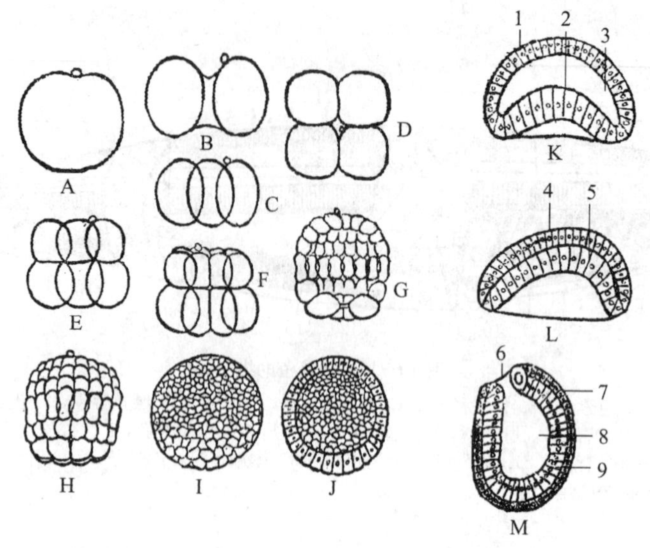

图 10-15 文昌鱼的胚胎发生(由受精卵至原肠胚形成)

A. 受精卵 B. 2细胞 C. 4细胞 D. 4细胞顶面观 E. 8细胞 F. 16细胞 G. 桑葚期切面 H. 桑葚期 I. 囊胚期 J. 囊胚期剖面 K. 原肠期 L. 原肠期 M. 原肠期

1. 外胚层，2. 内胚层，3. 囊胚腔，4. 外胚层，5. 内胚层，6. 原口，7. 外胚层，8. 原肠腔，9. 内胚层

中胚层(somatic mesoderm)，进一步发育形成紧贴着体腔壁的腹膜或体腔膜(peritoneum)；内层为脏壁中胚层(splanchnic mesoderm)，进一步发育形成肠管外围的组织。在肠管前段的背侧脏壁中胚层发生出分节排列的指状突起，进一步发育形成肾管。体壁与侧板交界处的体腔壁上也发生突起，进一步发育形成文昌鱼的生殖腺。文昌鱼的胚胎发育从受精卵开始到基本结束，需要经过20多个小时，形成的幼体全身披有纤毛，能突破卵膜，到海水中活动。此时的幼体有白天游至海底夜间升上海面进行垂直洄游的生活规律，约3个月后，幼体期结束，幼体沉落海底进行变态。幼体在生长发育和变态的过程中，身体日益长大。因发生次生鳃条，前庭和鳃裂的数目可增加1倍，并由原来直接开口体外变为通入新形成的围鳃腔中。一龄的文昌鱼体长约40 mm，此时性腺发育成熟，能够参与当年的繁殖。

三、分类

头索动物亚门仅1纲，1目，2科，3属，14种。1纲即头索纲(Cephalochorda)，又称狭心纲(Leptocardii)，通称文昌鱼。其得名于我国最先发现文昌鱼群的厦门同安县刘五店海屿上的文昌阁。1目即文昌鱼目(Branchiostomiformes)，包括文昌鱼科(鳃口科)(Branchiostomidae)和偏文昌鱼科(侧殖文昌鱼科)(Epiyonichthyidae)2个科。文昌鱼科有1属、9种，特点是腹部两侧左右对称排列有生殖腺，常见代表动物为加州文昌鱼(*Branchiostoma californiense*)和厦门白氏文昌鱼(*Branchiostoma belcheri*)。加州文昌鱼产于北美圣地亚哥湾，长达100 mm，是体形最大者；厦门白氏文昌鱼是我国最早发现的文昌鱼，广泛分布于渤海、黄海、东海、南海的浅水区。偏文昌鱼科有2属、5种，特点是仅右侧有一行生殖腺，常见代表动物为偏文昌鱼属(*Asymmetron*)的偏文昌鱼(*Asymmetron maldivense*)和侧殖文昌鱼属(*Epigonichthys*)的芦卡侧殖文昌鱼(*Epigonichthys lucayanus*)，分布于我国台湾地区南端的南湾水域。

第五节 脊椎动物亚门

脊椎动物亚门是结构最复杂、进化地位最高的类群。因种类不同，形态结构多样，生活方式千差万别。该亚门包括：圆口纲(Cyclostomata)、鱼纲(Pisces)、两栖纲(Amphibia)、爬行纲(Reptilia)、鸟纲(Aves)和哺乳纲(Mammalia)。

1. 圆口纲　圆口纲动物身体呈鳗形，裸露无鳞，脊索终生存在。具鼻孔1个。鳃呈囊状，又称囊鳃类。舌肌发达，上附角质齿。舌以活塞式运动舐刮鱼肉。全为软骨，无偶鳍，无肩带和腰带，无上颌和下颌，所以又称为无颌类。内耳半规管1～2个。圆口纲为脊椎动物亚门中现存最原始的一纲，现有2目、2科、12属、73种。常见种类有：日本七鳃鳗和盲鳗(图10－16)。

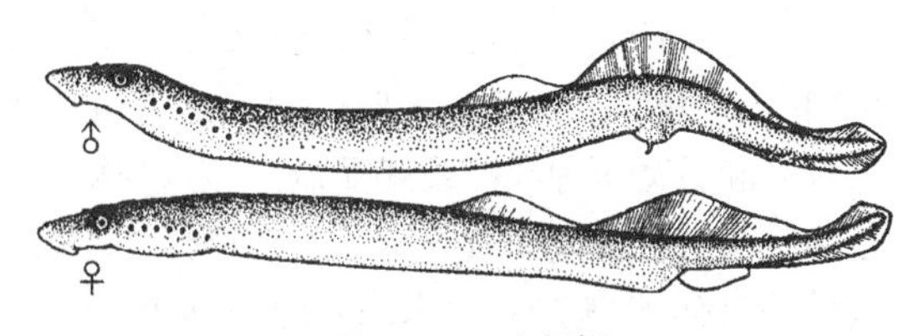

图10－16　七鳃鳗

2. 鱼纲　鱼类是首次出现颌的水生脊椎动物。体被鳞片，具胸鳍、腹鳍且为成对附肢。脊柱包括躯椎和尾椎，椎体双凹型。出现水平隔，体侧肌分为轴上肌与发达轴下肌，含红肌和白肌两种成分，眼肌6条。与食性相适应，口位于头前部，端位、下位或上位，用鳃呼吸，具侧线。血液循环为单循环，心脏有1个心房和1个心室，有腹大动脉、入鳃动脉和主静脉系统。肾脏排泄代谢废物，调节渗透压。五部脑进一步分化，中脑为高级神经中枢，迷走叶发达；耳仅具内耳，可变温。鱼类是脊椎动物中种类最多的类群，分布于淡水、海水等各种水域环境中，约2.2万种，包括软骨鱼和硬骨鱼两大类(图10－17)。

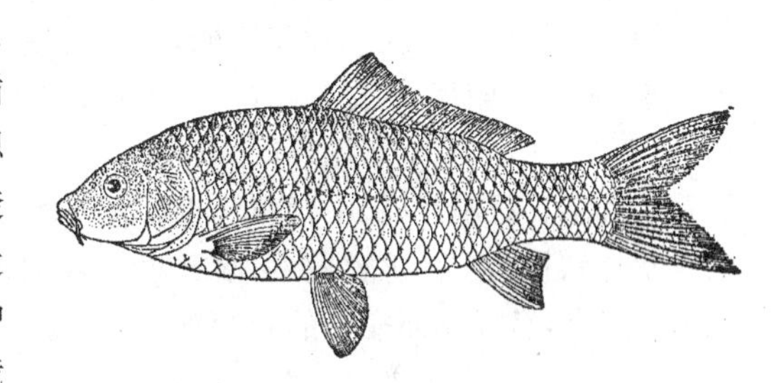
图10－17　鲤鱼

3. 两栖纲　两栖类首次出现五趾型附肢，解决了陆地运动的难题。皮肤裸露，表皮富含黏液腺(mucous gland)和毒腺(poison gland)等多细胞腺体，皮下淋巴间隙发达。头骨膜骨大量消失，产生枕骨髁，脊椎骨产生前关节突和后关节突，出现胸骨。脊柱分为颈椎、躯椎、荐椎和尾椎4部分；椎体前凹型或后凹型。肌节消失，肌肉分化形成跨关节附着的肌肉束，轴上肌减少，轴下肌发达。消化道分化复杂，有独立的肝脏和胰腺。舌肌肉质，舌根附着于口腔前端，舌尖可翻转射出捕捉猎物。用鳃和囊状肺、皮肤、黏膜呼吸，皮肤需保持湿润。心脏有2个心房和1个心室，内有肌柱，3、4、6对动脉弓演化成颈动脉、体动脉、肺动脉，不完全双循环。胚胎时期出现前肾和泄殖腔膀胱。大脑由古脑皮、纹状体和新出现的原脑皮构成，开始具有发育完备的自主神经。雄性输尿管兼输精作用，称为精尿管。精子和卵在水中受精、发育，再变态发育，成体可登陆生活。全世界现存两栖类动物约4 200种，我国280多种，分为无尾目(Anura)、有尾目(Urodela)和无足目(Apoda)3个目。常见种类有黑斑蛙(*Rana nigromaculata*)(图10－18)、大蟾蜍(*Bufo bufo*)、东方蝾螈(*Cynops oriensis*)、极北小鲵(*Salamandrella keyserligii*)、鱼螈(*Ichthyopjis bannanicus*)和大鲵(*Andrias davidianus*)等。

图10－18　黑斑蛙

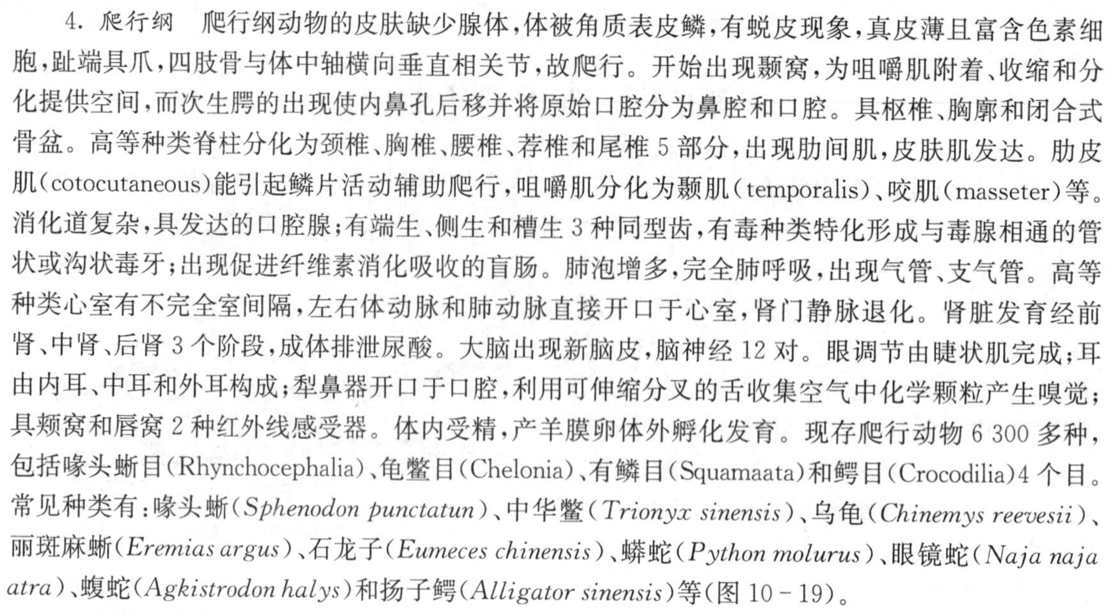

4. 爬行纲　爬行纲动物的皮肤缺少腺体，体被角质表皮鳞，有蜕皮现象，真皮薄且富含色素细胞，趾端具爪，四肢骨与体中轴横向垂直相关节，故爬行。开始出现颞窝，为咀嚼肌附着、收缩和分化提供空间，而次生腭的出现使内鼻孔后移并将原始口腔分为鼻腔和口腔。具枢椎、胸廓和闭合式骨盆。高等种类脊柱分化为颈椎、胸椎、腰椎、荐椎和尾椎5部分，出现肋间肌，皮肤肌发达。肋皮肌(cotocutaneous)能引起鳞片活动辅助爬行，咀嚼肌分化为颞肌(temporalis)、咬肌(masseter)等。消化道复杂，具发达的口腔腺；有端生、侧生和槽生3种同型齿，有毒种类特化形成与毒腺相通的管状或沟状毒牙；出现促进纤维素消化吸收的盲肠。肺泡增多，完全肺呼吸，出现气管、支气管。高等种类心室有不完全室间隔，左右体动脉和肺动脉直接开口于心室，肾门静脉退化。肾脏发育经前肾、中肾、后肾3个阶段，成体排泄尿酸。大脑出现新脑皮，脑神经12对。眼调节由睫状肌完成；耳由内耳、中耳和外耳构成；犁鼻器开口于口腔，利用可伸缩分叉的舌收集空气中化学颗粒产生嗅觉；具颊窝和唇窝2种红外线感受器。体内受精，产羊膜卵体外孵化发育。现存爬行动物6 300多种，包括喙头蜥目(Rhynchocephalia)、龟鳖目(Chelonia)、有鳞目(Squamaata)和鳄目(Crocodilia)4个目。常见种类有：喙头蜥(*Sphenodon punctatun*)、中华鳖(*Trionyx sinensis*)、乌龟(*Chinemys reevesii*)、丽斑麻蜥(*Eremias argus*)、石龙子(*Eumeces chinensis*)、蟒蛇(*Python molurus*)、眼镜蛇(*Naja naja atra*)、蝮蛇(*Agkistrodon halys*)和扬子鳄(*Alligator sinensis*)等(图10-19)。

5. 鸟纲　鸟类身体呈流线型(图10-20)。皮肤薄，被羽。前肢变为翼。骨骼中空多愈合，脊柱部分愈合成综荐骨、尾综骨，异凹型锥体，龙骨突发达，开放式骨盆，具跗间关节，足4趾。胸肌、后肢肌、栖肌发达，适应飞翔和树栖，鸣肌可使鸣管变调发声。上、下颌特化形成喙，食管下部扩大成嗉囊，有暂时储存、软化食物，甚至分泌鸽乳的功能；胃有肌胃和腺胃，直肠短，不储存粪便。贯流通气，双重呼吸。完全双循环，心脏发达，右房室瓣为特有的肌瓣，右体动脉弓，肾门静脉退化，具尾肠系膜静脉。肾脏经前、中肾发育为后肾，排泄尿酸随粪便排出，无膀胱。大脑皮质不发达，具发达的纹状体和新脑皮。感官发达，眼具巩膜骨和栉状突，视觉调节为三重调节。恒温。体内受精，产大型羊膜卵，有发达而完善的孵卵育雏行为。

图10-19　楔齿蜥

图10-20　喜鹊

全世界现存鸟类约有9 700多种，分为平胸总目(Ratitae)、企鹅总目(Impennes)和突胸总目(Carinatae)3个总目。可分为8个生态类群：① 走禽类：翼退化，胸骨无龙骨突，羽毛分布均匀，无尾脂腺和尾综骨，不能飞行善快跑，如平胸总目。②游禽类：趾间具发达的蹼，适于水中游泳生活；主要类群有潜鸟目(Gaviiformes)、鹱形目(Procellariiformes)、䴙䴘目(Podicipediformes)、鹈形目(Pelecaniformes)、雁形目(Anseriformes)、鸥形目(Lariformes)和企鹅总目(Impennes)。③ 涉禽类：腿长、喙长、颈长，适于湿地等浅水域生活；主要类群有鸻形目(Charadriiformes)、鹳形目(Ciconiiformes)和鹤形目(Gruiformes)。④ 鸠鸽类：翼发达善飞翔，腿强健适于行走；主要类群为鸽形目(Columbiformes)。⑤ 陆禽类：腿喙强健，适于行走和扒土取食，雄鸟羽色艳丽；主要类群为鸡形目(Galliformes)。⑥ 攀禽类：树栖，腿短健，足多对趾型，适于攀缘；主要类群有鹦形目

(Psittaciformes)、鹃形目(Cuculiformes)、夜鹰目(Caprimulgiformes)、佛法僧目(Coraciiformrs)、䴕形目(Piciformes)和雨燕目(Apociformes)。⑦ 猛禽类:喙与爪强健钩状,翼大善飞,性凶猛、肉食性;主要类群有隼形目(Falconiformes)、鸮形目(Strigiformes)。⑧ 鸣禽类:善鸣,巧于营巢,羽色鲜艳;主要类群有雀形目,约占全部鸟类的62%。

6. 哺乳纲 体表被毛,皮肤角质层发达,腺体有汗腺、皮脂腺、味腺和特征性乳腺。骨骼的骨化良好,骨块数减少;头骨具双枕髁、颧弓和次生腭;齿骨为单一,再生、异型槽生齿;颈椎7枚,椎体双平型。5趾型附肢位于腹下,肘关节向后,膝关节向前,肌肉发达,具特有的肌肉质横膈。消化系统复杂,唾液腺分泌唾液进行口腔消化;草食性单胃动物盲肠、反刍动物瘤胃发达,可消化微生物;小肠分化为十二指肠、空肠和回肠;大肠分为盲肠、结肠和直肠,肠壁上丰富的小肠绒毛可增加消化吸收表面积。心血管发达,为完善双循环,仅存左体动脉弓,红细胞无核。肺泡发达,肺呼吸机制完善。肾脏发育经过前肾、中肾阶段,成体是后肾,排泄尿素。神经系统、感觉器官和内分泌系统发达。大脑皮质发达并产生沟回,有胼胝体连结两大脑半球,具小脑半球,连接大小脑的神经纤维在延脑腹面集中形成特有的脑桥;眼、耳、嗅觉等感官发达,中耳内有3块听小骨,产生外耳壳。羊膜卵发育过程中产生的尿囊绒毛膜与子宫内膜结合形成不同种类的胎盘,真正胎生、哺乳,体内受精,有明显的动情周期(图10-21)。

图10-21 马鹿

哺乳动物现存4 000余种,全球性分布。分为原兽亚纲(Prototheria)、后兽亚纲(Metatheria)和真兽亚纲(Eutheria)或有胎盘亚纲(Placentalia)3个亚纲。常见类群有:鸭嘴兽(*Ornithorhynchus anatinus*)、灰袋鼠(*Macropus giganteus*)、食虫目(Insectivora)、翼手目(Chiroppptera)、啮齿目(Rodentia)、食肉目(Camivora)、兔形目(Lagomorpha)、偶蹄目(Artiodactyla)、奇蹄目(Perissodactyla)、鳍脚目(Pinnipedia)、长鼻目(Proboscidea)、鲸目(Cetacea)、鳞甲目(Pholidota)、海牛目(Serenia)和灵长目(Primates)等。我们人类属于灵长目。

复习思考题

1. 名词解释:脊索,背神经管,咽鳃裂,头索动物,原索动物,肛后尾,逆行变态,被囊,脑泡,背板,内柱。
2. 简述脊索动物门的主要特征。
3. 简述海鞘的呼吸和摄食过程。
4. 简述文昌鱼和海鞘在形态及系统发生上有何异同点。
5. 简述文昌鱼的形态结构特点及胚胎发育各个阶段的特点。

(赫福霞 曾燕玲)

第十一章
圆口纲(Cyclostomata)

圆口纲是水栖生活的无偶鳍和上下颌的低等脊椎动物。因为没有颌,故又称为无颌类(Agnatha)。生活于海洋或淡水中,有些种类具有洄游(migration)习性,是迄今所知地层中出现最早和最原始的脊椎动物。主要包括日本七鳃鳗(*Lampetra japonicus*)和盲鳗(*Myxine glutinosa*)2类。

第一节 圆口纲的主要特征

圆口纲动物体呈鳗形,分头、躯体和尾3部分。体长因种类不同而异,从20 mm～1 m不等。头背中央有一短管状的单鼻孔(nostril),因此又称为单鼻类(monorhina)。位于鼻孔后方皮下的松果眼(pineal eye)为圆口纲所特有,包括水晶体(lens)和视网膜(retina)。松果眼的腹面有一个顶体(parietal body)。松果眼和顶体可能是退化了的感光器官。头侧有一对眼,无眼睑(eye lid),盲鳗的眼萎缩,无晶体,埋在皮下。每个眼后有1～16个鳃裂。头部腹面有口漏斗(buccal funnel),杯形,是一种吸盘式的构造,口漏斗周边附生着细小的穗状皮褶,内壁有黄色的角质齿。盲鳗的口不形成口漏斗。体侧和头部腹面有成行排列的感觉小窝,也称侧线(lateral line)。无成对偶鳍,背中线上有1～2个背鳍,尾部有1个侧扁的尾鳍。皮肤柔软,富黏液腺,表面光滑无鳞。肛门位于尾的基部,肛门后为泄殖乳突(urogenital papilla)。营寄生或半寄生生活,其宿主为大型鱼类及海龟类。七鳃鳗主要用前端的口漏斗吸附于宿主体表,然后以漏斗壁和角质齿锉破宿主皮肤吸血食肉。角质齿损伤后可再生。舌位于口底,由环肌和纵肌构成,能做活塞样运动,由于舌上有齿而称为锉舌。盲鳗则可以由鱼鳃部钻入宿主体内,取食内脏,使鱼类死亡,因而常给渔业造成危害。圆口纲的主要特征如下。

(1) 身体裸露无鳞,富有单细胞的黏液腺(图11-1)。体呈鳗形,分为头、躯体和尾3部分。

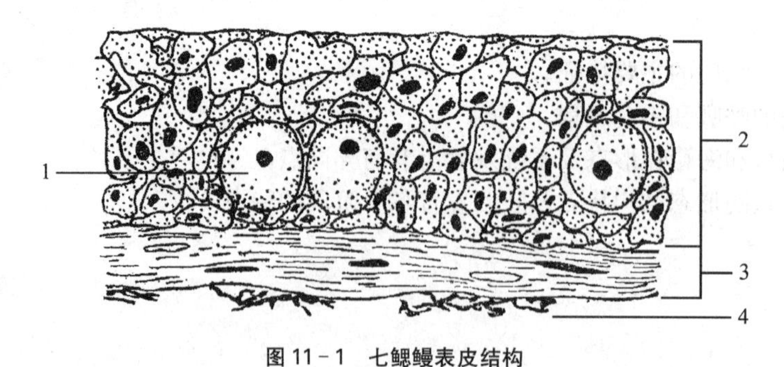

图11-1 七鳃鳗表皮结构

1. 单细胞腺,2. 表皮,3. 真皮,4. 色素细胞

(2) 口呈吸盘状或漏斗状,缺乏用作主动捕食的上下颌。胃未分化,肠管内由黏膜褶及螺旋瓣(又称盲沟)来增加消化吸收面积。

(3) 仅具奇鳍。支持奇鳍的是不分节的辐鳍软骨(radialia cartilage),背鳍2个,无偶鳍,即无成对的附肢。无肩带和腰带。尾鳍1个,为内部支持骨及外部背、腹叶完全对称的原型尾(protocercal),这是水栖无羊膜动物中最原始的尾型。尾鳍终身保留脊索,躯体部和尾部肌肉为一系列按节排列的弓形肌节(myotome)及附着肌节前后的肌膈(myosepta)。肌节间尚无水平隔,故不分为轴上肌和轴下肌。

(4) 脊索发达、终身保留,外围脊索鞘,用于支持体轴。脊索背方的脊髓两侧有按体节成对排列的软骨质弓片(arcualia),椎弓雏形,相当于脊椎骨椎弓的基背片(basidorsal)和间背片(interdorsal),尚未形成椎体(centrum)。骨骼全为软骨,脑颅(neurocranium)主要由脑下的软骨底盘、嗅软骨囊、耳囊软骨(otic capsule)及支持口漏斗和舌的一些软骨所构成。脑颅不完整,除左右耳囊软骨之间有一联耳软骨(synotic capsula)外,均覆有纤维组织膜,这种状态大致相当于高等脊椎动物颅骨在胚胎发育的早期阶段(图11-2)。

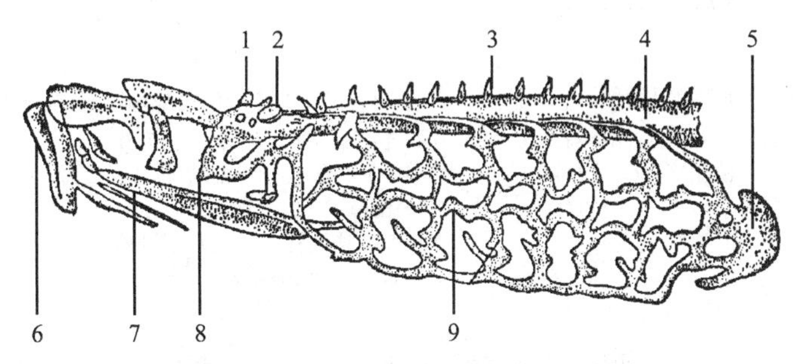

图11-2 七鳃鳗的骨骼系统

1. 嗅囊,2. 听囊,3. 弧片,4. 脊索,5. 围心软骨,6. 吻软骨,7. 舌下软骨,8. 眶下软骨,9. 鳃笼

(5) 呼吸器官为特殊的鳃囊,故又称鳃囊类。鳃裂每侧7个(七鳃鳗)或1～16个(盲鳗),外有鳃笼保护。支持呼吸器官鳃囊的是9对细长弯曲的鳃弓和4对纵走软骨条共同连接而成的鳃笼(branchial basket)。鳃笼末端构成保护心脏的围心软骨。鳃笼紧贴皮下,包在鳃囊外侧,不分节,而鱼类的鳃弓则分节并着生在咽壁内(图11-3)。

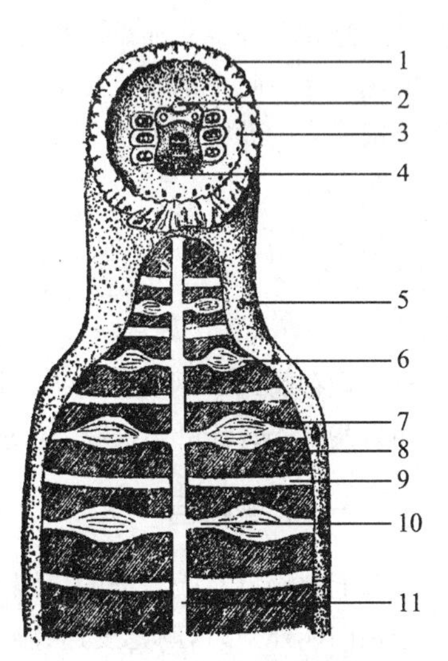

图11-3 七鳃鳗的口吸盘和呼吸系统

1. 皮肤褶,2. 上颌板,3. 侧齿,4. 下颌板,5. 鳃裂,6. 外鳃道,7. 鳃囊,8. 围鳃腔,9. 鳃间隔,10. 内鳃道,11. 呼吸管

(6) 开始出现由静脉窦、1个心房和1个心室组成的心脏,无肾门静脉和总主静脉,血液循环为单循环。红细胞圆盘形,有核,有血红蛋白。

(7) 每侧的内耳具1或2个半规管,鼻孔只有1个。脑属于五部脑,依次排列在同一平面上,无任何脑弯曲。中脑未形成二叠体。小脑还没有与延脑分离,仅为一狭窄的横带。视神经(optic nerve)在间脑腹面不形成视交叉。脑神经中的舌咽神经(glossopharyngeal nerve)和迷走神经(vagus nerve)因脑颅的枕骨区不发达,是从头骨之外的延脑两侧分出的。脊神经的背根和腹根互不相连成混合神经。脑神经10对。

(8) 雌雄同体(盲鳗)或异体(七鳃鳗),生殖腺单个(发育初期成对),无生殖导管。性成熟后,在繁殖季节生殖腺表面破裂,释放出精子或卵,由腹腔经生殖孔进入尿殖窦,再通过尿殖乳突末端的尿殖孔排出体外。排泄系统与生殖系统无任何联系，肾脏滤泌的尿液由输尿管(ureter)导入膨大的尿殖窦，也经尿殖孔排至体外(图 11-4、图 11-5)。

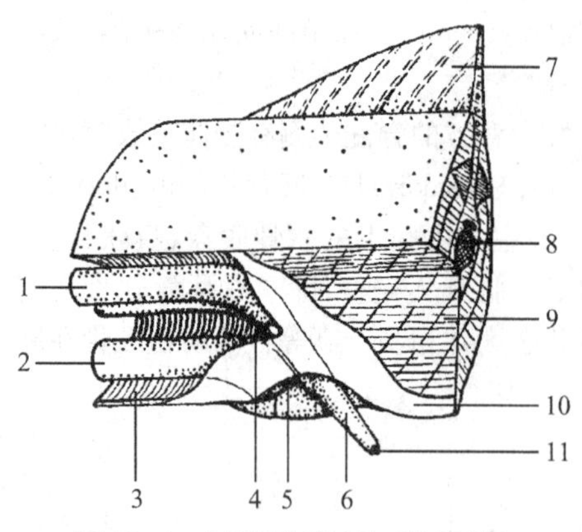

图 11-4　七鳃鳗的泄殖腔系统(后部)

1. 中肾管，2. 直肠，3. 体腔，4. 由体腔通中肾管的孔，5. 肛门，6. 泄殖突，7. 背鳍，8. 脊索，9. 肌肉，10. 结缔组织，11. 泄殖孔

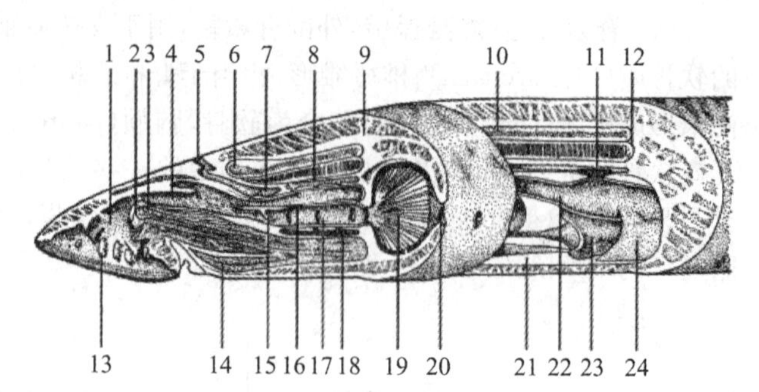

图 11-5　七鳃鳗的内部构造(体前部左侧体壁大多切除)

1. 口漏斗，2. 舌，3. 舌软骨股，4. 口腔，5. 鼻孔，6. 脑，7. 脑垂体囊，8. 背主动脉，9. 肌肉，10. 神经索，11. 通向心脏的动脉，12. 脊索，13. 角质齿，14. 舌肌，15. 缘膜，16. 食管，17. 呼吸管，18. 腹主动脉，19. 鳃丝，20. 鳃孔，21. 体腔，22. 肠，23. 心脏，24. 肝

(9) 寄生或半寄生特征。七鳃鳗，用前端的口漏斗吸附于大型鱼类及海龟类体表。寄生时用漏斗壁和锉舌上的角质齿以活塞式运动锉破宿主皮肤吸血食肉。七鳃鳗成体的咽后部有一支向腹面分出的盲管，称为呼吸管。呼吸管口有 5～7 个触手，管的两侧各有内鳃孔 7 个。每个内鳃孔通入一个球形的鳃囊。鳃囊的背、腹面及侧壁都长有来源于内胚层的鳃丝，构成呼吸器官的主体。鳃囊经外鳃孔与外界相通。盲鳗无呼吸管，内鳃孔直接开口于咽部，各鳃囊由一总鳃管开口于体后方。七鳃鳗在眼眶下的口腔后有 1 对"唾腺"，以细管通至舌下。"唾腺"的分泌物是一种抗凝血剂，能阻止被取食的动物血液在创口处凝固。

第二节　圆口纲的分类

现存的圆口纲动物包括 2 目，2 科，12 属，73 种。2 个目分别为：七鳃鳗目(Petromyzoniformes)和盲鳗目(Myxiniformes)。代表种是日本七鳃鳗和盲鳗。营寄生或半寄生生活。

一、七鳃鳗目

七鳃鳗目有吸附型的口漏斗和角质齿，口位于漏斗底部，鼻孔在两眼中间的稍前方；鳃囊 7 对，分别向体外开口，鳃笼发达；脑垂体囊(pituitary sac)为盲管，不与咽部相通。内耳有 2 个半规管。卵小，间接发育，发育过程中有变态。大多数种类的成鳗营半寄生生活，少数非寄生种类无特殊的呼吸管，角质齿退化消失。分布于海洋和江河，常见种类有日本七鳃鳗、东北七鳃鳗(*Lampetra morii*)和雷氏七鳃鳗(*Lampetra reissneri*)等，产于我国东北地区的黑龙江、松花江、鸭绿江、嫩江和乌苏里江。

七鳃鳗目可分为 2 科：七鳃鳗科(Petromyzonidae)和背眼七鳃鳗科(Mordaciidae)。

1. 七鳃鳗科　七鳃鳗科动物有背鳍 1～2 个，成鳗眼发达，无口须，齿位于口盘和舌上，脊神经的背根和腹根不连合，鼻垂体囊只有一外开孔且不与咽腔通，肠管具螺旋瓣和纤毛，小脑小，雌雄异体，卵小，产卵量大，间接发育，有变态。已知有8属、37种，大多栖息于淡水中。七鳃鳗科可分2亚科：七鳃鳗亚科(Petromyzontinae)和澳洲七鳃鳗亚科(Geotriinae)。

(1) 七鳃鳗亚科：上唇齿板1个，齿板的齿尖不多于3个；舌齿直或弧形，最大，齿尖位于舌齿中央。只分布在北半球。可分为2族：海七鳃鳗族(Petromyzontini)和七鳃鳗族(Lampetrini)。

海七鳃鳗族：上唇齿板窄，齿板上有2～3个齿尖。口盘齿呈辐射状排列。海七鳃鳗族包括3个属：鱼七鳃鳗属(*Ichthyomyzon*)、海七鳃鳗属(*Petromyzon*)和里海七鳃鳗属(*Caspiomyzon*)。①鱼七鳃鳗属：具有1个背鳍，已知有6种，皆分布在北美东部淡水中。②海七鳃鳗属：具有2个背鳍，唇齿辐射状排列。上唇齿板具2个大齿尖。分布在美国、加拿大、冰岛和欧洲。仅1个种，即海七鳃鳗(*Petromyzon marinus*)。③里海七鳃鳗属：具有2个背鳍，上唇齿板只有1个齿尖。仅1个种，即里海七鳃鳗(*Caspiomyzon wagneri*)，分布在里海。

七鳃鳗族：上唇齿板宽，两端各有1个大齿，中间有1个或数个小齿。但是没有辐射状排列的唇齿，七鳃鳗族只有七鳃鳗属(*Lampetra*) 1个属。七鳃鳗属的上唇齿稀少，内侧唇齿每侧有3～4枚，顶端有2～3个齿尖；舌齿5～19枚，中间和两端齿较大，呈山字形。目前全世界共报道20种，我国有3种：日本七鳃鳗、东北七鳃鳗和雷氏七鳃鳗。①日本七鳃鳗：背鳍2个，一前一后彼此分离。下唇齿板具6～7个齿尖。成鳗春季溯河到河的上游产卵，受精卵在此孵化为幼鳗。幼鳗无眼，无齿，口呈马蹄形，在每年的秋季顺水向下游入大海。幼鳗以浮游生物为食，经过变态，3～5年后才能发育为成鳗。成鳗营吸着寄生生活，体长可达0.5 m，肉味鲜美。主要分布于日本、朝鲜和俄罗斯；在我国，主要产于黑龙江、图们江流域。②东北七鳃鳗：背鳍2个，一前一后彼此分离，下唇齿板具9～10个齿。主要分布于朝鲜、俄罗斯，我国产于鸭绿江。③雷氏七鳃鳗：又称溪七鳃鳗，背鳍2个，一前一后彼此连续。主要分布于朝鲜、日本，我国产于黑龙江、松花江和嫩江。东北七鳃鳗和雷氏七鳃鳗均为小型淡水圆口动物。

(2) 澳洲七鳃鳗亚科：上唇齿板1个，具4个齿尖，舌齿有3个齿尖，成鳗有2个齿尖，尾鳍和第2背鳍在性未成熟时分开。有溯河洄游习性，成鳗营寄生性生活。澳洲七鳃鳗亚科仅有1属、1种，即澳洲七鳃鳗(*Geotria australis*)。分布于新西兰、澳洲南部和智利。

2. 背眼七鳃鳗科　上唇齿板1对，每板有3个齿尖。舌齿弧形，两端各有一个大齿尖。幼体的眼位于头的背侧位置，成鳗的眼则位于背面位置。背眼七鳃鳗科只包括背眼七鳃鳗属(*Mordacia*)1个属。目前，背眼七鳃鳗属已知有3种，分别是背眼七鳃鳗(*Mordacia lapicida*)、短头背眼七鳃(*Mordacia mordax*)和早熟背眼七鳃鳗(*Mordacia praecox*)。它们均可进行溯河洄游，全是淡水生活的种类，营寄生或非寄生生活，分布于塔斯马尼亚、澳大利亚东南部和智利。

二、盲鳗目

盲鳗目动物均营寄生生活。无背鳍和口漏斗，口位于身体最前端，有4对口缘触须；眼退化，隐于皮下；内耳仅1个半规管；脑垂体囊与咽相通，鼻孔开口于吻端；鳃孔1～16对，随不同种类而异，鳃笼不发达。雌雄同体，但雄性先成熟。卵大，包在角质卵壳中，受精卵可以直接发育成小鳗，无变态，为海栖种类。盲鳗目仅具1个科，即盲鳗科(Myxinidae)。盲鳗科包括黏盲鳗属(*Eptatretus*)、盲鳗属(*Myxine*)、线盲鳗属(*Nemamyxine*)、新盲鳚属(*Neomyxine*)、双孔盲鳗属(*Notomyxine*)5个属，共有22个种。常见种类有分布在大西洋的盲鳗(*Myxine glutinosa*)、太平洋和印度洋的黏盲鳗(*Bdellostoma sloution*)，以及产于日本海和我国南方沿海的蒲氏黏盲鳗(*Eptatretus burgeri*)和杨氏拟盲鳗(*Paramyxine yangi*)等。

第三节 圆口纲动物的生态特征

七鳃鳗生活在海洋(如日本七鳃鳗)或江河(如东北七鳃鳗、雷氏七鳃鳗)中,在每年5~6月间,成鳗常聚集成群,由海入江或溯河而上进行繁殖。在河的上游,七鳃鳗选取具有粗砂砾石的河床及水质清澈的环境,先用口吸盘移去砾石,营造成浅窝,雌鳗吸附在窝底的石块表面上,雄体则吸附在雌鳗的头背上,然后雌雄成鳗互相卷绕,肛门彼此靠拢,急速摆动鳗尾,最后排出精子和卵子,在水中受精。因此,七鳃鳗又称石吸鳗。雌鳗的产卵期为2~3天,在产卵期内可多次交尾和产卵,故每次交尾后只产出一部分卵,多次产卵后,每尾雌鳗的产卵总量可达1.4万~2万粒。亲鳗在生殖季节里消化道极其萎缩,不能进取食物,绝食时间可长达数月。生殖结束后,亲鳗疲惫衰竭,终至死亡,无一生还。七鳃鳗的卵圆小,直径约0.7 mm,含卵黄少,受精卵进行不均等的完全卵裂。胚胎先发育成身体长度为10~15 mm的幼鳗。幼鳗的形态和构造均与成鳗相差甚远,如幼鳗的眼被皮肤遮蔽而不发达;整个背鳍和尾鳍为一条连续的膜质结构;呼吸道尚未分化,故其咽部两侧的内鳃孔都经由鳃囊,通过外鳃孔到达体外;口前有马蹄形的上唇和横列的下唇,合围成口笠,不具口吸盘,也无角质齿;咽底有内柱。幼鳗曾被误认为是一种原索动物而被命名为沙隐虫(Ammocoete)。沙隐虫独立的生活和摄食方式与文昌鱼大致相似。沙隐虫在淡水或返回海洋中生活3~7年后,才在秋冬之际经过变态发育成为成体,再经数月的半寄生生活即可达到性成熟时期,并可开始进行集群和繁殖活动。沙隐虫所呈现的生活习性及其原始构造,显示了七鳃鳗与原索动物之间存在着一定的亲缘关系。因此,研究七鳃鳗的生活史,对研究脊椎动物的演化史有重要意义。

复习思考题

1. 名词解释:锉舌,鳃笼,沙隐虫。
2. 简述圆口纲动物的主要特征。
3. 试述圆口纲动物的生态特征。

(矫洪涛　杨宇姝)

第十二章
鱼纲(Pisces)

鱼纲是体被鳞片、以鳃呼吸、鳍为运动器官和具上下颌的变温水生动物。它是脊椎动物中种类最多的一个类群,分为软骨鱼类和硬骨鱼类两大类。其中软骨鱼类有600多种,硬骨鱼类有3万多种。

第一节 鱼类对水环境的适应特征

(1) 鱼体多呈纺锤形,皮肤富有单细胞黏液腺,体表被有真皮鳞片,增强了保护功能,并可减少游泳时的阻力。

(2) 以鳃呼吸,终身在水中生活。鱼鳃内含有大量的毛细血管,是气体交换的场所。鱼鳃一旦离开水便粘连在一起,使鱼窒息死亡。

(3) 出现了成对的胸鳍和腹鳍。成对附肢的出现不但大大提高了鱼类的活动能力,扩大了分布区域,而且还是陆生脊椎动物四肢的前驱。

(4) 鱼类开始有真正意义上的上下颌。颌的出现加强了动物捕食能力,有利于脊椎动物自由生活方式的发展和种族的繁衍,是脊椎动物进化过程中的一项重大形态变革。

(5) 脊柱代替了脊索,成为支持身体保护脊髓的新生结构。脊柱与头骨愈合,鱼类头部不能自由转动,有利于在水中游动。

(6) 出现一对鼻孔,具有三个半规管的内耳,嗅觉、平衡觉进一步强化,脑和感觉器官进一步发达。

总之,鱼类较圆口类高等,但鱼类只能生活在水环境中,新陈代谢水平整体较低,是比较低等的变温动物。

第二节 鱼纲的主要特征

一、外部形态

1. 外形

(1) 纺锤型(流线型):是鱼类中最为常见的体型。在3个体轴中,头尾轴最长,背腹轴次之,左右轴最短。头、躯干和尾3部分的比例比较合适,全身呈流线型,可减少运动时的阻力。例如,淡水生活常见的鲤鱼、青鱼和鲫鱼;海洋生活常见的鲨鱼和鲐鱼等。

(2) 侧扁型:这一类鱼左右轴最短,背腹轴明显加长。游泳能力较纺锤型的鱼类差,多生活在水域的中下层。如鳊鱼、鲳鱼、蝴蝶鱼等。

(3) 平扁型:这一类鱼背腹轴最短,左右轴最长,大多数为底栖生活,行动迟缓。如鳐鱼、鮟鱇等。

(4) 棍棒型:这一类鱼头尾轴最长,左右轴和背腹轴长度相当,均较短,身体的横切面呈椭圆形。如鳗鲡和黄鳝,适合于穴居或穿行于岩礁间水底的砂石中或泥土中,游泳能力弱。有的鱼左右轴比背腹轴还短,身体呈带状。如带鱼。

综上所述,鱼类为了适应不同的环境条件和生活方式,产生了不同的体型,但这种划分并不是绝对的,有些鱼类体型也往往介于两种体型之间呈过渡类型。还有些鱼类由于特殊的适应而造成特殊的体型。如箱鲀、刺鲀、海龙、海马、比目鱼和翻车鱼等(图 12-1)。

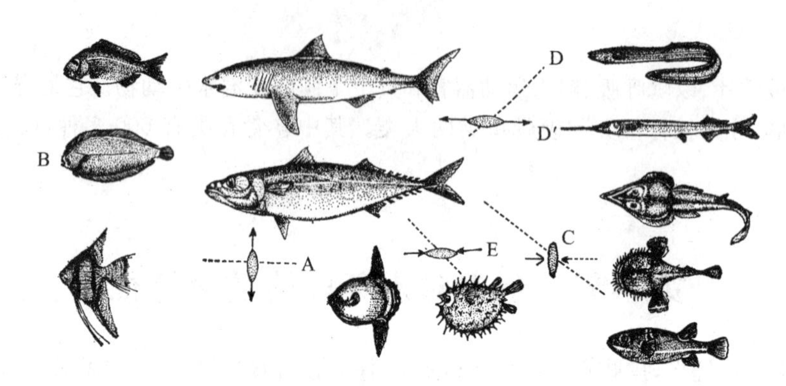

图 12-1 鱼类的各种典型体型

A. 纺锤型 B. 侧扁型 C. 平扁型 D. 鳗鲡型 D′. 纺锤型与鳗鲡型的中间型 E. 河鲀型

2. 无颈 鱼类的身体可分头、躯干和尾 3 部分(图 12-2)。头骨与中轴骨连接坚固,无可以自由旋转的颈部,这是鱼类与陆生脊椎动物的区别之一。鱼类头不能动,这更适合水中游泳的分水动作。头和躯干的分界线是最后一对鳃裂(软骨鱼)或者鳃盖的后缘。躯干和尾的分界线,通常是肛门或者臀鳍的起点。

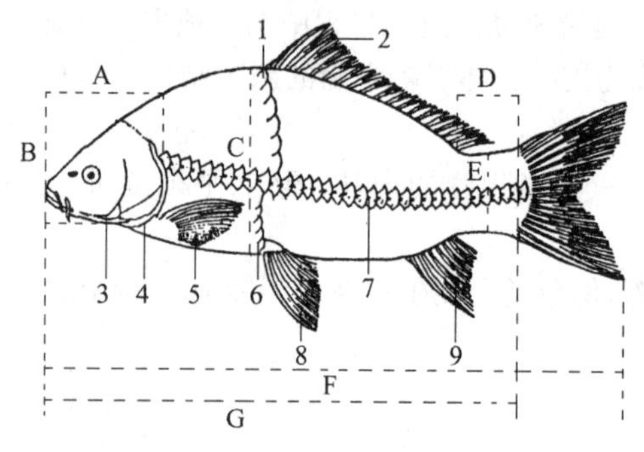

图 12-2 鲤鱼的外形和各外形的测量

A. 头长 B. 头高 C. 体高 D. 尾柄长 E. 尾柄高 F. 全长 G. 体长

1. 侧线上鳞, 2. 背鳍, 3. 鳃盖骨, 4. 鳃盖瓣, 5. 胸鳍, 6. 侧线下鳞, 7. 侧线鳞, 8. 腹鳍, 9. 臀鳍

3. 鳍 鳍是鱼类的运动器官。鱼鳍是由原始有头类脊椎动物单鳍的全鳍褶和成对的侧鳍演变来的,侧鳍褶的前身是文昌鱼的腹褶。鱼鳍分两类。

(1) 奇鳍:不成对,位于身体纵中线上,如背鳍、臀鳍和尾鳍。

(2) 偶鳍:成对的,包括胸鳍和腹鳍。胸鳍相当于陆生脊椎动物的前肢,它的位置在鳃盖的后缘。腹鳍相当于陆生动物的后肢,正常为肛门之前的腹部,称为腹鳍腹位。但位置经常有变化。如腹鳍前移至鳃盖和胸鳍之间者称为腹鳍胸位,如鲈鱼和黄鱼。腹鳍再向前移至两鳃盖之间喉附近称为腹鳍喉位,如鳚科鱼。有时腹鳍也可能变成一根刺的形式,这些变化都是鱼类分类的依据。软骨鱼的腹鳍恒定,位于泄殖腔两侧。

从功能方面看,鱼的背鳍和臀鳍除维持身体平衡、防止倾斜摇摆之外,还可帮助游泳。尾鳍的作用最大,结合肌肉的活动,推动身体前进;也可以稳定身体,控制游泳时的方向。偶鳍主要是完成运动、平衡和掌握方向。鲨鱼的胸鳍与体轴水平排列,起着重要的平衡作用。鳐鱼的胸鳍特别大,呈一个体盘,起重要的运动作用。通常硬骨鱼的胸鳍较小,与体轴垂直,当胸鳍停止运动时,起到平衡作用。慢游时,胸鳍起船桨拨水的作用;快游时,胸鳍紧贴在体壁上,胸鳍举起是减速,一侧举起可改变运动方向。

许多鱼类都具有上述鳍,但也有例外。如黄鳝无偶鳍,奇鳍也呈退化状态;鳗鲡无腹鳍;电鳗无背鳍;鳐鱼无臀鳍;赤魟无尾鳍。有的鱼尾部背面正中央还有一个富有脂肪的鳍,称为脂鳍。这种鳍常见于大马哈鱼和黄颡鱼。

每一种鳍都有鳍条支持。硬骨鱼的鳍条分为 2 种:①鳍棘:指鳍的前方骨质的硬刺,坚硬,不分节;②软鳍条:指鳍棘后面分节排列,尖端分叉的软骨质的软条。不同的鱼,鳍棘和软鳍条的数目不同,此为分类的依据。为了鉴别,通常要写成一个鳍式,即分别用 D、C、A、V、P 字母表示背、尾、臀、腹、胸鳍,用大写的罗马数字表示鳍棘,用小写的阿拉伯数字表示软鳍条。例如,鲤鱼的鳍式为:D. Ⅱ-Ⅳ—17-22;P. Ⅰ—15-19;V. Ⅱ—8;A. Ⅲ—5-6;C. 20-22。

4. 侧线　鱼躯体两侧有一种特殊的感觉器官,穿过鳞片达到体表,各鳞片孔排列成行点点相连,这就是侧线。许多鱼类在体侧各有一行侧线,如鲤鱼。有的鱼类,体侧有数行侧线,如舌鳎。而鲥鱼没有侧线。凡是体侧无侧线的种类,通常头部都有比较致密的侧线网。

5. 尾　鱼的尾一般有 3 种形态(图 12-3)。

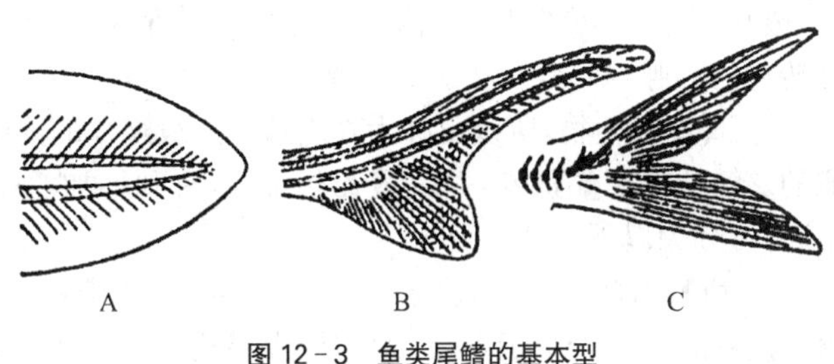

图 12-3　鱼类尾鳍的基本型

A. 原尾型　B. 歪尾型　C. 正尾型

(1) 原尾型:尾椎末端平直,尾鳍上、下叶大致相等而且对称,为原始型。见于鱼类的胚胎时期或仔鱼期。

(2) 歪尾型:尾椎的末端向上翘,伸入尾鳍上叶,将尾鳍分为上下不对称的两叶。见于软骨鱼和鲟鱼等。

(3) 正尾型:鳍的外形上、下两叶为对称的,而内部尾椎末端仍向上翘是不对称的。见于多数硬骨鱼类。正型尾为高等鱼类的尾型,正型尾还可以归纳为多种鳍形。一般快速游泳的鱼类,尾鳍呈新月形或叉形,尾柄也较细,如鲐、鲅等;游泳速度慢的鱼类,尾鳍后端呈方形或圆形,尾柄相当粗大,如钝鱼、虾虎鱼。

二、皮肤系统

鱼类皮肤比较薄,分表皮和真皮两部分。表皮是由外胚层而来的上皮组织;真皮是由中胚层而来的。两者都包含多层细胞,皮下疏松结缔组织少,因此皮肤与肌肉相连特别紧密。皮肤的主要功能是保护身体,也有一些鱼类的皮肤具有辅助呼吸、感受外界刺激和吸收少量营养物质的功能(图 12-4)。皮肤产生的衍生物如下。

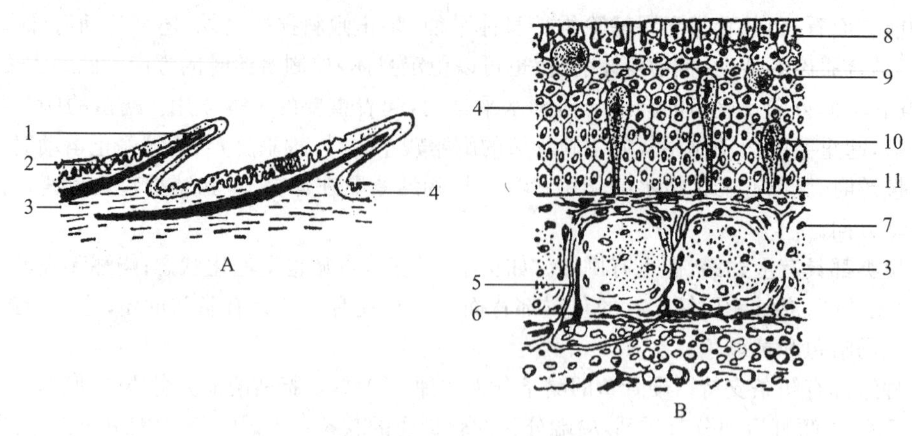

图 12-4　硬骨鱼皮肤结构模式图

A. 鳞片　B. 表皮和真皮主要显微结构

1. 鳞，2. 皮嵴，3. 真皮，4. 表皮，5. 血管，6. 神经，7. 色素细胞，8. 杯状细胞，9. 球状细胞，10. 瓶状细胞，11. 表皮基层

1. *黏液腺*　鱼类的表皮内分布有丰富的单细胞黏液腺，能分泌黏液、润滑体表、减少游泳时水的阻力及保护体表不受细菌和病毒的侵袭。表皮内无血管，由真皮的毛细血管供给表皮营养。真皮内含有丰富的血管、神经、纤维结缔组织和皮肤感受器。丰富的黏液腺使鱼体表面形成厚的黏液层，即隔离层。此层具不透水性，因此可维持体内渗透压的恒定，有利于鱼类的洄游，也有利于逃避敌害。有的鱼黏液腺可转化为毒腺，如赤魟。

2. *鳞片*　鱼类的鳞片是真皮衍生物，所以也称为真皮鳞。一般鳞片的前端都插入鳞囊内，鳞囊是中胚层结缔组织形成的。鳞片的后端裸露，并呈覆瓦状排列，有利增加躯体灵活性，也是一种保护性结构。根据形状不同，可分为以下 4 种。

(1) 盾鳞：盾鳞是软骨鱼所特有的鳞片，构造原始，分布全身，斜向排列，尖端朝后，使身体表面显得很粗糙。盾鳞是由真皮和表皮联合形成的，因此与牙齿在构造和发生上都相似，是同源器官。盾鳞的构造是：基板埋于真皮内，棘突向后突出表皮之外。基板和板上的齿质，由真皮衍生而来。齿质部分的尖峰指向后方。齿质表面有由表皮演化而来的珐琅质(即釉质)被覆着。齿质部分的中央为髓腔，有血管和神经通入腔内。鲨鱼的牙齿事实上是颌边盾鳞加大弯向口内而成。化石证明，泥盆纪的裂口鲨，体表已有盾鳞，嘴边成排的盾鳞比身体其他部分的大。这种位于颌缘上加大的盾鳞在功能上转变为咬捕食物之用，代表着原始牙齿的出现(图 12-5)。

(2) 硬鳞：硬鳞是硬骨鱼的原始鳞片(如雀鳝和鲟鱼的鳞)，是埋在真皮中菱形或方形的骨板，表皮被覆一层硬磷质，能发出特殊的亮光。硬鳞彼此紧接或交搭成行，形成一层整齐的甲胄。

(3) 骨鳞：骨鳞仅见于硬骨鱼类，来源于真皮，是鱼鳞中最常见的一种。略呈圆形，前端插入鳞囊内，后端游离，彼此呈覆瓦状排列(图 12-6)。游离端光滑的叫圆鳞，多见鲤科鱼。游离端生有许多小锯齿状突起的，称为栉鳞，鲈科鱼类常见。

骨鳞是由许多同心圆的环片组成的，这是由于季节不同而表现出的生长速度的差异。春夏季节鱼类因食物丰盛、长得快，环片相应就宽些；秋冬季鱼类生长缓慢，环片就窄些。这样夏环和冬环组合起来，就成了鳞片上的年轮。根据年轮，可以推算鱼类的年龄，生长速度及生殖季节等，在养殖业和捕捞业上都有实践意义。

(4) 侧线鳞：侧线鳞是指有侧线器官穿孔的鳞片，通常都用鳞式表示。侧线鳞的数目、侧线上鳞(由背鳍起点的基部至侧线这一段距离上的鳞片)和侧线下鳞(由腹鳍起点基部至侧线这一段距离

图 12-5 鲨鱼的盾鳞

1. 釉质，2. 齿质，3. 髓腔，4. 表皮，5. 基板，6. 真皮

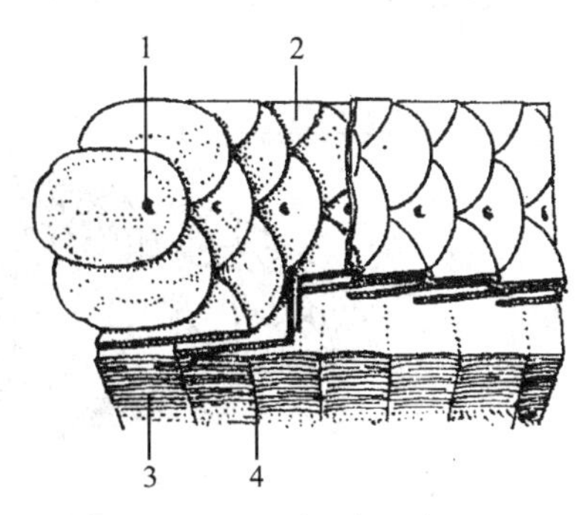

图 12-6 圆鳞和表皮的关系

1. 侧线孔，2. 圆鳞，3. 肌节，4. 肌隔

上的鳞片)的数目，是鱼类分类常用的数据之一。鳞式的写法是：

$$侧线鳞数目\frac{侧线上鳞的数目}{侧线下鳞的数目}$$

例如，鲤鱼的鳞式为：34～38 5/8，表示鲤鱼的侧线鳞是 34～38 片，侧线上鳞是 5 片，侧线下鳞是 8 片。

3. 色素细胞　鱼类的体色多样，色泽鲜艳的鱼类首推热带浅海和珊瑚礁间的栖居者。在这些鱼类的真皮深处和鳞片中都含有色素细胞和反光体。丰富多彩的鱼类体色就是各种色素细胞相互配合的结果。色素细胞分黑色素细胞、黄色素细胞、红色素细胞 3 种。前两种常见于普通鱼的皮肤中，后一种较罕见，大多见于热带奇异的鱼，分布也是局部的。这些色素细胞紧缩时，皮肤颜色浅淡；而舒展时皮肤颜色变深。反光体(也称虹彩细胞)：鱼类的反光体内含有一种白色的结晶体叫鸟粪素晶体，是从血液中分泌出来的废物，具有很强的反光作用，能反射出银白色的闪光，在鱼体腹部前方表现最明显。

4. 毒腺和毒刺　大多数毒腺都是由鱼的黏液细胞特化而成的，毒腺常与鱼体的刺或棘形成配合。毒刺常分布于鳃盖上，也有的在皮肤上。微露在外，呈圆锥形，外面有鞘包围，毒腺在毒刺基部周围，肌肉的收缩，可促使毒汁排出来，有防御和进攻的作用。例如，龙腾、灰刺魟、玫瑰鲉和鬼毒鲉等，有的头部凸凹不平十分难看，且有剧毒。

5. 发光器　有些鱼类特别是生活在深海的鱼为了适应黑暗环境常有发光器。鱼类发光的原因有多种形式：①自身皮肤中有一种能发光的细菌与之共生。②有些鱼的表皮细胞演化来的皮肤腺，能分泌一种含磷的发光液体，称为荧光素。荧光素在荧光酶的催化作用下与血液中的氧发生氧化反应，产生氧化荧光素发光。③还有些鱼是自身有发光器即发光细胞，如角鮟鱇和龙头鱼等。

发光的生物学意义在于引诱趋光食物，提高捕食成功率和方便同物种之间的信息交流等。

三、骨骼系统

鱼类的骨骼，就性质而言，可分软骨和硬骨两种。软骨鱼终身保持着软骨，但因软骨内有石灰质的沉积物，所以也叫钙化软骨，也有一定的硬度。硬骨鱼的骨骼主要是硬骨，按其形成的方式可分为软骨化硬骨和膜性硬骨。前者是在软骨的基础上经骨化而成的；后者则不经软骨阶段，由结缔组织和真皮直接骨化而成。脊椎动物的骨骼是比较解剖的基础，化石保留的主要部分，分类的重要依据。

鱼类已具有较发达的内骨骼系统，按其功能和所在部位及胸鳍、腹鳍的出现，可分为中轴骨骼和附肢骨骼两大部分:中轴骨骼包括头骨、脊柱和肋骨;附肢骨骼包括带骨和鳍骨(图 12-7)。

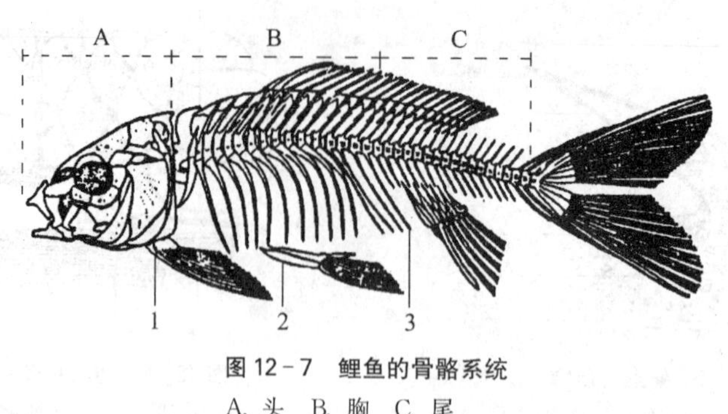

图 12-7 鲤鱼的骨骼系统

A. 头 B. 胸 C. 尾

1. 肩带, 2. 腰带, 3. 肋骨

1. 中轴骨骼

(1) 头骨:头骨分脑颅和咽颅两部分。软骨鱼的脑颅是一个发育良好的软骨盒。它的底部完全,并从四周向上再转向背方将脑和主要感觉器官包围保护起来,背面留有一脑囟以纤维膜覆盖。这个由软骨组成的无分界和缝隙的软骨盒,就叫做软颅。软颅是形成脊椎动物头骨的主体。在软颅最前方有3条软骨棒支持吻部(星鲨),而棘鲨的吻软骨呈勺状。吻软骨基部两侧是鼻软骨囊,后面有一对眼窝保护眼球。两眼窝之后方各有一对听软骨囊,从外面还可隐约可见其中埋有三个半规管。

咽颅:是由 7 对">"形的咽弓所组成。两侧的咽弓在腹面相互连接,背面游离,原始脊椎动物的咽弓位于咽头壁上以支持鳃。自鱼类开始,脊椎动物出现了上、下颌,咽弓开始分化。

第 1 对为颌弓,其背段叫腭方软骨,腹段叫麦氏软骨,共同组成软骨鱼的上、下颌。软骨鱼类的上、下颌是脊椎动物中最早出现和原始型的颌,也称为初生颌。硬骨鱼类和其他脊椎动物的上、下颌分别被前颌骨、上颌骨和齿骨等膜骨构成的次生颌取代。

第 2 对为舌弓,由两侧的舌颌软骨,角舌软骨和腹面的基舌软骨所组成。它不仅有支持舌的作用,而且向前移动以支持上、下颌。即舌颌骨像一支柱从脑颅的听囊伸展到颌角,充当悬器的作用,将颌弓连于脑颅上。颌弓与脑颅的这种连接方式称为舌接式。颌弓和舌弓间的鳃退化,残留的鳃裂成为喷水孔。

第 3～7 对为鳃弓,鳃弓由背面向腹侧形成半环状支持鳃和鳃间隔,使鳃裂彼此分开。每对鳃弓基本是由成对的咽鳃软骨、上鳃软骨、角鳃软骨、下鳃软骨和单块的基鳃软骨构成。除第 5 对鳃弓外,在各对鳃弓的上鳃软骨和角鳃软骨的后缘都向后伸出许多软骨条,支持鳃间隔。第 5 对鳃弓特化成 1 对下咽骨,下咽骨上无鳃,其内侧在不同鱼类中常有数目、形状和排列方式各异的咽齿,常用于鲤科鱼类分类的依据。

硬骨鱼的头骨大部分都是硬骨。硬骨含有 2 种不同来源的成分:①软骨鱼类的软颅骨化,如枕骨、耳骨、蝶骨及筛骨;②膜性硬骨来源,如鼻骨、额骨、顶骨及梨骨等膜颅的部分。一些原始的硬骨鱼类,头骨骨片多达 180 块,现代硬骨鱼一般为 130 块左右。脑颅具有鳃盖骨及围眶骨,数目多,各自成为一组(图 12-8)。

(2) 脊柱:脊柱是一条由许多脊椎骨彼此前后连接而组成的骨柱,位于身体背部的中央,以取代部分或全部的脊索,有支持身体、保护脊髓和主要血管的功能。鱼类的脊椎骨分化程度低,仅分躯干椎和尾椎两部分。软骨鱼和硬骨鱼的脊椎骨基本结构大致相同,都具有椎体、椎弓(髓弓)、椎棘(髓棘)、脉弓和脉棘。椎体是脊椎骨的主要部分,鱼类的椎体前后两面都向内凹入,称为双凹

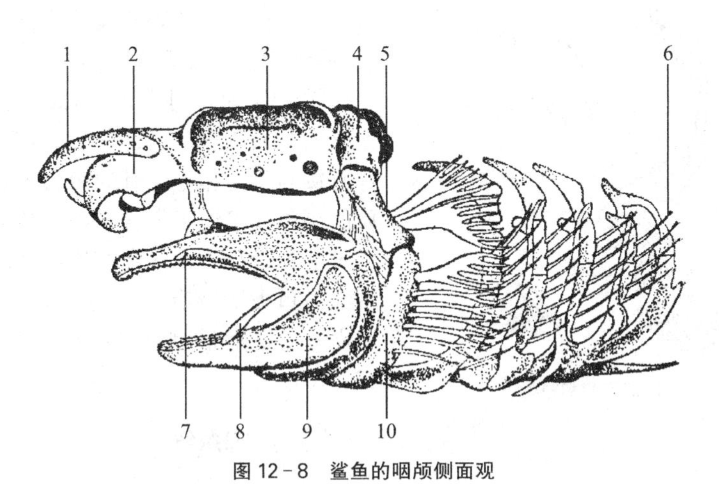

图 12-8 鲨鱼的咽颅侧面观

1. 吻突，2. 嗅囊，3. 眼窝，4. 听软骨囊，5. 舌颌骨，6. 鳃弓，7. 腭方软骨，8. 舌软骨，9. 麦氏软骨，10. 角舌骨

型椎体。而椎体间的空隙以及贯通椎体中央的小管，还有残存的脊索，使整条脊索串连成念球状。双凹型椎体是脊椎动物中几种椎体类型中较原始的一种，这种椎体的灵活性小，不能有局部的活动。

椎体的背面是椎弓，相邻的椎弓连接形成椎管，可容纳和保护脊髓。软骨鱼的躯椎缺少脉弓和脉棘，椎体两侧有短小的横突，其上连有短小的肋骨，而尾椎的腹面有脉弓和脉棘，脉弓连接形成脉管，并包围着血管。

硬骨鱼的椎体侧腹面有横突，与肋骨相连，硬骨鱼的肋骨发达，肋骨末端游离，不具胸骨，左右肋骨沿腹壁向下包围整个体腔，有保护内脏的作用。肋骨是单头式，即肋骨近侧端仅有 1 个关节头。尾椎骨的末端歪向上叶，称为尾上骨。

鲤形目鱼类的前 3 块躯干椎的一部分演化成为韦伯器。韦伯器也称为韦氏小骨，包括三脚骨(槌骨)、间插骨(砧骨)、带状骨和舟骨(镫骨)。三脚骨的后端和鳔壁的前端通过韧带相连，舟骨与内耳的围淋巴腔接触。

2. *附肢骨骼* 鱼类的附肢骨骼包括奇鳍骨骼和偶鳍骨骼两部分。奇鳍中的背鳍、臀鳍和尾鳍骨骼的构造基本相似。一般都由插入肌肉中的支鳍骨支持鳍条。支鳍骨在硬骨鱼常称为鳍柱骨。

偶鳍骨骼包括带骨和鳍骨两部分。胸鳍的带骨为肩带。软骨鱼的肩带通常是一根“U”形的软骨，位于鳃区后方的体壁内，在腹面的是乌喙部，在两侧突向背方的是肩胛部，两部之间左右均有关节面与胸鳍相关节。胸鳍由基鳍骨，辐鳍骨支持最外侧的角质软鳍条。腹鳍的带骨是腰带，仅有一根呈“一”形的坐耻骨棒，它的两端各自与左、右腹鳍相关节。腹鳍骨也是由基鳍骨、辐鳍骨支持着角质软鳍条。大多数雄性软骨鱼的腹鳍的基鳍骨向后延长为鳍脚，是交配器官(图 12-9)。

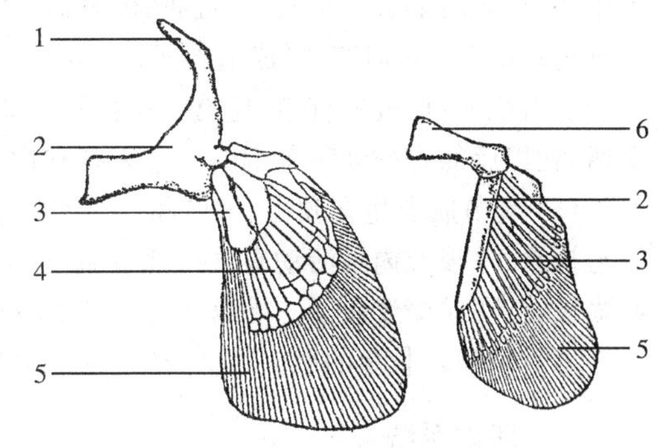

图 12-9 鲨鱼的带骨和偶鳍骨

1. 肩带肩胛骨，2. 肩带乌喙骨，3. 基鳍骨，4. 辐鳍骨，5. 真皮鳍条，6. 腰带

硬骨鱼的偶鳍骨骼比较复杂，不仅软骨大多已骨化为硬骨，而且还加入了一些膜骨。肩带由肩甲

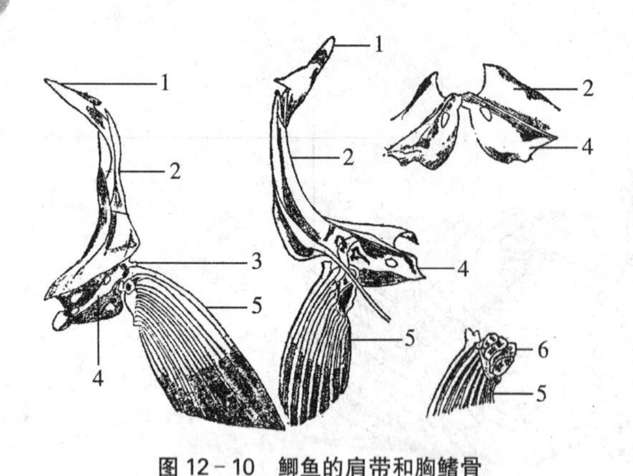

图 12-10　鲫鱼的肩带和胸鳍骨

1. 上锁骨，2. 锁骨，3. 肩胛骨，4. 乌喙骨，5. 鳍条，6. 辐鳍条

骨、乌喙骨、中乌喙骨等软骨原骨，以及上锁骨、锁骨、后锁骨等膜骨组成。

腰带仅为1对无名骨，属软骨化骨而无膜骨。偶鳍的基鳍骨多半已退化消失，辐鳍骨的数目减少并直接与带骨相连。有的鱼辐鳍骨也全部退化，骨质的鳍条直接连于带骨。硬骨鱼的肩带位置靠前，通过上锁骨与头骨直接相连，这种情况在脊椎动物中独为鱼类所特有。鱼类的带骨均游离而隐藏在肌肉中，故附肢骨骼与脊柱没有直接连接(图 12-10)。

四、肌肉系统

在以鲨鱼为代表的软骨鱼中，肌肉分化程度低、简单，按部位可分躯干肌和头肌。躯干肌包括体壁肌、鳍肌、鳃下肌和尾肌，都受脊神经支配；头肌包括眼肌和鳃节肌，受脑神经支配。

(1) 鱼类的体壁肌，仍保持原始状态，与圆口类相似，也是由一系列肌节形成的，肌节之间有结缔组织肌隔。不同之处，是鱼类新出现了水平生骨隔(结缔组织隔)。它内起脊柱，外达皮肤侧线处。水平生骨隔把肌节分为背部的轴上肌和腹部的轴下肌，在躯干腹面的正中线上，有一白色纵隔，称为腹白线，将肌节分为左右两部分。鲨鱼的肌隔呈圆锥形，形成若干互相套叠的漏斗，在横切面上，肌隔呈现为一系列的同心圆状(图 12-11)。

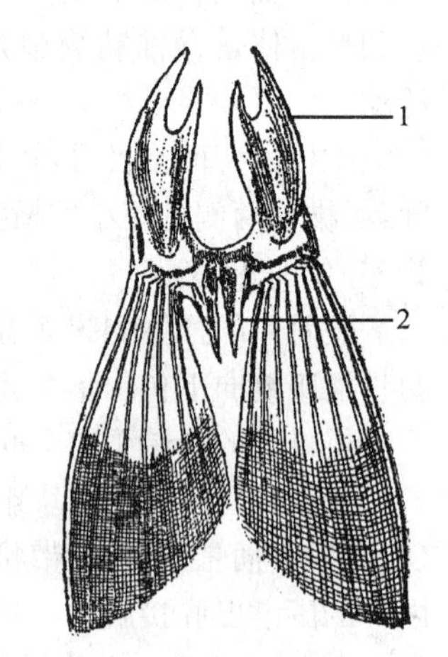

图 12-11　鲤鱼的腰带和辐鳍条

1. 腰带，2. 辐鳍条的残余

(2) 鳍肌是鱼类胚胎时期由轴上肌或轴下肌分别生出肌芽，伸向背鳍、胸鳍和腹鳍而形成的。偶鳍肌受脊神经支配，其背面为伸肌，腹面是屈肌。

(3) 鳃下肌着生在肩带乌喙骨棒至下颌底部之间的肌肉。这些肌肉构成咽和围心腔的底壁，主管口底的上升、下降及口开闭。鳃下肌位置靠前，在发生上是由躯干前部肌节的腹端向前延伸而成，受脊神经支配。

(4) 眼肌共有6条，是胚胎时期头部最前面的3对肌节分化而成。①第1对肌节：形成上直肌、下直肌、内直肌，受第3对脑神经即动眼神经支配；②第2对肌节：形成上斜肌，受第4对脑神经即滑车神经支配；③第3对肌节：形成外直肌，受第6对脑神经即展神经支配。这6条眼肌在进化过程中表现得比较保留，在以后的脊椎动物各纲中一直未有变化。

(5) 鳃节肌着生在颌弓、舌弓和鳃弓上的肌肉，分别管理上、下颌的开闭及舌弓和鳃弓的运动，故与摄食、呼吸及内脏活动有关。鳃节肌不同于内脏器官腔壁的肌肉，它属随意肌，而且肌纤维上有横纹，已变成横纹肌了。受第5、7、9、10对脑神经支配。

硬骨鱼和软骨鱼的肌肉相似，也是由一系列肌节组成，分化程度低(图 12-12)。

五、消化系统

鱼类的消化系统是由消化管和消化腺组成。消化管包括口腔、咽、食管、胃、肠和肛门等；消化腺包括肝脏和胰脏。

1. 软骨鱼　①口腔：鲨鱼的口在头腹面，口内无吐唾液腺，口腔底部有一不动的舌，上下颌的边

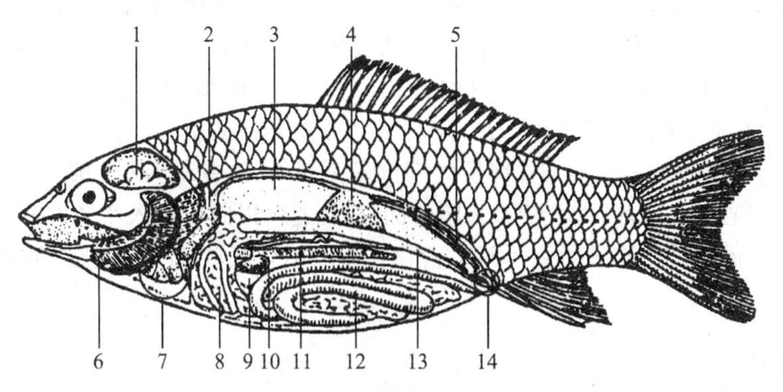

图 12-12　鲤鱼的内部结构

1. 脑，2. 头肾，3. 鳔，4. 肾脏，5. 输尿管，6. 鳃，7. 动脉球、心室、心房、静脉窦，8. 肝，9. 胃，10. 胆囊，11. 脾，12. 肠，13. 睾丸，14. 输精管、肛门、尿殖孔、膀胱

缘生有牙齿，但只能捕捉食物不具有咀嚼功能，无口腔消化，初生颌，肉食，以鱼类、甲壳类为食。②咽部：口腔后面通入宽大的咽腔，咽壁被 5 对鳃裂及前面的喷水孔贯穿。鲨鱼的咽鳃耙的数量少，主要作用是保护鳃瓣。③食管：食物经咽部直接入食管，水由两侧鳃裂流出。食管短而不明显。④胃、肠：鲨鱼有明显的呈“U”形的胃，胃的前部粗大称为贲门部；胃的后部细弯称为幽门部。胃的幽门端通入小肠(十二指肠)，极短。螺旋瓣肠甚为膨大，肠管内有由肠壁向肠腔内突出呈螺旋状的薄膜，称为螺旋瓣(图 12-13)。它可以增加肠的吸收面积，并延缓食物向下移动的作用，使食物得以充分消化。在各类脊椎动物中，小肠以各种方式增加消化和吸收的面积，而以内有螺旋瓣的肠来完成增加消化吸收面积的方式是一种最古老的方式。鲨鱼的肠管较短，最后一段是短而细的直肠，开口于泄殖腔。泄殖腔是直肠末端稍为膨大的腔，输尿管和生殖管部都开口于此腔，因此泄殖腔是排粪、排尿及生殖细胞排出的共同通道。泄殖腔以单一的泄殖孔通向体外，直肠背面有一圆柱状的腺体，是肾外排盐结构，称为直肠腺。⑤鲨鱼的消化腺包括肝脏和胰脏。肝脏很大，分左右两叶，内含很多油脂，是提取鱼肝油的材料。鲨鱼的肝重是整个体重的 20%～25%，而肝重的 75%全是油脂。近年来有研究指出，鲨鱼的肝在调节鱼体的比重上起着重要的作用。软骨鱼没有鳔。肝分泌的胆汁储存在胆囊中，它以胆管通入小肠前部。鲨鱼已有独立的胰脏，位于胃和小肠之间的肠系膜上，所分泌的胰液由胰管通入小肠。

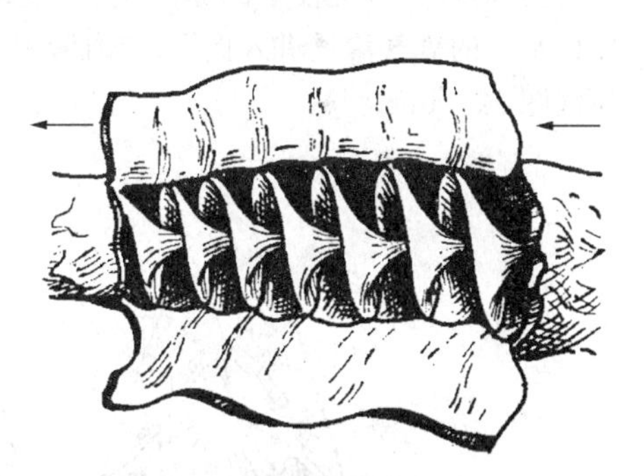

图 12-13　鲨鱼肠内螺旋瓣

2. 硬骨鱼　①具有骨质的次生颌，口内有牙或无牙，鲤科鱼有咽喉齿，形状不一，主要决定于食性。如杂食的咽喉齿为磨臼样，草食的为镰刀状。口内无唾液腺，无口腔消化，有一不动的舌，口在头部的位置因食性而异。口上位主要取食浮游生物；口端位主要取食中上层食物；口下位主要取食底栖生物。②咽的左右两侧有 5 对鳃裂通鳃腔。每一鳃弓的内缘都着生有两排并列的骨质突起，为鳃耙，是滤食器官，可阻挡食物随水经鳃裂流出，鳃耙的长短和疏密因食性而异。鲤鱼是杂食性，鳃耙的疏密适中；肉食性的鱼，鳃耙短而稀疏，只起保护鳃瓣的作用，而不起滤过食物的作用；以浮游生物为食的鱼，鳃耙细长而密，结成网状，其作用如细筛，阻挡微小的食物颗粒随水流带出。在第 5 对鳃弓上长有咽喉齿 3 列，由中线向外排列，第 1 排有 3 颗较大齿，第 2、3 排各有 1 颗较小

齿,用齿式表示为:1.1.3/3.1.1。咽喉齿的形状与食性相关,如鲤鱼的咽喉齿呈平顶的臼齿形,草鱼的咽喉齿呈梳状,鲤鱼的上下颌无齿,就靠咽喉齿和基枕骨腹面的角质垫相研磨,可以压碎通过咽的食物。③食管甚短。④鲤鱼无胃的分化,食管下面接肠,大、小肠也无明显区分。肠内无螺旋瓣,但肠管较长,为体长的2~3倍,肠末端是独立开口的肛门。⑤消化腺是肝脏和胰脏。它们的形状极不规则,呈弥散状分布在肠管之间的肠系膜上,胰脏散布在肝脏中。胆囊很大,深绿色,埋在肝脏内,肝脏分泌胆汁,由肝管通入胆囊储存,胆囊再以胆管通入小肠。肝脏和胰脏合称为肝胰脏。胰脏分泌的胰液由胰管通入小肠。食物在小肠消化吸收,不能消化的残渣形成粪便由肛门排出。

六、呼吸系统

鳃是鱼类的呼吸器官,其特点是:面积大,薄,含有丰富的毛细血管,发生上来自外胚层。每个鳃都是由鳃弓、鳃耙、鳃间隔和鳃瓣组成。

鳃弓:起支持作用,由5块小骨构成,内有出入鳃血管。

鳃耙:鳃弓的凹面,具2~3列突起,主要是食物滤过器官或保护鳃瓣之作用。

鳃间隔:由鳃弓的外缘凸面中央向外延伸形成的薄隔壁。

鳃瓣:在鳃间隔的前后两面有丝状突起(硬骨鱼)或由上皮折叠形成栅板状,贴在鳃间隔上(软骨鱼),鳃间隔的前后两面各有一个半鳃,两个半鳃构成一个全鳃。

1. *软骨鱼* 咽部两侧有5对鳃裂,直接开口于体表,无鳃盖保护,另在两眼后各有一个与咽相通的小孔,为喷水孔。从发生来看,喷水孔是退化的第1对鳃裂的痕迹,也是咽部与外界相通的水流通道,又称呼吸孔。鳃间隔极发达,与体表皮肤相连。鲨鱼的第5对鳃弓的后壁上无鳃瓣,故鳃的总数是每侧有4个全鳃和1个半鳃。鲨鱼的呼吸依靠鳃节肌的扩张和收缩,造成口的开闭,鳃弓的扩张和收缩以促使水的通入流出。水由口和喷水孔进入咽,由鳃裂流出体外,当水流经过鳃瓣时,水中的氧气渗透进入血管,与血液中血红蛋白结合,血液中的二氧化碳渗出到水中排出,完成呼吸(图12-14)。

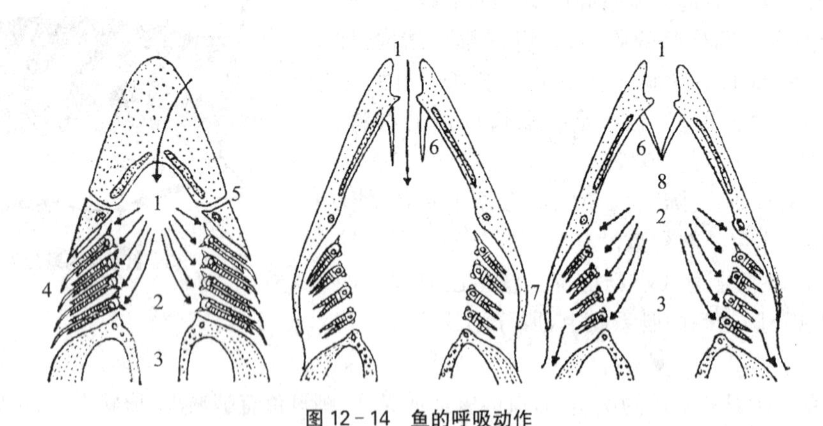

图12-14 鱼的呼吸动作

1. 口,2. 咽,3. 食管,4. 鳃裂,5. 喷水孔,6. 口瓣,7. 鳃盖,8. 口腔

2. *硬骨鱼* 鳃间隔退化,鳃瓣直接着生在鳃弓上。2个半鳃的基部互相合并,而其游离端呈锐角分开。硬骨鱼的鳃裂有5对,开口于鳃腔,而不直接开口于体外,外面具鳃盖保护。鳃盖的边缘有一总的鳃孔通体外。呼吸主要靠鳃盖的运动实现。当鳃盖提肌和开肌收缩,鳃盖撑开,鳃盖边缘的鳃盖膜因受水中外部压力紧贴于体壁上,鳃腔扩大,内部压力缩小,于是水流由口经咽、鳃裂而进入鳃腔;当鳃盖关闭时,口关闭,鳃盖膜打开,于是水由鳃腔经鳃孔排出体外。当水流经鳃丝时,气

体交换完成。硬骨鱼有5对鳃弓,最后一对不长鳃,而特化成咽骨,其上长有咽喉齿。鳃弓内侧的鳃耙是滤食器官(图12-15)。

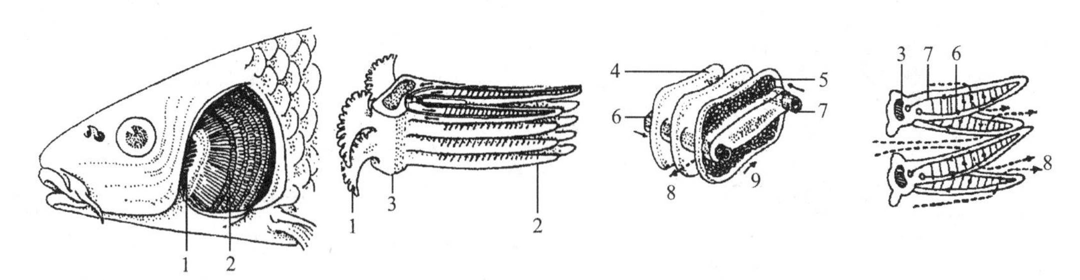

图12-15 鲤鱼的鳃

1. 鳃耙,2. 鳃丝,3. 鳃弓,4. 鳃瓣,5. 毛细血管,6. 入鳃血管,7. 出鳃血管,8. 水流,9. 血流

鱼类的呼吸次数与水温有关,温度高,呼吸次数多。例如:鲤鱼在0℃时呼吸20次/分;5℃时,40次/分;10℃时70次/分;20℃时,120次/分;25℃时,140次/分。因此,夏季养鱼池中,水温高,含氧量少,会使鱼游至水面呼吸,严重时会发生浮头现象(即泛塘现象)。

有些鱼除用鳃呼吸以外,还有其他辅助呼吸的器官。例如,鳗鲡用皮肤,泥鳅用吞气入肠,黄鳝用口腔表皮,肺鱼用鳔等。

3. 鳔 大多数硬骨鱼都具有鳔,位于体腔背部正中,膜质囊状,内充满气体,1～3室。从胚胎发生看,鳔是原肠背部突起形成,与肺是同源器官。

(1) 分类:①喉鳔类(开鳔类):如鲤鱼,具有鳔管,鳔位于体腔消化道的背面,白色薄囊状,一般1～3室,两室之间有缩细部,即有一个韧带环。这里有少数的肌纤维可以收缩、松弛,用以调节鳔内气体的含量。后室的前端腹面有一鳔管向前直通食管背方,相接处有环形括约肌,可以控制鳔管的开闭。鳔的内壁光滑,鳔内的气体有氧、二氧化碳和氮气。这些气体可由血管分泌和吸收,也可以直接由口吞入或排出。②闭鳔类:这类鳔无鳔管,鳔内气体的调节是靠红腺和卵圆窝。红腺(气腺):在鳔的前端腹面内壁上有红腺。它的形态因种而异,如鲈鱼是呈树枝状的,而大黄鱼呈花朵状的。红腺附近有丰富的毛细血管。红腺的腺上皮细胞能将血液中氧气和二氧化碳分离出来,储存在鳔内。供应鳔红腺的血管是腹腔肠系膜动脉,最后由肝门静脉通出。另在鳔的后背方内壁有一个卵圆区,卵圆区呈囊状,入口处由平滑肌形成的括约肌控制。当红腺分泌气体时,卵圆区入口处的括约肌收缩;当鳔内气体多而需要回收时,括约肌松弛,鳔内的气体由卵圆区渗入邻近的血管里。通入卵圆区的血管是背大动脉,返回的血管是后主静脉。少数硬骨鱼不具鳔,主要是一些底栖的鱼类(如鮟鱇鱼)和一些迅速呈垂直方向升降的鱼类,如鲭鱼和鲐鱼等快速游泳者。

(2) 作用:①自身比重调节器:大多数鱼借鳔内气体含量的改变,调节自身沉浮。如当鱼游向深水时,周围的水压加大,鱼必须加大比重让体积缩小,所以鳔需放出部分气体使鱼下沉;反之,如鱼从深层游到浅层,水的压力减少,鳔内气体膨胀,身体比重减轻,就有上升的趋势。要使鱼停留在新水层,鳔就需要放出一部分气体。所以靠鳔的调节作用,鱼可以不借助鳍的运动保持在水中任何深度。但鳔的调节相对缓慢,适合生活在比较固定水层的鱼类调节比重。②呼吸作用:少数的肺鱼和总鳍鱼类可用鳔进行呼吸。③辅助听觉:在鲤科鱼类鳔的前端,通过韧带与韦氏小骨相连。当水中的声波振动了鱼体,引起鳔内气体同样振幅(或增强其振幅)的振动,通过韦伯氏器的4对小骨传到内耳,使鱼感受到高频率的声波。④发声器官:鲤科鱼类,当鳔管放气时能发出声音,如海产的大黄鱼和小黄鱼,鳔的外面还有与鳔相连的肌肉。当收缩时鳔能发声,尤其在生殖期集群洄游而发出很大的声音,具有重要的生物学意义。

七、循环系统

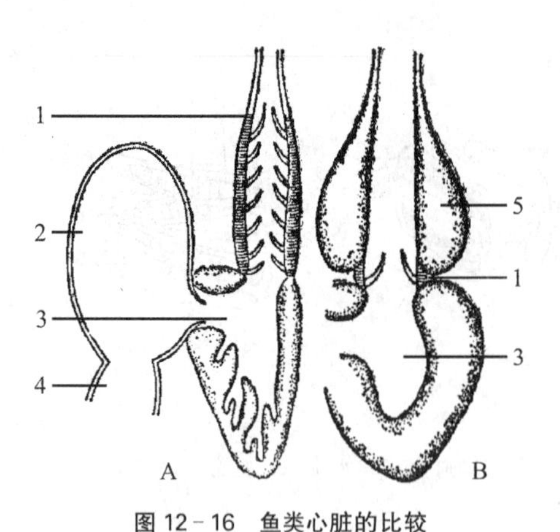

图 12-16 鱼类心脏的比较

A. 软骨鱼 B. 硬骨鱼

1. 动脉圆锥，2. 心房，3. 心室，4. 静脉窦，5. 动脉球

1. *循环系统的特点* 以鲨鱼为代表的软骨鱼和以鲤鱼为代表的硬骨鱼，其血液循环特点基本相同：①心脏很小，位于围心腔内，很轻，仅占体重的0.033%～0.25%；②心脏的位置靠前，接近头部，腹面有肩带保护；③心脏由1个心室和1个心房构成，静脉窦发达（是储备全身静脉血的地方）；④鱼类的心脏内全部是静脉血，必须把这些静脉血压送到鳃部进行气体交换后，多氧血离心经背大动脉分布至全身；⑤鱼类的血液循环途径是一大圈，即单循环，这是与鳃呼吸密切相关的；⑥肾门静脉发达；⑦由于心脏内全部是静脉血，心脏又很小，所以造成心脏推动血液流动的力量弱，这与鱼类的代谢水平低、血液量少、血流速度慢有关。鱼类的血液相当少，只占体重的2%。血压低，动脉血与静脉血已完全分开，但因心脏全是静脉血，产热量少，体温低，无保温结构，属变温动物（图12-16）。

硬骨鱼和软骨鱼心脏的不同之处：①硬骨鱼的心脏有动脉球，它是腹大动脉基部的膨大部分，由平滑肌构成，本身无搏动能力，内壁也无瓣膜，呈海绵状有弹性，当心室收缩时，动脉球扩张，随即再由动脉球壁的弹性回缩，使通往鳃部毛细血管的血液维持一个稳定的动脉压。②软骨鱼心室的前方有动脉圆锥，它是心室向前延伸的一部分，其肌肉壁也和心室一样能主动收缩，属心肌。动脉圆锥内有袋状的瓣膜，称为半月瓣，可防止血液倒流。

2. *血液* 鱼类的血液呈深红色，由血浆、红细胞、白细胞、血小板等组成。红细胞扁平而两面微凸，有细胞核。

3. *动脉* 鱼类的动脉主要包括腹大动脉、背大动脉和动脉弓（连接腹大动脉和背大动脉）。腹大动脉离开围心腔以后，在咽部下方前行并向两侧分支成动脉弓，沿鳃囊间向背部延伸。再由动脉弓分出：进入鳃的血管为入鳃动脉，离开鳃的为出鳃动脉。入鳃与出鳃间以鳃动脉毛细血管相连，气体交换就在毛细血管网上进行，使浑浊的静脉血变成含氧量高的新鲜动脉血。出鳃动脉将新鲜血液通过鳃上动脉注入背大动脉，然后再分送到身体各部和内脏器官。硬骨鱼的入鳃动脉和出鳃动脉皆为4对，代表胚胎时期6对动脉弓中的第Ⅲ、Ⅳ、Ⅴ、Ⅵ对动脉弓。而鲨鱼的入鳃动脉是5对，出鳃动脉是4对。

4. *静脉* 静脉接收全身各部毛细血管中的血液运回心脏。头部的静脉血注入前主静脉，躯干部及体后来的静脉血注入后主静脉，成对的前主静脉和后主静脉带来的血液汇合形成总主静脉（居维叶管），然后送回静脉窦。但不是所有的静脉都直接回心脏。鱼类在肾脏和肝上有发达的门静脉。门静脉内无瓣膜，两端连接毛细血管网。肝门静脉收集消化道（胃、肠、胰、脾）而来的血液进入肝脏，在肝内散成毛细血管，然后再汇集为肝静脉，注入静脉窦。肾门静脉在鱼类特别发达，自尾部回来的血液归入尾静脉，尾静脉分左、右两支进入肾脏，并在肾脏内散成毛细血管，即肾门静脉。在肾脏内，毛细血管汇集为肾静脉，再通入后主静脉内。

八、排泄系统和渗透压调节

1. *软骨鱼* 肾脏在脊柱两侧，紧贴体腔背壁，有一对深红色的肾脏，覆盖有腹膜，揭去腹膜可清楚见到长形的肾脏。鲨鱼的肾脏分前后两部分，前部狭小，退化，无排泄功能；后部宽大，称为尾肾，具泌尿功能。在肾脏的腹面有1对输尿管，从胚胎发生看，属中肾管（或称吴氏管）。左、右输尿管在下端彼此会合通入排泄窦，排泄窦延伸成泌尿乳突，开口于泄殖腔内。

但在雄性个体，肾脏的前端全部被迂回盘旋的输精管(中肾管)所占据，称为米氏腺。肾脏后部比前部宽厚称为尾肾，由于中肾管仅作输精管之用，在尾肾内部另发出数条细的副肾管专作输尿之用。副肾管与中肾管并行，最后经泄殖窦，开口于泄殖腔。在无羊膜动物，一般的情况是雄性的中肾管输尿兼输精；只有鲨鱼特殊，中肾管仅作输精之用，而由副肾管输尿。

2. 硬骨鱼　排泄系统包括肾脏、输尿管和膀胱。肾脏紧贴胸腹腔背面，深红色，两个肾有一部分相连。每个肾的前端为一头肾，头肾是拟淋巴腺，不是肾脏本体，不具泌尿功能。在头肾的后面是肾脏，其宽度和厚度形状从前向后很不一致，最宽厚处是在与鳔的中部相连接的一段，再往后变得很细。两肾各有一条输尿管，沿胸腹腔背壁向后走行，到将近末端处合二为一，稍为扩大，形成膀胱。硬骨鱼的膀胱属导管膀胱，即为中肾管(输尿管)末端膨大形成的。膀胱以后成为尿道，通至泄殖窦，以泄殖孔开口于肛门后方。

肾脏的主要功能是形成尿液和调节渗透压。①形成尿液：血液中携带的代谢产物、水和营养物质进入肾脏后经肾小体过滤，其中水分和营养物质如葡萄糖、氨基酸以及其他有用的离子(钠、钙、镁、氯等)，大部分重新被肾小管重新吸收到血液中，余下的滤过液为含有对身体有害和多余物质的尿液，经输尿管排出体外。②调节渗透压：鱼类生存的水环境，经常是与组织液和血液不是等渗的。一般来讲，淡水鱼和海水鱼类体液的含盐浓度相差不大(均为 7‰)，而淡水盐分浓度则在 3‰以下，所以是低渗的。海水的盐分浓度高达 30‰以上，是高渗的。根据渗透原理，淡水将不断通过半渗透性的鳃和口腔黏膜等渗入淡水鱼体内，而海水渗透压高于体内，将使海水鱼体内水分向体外渗出。鱼类对不同环境的适应主要依靠肾脏的结构和功能，以及鳃上一些特殊细胞等来实现。

生活在淡水中的硬骨鱼的肾小球数量多而发达，泌尿量大，尿液中含氮物以 NH_3 的形式排出，排出大量低渗的尿液。有些鱼鳃上的细胞还可以向血液中泌盐以减少渗透压差。海水生活的鱼类则相反，肾脏内的肾小体数量比淡水鱼少得多，甚至完全消失，以达到节缩泌尿量和水分消耗的目的。海水中生活的硬骨鱼可大量吞饮海水，进入体内过多的盐分可以通过鳃壁上的特殊的泌盐腺排出。生活在海水中的鲨鱼则不同，在其血液中保留有 2%～2.5%的尿素，以增加体内的渗透压，使其血液和体液的渗透压比海水还高一些。体内水分不会向外渗透；相反，海水要向体内渗透。同时在直肠的背面有一特殊的腺体，称为直肠腺，其作用是排盐。有的鲨鱼体内过剩的盐类约有 40%通过该盐腺排出体外。所以鲨鱼的肾小体发达，可正常排出体内多余的水分。许多鱼类渗透压调节的能力很强，它们很容易迅速适应不同含盐浓度的水环境，这些鱼类称为广盐性鱼类，如降河洄游和溯河洄游的鱼类。有些鱼类对盐分浓度的耐受能力很狭窄，称为狭盐性鱼类。

九、生殖系统与发育

研究鱼类的生殖具有重大的理论和实践意义。掌握鱼类的繁殖规律，对科学的捕捞、保护资源和人工饲养有重要意义。

1. 外形　大多数鱼都是雌雄异体，但两性在形态上差异不显著。有些种类表现出两性异形现象。例如，雌性康吉鱼体重可达 45 kg，而雄性不超过 1.5 kg；深海中的鮟鱇雄鱼的体重是雌鱼体重的 8%左右。雄性个体用口吸附在雌性体上，营寄生生活，消化道已退化，但循环和呼吸仍发达，在一个雌性体上有时可见数条雄性寄生。两性体色多同色，在生殖季节，在生殖腺和内分泌的作用下，体色美丽。例如，雄性斗鱼身上有蓝红相间横纹；马口鱼和鳑波鱼体表有醒目的色泽。有的鱼体形有变，如大马哈鱼进入淡水后，身体有红橙相间条纹，各种颜色的小点，牙齿大，上下颌伸长弯曲钩状，背隆起。鲤鱼雄性的头部，鳍上有表皮角质化形成的粒状突起，称为追星。这些与生殖有着间接的关系，称为第二性征，也称副性征。与生殖直接有关的性征称为第一性征。例如，雄性鲨鱼有鳍脚，是交配器官；雌性鳑鲏鱼有产卵管，它们将卵产于河蚌的外套腔中。

2. 性腺　鱼类的生殖系统是由生殖腺和生殖导管组成。生殖腺有卵巢和精巢；生殖导管有输精管和输卵管。多数鱼是雌雄异体，但也有少数鱼雌雄同体。如黄鳝即具有两性腺，其性腺位于身体两侧或一侧，由于性腺精巢和卵巢成熟时间不同，可以避免自体受精。黄鳝在产完卵以后，卵巢逐渐退化，雄性激素促进精巢发育产生精子。这种雌雄性的相互转变称为性逆转。但鲈形目中的海鲈鱼是脊椎动物中属永久性雌雄同体并可以自体受精的唯一代表。

(1) 硬骨鱼的性腺特点：①硬骨鱼的精巢和卵巢都是由腹膜围成的囊状结构，无特殊的生殖管道，输卵管或输精管都是生殖腺壁的延长，封闭式的。②生殖导管(即输精管和输卵管)与中肾毫无关系，这点在脊椎动物中是极少有的情况。③卵成熟后不进入体腔，直接通过输卵管排出体外。雄性称为鱼白，也直接开口于体外。④生殖季节性腺发育很快，呈左右对称，通过生殖系膜连于腹腔背壁，占据体腔绝大部分体积(图 12-17)。

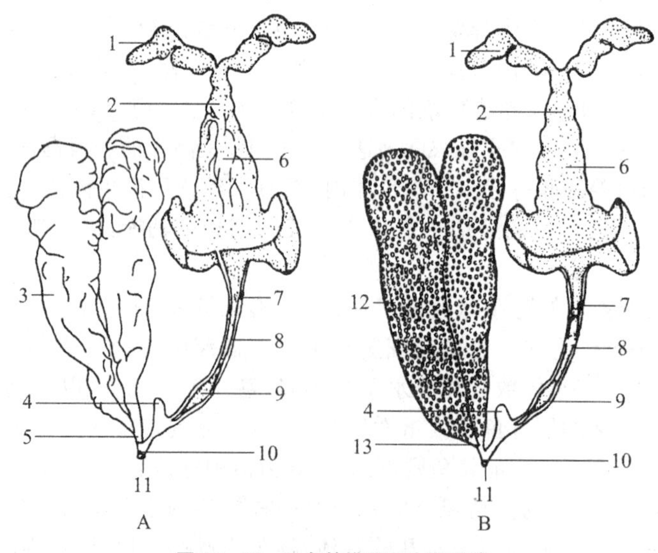

图 12-17　鲤鱼的排泄和生殖系统

A. 雄性　B. 雌性

1. 头肾，2. 肾脏前部，3. 睾丸，4. 膀胱，5. 输精管，6. 肾脏中部，7. 肾上腺，8. 肾管，9. 余肾，10. 尿殖窦，11. 尿殖孔，12. 卵巢，13. 输卵管

(2) 软骨鱼性腺特点：①雄性有 1 对精巢，雌性有 1 对卵巢，但特殊情况如：星鲨只有右侧 1 个卵巢。它们都是通过生殖系膜连于体腔背壁。②雄性具有交配器官——鳍脚，故软骨鱼属体内受精。③雄性的睾丸输出管通到肾脏前端借用中肾管输出精子。输精管细长弯曲盘旋在肾脏前部；后端膨大呈储精囊，是暂时储存精液的地方，左右储精囊愈合成泄殖窦。在储精囊附近有一对长形薄壁囊，称为精子囊(是残余的牟勒氏管，即副中肾管)。精子囊、储精囊和副肾管的末端皆开口于泌尿生殖窦，最后通入泄殖腔，以泄殖孔通体外。而雌性的输卵管由牟勒氏管发育而来，不与卵巢直接相连，前端没有完全分开而是愈合成喇叭口(公共)，开口于体腔，中部膨大呈壳腺；输卵管后端宽大部分称为子宫；左右输卵管末端相合，开口于泄殖腔中。生殖季节卵巢发育极快，卵成熟后，破卵巢壁而出，落入胸腹腔，大型的卵充满体腔大部分，靠体腔液和喇叭口纤毛的作用，将卵子吸入喇叭口，在输卵管前端与精子结合形成受精卵。受精卵经过壳腺前部时裹上一层蛋白，至壳腺后部时又包上一层壳腺所分泌的卵壳(图 12-18)。

3. 生殖方式　①卵生：大多数硬骨鱼都是体外受精，体外发育，卵较小，成活率低，但产卵量很大。这是保存种族延续的一种适应方式。一部分软骨鱼属体内受精，体外发育。例如，虎头鲨、猫鲨也是卵生，凡卵生的鲨鱼其卵壳都很厚，有保护作用。卵壳有各种形状，如方形和螺旋形，在海水中通常带有丝状物缠绕在岩石和水草上。卵生的种类，胚胎在卵壳内完全靠自身卵黄囊的营养进行发育，孵化期 6～10 个月，长成幼体破卵壳而出。②卵胎生：这种类型卵壳较薄，卵黄囊和母体输卵管壁上的血管更为丰富。如棘鲨。胚胎发育是在母体内进行，属体内受精，体内发育。但营养是靠胚胎自身的卵黄囊供给，仅无机盐类和溶解的氧气可以在母体子宫壁血管和卵黄囊壁血管之间交换，成幼体后产出体外。怀孕期 2 年。③假胎生：属体内受精，体内发育，如星鲨。受精卵大，卵壳薄、卵黄多，胚胎发育前期，靠自身卵黄供给营养，发育后期，胚胎由卵壳中破出，卵黄囊壁的褶皱嵌入母体子宫内壁，构成所谓的卵黄囊胎盘。这样胎儿可以通过这种富于血管的卵黄囊胎盘从母体的血液中获得营养。综上，硬骨鱼都是体外受精，体外发育，产卵多，卵小，受精率低；软骨鱼全部是体内受精，除少数卵生属体外发育外，都是体内发育，受精率高，产卵少，幼仔成活率高。

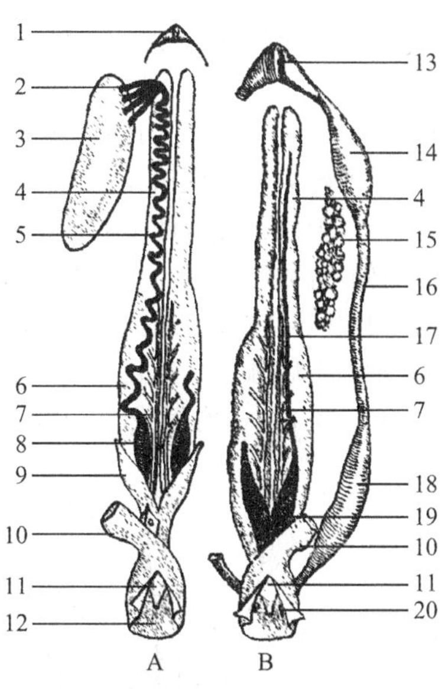

图 12－18　鲨鱼的排泄和生殖系统

A. 雄性　B. 雌性

1. 退化的输卵管口，2. 输出精管，3. 精巢，4. 肾脏前部，5. 输精管，6. 肾脏后部，7. 副肾管，8. 储精囊，9. 精子囊，10. 肠，11. 泄殖乳突，12. 泄殖腔，13. 喇叭口，14. 壳腺，15. 卵巢，16. 输卵管，17. 中肾管，18. 子宫，19. 泄殖窦，20. 输卵管孔

十、神经系统和感觉器官

鱼类的神经系统由中枢神经系统、外周神经系统和自主神经系统 3 部分组成。

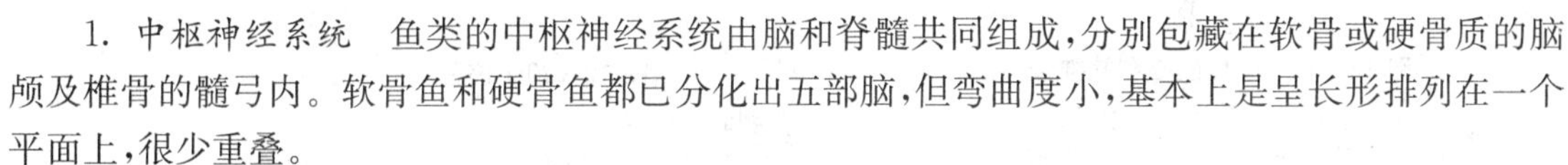

1. 中枢神经系统　鱼类的中枢神经系统由脑和脊髓共同组成，分别包藏在软骨或硬骨质的脑颅及椎骨的髓弓内。软骨鱼和硬骨鱼都已分化出五部脑，但弯曲度小，基本上是呈长形排列在一个平面上，很少重叠。

(1) 软骨鱼：①大脑：大脑半球比较大，比七鳃鳗的大脑发达，在某些方面甚至比硬骨鱼还高等一些。除了在底部和两侧有神经物质(神经细胞、神经胶质、无鞘神经纤维)外，在大脑顶部也出现了神经物质(这方面比硬骨鱼进步)。大脑的主要组成部分仍是位于侧脑室底部由神经组织构成的纹状体。在系统发生上，称为古纹状体。它主要接收来自嗅脑的神经纤维。因此，大脑的功能是以嗅觉为主。两个大脑半球未分开，两个侧脑室靠后面部分还连在一起，还有一个共同的脑室。大脑的前面有发达的嗅叶，各以嗅柄连于嗅球。②间脑：较小、背面不易看见，间脑顶壁薄，侧壁加厚，形成视丘(丘脑)。中间的空腔为间脑室(第三脑室)。从间脑顶部向上发出松果体，为内分泌腺，与生物钟有关。间脑底部为丘脑下部，包括视神经交叉，其后是漏斗体，远端连接脑下垂体。在漏斗体基部两侧有 1 对下叶，下叶的后面是血管囊，是 1～2 个含有丰富毛细血管薄壁的囊状结构。其中的毛细胞可伸入第三脑室感知脑压。脑压与水压有关，所以是鱼类所特有的水深度感受器，深海鱼相对发达。鱼类的间脑与其他脑的各部分有复杂的联系，具有重要的综合和交换作用。尤其与视觉和嗅觉的关系密切。③中脑：背部形成一对视叶，隆起，很发达。鱼类的中脑是脑中最大的部分，内腔宽大，与间脑室、延脑室相通，而且延伸到视叶中去，统称为中脑室。中脑是为视觉感受中枢和综合各部感觉的高级中枢部位。④小脑：很大，前面遮盖着部分视叶，后面覆于延脑之上。它是调节运动的中枢，鲨鱼尤其发达，与其快速的游泳能力相关。⑤延脑：背壁甚薄，三角形，被后脉络丛覆盖，其内腔为延脑室，又称第四脑室。延脑室向后与脊髓中央管相通。延脑前端两侧有耳状突，即听侧区，为听囊和侧线的中枢，表明软骨鱼类的平衡功能加强(图 12－19)。

(2) 硬骨鱼：①大脑：很小，在脑的 5 部分中所占比例最小，大脑顶部很薄，只是上皮组织而无神经物质。大脑主要由脑室底部的纹状体构成，大脑两半球没有分开，侧脑室靠后面的部分连在一起，所形成的共同脑室比软骨鱼大。②间脑：较小，被中脑遮挡，顶部有脑上腺。腹面有视交叉、半月形的下叶及两下叶间的脑垂体，末端是血管囊。③中脑：视叶发达，因被小脑瓣所挤而偏向两侧，各成半月形。④小脑：很大，向后延伸覆盖于第四脑室之上。⑤延脑：前面有面叶，两侧与小脑相连接的地方有 1 对迷走叶。迷走神经由此发出。延脑本体在脑的后端，前面较宽，后面窄，背面有后脉络丛覆盖，揭去此膜，可见“V”字形的第四脑室。延脑后方连脊髓。由脑发出的脑神经 10 对，由脊髓发出的脊神经 36 对(图 12－20)。

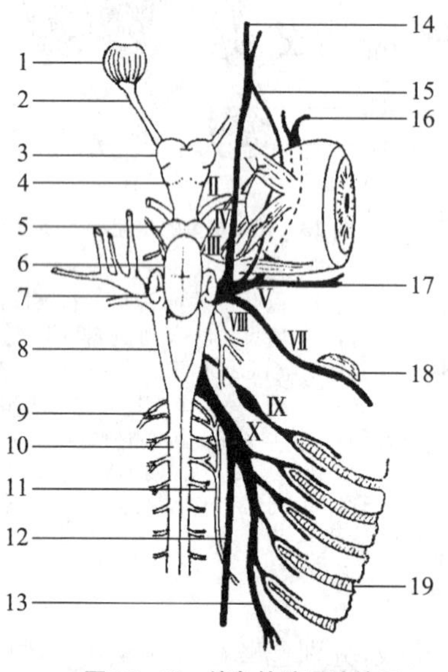

图 12－19　鲨鱼的脑和脑神经

1. 嗅球，2. 嗅束，3. 嗅叶，4. 大脑半球，5. 视叶，6. 小脑，7. 听侧区，8. 延脑，9. 枕脊神经，10. 脊髓，11. 舌下神经，12. 侧支，13. 脏支，14. 浅眼支，15. 深眼支，16. 上颌支，17. 下颌支，18. 喷水孔，19. 鳃裂

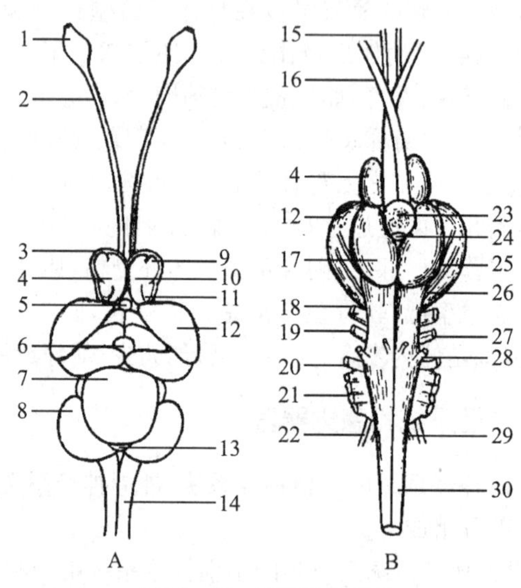

图 12－20　鲤鱼脑的侧面

A. 背侧面　B. 腹侧面

1. 嗅球，2. 嗅柄，3. 脑膜，4. 大脑，5. 松果体，6. 小脑瓣，7. 小脑，8. 迷走叶，9. 侧叶，10. 中轴叶，11. 楔叶，12. 中脑，13. 面叶，14. 延脑，15. 嗅神经，16. 视神经，17. 下叶，18. 三叉神经，19. 面神经，20. 舌咽神经，21. 迷走神经，22. 侧线神经，23. 脑下垂体，24. 血囊，25. 动眼神经，26. 滑车神经，27. 展神经，28. 听神经，29. 舌咽神经分支，30. 脊髓

(3) 脊髓：鱼类的是一条扁圆形的柱状管，包藏于椎骨的髓弓内，前面与延脑连接，往后延伸至最后一个椎骨。脊髓是中枢神经的低级部位，以脊神经与机体的各部相联系。脊髓是鱼体和内脏反射的初级中枢所在处，其活动由中枢神经系统的高级中枢部位支配。

2. 外周神经系统　由中枢神经系统发出的脑神经和脊神经组成，其作用是通过外周神经将皮肤、肌肉、内脏器官所来的感觉冲动传递到中枢神经，或由中枢向这些部位传递神经冲动。

(1) 脑神经：鱼类有脑神经 10 对，其名称和分布位置在无羊膜类各纲中大致相同。①嗅神经：神经元的细胞体分布在嗅囊的黏膜上，由细胞体轴突集合成的嗅神经终止了端脑的嗅叶或大脑。②视神经：神经元的细胞体位于眼球的视网膜上，由轴突合成的视神经穿过眼球壁和眼窝，在间脑腹面形成视神经交叉，入间脑而最后抵达中脑。③动眼神经：由中脑腹面发出，分布到眼球的肌肉上，与展神经和滑车神经一起支配眼球活动。④滑车神经：由中脑背面发出，这是唯一由中枢神经系统背面发出的 1 对运动神经。⑤三叉神经：发自延脑的前侧面，在通出脑颅前时神经略微膨大，称为半月神经节。三叉神经既支配着颌的动作,也接受来自吻部、唇部、鼻部及颌部的感觉刺激。⑥展神经:由延脑腹面发出,穿过眼窝壁分布于眼球的外直肌上。⑦面神经:由延脑侧部发出,与三叉神经的基部接近。面神经支配头部和舌弓的肌肉运动,并接受来自皮肤、触须、舌部和咽鳃等处的感觉刺激。⑧听神经:由延脑侧面发出,分布至内耳的半规管、椭圆囊、球状囊及壶腹上,可感知听觉和平衡觉。⑨舌咽神经:由延脑侧面发出,分布于口盖部、咽部、鳃裂的壁上及头部侧线系统。⑩迷走神经:由延脑侧面发出的一对最粗大的脑神经,分布在第1～4鳃弓、心脏、消化器官、鳔及侧线系统上。迷走神经支配咽喉部和内脏器官的活动,并感受咽部的味觉、躯干部的皮肤感觉及侧线感觉等。

(2) 脊神经:脊髓具有明显的分节现象,每一节发出1对左右对称的脊神经与外周相联系。每一脊神经包括1个背根和1个腹根。背根连接于脊髓的背面,腹根发自脊髓的腹面背根,主要包括感觉神经纤维,司感觉作用。腹根主要含运动神经纤维,用以传导自中枢神经系统发出的冲动到周围各反应器。

3. 自主神经系统　自主神经系统专门支配和调节内脏平滑肌、心脏肌、内分泌腺、血管扩张和收缩等活动的神经,与内脏器官的生理活动、新陈代谢关系密切。自主神经系统可分为交感神经系统和副交感神经系统,其神经纤维同时分布到各种内脏器官,产生拮抗作用;各器官在这两种对立作用的制约下,才能维持其平衡和正常的生理功能。

4. 感觉器官

(1) 视觉器官:鱼类的眼睛与一般脊椎动物相同,但有与其在水中生活相适应的特点。水的透光性比空气小,因此鱼眼结构的可视范围较窄,并适于在光线暗的情况下视物。此外,生活在水中的鱼,眼睛不具防干燥的装置,因而具有以下特点:角膜平坦;水晶体大而圆,离角膜近,没有弹性;晶体曲度不能变化。视觉的调节硬骨鱼是靠水晶体后方,视神经进入处有一镰状突起来调节水晶体与视网膜之间的距离,但调节能力较弱(软骨鱼靠晶体腹面的睫状突调节)。没有能活动的上下眼睑,但鲨鱼具能活动的第3眼睑(瞬膜),可以由下向上伸遮盖眼球;无泪腺。辨别颜色的能力差。但视网膜中的视杆细胞特别丰富,软骨鱼在脉络膜中有亮层,内含大量具有色素能反光的结晶体,使视网膜多接受光线;硬骨鱼由脉络膜分离出一薄层,其色似银,故称银色膜。它是硬骨鱼眼球内的反光照明装置,其上有许多小结晶体的沉积物。这些结构使鱼类在光线很弱的水中可看清周围物体,并能迅速无误地追捕猎食对象。鱼眼靠光线入水时的折射作用,可以看到空气中的物体,以及时地发觉岸上的移动物体并作出相应的反应。

(2) 听觉及平衡觉器官:鱼类具1对内耳,位于眼的后方,软骨鱼的内耳包埋在听软骨囊里,外面不显露(图12-21)。软骨鱼的每个内耳包含有1个椭圆囊、1个球状囊和3个互相垂直的半规管。后者分别称为前半规管、后半规管和水平半规管。每个半规管有膨大的壶腹,内有感觉细胞和发达的神经末梢,称为听斑,是感受音响的。前半规管与水平半规管的壶腹距离较靠近,以此分前后位置。从球状囊前部伸出一内淋巴管,在鲨鱼中,此管直达头骨的内淋巴窝而开口于体表。在整个内耳的管腔内充满了内淋巴液,在膜质的内耳与听囊的软骨间充以外淋巴液。在内淋巴液中有呈悬浮状态的钙盐结晶体,称为耳石。鲨鱼身体位置的改变和水中波动的影响,使内淋巴液和耳石移动,刺激位于壶腹、椭圆囊和球状囊内的感觉细胞产生兴奋,通过听神经而传达到脑,产生平衡感觉。硬骨鱼的内耳和软骨鱼一样,所不同的是由球状

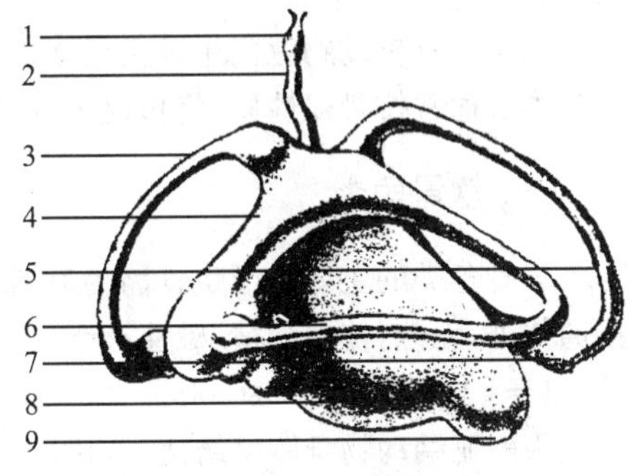

图12-21　鲨鱼的内耳

1. 内淋巴囊,2. 内淋巴管,3. 前半规管,4. 椭圆囊,5. 后半规管,6. 水平半规管,7. 壶腹,8. 球状囊,9. 瓶状囊

囊分出的内淋巴管,末端封闭。内淋巴液中除了呈悬浮状态的小耳石外,还有3块大耳石。位于球状囊中的最大,几乎占满了其内腔,另外两块较小:一块在球状囊后部,另一块位于椭圆囊内。这些耳石随鱼体增长而相应地增大,其上还呈现出同心圆的环纹,因此与鳞片一样,可推算鱼的年龄。鲤形目的鱼类特有的韦氏小骨一端连于鳔壁,另一端通内耳的围淋巴腔,鳔内的波动通过韦氏小骨传入内耳,从而产生听觉。

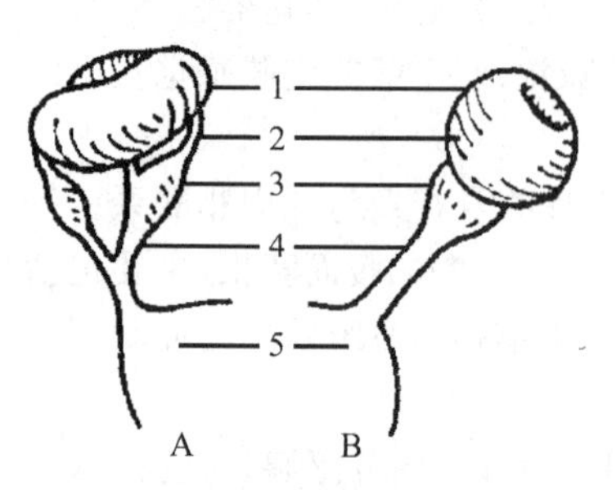

图 12-22 鲨鱼的嗅囊和嗅束

A. 斜齿鲨 B. 棘鲨

1. 嗅囊, 2. 嗅神经, 3. 嗅球, 4. 嗅束, 5. 嗅叶

(3) 嗅觉器官:鱼类具1对嗅囊,位于嗅软骨囊中,是盲囊,不通口腔。只有外鼻孔而无内鼻孔,有鼻瓣分左右两部分。嗅囊壁的嗅黏膜上有丰富的嗅神经细胞体,所以鱼类特别是鲨鱼的嗅觉十分灵敏,可以嗅到稀释至万分之一浓度的血液味(图12-22)。

(4) 侧线器官:侧线是水栖脊椎动物所特有的一类感觉器官,分布在头部和躯干两侧。头部的侧线分为数分支,受面神经支配。躯干两侧的侧线,从前部直达尾部、水平生骨隔的外缘处。侧线是皮肤表面的浅沟或陷在皮肤内的纵行的侧线总管,有许多甚至是相当稠密的分支小管开口于体表。躯干部的侧线器官受迷走神经的侧线支支配。侧线器官能感知低频振动,判断水流方向、压力改变、周围生物活动情况及附近的障碍物等。其功能介于听觉和触觉之间,是高度特化的皮肤感觉器官。除此以外,所有的鱼在头部由外胚层凹陷形成的陷窝,也是水流感受器。

(5) 罗伦壶腹:罗伦壶腹是一类电感受器,仅见于软骨鱼,位于头部的背面和腹面及吻、颌部等部位。它是一些特殊的陷窝,用手压挤时有黏液自小孔排出。每个孔下面连一小管,称为罗伦小管。管内充满胶质,管末端膨大呈球,即罗伦壶腹。内有腺细胞和感觉细胞,除感知水流、水压及温度以外,还可以接受微弱的电刺激,利于捕食行为。

(6) 韦伯器:韦伯器由三脚骨、间叉骨、舟状骨和闩骨构成。鲤科鱼具有韦伯器,可传送大气压变化的情况,感知水中高频音波。三脚骨通过韧带与鳔的前端相连,闩骨通过中室与内耳围淋巴腔相连,辅助听觉。

第三节 鱼纲的分类

鱼纲是脊椎动物亚门中种类最多的一纲,现存种类有2.4万种,我国有2 000种,其中2/3是海产鱼类。通常按骨骼性质,将鱼纲分为两大独立的群类:软骨鱼类和硬骨鱼类。

一、软骨鱼类

软骨鱼类的主要特征是骨骼为软骨,体被盾鳞,口在腹面,肠内有螺旋瓣,鳃间隔发达,鳃裂直接通体外,无鳔;体内受精,雄性有交接器——鳍脚,卵生或卵胎生;歪尾,偶鳍呈水平位。

(一) 板鳃亚纲(Elasmobranchii)

板鳃亚纲动物身体呈纺锤形,梭形或圆盘形;头部两侧有5~7对鳃裂,眼后多有喷水孔。上颌不与颅骨愈合,雄性有位于腹鳍内侧的鳍脚。有2个总目。

1. 鲨形总目(Selachomorpha) 体呈长纺锤形,鳃裂位于头侧。如各种鲨鱼(图12-23)。全世界有鲨鱼250~300种,我国有130种。鲨鱼肉可吃,营养丰富;鲨鳍干制后而成名贵的海味,即"鱼翅";鲨鱼肝富含油脂和多种维生素,是提制鱼肝油的主要原料。我国常见的鲨鱼总目代表动物如下。

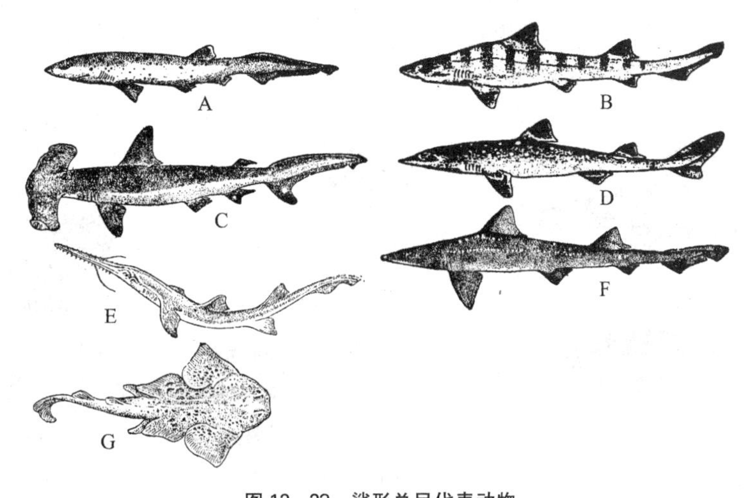

图 12-23 鲨形总目代表动物

A. 扁头哈那鲨 B. 皱唇鲨 C. 双髻鲨 D. 角鲨 E. 锯鲨 F. 白斑星鲨 G. 扁鲨

(1) 六鳃鲨目(Hexanchiformes):结构原始。鳃孔 6～7 个。眼无瞬膜或瞬褶。有喷水孔。背鳍 1 个,无硬棘,后位,具臀鳍;胸鳍的中轴骨伸达鳍的前缘,前鳍软骨无辐状鳍条。脊椎分节不完全,但椎体多少钙化,脊索部分或不缢缩。吻软骨 1 个。常见种类有扁头哈那鲨(*Notorhynchus platycephalus*),成鱼体长达 4 m,重 250 kg,肝脏含脂量高达 70%,可制成鱼肝油,近海底生活,卵胎生,广布于太平洋和大西洋热带和亚热带海域。

(2) 真鲨目(Carcharhiniformes):世界沿海均产,是软骨鱼中种、属最多的类群,全世界有 8 科、47 属、200 余种,我国有 60 余种。常见种类如下。①梅花鲨(*Halaelurus burgeri*):体具梅花形斑点;②斜齿鲨(*Scolidon sorrakowah*)的颌齿斜形排列;③双髻鲨:头形特殊,两侧有锤状突起,俗称相公帽。体长 3～4 m,重约 150 kg,鳍可作翅,肝可提油;④白斑星鲨:体色灰白,背侧有许多星状白斑。肉食性、凶猛,是我国黄海沿岸常见的小型鲨。

(3) 锯鲨目(Pristiophoriformes):头扁平,有长而扁平的剑状吻突,边缘有锯齿。具瞬膜和喷水孔。眼上侧位。喷水孔大,位于眼后。鼻孔圆形,距口远。牙细小而尖,多行在使用。鳃孔 5～6 个。背鳍 2 个,无硬棘,无臀鳍。常见类型有我国产日本锯鲨(*Pristiophoriforus japonicus*),底栖,分布于黄海、渤海和南海。

(4) 扁鲨目(Squatiniformes):扁鲨目是唯一身体扁平,形如琵琶,近似鳐类的鲨鱼,我国沿海常见日本扁鲨(*Squatina japonica*)。

(5) 鲭鲨目(Isuriformes):2 个背鳍,无硬棘,全世界有 4 科、7 属、14 种。其中尾鳍超过体长1/3 的长尾鲨(*Alopias valpinus*),俗称大白鲨的噬人鲨(*Carcharodon carcharias*)和体长约 15 m 的姥鲨(*Cetorhinus maximus*)等具代表性。

(6) 虎鲨目(Heterodontiformes):体具各种横纹或斑点。吻短钝,眼小,椭圆形,上侧位。鼻孔具鼻口沟。口平横,上、下唇褶发达。上、下颌牙同型,每颌前、后牙异型,前部牙细尖,3～5 齿头;后部牙平扁,臼齿状。喷水孔小,位于眼后下方。鳃孔 5 个。背鳍 2 个,各具 1 硬棘,可御敌害;具臀鳍;尾鳍宽短,帚形。胸鳍宽大。分布于太平洋、印度洋各热带与温带海区。我国产宽纹虎鲨(*Heterodontus japonicus*)和狭纹虎鲨(*Heterodontus zebra*)两种。中小型鲨,长可达 1.5 m。体粗大而短,头高近方形。栖息底层,食贝类及甲壳类动物。每次产卵 2 枚,卵具圆锥形角质囊,末端有长丝,借以固着于附着物上。

2. 鳐形总目(Batomorpha) 身体扁平，呈菱形或圆盘形，鳃裂在头的腹面，又称下孔类。胸鳍前部与头侧相连；背鳍常位于尾上；无臀鳍，尾鳍或有或无。眼和喷水孔在背面，躯干和尾退化成细鞭状。底栖生活，分布于我国沿海。常见鳐形总目代表动物见图12-24。

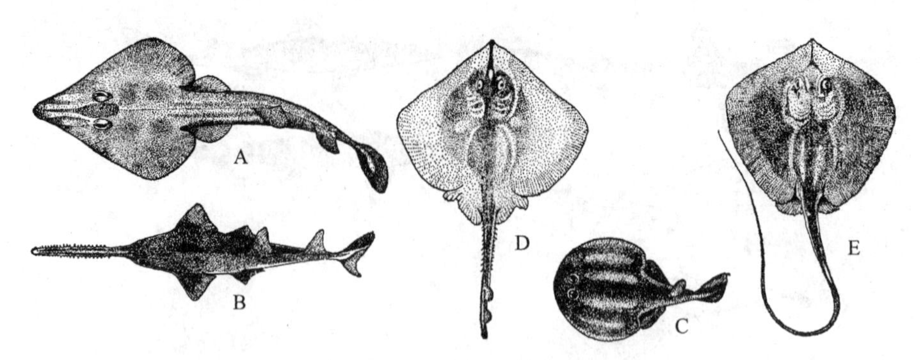

图12-24 鳐形总目代表动物

A. 犁头鳐 B. 锯鳐 C. 电鳐 D. 孔鳐 E. 赤魟

(1) 锯鳐目(Pristiformes)：吻狭长平扁，似剑状突出，边缘具尖锐的吻刺。该目只有锯鳐1科，分布于热带和亚热带沿岸海区。我国东海、南海常见尖齿锯鳐(*Pritis cuspidatus*)，长达9 m，常用剑状吻锯击毙或刺伤追食对象；另有，小齿锯鳐(*Pristis microdon*)。

(2) 鲼形目(Myliobatiformes)：体平扁，体盘宽大、圆形、斜方形或菱形。吻或短或长，无吻软骨。鼻孔距口很近，一般具鼻口沟，或恰位于口前两侧，出水孔开口于口隅。胸鳍前延，伸达吻端，或前部分化为吻鳍或头鳍；背鳍1个或无；尾一般细长成鞭状，尾鳍上、下叶退化或尾稍粗短；腹鳍前部不分化成足趾状构造。我国产约30种。常见有体盘宽阔而尾甚短小的燕魟(*Gymnura japonica*)等。

(3) 鳐形目(Rajiformes)：犁头鳐(*Rhinobatus hynnicephalus*)的体盘较窄呈犁状，吻长如犁头，喷水孔很大，卵胎生。团扇鳐(*Platyrhinus sinensis*)的体盘呈团房扇形。

(4) 电鳐目(Torpediniformes)：鳃裂和口均腹位，5鳃裂，体平扁卵圆形，吻不突出，臀鳍消失，尾鳍很小，胸鳍宽大，胸鳍前缘和体侧相连接。胸鳍和头之间每侧有一个大的发电器官，由鳃节肌细胞分化集迭而成，能发电，以电击敌人或猎物。产于我国沿海的中小型鱼类，如黑斑双鳍电鳐(*Narcine maculate*)和日本单鳍电鳐(*Narke japonica*)。

(二) 全头亚纲(Holocephali)

全头亚纲动物头大，侧扁；鳃裂4对；背鳍2个，第1背鳍前有一强大的硬棘，能自由竖立或垂倒。有皮肤形成的鳃盖褶掩盖，仅以一个鳃孔通体外，身体光滑无鳞，侧线呈沟状，尾细长如鞭。上颌与脑颅愈合，故称全头。现有种类极少，我国常见的种类有黑线银鲛(*Chimaera phantasma*)。

二、硬骨鱼类

硬骨鱼类的主要特征是：骨骼多为硬骨；体被骨鳞，少数为硬鳞，有的无鳞；口在头端；鳃间隔退化，具鳃盖，鳃裂不直通体外；多数种类有鳔；肠内大多数无螺旋瓣；多为体外受精，卵生，少数变态发育；正尾偶鳍呈垂直位。

(一) 内鼻孔亚纲(Choanichthyes)

该纲动物的口腔具有内鼻孔；有原鳍型的偶鳍，即偶鳍有发达的肉质基部，鳍内有分节的基鳍骨支持；外被鳞片，呈肉叶状或鞭状；肠内有螺旋瓣。

1. 总鳍总目(Crossopterygiomorpha) 该目动物是一类出现于泥盆纪的古鱼，也是当时数量最大的硬骨鱼类。具有中轴骨是一条纵行的脊索而不存在椎体、颏下有一块喉板、肠内有螺旋瓣等一系列原始特征。早期的总鳍鱼类都栖息于淡水中，有鳃、鳔和内鼻孔，能在气候干燥和水域中周期性缺氧期间用鳔呼吸空气；同时凭借肌肉发达的肉叶状偶鳍支撑鱼体爬行。

2. 肺鱼总目(Dipneustomorpha) 该目动物以“肺”(鳔)呼吸空气，偶鳍支撑叶尖锐；具内鼻孔；现生种类具覆瓦状的圆鳞；尾鳍与背鳍、臀鳍相连，在水中，鳍能像脚一样支撑着身体；有动脉圆锥，心脏分成不完全的两个部分；肠内具螺旋瓣；头下无喉板；尾鳍为原型尾。

(1) 澳洲肺鱼目(Ceratodiformes)：体形侧扁，胸鳍粗阔；体鳞大。现在生存有1科，1属，1种。1种即澳洲肺鱼(*Neoceratodus forsteri*)。由于能营呼吸作用的鳔为单个肺囊，不成对，所以曾被称为单肺类。骨骼大部分终身为硬骨，具很发达的脊索，无椎体。心脏有动脉圆锥。肠内具螺旋瓣。具泄殖腔。胸鳍、腹鳍为双列式原鳍，在分节的主轴骨两侧为羽状支鳍骨；背鳍、臀鳍和尾鳍相连。颌弓和脑颅的连接是自接型。

(2) 美洲肺鱼目(Lepiosireniformes)：体呈鳗形，胸鳍鞭状或较狭短；体鳞小，埋于皮下。鳃部分退化，鳃弓5对或6对；由于能营呼吸作用的鳔为双叶，所以也称为双肺类。有2科，2属，4种。生活在河流或缺水且有时完全干涸的沼泽中。其他结构特点与角齿鱼目类似。该目包括2科：美洲肺鱼科(Lepidosirenidae)和非洲肺鱼科(Protopteridae)。前者仅1属、1种，即美洲肺鱼(*Lepidosiren paradoxa*)，分布于南美洲亚马孙河流域；非洲肺鱼科有1属、3种，分布于非洲热带淡水中，常见的是非洲肺鱼(*Protopterus annectens*)。

(二) 辐鳍亚纲(Actinopterygii)

该亚纲代表现代鱼类中最繁盛的类群，占鱼类总数的90%以上。体多被圆鳞或栉鳞；无内鼻孔；骨骼几乎全是硬骨；鳍由辐射状骨质鳍条支持，有鳔但不能呼吸。现将产于我国的主要类型简介如下。

1. 硬鳞总目(Chondrostei) 该目的特点为：腹鳍腹位，胸鳍位低，尾鳍歪尾型或短截歪尾型；大多数在喉部具有喉板；大多数鳞片为菱形硬鳞；鳔大部分有螺旋瓣；心脏动脉圆锥有3～8列瓣膜；肠内具螺旋瓣；头下无喉板；尾鳍为歪型尾；颏部常有喉板。

(1) 鲟形目(Acipenseriformes)：为古老的大型鱼类。现生存的鲟鱼类有鲟科(Acipenseridae)和匙吻鲟科(Polyodontidae)2科，有6属、25种，其中纯淡水种类15种。我国现存3属，8种。具有许多与软骨鱼相似的特征，如体形似鲨、吻长、口腹位、歪形尾、骨骼大部为软骨、脊索发达且终身存在、肠内有螺旋瓣。现仅存少数几种，仅分布于北半球。为溯河产卵洄游性或淡水定居性鱼类，健游。春或秋季产卵。常见的有中华鲟(*A. sinensis*)。

(2) 多鳍鱼目(Polypteriformes)：具硬鳞、喷水孔以及其他原始性状。体长，近圆筒形，略宽；口大，颌具细齿；有较长的鼻管；眼小；鳃孔大；背鳍由5～18个分离的特殊小鳍组成。仅1科，2属，11种。主要种类为具有腹鳍的多鳍鱼(*Polypterus bichir*)和芦鳗(*Calamoichthys congicus*)。栖息于温暖的浅湾和沼泽地带。耐受力强，可用鳔直接呼吸空气。性凶猛，成鱼主要捕食鱼类、甲壳动物、昆虫等。

(3) 弓鳍鱼目(Amiiformes)：为较古老的淡水鱼。体多被圆形硬鳞。一般体长30～60 cm，最长可达90 cm，雄鱼略小；体圆筒形；口大，具齿；尾鳍近歪尾型。仅1科，1属，1种。1种即弓鳍鱼(*Amia calva*)。分布于北美缓流和静水区。常栖息于水草丛生的水域，以鱼、虾和软体动物为食，春季在沿岸淡水区繁殖。

(4) 雀鳝目(Lepisosteiformes)：是古老而原始的硬骨鱼，其特征介于软骨鱼和硬骨鱼之间。体被菱形硬鳞，具后凹椎体及近歪形尾，系低等硬骨鱼。体形长，上下颌亦长；口裂深，具锐齿；背、臀鳍相对并位于体后部；无脂鳍；腹鳍腹位；各鳍无硬刺；侧线完全。现存仅雀鳝科(Lepisosteidae)1科，有2属、7种。一般体长1～2 m，最长的可达3 m。现在分布区仅见于北美东侧、中美和古巴。

为大型凶猛鱼类，主要生活于纯淡水，偶入咸淡水。喜单独生活。卵有毒，呈绿色，黏附于水草或砾石上。孵化后幼体仍悬垂在固着物上。肉可食。

2. 鲱形总目(Clupeomorpha)　腹鳍腹位，鳍条一般不少于6枚；胸鳍基部位置低，接近腹缘；鳍无棘，圆鳞。鲱形总目代表动物如下(图12－25)。

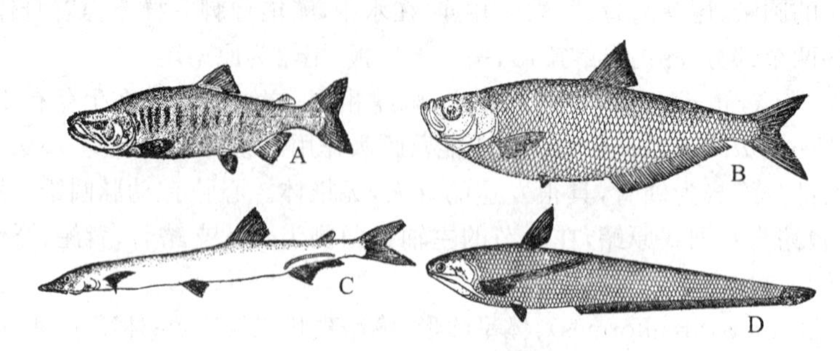

图12－25　鲱形总目代表动物

A. 大马哈鱼　B. 鳓鱼　C. 银鱼　D. 鲚鱼

(1) 鲱形目(Clupeiformes)：是最接近原始类型的硬骨鱼类。大多群居中上层；身体结构原始，头骨骨化不全；背鳍、臀鳍无棘，鳍条柔软分节，腹鳍腹位；圆鳞或栉鳞；有鳔管。该目种类繁多，包括世界渔业最著名的鲱鱼类和沙丁鱼类，产量占世界鱼总产量的22%，是我国重要的经济鱼类。鲱科的鳓鱼是我国四大海鱼之一，体侧扁，下颌突出腹部具齿状棱鳞，臀鳍较长。鲥鱼(*Maccrura reevesi*)外形似鳓鱼，但臀鳍短，尾叉深，肉味鲜美，是我国名贵的食用鱼。

(2) 鲑形目(Salmoniformes)：颌缘具齿；多数有脂鳍，位于背鳍后或臀鳍前；一般被圆鳞；通常胸鳍位低，腹鳍腹位。多为冷水性鱼类。栖息于淡水、海水中。有些是溯河洄游性鱼类。如鲑科(Salmonidae)的大麻哈鱼(*Oncorhynchus keta*)能长途溯江河生殖洄游。洄游性种类在环境隔绝和食物丰富的情况下易变成陆封型。肉食性。

(3) 海鲢目(Elopiformes)：硬骨鱼中低等类群，个体发育有变态。体较大，呈纺锤形，侧扁；体被圆鳞；鳍无鳍棘；背鳍1个；偶鳍基部有数片腋鳞；尾鳍深叉形。在生长过程中，有变态发育。主要分布于热带及亚热带海域，偶尔进入咸淡水或淡水。我国有3科，3属，3种。3种即海鲢科(Elopidae)海鲢属(*Elops*)的海鲢(*E. saurus*)、大海鲢科(Megalopidae)大海鲢属(*Megalops*)的大海鲢(*M. cyprinoides*)和北梭鱼科(Albulidae)北梭鱼属(*Albula*)的北梭鱼(*A. vulpes*)。该目鱼类肉味鲜美，为人们所喜爱。

(4) 灯笼鱼目(Myctophiformes)：该目鱼类的大多数种类体上具各种形状的发光器，在夜间或幽暗的深水中发出各种颜色的光泽，鲜艳夺目，因形似灯笼而得名。口裂宽，具齿；眶蝶骨有或无；腰骨不与肩带相连。肩带无中乌喙骨，腰骨及胸鳍的辐状骨皆已骨化。骨无硬骨细胞。具有鳃弓收缩肌。背鳍和臀鳍不具鳍棘；腹鳍通常腹位；一般具脂鳍。鳔有或无，若有鳔时，具鳔管。有输卵管。多数种类体上被鳞。均为海产，除狗母鱼科(Synodontidae)的一些种类栖息于沿海一带外，绝大多数生活在中深层海区里。

(5) 鼠鱚目(Gonorhynchiformes)：口小，上颌缘主要由前颌骨组成；两颌无牙、体被圆鳞或栉鳞，无脂鳍；有鳃上器官；鳔有或无；无眶蝶骨、基蝶骨；尾下骨5～7块；无颞孔。主要分布于热带和亚热带。共4科，7属，16种。其中14种产于淡水，我国产2种，即鼠鱚科(Gonorynchidae)的鼠鱚(*Gonorhynchus abbreviatus*)和遮目鱼科(Chanidae)的遮目鱼(*Chanos chanos*)。其中鼠鱚分布于太平洋和印度洋，在我国见于东海和南海，肉有毒；而遮目鱼肉鲜美，易于养殖。我国台湾地区盛产遮目鱼苗，而在菲律宾和印度尼西亚广泛作为塘养鱼类。

3. 鲤形总目(Cyprinomorpha) 前4个脊椎骨愈合,其两侧有4对小骨,由前向后分别是闩骨、舟状骨、间抽骨和3脚骨,前接内耳,后连鳔的前端,能将鳔所感受的振动传递给内耳,称为韦伯器。种类繁多,世界已知约5 000种,鲤科约1 000种,我国约500种。有鳔管、咽喉齿,体被圆鳞或裸露,主要生活在淡水,是我国重要的经济鱼类和养殖对象。鲤形总目代表动物如下(图12-26)。

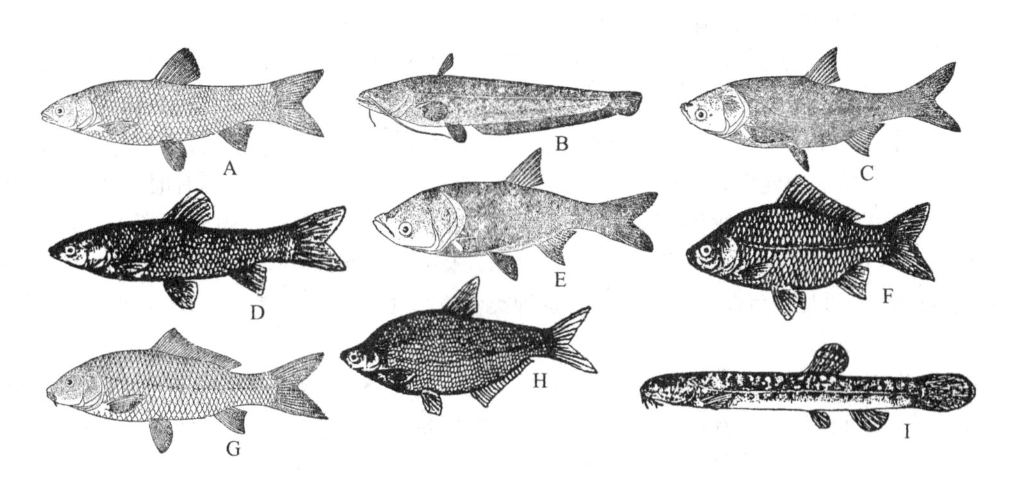

图12-26 鲤形总目代表动物

A. 青鱼 B. 鲶鱼 C. 鲢鱼 D. 草鱼 E. 鳙鱼 F. 鲫鱼 G. 鲤鱼 H. 鳊鱼 I. 泥鳅

鲤形目(Cypriniformes):为现生淡水鱼类中最大的一目,有6科、256属、2 422种。体前端第4~5椎骨已特化与内耳联系,成韦伯器;口常能伸缩,无齿;头无鳞;大多无脂背鳍;大多数下咽骨镰刀状且有齿1~4行;有或无圆鳞;须有或无;大多终身不入海。主要分布于亚洲东南部,我国约有156属、563种,其中许多是我国的特产鱼类。

鲤科(Cyprinidae):为鱼类中种类最多的一个科,有12亚科、200余属、2 000余种。我国产430种,占淡水鱼种类的一半。吻部无须或仅有1对吻须,偶鳍前部仅有1根不分支鳍条,下咽齿1~4行,背鳍分支鳍条30以下。青鱼(*Mylopharyngodon piceus*)体色青黑,咽喉齿一行,呈磨形,底层栖息,主食螺蛳和蚌类。草鱼(*Ctenopharyngodon idellus*)体色青黄,咽喉齿两侧,呈梳状,中层栖息,以水草为食。鲢鱼(*Hypophthalmichthys molitrix*)体色银白,腹棱完全,上层栖息,以海绵状鳃耙滤食浮游植物。亦称"白鲢"或"鲢子",生长迅速,是我国淡水主要养殖对象之一。鳙鱼(*Aristichthys nobilis*)体色黯黑,头比鲢长,胸鳍向后超过腹鳍,腹棱不完全,中、上层栖息,鳃耙细密,以浮游动物为食,亦称"花鲢"或"胖头鱼"。眼下侧位,性温和,我国各大水系均产,生长迅速。以上所述4种鱼,是我国普遍养殖的四大家鱼。

鲤鱼(*Cyprinus carpio*)和鲫鱼(*Carassius auratus*)是我国习见的淡水鱼和养殖对象,生活范围广泛,杂食,口内无齿,但具咽喉齿,栖息于河湖、池沼、沟渠、水库等淡水域的底层。鲤与鲫的区别在于:①鲤鱼身体较长,鲫鱼稍短;②鲤鱼有2对颌须,鲫鱼没有;③鲤鱼有3行咽喉齿,鲫鱼只有1行。鲤鱼和鲫鱼的游泳灵活,姿态优美。金鱼是由鲫鱼演化而来的。这两种鱼都有2室的鳔,属开鳔类。

鳅科(Cobitidae):呈筒状,鳞细或退化,上颌边缘仅由前颌骨形成,咽喉齿1排,齿数常较多,有3~6对或更多的须。其中,常有1或2对吻须,1或2对颌须,还常有鼻须或颐须。胸鳍与腹鳍均不向左右平展。鳔形小,外包以骨质壳。本科鱼的最大耳石在椭圆囊中。有3对或更多的须。鳔的前端被包在骨质囊内,后部细小游离。为淡水底栖小型鱼类,各种水域均有分布,但以具水流的环境较多。多数种类均具有肠呼吸的能力,能自空气中呼吸,因而可存活于低氧的水域。夜行性为,主要以水生昆虫和其他底栖无脊椎动物为食，但亦摄食植物碎屑及浮游生物等。分布我国各地的淡水中。是常见的小型食用鱼，现已发展为养殖对象。

鲶科(Siluridae)：体延长，前部平扁，后部侧扁；1个背鳍，而且小，无脂鳍，臀鳍长与尾鳍相连；身体裸露无鳞；口大，有1～4对口须；皮肤富黏液。是肉食性鱼类，在池糖养鱼业中，被视为敌害而予以清除掉。常见的鲶鱼在我国南北各地均有分布，多产于江河中、下游。

4. 鳗鲡总目(Anguillomorpha) 体形长，呈鳗形。腹鳍腹位或无腹鳍，背鳍与臀鳍通常很长，且与尾鳍相连。仔鱼体似柳叶，个体发育中经过明显变态。

鳗鲡目(Anguilliformes)包括鳗鲡科和海鳗科。体呈圆筒形，鳃孔狭窄。鳍无硬刺或棘；背鳍及臀鳍均长，一般在后部相连续；胸鳍有或无；体无鳞，如有时为细小圆鳞；鳔若有时具鳔管。脊椎骨数多，可多达260个。大多数种海产，仅极少数种类进入淡水河流中。生殖时远离海岸，常把卵产在深海中。发育中有变态现象，仔鱼带状，称为叶状幼体，无色透明，在漂流接近沿岸过程中逐渐变态，有伸长期、收缩期及稚鱼期3个阶段。个别种类营寄生生活。体中等大。多数种类为次要经济鱼类。

5. 鲑鲈总目(Parapercomorpha) 鳕形目(Gadiformes)体被圆鳞或皮肤裸露；各鳍无棘，腹鳍喉位，背鳍2～3个；无鳔管。如江鳕(*Lota lota*)，是冷水底栖鱼，昼伏夜出，有背鳍3个，臀鳍2个，颐部有一小须，主要分布于黑龙江水系。大头鳕(*Gadus macrocephalus*)有背鳍3个，臀鳍2个；是渤海的经济鱼类，我国产量不大；除食用外，肝可提取制鱼肝油。

6. 鲈形总目(Percomorpha) 胸鳍大多为胸位或喉位，鳍通常有鳍棘；体被栉鳞，但也偶有骨板或皮肤裸露。绝大多数为海产，种类较多。鲈形总目代表动物如下(图12-27)。

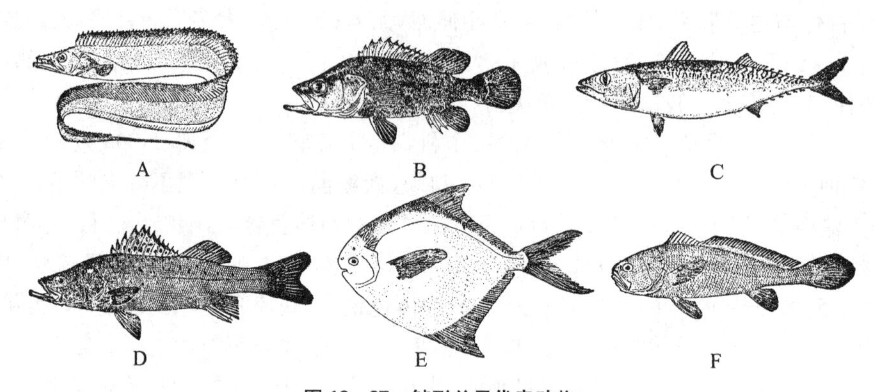

图12-27 鲈形总目代表动物

A. 带鱼 B. 鳜 C. 鲐 D. 鲈 E. 鲳 F. 大黄鱼

(1) 鳢形目(Ophiocephaliformes)：生活在湖泊河川，肉食性，圆鳞，鳔长并后端分叉，无鳔管，无鳍棘。舌弓和鳃弓的一部分演变成褶鳃，能呼吸空气中的氧。

(2) 合鳃目(Symbranchiformes)：体形似鳗，无胸鳍和腹鳍，奇鳍退化彼此相连，无鳍棘。无鳞，无鳔。两鳃孔在腹面愈合，我国只产一种，即黄鳝(*Monopterus albus*)。属穴居性鱼，栖息于江河、沟渠、稻田的泥土层，夜出觅食。鳃退化，由口腔黏膜辅助呼吸。繁殖时有性逆转现象。

(3) 鲈形目(Perciformes)：腹鳍胸位或喉位，鳍条1～5枚，背鳍2个，分别由鳍棘和鳍条组成；背鳍由两部组成，前部为硬棘，体大多被栉鳞；无鳔管。种类繁多，全世界有8 000种，是鱼纲第一大目，主要生活在海水中，淡水中很少。该目的许多种类是重要的海产经济鱼类。①带鱼(*Trichiuridae haumela*)：身体长侧扁如带状，银白色，无鳞，无腹鳍，尾细如鞭。牙齿强大，性凶猛，肉食。为我国四大海鱼之一。②小黄鱼(*Pseudosciaena polyactis*)：耳石特大，亦称“黄花鱼”、“小鲜”等,颏部具两孔,头部黏液腺发达。鳔在生殖洄游时能发声,尾柄长是高的2倍多。产量居全国首位。集群时鳔能发声。③大黄鱼(*Pseudosciaena crocea*):与小黄鱼相似,但体形大,鳞小,颏部4孔。亦称“大黄花”、“大鲜”,生殖季节结成大群,能发出很大声音,其鳔的干制品是名贵的食品(鱼肚),是我国重要的经济鱼类之一。④鲈鱼(*Lateolabrax japonicus*):口大倾斜,下颌大于上颌,体侧和背棘部散布有黑色斑点。前鳃盖后缘有锯齿,后角有一大棘,向后下有3个棘。为近海常见食用鱼类,也可进入淡水。⑤银鲳(*Stromateoides argenteus*):体被小圆鳞,腹鳍退化或消失。头小吻短。体高侧扁,银白色,又称镜鱼。喉部后方食管有一侧囊,内有齿突。我国南北均有分布,味鲜美,可食用。

(4) 鲽形目(Pleuronectformes):通常称比目鱼或偏口鱼。幼鱼身体对称。变态后两眼移向同侧,成体非对称。习于横行海底。有眼侧朝上,朝上的体侧具色素和斑纹;朝下的体侧无眼,无色素,呈白色或微黄色。鳍一般无棘,腹鳍胸位或喉位,无鳔。肉鲜美,产浮性卵,产量高,是重要的经济鱼类。①舌鳎科(Cynoglossidae):两眼位于身体左侧,眼侧具侧线2~3条;无胸鳍。常见种类有半滑舌鳎(*Cynoglossus semilaevis*),个体大,味道鲜美,是优质的大型经济鱼类。②鲆科(Bothidae):两眼位体左侧,背鳍在眼上方,有胸鳍,腹鳍不对称。常见种类有牙鲆(*Paralichthys olivaceus*)。③鲽科(Pleuronectidae):双眼位于身体右边,侧线在胸槽上方,大多无弓状弯曲,尾鳍圆形或呈截形。常见种类有高眼鲽(*Cleisthenes herzensteini*)和木叶鲽(*Pleuronichthys cornutus*)。④鳎科(Soleidae):两眼位体右侧,周身被小栉鳞,侧线直,背鳍、臀鳍与尾鳍相连。常见种类有条鳎(*Zebria zebra*)。

(5) 鲀形目(Tetraodontiformes):身体短,体表被粒状鳞,小刺或骨板。多无腹鳍。前颌骨与上颌骨愈合成喙,口小,齿大板状,有的种类食管有气囊,遇敌后能迅速吞气膨胀,漂浮水面自卫。该目在我国种类较多,产量也高,味鲜美。但其内脏、生殖腺和血液有剧毒,食前必须严格处理,清除内脏,冷水浸泡除去血液,高温制作后再食之。种类有弓斑东方鲀(*Fugu ocellatus*)、翻车鱼(*Mola mola*)等。

7. 蟾鱼总目(Batrachoidomorpha) 体粗短,平扁或侧扁,皮肤裸出,有小刺或小骨板。鳃孔小,腹鳍胸位或喉位,常见种类有黄鮟鱇(*Lophius litulon*)、黑鮟鱇(*L. litulon*)。

第四节 鱼类的生态特征概述

常言道,鱼儿离不开水。地球表面水的面积很大,海洋占70%;内陆的河、湖、沼泽、池塘等约占5%,地球上水环境多种多样,错综复杂。地球表面除少数的地方,如黑海东岸的卡腊-博加滋、哥尔海湾和我国甘肃的祖历河,因天然因素——盐度过高,鱼类不能生存以外,其他一般有水即有鱼。不同的水环境,其盐度、透明度、压力、流速、渗透压和酸碱度(pH)等都有差别。其他的生物因子也复杂多样。但水环境的共同特点是密度大、浮力大、阻力大、含氧量低及温度变化小等。鱼类经过亿万年的长期进化与发展,逐步适应了这种复杂而又统一的水域生活环境,一方面形成了鱼类共有的特征,另一方面又出现了多种多样的体制和生活方式,形成了适应辐射。因此,根据生物与环境统一,功能与结构统一的道理,就很容易理解鱼类在整个脊椎动物中表现出如此巨大的数量和丰富的物种了。适应辐射是指凡是分类地位相近的动物,由于适应各自的生活环境,经过长期的演变,在形态上形成明显差异的现象。

一、鱼类对一般生活条件的适应

1. 水温 水的比热大,水温变动幅度较小。鱼类是变温动物,体温随着水温的变化而变化。各种鱼类对体温的变化的适应都有一个阈值，即耐受幅度；超出这个阈值会导致鱼类死亡。同时，在一定幅度内又有最适温度。鱼类按其适应的水温可分为冷水性鱼类，它们在 0℃～20℃能正常生活，如大马哈鱼、鳟、鲟、鲑、狗鱼等。温水性鱼类的适应范围较大，可在 4℃～30℃的水中生活，常见的鲤科鱼。热带性鱼类常见有鲮、罗非鱼等，它们不能耐低温，如罗非鱼，当水温降至 15℃就停止活动了，在 10℃时就会死亡。通常洄游性鱼类的适温性较窄，定居性鱼类的适温性较广。水面结冰对鱼类生活具重大意义，覆冰在一定程度上使水的下层与大气的低温隔绝，起了保温作用，鲤科鱼喜欢集于深水洼坑中过冬。

2. 溶氧量　水中溶解的气体有氧气、二氧化碳及其他气体。但氧气对鱼的生活关系最大。水中缺氧时，鱼会游至水面，出现“浮头”现象。严重缺氧会使鱼陷入麻痹状态，因失去平衡而死亡。水中含氧量的多少，主要决定水温变化、水中盐分含量、有无水生植物及水流动性。水温高会含氧量低，水温低含氧量高。另外，水中盐分越高，其溶氧量越低(海水的溶氧量是淡水的 80%)。在海洋或江河等由于水的流动，风浪起伏，会使大气中的氧易溶解于水；而在静水池塘中养鱼，往往易发生缺氧现象。另外，水中最高含氧量出现在夏秋的白天，最低出现在夏秋的晚上。这是因为白天池塘中水生植物进行光合作用，增加了水的含氧量。如果北方冬季江河封冻时间太长，大气中的氧无法溶解到水中，鱼类常大量死亡。所以为了保护鱼类资源，可在封冻的河面上打开缺口，使水与空气接触，增加水中的溶氧量。

3. 盐度　水中的盐度能影响鱼体渗透压。海产的硬骨鱼，其体内渗透压低于外界；在软骨鱼和淡水鱼类，其体内渗透压高于外界。大多数鱼类已适应于在一定渗透压的水中生活，将其移到另一种渗透压的水中，会引起死亡。但对洄游鱼类，在一定的时期，有适应不同盐分的能力。在淡水中生活时，它们靠肾小体排尿解决，进入大海生活时，则由鳃上的泌盐细胞排出多余盐分来调节。这些洄游的鱼类由一种水体进入另一种不同盐度的水体时，要在咸、淡水交界处有一个适应时期。

4. pH　pH 对鱼可产生直接或间接的影响。水中 pH 的大小决定水中二氧化碳的含量。在有水生植物的水体，因为植物光合作用导致昼夜间 pH 略有变化。一般的淡水鱼偏弱碱性pH 7～8，极限范围是 6～10。人工饲养的家鱼对 pH 的变动适应能力较强。也有的鱼对 pH 适应范围很窄。pH 的变化超出适应范围时，会影响鱼体的新陈代谢。当超出极限范围时，会破坏鱼体的皮肤黏膜和鳃从而导致危害及死亡。

二、鱼类的洄游

某些鱼类在生活史的不同阶段，对生命活动的条件有其特殊要求，必须有规律地在一定时期集成大群，沿着固定路线做长短距离不等的迁徙，并在经过一段时间之后重返原地的行为，称为洄游。

1. 洄游类型

鱼类洄游有 3 种不同类型。

(1) 生殖洄游：当鱼类的生殖腺发育成熟，在一定时期内，沿着一定的路线，集群寻找产卵场地，称为生殖洄游。按产卵场地的不同，有以下 4 种类型：①由深海游向浅海或近海沿岸产卵，也称为近陆生殖洄游。如大黄鱼、小黄鱼、鲥等。②由海洋游向江河，属溯河洄游。如大马哈鱼在每年的 8～9 月份有数万至数十万尾成熟的亲鱼结群由鄂霍次克海进入黑龙江、乌苏里江等产卵，形成渔汛。③由江河游向海洋产卵，属降河洄游。如鳗鲡最典型。每年冬季，在淡水生长发育成熟的鳗鲡，集群降河入海，游向深海产卵、受精，经过变态的仔鱼，溯河而上生长。这种洄游也称为生长洄游。④淡水生殖洄游：从河到河，从河到湖，或从湖到河产卵，只在淡水中进行。多数淡水鱼进行这种生殖洄游。如四大家鱼，其中鲤鱼最典型，每年春夏之交生殖时从江河下游到上游产卵。

(2) 索饵洄游：鱼类以追捕食饵为主的洄游称为索饵洄游，也就是从产卵场或越冬场到肥育场进行的洄游。其洄游路线、方向和时期常被饵料生物的波动所影响，变更较多，远没有生殖洄游那样具有稳定的范围。

(3) 越冬洄游:也称季节性洄游,多见喜温的鱼类,当水温下降时,为选择自己适宜的水温环境,集群移动。如小黄鱼、带鱼等。带鱼在每年秋冬之间,寒流到来时,就从北向南移动,形成冬季鱼讯。越冬洄游常在索饵洄游之后进行,有时一边觅食,一边移向温水区,但多数是停止摄食的。

2. *渔场*　每隔一定时期,在一定的地方,有大量鱼群出现,此地称为渔场。如我国著名的舢渔场和北部湾渔场。

3. *渔汛*　大量的鱼群在渔场集中出现的时间称为渔汛。

第五节　鱼类与人类的关系

一、鱼类资源的利用

1. *优质蛋白质的来源*　鱼类的营养丰富,富含蛋白质,味道鲜美,容易消化。鱼肉中含蛋白质10%～30%,具备人体所必需的所有氨基酸,又富含易吸收的脂肪、碳水化合物(糖类)、矿物质及B族维生素。海水鱼和淡水鱼的数量都很大,鱼肉是人类食物的重要来源之一。除鲜食鱼肉外,还可制作成罐头食品,方便携带和使用。餐桌上的珍品佳肴不少是鱼类食品,如鱼翅是鲨鱼的角质鳍条;鱼唇是软骨鱼的吻软骨或鲨鱼皮;明骨是大型鲨鱼颈部软骨的干制品:鱼肚是黄花鱼的鳔等。随着动物保护宣传的深入,人们开始意识到应该有选择地取食这些食物。

2. *工业原料鱼肝富含脂肪*　鳕、鲨、鲆、鲽等肝脏含脂量高达70%,是提取鱼肝油的主要原料;鱼鳞可制作鱼鳞胶、鳞光粉、鳞酸钙、盐酸、尿素和鱼鳞酱油等;鱼的真皮可制革和鱼皮粉;鱼油制油漆、润滑油、肥皂、油墨;鱼鳔可制鱼鳔胶,是高级黏着剂;鱼骨可制成鱼骨粉;鱼内脏及其废弃物可制鱼粉,供作动物饲料和优质农业肥料等。

3. *医药卫生和美化环境*　稻田和池塘养鱼可以消灭蚊虫的幼虫,从而有效控制蚊虫繁殖,防止脑炎和疟疾的流行。海龙和海马可入药,有安神、滋补、散结和舒筋活络等功效;海蛾能化痰止咳,治疗神经衰弱;河鲀的内脏可提取河鲀毒素,对治疗神经病和痉挛有一定疗效;大黄鱼的胆汁可提取胆色素钙盐,是人造牛黄的原料。各品种的金鱼及颜色美丽、体姿奇特的珊瑚礁、热带鱼用于观赏,都可以使人身心愉悦。

4. *有害方面*　有的鱼是寄生虫的中间宿主,特别是鲤科鱼是华肝蛭的中间寄生。河鲀虽肉味鲜美,但内脏及生殖腺有剧毒,如处理不当,可导致食用者死亡。鲨鱼危害鱼群,破坏网具,其中噬人鲨可危及捕捞作业人员的安全等。

二、我国的海洋渔业

我国的海岸线长,海域辽阔,沿岸的港湾河叉多,绝大多数河流都注入四大海区,即渤海、黄海、东海和南海。此给这些海区带来了丰富的饵料和营养物质,极适合鱼类的生长。再加上我国有5 000多个岛屿,海岸线可达23 000 km,四大海区多为200 m深的浅海,因而海产渔业资源十分丰富。我国海区地处温热带,气候适宜,受台湾暖流及北来的寒流相汇集的影响,使海区的水质肥沃,浮游生物滋生,为鱼类滋生繁衍创造了得天独厚的优良条件,形成极好的生态环境。鱼类在沿海渔民生活中具有重要的经济意义,渔业生产投资少,见效快,不占耕地面积。

我国的渔业资源极为丰富,各种鱼类约有2 000种,其中经济价值较大的有200种以上。我国小黄鱼、大黄鱼、带鱼、鳓鱼和鲐鱼的产量居世界首位。鲨鱼、鲥鱼、鲚鱼、鲷鱼、大马哈鱼、海鲇和比目鱼等产量也很高。除海洋资源以外,我国内陆水域面积也十分宽广。我国淡水鱼有800多种,有较大经济价值的有250多种，发展成养殖对象的有20种以上，如青鱼、草鱼、鲢鱼、鳙鱼、鲤鱼、鲫鱼、鲂鱼等家鱼。我们应该充分利用这些优质的资源，特别是大力开发海洋资源。这就需要我们多研究和多学习不同鱼种的活动规律，即洄游规律，准确判断渔场和渔汛，进行合理捕捞。

复习思考题

1. 名词解释：单循环，纺锤形，平扁形，鳍，原尾，歪尾，正尾，双凹型椎体，鳃，动脉球，卵胎生，侧线器官，罗伦壶腹，软骨鱼，硬骨鱼，洄游，鳃弓，鳃耙，韦伯氏器，舌接型，鳍式，红腺。
2. 简述鱼类鳃的构造。
3. 简述鱼类脑的基本结构和功能。
4. 简述鱼类渗透压的调节。
5. 简述软骨鱼类和硬骨鱼类的主要特征分别是什么并试述区别的要点。
6. 简述鱼纲的主要特征。
7. 简述鱼类骨骼系统特点。
8. 简述鳔的功能。
9. 颌的出现在动物演化史上有哪些意义？
10. 什么是鱼类洄游？有哪几种类型？
11. 举例说明鱼鳞有哪些类型，其在排列上有何不同。

（宋　勇　任道全）

第十三章
两栖纲(Amphibia)

两栖纲动物是最初登陆的、原始的、具五趾型附肢的变温动物。其皮肤裸露，富有腺体，具混合型血液循环系统。个体发育周期有个变态过程，幼体以鳃呼吸生活于水中，后完成变态，成为以肺呼吸，营陆地生活的成体。两栖纲动物有3目、7亚目、36科、397余属、4 012种，分布区域较广。我国现有11科、40属、270余种，在华西和西南山区、秦岭以南地区属种最多。两栖动物由鱼类进化而来，既有从鱼类适于水生的性状，又有适于陆地生活的性状。

第一节 两栖纲的主要特征

本节所述两栖纲的主要特征主要以蛙为对象。

一、外形特征

两栖动物体长16.2～1 800 mm，体型分为蠕虫型、蝾螈型和蛙蟾型3类。身体分头、躯干、四肢和尾4部分，颈部不明显。吻端至颅骨后缘是头部，颅骨后缘至泄殖腔孔是躯干部，泄殖腔孔之后是尾部，附肢2对。蠕虫型是营穴居生活种类，足短而不明显，眼和尾发达，四肢退化，以屈曲身体的方式蜿蜒前进，如版纳鱼螈(*Ichthyophis bannanicus*)。蝾螈型种类四肢短小，繁殖期营水栖生活或终身水栖，爬行时四肢、身体及尾似鱼游泳的运动，如中国大鲵(*Andrias davidianus*)。蛙蟾型体形宽短，前肢短小，后肢发达，无尾，适于陆栖爬行和跳跃，如黑斑侧褶蛙(*Pelophylax nigromaculata*)。

两栖动物头形扁平，口阔吻尖，可减小游泳时水的阻力。吻端背部两侧具有1对外鼻孔，外鼻孔具可开闭瓣膜，控制气体的吸入和呼出。鼻腔是外鼻孔和内鼻孔之间的空腔，内鼻孔位于口腔顶壁前部。眼具可活动的上、下眼睑，上眼睑厚，下眼睑上部有折叠的半透明瞬膜，潜水时瞬膜上移遮盖眼球，起保护作用。鼓膜1对，圆形，位于眼后方。有些种类鼓膜后方有1对“八”形的耳后腺。部分蛙类的雄性个体，口角处有1对外声囊，当蛙鸣叫时，嘴和鼻孔闭合，肺内空气进入外声囊，使外声囊鼓起产生共鸣发声。部分雄蛙咽或下颌腹面有1～2个内声囊，此是由肌肉皱褶向外突出而形成的双层壁结构。有些蛙类没有声囊，但可发出含超声成分的叫声，如凹耳湍蛙(*Amolops tormotus*)。两栖动物躯干短宽；前肢短，具4趾，趾间无蹼，后肢长，具5趾且趾间具蹼。生殖季节里雄性第1、2趾内侧膨大形成婚瘤，用于抱对时抚摸雌体以利排卵。部分种类趾端形成吸盘。泄殖腔孔位于躯干后部(图13-1)。

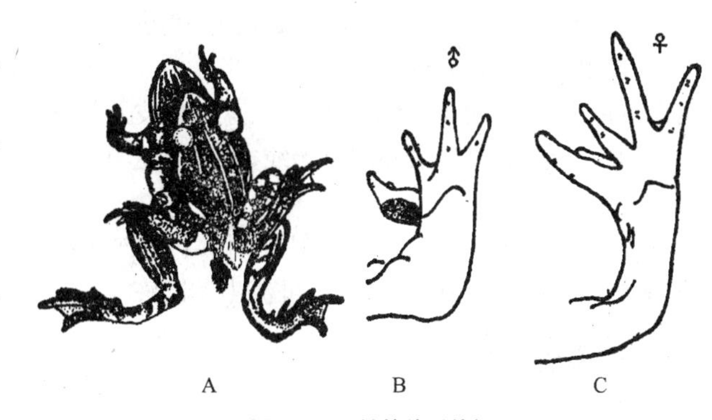

图13-1 蛙的外形特征

A. 蛙的抱对 B. 生殖期雄蛙前肢的婚瘤 C. 雌蛙前肢

二、皮肤及其衍生物

两栖动物的皮肤光滑、裸露，腺体较多，由表皮和真皮组成(图 13－2)。

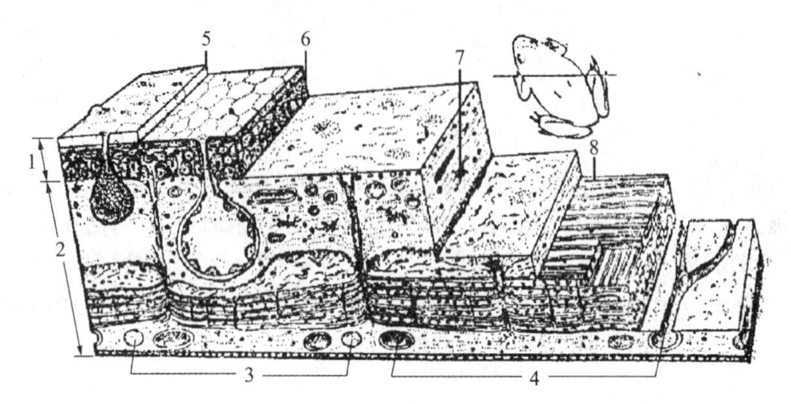

图 13－2 蛙的皮肤结构示意图

1. 表皮，2. 真皮，3. 神经，4. 血管，5. 角质层，6. 生长层，7. 色素细胞，8. 结缔组织

1. *表皮* 表皮由多层细胞构成。最内层为生发层，由有强烈分裂能力的柱状细胞组成，能够不断地产生新细胞。生发层外侧的表皮细胞扁平，最外面细胞轻微角质化，形成角质层。角质层细胞角质化程度不深，细胞核存在，为活细胞，可在一定程度上防止水分蒸发。两栖类具有蜕皮现象，是指在脑下垂体和甲状腺控制下，角质化的表皮细胞定期脱落，然后下边的细胞继续形成新的角质层予以补充。表皮形成的肋沟和颈褶存在于有尾目体表皮肤，环状缢纹存在于蚓螈体表。

2. *真皮* 真皮致密且厚，分内外 2 层。内层为致密层，由致密结缔组织构成；外层为海绵层，由疏松结缔组织构成，分布有丰富的血管、神经末梢、细胞腺和色素细胞。

3. *皮肤衍生物* 包括色素和细胞腺体。

(1) 黏液腺：由表皮细胞下陷到真皮中形成的多细胞泡状腺，有管道通到皮肤表面，可分泌黏液湿润皮肤，以便调节体温和皮肤呼吸。黏液腺个体小、数量多，如雄性狭口蛙和齿突蟾胸腹部的黏液腺，其分泌物可使雌雄两性在繁殖抱对时牢固地粘贴在一起，不致对方从背上跌落。

(2) 毒腺：由黏液细胞转变而成的多细胞皮肤腺，数量少，体积大，分泌物乳白色，苦涩味，具有毒性。如箭毒蛙的毒腺，内含蛙毒素，被土著居民涂在箭头上，用作狩猎和自卫。大蟾蜍耳后腺的分泌物加工后为蟾酥，是一种中药材，有兴奋呼吸、强心利尿、升高血压的功能，可用于消炎、抗辐射、抗癌及表面麻醉，过量使用时可引起幻觉。

(3) 色素细胞：在表皮和真皮细胞内，使皮肤表现出多彩的体色。色素细胞在温度、光等作用下，可发生聚合和扩展变化，使体色发生改变。如树蛙的绿色由排列成 3 层的色素细胞形成：最上层是黄色素细胞，内含黄色素，可滤去蓝色使皮肤呈绿色；中间层为虹膜细胞，胞质内含由嘌呤结晶组成的反射小板，可反射和散射光线；最下层是黑色素细胞，胞质含黑色素颗粒物质，有指状突起伸入上层细胞内。

(4) 皮下淋巴：蛙皮肤与肌肉网点状结合，连接不紧密，固着区域间的皮下空隙形成皮下淋巴间隙，故蛙的皮肤易于剥离，剥离时可流出淋巴液。

三、骨骼系统

两栖动物作为由水生到陆生的过渡类群，上陆后在重力作用和陆上运动的要求下，其运动和支持系统发生深刻演变，初步具备了杠杆运动和陆地支撑的由附肢骨骼和中轴骨骼组成的骨骼系统。

(一) 中轴骨骼

1. *头骨* 可灵活转动,摆脱了肩带的束缚,数块骨片消失或愈合使头骨的重量减轻,适于在陆地上运动。头骨有以下主要特征:①骨块数目少,骨化程度不高,如蚓螈类排列紧凑无大孔洞,骨片大;②头骨扁而宽,无眶间隔,脑腔狭小,脑颅属于平颅型;③颌弓与脑颅自接型,颅骨通过方骨与下颌连接;④由侧枕骨形成的枕髁 2 个,与颈椎构成可动关节;⑤成体鳃弓大部分消失,一部分演变为环状软骨和勺状软骨及气管环;⑥舌颌骨失去连接咽颅与脑颅的悬器作用,形成传导声波的耳柱骨。舌骨体由基舌软骨愈合而成,舌弓的其他部分和鳃弓的一部分成为支持舌的舌器,前角由角舌软骨形成,后角第 1 对由鳃弓演化成。

2. *脊柱* 整个脊柱分化为躯干椎、颈椎、尾椎和荐椎。躯干椎均由棘突、椎体和成对的前后关节突组成,大多数椎体前后凹型的参差型椎体。颈椎 1 个,椎体前突起与枕骨大孔的腹面连接,呈环状叫寰椎,突起的两侧窝与有颅骨后缘的 2 个枕髁关节、1 对关节相连,横突不发达,椎骨后端 2 个后关节面。尾椎数在 20 个以上,原始种类的几枚尾椎留有尾肋的遗迹,无尾目动物的尾椎愈合成有利于在陆地上做跳跃运动的一根尾杆骨。荐椎 1 个,椎体前面与躯干椎相关节,双凹型或前凹型,横突发达与髂骨相连,后面与尾杆骨相关节,使后肢获得较为稳固的支持。

3. *胸骨* 两栖纲动物首次出现胸骨。蛙的胸骨由上胸骨、肩胸骨、剑胸骨(剑突)和中胸骨组成,蟾蜍无上胸骨和肩胸骨。具有胸骨,在胸部正中(图 13-3)。

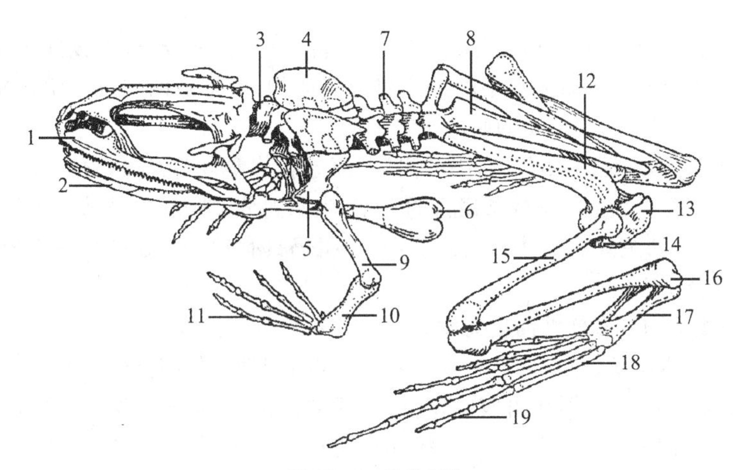

图 13-3 蛙的骨骼

1. 上颌骨, 2. 下颌骨, 3. 寰椎, 4. 上肩胛骨, 5. 肩胛骨, 6. 胸骨, 7. 躯椎, 8. 尾杆骨, 9. 肱骨, 10. 桡尺骨, 11. 指骨, 12. 髂骨, 13. 坐骨, 14. 耻骨, 15. 股骨, 16. 胫腓骨, 17. 跗骨, 18. 蹠骨, 19. 趾骨

(二) 附肢骨骼

两栖动物首次出现了五趾型四肢,包括:肩带、腰带、前肢骨和后肢骨。

1. *肩带* 肩带由肩胛骨、上乌喙骨、乌喙骨和锁骨 4 部分组成。脱离了头骨,前肢活动的自由度增加。腹面正中肩带与胸骨连接,前肢与肩带连接处形成肩臼。无尾两栖类的肩带背面为上肩胛骨和肩胛骨,由肌肉与脊椎链接,腹面为乌喙骨及上乌喙骨。蟾蜍为弧胸型肩带,两侧肩带上乌喙骨腹中线彼此重叠愈合;蛙类为固胸型肩带,上乌喙骨在腹中线处相互平行愈合。肩带的类型是两栖纲分类的重要特征(图 13-4)。

2. *腰带* 腰带由坐骨、髂骨和耻骨构成骨盆。三骨相连接处形成凹窝叫髋臼。髂骨与荐椎的横突相关联。蛙的髂骨特别长,适应跳跃生活。腰带中的髂骨和坐骨位于髋臼背面,耻骨位于髋臼腹面,前者与荐椎两侧的横突关联,这种结构是所有陆生脊椎动物腰带的特性。

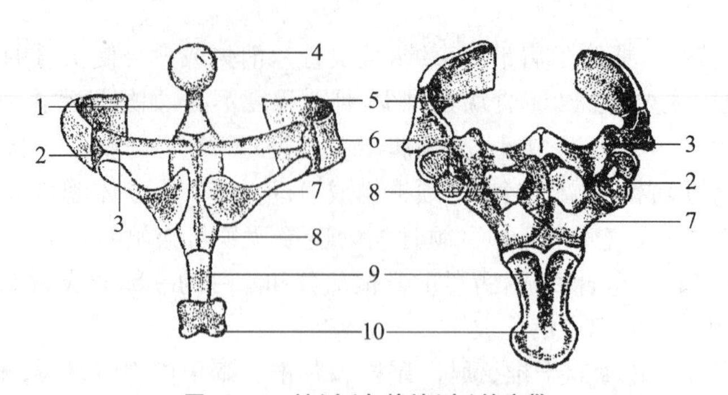

图 13-4　蛙(左)与蟾蜍(右)的肩带

1. 肩胸骨，2. 肩臼，3. 锁骨，4. 上胸骨，5. 上肩胛骨，6. 肩胛骨，7. 乌喙骨，8. 上乌喙骨，9. 胸骨，10. 剑胸骨

3. 附肢骨　两栖动物具有五趾型附肢。前肢分为上臂、前臂、腕、掌和指 5 部分，前肢骨分别为肱骨、桡骨、尺骨、腕骨、掌骨和指骨。后肢包括股、胫、跗、蹠、趾 5 部分，相应的后肢骨为股骨、胫骨、腓骨、跗骨、蹠骨和趾骨。

四、肌肉系统

两栖动物登陆后运动复杂化，包括屈背、跳跃、爬行等，其肌肉分化，形成许多功能和形状各异的肌肉。两栖类动物的各种运动很少是由一块肌肉完成的，而是由两组或多组作用相反的肌群共同协调起作用。与鱼类相比，两栖类的肌肉有以下特点。

(1) 原始肌肉分节现象已不明显，肌隔消失，大部分肌节愈合并经过移位，分化成许多形状、功能各异的肌肉。只在腹直肌上可见数条横行的腱划，为肌肉分节现象的遗迹。无尾目幼体、无足目和有尾目动物，因其运动主要靠躯体收缩摆动，躯干肌仍具有较为明显的分节现象，如蜿螈类躯干两侧的轴肌和肌隔仍发达。

(2) 附肢肌由于运动的多样性而更为发达。①肢外肌：肌肉起点在躯干上，止点在附肢上，收缩时使附肢依躯干做整体运动(鱼类已有)，如前肢腹侧的胸肌肌群和背侧的斜方肌、背阔肌、三角肌等。②肢内肌：肌肉的起、止点都在附肢骨骼上，收缩时附肢各部分可做相应的局部运动(绕肘关节、腕关节、膝关节、踝关节)，如肱三头肌、腕屈肌等前肢肌和胫伸肌、缝匠肌、腓肠肌等后肢肌。蛙、蟾类后肢肌发达。

(3) 随着鳃消失、鳃弓改造，鳃节肌也发生变化，大部分退化，小部分转为咽喉部肌肉，节制咽喉部和舌活动。

(4) 由于水平骨骼的位置上移，因而躯干背部的轴上肌比例大为减少，躯干腹面的轴下肌分化明显，分化为腹直肌和腹斜肌两部分。其中，腹直肌在腹部中线被 1 条由结缔组织构成的腹白线分隔成左右对称的两部分；腹斜肌组成动物体的腹壁，由表及里又分为腹外斜肌、腹内斜肌和腹横肌 3 层。

(5) 此外，还有眼肌、头肌、心肌和脏肌。

五、消化系统

两栖动物的消化系统包括消化道和消化腺两部分。

(一) 消化道

两栖动物的消化道包括口、口咽腔、食管、胃、小肠、大肠和泄殖腔。口腔与咽部无明显界限，称为口咽腔(图 13-5)。

1. 口咽腔　口咽腔结构复杂,有齿和舌及耳咽管孔、内鼻孔、食管和喉门等开口。牙齿为多出性同型齿。蛙类具犁骨齿(口咽腔顶壁,2簇)、上颌齿(上颌骨边缘);有尾目具犁骨齿,蟾蜍类无齿;鲵螈类具颌齿1～2排,牙齿可防止食物滑脱;蚓螈目上颌、下颌及犁骨、腭骨均具齿。舌肌肉质,位于口咽腔底部。无尾两栖类舌尖游离,舌根位于下颌前部,蟾蜍类无分叉,蛙类舌尖有深浅分叉;鲵螈类活动性差,舌呈垫状,后部黏膜有味蕾和黏液腺。颌间腺位于鼻囊和前颌骨之间,开口在口咽腔前。耳咽管孔位口咽腔顶部近口角处。内鼻孔位于犁骨外侧。喉门为口腔后部下通气管一纵裂开口。雄黑斑蛙近口角处有声囊孔。食管开口位于喉门后边(图13-6)。

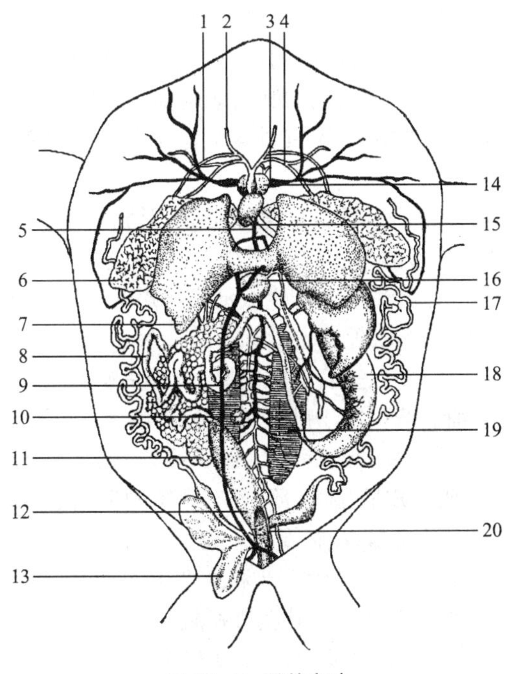

图13-5　蛙的内脏

1. 大动脉弓,2. 颈动脉弓,3. 前腔静脉,4. 肺皮动脉弓,5. 后腔静脉,6. 肺,7. 肝,8. 小肠,9. 腹静脉,10. 脾,11. 卵巢,12. 大肠,13. 膀胱,14. 心房,15. 心室,16. 胆囊,17. 输卵管,18. 胃,19. 肾,20. 泄殖腔

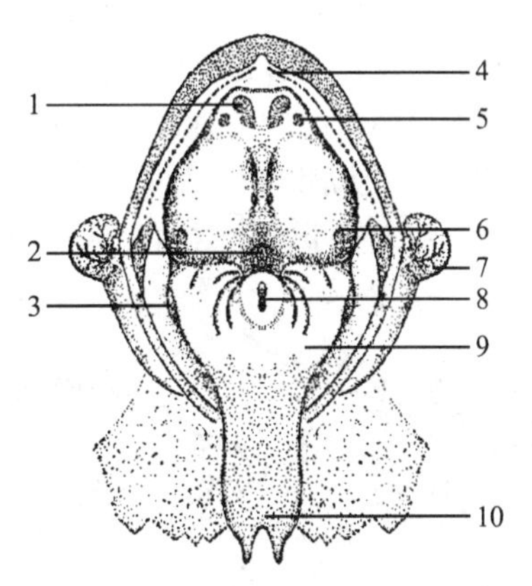

图13-6　蛙的口咽腔

1. 犁骨齿,2. 咽,3. 鸣囊口,4. 上颌齿,5. 内鼻孔,6. 耳咽管孔,7. 鸣囊,8. 喉门,9. 舌根,10. 舌尖

2. 食管　食管紧贴椎下肌,短,与胃相通。

3. 胃　胃与食管相连的一端叫贲门,位于体腔左侧;与十二指肠连接的一端叫幽门。胃壁分泌胃液,黏膜层含有许多管状胃腺。胃壁肌肉舒缩胃蠕动,肌肉层很厚。无足目动物的胃不明显。

4. 小肠　小肠前段为十二指肠,后段为回肠。十二指肠壁上有胆总管开口。小肠的功能是消化食物和吸收营养。

5. 大肠　大肠又称为直肠,粗而短,与泄殖腔相通,直径是小肠的2倍余。功能为聚集,排出食物残渣,吸收水分。

6. 泄殖腔　泄殖腔壁上有输尿管开口、消化道开口和生殖导管开口,与外界相通。

(二) 消化腺

消化腺包括胰脏、肝脏、胃腺和肠腺。

1. 胰脏　胰脏细胞分泌胰液,由胰管胆汁一起进入十二指肠。胰脏位于十二指肠与胃之间系膜上，呈不规则分枝状的淡黄色腺体。

2. 肝脏　左、右 2 大叶和 1 较小的中叶，位于体腔前部。左叶 1 切迹将其分为前、后部分。左、右 2 叶间有 2 根管与之相通，有一绿色球状胆囊；1 根与胆总管相通，1 根与肝管相通，将胆汁送入胆囊，再将胆汁由胆囊送入胆总管。

3. 胃腺　胃腺仅 1 种，位于胃壁纵褶基部的黏膜层内。

4. 肠腺　肠腺能分泌消化酶，位于小肠黏膜下层，大部分食物在此分解和吸收。

六、呼吸系统

两栖动物的呼吸方式有皮肤呼吸、鳃呼吸、肺呼吸和口咽腔呼吸，反映了两栖动物陆生过渡时期的呼吸。两栖动物幼期的蝌蚪，有 3 对羽状外鳃位于头部两侧，一段时间外鳃消失；有 3 对内鳃形成，变态时 1 对薄壁盲囊于咽腹侧长出，形成具有呼吸功能的肺。蚓螈类一个肺退化，由食管和气管辅助呼吸。大多数有尾目成体无外鳃，如美西螈成体具外鳃，滇螈成体有鳃裂或外鳃残迹。

1. 喉头与气管室　两栖动物的呼吸道分化不好，气管、喉头分化不明显，形成一短的与肺相连喉头气管室。喉门为裂缝状的开口，两边有 2 块半月形的勺状软骨围绕着，外缘是 1 块环状软骨。勺状软骨内侧具有富有弹性的纤维带(声带)2 片，气体经过时会产生振动发出声音。声囊具有共鸣箱作用。而蚓螈类的喉头只具有勺状软骨，气管由“C”形软骨环支持。

2. 肺　两栖动物肺的结构简单，比较原始，透明、壁薄、呈盲囊状，肺的内部呈蜂窝状，每 1 小室形成肺泡。肺泡壁上有丰富的气体交换作用的毛细血管。由于肺表的面积不够大，所交换的气体不能有效地满足生命需要，还需要皮肤辅助呼吸。皮肤湿润、薄，各有丰富的毛细血管，氧气溶于黏液渗入血管内。皮肤气体交换量和肺的气体交换量各为 1/3 和 2/3，皮肤呼吸表面积和肺的呼吸表面之比为 3∶2。

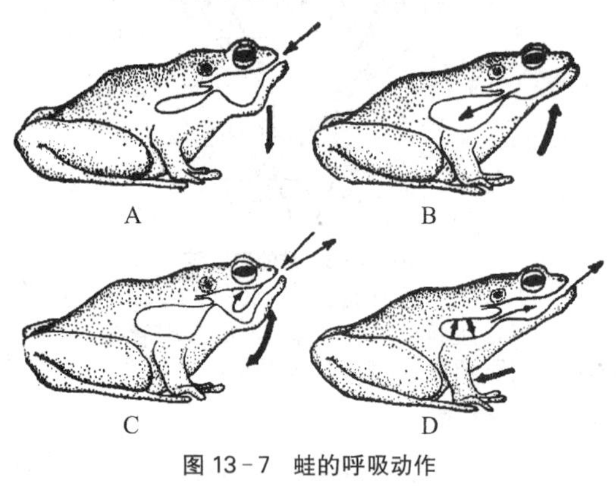

图 13-7　蛙的呼吸动作

A. 口腔底往下鼻孔开，空气从鼻孔进入口腔　B. 口腔底往上鼻孔关空气压入肺　C. 口腔底的轻微运动使口腔内空气流通　D. 通过体壁和肺收缩呼出肺内气体

3. 呼吸方式　口咽腔呼吸，其呼吸时依靠口咽腔底部的上下颤动，通过口咽腔黏膜进行气体交换。过程为：鼻孔张开，喉门闭合，口底上下运动，空气就可进出口咽腔。经过口底的数次升降颤动后，关闭外鼻孔，上升口咽腔底，打开喉门，气体从口腔进入肺，肺壁上充满毛细血管，完成气体交换，这是肺呼吸。后空气从肺内呼出，是经过下降口底、收缩腹壁肌肉和肺本身的弹性复原完成的(图 13-7)。

七、循环系统

由于两栖动物肺的出现，循环系统也随之发生改变，由单循环变为双循环。双循环指的是血液循环有两条途径，体循环和肺循环。由于两栖动物的心脏为 2 个心房和 1 个心室，动脉血、静脉血没有完全分开，因此将该循环称为不完全双循环。

1. 心脏　两栖动物幼体时期的心脏和鱼类相似，只有 1 个心房和 1 个心室，血液循环为单循环。变态之后，由于肺的出现，循环系统也随之发生相应的变化，心脏由 1 个心房和 1 个心室演变为 2 个心房和 1 个心室，血液循环也变为双循环。两栖类成体的心脏位于围心腔内，由心房、心室、静脉窦、动脉圆锥组成。静脉窦为一个呈三角形的薄壁囊状，位于心脏的后面，前边的两角分别与左、右前腔静脉相连，后边的一角与后腔静脉相连，以窦房孔与右心房相通。心房位于围心腔的前方，壁薄，肌肉质，由房间隔分隔为左、右两个部分。右心房以窦房孔与静脉窦相通，窦房孔的前后各有一瓣膜防止血液发生倒流。左心房的背壁有一孔与肺静脉相通。左心房和右心房由一共同的房室孔与心室相通，孔的周围有房室瓣，可阻止血液发生倒流。无足类和有尾两栖类房间隔不完全，有孔使左心房和右心房相通。心室位于心房的腹侧，近三角形，壁厚，肌肉质，内部无分隔。心室的内壁有柱状的肌肉质纵褶由中央向四周伸展，在一定程度上缓冲了进入心室的少氧血和多氧血的混合。动脉圆锥自心室腹面的右侧发出，与心室连接处有3个半月瓣。动脉圆锥内有一纵行的螺旋瓣，能随动脉圆锥的收缩而转动，有利于分流心脏压出的血液。皮静脉的血回心入右心房，肺静脉的血回心入左心房，因此右心房血含氧也较多(图13-8)。

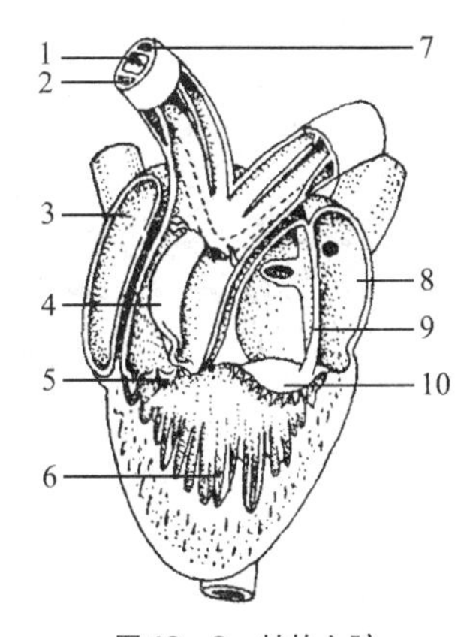

图13-8 蛙的心脏

1. 体动脉，2. 肺皮动脉，3. 右心房，4. 螺旋瓣，5. 半月瓣，6. 心室，7. 颈动脉，8. 左心房，9. 房间隔，10. 房室瓣

心脏对血液的分流如下。当心脏收缩时，首先静脉窦开始收缩，将静脉窦内的缺氧血注入右心房。紧接着左心房和右心房同时收缩，因此右心房内的缺氧血被压入心室中央偏右的一侧，左心房内的多氧血被压入心室偏左的一侧。心室的收缩初期，由于动脉圆锥位于心室的右侧，肺皮动脉弓的开口最低，阻力最小。因此，心室的右侧缺氧血率先进入，将血液分别送到皮肤和肺进行气体交换。心室收缩中期，收缩波从右侧移向左侧，由于肺皮动脉弓内已充满血液，阻力增大；颈动脉弓的基部因有颈动脉腺，阻力也相当大。加以在动脉圆锥收缩时，螺旋瓣往左偏转，关住肺皮动脉弓通道，于是心室中部的混合血液流入体动脉弓，再送往全身的各处。心室收缩的末期，其左侧多氧血，因为受到的压力已达到顶点，便径直注入颈动脉弓，给头部及脑供血，保证了头部及脑有较多的氧供应。

2. 动脉系统　动脉圆锥延伸出左、右两条动脉干。2个隔膜将每条动脉干内又分为3支，由内向外依次分为：颈总动脉、体动脉和肺皮动脉。两栖类幼体有4对动脉弓，Ⅲ、Ⅳ、Ⅴ为鳃动脉，Ⅵ为肺皮动脉。当成体时第Ⅴ对鳃动脉退化。有尾两栖类保留第Ⅴ对动脉弓，但已退化变细。颈内动脉与体动脉弓之间有动脉导管相连。

3. 静脉系统　前腔静脉1对，代替前主静脉接受无名静脉、颈外静脉和锁骨下静脉的血液汇入静脉窦。颈外静脉收集来自下颌、舌、口底的血液，无名静脉汇集来自肩胛下静脉和颈内静脉的血液，锁骨下静脉则汇集来自肌皮静脉和自臂静脉的血液。后腔静脉1条，位于体腔背正中线上，代替后主静脉，后端起于两肾之间，向前越过肝脏背面进入静脉窦。途中接受肾静脉、肝静脉、生殖静脉的血液。腹静脉有1条，代替鱼类的侧腹静脉，由左股静脉和右股静脉分出盆静脉汇合于腹中线而成。有尾两栖类虽有后腔静脉，但还保留着退化状态的后主静脉1对，且后主静脉后端与后腔静脉相连。

4. 淋巴系统　两栖动物开始出现比较完整的淋巴系统，能够防止皮肤干燥，并且进行皮肤呼吸。淋巴系统包括淋巴液、淋巴窦、淋巴管、淋巴心和淋巴器官，但没有淋巴结。动物血液中的部分血浆透过毛细血管壁到组织间隙，组织间隙中的液体叫组织液，与细胞进行物质交换后，组织液进入淋巴管后叫淋巴液。淋巴管是运送淋巴液的管道，起始处为盲端，逐渐汇集变粗将淋巴液送入静脉血管。淋巴窦是淋巴管膨大的地方，如舌下淋巴窦，充满淋巴时可使舌突然外翻，皮下也有许多大淋巴窦。淋巴心是淋巴通路上能搏动的区域。无尾目动物，如蛙有2对肌质淋巴心，即前淋巴心和后淋巴心。前淋巴心是1对位于肩胛骨下，第3椎骨两横突的后方，可压送淋巴液进入椎静脉。

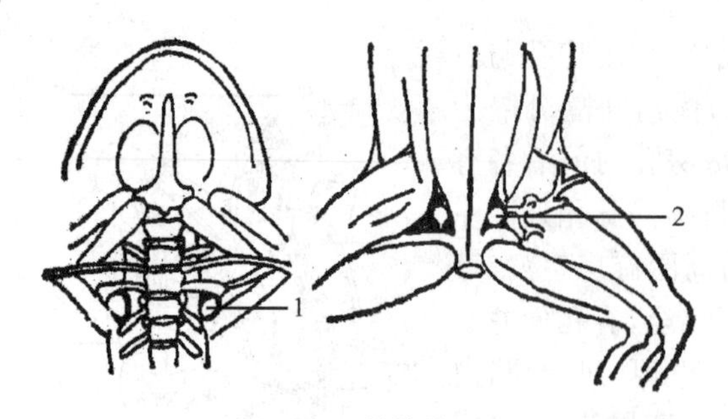

图 13-9　蛙的淋巴心

1. 前淋巴心，2. 后淋巴心

后淋巴心是1对位于尾杆骨尖端的两侧，可输送淋巴液进入髂横静脉(图 13-9)。有尾两栖类有淋巴心16对，蚓螈有淋巴心100对。两栖动物的淋巴器官是脾脏，位于肠系膜上，呈暗红色球状，可以清除衰老的红细胞、制造淋巴细胞。

八、排泄系统

两栖动物的排泄系统由肾脏、膀胱和输尿管组成。肾脏为主要的排泄器官，是一种中肾，长扁形带状或椭圆形分叶，呈暗红色，位于体腔后部脊柱两侧。肾脏可形成尿液，调节体内水分，维持渗透压平衡。输尿管位于肾脏外缘近后端，开口于泄殖腔背面。雄性两栖动物的肾脏前端失去泌尿功能，有一些肾小管与精巢的精细管相通，将精子运送至输尿管。两栖动物的泄殖腔腹壁突出形成一个体积较大而薄壁的膀胱，称为泄殖腔膀胱。因此膀胱与输尿管并不直接相通，肾脏产生的尿液经输尿管首先流入泄殖腔，然后倒流到膀胱里。当膀胱充满尿液后，由于膀胱受压收缩，并且伴随着泄殖孔的张开，将尿液排出体外。排出尿液中的含氮废物，这种废物是尿素，每天排出的尿液约为体重的1/3。膀胱具有重吸收水分的功能，以保持体内的水分平衡。

九、神经系统

两栖动物的神经系统可分成中枢神经系统和外周神经系统。中枢神经系统包括脑和脊髓；外周神经系统则由中枢神经系统发出的神经所组成，包括脑神经、脊神经和自主神经系统，发展水平与鱼类相似，在陆地脊椎动物中还处在较低级的水平(图 13-10)。

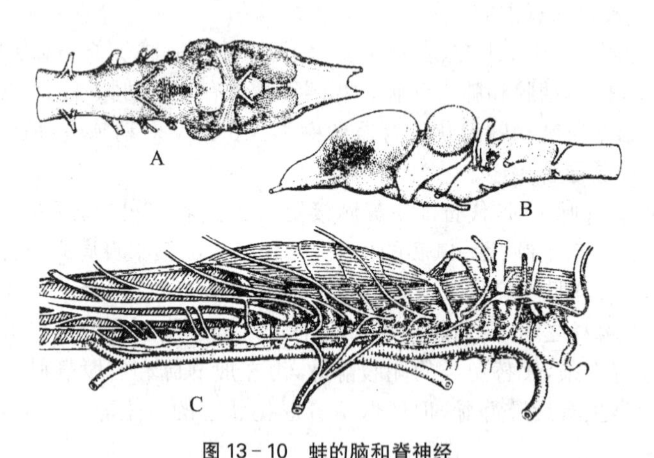

图 13-10　蛙的脑和脊神经

A. 蛙脑腹面观　B. 蛙脑侧面观　C. 蛙的脊神经和交感神经干

1. 脑　两栖动物的脑明显分为5部分，但无明显的脑曲。

(1) 大脑：体积增大，形成两个完整的半球，内部有左、右脑室，大脑半球的底部、侧壁、顶部深层均有神经细胞分布，形成原脑皮，主司嗅觉。

(2) 间脑：顶部为薄膜状，富含血管的前脉络丛，松果体不发达。间脑中央为第三脑室与松果体内腔相通，前方与侧脑室连通；第三脑室侧壁厚叫丘脑或视丘，视丘的前下方腹壁叫下丘脑，包括视交叉、漏斗体和脑下垂体。

(3) 中脑:顶部为1对圆形视叶,其内部的空腔叫中脑室,两侧的腔相通。腹壁增厚为大脑脚,是视觉的中枢,也是神经系统的最高中枢。中脑中央的空腔称为导水管,前通第三脑室,后通第四脑室。

(4) 小脑:不发达,仅为一条横褶位于第四脑室前缘。

(5) 延脑:内部为一个三角形的腔称为第四脑室,与脊髓中央管相通。脑室顶壁下陷形成菱形窝。有后脉络丛。

2. 脊髓 除有背正中沟外,首次出现腹正中裂。由于四肢运动加强,脊髓形成2个膨大,即颈膨大和腰膨大。

3. 脑神经、脊神经和自主神经系统

(1) 脑神经:共10对,多数分布在头部的感觉器官、皮肤和肌肉。只有第10对迷走神经自延脑侧面发出,分布到内脏器官。

(2) 脊神经:共10对,第1对脊神经由第2椎骨与寰椎间的椎间孔穿出,主支分布到舌,另一侧支与第2、3对脊神经合成臂神经丛,分布在前肢。第4、5、6对脊神经分布在腹部肌肉和皮肤中。第7、8、9对脊神经构成腰神经丛,也称为坐骨神经丛,分布在后肢。第10对脊神经由尾杆骨两侧发出,分布于膀胱和泄殖腔等处。

(3) 自主神经系统:由交感神经系统与副交感神经系统构成,内脏器官同时接受交感神经和副交感神经的支配,并通过其相互拮抗的作用维持正常的生理功能。交感神经系统的中枢位于脊髓,一对纵行的交感神经干位于脊柱的两侧,脊髓发出的交感神经与其相连,交感神经干发出神经到内脏器官。副交感神经系统前段的中枢在中脑和延脑中,神经纤维与第Ⅲ、Ⅶ、Ⅸ、Ⅹ对脑神经伴行,分布于眼、血管、口腔腺和内脏器官;后段的中枢位于脊髓荐部,发出数对副交感神经到盆腔内的器官。

十、感觉器官

1. 侧线 两栖类的幼体都具侧线,结构和功能与鱼类相似,由许多感觉细胞形成的神经丘所组成,用于感知水压等的变化。无尾两栖类的成体无侧线;有尾两栖类成体保留有侧线;蝾螈陆栖时侧线消失,回到水中产卵时侧线又重新出现。

2. 视觉器官 与陆生环境相适应两栖动物蛙的眼睛有活动的眼睑和瞬膜,闭眼时眼球下陷,下眼睑及瞬膜上拉盖住眼球。有泪腺,其分泌物可以湿润眼球,多余分泌物沿着鼻泪管流入鼻腔。眼角膜凸出,晶体近球状,稍扁,角膜与晶体距离较远,适于远视;收缩的时候将晶体拉向前移和改变其弧度,使视觉由远视调为近视。蛙的晶体牵引肌在晶体的背面,蜿螈的晶体牵引肌在晶体腹面。两栖动物的眼睛,晶体自身不能够调节凸度,故不能够同时看到远、近各种物体,只有物体对着焦点的视网膜上,才能看清楚;两眼间距较大,视网膜上的感觉细胞对活动的物体比较敏感,因此只能捕捉"活"物。

3. 嗅觉器官 出现了内鼻孔,鼻腔黏膜上有嗅觉细胞,经嗅神经与嗅叶相通。犁鼻器是由鼻囊腹内侧壁凸出形成的盲囊,圆型或长形,与鼻腔中段联系后,开口于口腔,上皮由感觉细胞构成,帮助舌分辨食物的性质并探知化学的气味。

4. 听觉器官 内耳球状囊后壁突起有3个小盲囊,分化出瓶状囊,具有感受声波的功能。两栖动物形成了中耳,鼓膜位于眼后方,为圆形薄膜状,其下方为中耳腔(鼓室)。中耳腔是由胚胎时第1对咽囊演化而来,借耳咽管与口咽腔相通,空气可进入中耳腔使鼓膜内外压力维持平衡。耳柱骨由舌颌骨演化而成,一端连在鼓膜的内壁,另一端连在内耳的卵圆窗。蜿螈类没有中耳腔,耳柱骨外端与鳞骨相关节,通过颌骨将声波传入内耳。

十一、生殖系统

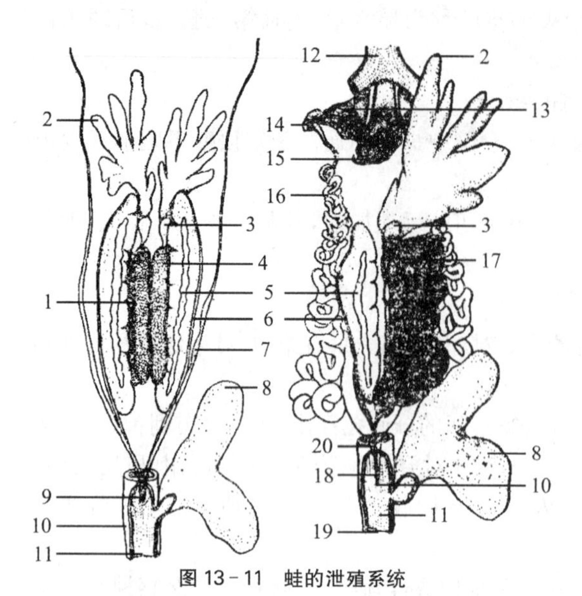

图 13-11 蛙的泄殖系统

A. 雄性 B. 雌性

1. 输精小管，2. 脂肪体，3. 毕氏器，4. 精巢，5. 肾上腺，6. 输尿管，7. 牟勒氏管，8. 膀胱，9. 牟勒氏管孔，10. 输尿管孔，11. 泄殖腔，12. 胸舌骨肌，13. 肺基部，14. 喇叭口，15. 食管，16. 输卵管，17. 卵巢，18. 输卵管孔，19. 泄殖腔孔，20. 子宫

1. *雄性生殖系统* 两栖动物的精巢位于肾脏的内侧，形态各异，雄性黑斑蛙呈卵圆形，雄性大蟾蜍为棒状，而蝾螈则呈分叶状。精巢为淡黄色或黄绿色，其前端有扁椭圆形的毕氏器，相当于残留的卵巢，若经手术去掉精巢后，毕氏器可发育为具有生理功能的卵巢。蛙胚胎时有毕氏器，成体则消失。精巢发出很多细小的输出精管通入肾脏前端，连接中肾管。在繁殖季节，中肾管末端膨大成储精囊，精子借中肾管排出体外。雄性蟾蜍体内仍然保留着退化的输卵管（米氏管）。一些有尾类和蚓螈类行体内受精，雄性泄殖腔可外翻凸出将精液输入雌性泄殖腔内（图 13-11）。

2. *雌性生殖系统* 雌性两栖动物具 1 对卵巢，由卵膜包围，悬挂在体腔背侧，可形成卵，也能分泌雌性激素。成熟的卵落入腹腔，随之进入输卵管开口，然后经输卵管到泄殖腔，排出体外。生殖季节卵巢因含大量卵粒而膨大，卵排出后呈多皱褶状。输卵管 2 条，为白色，前端为喇叭口（在肺附近），后端开口于泄殖腔。卵沿输卵管运动的过程中，卵外可包裹上由输卵管壁腺体分泌的胶膜。精巢、卵巢前方均有 1 对黄色成指状突起的结构，称为脂肪体。脂肪体可储存脂肪，与生殖腺发育有关。

3. *生殖方式* 两栖动物一般在春季繁殖，体外受精，大部分为卵生，有抱对行为，以保证雌蛙产卵时雄蛙排精，在水中完成受精作用。不同的种，卵的形状、大小、颜色各异。卵外胶膜遇水膨胀，有防止受精异常、聚集阳光热量及保护等作用（图 13-12）。

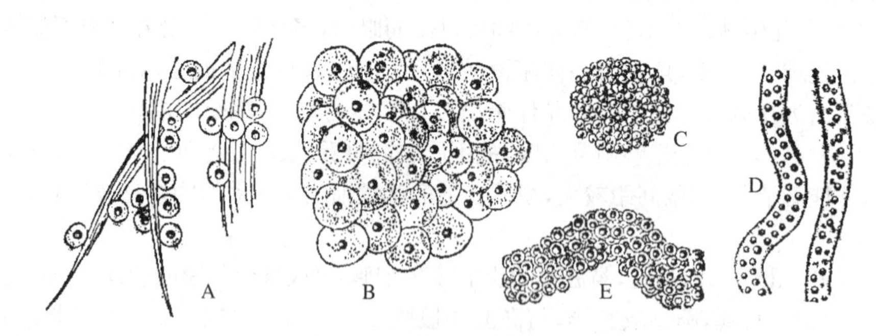

图 13-12 几种两栖动物的卵块

A. 铃蟾 B. 青蛙 C. 雨蛙 D. 蟾蜍 E. 锄足蟾

4. *发育及变态* 卵受精后 2～4 小时开始卵裂，由于是端黄卵，而行不完全卵裂。动物极的细胞小，黑色；植物极的细胞大，色浅。经囊胚、原肠胚、神经胚等（在 20℃时需 3～4 天）发育成幼体。大约受精后 2 个月开始变态，在甲状腺素的作用下，体内的外器官由适应水生改变为适应陆生，幼

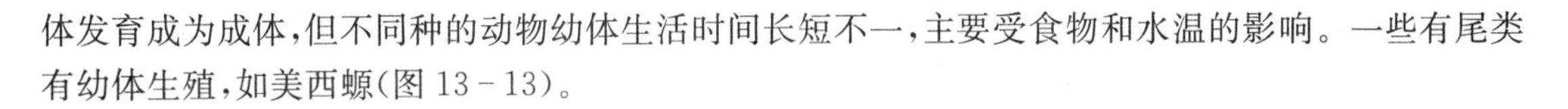

体发育成为成体,但不同种的动物幼体生活时间长短不一,主要受食物和水温的影响。一些有尾类有幼体生殖,如美西螈(图 13-13)。

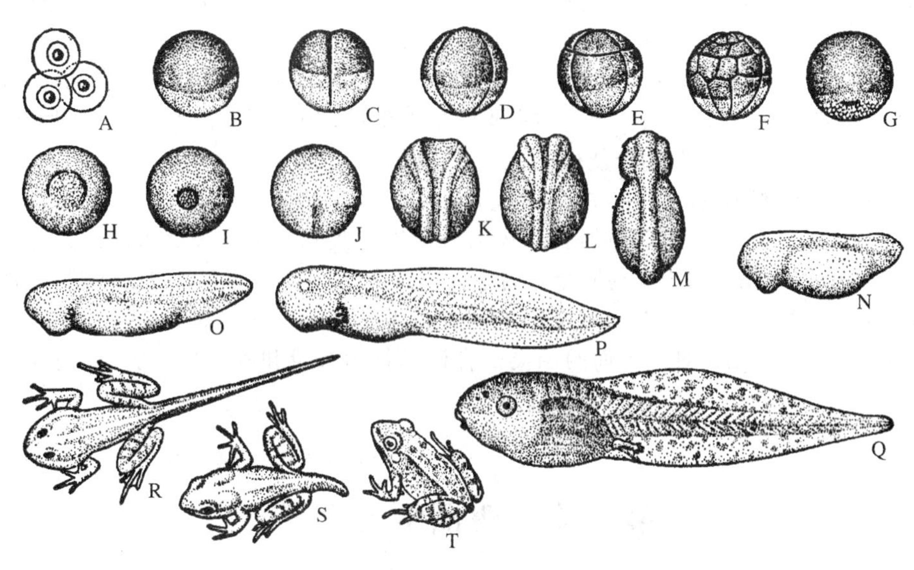

图 13-13 蛙的发育各阶段

A. 有胶膜卵 B. 受精卵(胶膜已剥去) C. 2细胞期 D. 4细胞期 E. 8细胞期 F. 囊胚早期 G. 原肠胚开始 H. 原肠期 I. 卵黄栓期 J. 神经板期 K. 神经褶期 L. 神经沟期 M. 尾芽期 N. 肌肉反应期 O. 鳃循环期 P. 尾鳍循环期 Q. 有后肢的蝌蚪 R. 开始变态,S. 将完成变态 T. 幼蛙

第二节 两栖动物对陆地环境的初步适应及其不完善性

脊椎动物由水上登陆的过程,是动物在演化史上的十分重要的变化。这种变化发生在古生代的泥盆纪末,最初的两栖类是由具有肺的古代总鳍鱼类登陆成功而逐步进化而来。

一、陆地环境与水环境的差异

1. 含氧量 空气的含氧量较充足,约为 21%,也就是说 1 L 空气中,含氧量为 210 ml,重约 280 mg。而水的含氧量为 3～9 ml/L,即 1 L 水在 15℃时,含氧量为 7 ml,重约 10 mg。

2. 密度 水的密度较空气大,约为空气的 1 000 倍。

3. 温度 水温具有恒定性,其变化幅度不超过 30℃。

4. 环境 陆地环境具有多样性。因此,动物在由水上陆的过程中就要面临这一系列挑战,如:在陆地环境中支持体重并且完成运动,呼吸大气中的氧,防止体内的水分蒸发,繁殖,保持体内的温度条件满足生理生化活动所需,拥有适应陆生生活的神经系统和完善的感觉器官。

二、初步适应和不完善性

两栖动物在适应陆地生活的过程中,基本上解决了呼吸空气及拥有适宜陆生生活、运动的神经系统和感觉器官等一系列的问题。这些变化是通过产生新的结构及旧器官在结构和功能上的改造而实现的。例如,感受声波装置的听骨(即耳柱骨)是由相当于鱼类的舌颌骨演变来的。

两栖动物具有五趾型附肢。五趾型附肢即包括上臂(股)、臂(胫)、前腕(跗)、掌(跖)和指(趾)5部分,并通过腰带与肩带和躯体相连,形成的一种适应陆地生活的附肢。五趾型附肢在脊椎动物演化史上具有重要的意义,因为五趾型附肢是一种强有力的附肢类型,且具多支点的杠杆式运动关节。陆生动物借助它支撑躯体、抵抗重力,并推动动物身体在地面上进行活动。肩带间接地借肌肉与头骨、脊柱连接,以获得更大的活动范围,与前肢多样性的功能有关,如协助吞食和捕食的功能。腰带直接地与脊柱连接,构成对身体重力的主要支撑和推进作用。不少种类还发展了跳跃功能,提高运动灵敏性。所以说,五趾型附肢使得登陆成为可能。

新生的事物在刚刚出现的时候,总不是十分完善的,正如两栖类对陆生生活的适应。如两栖类的肺不足以满足陆上生活对氧气的需要,还需口咽腔呼吸和皮肤呼吸加以辅助。特别是两栖类皮肤角质化程度低,尚未解决如何防止体内水分蒸发和如何在陆地上繁殖的问题。因此,两栖类未能彻底地摆脱水,只能局限在近水潮湿地区或者再次入水生活。两栖类皮肤的透性使其在高盐度地区(如海水)生活困难。因而两栖类是脊椎动物中数量和种类最少的,也是分布最狭窄的类群。

第三节　两栖纲的分类

两栖纲有3目、7亚目、36科、397余属、4 012种,分布区域较广,除南极洲和海洋性岛屿外,遍布全球。我国现有11科、40属、270余种,华西和西南山区及秦岭以南地区属种最多。

一、无足目(蚓螈目)(Gymnophiona)

无足目有6科、34属、162种,广泛分布于全球各大洲赤道与南北回归线之间的热带、亚热带地区。我国仅1科、2种。体长圆形,似环毛蚓或蛇,皮肤裸露,上有多数环状皱纹和黏液,无四肢及肢带。通常在湿地营洞穴生活,眼退化隐于皮下,耳无鼓膜。嗅觉器官发达。体内具有肋骨,但无胸骨。雄性身体末端具有由泄殖腔壁突出而成的交接器。体内受精。卵生或卵胎生。卵多产在地洞中。幼体在孵出前经历一个长有3对外鳃的阶段,外鳃仅具有吸收营养的作用。当幼体孵出后,外鳃已消失,幼体移到水中完成发育。幼体具有1对外鳃裂和尾鳍,游至水面用肺呼吸(右肺发达)。最后,鳃裂封闭,尾鳍消失,移至陆地变成营地下穴居的成体。主要捕食昆虫、蠕虫、环毛蚓等。除以下4科外还有2个分布较狭的小科:盲尾蚓科(Uraeotyphlidae)见于印度,仅1属、4种;蠕蚓科(Scolecomorphids)分布于非洲热带地区,有2属、5种。

1. 吻蚓科(Rhinatrematidae)　吻蚓科仅2属、9种,包括浅环蚓属(*Epicrionops*)和吻蚓属(*Rhinatrema*)。分布于南美洲北部。为最原始的蚓螈,保留有尾部,口开在头的前方,头骨数量多,眼相对比较大,触突与眼相连,具环褶和小鳞。卵生,幼体有小的外鳃,水中生活,变态为成体后返回土壤中。

2. 鱼螈科(Ichthyophiidae)　鱼螈科有2属、约30种。分布于亚洲热带地区。眼可见,触突距眼甚远,上、下颌各有2排牙齿,初级和次级环褶不易区分,共有260～430个;小鳞多者可达2 000行左右。尾很短,尖突。肛孔纵裂形。我国产1属、2种,即分布于云南的版纳鱼螈(*Ichthyophis bannanicus*)与分布于广西的双带鱼螈(*Ichthyophis glutinosus*)。两者相似,主要区别在于:前者第一颈沟距口角远,第二颈沟从背见不到两端;后者相反。版纳鱼螈最早于1974年在云南勐(měng)腊县发现,当时被认为就是双带鱼螈,后来才确定为一新种。全长约38 cm,栖息于海拔200～600 m林木茂密的土山地区,喜居水草丛生的山溪和土地肥沃的田边池畔,穴居,昼伏夜出,以蠕虫和昆虫幼虫为食(图 13－14)。

3. 真蚓科(Caeciliidae) 真蚓科有 21 属、80 余种,分布于美洲、非洲和南亚热带地区。为蚓螈目种类最多、分布最广的一科。体型差异大,全长10～50 cm。卵生或卵胎生。

4. 盲游蚓科(Typhlonectidae) 盲游蚓科有 4 属、12 种,分布于南美洲。水栖或半水栖。无尾,但水栖种类体后侧扁以游泳。

图 13－14 穴栖鱼螈及其卵块

二、有尾目(蝾螈目)(Caudata)

有尾目有 10 科、60 余属、350 余种,主要分布于全北区,即欧亚大陆和北美洲。我国有 3 科、37 种。成体细长,四肢细弱,少数种类仅有前肢(鳗螈),终身有发达的尾,尾褶较为厚实。皮肤光滑无鳞,表皮角质层薄并定期蜕皮。眼小或隐于皮下(洞螈),水栖种类常缺乏活动性眼睑;无鼓室和鼓膜;舌圆形或椭圆形,舌端不完全游离,不能外翻摄食;两颌周缘有细齿;有犁骨齿。椎体双凹型(低等种类)或后凹型(高等种类)。雄性无交配器,体外或体内受精。求偶时皮肤腺或泄殖腔腺分泌特殊气体可识别同类。多为卵生,少数卵胎生,以适应激流环境。幼体水栖,有 3 对羽状外鳃,2～3 龄开始不明显地变态,外鳃消失、鳃裂封闭和颈褶形成。成体栖息于潮湿环境,多半水栖,少数水栖或陆栖。以节肢动物、螺类、小鱼、蝌蚪和幼蛙为食。视觉差,捕食主要凭嗅觉或侧线。肢、尾残损后可再生(图 13－15)。

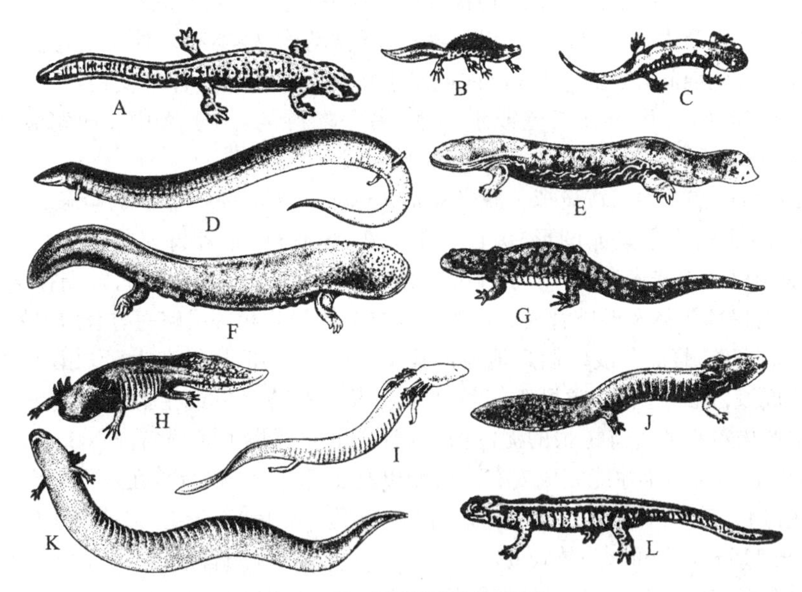

图 13－15 有尾两栖类代表动物

A. 肥螈 B. 北螈 C. 蝾螈 D. 三趾螈 E. 隐鳃鲵 F. 大鲵 G. 钝口螈 H. 钝口螈幼体 I. 洞螈 J. 泥螈 K. 鳗螈 L. 北极小鲵

(一) 隐鳃鲵亚目(Cryptobranchoidea)

隐鳃鲵亚目动物椎体双凹型。较原始的类群,有 2 科,主要分布于亚洲东部。

1. 隐鳃鲵科(Cryptobranchidae) 该科动物体型较大。成体保持有鳃裂,体侧有皮肤褶皱以增加皮肤面积用于在水中呼吸,前肢 4 趾,后肢 5 趾。终身水栖,多见于山间溪流中。该科仅 2 属、3

种。隐鳃鲵属(*Cryptobranchus*)仅1种,即隐鳃鲵(*Cryptobranchus alleganiensis*),分布于美国东部,成体有1鳃孔。大鲵属(*Andrias*)无鳃孔,有2种:日本大鲵(*Andrias japonicus*)分布于日本本州南部及四国、九州;大鲵(中国大鲵)(*Andrias davidianus*)分布于我国长江流域及黄河、珠江中下游支流中。大鲵体为棕褐色并具黑斑,全长1 m左右,大者可达2 m以上,重达25 kg,为最大的两栖动物;栖息于流水种,张口待鱼、蟹、蛙、蛇等水生动物进入;6~8月份为繁殖期,常鸣叫,似婴孩啼哭,故俗称"娃娃鱼";体外受精,幼体生长缓慢,3年性成熟;由于肉嫩鲜美,遭到大量捕杀,数量较少,为我国二级保护动物,已开展人工繁殖。

2. 小鲵科(Hynobiidae) 该科有8属、30余种。分布于亚洲东部和中部。体较小,全长不超过30 cm。犁骨齿两长列,呈"U"形或排列成左右两短行。四肢较发达,指4,趾5或4;皮肤光滑无疣粒,有或无唇褶,有眼睑和颈褶;体侧有明显的肋沟。大多全变态。多数有肺,仅爪鲵属缺如。睾丸不分叶,肛腺1对。陆栖或水栖。体外受精,卵产于水中,有1对或长或短的弧形圆筒状卵鞘袋包被,一端游离,另一端附着于物体上。除副趾鲵属(*Paradactylodon*)仅见于伊朗外,我国其他7属均有,共18种,多为特有种,包括小鲵属(*Hynobius*)、拟小鲵属(*Pseudohynobius*)、肥鲵属(*Pachyhynobius*)、极北鲵属(*Salamandrella*)、爪鲵属(*Onychodactylus*)、北鲵属(*Ranodon*)和山溪鲵属(*Batrachuperus*)等。

(1) 小鲵属:通称小鲵。皮肤光滑;头部扁平呈卵圆形;无唇褶,有眼睑;犁骨齿位于犁骨后缘,内枝长于外枝,成"⊓"形;有颈褶;躯干圆柱状或略扁,体侧有肋沟13条左右;有肺;指4,趾5;尾基较圆,向后逐渐侧扁。仅见于亚洲东部,有20余种,分布于中国、朝鲜和日本。日本种类最多,我国有8种,分布于东北、华中和我国台湾地区。东北小鲵(*Hynobius leechii*)体较小,具黑圆斑,犁骨齿列较短等。小鲵栖于山区土壤松软潮湿、植被茂密的溪流及其附近。以陆栖为主,常隐匿在覆盖有苔藓或落叶的石缝、土隙内。昼伏夜出。以环毛蚓、软体动物、虾类和多种昆虫为食。繁殖期2~5月份,因种而异。在此期间,成鲵多进入溪内或泉水洞内寻偶配对。体外受精,每一雌鲵产出卵鞘袋两条:一端结成柄状,并固着在石壁或水草上;另一端游离,漂于水中。卵鞘袋坚韧,长90~270 mm,直径9~20 mm,每条有卵13~50余粒,单行或交错排列。

(2) 拟小鲵属:已知3种。黄斑拟小鲵(*Pseudohynobius flavomaculatus*)全长158~189 mm,雌鲵138~180 mm。头较扁平呈卵圆形,头长大于头宽;无唇褶,犁骨齿列较长呈"V"形,每侧有齿12~17枚,有前颌囟。皮肤光滑,有肋沟11~12条;前后肢贴体相对时,指、趾端相遇或略重叠,指4,趾5。繁殖季节雄性头体及四肢背面有白刺。尾与头体长几相等或略短,尾鳍褶较明显。背面紫褐色,有不规则的黄斑,腹面色浅。栖息地在海拔1 700~1 845 m的高山区。山上灌丛和杂草繁茂,水源丰富。成鲵营陆地生活,常栖于箭竹和灌丛根部的苔藓下或土洞中。繁殖季节在4月中旬,产卵在泉水洞内霍小溪边有树根的泥窝内;雌鲵产出卵鞘袋1对,共有卵33~49粒,每条有卵16~26粒;幼体需1.5~2年才能完成变态。成鲵以昆虫等小动物为食,在水内捕食虾类等。分布于我国四川(南川)、贵州(绥阳)、湖北(利川)和湖南(桑植)。秦巴拟小鲵(*Pseudonhynobius tsinpaensis*)全长119~142 mm,头体长62~71 mm。头部扁平,无唇褶,犁骨齿列较短呈"V"形,每侧有齿7~10枚,有前颌囟。皮肤光滑,有肋沟13条;前后肢贴体相对时,指、趾末端仅相遇,指4,趾5。雄性头体及四肢无白刺。尾略短于头体长,尾鳍褶较明显。体尾背面金黄色与深褐色交织成云斑状;腹面藕色,杂以细白点。栖息地在海拔1 770~1 860 m的山区。成鲵营陆栖息生活,白天多隐蔽在小溪边或附近石下。5~6月份为繁殖期,卵鞘袋成对黏附在水荡内石块下,每一袋内有卵6~11粒,雌鲵产卵13~20粒。幼体全长60 mm以上逐渐完成变态。捕食昆虫和虾类。分布于陕西(周至、宁陕)、四川(万源)。水城拟小鲵(*Pseudohynobius shuichengensis*)系我国学者于1995年在贵州省水城县石龙乡发现并确定的一新种。

(3) 肥鲵属:已知仅1种,即商城肥鲵(*Pachyhynobius shangchengensis*)。雄鲵全长150~

184 mm,雌鲵 157～176 mm,体形肥壮。吻至头顶明显逐渐高起,头长大于头宽,有唇褶,较弱;犁骨齿 2 短列,呈“V”形;无囟门,上颌骨与翼骨相连接,鳞骨内侧显著隆起。躯干粗壮;皮肤光滑;四肢短弱,前后肢贴体相对时,指、趾端相距 3～5 条肋沟,掌、跖部无角质鞘;指 4,趾 5。尾短于头体长,尾鳍褶发达。背面深褐色,腹面灰褐色。栖息在海拔 380～1 100 m 的山溪内。白天成体以水栖为主,多隐于缓流水荡内石块下或在石块上爬行,受惊后游入石缝中,以水生小动物为食。分布于我国河南(商城)、安徽(金寨、霍山)和湖北(阴山)。

(4) 极北鲵属:已知仅 1 种,即极北鲵(*Salamandrella keyserlingii*)。国内分布于黑龙江、吉林、辽宁、内蒙古东北、河南东南部。国外分布在俄罗斯库页岛、堪察加半岛(向西达乌拉尔山以东)、蒙古北部、朝鲜及日本(北海道)。体长 115～123 mm。头部扁平,吻端圆厚,吻棱不显,头顶较平。眼大,约近吻眼间距。舌大,几占口腔底,两侧游离。躯干圆柱形,肋沟 3～14 条。尾侧扁而短。皮肤滑润为青褐色,头与背中线有黑橄色纵纹,腹面浅灰色。栖居环境潮湿,多在沼泽地的草丛下或洞穴中。黄昏或雨后外出觅食;以昆虫、环毛蚓、软体动物、泥鳅等为食。7 月份炎暑的午间匿居在洞穴深处;10 月份开始冬眠,4 月出蛰。4～5 月份繁殖,产卵后回返陆地生活。卵鞘袋胶质并呈圆筒形,长 200～300 mm,袋内有卵 150～200 粒,孵化时间 30 天左右。多捕食小型有害昆虫及小动物。由于栖息地的退化而数量减少,已列为黑龙江省级保护动物。

(5) 爪鲵属:已知仅 1 种,即爪鲵(*Onychodactylus fischeri*)。成鲵体形细长,雄性全长 154～181 mm,雌鲵 164～178 mm。头部扁平,无唇褶,犁骨齿列较长呈“ΛΛ”形,每侧有齿13～19 枚;前颌骨和鼻骨间囟门大而圆。躯干圆柱状,皮肤光滑,肋沟 14～15 条。前后肢贴体相对时,指、趾末端相遇,指 4、趾 5,内侧指、趾较短,末端均具有黑爪。雄性在繁殖期间后肢甚宽大。尾长大于头体长而侧扁。无肺。体背面棕褐色或淡橄榄褐色,散有均匀褐色斑,腹面污白色,栖息在海拔1 000 m 左右的山林郁密、杂草丛生、水流湍急的小溪中或其附近。成鲵以陆栖为主,多昼伏夜出,黄昏雨后活动频繁,常以爪攀登岩壁。5～6 月份繁殖,卵鞘袋纺锤形,成对固着在溪内岩石、石块或枯树枝上,每条鞘袋内有卵 16～20 粒,幼体需 3～4 年完成变态。吞食蛞蝓蜗牛、鞘翅目、直翅目等有害昆虫。分布于黑龙江、吉林(通化、白河、浑江、延吉)、辽宁(岫岩)等地区。

(6) 北鲵属:已知 2 种,分布于我国和哈萨克斯坦。巫山北鲵(*Ranodon shihi*)的雄鲵体长151～200 mm,雌鲵体长 133～162 mm。头长略大于头宽,唇褶发达,犁骨齿 2 短列,间距宽,呈“へ”形,前颌囟较大。皮肤光滑,肋沟 11 条;前后肢贴体相对时,指、趾多达对方的掌、跖部;掌、跖部腹面有棕色角质鞘,指 4、趾 5。尾高甚侧扁,尾肌和鳍褶发达。体尾黄褐、灰褐或绿褐色,有黑褐色或浅色大斑,腹面乳黄有黑褐色细斑点。栖息于海拔 910～2 350 m 的山区流溪中。沟内石块甚多,水流平缓,一般两岸植被较为丰富。成鲵以水栖为主,多伏于水内石下,少数岸上活动。3 月下旬至 4 月上旬为繁殖季节,雌鲵产出卵鞘袋 1 对,共有卵 12～42 粒。主要捕食毛翅目等水生昆虫幼虫及金龟子等。分布于河南(商城)、陕西(平利)、四川(东部)和湖北(西部)等地区。新疆北鲵(*Ranodon sibiricus*)是目前新疆唯一存活下来的有尾两栖动物,栖息于新疆温泉县境内,仅生活在海拔2 100～3 200 m 的高山泉水小溪、湖泊浅水处,是天山和阿拉套山由地面抬升时幸存下来的孑遗动物;是距今 3～4 亿年前最原始的两栖动物物种,在脊椎动物系统演化的研究中有不可替代的作用,因此是极为珍贵的“活化石”。新疆北鲵栖息地极为狭窄,目前仅生存在新疆温泉县西部与哈萨克斯坦接壤的阿拉套山和天山局部泉涌地区,数量稀少,有捷麦克沟和苏鲁别珍两个栖息地,存 3 500～4 000 余尾。1998 年,新疆北鲵被列入《中国濒危动物红皮书》,濒危等级为“极危”,成为我国珍贵的种质资源,已列入国家一级保护动物行列。

(7) 山溪鲵属:体全长一般在 250 mm 以下。头扁平,有眼睑,犁骨齿呈“八”形,略近犁骨后半段。唇褶发达;有颈褶,躯干和尾基部圆柱状;指、趾各 4。1870 年,首次发现于四川宝兴县。有的种类掌、头部有黑棕色角质鞘。龙洞山溪鲵体形最大,有童体型。多栖息在海拔 1 500～4 000 m 的山溪内。以水栖为主，常隐栖在水质清澈、水温低、水深10～50 cm的流溪石下或回水荡内碎石间，少数在溪边石缝中或土隙内。以虾、水生昆虫、水藻等为主要食物。3～4月份为繁殖盛期。水温4℃～10℃时，少数个体延至5月份产卵。体外受精。卵大，色乳白，一般5～16粒单行排列在卵鞘袋内。卵鞘袋长65～125 mm，直径8～19 mm，有的长达200 mm以上，表面有细纵缢纹，一端贴附在流溪石块下，另一端悬于水中。幼体在溪水中生长发育，完成变态。可食用，味美而有营养，四川称为杉木鱼或羌活鱼，可以入药。有6种，在西藏高原东侧和西侧呈断裂分布。我国西部现有4种：龙洞山溪鲵（*Batrachuperus longdongensis*）分布于四川；北方山溪鲵（*Batrachuperus pinchonii*）分布于陕西、四川、云南和贵州；盐源山溪鲵（*Batrachuperus yenyuanensis*）分布于四川；西藏山溪鲵（*Batrachuperus tibetanus*）分布于青海、甘肃、陕西、四川和西藏。其余2种分别分布于阿富汗的喀布尔和伊朗北部。

（二）蝾螈亚目（Salamandroidea）

蝾螈亚目动物呈椎体后凹型。较进步的类群，有8科，分布广泛，以北美洲为多。

1\. 两栖鲵科（Amphiumidae） 该科仅1属、3种，包括一趾两栖鲵（*Amphiuma pholeter*）、二趾两栖鲵（*Amphiuma means*）和三趾两栖鲵（*Amphiuma tridactylum*）。分布于美国东南部。体细长似鳗，全长30～100 cm。眼小，无眼睑，四肢极细弱而短小，尾短。水栖，终身保持幼体形态。多生活在低凹沼泽地、池塘或浅水沟内，全水栖。白天隐匿，黄昏后较为活跃。常将头部和前驱从隐蔽处伸出，伺机猎取蠕虫、软体动物、甲壳类、昆虫、小鱼、蛙和蛇等为食。体内受精，卵大，水外发育，雌鲵有护卵习性。幼鲵长60～75 mm，尾长约10 mm，具外鳃和四肢，借雨水的冲刷或雨后水位的升高而进入水中，第4年性成熟。人工饲养可存活25年。

2\. 钝口螈科（Ambystomatidae） 该科有1属、32种。分布于北美洲。体型中等。头部宽大，眼小。有明显的肋间沟。多为穴居，不好动，仅繁殖期返回溪水中产卵。大多全变态，有些种类在内外因素的影响下可出现童体型状态。墨西哥钝口螈（美西螈）（*Ambystoma mexicanum*）原仅产于墨西哥城附近湖泊，体黑色，除少数可全变态外，大多情况下终身具外鳃，现已作为观赏宠物而饲养，并培育出白化型等色型，俗称"六角恐龙"。

3\. 无肺螈科（Plethodontidae） 完全无肺，有一对自鼻孔至上唇缘的鼻唇沟，司嗅觉。形态多样。陆栖、树栖（多有缠绕性的长尾）、水栖或穴居（眼多退化）。陆栖种类在陆地交配，产卵于洞穴等潮湿环境中，卵和幼体不进入水中，直接发育。雄性颏部和体尾背面有婚腺，在发生性行为时婚腺的分泌物刺激雌性，使它辨别并纳入同种的精包，亲体或有护卵习性。犁骨齿多着生在副蝶骨上，在个体发育过程中，幼体期的犁骨齿与钝口螈相似，成体的犁骨齿有过渡型，一般认为无肺螈与钝口螈有较近的亲缘关系。有27属、220种，是有尾目最大科，分为脊口螈亚科（Desmognathinae）和无肺螈亚科（Plethodontinae）。分布于美洲和欧洲南部（拟穴螈属 *Speleomantes*），主要集中于北美洲南部，也是南美洲唯一的有尾目种类。

4\. 双曲齿螈科（陆巨螈科）（Dicamptodontidae） 体型中等，全长可达30 cm。皮肤肋间沟不显著。陆栖。有的种类有幼体性熟现象，即终身保持幼体形态。产卵于静水中。仅1属、4种，包括棕榈陆巨螈（*Dicamptodon aterrimus*）、科氏陆巨螈（*Dicamptodon copei Nussbaum*）、剑陆巨螈（*Dicamptodon ensatus*）和陆巨螈（*Dicamptodon tenebrosus*）。分布于美国西北部。

5\. 急流螈科（Rhyacotritonidae） 体型小，眼相对较大，肺退化。半水栖性。遇敌害会假死。分布于美国西部。分类先后归于钝口螈科和陆巨螈科，于1992年独立一科。仅1属、4种，包括瀑布急流螈（*Rhyacotriton cascadae*）、哥伦比亚急流螈（*Rhyacotriton kezeri*）、奥林匹亚急流螈（*Rhyacotriton olympicus*）和南部急流螈（*Rhyacotriton variegatus*）。

6\. 洞螈科（Proteidae） 该科仅2属、6种。终身童体型，具外鳃，水栖。洞螈属（*Proteus*）仅1种，即洞螈（*Proteus anguinus*），分布于欧洲巴尔干半岛阿尔卑斯山脉的石灰岩溶洞中，主要见于斯洛文尼亚的波斯托伊纳岩洞，全长20～30 cm，眼退化而隐于皮下，为典型的洞穴生物，具较高的学术价值。泥螈属(*Necturus*)有6种，分布于美国东部和中部，生活于溪流中，体多为黑色，包括阿拉巴马泥螈(*Necturus alabamensis*)、海湾泥螈(*Necturus beyeri*)、纽斯河泥螈(*Necturus lewisi*)、红河泥螈(*Necturus louisianensis*)、斑泥螈(*Necturus maculosus*)和小泥螈(*Necturus punctatus*)。

7. 蝾螈科(Salamandridae)　全长不超过20 cm。头躯略扁平，皮肤光滑或有瘰疣。有活动性眼睑。肋沟不明显。有眼睑。犁骨齿两长列，呈"∧"形排列两行。四肢较发达，指4，趾5或4。多为水栖，少数陆栖。体内受精，雌螈将雄螈排出的精包(或精子团)纳入泄殖腔壁。卵生或卵胎生，卵生者卵单生或连成单行，多数水中产卵，少数在水源附近湿土上产卵。有14属、50余种和亚种。广泛分布于北半球温带地区，包括欧洲、非洲东北部、亚洲南部和东部、北美洲等。我国有6属、18种(亚种)，主要分布于秦岭以南，包括蝾螈属(*Cynops*)、疣螈属(*Tylototriton*)、瘰螈属(*Paramesotriton*)、棘螈属(*Echinotriton*)、肥螈属(*Pachytriton*)、滇螈属(*Hypselotriton*)等。常见种类有尾斑瘰螈(*Paramesotriton caudopunclatus*)、东方蝾螈(*Cynops orientalis*)和黑斑肥螈(*Pachytriton brevipes*)。

(1) 尾斑瘰螈：背面有3条土黄色纵纹，腹面色浅有深斑；雄螈尾侧有数个镶黑边的紫红斑；指、趾侧缘膜宽扁；4月份产卵于溪流内，贴附在石缝间，有卵63～72粒。卵呈椭圆形。广西瘰螈体背面及两侧全为黑褐色；背嵴强烈隆起；尾扁薄而高；前肢短，前伸指端达眼眶后缘。生活于平缓流溪内，偶发出"哇、哇"叫声。曾发现胃内有蛾类，捕食环毛蚓等。

(2) 东方蝾螈：犁骨齿呈"∧"形，唇褶较显，前颌骨1枚，鼻突中间无骨缝；上颌骨和翼骨均短，两者相距远。基舌软骨有1对指状突，2对角鳃骨均骨化或仅有1对骨化，上鳃骨仅1对。幼体有平衡枝，外鳃3对，羽状；尾背鳍褶始自体前部，鳍褶低而平直。体全长61～155 mm。头部扁平；皮肤较光滑有小疣；脊棱弱；舌小而厚，卵圆形，前后端与口腔底部黏膜相连；四肢细弱，指、趾无蹼；尾极侧扁。常见于华东和华中地区；生活在丘陵沼泽地水坑，池塘或稻田及其附近。从10月份至次年3月份多在水域附近的土隙或石下进入冬眠。3～9月份多在山边水草丰盛的水坑或稻田内活动。底栖，爬行缓慢，很少游泳。多在水底觅食环毛蚓、软体动物、昆虫幼虫等。在寻求配偶时，雄螈经常围绕雌螈游动，时而触及雌螈肛部，时而在头前，弯曲头部注视雌螈，同时将尾部向前弯曲急速抖动，如此反复多次，有的可持续数小时。当雄螈排出乳白色精包(或精子团)，沉入水底黏附在附着物上时，雌螈紧随雄螈前进，恰好使泄殖腔孔触及精包的尖端，徐徐将精包的精子纳入泄殖腔内。精包膜遗留在附着物上。纳精后的雌螈非常活跃，尾高举与体成40°～60°角度，约1小时后才逐渐恢复常态。雌螈纳精1次或数次，可多次产出受精卵，直至产卵季节终了为止。在产卵时雌螈游至水面，用后肢将水草或叶片褶合在泄殖孔部位，将卵产于其间。每次产卵多为1粒，产后游至水底，稍停片刻再游到水面继续产卵；一般每天产3～4粒，多者27粒，平均年产220余粒，最多可达668粒。卵一般经15～25天孵出。即将孵出的胚胎有3对羽状外鳃和1对细长的平衡枝。蝾螈是较好的实验动物和观赏动物，也能捕食水稻田中的水生昆虫。

(3) 黑斑肥螈：产于我国华中、华东南各省。皮肤光滑，体躯肥胖。头部平扁，有上唇褶，犁骨齿列"八"字形。躯干和尾基部浑圆，尾后段侧扁。四肢粗短。指、趾侧有缘膜或相连成半蹼，多栖息在较为平坦的大小山溪内，白天多隐匿在水荡或缓流处。静伏于石下，个别的在水底石间缓慢爬行或游泳，夜间多出外活动。以环毛蚓、象鼻虫、虾、小蟹及螺类等为食。5～6月份是主要的繁殖期。卵产于缓流处石下，卵单生或相连，一般为30～50粒，贴于石块底面。晚期胚胎有外鳃、平衡枝和前肢芽。可食用。去其内脏后晒干研末，以酒或开水吞服，可治疗痢疾，故常遭捕杀，数量减少。

8. 鳗螈科(Sirenidae)　该科仅2属、3种。分布于美国东南部和墨西哥东北部。体细长似鳗，前肢细弱，无后肢和骨盆，尾短。眼极小，无眼睑；无上、下颌齿而有角质鞘。终身有外鳃，犁骨齿保持幼体期状态。常于沼泽或溪流底部泥中挖穴而居或隐藏在水草乱石之中，偶尔上陆地活动，离水后能发出轻微叫声。干旱时皮肤可分泌黏液，在土穴内形成坚硬的外壳，似茧，可度过干旱恶劣的环境；此时皮肤失去湿润性，外鳃萎缩，仅保留鳃孔。夜间活动，主要捕食昆虫和小鱼。在水中进行交配，一般产卵1枚于水草叶上。体内还是体外受精尚未明。幼体有发达的背鳍褶，自头后至尾末端。完成变态时，仅尾部有鳍褶，皮肤无幼体特有的莱氏腺。有些种寿命至少25年。拟鳗螈(*Pseudobranchus stratus*)全长25 cm，指3，鳃裂1对；大鳗螈(*Siren lacertina*)全长50～90 cm；小鳗螈(*Siren intermedia*)全长约70 cm，指4，鳃裂3对。该科有时单列为1个亚目。

三、无尾目(蛙形目)(Salientia)

无尾目有20科、303属、约3 500种。广布于五大洲，以热带、亚热带最多，有的种进入北极圈和海洋。我国有240种(图13-16)。成体短阔，无尾。头部略呈三角形，颈部不明显，前肢较短，后肢特别发达，具有蹼，适于跳跃或游泳。有眼睑和鼓膜。口裂较大，多数种类舌可翻出口外捕食。肋骨不发达，或完全退化；额骨与顶骨、尺骨与桡骨、胫骨与腓骨都各自愈合。无交接器。多体外受精。卵产在水中，孵化成的幼体有尾，称为蝌蚪。用鳃呼吸，幼体先长出后肢，再长出前肢，尾逐渐缩短，最后消失。鳃也逐渐萎缩、消失，肺逐渐形成。经过变态发育为成体，主要用肺呼吸。由于肺的结构比较简单，皮肤起着重要的辅助呼吸作用，皮肤呼吸主要排出二氧化碳。多种蛙类及蟾蜍生活于农田。喜食活的害虫，有益农业；蟾酥是传统中药。

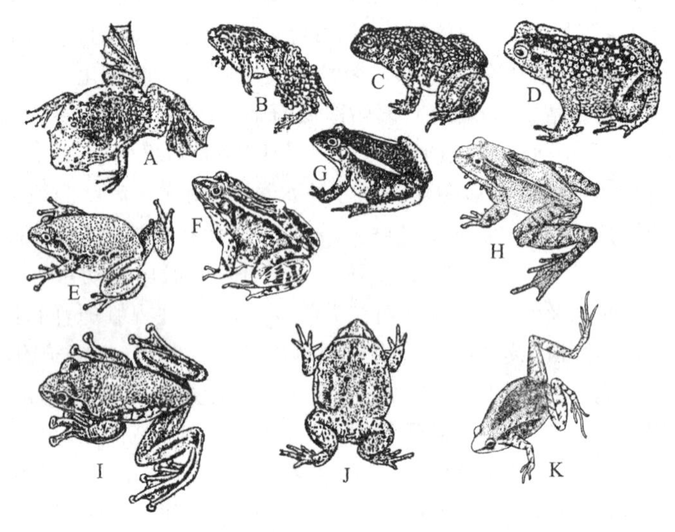

图13-16 无尾两栖类代表动物

A. 负子蟾 B. 产婆蛙 C. 东方铃蟾 D. 大蟾蜍 E. 无斑雨蛙 F. 黑斑蛙 G. 金线蛙 H. 中国林蛙 I. 大树蛙 J. 北方狭口蛙 K. 饰纹姬蛙

(一) 始蛙亚目(Archaeobatrachia)

始蛙亚目包括2科。脊椎骨为双凹型，有短的肋骨，是现存最原始的无尾类。

1. 尾蟾科(Ascaphidae) 为现存最原始的无尾类，具有9枚骶骨前椎骨、1枚前耻骨、未固定的肋骨以及残留的摆尾肌。仅1属、2种，即尾蟾(*Ascaphus truei*)和落基山尾蟾(*Ascaphus montanus*)，后者有时作为前者的1个亚种。分布于北美西北部。栖息于自海平面到海拔2 000 m的山间清澈溪流中，夜间活动。体长约4 cm。雄性长有短小泄殖孔附器，似尾状，但不是尾，而是用以插入雌蛙泄殖孔，使精子在交配时不被水流冲走，这是适应湍急溪流的一种方式。蝌蚪长有数排小齿状的牙齿和大且有吸附力的口盘，可吸附在溪水中的岩石地面并刮食藻类。蝌蚪发育缓慢，需要1～4年才变态成幼蛙，直到7～8年才达到性成熟。本科有时被置于滑蹠蟾科(Leiopelmatidae)。

2. 滑蹠蟾科(Leiopelmatidae)　该科仅1属、4种，包括阿氏滑蹠蟾(*Leiopelma archeyi*)、哈氏滑蹠蟾(*Leiopelma hamiltoni*)、何氏滑蹠蟾(*Leiopelma hochstetteri*)和毛德岛滑蹠蟾(*Leiopelma pakek*)。后者仅分布于新西兰，故又称新西兰蛙。栖息于潮湿的山区林间，夜间活动。具有尾蟾科最原始的形态上的特征，但没有似尾的泄殖孔附器。肩带弧胸型，椎骨11枚，较其他无尾类多1枚，椎体双凹型，有残留的脊索和尾肌。一次产卵最多23粒，产于洞穴中。蝌蚪在洞穴中发育，由雄蛙照顾，直至变态发育成幼蛙。为孑遗动物，具有重要科研价值，且数量稀少，个别种类甚至濒临灭绝，已被列入保护名单。

(二) 后凹型亚目(负子蟾亚目)(Opisthocoela)

后凹型亚目包括4科。脊椎骨为后凹型，具有骨化椎体；尾杆1个或2个。有短的肋骨。荐骨横突宽大。肩胛骨较短；弧胸型。上颌一般有齿；无鼓膜或不显著。

1. 铃蟾科(Bombinatoridae)　包括巴蟾属(*Barbourula*)和铃蟾属(*Bombina*)，共2属、9种。分布于欧洲、亚洲东部和东南部、婆罗洲、菲律宾(巴拉望岛)。栖息于湿地，半水栖或见于山间溪流中，夜间活动。每年在水中繁殖2～3次，鸣声低沉。铃蟾属成团状产卵60～200粒于植物叶片上，蝌蚪在水中发育；巴蟾则直接产于溪流中。东方铃蟾(*Bombina orientalis*)分布最为广泛，国外分布于俄罗斯、日本、朝鲜，在我国见于东北、华北等地区。长约5 cm。舌呈盘状，周围与口腔黏膜相连。皮肤粗糙。身体和四肢灰棕色或绿色，具斑点和大小不等的刺疣；腹面呈橘红色，有黑色斑点。趾间有蹼。雄蟾无声囊。栖居于池塘或山区溪流石下。5～7月份繁殖，卵多成群或单个贴附在山溪石块下或水坑内的植物上，每次产卵约百余粒。成体受到惊扰时则举起前肢，头和后腿拱起过背，形成弓形，腹部呈现出醒目的色彩。这种对险情的反应(预感反射)，可能是向捕食者暗示它的皮肤有毒的一种信号，所以有人称之为“警蛙”。该科常被置于盘舌蟾科(Discoglossidae)。

2. 盘舌蟾科(Discoglossidae)　因舌为圆盘状且不能伸出而得名。包括2属、11种，分布于欧洲西部、中部及南部地区，非洲西北部及小亚细亚。夜间活动。产婆蟾属(*Alytes*)陆栖，躲藏于用前肢挖掘出的浅坑或圆木下的裂缝中，繁殖季节时进入水中。雄蛙鸣声似轻笑声，趾部、下颏或腹部长出“婚垫”，有助于紧紧抱住雌蛙；雌蛙产100粒左右的卵串，雄蛙使其受精后盘绕在后肢上，并返回水中持续3～5周，直至卵被孵化成蝌蚪，这是本属最显著的行为特征。盘舌蟾属(*Discoglossus*)又称油彩蛙属，栖息于多岩石的溪流边，直接产卵500～1 000粒在溪水中。

3. 负子蟾科(Pipidae)　该科有4属、27种，分布于非洲和南美洲。完全水生性，栖息于湖泊及池塘，后肢强劲而有发达的蹼，前肢纤细而无蹼。没有舌头。将卵放在背部的小囊中孵化，完成变态或接近完成变态时离开母体。负子蟾属(*Pipa*)有7种，口部无角质颌和角质齿。成体眼小，无眼睑；无舌。趾蹼极发达。终身水栖。雌蟾背皮膨胀成海绵状，泄殖腔孔突出；产卵时雌雄抱对从水底逐渐游向水面，身体翻转，体背朝下、腹面朝上时稍停片刻，雌蟾产卵3～10枚，落到雄蟾的腹部。随后，又向水底游动。这时，两蟾抱握的部位略微放松，卵滚入雌蟾背部蜂窝状的皮肤窝内。一般连续重复此种动作15～18次，共产卵40～100粒。卵在雌蟾背面的皮肤窝内生长发育，完成变态，然后离开母背。跌落水底的卵不能正常发育。在以色列晚白垩世地层中采到近于此类群的化石，表明这是一个既原始又相当特化的类群。

4. 异舌穴蟾科(Rhinophrynidae)　该科仅1属、1种，即异舌穴蟾(*Rhinophrynus dorsalis*)。主要分布于中美洲，从美国德克萨斯州的格兰德大峡谷到波多黎各等地。陆栖，穴居，夜间活动，捕食白蚁。体呈球形，长约8 cm，头小，口鼻部尖。四肢短小，前趾短后趾长，底部都有蹼；后足具铲状结构，用以掘土。雄性具内声囊，常漂浮在水面上发出叫声求偶。卵通常产在临时形成的水塘中，发育很快，自由活动的蝌蚪会成群地浮出水面，具有感觉功能的触须。该科在结构和进化上与负子蟾科(Pipidae)关系密切。

(三) 变凹型亚目(锄足蟾亚目)(Anomocoela)

变凹型亚目包括3科。脊椎骨为前凹型,但有变异,椎间的骨片有的尚未骨化,仍为软骨,可形成双凹型或双凸型的椎骨。

1. 角蟾科(Megophryidae) 该科因多数上眼睑和口鼻部具角状突起而得名。有12属、100余种,且不断有新种被发现。分布于亚洲东部和南部、印澳群岛西部,我国横断山脉的属种最为丰富。前凹椎体是由骨化或钙化的间椎体与前一枚椎体愈合而成。这类前凹与典型前凹型的不同处,在于嵌在二椎骨间的椎体不剥离就能看到。栖息于海拔较高的山间溪流附近。体具保护色,有些种类极似枯叶状。繁殖期进入水中,雄蛙可发出嘈杂、机械的"叮当"声。蝌蚪常具能吸附的大嘴和低鳍,或朝上摄食水面生物的大嘴。本科有时置于锄足蟾科(Pipidae),作为一个亚科,即角蟾亚科(Megophryinae)。

2. 锄足蟾科(Pipidae) 该科有3属、10种,分布于欧洲和亚洲西部,以及北美的干旱砂壤地区。后肢较短,具铲形的凸出物,可用于挖掘。夜间活动,白天及长期干旱时躲藏于洞穴中。荐椎横突特别宽而长大,荐椎前几枚躯椎大多细弱并向前倾斜成锐角,荐椎与尾杆骨愈合或仅有单一骨髁。舌器不具前角或呈游离状;舌喉器的环状软骨在背侧不相连。卵和蝌蚪在水域存活,蝌蚪为左出水孔型。口周有唇乳突,上下唇最外排唇齿都是一短行,左右唇齿2~8行不等,角质颌强,适于刮取藻类,甚至能咬食小蝌蚪。锄足蟾属(*Pelobates*)分布于欧洲、亚洲西部和非洲西北部。掘足蟾属(*Scaphiopus*)和旱掘蟾属(*Spea*)分布于北美,主要见于加拿大南部、美国至墨西哥地区,有时独立为北美锄足蟾科(Scaphiopodidae)。

3. 合跗蟾科(Pelodytidae) 该科仅合跗蟾属(*Pelodytes*),又称泥蟾、潜蟾、欧芹蟾,包括3种:高加索合跗蟾(*Pelodytes caucasicus*)、伊比利亚合附蟾(*Pelodytes ibericus*)和斑点合跗蟾(*Pelodytes punctatus*)。分布于欧洲西部和亚洲西南部。体较锄足蟾更纤细。陆栖,善于掘地,但足部缺少坚硬的凸出物。夜间活动。秋季繁殖,全天可见。卵有色,产于水塘或流速缓慢的溪水中。部分种类的蝌蚪能够在咸水中生活。该科与锄足蟾科有很近的亲缘关系。

(四) 前凹型亚目(Procoela)

前凹型亚目包括13科、5 000余种,分布极广。脊椎骨为前凹型,有2个尾杆骨髁;弧胸型。

1. 沼蟾科(魔蟾科)(Heleophrynidae) 该科仅1属,约5种:赫氏沼蟾(*Heleophryne hewitti*)、东方沼蟾(*Heleophryne orientalis*)、珀塞尔沼蟾(*Heleophryne purcelli*)、勒吉沼蟾(*Heleophryne regis*)和罗斯沼蟾(*Heleophryne rosei*)。分布于非洲南部。栖息于山区中水流湍急且多岩石的溪流,夜间活动。体细长,约6 cm,扁平;口鼻部愈合;四肢长,趾末端扩张呈刮勺状。卵产后黏附于溪流岩石上。蝌蚪需要1~2年完成变态发育,具大的吸附嘴以适应湍急的水流,以刮取藻类为食。

2. 汀蟾科(Limnodynastidae) 该科有8属、40余种,分布于澳大利亚和新几内亚。陆栖或穴居与热带雨林和干燥的树林和草地,夜间活动。多数强壮,前肢较短,头钝,具微蹼。受到惊吓时,会分泌黏稠、白色毒液。大都腹股沟处抱合,斑蟾属腋下处抱合。体外受精,有些种类卵以堆状产于溪流边缘,或以串状产于池塘,蝌蚪在水中生长发育;少数种类产在洞穴中或水面上的泡沫中,蝌蚪在泡沫中生长发育。该科常作为一亚科置于龟蟾科(Myobatrachidae),即汀蟾亚科(Limnodynastinae)。

3. 龟蟾科(Myobatrachidae) 该科包括溪蟾亚科(Rheobatrachinae)和龟蟾亚科(Myobatrachinae),共13属、80余种。分布于澳大利亚和新几内亚南部。陆栖或穴居与热带雨林、草原、沙漠,大多夜间活动。多数体强壮,钝头,前肢相对较短,足部具微蹼。腹股沟处抱合。卵产于水中,蝌蚪在水中生长;也有少数种类将卵产于地下洞穴里;还有一些种类则将卵产于地上,刚孵化出的蝌蚪蠕动到雄蛙的袋囊中完成发育。溪蟾雌蛙则将受精卵吞入胃中,直至孵出且变态为幼蛙。

4. 塞舌蛙科(Sooglossidae) 该科仅2属、4种。塞舌蛙属(*Sooglossus*)包括加氏塞舌蛙

(*Sooglossus gardineri*)、锡卢埃特塞舌尔蛙(*Sooglossus pipilodryas*)、塞舌蛙(*Sooglossus sechellensis*)等。分布于印度洋中的塞舌尔群岛。体长 2~5 cm,陆栖于潮湿的森林中。卵产于陆地上而不是水中,卵直接孵化成小蛙或者将蝌蚪背在直到变态成小蛙,而这些附在背上的可都没有嘴,不用进食。均数量稀少,易灭绝。紫蛙属(*Nasikabatrachus*)仅 1 种,即紫蛙(*Nasikabatrachus sahyadrensis*),2003 年发现于印度南部,躲藏于洞穴中生活,仅在繁殖期进入水中。由于栖息地遭到破坏,已十分罕见。该种曾独立为紫蛙科(Nasikabatrachidae),但与塞舌蛙科亲缘关系更近。

5. 细趾蟾科(Leptodactylidae) 该科为无尾目最大科,包括 52 多属、近 900 种。分布于从南美洲最南端到墨西哥及西印度群岛,极少数达美国南部。形态、生活习性多样。陆栖、穴居、水栖、树栖均有。大多夜间活动。生殖方式亦多样,通常腋下处抱合,除了卵趾蟾属(*Eleutherodactylus*)的某些种类外均体外受精,卵产于水中、陆地或水上泡沫巢内,极少数卵胎生。五趾细趾蟾(*Leptodactylus pentadactylus*)又称南美牛蛙,其外表和习性都与北美牛蛙类似,体型大而凶猛,但无亲缘关系。饰纹角花蟾(*Ceratophrys ornata*)体长达 20 cm,粗壮而凶猛,甚至敢于攻击比自己大很多倍的动物,是市场上最常见的宠物蛙类。

6. 蟾蜍科(Bufonidae) 该科有 30 余属、300 余种。除大洋洲和马达加斯加无分布外,广泛分布于全球温带和热带地区。我国已知 2 属、17 种,遍布全国。体型短粗,背面皮肤上具有稀疏而大小不相等的瘰粒。头部有骨质棱嵴。耳旁腺大,其分泌物的干制品即著名的重要蟾酥;鼓膜大多明显;瞳孔水平形;舌端游离,无缺刻;无颌齿和犁骨齿。后肢较短。椎体前凹型,无肋骨;肩带弧胸型。多陆生性强,昼伏夜出,产卵于长条形的胶质卵带内,蝌蚪有唇齿左孔型。

7. 箭毒蛙科(丛蛙科)(Dendrobatidae) 箭毒蛙科(丛蛙科)有 10 余属、200 余种。分布于南美洲的热带雨林、中美洲。主要陆栖于潮湿的森林中,除了香毒蛙属外均为白天活动。体型较小,体长 1.2~6 cm。头部短,四肢细长;前趾无蹼,后趾有蹼或无蹼;趾尖稍微扩展,背部欧一对甲片。瞳孔呈水平椭圆状。皮肤颜色鲜艳,有红、黄、蓝、绿、紫、黑等各种警戒色,且同一种有很多色型,多者达 20 种;皮肤可以分泌毒液,当地人常将毒液涂抹在箭头上狩猎,故名。繁殖时不抱合,体外受精。卵产于地上,由雄性或雌性照看。大多种类刚孵化出的蝌蚪爬到亲代的背上,被带到溪流或凤梨科植物储存雨水的结构里生长发育。叶毒蛙属雌蛙还会产下未受精卵供蝌蚪食用。由于栖息地破坏,不少种类已经濒临灭绝。

8. 尖吻蟾科(达尔文蛙科)(Rhinodermatidae) 该科(达尔文蛙科)仅 1 属、2 种,包括达尔文蛙(*Rhinoderma darwinii*)和智利达尔文蛙(*Rhinoderma rufum*)。分布于智利、阿根廷,栖息于南美洲西南岸温带雨林。为达尔文于航行世界途中所发现,故名。身体细长,口鼻部尖,体侧和四肢具多行瘤状疣;趾长,后趾具微蹼,前趾无。繁殖时腋下处抱合。产卵于地面,雄蛙再将卵含于口中,约 20 天孵化,蝌蚪在声囊中发育成幼蛙,故又称"衔幼蛙"。

9. 雨蛙科(Hylidae) 该科有澳雨蛙亚科(Pelodryadinae)、叶泡蛙亚科(Phyllomedusinae)、扩角蛙亚科(Hemiphractinae)和雨蛙亚科(Hylinae),共 4 亚科、40 余属、近 800 种。分布广泛,以南美洲和大洋洲最多,亚洲东部、欧洲、北美均有分布。我国仅分布雨蛙属(*Hyla*)9 种。体细瘦,皮肤光滑。有上颌齿和犁骨齿。椎体前凹型,无肋骨;肩带弧胸型。最末 2 节指骨和趾骨之间各有一间介软骨,指、趾末端膨大成吸盘,并有马蹄形横沟。瞳孔横置;舌卵圆且大,后端微有缺刻;鼓膜显著或隐蔽;背面皮肤多光滑无疣;指,趾末端多膨大成吸盘,有马蹄形横沟;指间无蹼或有蹼迹,趾间有蹼;外侧蹠间无蹼。头骨骨化软弱,左右额顶骨不完全愈合,中央一般有 1 个大的囟;鼻骨较小,左右多分离,距额顶骨较远;鳞骨弱,有短的颧枝,上颌有齿,有犁骨齿;有腭骨、方轭骨。髓弓不呈覆瓦状排列;荐椎横突适度扩大;肩胸骨及正胸骨软骨质;锁骨有强的弯曲。舌骨有翼状突;后侧突短小;舌角无前突。耻骨进入或不进入髋臼;腕骨 6 枚;远列跗骨 2~3 枚。成体多为树栖,卵多产于静水域,一般卵有色素;蝌蚪的上尾鳍高而薄,一般始自背中部;上唇缘无乳突,下唇及口角部有之,肛孔多位于下尾鳍基部右侧。主要为树栖，夜行性，少数陆栖或穴居小型蛙类。

10. 多指节蟾科(不合理蛙科)(Pseudidae)　该科有 2 属 14 种，分布于南美洲北部和东部从哥伦比亚到阿根廷一带的低地水域。大多终身生活在水中，可埋在泥穴中度过干旱。体强健，呈流线型；口鼻部尖，眼突出，瞳孔呈水平椭圆状。后肢长而有力，趾细长，蹼发达；但前肢趾无蹼。繁殖时腋部抱合，卵产于水中。奇异多指节蟾(*Pseudis paradoxa*)，成蛙身长 7 cm，但是蝌蚪却长达25 cm，相当特别，故称“不合理蛙”。有的学者认为本科属于雨蛙科(Hylidae)。

11. 瞻星蛙科(跗蛙科)(Centroledinae)　该科分为瞻星蛙亚科(跗蛙亚科)(Centroleninae)和小跗蛙亚科(Hyalinobatrachinae)2 个亚科，前者因腹部透明，又称为玻璃蛙。分布于墨西哥南部到阿根廷东北的南美洲。生活在山区潮湿森林中，尤其是多岩石的瀑布附近，夜行性。体细长，2～8 cm；头大，眼突出，瞳孔呈水平椭圆状。前趾和后趾部分有蹼，趾端有扩张的吸盘。前趾关节呈“T”形，第 3 掌骨内侧有涨起的骨突。腹部皮肤为半透明，能够隐约看到内脏。繁殖时腋部抱合，小窝的卵产于溪流上游边的植物叶片上，蝌蚪孵化出后在溪流中生长发育。该科的分类存在争议，有时被归入雨蛙科(Hylidae)，而新的研究表明，其与细趾蟾科(Leptodactylidae)也有亲缘关系。

12. 疣蛙科(Allophrynidae)　该科仅 1 属、2 种，包括疣蛙(*Allophryne ruthveni*)和 2012 年在秘鲁新发现的华丽疣蛙(*Allophryne resplendens*)。分布于南美洲东北部热带雨林中。树栖，夜行性。身体细长而扁平，体长约 3 cm，上部棕黑色，间有黑色斑点。头扁平，口鼻部圆形，瞳孔呈水平椭圆状。四肢较长，前趾和后趾末端具扩张的平截吸盘；前趾无蹼，后趾底部有蹼。在暂时形成的水池中繁殖，腋部抱合。该科的分类地位存在争议，也有学者认为应该作为一个亚科置于瞻星蛙科(Centroledinae)，即疣蛙亚科(Allophryninae)。该科与蟾蜍科、细趾蟾科和雨蛙科都有一定亲缘关系。

(五) 参差型亚目(Diplasiocoela)

参差型亚目动物的第 1～7 块脊椎骨为前凹型，第 8 块为双凹型，第 9 块即荐椎为双凸型并有两个尾杆骨髁；荐椎横突宽大或柱状。固胸型。该亚目的分类存在很大争议，其中蛙科(Ranidae)过去可分为 8 个亚科，现大多亚科已独立成科，或取消(如湍蛙亚科)。

1. 蛙科(Ranidae)　上颌有齿，一般有犁骨齿。肩带固胸型，椎体参差型，荐椎横突柱状；指趾末端二骨节间没有间介软骨。鼓膜明显隐于皮下，皮肤光滑或有疣粒。舌一般长椭圆形，后端大多具缺刻。蝌蚪一般有唇齿左孔型。分类存在争议，过去可分为 8 亚科，但根据新的分类学研究，其中很多亚科或属已独立成科，故不再有亚科之分。现主要包括 30 余属，广泛分布于非洲、欧洲、亚洲地区，美洲和澳洲北部有少数种类渗入。在我国有分布的是水蛙属(*Hylarana*)、臭蛙属(*Odorrana*)、侧褶蛙属(*Pelophylax*)、林蛙属(*Rana*)和湍蛙属(*Amolops*)。

(1) 黑斑侧褶蛙(*Pelophylax nigromaculata*)：俗称青蛙。鼻骨较大，两内缘略分离或在前方相切，并与额顶骨相接；蝶筛骨或多或少显露；额顶骨窄长；前耳骨大；鳞骨颧枝长(约为耳枝的 2 倍)。肩胸骨基部不分叉；上胸软骨扇形，一般与剑胸软骨几等长(胫腺侧褶蛙的极小)；中胸骨较长，基部较粗；剑胸软骨后端缺刻较浅。舌角前突细短。第 1 掌骨正常；指(趾)骨节末端略膨大或尖。指、趾末端钝尖或尖；无指基下瘤；趾间超过半蹼或近半蹼；外侧蹠间蹼发达，具 1/2 蹼或几达蹠基部。鼓膜大而明显。背侧褶宽厚，体背面以绿色为主。雄性婚垫位第 1 指基部。蝌蚪下唇乳突 1 排，完整或中央缺如；上唇齿 1～2 排；出水孔位左侧，无游离管；肛孔位尾基右侧。卵粒有色素，卵小，直径 1.5～2.0 mm。成体主要在静水域(稻田、水塘)生活。卵和蝌蚪在静水内发育生长。除新疆、西藏、云南、海南省及我国台湾地区外，广泛分布于各省，在日本、朝鲜、前苏联也有分布。成蛙吃各种有害昆虫，有益于农业。肉可食，也是常用的实验动物和药用动物。

(2) 中国林蛙(*Rana chensinensis*)：俗称哈士蟆。鼻骨小，内缘短，左右平行，间距宽，鼻骨与蝶筛骨和额顶骨分开；蝶筛骨前部显露；额顶骨一般前窄后宽；鳞骨颧枝杆状；前耳骨大；雄性第 1 掌骨增大，具瘤状物。肩胸骨基部不分叉；上胸软骨很小，约为剑胸软骨的 1/5(个别种较大)。中胸骨细长,杆状;剑胸软骨呈伞状或半月状,后端无缺刻。舌角前突细小。指(趾)骨末端略膨大。指、趾末端钝,有或无指基下瘤,趾间全蹼或略逊,外侧蹠间蹼几达蹠基部。背侧褶细。鼓膜显著。体多为浅褐色或绿黄色,鼓膜部位有深色三角斑。雄性第1指背面具婚垫,婚垫分为3～4团。蝌蚪下唇乳突1排完整(昭觉林蛙中央缺1个乳突位置),上唇齿2排以上。出水孔左侧,无游离管。肛孔位尾基右侧,无游离管。卵粒有色素,卵径1.5～2.0 mm,个别种达3 mm。成体以陆栖为主,生活于森林、灌丛或草地,繁殖期进入静水域或流溪缓流处产卵。蝌蚪多在静水中生活。因冬眠期可在地下存活5个月,又称"雪蛤"。其肉营养价值高,输卵管制成的干品称为雪蛤油、林蛙油、蛤蟆油、雪蛤膏,是一种兼具药用、食补、美容的高级营养品,与熊掌、猴头、飞龙并称长白山"四大山珍"。但由于大量捕捉,目前中国林蛙的野生数量大幅下降。

2. 昏蛙科(Nyctibatrachidae) 该科包括浪蛙属(*Lankanectes*)和昏蛙属(*Nyctibatrachus*),共2属、30余种,分布于印度南部的西高止山脉和斯里兰卡。其中浪蛙属仅浪蛙(*Lankanectes corrugatus*)1种。该科常置于蛙科(Ranidae),被认为是由大头蛙属(*Limnonectes*)进化而来,故与同由蛙科独立出的叉舌蛙科(Dicroglossidae)有亲缘关系。

3. 叉舌蛙科(Dicroglossidae) 鼻骨大,两内缘相接,与额顶骨相触或略分离;蝶筛骨完全隐蔽或少部分显露;额顶骨窄长;鳞骨颧枝长;前耳骨大。舌角前突短小。肩胸骨基部分叉,呈"V"形,上胸软骨略小于剑胸软骨;中胸骨杆状或哑铃状;剑胸软骨伞状,后端钝尖,无缺刻;锁骨纤细。指、趾骨末端钝尖;无指基下瘤;趾间全蹼或半蹼,外侧蹠间蹼几达蹠基部或达蹠部的1/2。无背侧褶,背部和体侧有疣粒或肤棱。雄性第1指基部有婚垫。蝌蚪两口角及下唇乳突单排,下唇中央缺如。出水孔位体左侧,无游离管。肛孔位尾基右侧,无游离管。卵粒小,卵径1～1.5 mm,有色素。该科是根据新的分子系统发育研究从蛙科(Ranidae)中独立出的一个新科,又可分为叉舌蛙亚科(Dicroglossinae)和浮蛙亚科(Occidozyginae),包括大头蛙属、虎纹蛙属、倭蛙属、高山蛙属、陆蛙属和浮蛙属等。这种分类方式目前仍然存在争议,也有学者认为此科还是蛙科的一个亚科。虎纹蛙(*Hoplobatrachus rugulosus*)俗称"水鸡",前后肢有虎纹状横斑,故名。由于肉味鲜美营养,常被捕捉食用,数量锐减,已列为我国二级保护动物。

4. 皱蛙科(Ptychadenidae) 该科包括3属、50余种,分布于非洲撒哈拉以南地区。其中皱蛙属(*Ptychadena*)约50种,丽蛙属(*Hildebrandtia*)3种,兰氏蛙属仅兰氏蛙(*Lanzarana largeni*)1种。在分类上,该科也常置于蛙科(Ranidae)。

5. 节蛙科(Arthroleptidae) 该科包括节蛙亚科(Arthroleptinae)和小黑蛙亚科(Leptopelinae),共8属、200余种,分布于非洲撒哈拉以南地区。小型的陆栖蛙,体长不到4 cm,主要栖息在林地地表的落叶层上。大多身体细长,有或无蹼。繁殖时腋部抱合,将卵产于水中,可孵化成自由游泳的蝌蚪。节蛙属(*Arthroleptis*)等少数类群在陆地产卵,一次10～30粒,卵直接孵出具尾或不具尾的幼蛙,以适应陆地生活。发蛙(*Trichobatrachus robustus*)又称为壮发蛙、骨折蛙、多毛蛙、毛毛蛙,分布于非洲中部。雄蛙的尾部有狭长的肺憩室,繁殖期的雄性发蛙还会在腹部和后肢两侧上长出毛发状的真皮乳突,内含很多微小动脉,陆栖时可以增加表皮的吸氧量,其作用相当于水栖时的外鳃,也因此得名。发蛙还以能伸缩的"爪"而著名,不过这种爪并不是由角蛋白构成的真正的爪,而是骨骼。遇到危险时,发蛙会将骨头折断,之后锋利的"爪"会刺透趾垫从断裂处伸出,还可使其更牢固地抓住岩石。

6. 铲鼻蛙科(肩蛙科)(Hemisotidae) 该科仅1属、10种,分布于非洲中部。栖息于稀树大草原和灌木丛中,穴居。身体强壮,口鼻部较尖,适于钻穴;无中耳;四肢粗短,后足具有"铲"。繁殖时腹股沟部抱合,卵产于近水的洞穴,产后由雄蛙守护。卵孵化成蝌蚪后,雄蛙会掘出一条通道带领蝌蚪到水中;附近没有水源时,雄蛙还会在大雨时开掘出一个小水洼储水。有的种类可作为宠物饲养。

7. 曼蛙科(Mantellidae)　该科包括牛眼蛙亚科(Boophinae)、趾蛙亚科(Boophinae)和曼蛙亚科(Mantellinae),共3个亚科、12属、200余种。分布于马达加斯加及其附近岛屿。该科动物因种类不同,习性、栖息地及外观等都相差很远。大多为陆栖,还有一些为树栖或水栖。体长为3～10 cm不等。这些巨大的差异是马达加斯加岛复杂的地理环境造成的。其中曼蛙属(*Mantella*)与南美洲的箭毒蛙有许多相似之处,但其间没有任何亲缘关系。该科虽然主要分布于马达加斯加岛,但与亚洲的树蛙科(Rhacophoridae)和蛙科(Ranidae)有更近的亲缘关系。一些种类常作为宠物饲养。

8. 非洲树蛙科(苇蛙科)(Hyperoliidae)　因其喜欢栖息于水边芦苇叶上而得名"苇蛙"。包括苇蛙亚科(Hyperoliinae)、肛褶蛙亚科(Kassininae)和疾蛙亚科(Tachycneminae),共2个亚科、19属、200余种。分布于非洲大陆、马达加斯加岛和塞舌尔群岛。大多为树栖于热带雨林,部分陆栖于热带稀树草原,夜行性。体色多以绿色或棕色为主,也有一些具有鲜艳的红、黄或橙色斑纹。体型一般较为细长,四肢中等长,趾短有扩张的吸盘。繁殖时腋部抱合,卵产于水中、树叶上或置于泡沫巢中,有的种类还会将卵产于连通陆地和水域的洞穴中。

9. 树蛙科(Rhacophoridae)　该科包括15属、近300种,可分为溪树蛙亚科(Buergeriinae)和树蛙亚科(Rhacophorinae)。分布仅限于旧大陆,产于非洲亚撒哈拉地区、马达加斯加、印度、斯里兰卡、亚洲东南部、日本南部以及印度尼西亚。大多夜行性。我国已知有6属、44种,分布于秦岭以南地区。外形及生活习性与雨蛙相似,而亲缘关系甚远。末端两指、趾之间有间介软骨,指、趾端明显膨大成吸盘,并有马蹄形横沟。树栖,多有筑泡沫卵巢的习性,蝌蚪生活于静水水域内。

树蛙属(*Rhacophorus*):鼻骨小,蝶筛骨显露,额顶骨宽或宽短;有的种类有次生真皮板,覆盖在额顶骨或鳞骨侧面;舌骨无前突,有翼突;喉器环状软骨有或无侧突;椎体前凹或参差型;肩胸骨基部分叉,中胸骨细长,长于喙骨;指、趾末端骨节成"Y"形,间介软骨菱形或心形或翼状;第3掌骨远端有结节;吴氏管卷曲。体中等或大,一般雄性吻端斜尖,显然与雌性有别;舌后端缺刻深,犁骨齿发达,鼓膜明显;指间无蹼或较发达,趾间近全蹼或满蹼,外侧蹠间蹼较发达;部分种前臂及跟部或肛上方有皮肤褶;第1、2指与第3、4指不相对,不形成握物状;指、趾末端吸盘及横沟显著,吸盘背面可见"Y"形迹。蝌蚪的形态与多数蛙科蝌蚪相近。大多数种类树栖性,卵粒小,数量多;卵团成泡沫状,附着于水塘边植物上或泥窝内,或悬挂在水塘上空的枝叶上。该属种类较多,有60多种,分布在亚洲东部和南部亚热带和热带地区。我国现有23种,分布于秦岭以南各省份,以热带和亚热带种类较多。

10. 姬蛙科(Microhylidae)　该科是中小型陆栖蛙类。头狭而短,口小,大多数种类无上颌齿和犁骨齿;舌端不分叉;无蹼。在静水水域内产卵,卵分散于水面。蝌蚪口位于吻端,常缺乏角质颌和齿唇,20多天即可变态成幼蛙。姬蛙科有55属、450余种,可分为8～9亚科。世界性间断分布,包括南美东南部、中美洲、非洲亚撒哈拉地区、印度尼西亚、新几内亚及澳洲北部。我国有暴蛙亚科(Dyscophinae)和姬蛙亚科(Microhylinae)2亚科、5属、16种。

云南小狭口蛙(*Calluella yunnanensis*):上颌有齿;犁骨大,左右相触,几乎围绕着内鼻孔,犁骨齿行长。舌大、卵圆,后端无缺刻。肩胸骨小,正胸骨大,均为软骨,锁骨及前喙骨均具备。指、趾末端钝圆;第1指短于第2指,雄性第3指特别长。腭部横肤棱清晰。分布于越南和我国四川、贵州、云南等地,也可能出现于老挝和缅甸。其生存的海拔范围为1 700～2 000 m,多见于山区水域附近。群体数量多,雨后鸣声大,易于捕捉。

第四节　两栖动物与人类的关系

两栖动物与人类关系密切。绝大多数蛙蟾类生活于农田、耕地、森林和草地,以严重危害作物的蝗虫、蚱蜢、黏虫、稻螟、松毛虫、甲虫及蟒象等为食,且常捕食许多食虫鸟类在白天无法啄食到的害虫或不食的毒蛾等,因而是害虫的重要天敌之一。据统计,平均每只黑斑蛙一天内约捕食 70 多只昆虫,一只泽蛙一天捕虫 50～270 只,两者在全年的食虫数都超过万只,而一只大蟾蜍的捕虫量在 3 个月内就能达到这个数。近年来,利用生物防治有害昆虫,日益受到广大农民的重视。特别是养蛙治虫的生物防治方法,不仅是增产节支的有效措施,而且还是防止农药污染环境和作物的理想办法。

由于蛙肉的鲜美可与鸡肉媲美,所以常作为佳肴。然而从保护动物的角度出发,应大力宣传保护,制止漫无节制地捕杀。近年来,福建、湖南、湖北、河南和陕西等省在加强资源动物保护的同时,还对棘胸蛙和中国大鲵等进行了人工养殖。

很多两栖动物可作药用,最著名的是哈土蟆和蟾酥。哈土蟆是中国林蛙的整体干制品,其雌性输卵管的干制品即蛤蟆油,富含蛋白质、脂肪、糖、维生素和激素,是名贵的滋补品。蟾酥是蟾蜍耳旁腺分泌毒液的干制品,临床上用于急救心力衰竭患者,对口腔炎、咽喉肿痛等有镇痛、消炎、退肿和止血的作用;在口腔外科手术中可用作黏膜表面麻醉剂;对皮肤癌和血液病也有一定疗效。但蟾酥含毒,需在医生指导下服用,否则可能引起中毒,甚至危及生命。

两栖动物数量多、分布广,它们的卵大而裸露,便于采集,也容易培养和观察,因此是教学和科学研究的良好实验材料,已被广泛应用于生理学、发育生物学、药理学等实验中。

从以上可知,两栖动物与人类关系密切,应予以保护。而保护两栖动物特别是蛙蟾类,除了必须严禁滥捕杀戮外,最重要的是保护它们栖息环境的生态条件,特别是注意对繁殖场地的保护。水体污染和水质恶化是导致两栖动物大量死亡的直接原因。农药的毒性对它们的蝌蚪所造成的伤害是严重的。低浓度农药能刺激蝌蚪的肌肉运动,使之易被天敌发现和捕食;高浓度农药则可引起动物迅速死亡。化肥残留物(特别是磷和氮)能改变水体的化学性质,影响卵和蝌蚪的存活。此外,维持两栖动物产卵场所的水源具有一定深度,也是保证其顺利繁殖的必要条件。

复习思考题

1. 名词解释:泄殖腔膀胱,耳柱骨,淋巴心,口咽腔呼吸,毕氏器,原脑皮,颈动脉腺,不完全双循环,内鼻孔,耳后腺。
2. 试述两栖动物对陆地生活的初步适应与不完善性。
3. 试述两栖动物由水生过渡到陆地生活所面临的主要矛盾。
4. 试述两栖动物在繁殖方面的进步特征。
5. 简述蛙的捕食、消化过程。
6. 简述青蛙由蝌蚪到成蛙,其形态、结构发生了哪些变化。
7. 简述两栖动物的呼吸方式及特征。

(张贵生 朱道玉 谢桂伟)

第十四章

爬行纲(Reptilia)

两栖类虽登上了陆地，但是两栖类在很大程度上仍然受水的束缚，如产卵、孵化和发育等仍需要在水中进行，幼体用鳃呼吸。虽然成体可以离开水登上陆地用肺呼吸空气中的氧气，但仅在有水的潮湿地带活动，故仍然摆脱不了对水的依赖。

爬行类完全摆脱了对水生环境的依赖，真正适应了陆地生活。最重要的是爬行动物出现了陆地繁殖方式，即体内受精、产羊膜卵。爬行类在胚胎发育过程中，产生羊膜、尿囊等胚膜，使胚胎可脱离水域而在陆地的干燥环境条件下进行发育。这是脊椎动物从水生到陆生的进化历程中一次重大的飞跃。

第一节　羊膜卵的出现及其在脊椎动物演化史上的意义

一、羊膜卵的构造及主要特点

羊膜卵是指具有羊膜结构的卵，存在于爬行类、鸟类和卵生哺乳动物。羊膜卵为端黄卵，卵黄被卵黄膜包裹，其外有输卵管壁分泌的蛋白、内壳膜、外壳膜和卵壳。在胚胎发育过程中，发生3层胚膜包围胚胎：外层称绒毛膜，内层称羊膜，另有尿囊膜。羊膜卵与鱼类、两栖类动物所产的非羊膜卵区别很大，它可以产在陆地上，并在陆地上孵化。羊膜卵的主要特点如下。

(1) 羊膜卵的外面包裹卵壳。卵壳坚韧，由石灰质或纤维质构成，可以维持卵的基本形状，减少卵内水分的蒸发，避免机械损伤、卵内容物外流和防止病原体侵入等。

(2) 卵壳具有通气性。有利于胚胎发育时期进行正常的气体代谢。

(3) 羊膜卵具有卵黄囊。内含丰富的营养物质，可以满足胚胎发育时的营养需求(图14－1)。

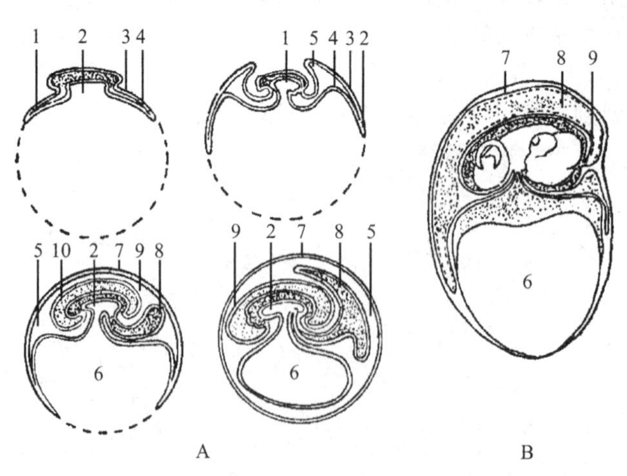

图14－1　羊膜动物胚胎发育各阶段和发育中的蜥蜴胚胎

A. 胚胎发育各阶段　B. 发育中的蜥蜴胚胎

1. 内胚层，2. 原肠腔，3. 外胚层，4. 中胚层，5. 胚外腔，6. 卵黄囊，7. 绒毛膜，8. 尿囊，9. 羊膜，10. 胚胎

二、羊膜卵的形成过程及其在脊椎动物进化史上的意义

在胚胎发育期间，胚胎本身产生羊膜、绒毛膜和尿囊膜 3 种重要的胚膜，以适应陆地发育的需要，其形成过程如下。

胚胎发育到原肠期时，在胚的周围突起形成环形褶皱；环形褶皱向内生长，在中央相互愈合形成围绕着胚胎的保护膜，即内层的羊膜和外层的绒毛膜。内层的羊膜所围成的腔称为羊膜腔，其内充满的液体为羊水。胚胎就浸在羊水中发育。这可以使胚胎避免干燥条件的影响和各种机械损伤。位于外层的绒毛膜，紧贴于卵壳内侧，羊膜与绒毛膜之间的腔称为胚外体腔。胚胎在这个密闭的羊膜腔内环境里进行呼吸和代谢，产生的代谢废物储存在特殊的器官——尿囊。尿囊是胚胎原肠的后部突起的一个囊，伸入到羊膜和绒毛膜之间的空腔中，尿囊内的腔称为尿囊腔。尿囊是胚胎的呼吸器官和胚胎代谢产生的废物尿酸的储存处。呼吸作用的实现是由于尿囊膜上有着丰富的毛细血管，胚胎可以通过多孔的卵膜或卵壳与外界进行气体交换。

爬行动物是最早产羊膜卵的动物。羊膜卵的出现是脊椎动物进化史上的又一次飞跃。它完全避开了脊椎动物在个体发育中局限于水的限制，胚胎可以脱离水域在陆地上的干燥环境中发育，真正适应了陆地生活。

第二节 爬行纲的主要特征

爬行类起源于古代两栖动物，并已演化为真正的陆生脊椎动物。爬行动物获得了一系列适于陆地生活的特征。主要特征如下。

(1) 皮肤角质化程度加深，表皮有角质层分化，体表外被角质鳞片、角质盾片、骨板等，能有效防止体内水分蒸发。

(2) 皮肤缺少腺体，体表干燥，结束了皮肤呼吸。出现胸式呼吸，使得呼吸功能进一步完善。

(3) 五趾(指)型附肢，较两栖动物进一步发达、完善；趾端具爪，适于陆栖爬行。

(4) 骨骼坚硬、骨化程度高，硬骨成分增大有利于支撑身体。脊柱分化完善，第 1、2 颈椎分别特化为寰椎和枢椎，躯椎也有胸椎和腰椎的分化，荐椎数量增多。

(5) 头骨是单枕髁，具颞窝。

(6) 心脏有 2 个心房和 1 个心室。心室中出现不完整的隔膜(鳄类有较完整的具孔隔膜)，血液循环虽然是不完全双循环，但多氧血与缺氧血分得更加清楚。

(7) 出现后肾，有泌尿功能，尿中代谢物质以尿酸为主。

(8) 体内受精，产大型的羊膜卵，具有陆地繁殖能力，雄性多数具交配器官。

(9) 出现新脑皮，神经系统进一步发展。

爬行类虽然是真正陆生动物，但是它还存在一些原始特征，如心脏的室间隔不完整、保留了两个体动脉弓、体温调节能力低、体温不恒定、属变温动物。

第三节 爬行动物的形态结构

一、外形特征

爬行动物不同种类的体型差异很大，身体形状大体呈圆筒状，可区分为头、颈、躯干和尾部，四

肢发达。全身被覆角质鳞片或硬甲，具五趾型附肢，指端具爪，利于攀爬、挖掘等活动。头的两侧有外耳道，鼓膜下陷。尾基较大，向后渐细。按体形可分为蜥蜴型、蛇形和龟鳖型。

二、皮肤及其衍生物

1. *表皮* 爬行动物的表皮角化程度深，角质层厚，表皮内沉积着大量的角蛋白，具有极好的防水性能。皮肤外被角质鳞，皮肤干燥，缺少腺体。角质鳞是表皮细胞角质化的产物。鳞片与鳞片之间有薄的角质膜相连，形成完整的鳞被。其中，鳄类在背部角质鳞下面有真皮骨板；鳖类只有真皮的骨板，外被皮肤；龟类具有由表皮形成的角质盾片及来源于真皮的骨板。爬行动物指端的爪、棘、刺也是由表皮角质层演变来的。角质形成物，如角质鳞片和角质盾片的排列方式和数目，在同种不同个体上是比较稳定的，这是爬行动物分类的根据之一。

表皮的角质化阻止了爬行动物身体的生长。因此，爬行动物多有特别明显的蜕皮现象。如快速生长的蛇，大约每2个月蜕皮一次。蛇在蜕皮时自吻端和舌端开始，将外层角质层连同眼球外面的透明皮肤一起蜕掉，成完整的一张，这就是常见的“蛇蜕”。蜥蜴的蜕皮则是成片的脱落，它们具有双层角质层，两层之间有中介层，可在蜕皮期间产生蛋白水解酶，将外层角质层定期蜕掉。蜕皮的次数和间隔时间与食物丰富度、温度高低、水分及光线等条件都有关。龟、鳖没有定期完整的蜕皮，而是不断地以新代旧。但也有些蛇在性成熟以后还可以继续生长，继而仍然有蜕皮现象(图 14-2)。

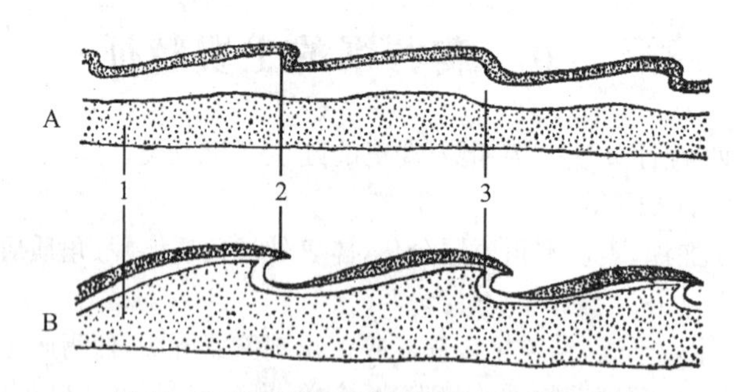

图 14-2 爬行动物皮肤的切面(示两种角质鳞)

A. 蜥蜴 B. 蛇

1. 真皮，2. 角质鳞，3. 表皮

2. *真皮* 爬行动物的真皮层内，含有发达而丰富的色素细胞。许多爬行动物的皮肤都具有色彩鲜艳的图案。还有一些动物，如素有“变色龙”之称的避役和多种蜥蜴在不同的环境条件下具有迅速改变体色的能力。其变色的原因是，在外界光和温度的共同作用下，通过自主神经和内分泌产生的激素进行调节以改变体色。脑垂体中叶分泌的激素可使黑色素细胞收缩、颜色变浅，变色的意义是形成与环境较一致的保护色，用于保护自身；并且有吸收地表辐射热量及调节体温的作用。

3. *皮肤腺* 爬行动物的皮肤内缺少皮肤腺。在某些蜥蜴中，雄性具有股腺，是位于大腿基部内侧的一列小孔，平时不发达，在繁殖时期可分泌胶状液体，风干后呈短刺状，可在交配时用于把持雌体。某些龟的泄殖腔孔或者下颌附近有分散的腺体，其分泌物可散发香气，是物种间识别和吸引异性的信号，也称“香腺”。

三、骨骼系统

爬行动物的骨骼坚硬，骨化程度高，大多数是硬骨，保留的软骨很少。骨骼各部之间分区明显，脊椎非常坚固且具有很大灵活性。在爬行动物中还首次出现胸廓，具单一枕髁，出现颞窝、眶间隔，胸骨(蛇无)和肋骨发达(图 14-3)。

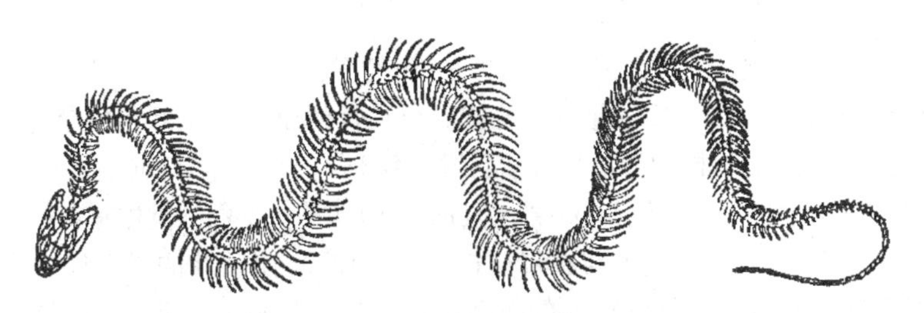
图 14-3 蛇的全身骨骼

1. 头骨 爬行动物头骨的特点如下。

(1) 第一次出现次生腭:次生腭是羊膜动物的共同特征,是指在颅骨的底部、口腔顶壁,由前颌骨、上颌骨、腭骨的腭突及其翼骨共同形成的水平隔。它把原来的口咽腔分成上下两部分。上层与鼻腔相通,成为嗅觉和呼吸的通路;下层为固有口腔。硬腭之后有次生性的内鼻孔。内鼻孔和口腔均开口在咽。由于次生腭的产生使口腔和鼻腔完全分开,内鼻孔后移接近于喉。食物和气体在咽部交叉,互不影响。但多数的爬行动物次生腭不完整,鳄例外。

(2) 头骨形状变化:头骨的顶壁隆起,使得脑腔扩大,头骨的形状高呈弓形,属高颅型。头骨骨化完全,膜性硬骨覆盖着软颅的顶部、侧部和底部。

(3) 第一次出现眶间隔:两眼间距缩小,眼窝之间底壁接近,形成薄骨片状狭窄的眶间隔,对眼睛有保护作用。

(4) 具有单一枕髁:在头骨的枕部有一枕骨大孔,其中的基枕骨和侧枕骨共同形成单个枕髁,与颈椎相连,十分灵活。

(5) 出现颞窝:颞窝是指在头骨的两侧眼眶的后方有一个或两个孔,孔是颞部的膜质骨消失、退化产生的穿洞现象。颞窝周围的骨片形成骨弓,称为颞弓。颞窝是颞肌附着的位置。颞窝是爬行类分类的重要依据。根据颞窝的位置和有无,爬行类的颞窝可分为三大类:①无颞窝类(无弓类):出现在最原始的古爬行类,见于杯龙目化石种类及现代的龟鳖类;②合颞窝类(合弓类或下窝型):头骨两侧有 1 个颞窝,古代兽齿类和化石盘龙类以及由此演化出的哺乳类属于此类;③双颞窝类(双弓类或双窝型):头骨每侧有 2 个颞窝(上颞窝和下颞窝),大多数古代爬行类、大多数现代爬行类(蜥蜴、蛇、鳄)和现代鸟类属于此类。现存的多数爬行类属双颞窝类,但在进化过程中有很多变异:①鳄类和楔齿蜥保留双颞弓,仍是典型的双颞窝类;②蜥蜴失去下颞弓,仅保留上颞窝;③蛇类的上颞弓和下颞弓全失去,因此也就不存在颞窝了,头侧形成很大的倒凹(图 14-4)。

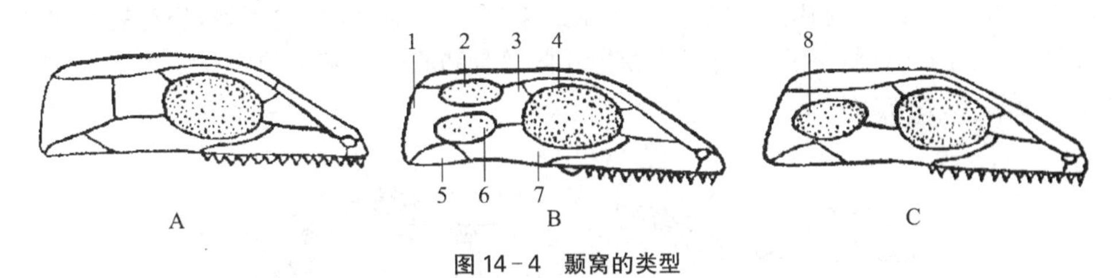

图 14-4 颞窝的类型

A. 无颞窝型 B. 双颞窝型 C. 合颞窝型

1. 鳞状骨,2. 上颞窝,3. 后眶骨,4. 眼窝,5. 方颧骨,6. 下颞窝,7. 颧骨,8. 侧颞窝

(6) 出现基蝶骨:脑颅底部的副蝶骨消失(无羊膜动物脑颅底部主要是副蝶骨),代替它的是基蝶骨(副蝶骨在某些古爬行类能清楚看到,而在现代爬行类只在胚胎中普遍存在)。

(7) 少数保留颅顶孔:较原始的少数爬行类(楔齿蜥)和某些蜥蜴类头骨上仍保留着颅顶孔。颅顶孔位于头骨左右顶骨之间的合缝上,在古爬行类普遍存在,标志着顶眼所处的位置。

2. 脊柱、肋骨、胸骨 脊柱分化为颈椎、胸椎、腰椎、荐椎及尾椎 5 个区域。椎体大多数为后凹型或前凹型，低等种类是双凹型。其中颈椎的数目增加(石龙子 8 块，鳄 9 块)，有寰椎、枢椎和普通颈椎的分化。第 1 颈椎为寰椎，寰椎的下部有一个关节面与头骨的单一的枕髁相关节。寰椎孔被一韧带分为上下两部，脊髓通过上部，枢椎的齿状突通过下部。第 2 颈椎是枢椎，其向前伸出的齿状突，实际上是寰椎的椎体。寰椎和枢椎的分化，保证了头部活动的灵活性，使头部的感觉器官获得了更大利用空间。

爬行动物有 2 块荐椎，宽阔的横突与腰带相连。荐椎加强，使后肢的承重能力显著提高。在有些蜥蜴的尾椎中部有一个能引起断尾行为的自残部位。这是尾椎骨在形成过程中，前后两半部未曾愈合而特化的结构。一旦遭到拉、压、挤等机械刺激时，就会在尾椎骨的自残部位处断裂，即断尾现象。因自残部位的细胞始终保持增殖分化能力，因此在尾断面上还可以重新长出尾部。

爬行动物的颈椎、胸椎和腰椎两侧皆具肋骨。颈肋一般是双头式，胸肋是单头式。爬行动物的脊椎数量变化较大。蛇的脊椎骨可多达 500 块以上，脊椎分区不明显，仅分尾椎和尾前椎两部分，代表特化的类型。除寰椎以外，尾前椎椎骨上都有发达的肋骨，肋骨为单头。蛇的肋骨远端均以韧带与腹鳞相连，故蛇可借助脊柱的左右弯曲和肋皮肌、皮下肌的作用，通过肋骨起落支配腹鳞活动，进行爬行。

楔齿蜥和鳄的身体腹面的腹壁肋位于胸骨后方；腹壁肋是退化的骨板，为膜原骨，由真皮骨化而来。石龙子的胸骨是位于腹中线的一块菱形骨板，其前方有一个十字形的间锁骨，为膜原骨，而胸骨是软骨原骨，因此上胸骨不是胸骨的一部分，而是肩带的一部分。爬行动物大多数有胸骨，且十分发达；蛇与龟鳖类不具胸骨。

爬行动物开始出现胸廓。胸廓是胸椎、胸骨和肋骨通过关节、韧带连接形成。胸廓是羊膜动物所特有，与真正陆生动物发达的肺相联系。胸廓的出现有利于内脏的保护和呼吸作用的加强。肋间肌附着在肋骨上，肋间肌收缩可使胸廓有节奏地扩大或缩小，直接参与协同肺呼吸运动。

3. *带骨及附肢骨*　爬行动物的肩带主要由硬骨性的喙(状)骨构成。乌喙骨与肱骨之间有一个关节窝相关节。乌喙骨上方是肩胛骨，再上方为上肩胛骨。乌喙骨下方与胸骨相连。前乌喙骨位于乌喙骨前方。左右乌喙骨间为胸骨。胸骨前方有十字形的上胸骨。上胸骨前方为细棒状的锁骨，锁骨与上胸骨及肩胛骨连接。

爬行动物的腰带由髂骨、坐骨和耻骨合成的。爬行动物的耻骨和坐骨之间分开，形成一个大孔，称为坐耻孔。左右耻骨在腹中线处以软骨连合，称为耻骨连合；左右坐骨在背中线处结合，称为坐骨连合。耻骨上还有小的闭孔、神经孔。腰带减轻了骨块的重量，但对身体的支持力度并不减小。

爬行动物是典型的五趾型附肢，其指(趾)端具爪，骨化强。前肢的桡尺骨分离，腕骨块完善；后肢发展适中，胫腓骨分离，跗骨集中，更适合陆上支持和复杂的运动。

蜥蜴类中的蛇蜥科种类和所有的蛇类四肢都退化，且无带骨；仅蟒蛇例外，仍有后肢的残迹，是位于泄殖腔孔两侧的一对角质爪，内部仍保留退化的髂骨和股骨。海龟的四肢变为桨状，指(趾)骨延长呈扁平状，缺少关节(图 14－5)。

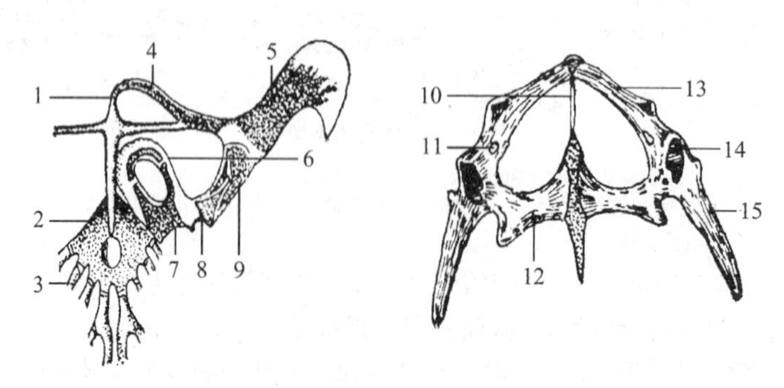

图 14－5　蜥蜴的肩带(左)和腰带(右)

1. 上胸骨，2. 胸骨，3. 肋骨，4. 锁骨，5. 上肩胛骨，6. 前乌喙骨，7. 乌喙骨，8. 肩臼，9. 肩胛骨，10. 韧带，11. 闭孔，12. 坐骨，13. 耻骨，14. 髋臼，15. 髂骨

爬行动物的肩带和腰带分别通过肱骨和股骨与躯干的长轴呈直角相关节，当动物停息时，可腹面着地，体重中的躯干部分并未完全由四肢来承担。在快速运动的爬行类中，如蜥蜴和鳄类，能将腿的方向垂直于地面，把身体抬起，以完成快速运动。

四、肌肉系统

爬行动物的肌肉分化更为复杂，分化出了陆栖动物所特有的皮肤肌和肋间肌。由于五趾型四肢的发达、颈部的发达灵活及脊柱的加强，躯干肌更趋于复杂分化。具体表现如下。

(1) 皮肤肌：调节角质鳞片活动。在蛇类特别发达，蛇的皮肤肌从肋骨连至皮肤，腹鳞在皮肤肌的调节下不断起伏，改变身体与地面的接触面积，完成特殊的蜿蜒运动。

(2) 肋间肌：位于肋骨之间，由胸斜肌分化而来，分为内层的肋间内肌和外层的肋间外肌。肋间肌可牵引肋骨升降，改变胸腹腔体积的变化，协同腹壁肌肉共同完成呼吸作用。

(3) 轴上肌和轴下肌：从爬行类开始由原始的轴上肌分化出 3 组肌肉。第 1 组是最发达的背最长肌，位于横突上面；第 2 组是背肌在两侧还分化出的一层背髂肋肌，止于肋骨基部。背最长肌和背髂肋肌均起自颅骨枕区后缘，肌肉收缩和头颈部的转动有关。龟鳖类的轴上肌由于甲板的存在相当退化。第 3 组肌肉是头长肌，沿着颈部的两侧走向头骨的颞部。轴下肌分层情况与两栖类相同，即分化为腹外斜肌、腹内斜肌和腹横肌 3 层。在腹中线两侧还有腹直肌。除此以外，从爬行类开始，由于椎骨的棘突、横突及关节突都很发达，这些突起可供肌肉附着。

(4) 四肢肌肉：四肢肌肉发达，适于陆地爬行运动。前臂肌大多起自背部、体侧、肩带，包括背阔肌、三角肌和三头肌等，控制前肢的运动；后肢肌有位于腰股之间的耻坐骨肌、髂胫肌及腿部的股胫肌和臀部肌肉等，主要功能是控制后肢运动，将动物体抬离地面并向前爬行。

五、消化系统

爬行动物的消化系统由消化道和消化腺构成，口腔中的齿、舌、口腔腺等结构复杂，首次出现了次生腭、盲肠等器官。

1. *次生腭*　爬行动物出现了次生腭。原口咽腔分成上下两层，下层为固有口腔可吞咽食物，上层为呼吸通道。口腔和鼻腔的分离，使呼吸和进食互不影响。

2. *牙齿*　爬行动物的食性差异很大，为植食性或是肉食性。它们的牙齿在颌骨上生长的方式有 3 种：①端生齿：牙齿长在颌骨的顶端表面，如蛇；②侧生齿：牙齿长在颌骨的内侧缘，如蜥蜴；③槽生齿：齿根长在颌骨的齿槽里，如鳄鱼。槽生齿是最牢固的(图 14－6)。

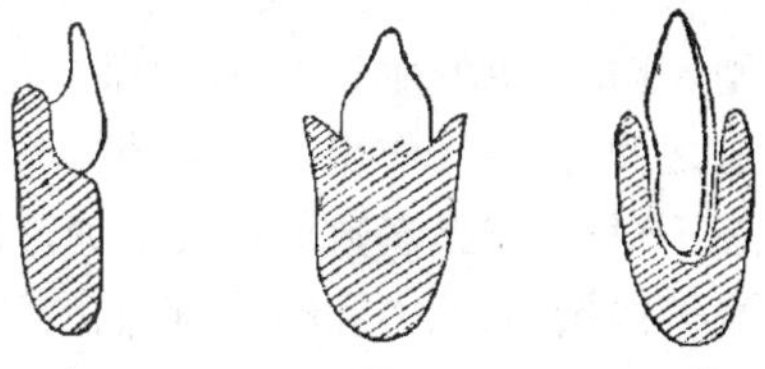

图 14－6　爬行类牙齿的着生方式

A. 侧生齿　B. 端生齿　C. 槽生齿

牙齿依据形状相同或相异可分为同型齿和异型齿。绝大多数爬行类的牙齿呈一致的圆锥形，属同型齿。因齿尖弯向后方，同型齿的功能只能咬捕食物而不能咀嚼食物。实际上，绝大多数爬行动物在取食时不咀嚼而直接将食物咽下。

某些古爬行类，如被认为是哺乳动物祖先的兽形类牙齿已开始有分化了，初步可区分门齿、犬齿和臼齿，属异型齿。鳄类和少数的鬣蜥科蜥蜴初步分化为异形齿。

毒蛇和毒蜥具有特化的毒牙，按其构造和着生部位可分管牙和沟牙两类。管牙类具 1 对管牙。管牙内有细管，毒液即沿着此管由牙端的管孔射出。沟牙一般着生在上颌骨上，1 对或数对，各沟牙的前缘都具一条纵沟，毒腺所分泌的毒液通过毒腺管沿这条纵沟注入捕获物体内。沟牙的位置如果在无毒牙之前则称为前沟牙；如长在无毒牙之后则称为后沟牙。毒牙常有后备齿，当前面的毒牙失掉时，后备齿就递补上去。在闭口时，毒牙向后倒卧；在咬噬时，由特殊的附着肌收缩，使之竖立(图 14－7)。

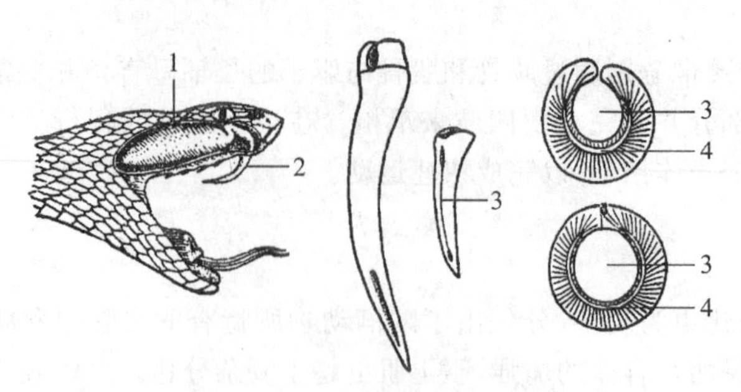

图 14-7 毒蛇的毒牙

1. 毒腺，2. 毒牙，3. 毒沟，4. 齿髓腔

在蜥蜴和一些蛇类的胚胎，有卵齿着生在上颌的前端，较长。卵齿的作用是使幼仔出壳时咬破卵壳。孵出后不久，卵齿就脱落了。许多现已灭绝的爬行类是植食性的，如龟类，它们就没有牙齿而有角质鞘，用以啃断植物的茎叶。龟类和鳄类在胚胎时吻端还长有角质齿，亦是用来破卵的。角质齿是表皮衍生物，与一般牙齿不同源。

3. 舌　爬行动物的口腔底中有发达的肌肉质的舌。龟和鳄的舌不能外伸；而有鳞类的活动性较大，蛇和蜥蜴的舌可以伸出很长。当收回舌时，舌尖进入犁鼻器的两个囊内。犁鼻器的内壁具嗅黏膜，有嗅神经分枝通入，能监测到舌尖带入的化学信息。避役的舌极为发达，为特殊的捕食器官。捕食时，能迅速地将舌射出，其舌的长度大于或者等于体长。舌端附着黏液，可以黏捕昆虫等。

4. 口腔腺　陆生爬行动物的口腔腺比两栖类发达，可以润滑食物，有利于食物的吞咽。其口腔腺包括腭腺、唇腺、舌腺和舌下腺等腺体。

5. 盲肠　从爬行动物开始出现盲肠，特别是植食性的陆生龟类，盲肠十分发达，这与其消化植物纤维有关。整个消化道分化更明显，直肠开口在泄殖腔。爬行动物的大肠和泄殖腔均有对水分重吸收的功能，对防止水分蒸发有重要意义。

六、呼吸系统

爬行动物胚胎时期有鳃裂产生，但并不形成鳃，也无鳃呼吸，胚胎的气体交换通过尿囊实现。成体有 1 对肺，位于胸腹腔左右两侧，内壁有复杂的间隔把肺内壁分成蜂窝状小室，扩大与空气的接触面积。成体爬行类有些种类肺的排列呈前后分布，前部内壁呈蜂窝状是呼吸部；后部内壁光滑，分布较少的血管，是储气部。例如，避役的肺后部内壁平滑并且伸出若干个薄壁的气囊，插入内脏之间，有储气作用。这种结构类似气囊，在鸟类中获得了更大的发展。无四肢的蛇类，其肺的存在不对称，左肺多数退化或缺少，只存在右侧，可能与蛇类的钻洞生活、体腔狭小有关。在一些相对高等的蜥蜴、龟类和鳄类，它们的肺是呈海绵状的，内部无空腔，这是因为肺的构造由支气管一再分支构成，盲端是肺漏斗(图 14-8)。

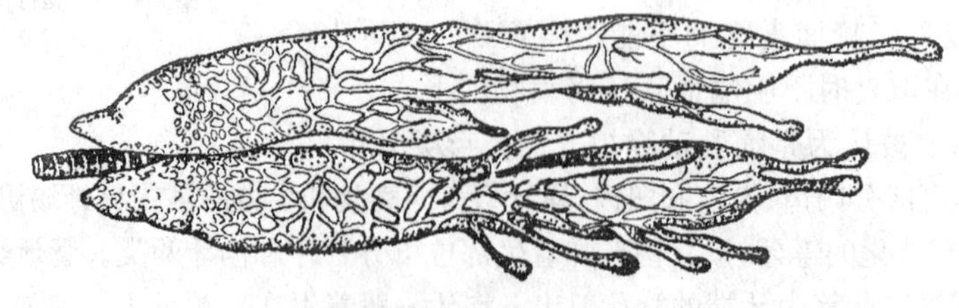

图 14-8 避役的肺

爬行动物首次出现支气管，并且气管和支气管有明显分化，气管管壁有软骨环支持。气管前端的膨大形成喉头，其壁是由单一的环状软骨和成对的杓状软骨支持，喉头前面有纵裂缝称为喉门。

而蛇类支气管也仅剩1条。大多数爬行动物不能发声。

水栖的龟鳖类,在它们的泄殖腔两侧突出两个副膀胱,因含丰富毛细血管,在水中能进行气体交换,可以辅助呼吸。

七、循环系统

爬行动物的循环系统为不完善的双循环,但在心室内出现了不完全的分隔,其高等种类的心室已分隔为左右两部分,血液循环已经接近于完全的双循环(图14-9)。

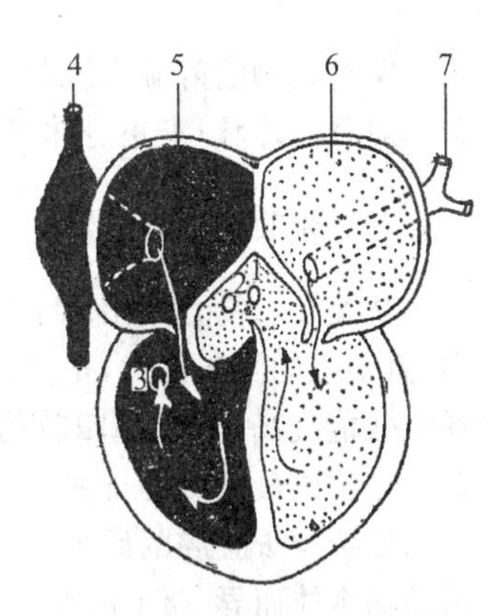

图14-9 龟的心脏(示血液循环)

1, 2. 左、右体动脉弓的入口, 3. 肺动脉弓的入口, 4. 静脉窦, 5. 右心房, 6. 左心房, 7. 肺静脉

爬行动物的心脏和血管较两栖类有很大的进步,特点如下。

1. 心脏　爬行动物的心室内产生了不完整的隔膜,称为室间隔。鳄类的室间隔较完整,仅有潘氏孔连通。爬行动物的左心房与右心房完全分开,左心室与右心室还没完全分开,因此属于不完整的四腔心脏。静脉窦退化,成为右心房的一部分,动脉圆锥消失。心脏壁的肌肉发达,收缩力量加强,泵血能力加强,产生的血压也就升高了。

2. 动脉弓　原始的动脉圆锥和腹大动脉纵裂成3条独立的血管,即肺动脉弓、左右体动脉弓和颈总动脉弓,各自从心室发出。

3. 肾门静脉　肾门静脉有退化的趋势,其中一条在肾内分散成毛细血管,另一条从肾表面穿过。肾门静脉的作用愈加降低了。

4. 血液循环的途径及主要过程　爬行动物从心脏发出3条独立的血管:肺动脉、左体动脉弓和右体动脉弓。这3条主干分别由心室发出,每个主干血管的基部都有半月瓣,其中肺动脉和左体动脉弓是由心室的右侧发出,右体动脉弓从心室的左侧发出。进入头部的颈动脉即由此支发出,左体动脉弓和右体动脉弓在背面愈合成背大动脉,再向后走行。传统的观点认为:心室隔的产生和3条动脉弓发出的部位,使进入肺脏的血主要是缺氧血;进入头部的血是多氧血;而左体动脉弓内主要是混合血。左体动脉弓和右体动脉弓在背面合成背大动脉,其中血液是以多氧血为主的混合血(图14-10)。

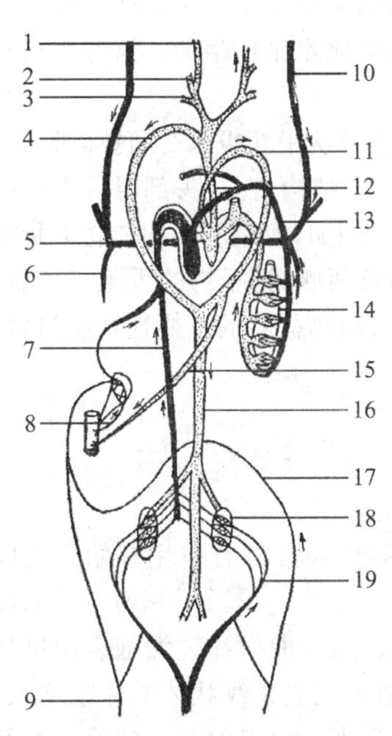

图14-10 爬行动物循环系统模式

1. 外颈动脉, 2. 内颈动脉, 3. 锁骨下动脉, 4. 右体动脉弓, 5. 总主静脉, 6. 前腔静脉, 7. 后腔静脉, 8. 肝门静脉, 9. 股静脉, 10. 颈静脉, 11. 左体动脉弓, 12. 肺静脉, 13. 肺动脉, 14. 肺, 15. 腹腔肠系膜动脉, 16. 背大动脉, 17. 腹静脉, 18. 肾, 19. 肾门静脉

近年来的实验研究证实了体动脉弓内全是多氧血,并不存在传统观点认为的混合血。在左体动脉弓和右体动脉弓发出处,正是心室间隔不完整的地方,而这里由肉柱形成一个腔,由心室左部来的多氧血直接进入该腔。由该腔再流入左体动脉弓和右体动脉弓,只有由心室右部发出的肺动脉内含有缺氧血。

鳄类与一般爬行动物不同,正常情况下,左体动脉弓和右体动脉弓内血液的含氧量是与左心室内含氧量一致的,即全是多氧血。原因是右心室和右体动脉弓内的压力低于左心室和左体动脉弓,在这种情况下,由右心室通往左体动脉弓的半月瓣是闭合的。当鳄潜水时,右心室收缩加强,由右心室通往左体动脉弓的半月瓣打开了,这时,就有一部分缺氧血将由右心室压入左体动脉弓。

爬行动物的静脉系统基本与两栖动物相似。包括1对前大静脉和1条后大静脉、1条肝门静脉和1对肾门静脉，汇集身体各处的回心血液。爬行动物的肾门静脉已开始退化。

八、排泄系统

从爬行动物开始出现了后肾，但是在胚胎发育中也经过前肾和中肾阶段。后肾的肾单位数目多，有很强的泌尿能力，是排泄功能较高的肾。这也是随着爬行动物登陆后生活环境的复杂、肺的呼吸效能提高、五趾型四肢的强健、脊椎的分化、神经系统的完善等新陈代谢水平的提高而出现的脊椎动物中最高级的排泄器官。

后肾位于腹腔的后半部，紧贴于腰区背壁两侧；体积不大，表面光滑、多分叶。肾的形状和排列因动物个体而异。例如，蛇肾是细长形，有明显分叶，并且按位置排列为一前一后。后肾在个体发育过程中出现得最晚，肾小管弯曲且加长，加强了滤过效能，对水分有重吸收的功能。爬行动物的肾小管比两栖动物的肾小管从血液中排出的水分要少得多，这对陆上生活保持水分平衡具有重要意义。后肾以后肾管为输尿管，开口于泄殖腔；排泄废物以尿酸和尿酸盐为主，这也是一种重要的保水措施。尿酸是一种黏稠的含氮物质，其溶解度比尿素少，故尿中的水分能更多地被肾小管回收。

爬行动物中的楔齿蜥和大多数的蜥蜴、龟鳖类具有膀胱，膀胱开口于泄殖腔腹壁。从个体发生看，爬行动物与所有的羊膜动物一样，膀胱是由尿囊基部扩大而形成的，这种类型的膀胱称为尿囊膀胱。在一些淡水的龟鳖类中，除了膀胱外还有2个副膀胱，其开口与膀胱的开口相对。副膀胱的壁上分布有丰富的毛细血管，可作为呼吸的辅助器官；雌性的副膀胱还可储水，供繁殖时期营巢产卵之用。生活在干燥地区的爬行动物，其膀胱具有回收水分的能力，对维持体内的水分十分重要。居住在干旱沙漠的爬行动物，如龟类，一次饮水可达体重的40%，可以供应身体利用较长时间，以应对缺水环境。也有很多种类靠食物组织中的水或体内氧化水维持生命。这些爬行动物活动多为昼伏夜出。

海生爬行动物多半可直接饮用海水，或者通过进食海藻等食物时从中获得水分，这样带来的结果是大量的钾、钠进入体内。为与之相适应，它们发展了肾外排盐的结构，在其头部眼后方有一种特殊的泌盐腺，能将含盐的体液高度浓缩到鼻腔前部的鼻道排出。例如，海龟的泪腺能将大量的盐分排到结膜腔中。海蛇的盐腺位于舌下；鳄类的盐腺位于舌中部及两侧；扬子鳄的舌腺有单管，也有泡状腺，约100个，并有泌盐和分泌黏液的功能。有人认为，爬行动物盐腺的重要性可超过肾脏，对体内盐、水平衡和酸碱平衡有重要意义。

九、神经系统与感觉器官

（一）神经系统

爬行动物的中枢神经系统比较发达，一个重要演化趋势是：脑的神经综合作用开始向大脑转移。外周神经、植物性神经与两栖动物相比没有大的变化。

1. 大脑　爬行动物的大脑半球明显增大，向后盖住部分间脑，脑弯曲明显。大脑表面虽然光滑，但已经出现了有灰质构成的大脑皮质，称为新脑皮。脑体积增大主要是纹状体的体积增大，并向大脑下方转移，前伸、加厚，并加入大量神经核。这些神经核接受来自更多的视丘的感觉神经纤维，故称为新纹状体。侧脑室变狭窄。纹状体的重要性仅次于中脑，是皮质下中枢。爬行动物第一次在大脑新皮质中出现大锥体细胞。

2. 间脑　由于脑弯曲明显，在背面几乎看不见间脑。间脑较小，顶部的松果体发达，很多种类保留着古爬行类的一种痕迹器官——顶眼。顶眼在头部背面正中、两眼后方、间脑顶壁的位置上，其作用是光线可通过颅顶孔上的薄膜，照射到顶眼上，具有感光的作用。这对变温动物利用顶眼来调节自身在阳光下暴晒的时间及合理利用日光热能具有十分重要的意义。另外，顶眼与动物的周期性生命活动有关，即相当于生物钟的作用。

3. 中脑 中脑为一对发达的视叶，视叶仍是爬行动物的高级中枢。蛇类中脑背面已分化为四叠体，分别为1对大的前丘和1对小的后丘。自爬行动物开始，已有少数神经纤维自丘脑伸至大脑，这就是神经活动向大脑集中的开始。

4. 小脑、延脑和脑神经 龟、鳖和鳄类的小脑也较两栖动物发达，延脑发达，具有作为高级脊椎动物特征的颈弯曲。脑神经12对，但蛇和蜥蜴为11对。前10对与无羊膜动物相同。第Ⅺ对脑神经称为副神经，是运动神经，分布至咽、喉和肩部的肌肉。第Ⅻ对脑神经称为舌下神经，也是运动神经，分布到颈部肌肉和舌肌。同时脊髓延长，达于尾部，在前肢和后肢基部神经丛相连部分，已形成了明显的胸膨大和腰荐膨大。

(二) 感觉器官

1. 视觉器官 爬行类的视觉发达，具有能活动的上眼睑和下眼睑及瞬膜。具有发达的泪腺，能分泌泪液，湿润眼球。眼球调节完善，在眼后房内有视网膜突出形成的睫状体，其内含有横纹肌，既能调节晶状体的凸度，又能调节晶状体与视网膜之间的距离，所以任何距离都可视物。锥状突是眼后房中脉络膜突起形成的，位于视神经附近处，因含丰富的血管、神经和色素，故可以营养眼球。

眼球周围的巩膜内有薄的小骨片，呈覆瓦状环形排列，成为眼球壁的坚强支架。眼球可以做回转运动。蛇的眼睛永远是张开的，因为上眼睑和下眼睑愈合在一起，形成一个透明的薄膜与皮肤连在一起，对眼球起保护作用，蜕皮时也一起蜕掉，因此蛇在退皮时的视力不佳。蛇的睫状肌退化，由虹膜括约肌收缩可改变晶状体凸度。

2. 听觉器官 爬行动物具有内耳和中耳及1块听小骨。鼓膜在表面或者凹陷，这是形成外耳道的开端。中耳腔的后壁上除卵圆窗外，还新出现了正圆窗，使内耳中淋巴液的流动有了回旋余地。内耳的膜迷路与两栖动物相似，只是由球状囊分出的瓶状体更加明显。其中鳄的瓶状体延长，并开始有卷曲。蛇和少数蜥蜴的中耳腔、鼓膜及耳咽管全部退化了，耳柱骨直接埋在鳞片下的结缔组织中，但内耳较发达。耳柱骨一端连内耳，另一端连方骨，所以不能直接通过空气接受声波，但蛇对声波却极敏感，这是因为蛇贴地面，声波沿地面固体物质传导的速度比空气快得多，而且地面的声音是通过方骨经耳柱骨出入内耳的。这使得内耳瓶状囊有了小突起，所以蛇类对地面的微弱震动感觉十分敏感。

3. 嗅觉器官 由于次生腭的出现，嗅觉感受器比两栖动物大为扩展，嗅黏膜布满鼻腔背侧、内侧和鼻甲骨的表面。此外，现存爬行动物，特别是蛇和蜥蜴，有着特别发达的犁鼻器。犁鼻器是鼻腔前面的一对盲囊，开口于口腔顶壁，与鼻腔无关。通过嗅神经与脑相连，由于犁鼻器不与外界相通，通过舌尖搜集空气中的各种化学物质，当舌尖缩回口腔时，则进入犁鼻器的2个囊内从而产生嗅觉，并可判断出所处的环境条件。鳄和鱼鳖类的犁鼻器退化(图14-11)。

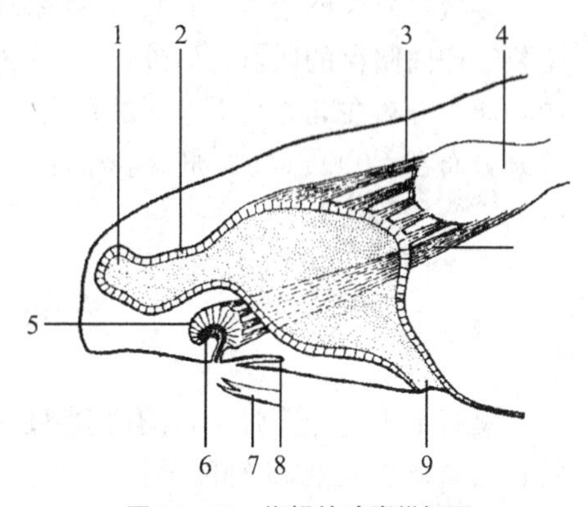

图14-11 蜥蜴的嗅囊纵切面

1. 通外鼻孔，2. 鼻腔黏膜，3. 嗅神经，4. 嗅球，5. 犁鼻器，6. 内腔，7. 舌，8. 泪管，9. 内鼻孔

4. 红外线感受器 在蝰科蝮亚科的蛇类，以及蟒科大多数种类所具有的一种特殊的热能感受器，如颊窝和唇窝。颊窝是位于蝮亚科蛇类的眼睛和鼻孔之间的一个陷窝，内有一布满神经末梢的薄膜，末端呈球形膨大并充满线粒体。电镜研究表明，当神经末梢接受刺激以后，线粒体的形态发生改变。对周围的温度变化极为敏感，能在数尺的距离内感知0.001℃的温度变化。因此，这类蛇能准确地在夜间判断附近有无恒温动物的存在及远近位置。

十、生殖系统及生殖方式

雄性爬行动物具1对精巢，精液通过输精管到达泄殖腔。泄殖腔内具可充血膨大，并能伸出泄殖腔的交配器。羊膜动物的输精管是由中肾管演变来的。爬行动物全部是体内受精，除楔齿蜥以外，雄性都有交配器。

雌性爬行动物具1对卵巢，位于体腔背壁的两侧，输卵管一端开口于体腔，另一端开口于泄殖腔。输卵管分化为具有不同功能的部位。输卵管中部有分泌蛋白的腺体（只限于楔齿蜥，龟鳖和鳄类具有），称为蛋白分泌部。输卵管下部有能分秘革质和石灰质卵壳的腺体，称为壳腺。

体内受精，雌雄个体具有发育完善的生殖系统（图14－12）。产羊膜卵是爬行类生物适应陆栖生活的重要特征。爬行动物多数是卵生。繁殖时期，它们到比较湿潮、温暖、阳光充足的地方产卵，或者把卵产在挖掘的土坑内或铺好的草堆上，借阳光的照射或植物的分解时所产生的热量来孵化，如鳄类。

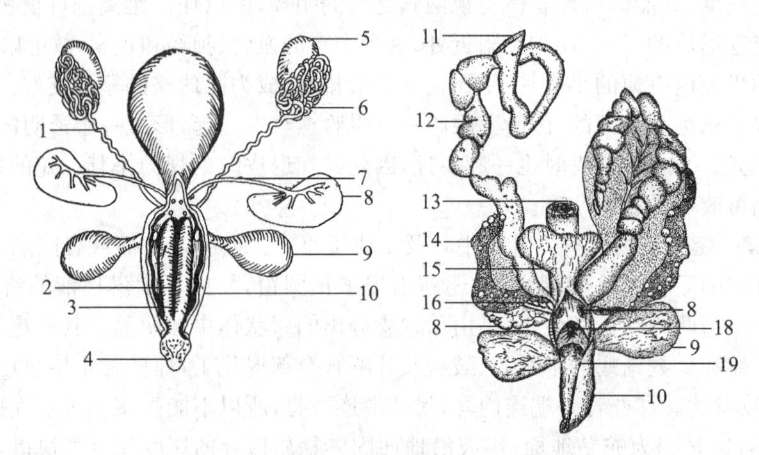

图14－12 雄龟（左）和雌龟（右）的泄殖系统

1. 输精管，2. 阴茎海绵体，3. 阴茎沟，4. 龟头，5. 精巢，6. 附睾，7. 输尿管，8. 肾脏，9. 副膀胱，10. 泄殖腔，11. 喇叭口，12. 输卵管，13. 直肠，14. 卵巢，15. 膀胱，16. 输尿管，17. 生殖乳头，18. 肛门，19. 副膀胱开口

多数毒蛇为卵胎生，即卵在母体输卵管内发育完全为幼体后产出体外。胚胎发育所需的营养主要靠卵内储存的卵黄。另外，在寒冷地区生活的爬行动物多为卵胎生，从地理分布可证实这点，同一属中分布在北方高山地区的种类为卵胎生，而分布在较温暖地区的其他种是卵生。例如，西藏沙蜥分布在4 000 m处为卵胎生，而在2 000 m处为卵生。

第四节 爬行纲的分类

爬行纲头骨全部骨化，外有膜性硬骨掩覆；以一个枕髁与脊柱相关联，颈部明显；第1、2块颈椎特化为寰椎与枢椎，头部能灵活转动；胸椎连有胸肋，与胸骨围成胸廓以保护内脏。这是动物界首次出现的胸廓。腰椎与2枚以上的荐椎相关联，外接后肢。除蛇类外，一般有2对5出的掌型肢（少数种类的前肢4出）。水生种类掌形如桨，指、趾间连蹼以利于游泳。足部关节不在胫跗间而在两列跗骨间，成为跗间关节。四肢从体侧横出，不便直立；体腹常着地面，行动是典型的爬行；只少数

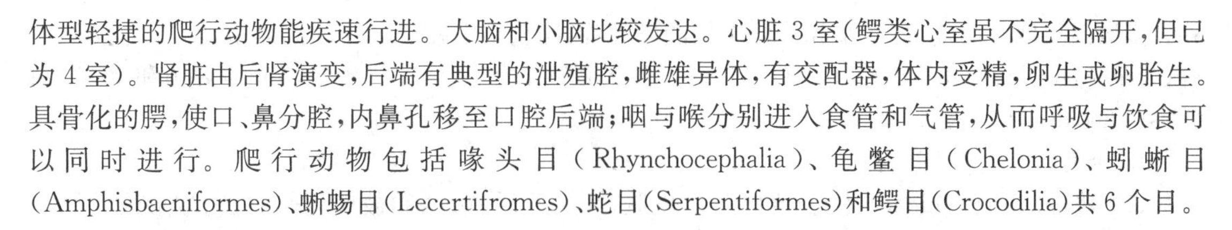

体型轻捷的爬行动物能疾速行进。大脑和小脑比较发达。心脏3室(鳄类心室虽不完全隔开,但已为4室)。肾脏由后肾演变,后端有典型的泄殖腔,雌雄异体,有交配器,体内受精,卵生或卵胎生。具骨化的腭,使口、鼻分腔,内鼻孔移至口腔后端;咽与喉分别进入食管和气管,从而呼吸与饮食可以同时进行。爬行动物包括喙头目(Rhynchocephalia)、龟鳖目(Chelonia)、蚓蜥目(Amphisbaeniformes)、蜥蜴目(Lecertifromes)、蛇目(Serpentiformes)和鳄目(Crocodilia)共6个目。

一、喙头目

喙头目现仅存1科、1属、2种,即喙头蜥(楔齿蜥)(*Sphenodon punctatus*)和棕楔齿蜥(*Sphenodon guntheri*)。目前仅残存于新西兰北部沿海的少数小岛上,数量稀少。头骨具上下2个颞孔,脊椎双凹型,肋骨的椎骨段具钩状突;腹部有胶膜肋;肱骨的远端有肱骨孔。喙头目动物在三叠纪种类最多、分布最广,几乎遍及全世界。外形很像蜥蜴,其差别为有锄骨齿;有发达的胶甲;雄性无交配器;泄殖腔孔横裂;有瞬膜(第3眼睑),当上、下眼睑张开时,瞬膜可自眼内角沿眼球表面向外侧缓慢地移动;头顶有发达的顶眼,具有小的晶状体与视网膜。动物幼年时,可透过上面透明的鳞片(角膜)感受光线的刺激;成年后,由于该处皮肤增厚而作用不明显。体被原始的颗粒状鳞片。多栖居在海鸟筑成的地下洞穴中,彼此和睦相处。主要食物是昆虫或其他蠕虫和软体动物。卵长形。寿命可达300年。

二、龟鳖目

龟鳖目现存侧颈龟亚目(Pleurodira)和曲颈龟亚目(Cryotodira)2亚目,约220种。遍布各大洋。身体宽短,背腹具龟甲。硬甲壳的内层为骨质板,来源于真皮;外层或为角质甲或为厚的软皮,均来源于表皮。大多数种类的颈、四肢和尾部都可以在一定程度上缩进甲内。脊椎骨和肋骨大多与背甲的骨质板愈合在一起,胸廓不能活动。上颌和下颌无齿而具坚硬的角质壳。雄性有交配器,卵生,有石灰质或革质的卵壳。一般营水栖生活,也有少数种类营陆地生活。水栖者产卵也在陆地上,并在陆地上发育。陆栖龟类大多为草食性,鳖类大多为肉食性,其他种类也有杂食的。寿命较长,一般可活数十年,甚至达200余年。

(一)侧颈龟亚目(Pleurodira)

颈部不能缩入龟甲内,仅能在水平面上弯向一侧,将头藏在背、腹甲之间。颈椎具发达的横突。腰带与甲壳愈合在一起。栖于淡水中。分布于南半球的非洲、南美和澳洲,我国不产。包括2科。

1. 侧颈龟科(Pelomedusidae) 侧颈龟科有5属、25种,分布于南美洲、非洲以及附近地区,尤以非洲为多。颈较短。包括马达加斯加侧颈龟属(*Erymnochelys*)、侧颈龟属(*Pelomedusa*)、亚马逊侧颈龟属(*Peltocephalus*)、非洲侧颈龟属(*Pelusios*)和南美侧颈龟属(*Podocnemis*)。沼泽侧颈龟(普通侧颈龟)(*Pelomedusa subrufa*)几乎遍布非洲,北至阿拉伯半岛的西南部,为亚洲现存的唯一侧颈龟亚目种类,也是侧颈龟亚目现存分布最北者。南美洲的侧颈龟虽然种类不多,但是数量比较多,常分布在南美洲河流的岸边。巨侧颈龟(*Podocnemis expansa*)的背甲长达1 m,是颈龟亚目中最大者,以植物为食。

2. 蛇颈龟科(长颈龟科)(Chelidae) 蛇颈龟科有11属、45种,分布于大洋洲和南美洲。多数颈很长,可将头浮出水面呼吸以适应水栖生活。澳洲长颈龟(普通长颈龟)(*Chelodina longicollis*)分布于澳大利亚,其颈部的长度几乎与背甲长相等。枯叶龟(玛塔龟)(*Chelus fimbriatus*)分布于南美洲,颈部长而宽,可以自如收缩、膨胀,周围长满对称触须或细小、敏感凸起物,静止于水底,极似枯叶,故名。可迅速捕捉口边的小鱼。

(二)曲颈龟亚目(Cryotodira)

曲颈龟亚目包括现存的大多数龟鳖类,多数种类的颈部能成"S"形折回甲壳中。分布广泛,世界大多数温暖地区的陆地、淡水和海洋中均能见到，而比较集中在北半球的温热带地区。包括鳖总科（Trionychoidea）、棱皮龟总科（Dermoochelyoidea）、海龟总科（Chelonioidea）和龟总科（Testudinoidea）4总科，9科。

1. 鳖总科

（1）鳖科（Trionychidae）：体表覆以革质皮肤，无角质盾片；两颌被肉质软唇，吻端形成管状吻突；颈长，头与颈能缩入龟甲内。背腹甲以结缔组织相连，边缘厚实，称为裙边。指、趾长，第4指、趾常有4个或更多的骨节，内侧3指、趾有爪。满蹼。游动迅速，皮肤可辅助呼吸，能在水下保持较长的时间。肉食性，性情凶猛。鳖科有美洲鳖属（*Apalone*）、印度鳖属（*Aspideretes*）、亚洲鳖属（*Amyda*）、马来鳖属（*Dogania*）、缘板鳖属（*Lissemys*）、缅甸孔雀鳖属（*Nilssonia*）、鳖属（*Trionyx*）、山瑞鳖属（*Palea*）、中华鳖属（*Pelodiscus*）、斑鳖属（斯氏鳖属）（*Rafetus*）、鼋属（*Pelochelys*）、圆鳖属（*Cycloderma*）和盘鳖属（*Cyclanorbis*）等共13属，23种。分布于亚洲、非洲和北美洲淡水水域，以亚洲为中心。我国有山瑞鳖属、中华鳖属、斑鳖属和鼋属4属，4～5种：山瑞鳖（*Palea steindachneri*）、鼋（*Pelochelys bibroni*）、斑鼋（*Pelochelys maculatus*）、中华鳖（*Pelodiscus sinensis*）和斯氏鳖（斑鳖）（*Rafetus swinhoei*）。鼋体长80～120 cm，体重50～100 kg，最大可超过100 kg；栖息于江河、湖泊中，善于钻泥沙，以水生动物为食；群居。1 000多年前，鼋广泛分布于我国南方诸省的江河湖泊和溪流深潭中，由于生态环境的变迁，加上人为的肆意捕杀，现今为数不多。浙江的瓯江是鼋的故乡。鼋背甲最长可达1.3 m，是淡水龟鳖类中体形最大的种类，分布于我国南方和东南亚，为我国一级保护动物。

（2）两爪鳖科（Carettochelyidae）：仅1属、1种，即两爪鳖（*Carettochelys insculpta*）。分布于印度尼西亚、新几内亚及澳大利亚北部的淡水水域。体型中等，最大者背甲达70 cm。吻突出平截，酷似猪鼻，又称猪鼻龟。背甲灰色，无盾片，较隆起，中央有一条纵嵴，幼龟两侧各有一排白斑；腹甲白色且扁平，无盾片。前肢趾和后肢趾有发达的鳍状蹼，有2个爪，故名。善游泳，除产卵期外，均在水中活动。杂食性。繁殖季节为9～11月份，每次产卵15粒左右，卵长圆形。常作为观赏龟进行饲养。

2. 棱皮龟总科

棱皮龟科（Dermochelyidae）：仅1属、1种，即棱皮龟（*Dermochelys coriacea*）。分布于大西洋、太平洋和印度洋的暖水区域。体大，背甲长1.5 m，最大可达2.5 m，体重达860 kg，一般重300 kg，是现存最大的龟鳖类。无角质盾片。头大，颈短。腭缘锐利，上腭前端有2个三角形大齿突。背甲由许多细小多角形骨片排列成行，最大的骨片排列成7条纵棱，腹部5行，故名。四肢桨状，无爪，前肢特别发达，长为后肢的2倍左右，成体的后肢与尾之间有蹼相连。头、颈、四肢均不能缩入龟甲。尾短，泄殖孔圆形。以海洋无脊椎动物以及鱼、海藻等为食。全年产卵，每胎产90～150粒，卵径50～60 mm，埋于沙下，经65～70天孵化。浮游力强，可随暖流北上达温带海域。数量稀少，濒临灭绝。

3. 海龟总科

（1）海龟科（Cheloniidae）：海龟科体形较大，宽扁，近心形。头大，四肢桨状，具1～2爪，均不能缩入龟甲。尾短。背甲与腹甲间以韧带相连，具下缘盾。背甲内层的骨板上有4～9对肋板，其外侧为突出的肋骨，肋骨与缘板相接，在肋板、肋骨与缘板间形成肋间隙。肢带不与背腹甲愈合。以鱼、虾、头足类动物及海藻为食。卵生，产于岸边沙滩自掘的穴中，壳白色、球形、革质，每年繁殖期可产2～3次，每次产数十至200余粒。海龟科有蠵龟属（*Caretta*）、海龟属（*Chelonia*）、玳瑁属（*Eretmochelys*）和丽龟属（*Lepidochelys*），共4属、6种，分布于全球暖水性海洋。我国有4属、4种：蠵龟（红海龟）（*Caretta caretta*）、海龟（绿海龟）（*Chelonia mydas*）、玳瑁（*Eretmochelys imbricata*）和太平洋丽龟（*Lepidochelys olivacea*）。

（2）绿海龟（*Chelonia mydas*）：因脂肪为绿色而得名。体长80～100 cm，体重70～120 kg；最大

者长达150 cm，重250 kg。头略呈三角形，为暗褐色，两颊黄色；颈部深灰色；吻尖，嘴黄白色；鼻孔在吻的上侧；眼大；前额上有一对额鳞；上颌无钩曲，上下颌唇均有细密的角质锯齿，下颌唇齿较上颌长而突出，闭合时陷入上颌内缘齿沟；舌已退化。背腹扁平，腹甲黄色，背甲呈椭圆形，茶褐色或暗绿色，上有黄斑，盾片镶嵌排列，具由中央向四周放射的斑纹，色泽调和而美丽。中央有椎盾5枚，左右各有肋盾4枚，周围每侧还有缘盾7枚。四肢特化成鳍状的桡足，可以像船桨一样在水中灵活地划水游泳。前肢浅褐色，边缘黄白色，后肢比前肢颜色略深。内侧指趾各有一爪，前肢的爪大而弯曲，呈钩状。雄性尾较长，相当于其体长的1/2；雌性尾较短。尾部的脊骨经盐酸处理后，可以隐约看出生长年轮。在自然界生长速度较为均匀，年平均生长为10～15 kg，以2～4岁时生长比率最高，寿命可达100岁以上。为了适应海水中的生活环境，在眼窝后面还生有排盐的腺体，能把体内过多的盐分通过眼的边缘排出，还能使喝进的海水经盐腺去盐而淡化。广泛分布于太平洋、印度洋及大西洋的温水水域。我国北起山东沿海、南至北部湾均有发现。由于滥捕滥杀和环境破坏，现已数量锐减，为我国二级保护动物。

4. 龟总科

(1) 鳄龟科(啮龟科)(Chelydridae)：鳄龟科仅2属、2种，分布于美洲。为大型凶猛食肉性淡水龟类。头部粗大，颚部强劲，并且呈钩状。背甲有3条纵行棱脊，每侧各具12枚缘盾，有3条纵行棱脊；腹甲呈十字型，较小。尾长。拟鳄龟(小鳄龟)(*Chelydra serpentin*)背甲长约40 cm，具尾棘，无上缘盾，主要分布于北美洲和中美洲，以美国东南部为盛，有4个亚种。鳄龟(大鳄龟)(*Macroclemys temminckii*)背甲长60～80 cm，头部、颈部和腹部具发达触须，具上缘盾，口腔底部有一蠕虫样的附器，常静伏水中张嘴，借附器诱食附近鱼类，仅分布于美国东南部。我国已有引进，多为小鳄龟。

(2) 动胸龟科(Kinosternidae)：动胸龟科有4属、22种，分布于北美洲。体型小，头大，吻部圆锥形；腹甲盾片少于12枚，腹甲前半部可以活动，可将壳口几乎完全封闭，上板与舌板间或上板与内板间以韧带相连，甲桥很小；尾短。分2个亚科：动胸龟亚科(Kinosterninae)和麝香龟亚科(Staurotypinae)。后者有内板，而前者无。栖息于淡水泥泞的环境中，有些种类善于攀爬，肉食性。麝动胸龟属(*Sternotherus*)在宠物龟市场上很常见，称为蛋龟。

(3) 泥龟科(Dermatemydidae)：泥龟科仅1属、1种，即泥龟(美洲河龟)(*Dermatemys mawii*)。分布于美洲，包括墨西哥南部、危地马拉和伯利兹。体型较大，背甲长达50 cm以上。栖息于淡水中，也见于海湾、泻湖。史前分布较为广泛，我国也发现过此科化石。

(4) 龟科(Emydidae)：龟科有水龟属(*Clemmys*)、箱龟属(*Terrapene*)、鸡龟属(*Deirochelys*)、红耳龟属(*Trachemys*)、拟龟属(*Emydoidea*)、锦龟属(*Chrysemys*)、彩龟属(*Pseudemys*)、泽龟属(*Emys*)、潮龟属(*Batagur*)、咸水龟属(*Callagur*)、乌龟属(*Chinemys*)、花龟属(*Ocadia*)、马来龟属(*Malayemys*)、棱背龟属(*Kachuga*)、庙龟属(*Hieremys*)、沼龟属(孔雀龟属)(*Morenia*)、草龟属(*Hardella*)、池龟属(*Geoclemys*)、马来巨龟属(*Orlitia*)、粗颈龟属(*Siebenrockiella*)、安南龟属(*Annamemys*)、地龟属(*Geoemyda*)、拟水龟属(*Mauremys*)、黑龟属(*Melanochelys*)、果龟属(*Notochelys*)、眼斑水龟属(*Sacalia*)、鼻龟属(木纹龟属)(*Rhinoclemmys*)、闭壳龟属(*Cuora*)、锯缘摄龟属(*Pyxidea*)、齿缘摄龟属(摄龟属)(*Cyclemys*)和东方龟属(*Hoesemys*)共31属，94种。分为龟亚科(Emydinae)和潮龟亚科(淡水龟亚科)(Batagurinae)，前者主要分布于美洲，后者主要分布于亚洲、北非和欧洲。头背覆以皮肤，或在枕部具细鳞。背甲略隆起；背腹甲通过缘盾以骨缝或韧带相连，无下缘盾。头、颈、四肢及尾能完全缩入龟壳中。指、趾多少具蹼。多为水栖、半水栖生活。我国有8属、23种，常见有乌龟(*Chinemys reevesii*)和黄喉拟水龟(*Mauremys mutica*)等。密西西比红耳龟(巴西龟)(*Trachemys scripta*)原产于美洲，现已引入我国广泛饲养，为常见宠物龟和食用龟。

红耳龟(巴西龟)(*Trachemys scripta*):原产于美洲,以巴西为主。有10余个亚种,其中密西西比红耳龟(*Trachemys scripta elegans*)是国际市场广泛交易种。因其个体大、食性广、适应性强、生长繁殖快、产量高、抗病害能力强及经济效益高等特点,我国已引进养殖。幼龟亦常作宠物饲养。逃逸后与本土龟种具有强竞争力,是重要外来入侵物种。性别鉴定:①雌龟背甲较短且宽,腹甲平坦中央无凹陷,尾细且短,且泄殖孔位于腹甲以内。腹甲的2块肛盾形成的缺刻较浅,缺刻角度较大。或用手指按压龟四肢使其不能伸出,泄殖孔分泌出液体,即为雌龟。②雄龟背甲较长且窄,腹甲中央略微向内陷,尾粗且长,尾基部粗,泄殖孔位于腹甲以外,距腹甲后缘较远。腹甲的2块肛盾形成的缺刻较深,缺刻角度较小。或用手指按压龟四肢使其不能伸出,其生殖器官会从生殖孔中伸出,即为雄龟。

乌龟(*Chinemys reevesii*):分布于朝鲜、日本和我国南方各省。头前段皮肤光滑,后段细鳞,鼓膜明显。椎盾5片,肋盾每侧5片,缘盾每侧11片,臀盾1对;肛盾后缘凹缺。背甲略平扁,有3条纵棱,雄性纵棱不显。四肢较平扁,趾、指间均全蹼,有爪。头、颈侧面有黄色纵纹;背甲棕褐色或黑色;腹甲棕黄色,每一盾片外侧下缘均有暗褐色斑块。雄性较小,背甲黑色,尾较长,有异臭;雌性较大,背甲棕褐色,尾较短,无异臭。生活于江河、湖沼或池塘中。以蠕虫、螺类、虾、小鱼等为食,也食植物。每年4月下旬开始交尾,5~8月份为产卵期,年产卵3~4次,每次产5~7粒。雌龟产卵前,爬到向阳有荫的岸边松软地上,用后肢掘穴产卵。卵长椭圆形,灰白色,卵径(27~28)mm×(13~20)mm。在自然条件下50~80天孵出幼龟。幼龟孵出后可当即下水,独立生活。其肉可食,有滋补功效;腹甲入药,称为龟板,为滋补和止血药物。

(5) 平胸龟科(Platysternidae):平胸龟科仅1属、1种,即平胸龟(大头平胸龟)(*Platysternon megacephalum*)。分布于中南半岛及我国南方,有5个亚种。背甲扁平,长15 cm左右,通过下缘盾以韧带与腹甲相连。头大,尾长,均不能缩入龟壳内。头背覆以完整的角质盾片。颚呈强钩曲状,颞部完全为骨片覆盖,眶周仅围以上颚骨及眶后骨。四肢发达,指、趾长而具骨髁,有蹼及爪。腋、胯部有臭腺。生活于山区急流的流溪中。甲桥退化允许前肢在较大范围内活动,故该种善于攀援,可爬树及攀登崖壁以觅食及晒太阳。饲养条件下吃肉类、螺类、蠕虫及鱼等。一般每次产卵2粒。该种在野外已极罕见。

(6) 陆龟科(Testudinidae):陆龟科有马来陆龟属(*Manouria*)、地鼠龟属(*Gopherus*)、印度陆龟属(*Indotestudo*)、陆龟属(*Testudo*)、四爪陆龟属(*Agrionemys*)、薄饼陆龟属(饼干龟陆属)(*Malacochersus*)、象龟属(*Geochelone*)、鹰嘴陆龟属(鹦嘴陆龟属)(*Homopus*)、几何陆龟属(*Psammobates*)、折背陆龟属(*Kinixys*)、扁尾陆龟属(*Pyxis*)和巨龟属(*Dipsochelys*),共12属、50种。分布于澳大利亚和南极洲以外的各大陆和岛屿。背甲隆起高,头顶具对称大鳞,头骨较短,鳞骨不与顶骨相接,额骨可不入眶,眶后骨退化或几乎消失;方骨后部通常封闭,完全包围了镫骨;上颚骨几乎与方轭骨相接,上颚咀嚼面有或无中央脊。背腹甲通过甲桥与骨缝牢固连接。四肢粗壮,圆柱形。指、趾骨不超过2节,具爪,无蹼。无臭腺。植食性,可以生活在较干旱的环境中。我国仅3属,3种:缅甸陆龟(*Indotestudo elongata*)、凹甲陆龟(*Manouria impressa*)和四爪陆龟(*Testudo horsfieldi*)。其他如豹龟(*Geochelone pardalis*)、射纹龟(*Asterochelys radiata*)和印度星龟(*Geochelone elegans*)为宠物市场常见种。

凹甲陆龟(*Manouria impressa*):成体体长可在30 cm以上,宽可达27 cm,前额有对称的大鳞片,前额鳞2对,背甲的前后缘呈发达的锯齿状,背甲中央凹陷,故得名凹甲陆龟。臀盾2枚。身体背部黄褐色,腹甲黄褐色,缀有暗黑色斑块或放射状纹。背甲与腹甲直接相连,其间没有韧带组织;四肢粗壮,圆柱形,有爪无蹼。雄性背甲较长且窄,泄殖孔距腹甲后边缘较远;雌性背甲宽短,尾不超过背甲边缘或超出很少,泄殖孔距腹甲很近。国内分布于湖南、广西、海南、云南;国外分布于缅甸、马来西亚、柬埔寨等。在我国此野生数量极为稀少,为国家二级保护动物。

三、蚓蜥目

蚓蜥目有24属、140余种，包括蚓蜥科(Amphisbaenidae)、佛罗里达蚓蜥科(Amphisbaenidae)、双足蚓蜥科(Bipedidae)和短头蚓蜥科(Trogonophiidae)。主要分布于南美洲和非洲热带地区，少数分布于北美洲、中东和欧洲。体长圆柱形，具浅沟。无外耳，眼退化。均无后肢，多数无前肢。穴居，头顶具大型坚硬鳞片，用以钻洞。既可生活于湿润的土壤中，也可生活在干燥的沙质中。与蜥蜴目近缘。

四、蜥蜴目

已知约3 000种，可分为鬣蜥亚目(Iguania)、壁虎亚目(Gekkota)、石龙子亚目(Scincomorpha)和蛇蜥亚目(Anguimorpha)4个亚目。大多分布于热带和亚热带地区。大多具附肢2对。有的种类1对或2对均退化消失，但体内有肢带的残余。一般具外耳孔，鼓膜位于表面或深陷。眼具活动的眼睑和瞬膜(第3眼睑)。舌发达，多扁平而富肌肉。下颌骨左右两半靠骨缝牢固相连，口的张大有限。遇敌害时一些种类的尾常自断，断裂后可活动一段时间，以转移敌人注意力并逃脱；尾可再生，再生尾与原尾外形有异。多以昆虫或其他节肢动物、蠕虫等为食。有些种类兼吃植物，也有专吃植物的。卵生或卵胎生。

(一) 鬣蜥亚目

鬣蜥亚目背具鬣鳞，四肢完整，一些种类可变换体色。主要分布于热带、亚热带地区。包括鬣蜥科(Agamidae)、避役科(变色龙科)(Chamaeleonidae)、冠蜥科(海帆蜥科)(Corytophanidae)、领豹蜥科(Crotaphytidae)、栉尾蜥科(Hoplocercidae)、美洲鬣蜥科(Iguanidae)、马岛鬣蜥科(盾尾蜥科)(Opluridae)、角蜥科(Phrynosomatidae)、变色蜥科(安乐蜥科)(Polychrotidae)和嵴尾蜥科(Tropiduridae)，共10科。多分布于美洲和亚洲南部，只有鬣蜥科在我国有分布。避役科的体色可以快速随环境颜色而变化，享有“变色龙”的称号。

1. 鬣蜥科　鬣蜥科有52属、300余种，广布于旧大陆温暖地区。体中等大小或小型；头背无对称排列的大鳞；体表被有覆瓦状排列的鳞片，切起棱，部分种类具有鬣鳞；眼小而眼睑发达；舌短而厚，舌尖完整，或略有缺刻或微分叉。鼓膜裸露或被鳞。四肢较粗短。多数种类无肛前窝或股窝。尾长但不易断。营地面或树栖生活，主食昆虫，少数种类兼食植物。卵生或卵胎生。我国有10属、47种，包括棘蜥属(*Acanthosaura*)、鬣蜥属(*Agama*)、树蜥属(*Calotes*)、飞蜥属(*Draco*)、龙蜥属(*Japalura*)、蜡皮蜥属(*Leiolepis*)、异鳞蜥属(*Oriocalotes*)、沙蜥属(*Phrynocephalus*)、长鬣蜥属(*Physignathus*)和喉褶蜥属(*Ptyctolaemus*)等。

(1) 丽棘蜥(*Acanthosaura lepidogaste*)：分布于缅甸、泰国北部、柬埔寨、老挝、越南、中国南部以及海南岛。全长200 mm，尾长约是头体长的一倍半。躯干侧扁；背鳞大小不一，间有大鳞；腹鳞大于背鳞，每一腹鳞具强棱；后肢较长，贴体前伸达吻眼之间。眼后棘短，其长约为眼径的一半。体背具黑褐色斑纹，四肢亦具黑褐色横纹，尾背有黑色横斑。常栖息于海拔740～1 000 m的山区，活动在树上、灌丛下、落叶间或溪边，爬行迅速。

(2) 变色树蜥(*Calotes versicolor*)：国外分布在南亚及东南亚地区；我国分布在云南、广东、海南、广西等地。全长可达40 cm，但尾巴约占身长的2/3。初生体长70～100 mm，变色树蜥的鳞片十分粗糙；背部有一例像鸡冠的脊突，所以又叫“鸡冠蛇”，其独特的外形令它易于辨认。头较大，吻端钝圆，吻棱明显。眼睑发达。鼓膜裸露，无肩褶。体背鳞片具棱呈复瓦状排列，背鳞尖向后，背正中有一列侧扁而直立的鬣鳞。四肢发达，前后肢有五指、趾，均具爪。头体长80～90 mm，尾长约为头体长的3倍。体浅灰棕色，背面有5～6条黑棕横斑；尾具深浅相间的环纹；眼四周有辐射状黑纹。喉囊明显。生殖季节雄性头部甚至背面为红色。体色可随环境而变。卵生。交配期为每年4～10

月份，每次产卵1～3粒，卵呈白色，呈长椭圆形。

(3) 横纹长鬣蜥(*Physignathus lesueurii*)：分布于澳大利亚东部。全长可达70 cm，尾长占全长的2/3。体稍侧扁；背鳞大小一致或杂大鳞；背鳞发达，自头起直至尾前部；无喉囊；喉褶发达，鼓膜明显，尾侧扁或圆柱形。雌雄都有股窝。外形美观，常被捕捉作为宠物饲养，野外数量锐减。

(4) 蜡皮蜥(*Leiolepis belliana*)：在我国分布于广东、澳门、海南、广西等地；国外分布于越南、泰国、缅甸、中南半岛及马来半岛。体型较大，头体长150 mm左右，尾长约为头体长的2倍。背腹略扁平，没有鬣鳞。躯干及四肢背面灰褐色，雄性密布鲜明的橘黄色或橘红色镶黑圈的眼斑，雌性不显；体侧呈不规则的深浅相间的横纹；腹面乳黄(雄)或灰白(雌)色。四肢强壮，爪发达。尾圆柱状，基部宽扁，末端如鞭。每侧有股孔13～18个。栖息于沿海沙岸地带，在略有坡度的地方掘穴而居，洞口扁圆形，穴道深1 m左右，常雌雄同穴。白天气温适宜时，出洞活动觅食，一遇惊扰，立即窜入洞中。以昆虫为食物。卵生。常以去内脏的干制品冒充蛤蚧出售，因而被大量捕杀。目前已被列为我国濒危动物。

2. 避役科　避役科有6属、80余种，主要分布于非洲大陆和马达加斯加岛，向东至印度。身体侧扁，尾可扭曲成螺旋状，缠绕树枝。能根据不同的光度、温度和湿度等因素变换体色，故名。指、趾对握，以前足内侧2指为一组，其余3指为一组，以后足外侧2趾为一组，其余3趾为一组，能将树枝抓握得更加牢固。头上常生有角、嵴或结节。两眼突出，可分别转动，眼球上仅有一条窄缝看东西，能使一只眼睛盯住所发现的猎物；转动头部，然后射出舌头，准确地将猎物捕获。舌很长，舌尖宽，具腺体，分泌物可黏住昆虫取食。大多树栖，有时生活于草本植物上，少数营栖。卵生或卵胎生。包括儒蜥属(*Bradypodion*)、枯叶侏儒避役属(*Rhampholeon*)、侏儒避役属(*Brookesia*)、诡避役属(*Calumma*)、避役属(*Chamaeleo*)和宝石避役属(*Furcife*)。

(二) 壁虎亚目

壁虎亚目眼大，眼睑不能活动，四肢健全或退化。包括壁虎科(守宫科)(Gekkonidae)和鳞脚蜥科(Pygopodidae)2科。

1. 壁虎科　壁虎科已知约668种，有多个亚科。体大多扁平，皮肤柔软，头顶无对称大鳞。体背常被粒鳞或疣鳞，少数具圆形或六角形覆瓦状鳞。无眼睑，瞳孔大多垂直，有直弧形和分叶形两类，少数圆形。鼓膜大多裸露内陷，外耳道明显，耳后的颈侧有内淋巴腺。四肢发达，具5趾或第1指、趾退化呈痕迹状，构造变化很大，具爪或无，有些种类爪能伸缩；指、趾扩展，腹面有攀瓣，上具微毛垫，可吸光滑表面。尾易断，可再生。多数雄性肛前或股部的一列鳞上有腺孔，称肛前窝或股窝。有些种类尾基部两侧具肛疣。生活于树林、开阔地、山区、荒漠及房屋内。多夜间活动，主食昆虫。多为卵生，每次产卵2粒。我国有10属、30种。大壁虎(蛤蚧)(*Gekko gecko*)在我国分布于南方地区，体长可达30 cm，是最大的壁虎，由于具有止咳平喘的药用和食用价值，被大量捕杀，数量锐减，为我国二级保护动物，已开展人工养殖。

2. 鳞脚蜥科　鳞脚蜥科有7属、36种，分布于大洋洲。体形似蛇，无前肢，后肢退化成鳞片状。眼睑不能活动，有耳洞。多数体长较短，口鼻部短。穴居，以昆虫为食，大型种类可捕食其他蜥蜴。

(三) 石龙子亚目

石龙子亚目多数具有典型的蜥蜴体型，但也有些四肢退化，很多种类尾可自行截断并再生。包括将近半数的蜥蜴，有非洲蜥蜴科(环尾蜥科)(Cordylidae)、板蜥科(Gerrhosauridae)、美洲蜥蜴科(Teiidae)、裸眼蜥科(Gymnophthalmidae)、蜥蜴科(Lacertidae)、石龙子科(Scincidae)、夜蜥科(Xantusiidae)和双足蜥科(Dibamidae)，共8科。多分布于非洲和美洲，在我国有分布的是蜥蜴科、石龙子科和双足蜥科3科。

1. 蜥蜴科　蜥蜴科有22属、140余种。体细长。眼睑发达，瞳孔圆形，鼓膜裸露；舌长而薄，先端缺刻深，有排成横行或倒三角形鳞状乳突；侧生齿。头顶有对称大鳞，有不发达的颞弓及眶弓。

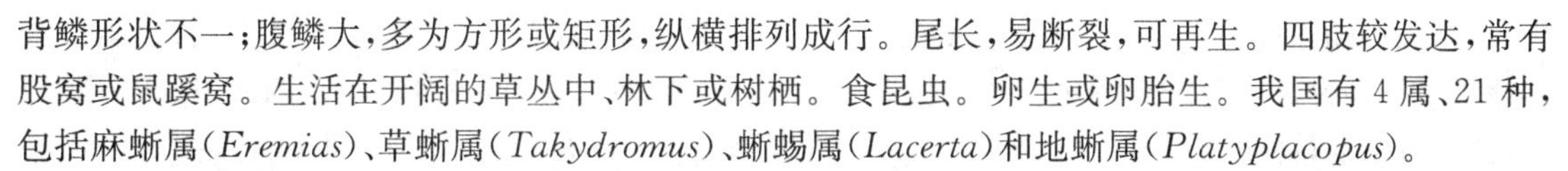

背鳞形状不一；腹鳞大，多为方形或矩形，纵横排列成行。尾长，易断裂，可再生。四肢较发达，常有股窝或鼠蹊窝。生活在开阔的草丛中、林下或树栖。食昆虫。卵生或卵胎生。我国有 4 属、21 种，包括麻蜥属(*Eremias*)、草蜥属(*Takydromus*)、蜥蜴属(*Lacerta*)和地蜥属(*Platyplacopus*)。

(1) 丽斑麻蜥(*Eremias argus*)：在蜥蜴科中最为多见，可分为 2 个亚种，即指名亚种(*Eremias argus argus*)和北方亚种(*Eremias argus barbouri*)。为我国长江以北最常见的蜥蜴，国外见于俄罗斯、蒙古和朝鲜等。每年从 3 月中下旬至 10 月中下旬在田间捕食，主要以昆虫和各种小动物为食，在农田中对农业害虫有很强的捕食能力。适应性广，行动敏捷，攻击力强，且能在日光下捕食。

(2) 胎生蜥蜴(*Lacerta vivipara*)：胎生蜥蜴在我国仅见于黑龙江省，国外分布很广，从欧洲乌拉山远端的英格兰和爱尔兰，往东通过西伯利亚到远离东海岸的库页岛等广大地区。体长约 18 cm。卵胎生。每年 4～5 月份交配，卵在雌性的腹中充分发育，待到 7～9 月份幼蜥产出。每窝产仔蜥 4～8 只(偶有 10 只，较罕见)。生活在阴湿的林地、草地、沼泽或覆盖着青苔的土壤上。捕食昆虫及其幼虫，也吃其他无脊椎动物。

(3) 北草蜥(*Takydromus septentrionalis*)：栖息于海拔 180～1 750 m 的丘陵、平原和山区的茂密草丛中或矮灌木林间，受到惊扰会迅速逃遁。在杭州地区的活动时间和食性是：4 月初在每天 11:00 前后最多；8 月间每天 9:00～11:00 和 15:00～16:00 见到的个体较多；10 月底在 12:00～13:00数量最多。以昆虫为食，春季主要吃蝗虫、卷叶蛾幼虫、鼠妇和地花蜂；夏季主要吃直翅目昆虫(如蝗虫、螽蟖)；也吃尺蛾幼虫和鞘翅目昆虫。曾于 8 月下旬在福建武夷山采到北草蜥的卵，每窝 4～6 粒，卵圆形，乳白色，卵径(9～11)mm×(11.5～14.5)mm。刚孵出的幼蜥全长 74～82 mm，尾长51～60 mm。

2. *石龙子科*　石龙子科约有 40 属、600 余种。体型一般中等。头顶有对称大鳞，通身被以覆瓦状排列的原鳞，鳞片下方均承以源于真皮的骨板。眼较小，多数都有活动的眼睑；瞳孔圆形。鼓膜深陷或被鳞。舌较长而扁，前端微缺，被鳞状乳突。侧生齿，尖状或钩状，齿冠侧扁或圆形。有颞弓及眶弓，但不发达。尾较粗，横切面圆形，易断，并能再生。四肢发达或退化甚至缺如，随着四肢的退化，身体相应延长。无有股窝或腹股沟窝。多为陆栖，也有半水栖、树栖或穴居者。多白天或夜间活动。多数种类食昆虫或其幼虫，体型较大者也吃小型脊椎动物，少数兼食植物。卵生或卵胎生。我国有 8 属、30 余种。

3. *双足蜥科*　双足蜥科仅 1 属、4 种，主要分布于东南亚。体小，呈环毛蚓状，头顶大鳞少，周身被以覆瓦状排列的圆鳞。眼隐于眼鳞下，无耳孔；舌短，前端尖而完整，舌面有横置皮瓣；齿尖，钩曲；无颞弓及眶后弓；尾短而钝；无前肢。雄性具 1 对扁短的鳍状后肢，镶在肛侧的凹沟内。有肛前窝。穴居。卵生。我国仅 2 种。白尾双足蜥(*Dibamus bourreti*)分布于越南和我国广西(金秀、龙胜)及湖南(宜章、江永)；鲍氏双足蜥(香港双足蜥)(*Dibamus bogadeki*)分布于我国香港特区部分岛屿上。双足蜥科常置于壁虎亚目，或单独成一亚目。

(四) 蛇蜥亚目

蛇蜥亚目的形态差异显著，包括无足、有毒和体型最大的蜥蜴。包括蛇蜥科(Anguidae)、蠕蜥科(北美蛇蜥科)(Anniellidae)、毒蜥科(Helodermatidae)、婆罗蜥科(Lanthanotidae)、巨蜥科(Varanidae)、异蜥科(Xenosauridae)和鳄蜥科(Shinisauridae)，共 7 科，但种类较少。多分布于美洲，我国有分布的有蛇蜥科(Anguidae)、巨蜥科(Varanidae)和鳄蜥科(Shinisauridae)。

1. *蛇蜥科*　蛇蜥科有 10 属、约 50 种，包括蛇蜥亚科(Anguinae)、侧褶蜥亚科(Gerrhonotinae)和肢蛇蜥亚科(Diploglossinae)。四肢消失或退化，体侧有纵沟。眼小，能活动；舌长，先端分叉或有深缺刻，舌上有鳞状乳突，舌基厚实，被绒毛状乳突，舌尖能缩入舌鞘内；具不同形状的侧生齿，尖锐微弯或结节状；头骨有颞弓及眶后弓。头顶具对称大鳞；躯干和尾被以覆瓦状圆鳞，鳞下承以真皮骨板；尾长，易断，能再生；无肛前孔或股孔。陆生，许多种类日伏洞穴中，夜晚出来活动；食昆虫或其他无脊椎动物。卵生或卵胎生。我国仅1属，即脆蛇蜥属(*Ophisaurus*)。均无四肢，仅留后肢残余；体侧有纵沟；体表被以近方形或菱形鳞片，纵横排练成行；有翼骨齿。已知12种，我国产4种(图14-13)。

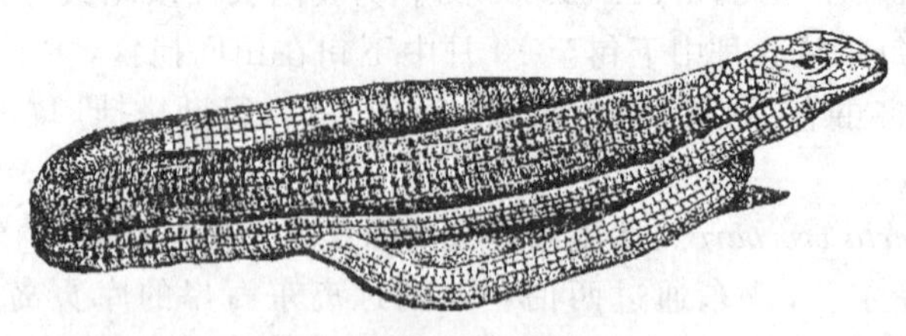

图14-13 蛇蜥

2. 巨蜥科 巨蜥科有1属、30余种。分布于大洋洲、非洲和亚洲热带、亚热带地区。体大，头长，吻长；眼睑发达，瞳孔圆形；鼓膜裸露；舌细长，先端深分叉，可缩入基部舌鞘内；有基部较宽的大型侧生齿；颞弓完整，眶后弓不完全。头顶无对称大鳞；背鳞粒状、圆形或卵圆形；腹鳞四边形，排成横行；鳞下承以真皮骨板。尾长，但不易断。有肛前孔。四肢强壮。陆生为主，也树栖、穴居或水栖。食各种小动物和腐肉。卵生。科莫多巨蜥(*Varanus komodoensis*)分布于印尼小巽他群岛，全长可超过3 m，重达165 kg，是最大的蜥蜴。我国有2种。巨蜥(*Varanus salvator*)分布于印度、马来西亚、缅甸和我国云南、广东、广西及海南，为国家一级保护动物；伊江巨蜥(*Varanus bengalensis irrawadicus*)于1987年在我国云南发现，1994年定为孟加拉巨蜥的亚种，数量不到100条。

3. 鳄蜥科 鳄蜥科仅1属、1种，即鳄蜥(瑶山鳄蜥)(*Shinisaurus crocodilurus*)。特产于我国广西大瑶山。体长15～30 cm，尾长约23 cm，躯干粗壮，尾长而侧扁。眼睑发达，瞳孔圆形；鼓膜不明显；舌短而先端分叉；有很多中等锥形侧生齿；颞弓发达。头背鳞平滑或有棱，形状大小不一，多少成对排列；头颈间背面有1条明显浅沟；体背覆粒鳞，大小不等，杂有起棱大鳞，形成几条断续纵行，后延伸至尾背侧则为2行显著棱脊，似鳄尾，故名；鳞下承以真皮骨板。四肢发达，指、趾具尖锐而弯曲的爪。半水栖，生活于山间溪流的积水坑中。晨昏活动，白天在细枝熟睡，受惊后立即跃入水中；遇敌害时会假死，或趁机死咬不放。食昆虫、蝌蚪及小鱼等。卵生，每次产卵2～8粒。由于分布区狭小、栖息地破坏和过度偷猎，加之幼蜥出生后有80%会造成蜥吞食，成活率极低，鳄蜥野外总数现仅有2 500条左右，为我国一级保护动物，但已成功人工繁殖。

五、蛇目

蛇目约3 000种，其中毒蛇有650多种，可分为盲蛇亚目(Scolecophidia)、原蛇亚目(Henophidia)和新蛇亚目(Caenophidia)3个亚目。世界性分布，主要分布于热带和亚热带。我国约有200种。身体细长，四肢、胸骨、肩带均退化，以腹部贴地而行。围颞窝的骨片全部失去而不存在颞窝。头骨特化，左下颌骨与右下颌骨不愈合，以韧带松弛连接，一些骨块彼此形成能动关节，使口可以开得很大，可达130°，以吞食比其头大好几倍的食物。脊椎骨数目多，可达141～435块。犁鼻器发达。雄蛇尾基部两侧有1对交配器，交配时自内向外经泄殖孔两侧翻出，每次交配只用其一。卵生或卵胎生。

(一) 盲蛇亚目

盲蛇亚目为最原始的蛇类。多具后肢带。全身均匀覆盖覆瓦状圆鳞，无腹鳞分化。眼隐于眼鳞之下。分布于全世界各温暖地区。身体粗细一致，头尾均短，外形略似环毛蚓，多营穴居生活，食蚯蚓、白蚁等各种地下无脊椎动物。包括细盲蛇科(Leptotyphlopidae)、异盾盲蛇科(Anomalepidae)

和盲蛇科(Typhlopidae)3科。

1. 细盲蛇科 细盲蛇科有2属、93种,分布于美国南部西印度群岛、中美洲、非洲及巴基斯坦。仅下颌具齿。

2. 异盾盲蛇科 异盾盲蛇科有4属、约20种,分布于中美洲南部及南美洲北部。上颌和下颌均具齿。

3. 盲蛇科 盲蛇科约6属、约229种,分布于非洲、亚洲及大洋洲的热带、亚热带地区,少部分分布于中美洲。为小型蛇类,形似环毛蚓,头小尾短,圆柱形,从头至尾粗细一致。最小种类全长仅95 mm,如小盲蛇(*Typhlops reuter*);最大种类为非洲的巨盲蛇(*Typhlops hambo*),全长可达775 mm。一般全长150 mm。仅上颌具齿。口小,位于头端腹面;眼小,不明显,隐于半透明的眼鳞下;背鳞、腹鳞分化不明显,通身被鳞为大小一致的圆鳞。头骨连结牢固,适于掘土穴居。体内有骨片状残余的腰带(后肢附着骨)。多数种类穴居土中,或隐栖于砖石下或缸钵底下。多夜晚或雨后至地面活动。食昆虫、虫卵和幼虫,如白蚁和幼虫;也食环毛蚓和多足类。卵生,少数卵胎生。我国有2属、4种,包括钩盲蛇属(*Ramphotyphlops*)2种和盲蛇属(*Typhlops*)2种,常见如钩盲蛇(*R. braminus*)。

(二)原蛇亚目

原蛇亚目是大中型的原始蛇类,多有后肢带残余。包括蟒蚺科(Boidae)、岛蚺科(Bolyeridae)、林蚺科(Tropidophiidae)、亚洲筒蛇科(Cylindropheidae)、筒蛇科(管蛇科)(Aniliidae)、倭管蛇科(Anomochilidae)、针尾蛇科(Uropeltidae)、美洲闪鳞蛇科(Loxocemidae)和闪鳞蛇科(Xenopeltidae)9科,多分布在亚洲、非洲和美洲的热带地区。在我国有分布的为以下3个科。

1. 蟒蚺科 蟒蚺科有20余属、约60种,分布于热带地区。为较原始的低等无毒蛇类。通身被鳞较小,但已分化出腹鳞。泄殖孔两侧有爪状后肢残余,体内尚有后肢带残余。最长者可达11 m以上,如南美热带地区的绿水蟒(*Eunectes murinus*),全长可达10 m,重225 kg以上,为最大的蛇类;最小者沙蟒(*Eryx*)仅长30 cm。树栖、水栖或栖沙土中。食各种脊椎动物,大型种类可吞食较大偶蹄类。捕得猎物即缠绕,待窒息后吞食。卵生或卵胎生。卵生者产卵最多可达100粒以上,一般数十粒;母蛇有伏蜷卵上的习性。分为3个亚科。蚺亚科(Boinae)为卵胎生,有7属、27种;沙蟒亚科(Erycinae)为卵胎生,有4属、14种;蟒亚科(Pythoninae)为卵生,有8属、33种,仅分布于旧大陆。我国仅2属、3种,包括沙蟒(*Eryx miliaris*)、鞑靼沙蟒(*Eryx tataricus*)和蟒蛇(*Python molurus*)。

2. 亚洲筒蛇科 亚洲筒蛇科有1属、8种,分布于东南亚。头小,背腹扁平,吻端宽而圆。无鼻间鳞、颊鳞和眶前鳞;腹鳞略大于背鳞;尾短。生活于稻田或花园等泥土疏松处,穴居,捕食时才到地面活动。捕食其他蛇类和鳗类。受到威胁时,将尾竖起,如膨颈的眼镜蛇头部,以恐吓敌害;与此同时,另一端真正的头则伺机钻入岩缝或木片之下,尾亦随后入内。卵胎生,产仔蛇3~13条。我国仅1种,即红尾筒蛇(*Cylindrophis ruffus*),其广泛分布于东南亚,但在我国数量稀少,仅在福建厦门、海南和我国香港地区采到过标本。

3. 闪鳞蛇科 闪鳞蛇科仅1属、2种,主要分布于东南亚。因鳞片在阳光下可闪耀虹彩光泽而得名。全长近1 m,体呈圆柱形。头和眼均小,尾短。腹鳞较窄,其宽度不到相邻背鳞的3倍。穴居,栖息于树林或田野泥土松软处,多躲藏于朽木、石块下。捕食环毛蚓、蛙和小型哺乳动物。性驯善,不主动咬人,如受激惹可迅速颤动其尾部。卵生,产卵6~17粒。闪鳞蛇(*Xenopeltis unicolor*)分布于东南亚和南亚,我国见于云南西双版纳、孟连和广东;海南闪鳞蛇(*Xenopeltis hainanensis*)为我国特有种,可分2个亚种,指名亚种仅分布于海南省,大陆亚种分布于南方各省,数量稀少。

（三）新蛇亚目

新蛇亚目是进化程度较高的蛇类，肢带已经完全消失，一些种类还进化出了毒牙和毒腺，成为高效率的捕食者。包括现存的全部毒蛇和大多数无毒蛇，分布非常广泛，世界上大多数地方均能见到。有6科。

1. 瘰鳞蛇科(Acrochordidae)　瘰鳞蛇科有1属、2种，分布于印度半岛、中南半岛、印度尼西亚及大洋洲沿海。头钝圆，眼小，体粗壮，尾短且侧扁。通体皮肤松弛，覆以细小的瘰粒状鳞；无腹鳞，腹中线有1个皮肤纵褶。生活于大陆或海岛沿岸河口地带，几乎不能在陆地正常生活。以鱼为食。在有的地方数量极多，常成群集队，渔民捕鱼时常被捕入网中。卵胎生，每次产27仔左右。我国极少见，仅在海南省三亚沿海捕获过1条瘰鳞蛇(*Acrochordus granulatus*)。该科是介于原蛇与新蛇之间的类群，既可属原蛇亚目也可属于新蛇亚目。

2. 游蛇科(Colubridae)　游蛇科有近300属、约1 400种，包括2/3现存蛇类，是蛇目中的最大科，可分为多个亚科：闪皮蛇亚科(Xenodermatinae)、钝头蛇亚科(Pareatinae)、两头蛇亚科(Calamariinae)、水游蛇亚科(Homalopsinae)、游蛇亚科(Natricinae)、花条蛇亚科(Psammophiinae)、斜鳞蛇亚科(Pseudoxenodontinae)、食蜗蛇亚科(Dipsadinae)和异齿蛇亚科(Xenodontinae)。头背面覆盖大而对称的鳞片，背鳞覆瓦状排列成行；腹鳞横展宽大。上颌骨不能竖立，其上生有细齿；少数种类为后沟牙类毒蛇，即最后2～4个细齿形成较大而有纵沟的沟牙。形态和习性多样性丰富，树栖、穴居、水栖或半水栖。卵生。我国有36属、141种。

3. 穴蝰科(Atractaspididae)　穴蝰科有11属、66种，分布于非洲及中东。分为2亚科：穴蝰亚科(Atractaspidinae)为1属、18种；食蚣蝰亚科(Aparallactinae)为10属、48种。有毒。该科是从游蛇科中独立出的一科。

4. 眼镜蛇科(Elapidae)　眼镜蛇科有44属、186种，可分为环蛇亚科(Bungarinae)、眼镜蛇亚科(Elapinae)和虎蛇亚科(Notechinae)。广泛分布于欧洲以外的各大洲。陆栖。上颌骨较短，水平位，不能竖起；前沟牙类毒蛇，主要为神经毒，也有混合毒者。包括许多剧毒蛇种，如内陆太攀蛇(*Oxyuranus microlepidotus*)是世界上毒性最强的蛇，其一次排毒量可以杀死25万只老鼠。我国有4属、8种，主要分布于长江以南，如金环蛇(*Bungarus fasciatus*)、银环蛇(*Bungarus multicinctus*)、丽纹蛇(*Calliophis macclellandi*)、眼镜蛇(*Naja naja*)和眼镜王蛇(*Ophiophagus hannah*)。其中眼镜王蛇全长可达6 m，为最大毒蛇。

5. 海蛇科(Hydrophiidae)　海蛇科有16属、约50种，可分为海蛇亚科(Hydrophiinae)和扁尾海蛇亚科(Laticaudinae)。主要分布于印度洋和西太平洋的热带海域中。前沟牙类毒蛇，为神经毒，但主要作用于横纹肌，故又称为肌肉毒，毒性极强。体后部及尾侧扁，适于游泳；鼻孔开口于吻背，有可开关的瓣膜。腹鳞退化或消失。肺发达，从头延伸至尾；也可用皮肤呼吸。舌下有盐腺，可排出随食物进入体内的过量盐分。栖息于沿岸近海，食鱼。多数卵胎生。我国有10属、16种，常见有蓝灰扁尾蛇(*Laticauda colubrina*)和长吻海蛇(*Pelamis platurus*)。常归于眼镜蛇科。

6. 蝰蛇科(Viperidae)　蝰蛇科有16属、188种，可分为蝰亚科(Viperinae)、白头蝰亚科(Azemiopinae)和蝮亚科(响尾蛇亚科)(Crotalinae)。头大，三角形，略扁；颈细而明显；蝮蛇鼻眼间有颊窝，是热能的灵敏感受器，可测知周围温血动物的准确位置，蝰蛇无；上颌短而略高，前端着生1对长而弯曲的管状毒牙和数对后备毒牙，张口时能竖立，闭口时倒卧于口腔背部，为血液循环毒蛇。头被为大而对称鳞片或全为小细鳞被覆。体粗壮或粗细适中。尾短。响尾蛇末端具有一串角质环，为多次蜕皮后的残存物，遇敌或急剧活动时迅速摆动，每秒达40～60次，能长时间发出响声。我国有5属、21种，如白头蝰属(*Azemiops*)、蝰属(*Vipera*)、蝮属(*Agkistrodon*)、尖吻蝮属(*Deinagkistrodon*)、烙铁头属(*Trimeresurus*)。常见种类有：极北蝰(*Vipera berus*)、圆斑蝰(*Vipera russelii*)、草原蝰(*Vipera ursinii*)和白头蝰(*Azemiops feae*)等。

六、鳄目

鳄目现存包括短吻鳄科(Alligatoridae)、鳄科(Crocodylidae)和食鱼鳄科(Gavialinae),3 科、7 属、21 种,为双颞窝类,是最高等的爬行类。体长大,尾粗壮,侧扁。头扁平、吻长。鼻孔在吻端背面。指 5,趾 4(第 5 趾常缺),有蹼。眼小而微突。头部皮肤紧贴头骨,躯干、四肢覆有角质鳞片或骨板。颅骨坚固连接,不能活动;具顶孔。齿锥形,着生于槽中,为槽生齿。舌短而平扁,不能外伸。外鼻孔和外耳孔各有活瓣司开闭。心脏 4 室,左心室与右心室由潘尼兹孔沟通。有颈肋、腹膜肋。无膀胱。阴茎单枚,肛孔内通泄殖腔,孔侧各有 1 个麝腺。下颌内侧也各有 1 个较小的麝腺。长者达 10 m。两栖生活,分布于热带、亚热带的大河与内地湖泊;有极少数入海。以鱼、蛙与小型兽为食。三叠纪最古老的原鳄与槽齿类极其相似。侏罗纪、白垩纪的中生鳄上颞窝很大,内鼻孔前移到口盖骨与翼骨间。鳄类动物从三叠纪起,很少变化,所以现存的鳄类可以称为活化石。

1. *短吻鳄科* 短吻鳄科包括 4 属、8 种。吻短而宽,下颌闭合时第 4 齿不露出。代表种如密河鳄(*Alligator mississippiensis*),分布于美国东南部,全长可达 5 m,体色为黑色,幼鳄间有黄色带纹,因保护较早,数量较多。扬子鳄(鼍)(*Alligator sinensis*)主要分布于我国安徽、浙江、江西等长江中下游局部地区,全长 1.5～2 m,背深橄榄或灰黑色,横有黄斑,幼体成横纹,体侧体腹浅灰。野外数量稀少,为我国一级保护动物,但已人工繁殖进行商业化圈养。为被国际上批准的我国第一种可以进行商品化开发利用的受胁动物,现圈养数量已超过 2 万尾。

2. *鳄科* 鳄科包括 3 属、14 种。鳄属(*Crocodylus*)在亚洲、非洲、美洲和大洋洲热带地区均有分布。最著名的湾鳄(*Crocodylus porosus*),身长可超过 7 m,体重达 1 t,分布于印度、斯里兰卡到澳大利亚河口,可入海,为现存体型最大的爬行动物。尼罗鳄(*Crocodylus niloticus*)分布于非洲,可捕食牛羚和斑马等大型哺乳动物。

3. *食鱼鳄科(长吻鳄科)* 长吻鳄科仅 1 属、1 种,即长吻鳄(食鱼鳄、恒河鳄、印度鳄)(*Gavialis gangeticus*)。吻极细长,牙齿尖锐,便于横扫捕鱼,故名。体型大,体长 4.6 m,曾有 9 m 长的记录。主要分布于印度北部恒河,也见于斯里兰卡、巴基斯坦、缅甸、尼泊尔和伊朗东南部的河流、池塘、沼泽以及人工水域中。不侵害人,但吃葬于恒河的漂浮死尸。挖洞产卵,是鳄中唯一每年产卵 2 窝的种类,每窝平均产卵 30 粒。

第五节 爬行动物的起源与适应辐射

一、爬行纲的起源

爬行动物是在石炭纪末期从古两栖动物演化来的。生存环境的变化,是古爬行类出现的一个明显的外界因素。在石炭纪末期,地壳运动导致了陆地上出现了大片沙漠,原来温暖潮湿的地区转变为冬季寒冷、夏季炎热的地区。气候变化导致了植被改变,适于干旱的裸子植物逐渐代替了适宜潮湿环境下生存的蕨类植物。因此,古代两栖类的生存受到极大威胁,逐渐绝灭,具有适应陆地生活的身体结构(角质化皮肤、肺)和繁殖方式(体内受精、羊膜卵)的新兴爬行动物,在生存竞争中不断发展壮大,逐渐代替两栖类,在动物界占据主要地位(图 14－14)。

爬行类最早出现于石炭纪晚期,到二迭纪已成为常见的动物,中生代发展成为居统治地位的陆生脊椎动物。最早的化石代表是西蒙龙(又称为蜥螈)。在它身上明显地表现出早期两栖动物和早期爬行动物间的过渡和中间类型的情况。西蒙龙长约 1 m,其头骨在外形和结构上都与其他坚

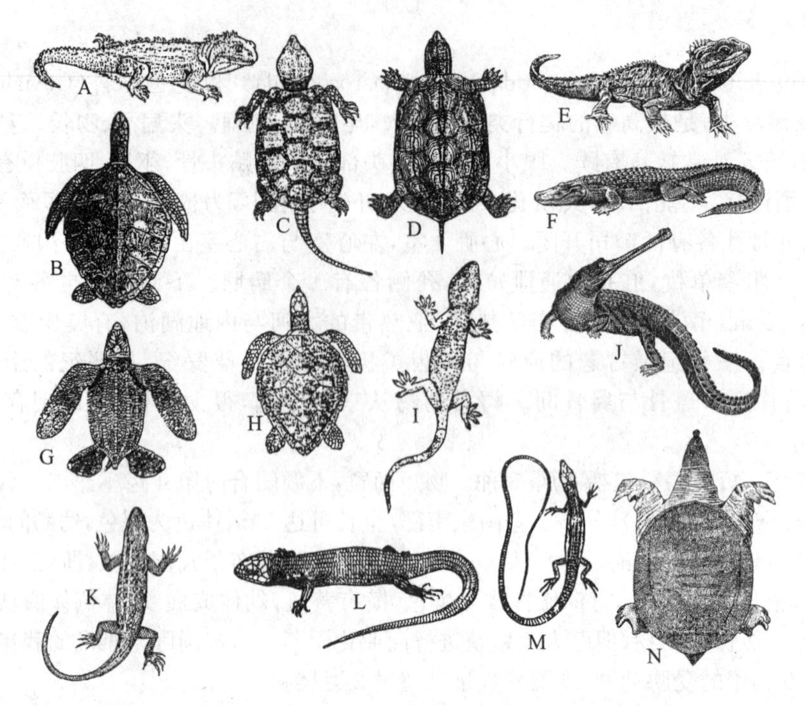

图 14－14　爬行动物代表

A. 喙头蜥　B. 海龟　C. 平胸龟　D. 乌龟　E. 楔齿蜥　F. 扬子鳄　G. 棱皮龟　H. 玳瑁　I. 大壁虎　J. 长吻鳄　K. 麻蜥　L. 石龙子　M. 北草蜥　N. 鳖

头类动物极相似，肩带靠前，颈部短，脊椎分化不明显，有耳裂、迷齿和侧线。这些都与古两栖类相似。

另一方面，西蒙龙还有许多爬行动物的特征：头骨有单枕髁；有泪管；脊椎骨有向背方凸出的椎弓；具 2 块荐椎；肩带有发达的间锁骨；髂骨翼宽大，可供后肢发达的肌肉附着，显示了运动的加强；5 指(趾)型四肢较完善，指骨数增多。这都说明，西蒙龙兼有两栖类和爬行类的双重特性，是进化史上最好的证据，因为它阐明了类群间的连续性。但是，西蒙龙出现的时期较晚，早在石炭纪时(3 亿年前)，地层中就已经发现了真正的爬行动物了。显然，它不是爬行类的直接祖先。爬行类的祖先应是从更古老的石炭纪的杯龙类中去探索，目前限于材料，故不能肯定爬行类的直接祖先是哪一种。西蒙龙只能算是爬行类在两栖类祖先类型中残存的典型代表。由于古爬行动物的类群繁多，形态、生态各异，因此除了主张起源于一个祖先外，也有人认为它有两个祖先或多个祖先。尽管看法很多，然而爬行类作为一大类群来说，无论从解剖上、生理上以及生态上都与鱼类、两栖类有不同的特点，而这些基本的共同性也正是它们彼此间亲缘关系的证明。因此，单源说法还是更容易被接受。目前一般认为爬行类起源于石炭纪前的两栖类迷齿类中的蜥螈类，它们是结构轻巧、很少特化的原始类型。

二、爬行纲的适应辐射

早在石炭纪前，当爬行类刚从古两栖类祖先演化出来以后，很快就开始适应辐射分成两大支：一支为杯龙类；另一支为盘龙类。

1. 杯龙类　杯龙类是最原始的爬行动物，出现于石炭纪末，灭绝于三叠纪，曾一度和古两栖类同时并存。杯龙类是爬行类的基干，它们的主要特征是头骨上无颞窝，近似于坚头类，属无颞窝，单个枕髁。二迭纪是它们的全盛时期，一般认为后期较高级的各类爬行动物都是由杯龙类辐射进化出来的。例如，它们分化出龟鳖亚纲、原蜥亚纲和假鳄亚纲。其中假鳄亚纲是这些分支中最大，而且是最进步的一个分支。它们的体型很像现存的蜥蜴，头骨上有双颞窝，鼻、眼之间有眶前孔，颌上有槽生齿，额骨扁长，耻骨、坐骨下移，前肢短，后肢长，多数以后肢行走。由假鳄类进一步分化出陆上生活的恐龙亚纲、水中生活的鳄亚纲以及空中生活的翼龙亚纲。特别值得注意的是假鳄亚纲中的某些种类，如鸟鳄的构造与原始的鸟类(始祖鸟)非常相似，鸟类很可能是由它演化而来的。假鳄类生活于三叠纪时期。

2. 盘龙类　盘龙类也是原始爬行动物。它们出现在石炭纪末和二迭纪初，最主要的特点是头骨上有一对颞窝。盘龙类在二迭纪分出了兽形亚纲，并由它演化为兽齿类。其原始种类和杯龙类有较多相似之处，如牙齿少特化，齿骨大小适中，一个枕髁，没有次生腭等，但后起的一些种类，牙齿已有分化，下颌主要由齿骨构成，两个枕髁，出现了次生腭。显然这些都是类似哺乳动物的特征，代表着爬行类进化到哺乳类的中间阶段。兽齿类在三叠纪已灭绝。

总之，爬行类自从石炭纪出现以后，经过了早期的适应辐射，到二迭纪就已成为一个兴旺发达的类群，并开始排斥两栖类。随着中生代的到来，它们已获得了较高级的有机结构和生理功能。例如，有比两栖类发达的脑和适应陆上繁殖的能力，从而在生存竞争中不断增强自己的优势地位。同时在整个中生代1亿5千多万年的漫长时期里，地形、气候基本稳定，植物茂盛，而当时陆地上又没有能与它们竞争的动物，这些都为爬行类的大发展提供了良好的条件。因此，爬行类在中生代迅猛地发展起来。有的产生了适应陆地各种生态条件的复杂类群；有的则再度返回水中而成为次生性适应水中生活的爬行动物；有的则侵入空中，形成一支适应飞行的爬行动物。它们占领了地球的海、陆、空三大领域，成为当时地球上的统治者。总之，古爬行类曾盛极一时，中生代被称为“爬行类的时代”。

现存的各类爬行动物已在分类部分述及，化石种类方面的证据只是结合它们向海、陆、空3方面的辐射发展。本节选择有代表性的类群简介如下，使读者对古爬行类的多样性和特殊适应能力有一概括性的了解。

(一) 海生爬行动物代表——鳍龙目和鱼龙目

鳍龙目中的蛇颈龙和鱼龙目中的鱼龙可作为海生爬行动物的代表。

1. 蛇颈龙　蛇颈龙适于海中游泳生活，从三叠纪出现，到白垩纪末达到顶点，后随即绝灭。体躯短宽，颈部很长；头很小，像一支长蛇穿在一只海鱼躯体内；四肢桡状；口内有锐利的牙齿；以鱼为食。早期蛇颈龙较小，后期很大，可达15 m。它们生活在全世界的海洋和大的湖泊中，也可以爬上岸。显然，蛇颈龙是当时的海洋一霸。

2. 鱼龙　鱼龙是高度适合水中生活的爬行动物，也是从三叠纪开始兴起，白垩纪末期灭绝。身体像鱼或海豚，呈纺锤形；颈不明显；皮肤裸露，背鳍为肉质的；四肢转变成适于游泳的桨状鳍脚；后肢比前肢小；具发达的歪尾；上下颌前伸，其上长有许多尖锐的牙齿，最多可达200个。一般鱼龙有2 m，大则可达14 m，甚至20 m以上。只能生活在水中，以鱼和其他无脊椎动物为食。

在德国，曾经发掘出鱼龙生殖时的“母子”化石，雌鱼龙体内有4条小鱼龙，其中一条刚要出世，头还留在母体内。此化石足以证明，鱼龙是卵胎生的。

我国科学工作者在西藏珠穆朗玛峰地区，海拔4 800 m处采集到体长达10 m以上的鱼龙化石。可以断定，今日的世界屋脊喜马拉雅山，在2亿年前是鱼龙出没的汪洋大海。

(二) 飞翔的爬行动物代表——翼龙

翼龙是高度特化的适于飞翔的爬行动物。前肢变为翼，但构造不同于鸟翼。翼龙的翼膜是由体侧发出的皮肤薄膜，此膜连接体侧，后肢和前肢加长的第4指之间，整个翼膜没有其他骨骼支持。推测这种翼膜的飞行能力不强，只能在空旷地区如海边和湖边滑翔，以寻找鱼及其他动物为食。其适应于飞翔生活表现在:骨中有气室,骨壁变薄;头骨骨片愈合,既轻又坚固;胸骨有发达的龙骨突,胸椎多愈合在一起;眼睛大,说明视力好。

翼龙的种类很多,形态上有多样变化。早期有长尾,颌骨上有长的尖牙;晚期的尾短,甚至无牙。体型有的小的像只麻雀,大的两翼展开可达 15 m。1964 年,在我国新疆的准噶尔盆地发现了准噶尔翼龙,是生活在 1 亿多年前淡水湖上飞行的爬行动物。

(三) 陆地上的爬行动物代表——恐龙

在中生代,除了海中、空中的爬行动物以外,在种类和数量最多的还是陆地上的爬行动物,其中恐龙是最主要的成员。以恐龙为代表的巨型爬行动物在地球上占据了统治地位。恐龙有大型的长达 30 m 以上,小的不足 1 m。根据腰带的结构,恐龙可分两大类,即三放型的蜥龙类和四放型的鸟龙类。这两类自发生以后,便朝着不同的方向分化发展。

1. 蜥龙目　蜥龙目腰带三放型,即髂骨前后平伸、耻骨向前下方伸展、坐骨向后下方伸展,三骨呈三叉形。蜥龙目又可分两支:兽脚类和蜥脚类。

2. 兽脚类　兽脚类出现于三叠纪,延续到白垩纪末期。所有肉食性恐龙都包括其中。前肢甚短,仅以后肢着地。总的趋势是体型越来越大,如白垩纪的霸王龙体长可达 17 m,高 6 m,重 8～10 t,头很大,有大而锋利的牙齿,是当时地球上最凶残的陆生动物。除此还有上侏罗纪的跃龙。

3. 蜥脚类　蜥脚类出现于三叠纪,到侏罗纪末期最繁盛,进入白垩纪渐趋衰落。这一类中包括地质史中陆地上最大的动物。例如,我国四川省合川县挖掘出的合川马门溪龙就是比较完整的蜥脚类化石。蜥脚类的主要特征是用四足行走,四肢粗壮,颈部特长,尾长,而头极小,估计脑量不足 0.5 kg。这类动物的脊髓都有一个膨大的荐神经节,比脑还要大数倍,显然这是第 2 个神经中枢,即通常所说恐龙有两个脑子。以植物为食,多生活在沼泽之中,因沼泽中植物繁茂,易取食。又如我国著名的云南禄丰龙体长 5 m,高 2 m,前肢短小,后肢粗壮,主要靠后肢走路,头骨小,植食性。

4. 鸟龙目　鸟龙目腰带四放型,即髂骨平伸、坐骨与耻骨平行,均向后下方伸展。腰带呈四叉型。所有鸟龙都是植食性的,体型较小,后期体型变大,如我国山东发现的巨型山东龙,体长 15 m,高 8 m,是世界上已知鸭嘴龙中最大的一种。鸭嘴龙的特点是:嘴扁宽,牙齿数目极多,最多可达 2 000多个,被磨损的臼齿不断被新牙更换。其次有剑龙、甲龙、角龙,这 3 种恐龙都是陆生,四足,植食性,四足着地行走,身体上具有发达的骨甲,用以自卫。角龙是最晚发展的一支,总共生存了2 000 万年,这在恐龙中属进化历程很短的了,到白垩纪末期,与其他恐龙一并灭绝。

三、爬行纲的衰退

随着中生代的结束,在地球上占统治地位长达 1 亿多年的恐龙类以及其他绝大部分古爬行动物都未能跨越过新生代的门槛,到距今约 7 000 万年前的白垩纪末期灭绝了。遗留下来的只有喙头类、龟鳖类、鳄类、蜥蜴类和蛇类等少数较小型的种类。

恐龙等古爬行类灭绝的原因是什么呢? 这是古生物学上仍未解决的问题之一。比较常见的解释是:白垩纪末期,地球上出现了强烈的造山运动,我国的喜马拉雅山和欧洲的阿尔卑斯山就是这一时期隆起形成的。地表的构造剧烈变化直接影响了气候的变化。随着地形、气候的改变,植物界中的裸子植物为被子植物所代替。中生代的爬行类,特别是发展到后期体型越来越大,食量增加,而食性却趋向狭食性,各方面都向着特化的方向发展。当时环境条件发生的剧烈变化,是它们灭绝的原因。另一方面,中生代初期已出现了恒温动物——鸟类和哺乳类。它们具有更好、更完善的适应外界环境变化的能力,在与古爬行类进行生存竞争中,逐渐占据了优势地位。这也是导致古爬行类大量死亡和绝灭的一个因素。

另外还有各种各样的解释。例如,有人认为白垩纪晚期太阳黑子爆炸,地球上宇宙射线增多,而体型大的恐龙吸收射线的剂量也大,从而引起恐龙的基因突变,最后导致死亡。也有人提出一个巨大的彗星曾袭击了地球，产生的巨大能量造成白垩纪晚期地球上较大动物灭绝。

由上述可知，认为杯龙类是爬行类的祖先是基于：所有各类爬行动物直接或间接地均为杯龙类的后裔；杯龙类中假鳄亚纲的某些种类，如鸟鳄的构造与原始鸟类的（始祖鸟）非常相似，应该是鸟类的祖先；盘龙类演化成兽齿类则发展演化成哺乳动物。

第六节　爬行动物与人类的关系

一、爬行动物对人类的益处和害处

（1）农林和卫生：大多数爬行动物吃害虫。例如蜥蜴吃昆虫，能消灭大量对农业有害的昆虫。壁虎类食谱中的主食包括蚊蝇等传染疾病的害虫。蛇类吃鼠，间接对人有利。穴居生活的盲蛇主要吃对植物根、茎危害较大的昆虫和蠕虫，特别喜欢吃损害木料的白蚁，因而对人类益处很大。

（2）工艺用途：蟒蛇、鳄和巨蜥的皮张面积大、皮厚，且韧性强，是制作皮具的重要原料。蛇皮质地柔韧，且有美丽的纹斑，是制作弦乐乐器不可缺少的原料。玳瑁的背甲具独特的花纹，历来可以用以制作眼镜架和其他的工艺品。

（3）食用用途：供食用的种类虽不多，但有独特的食用价值。特别是蛇类和鳖类自古以来就为人们所喜食，我国两广一带的居民更是以蛇肉为珍鲜。广州有专门的蛇菜馆，闻名中外。蛇肉味美而且营养价值很高。蛇和鳖类作为名贵滋补品的历史由来已久。

（4）医药用途：一般蛇肉、蛇胆、蛇血、蛇蜕、蛇毒、蛤蚧、龟甲、鳖甲等都可以入药。明代李时珍的《本草纲目》和春秋战国时期的《山海经》中都有记载“吃巴蛇，无心腹疾”、“蝮蛇，胆苦微寒，有毒，主治疮，杀下部虫，疗诸漏，疗肺消渴，助阳道”。我国各地民间流传的医药偏方中，利用爬行动物作药用的更是不胜枚举。毒蛇分泌的毒汁有重要的医疗价值。近年来，用纯化眼镜蛇的蛇毒神经毒素制成镇痛药物，在临床试用后证明其对三叉神经痛、坐骨神经痛及晚期癌痛等顽固性疼痛有镇痛效果。我国已试制成功 6 种致命毒蛇的抗毒血清。

（5）科学研究及其他：蛇类已作为预测天气和预报地震的参考。大雨前，空气相对湿度大，气压低，蛇常出洞活动。民间有“燕子低飞蛇过道，大雨马上就来到”的谚语，成为利用动物预报天气的内容之一。蛇对地表传导的振动极敏感，在人类可以感知的地震发生前，蛇已能感知地震的震波，因而出现异常的出洞活动，可作为地震预报的参考。另外在仿生学方面，人们把对动物的定向和导航的研究应用到改善航空和航海仪器方面。蝮亚科蛇类的颊窝是一个极为灵敏的热测位器，对它的研究将应用到红外线探测仪上。海龟精确的导航机制是仿生学的研究课题之一。

（6）有害方面：主要指毒蛇对人畜的伤害，特别是在毒蛇较多的东南亚、南亚和南美洲。全世界每年有数十万人被毒蛇咬伤，丧命者也有数万人之多。有许多蛇食鱼、蛙、蜥蜴等，间接对农业、林业有害。

二、毒蛇及蛇伤防治

毒蛇与无毒蛇最主要的区别在于，毒蛇有毒腺和毒牙，无毒蛇则无此特征。

（1）毒蛇分类：毒蛇主要根据毒牙的类型分为前沟牙、后沟牙和管牙 3 类。一般毒蛇体表都具大而鲜明的色彩斑纹，头较大，多呈三角形尾短或侧扁，自泄殖腔孔后突然缩细，瞳孔披裂形，多数的卵胎生。我国的毒蛇中，有 10 种属于游蛇科的后沟牙类，并不对人造成危害。海蛇科的毒蛇约有 16 种，终身生活于海域中，只有沿海的渔民偶尔被咬的病例，其他 20 种毒蛇中至少有 13 种十分罕见或分布区极其狭窄。长江以北广大地区内的主要毒蛇是蝮蛇。由长江中、下游沿岸向南到达南岭山脉的华中地区，丘陵地带有蝮蛇、眼镜蛇及银环蛇，而山区则有尖吻蝮和竹叶青等。南岭山脉及其以南的华南地区，是我国蛇种甚多的区域，主要毒蛇有眼镜蛇、银环蛇、金环蛇、眼镜王蛇、尖吻蝮、烙铁头和竹叶青等。青藏高原的主要毒蛇有眼镜王蛇、高原蝮蛇、墨脱竹叶青、西藏竹叶青及莱花烙铁头等。

(2) 蛇毒及蛇伤防治：所谓蛇毒是指毒蛇的毒腺所分泌的毒液。新鲜的毒液是无色透明鸡蛋清样的黏稠液体，呈弱酸性或中性反应。蛇毒的化学成分很复杂，是一种复杂蛋白质或多肽类物质。各种蛇毒所含的有毒成分不同，主要可分为两种。①神经毒：即被咬后引起中枢神经系统麻痹，最后导致死亡，如海蛇、金环蛇、银环蛇的蛇毒；②血循毒：人被咬后表现为伤口剧痛、红肿、皮下组织出血、组织坏死，最后因内脏出血、心脏衰竭而死，如眼镜蛇、蝮蛇等。

被毒蛇咬伤后应立即进行急救处理：①在咬伤处的上面用带子结扎以阻断静脉血和淋巴的回流，但要注意每隔 15 min，放松 1～2 min，以免局部组织坏死；②切开伤口，用过氧化氢(双氧水)、高锰酸钾液反复冲洗伤口，如没条件用盐水或冷清水冲洗也可；③冲洗后，挤出带毒液的血液；④可用锋利的小刀、三棱针经消毒后，沿与肢体平行方向，在牙痕处十字形切开，切口长 1 cm，深至皮下即可；⑤扩创后继续冲洗，轻轻挤压伤口周围，以排出蛇毒。但如被尖吻蝮蛇类具有出血性毒素的毒蛇咬伤，则不易扩创，以免增加出血。

被毒蛇咬伤后切忌惊慌奔跑，或置之不理继续劳动或远行，应选择荫凉处休息并处理伤口，将伤肢放低，减少活动，以免循环加快而加速蛇毒的吸收和扩散，并须及时就医。

复习思考题

1. 名词解释：羊膜卵，红外线感受器，次生腭，颞窝，胸廓，新脑皮，槽生齿，口腔腺，尿囊膀胱，卵胎生。
2. 试述羊膜卵的结构及其在脊椎动物进化史上的意义。
3. 简述爬行纲的主要特征。
4. 简述爬行动物头骨的特点。
5. 简述爬行动物消化系统的特点。
6. 简述爬行动物的主要类群，并分别说出至少 1 种常见代表动物。
7. 简述爬行动物的心脏和血管较两栖动物的心脏和血管有哪些进步。
8. 简述毒蛇与无毒蛇的区别及如何防治毒蛇咬伤。
9. 简述爬行动物与人类的关系。

(王智超)

第十五章
鸟纲(Aves)

第一节　鸟纲的主要特征

鸟类是高等脊椎动物,体表被覆羽毛、有翼、恒温和卵生。严格地说,鸟类是脊椎动物进化史上的一个特殊分支。脊椎动物由水生进化到陆生,从鱼类、两栖类、爬行类,最后到哺乳类。而鸟类是一支从爬行动物杯龙类分化出并向空中发展的一支独立的自然群,在躯体结构和功能方面有很多特征与爬行类相似。

一、鸟类与爬行类的共同特点

(1) 鸟类的羽毛与爬行类的鳞片都属于表皮衍生物,属同源器官。

(2) 鸟类与爬行类的皮肤都干燥,缺乏皮肤腺。

(3) 胚胎是盘状卵裂,都是卵生的羊膜动物,排泄物是尿酸,以尿囊为呼吸器官。

(4) 头骨只有一个枕髁与寰椎相关节,后肢具有跗间关节。

二、鸟类的进步特征

(1) 鸟类的心脏已经完全分隔,因此有完整的2个心室和2个心房,属完全的双循环。动脉血与静脉血已完全分开,保证了新鲜血液对机体的供应。加之完善的呼吸系统可使鸟类保证血液中有充足的氧。

(2) 具有发达的神经系统和感觉器官及其相联系的各种复杂行为。鸟类的神经系统特别是管辖整个机体的大脑和指挥平衡的小脑很发达。

(3) 具有完善的繁殖行为,即筑巢、孵卵、育雏等。产仔虽比较少,一次有数个至十数个,后代的成活率很高。

(4) 具有飞翔能力,可主动迁徙。

(5) 具有高而恒定的体温,减少了对环境的依赖性。

三、鸟类适应飞翔生活的特征

(1) 体表被覆羽毛,流线型外廓,使重心集中在身体中央。

(2) 前肢特化为翼,龙骨突供胸肌附着,为翅的扇动提供了强有力的支持。

(3) 气质骨,多愈合。

(4) 发达气囊,储气、增加浮力,使鸟类具有双重呼吸的能力。

(5) 无齿、无膀胱、直肠短及右侧卵巢、输卵管退化,因而极大地减轻了身体的重量。

(6) 视觉极好。

以上特征使鸟类成为脊椎动物中最适应飞翔生活的一类,其生理功能和身体结构与飞翔生活

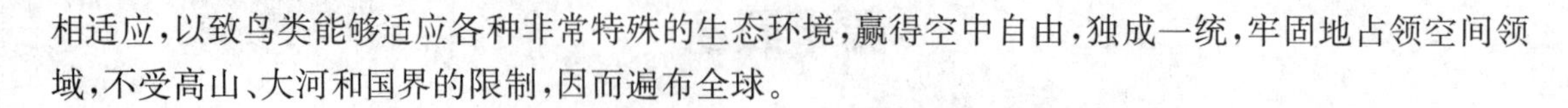
相适应，以致鸟类能够适应各种非常特殊的生态环境，赢得空中自由，独成一统，牢固地占领空间领域，不受高山、大河和国界的限制，因而遍布全球。

四、恒温及其意义

鸟类和哺乳动物都属恒温动物，这是动物进化历史的一个极为重要的进步性事件。恒温动物具有较高而且稳定的新陈代谢水平和调节产热、散热的能力，从而使体温保持在相对恒定的、稍高于环境温度水平。这与无脊椎动物和较低等的脊椎动物（鱼类、两栖类、爬行类）有着本质的区别，后者都称为变温动物。变温动物的热代谢特征是：较低的新陈代谢水平、不恒定的体温以及缺乏体温调节的能力。

高而恒定的体温，促进了体内各种酶的活动，从而大大地提高了新陈代谢的水平。根据测定，恒温动物的基础代谢率至少为变温动物的 6 倍。有人把恒温动物比作一个活的发酵桶，来说明其对促进热能代谢方面的意义。在高温下，机体细胞（特别是神经和肌肉细胞）对刺激的反应迅速而持久，肌肉的黏滞性下降，因而肌肉收缩快而有力，显著提高了恒温动物快速运动的能力，有利于捕食和避敌。恒温还减少对环境的依赖性，扩大了生活和分布的范围，特别是获得在夜间积极活动（而不像变温动物那样，一般处于不活动状态）的能力和得以在寒冷地区生活。有学者认为，这是中生代哺乳动物之所以能战胜在陆地上占统治地位的爬行动物的重要原因。

恒温动物体温均略高于环境温度，这是因为在冷环境温度下，机体散热容易。在低于环境温度下生活，会因“过热”而致死。但恒温动物的体温又不能过高，这除了能量消耗因素以外，更重要的是很多蛋白质在接近 50℃时即变性。

恒温是产热和散热的动态平衡。产热和散热相当，动物体温即可保持相对稳定；失去平衡就会引起体温波动，甚至导致死亡。鸟类和哺乳类之所以能迅速地调整产热和散热，是与具有高度发达的神经系统密切相关的。体温调节中枢（丘脑下部），通过神经和内分泌腺的活动来完成协调。由此可见，恒温是脊椎动物躯体结构和功能全面进化的产物。关于产热生物化学机制的基本过程，是脊椎动物的甲状腺素作用于肌肉、肝和肾脏，激活了与细胞膜相结合的、依赖于 Na^+、K^+ 的三磷酸腺苷（ATP）酶，使 ATP 分解而放出热量。

恒温的出现，是动物有机体在漫长的发展过程中与环境条件对立统一的结果。根据近年来的大量实验证实，其中的个别种类也可通过不同的产热途径来实现暂时的、高于环境温度的体温。例如，以遥感技术探知，某些快速游泳的海产鱼类（一些金枪鱼和鲨鱼），通过特殊的产热肌肉群的收缩放热，以及复杂的血液循环通路（使血液中所含的高代谢热量不致因血液流经鳃血管而散失于水中），从而获得高于水温的体温。根据对一条蓝鳍鲔的长距离放流遥测表明，当水温在 10℃，变化范围（5℃～14℃）的情况下，胃内温度仍可稳定在 18℃左右。一种高山蜥蜴在接近冰点的稀薄冷空气下，测得体温为 31℃，这是借皮肤吸收太阳的辐射热而提高体温的。一种印度的雌性蟒蛇，可凭借躯体肌肉的不断收缩而产热（比环境温度高 7℃），从而把缠绕的卵孵出来。

总之，变温动物的体温是直接受到外界气温影响的，随着外界气温的高低而升降。而恒温动物则不然，它们总是保持着相对稳定的体温，不受外界气温的影响。这一进步大大地加强了动物对环境适应的主动性，扩展了地理分布范围，摆脱了变温动物只能限制在比较温暖的地带，到冬天只有冬眠的被动状况。所以恒温的出现标志着动物体的结构和功能已向更高的水平进化发展了。鸟类的体温在高级中枢和内分泌的控制和调节下保持在 37℃～44.6℃。这样相对稳定的体温，大大摆脱或减少了对环境的依赖，在生存斗争中占据了一定的优势。

第二节 鸟类的形态结构

一、外形

鸟类身体多呈流线型,身体分头、颈、躯干、尾和四肢5部分(图15-1)。

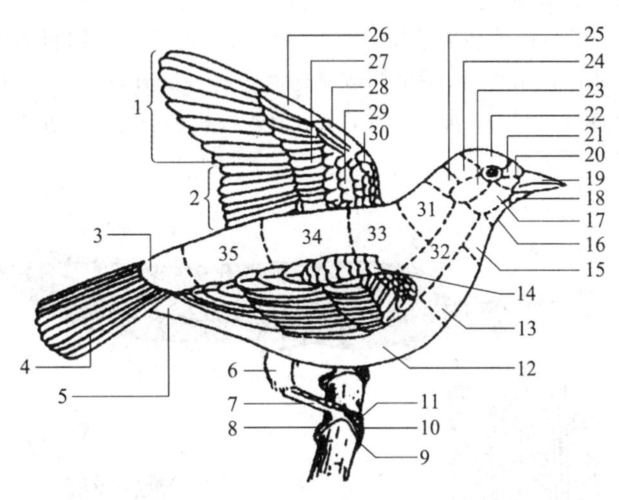

图15-1 鸟的外部形态

1. 初级飞羽,2. 次级飞羽,3. 尾上覆羽,4. 尾羽,5. 尾下覆羽,6. 腿,7. 跗跖,8. 后趾,9. 外趾,10. 中趾,11. 内趾,12. 腹,13. 胸,14. 肩,15. 下喉,16. 上喉,17. 颊,18. 须,19. 嘴峰,20. 眼先,21. 额,22. 头顶,23. 目羽,24. 枕,25. 颈项,26. 初级覆羽,27. 大覆羽,28. 小覆羽,29. 中覆羽,30. 小覆羽,31. 下颈,32. 颈侧,33. 上背,34. 下背,35. 腰

1. 头部 头部基本呈圆形,上颌和下颌极度前伸而成喙,是啄食器官,其外面被有角质鞘。喙的基部有外鼻孔,头两侧各有一大而圆的眼睛,具有活动的上眼睑和下眼睑及瞬膜。鸟类瞬膜内侧有一种羽状上皮,地栖鸟尤为发达,借以刷洗角膜上的灰尘。鼓膜下陷而形成外耳道,耳孔周围有耳羽保护。

2. 颈部 颈部较长,转动灵活。

3. 躯干部 躯干部呈卵圆形,结构紧凑,腹面有发达的龙骨突起和胸肌(鸵鸟不发达)。

4. 尾部 尾部较小缩短成一肌肉突起。尾基部的背面有尾脂腺;尾基部的腹面有一横行的泄殖孔。

5. 四肢 鸟类的前肢变成了翼,具有飞羽,在上臂、前臂和手部被翼膜连接形成工字形弯曲。当飞翔时,翼展开成一条直线,翼的长轴与躯干相垂直。后肢由股部、胫部和足部3部分构成。其中股部较短,被有羽毛;胫部较长,多外被鳞片。足的近侧端呈直立的跗蹠部,远端为4趾,一般为3趾朝前,1趾朝后,适合于抓握树枝,趾端具爪。有的鸟足部退化为3趾、2趾或其他形态。喙及足的形态,常常因种类不同而各异,这些差异常是鸟类分类的依据。

二、皮肤及其衍生物

鸟类皮肤的特点是:表皮薄而韧,松而软,非常干燥,缺乏腺体。因体表有羽毛覆盖,所以皮肤可不与空气直接接触。故表皮的角质层很薄,但在无羽的区域如胫部和足部,则表皮加厚,形成角质鳞覆盖。薄而松软的皮肤，有利于羽毛的着生和活动，也便于飞翔时肌肉的收缩。

鸟类的真皮也很薄，由致密结缔组织构成，其中分布着丰富的神经末梢和毛细血管。真皮深处有发达的皮肌与羽毛的根部相连接。真皮下面是皮下层，是由疏松结缔组织构成。在家禽中，皮下层还可积蓄大量丰厚的脂肪层。

鸟类的皮肤衍生物很多，包括羽毛、尾脂腺、角质膜、距、爪等。它们都是有表皮演变来的，故属于表皮衍生物。下面主要介绍 2 种。

1. 羽毛　羽毛是鸟类典型的特征之一，是鸟类特有的皮肤衍生物，是表皮细胞角质化的产物，在系统发生上与爬行动物的鳞片是同源器官，而且在发生初期形态上也很相似。

(1) 羽毛的作用：羽毛可以形成隔热层，以保持体温；通过附着于羽肌的皮肤肌，可以改变羽毛覆盖体表的紧密程度，从而调节体温；羽毛构成飞翔器官的一部分，如飞羽及尾羽，使外形更呈流线型，减少飞行时的阻力；可以保护皮肤不受损伤，免受各种机械性损伤；增加在水中的浮力；其他作用包括感觉、性识别和炫耀等(图 15－2)。

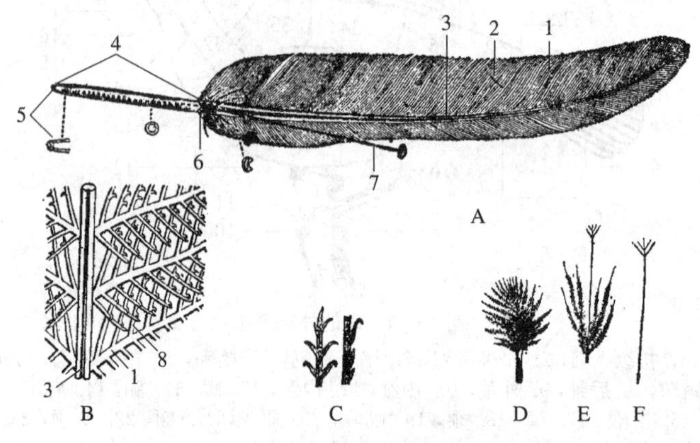

图 15－2　羽毛的代表类型

A. 正羽　B. 正羽放大　C. 羽小枝　D. 正羽　E. 绒羽　F. 纤羽
1. 羽枝，2. 羽片，3. 羽轴，4. 羽柄，5. 下脐，6. 上脐，7. 针，8. 羽小枝

(2) 羽毛的分布

羽区(pteryla)：长有羽毛的部位，如体表、翼和尾等。

裸区(apterium)：不着生羽毛的部位，如腹部、体侧、颈部等。羽毛的这种着生方式，有利于飞翔时肌肉的收缩；不会飞翔的平胸鸟类，如鸵鸟，体表就没有羽区和裸区之分，其羽毛是均匀地分布于全身。

(3) 羽毛分类：羽毛分为 3 种类型，即正羽(contour feather)、绒羽(down feather)和纤羽(hairy feather)，后者又称毛羽。

正羽：是覆盖在体表的大型羽片，主要分布在体表、翼和尾部，是鸟体的基本羽毛。体表的正羽形成一层防风外壳，构成流线型体廓，可减少飞行时的阻力。一个典型的正羽构造是：中央有一中空的硬的羽轴(shaft)和向两侧扁平扩展的羽片(vane)。羽轴的下段深深插入皮肤中呈透明的部分为羽柄(或羽根)；羽柄的末端有一小孔，称为下脐，是真皮乳突供给羽毛营养的通路；在羽柄的上端(羽片开始处的腹面)另有一下孔，称为上脐。从此孔发出发育不完全的副羽(after feather)。一般的鸟类副羽多形小，或仅成痕迹，只有鹤鸵(食火鸡)、鸸鹋等少数鸟类的副羽特别发达，其大小和长度与正羽相等。羽轴的两侧斜生出平行的羽枝(barb)。每一羽枝的两侧又长出带钩或带槽的羽小枝(barbule)。相邻的羽小枝的钩和槽互相钩结着，就形成了编织得结实而又有弹性的薄片，这就是羽片，扇动时可增加对空气的阻力。当羽毛被弄乱时，羽小枝的钩和槽就脱开了，但鸟在用喙整理羽毛时又可重新钩上。分布在翼上的正羽又称为飞羽，对飞翔起决定性作用。可分为：初级飞羽，着生在腕掌骨和第一指骨上；次级飞羽，着生在尺骨外侧缘；三级飞羽，着生在上臂的肱骨上。尾上分布有大型的正羽又称为尾羽，在飞翔时起着舵的作用，可掌握平衡和方向。飞羽和尾羽的形状及数目都是鸟类分类的重要依据。另外，成年鸟的身体大部分被正羽覆盖，又称为复羽。复羽可分为耳复羽、上复羽、下复羽、尾复羽、次级复羽和初级复羽，根据复羽的大小又可分为大、中、小 3 种。

绒羽：通常在正羽之下面，棉花状，构成松软的隔热层；羽轴纤细，羽枝柔软，羽小枝成丝状，没有羽钩，无羽片，呈蓬松绒状，具保温作用；羽柄特别短。绒羽是羽毛中最原始的，一般出生的幼鸟都是先长出绒羽，以后逐渐被正羽所替代。其中水禽和猛禽的绒羽较发达，鸭绒就是鸭的绒羽，保暖性极强。冬季鸟类的绒羽丰厚。

纤羽：又称为毛羽，是发育不完全的正羽，外形似毛发，着生在绒羽和正羽之间。羽干细长，有的仅在末端着生少数羽枝和羽小枝。基本功能为触觉。

(4) 功能：鸟类的嘴和喙及眼周大多具须(bristle)。须是一种变形的羽毛，有触觉功能。

(5) 换羽：鸟类的羽毛是定期更换的，称为换羽。通常一年有两次换羽：在繁殖结束后所换的新羽称为冬羽；早春换的是夏羽(summerplumage)或婚羽(nuptial)。换羽的生物学意义在于有利于完成迁徙、越冬及繁殖过程。甲状腺的活动是引起换羽的基础，在实践中注射甲状腺素或饲以碎甲状腺，可引起鸟类脱毛。

飞羽和尾羽的更换大多是逐渐更替的，使换羽在不影响飞翔力的情况下进行。但雁鸭类的飞羽更换则是一次性全部脱落，因此在这个时期内会丧失飞翔能力，常隐蔽于人迹罕至的湖泊草丛中。鸟类的夏羽和冬羽的颜色不相同。

(6) 羽色：鸟类的颜色极其丰富多彩，产生不同颜色的来源不外两类：一类是化学性的；一类是物理性的。化学性的颜色是由于色素的沉积而引起的：黑色素(melanin)产生黑、灰、褐色；而脂色素(lipochrome)，即胡萝卜素(carotenoid)和卟啉(porphyrin)产生红、紫、黄、橙、绿等色。在鸟类，色素细胞经常从真皮移动至表皮，黑色素细胞侵入表皮，将其色素颗粒注入表皮细胞。这种现象在鸟类发育过程之中可清楚观察到。黑色素细胞还可伸出长的突起，它们和羽毛细胞紧密相连，突起的细分支可穿到羽毛细胞内，向羽毛细胞注入色素颗粒。

羽毛的金属光泽和蓝色是物理性色彩。例如，鸽和孔雀的颈部和胸前羽都带有金属光泽。它是由于色素细胞的上方具有无色而有凹凸沟纹的蜡质层，或夹在色素间的多角形无色的折光细胞。这些无色透明的结构和三棱镜一样起着折光作用，因而鸟羽呈现不同的色彩。

2. *尾脂腺* 鸟类的皮肤缺少皮肤腺，因而较干燥。除尾部背面基部有一尾脂腺外，几乎无其他腺体。尾脂腺二叶，呈卵圆形，分泌油脂，可以润泽羽毛。鸭、雁类的水禽尾脂腺特别发达，它们经常用喙啄触尾脂腺，将其分泌物即油脂涂抹在喙上。当用喙梳理羽毛时，即可将油脂抹在羽毛上，使羽毛柔韧亮泽，而且不被水打湿。据研究表明，尾脂腺的分泌物中含有麦角固醇，它在紫外光照射下，可转变成维生素 D。当鸟用喙涂抹羽毛时，一部分维生素 D 可被皮肤吸收，有利于骨骼的生长。有报道称，如摘除尾脂腺，鸟类可出现软骨病的症状，羽毛也会干，易折断，并黏连在一起。但并不是所有的鸟都有尾脂腺，生活在干旱沙漠地带的鸵鸟就没有尾脂腺。另外，某些鸡形目的鸟类的皮肤里含有大量能分泌脂肪的单个细胞，另在鸟类的外耳道内和泄殖腔孔附近有一些小的油脂腺分布。

三、骨骼系统

鸟类适应于飞翔生活，所以在骨骼上有显著的特化，主要表现在骨骼轻而坚固。骨骼内具有充满气体的腔隙，头骨、脊柱及骨盆的骨块有愈合现象；肢骨和带骨也有较大的变形。这些特点都与飞翔生活直接相关。

1. *头骨* 鸟类头骨的一般结构与爬行类相似，具有单一的枕髁。化石鸟类可见头骨后侧有双颞孔的痕迹，听骨由单一的耳柱骨所构成，具有墙骨型脑颅等。但它适应于飞翔生活所引起的特化是非常显著的，主要表现在以下几个方面。

(1) 头骨薄而轻：组成颅骨的骨块已经愈合为一个整体，骨内有许多气室，蜂窝状称为气质骨，这就解决了轻便与结实的矛盾。

(2) 鸟类的上颌与下颌极度前伸形成特殊的喙，这是鸟类区别于所有脊椎动物的结构。喙的外面套有角质鞘，是鸟类的取食器官。现代鸟类口中无牙，其功能一部分由喙来代替，这也是对减轻体重的适应。

(3) 脑颅和视觉器官高度发达，在颅形上所引起的改变是颅腔的膨大，使得头骨顶部呈圆拱形，枕骨大孔移至腹面。

(4) 头骨两侧各有一个很大的眼窝，中间有明显而发达的眶间隔将两眼分开。鸟的眼特别发达。鸟类具有完整的次生腭，完全是骨质的。左右腭骨在中线处没有愈合，而是形成一道裂缝，称为腭裂(schizognathous palate)(图 15-3)。

2. 脊椎与胸骨　鸟类的脊椎是由颈椎、胸椎、腰椎、荐椎和尾椎 5 部分构成的。其中颈椎数目变异较大，从 8 块(小鸟)～25 块(天鹅)不等；家鸽为 14 块，鸡为 16～17 块。椎骨之间的关节面是马鞍形的，或称异凹型椎骨。这种特殊形式的关节面使椎骨间的运动十分灵活。此外，鸟类第 1 颈椎呈环状，又称寰椎；第 2 颈椎为枢椎，与头骨(单枕髁)相连接的寰椎，可与头骨一起在枢椎上转动，这就大大地提高了头部的活动范围。因而鸟类的头部运动灵活，转动范围可达 180°，猫头鹰甚至可达 270°。颈椎的这种特殊灵活性，是与前肢变为翅膀和脊柱的其余部分大多愈合密切相关(图 15-4)。

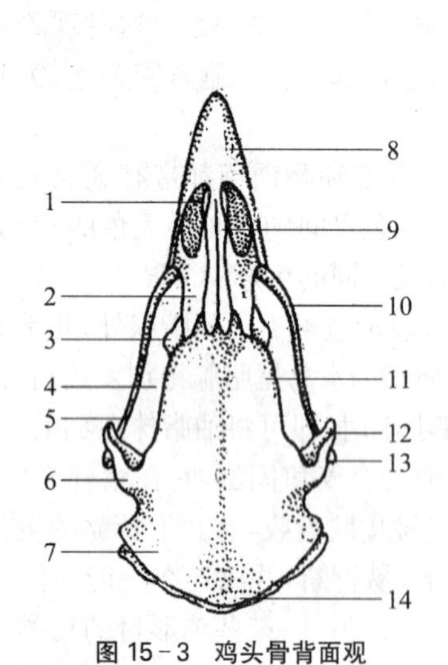

图 15-3　鸡头骨背面观

1. 鼻孔，2. 鼻骨，3. 泪骨，4. 眼窝，5. 颧骨，6. 方骨，7. 顶骨，8. 前颌骨，9. 鼻突，10. 上颌骨，11. 额骨，12. 颧突，13. 方轭骨，14. 上枕骨

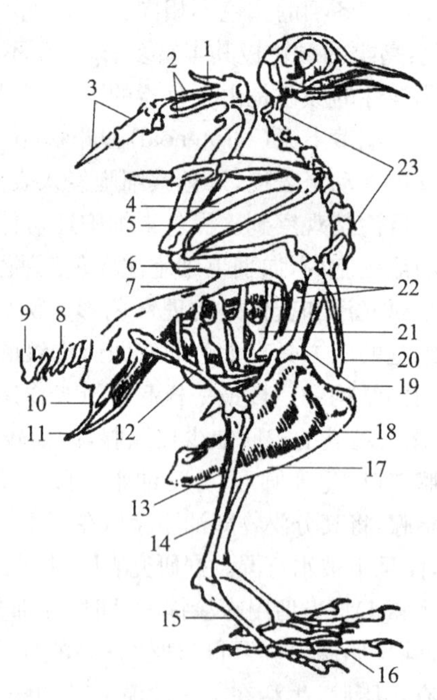

图 15-4　鸟类的骨骼

1. 指骨，2. 掌骨，3. 指骨，4. 尺骨，5. 桡骨，6. 肱骨，7. 肩胛骨，8. 尾椎，9. 尾综骨，10. 坐骨，11. 耻骨，12. 股骨，13. 腓骨，14. 胫骨，15. 跗蹠骨，16. 趾骨，17. 胸骨，18. 龙骨突，19. 喙骨，20. 锁骨，21. 肋骨，22. 胸椎，23. 颈椎

胸椎 5～10 块，凭借硬骨质的肋骨与胸骨相连，构成坚固的胸廓。鸟类的肋骨不含软骨成分，而且凭借钩状突彼此连接，这与飞翔生活密切联系：胸骨是飞翔肌肉的起点，当飞翔时体重是由翅

膀来负担的,因而坚强的轮廓对于保证胸肌的剧烈运动和完成呼吸是十分必要的。

鸟类的胸骨非常发达,向后一直伸到骨盆部,沿着胸骨的腹中线处有高耸的隆起,称为龙骨突(keel),用以扩大胸肌的附着面。绝大多数善于飞翔的鸟类胸骨都具龙骨突。而丧失飞翔能力的走禽,如鸵鸟,则胸骨是扁平的,无龙骨突起。鸡的胸骨两侧有3个突起,分别称为前侧突、斜侧突和后侧突。胸肋与胸骨上部两侧形成活动关节。胸骨的前缘两侧有与肩带乌喙骨相关节的关节沟。

愈合荐骨是鸟类所特有的结构。它是由少数的胸椎、腰椎、荐稚及一部分尾椎愈合而成的,而且它又与宽大的骨盆(髋骨、坐骨、耻骨)相愈合,使鸟类在地面步行时获得支持体重的坚实支架。鸡的愈合荐骨是由最后1块胸椎、6块腰椎、2块荐椎和约7块尾椎愈合而成。

鸟类的尾骨退化,最后几块尾骨愈合成一块尾综骨(pygostyle),以支撑扇形的尾羽。具有尾综骨是善于飞翔的鸟类的特征之一。总之,鸟类脊椎骨的愈合及尾骨退化的结果是,使躯体的重心集于中央,有助于飞行时保持平衡和稳定。

3. 附肢骨

(1) 前肢骨骼:前肢骨因飞翔而变形,或有一部分退化。前肢骨骼包括肩带和翼部。肩带包括肩胛骨,呈狭长的军刀状,位于背面的椎肋,胸椎的两侧,向后一直达髂骨的前缘,运动时肩甲骨沿椎肋上下滑动。锁骨细长,两侧的锁骨在胸前方呈"V"字形连合,又称为叉骨,富有弹性,在鼓翼飞翔时可防止或阻碍两侧的乌喙骨靠拢,起横木的作用,还可增强肩带的弹性。不能飞的平胸鸟的锁骨退化而成为乌喙骨的一部分。乌喙骨是肩带中最粗大的一块,它的腹端与胸骨形成关节,另一端与肩甲骨共同形成肩臼。肩臼与前肢的肱骨形成可动关节。前肢的上臂部,是大而坚固的肱骨,前壁由尺骨和桡骨构成(尺骨粗)。腕的近侧端愈合成2根小骨(即桡侧腕骨和尺侧腕骨),而远端与掌骨愈合形成一腕掌骨。只有3个指,其中第1指和第3指短。前肢末端无爪。由于前肢变成翼,翼内的骨节连成一个整体,使前肢的关节只能做一个方向的活动,即在翼的平面上展开或褶合,有利于翼的挥动。在肱骨的腹面有一气孔,气囊则从此处通入骨腔。在静止时,前肢这3段便折叠成"Z"字形,紧贴在胸廓上。

(2) 后肢骨骼:后肢骨骼包括腰带和后肢骨。鸟类整个体重都落在后肢上,故后肢骨骼十分强大,且富有弹性。

腰带:腰带包括髂骨、坐骨和耻骨。在成体3块骨完全愈合,并和脊椎的腰荐部(愈合荐骨)愈合在一起,形成髂骨。髂骨是长大的薄骨片,位于背部,后下方是小面积的坐骨,两者之间有髂坐骨孔。耻骨细长,一直延伸到坐骨的腹侧边缘,两者之间有一裂缝状闭孔。鸟类的左耻骨和右耻骨在腹中线处不愈合,形成了特殊的开放式骨盆,这是与鸟类产大型并带硬壳的卵相适应的。当产卵时,局部去钙而变软,耻骨间的距离加大,俗称"开裆"。腰带侧面与股骨相关节处有凹陷,称为髋臼(acetobulum)。

后肢骨:鸟类的后肢骨由股部、胫部、跗部和趾部组成。与髋臼相连的是粗短的股骨,它埋在腹侧,外部不能见到。胫部是由胫骨和腓骨组成,其中胫骨比股骨长,腓骨退化成刺状,附着于胫骨的外侧。跗骨分为两部分:上部与胫骨愈合为一根胫跗骨(tibiotarsus);下部与蹠骨愈合为一根跗蹠骨(tarsometantarsus)。简化为单一的骨块关节使这两块骨节延长,使起飞降落时具有弹性,并在落地时增加缓冲作用。位于两列跗骨之间便形成一新的关节,称为跗间关节。公鸡的跗蹠骨内侧有一强大的突起,这是形成距的骨质基础。鸟类一般为4趾,1趾朝后,3趾朝前。但美洲鸵和澳洲鸵的后肢具3趾;而非洲鸵具2趾,均向前。

四、肌肉系统

鸟类的肌肉系统与其他脊椎动物一样,是由骨骼肌(横纹肌)、内脏肌(平滑肌)和心肌所组成的。由于鸟类适应飞翔生活,所以在骨骼肌的形态构造上有明显变化,凡是与飞翔、行走、握枝或啄食等复杂运动有关的肌肉都较发达,其特点表现如下。

由于胸椎以后的脊椎骨愈合导致背部肌肉退化，颈部肌肉则相应发达。

主要肌肉集中于身体中部腹侧，这对保持身体重心稳定，维持飞翔时的平衡有重要意义。与飞翔有关的胸大肌和上举的锁骨下肌最发达。它们的作用是使翼下扇，一般鸟类胸肌重占体重的 1/5（如麻雀体重 20 g，胸肌 4 g），而善于飞翔的鸟如鸽和隼，其胸肌占体重的 1/3 以上。

鸟类的胸肌分胸大肌和胸小肌。胸大肌在浅层，起于胸骨的龙骨突起上，还有部分起于乌喙骨和锁骨上，止于肱骨的腹面。胸大肌收缩时，翼下扇。胸小肌在胸大肌的深层，较小，柳叶状，起于龙骨突起和胸骨前端，以很长的肌腱穿过三骨孔（锁骨、乌喙骨和肩甲骨构成的）止于肱骨近侧端的背面。三骨孔起着滑车的作用，改变了力的方向，所以胸小肌主管翼的上扬（图 15－5）。

鸟类的皮下肌很发达。它分布于皮下层是一些小而短的肌肉束，止点在皮下，大部分终止于羽毛的毛囊。因此皮下肌收缩可引起羽毛的竖起或放平，也可引起皮肤抖动。

鸟类的后肢肌肉发达，而且集中分布在股部和小腿的上方，都以长的肌腱连到脚底。后肢主要的肌肉又与握枝树栖有关（图 15－6）。例如，贯趾屈肌和腓骨中肌都着生在胫部上方，而以长的肌腱贯行至趾端，其中贯趾屈肌肌腱止于踇趾，腓骨中肌肌腱止于第 2、3、4 趾。贯趾屈肌也有分支与腓骨中肌相连，所以这两肌中任何一块肌肉收缩时，都可使全部足趾弯曲。当鸟栖于树枝上并以趾抓握树枝时，由于身体重量下压，导致上述屈肌的肌腱在肌肉并未收缩的情况下拉紧（不消耗能量），鸟类也可自动地以趾紧握树枝。这也就是为什么鸟类在树枝上睡觉却不会坠落下来的原因。栖于树枝上的鸟，只有抬起身体，跗间关节伸开，才能使紧握的四趾松开。在较低等的鸟类还有栖肌，但高等的雨燕目和雀形目栖肌已消失。

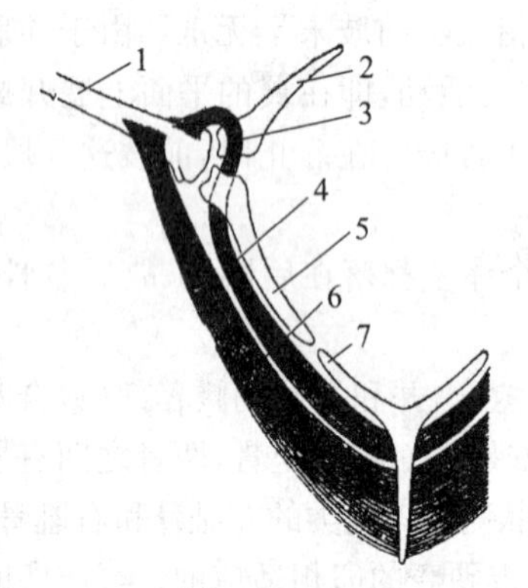

图 15－5　鸟类的胸肌

1. 肱骨，2. 肩胛骨，3. 肌腱，4. 胸小肌，5. 乌喙骨，6. 胸大肌，7. 胸骨

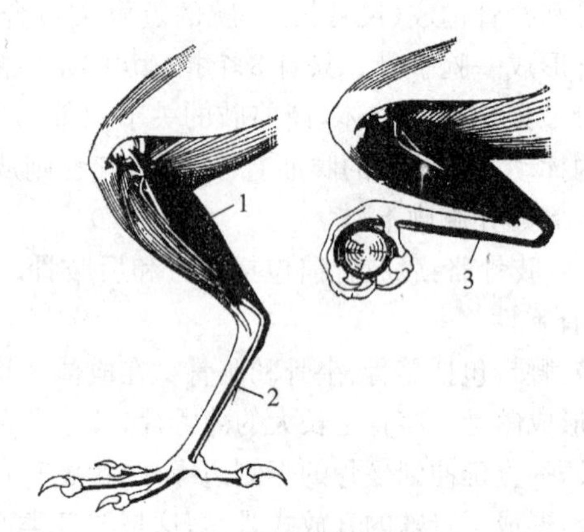

图 15－6　鸟类栖于树枝上时四趾自动握紧树枝

1. 肌肉，2. 肌腱，3. 肌腱

具特殊的鸣管肌肉（鸣肌），一般可有 1～7 对，可支配鸣管改变形状而发出多变的声音和叫唱，特别是雀形目小鸟（鸣禽）的鸣管肌肉特别发达。

鸟类的横纹肌，在颜色上有的色白称为“白肌”，有的颜色发红称为“红肌”。如鸡胸肌是白肌，而大腿部是红肌。通常来说，红肌内含有较多的肌红蛋白，富于血管，肌纤维较细，收缩较慢，但持久有力；白肌的肌红蛋白含量较少，血管较少，肌纤维粗，收缩得快，但易疲乏。

鸟类的颌肌、前后肢肌和鸣肌常作为鸟类分类学上的依据。近年来，对有关鸡类的后肢肌群、鹗类和鸥类的翅肌等分类方面，都作了较深入的研究工作。

五、消化系统

鸟类的消化系统包括消化道和消化腺两部分（图 15－7）。

1. 消化道 鸟类的消化道可分为:喙、口腔、咽、食管、嗉囊、胃(腺胃和肌胃)、小肠(十二指肠,空肠和回肠)、盲肠、直肠和泄殖腔。

(1) 喙、口腔、咽、食管:现代鸟类口中都无牙,其功能一部分由喙代替,一部分由砂囊(肌胃)代替。现代鸟类具有轻便的上喙和下喙,缺少咀嚼肌。喙的形状因食性和生活方式不同而有很大差异。例如,食肉的鹰隼类,喙是尖锐并有钩曲;食鱼的雁、鸭类喙是扁平具缺刻;在空中飞捕昆虫的家燕,喙是短而基部宽大;啄食种子和谷物类的麻雀等喙则粗短呈圆锥状。绝大多数鸟类舌外面都覆有角质外鞘,舌的形态和结构与食性和生活方式有关。例如,取食花蜜的鸟类舌呈吸管状或刷状;而啄木鸟的舌很长,且前端有倒钩,适于啄取树木中的昆虫;某些啄木鸟和蜂鸟的舌,凭借特殊的构造能伸出口外甚远,最长可达体长的 2/3。口腔内有唾液腺,主要分泌物是黏液,仅在食谷物的燕雀类唾液腺内含有消化酶。在鸟类中以雨燕目的唾液腺最发达,其中含有黏的糖白(glycoprotein)。它们以唾液将海藻黏合而造巢,其中的金丝燕所筑的巢,即为我国著名的滋补品"燕窝"。鸟类的食管长,具有较大的扩张延展能力,这与它颈长并整吞整咽食物的习性有关。食管黏膜里有一些腺体,分泌的黏液可进一步润滑食物。

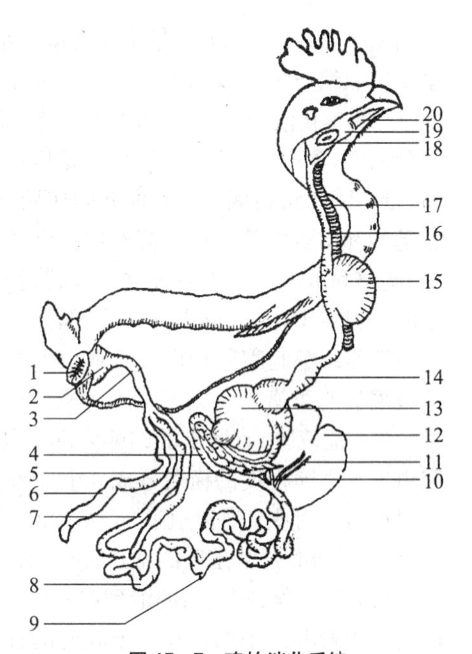

图 15-7 鸡的消化系统

1. 肛门,2. 泄殖腔,3. 直肠,4. 十二指肠,5. 胰,6. 盲肠,7. 回肠,8. 空肠,9. 卵黄蒂,10. 胰管,11. 肝管,12. 肝,13. 肌胃,14. 腺胃,15. 嗉囊,16. 食管,17. 气管,18. 喉门,19. 咽,20. 舌

(2) 嗉囊:在鸡、鸽等食谷类及食鱼的鸟类,食管中部有明显的膨大部分,称为嗉囊(crop),是临时储存和软化食物的地方。在食昆虫和食肉的鸟类,嗉囊较小或消失。鸭、鹅类没有明显的嗉囊,只是在食管的中部有纺锤形的扩大部分,整个食管却能储存食物。雌鸽在繁殖时期,在脑下垂体分泌的催乳激素的作用下,嗉囊的壁能分泌乳汁样的液体,用以喂养幼鸽。食鱼的鸟类(如鸬鹚或鹈鹕),可把食入的鱼在嗉囊内加工成食糜以喂养幼鸟。

(3) 胃:鸟类的胃分腺胃(前胃)和肌胃(砂囊)两部分。腺胃的壁厚,呈纺锤形,内含丰富的腺体,能分泌大量的消化液,其中含有分解蛋白质的胃蛋白酶和盐酸(强酸)。这些消化液的分泌情况受到动物的生理状态,特别是饥饱状况的支配。食物的性质也可影响胃腺的分泌。肌胃又叫砂囊,食谷物鸟类的肌胃发达,肌胃的外壁有很强大的肌肉层,肌胃黏膜上皮有大量的管状腺体,它的分泌物和上皮细胞的碎屑在黏膜的表面形成了一层黄色的类角质膜(即中药鸡内金),被覆在黏膜表面。并可进行周期性更换。食谷物、种子等鸟类的这层类角质膜较厚,易于从黏膜上剥离下来;鸭等食鱼的鸟类,此层膜很薄,不易剥离。肌胃腔内容有鸟类不断啄食的砂砾,在肌肉的作用下,革质的壁与砂砾一起将食物磨碎,砂砾对种子的消化有重要作用,所以肌胃是研磨食物进行机械性消化的地方。有人做实验证明:胃内有砂砾的鸡,对燕麦的消化力可提高 3 倍,对一般谷物和种子的消化力可提高 10 倍。另外,肌胃中保持有砂砾的鸟类一旦失去这些砂石,就会消瘦,甚至死亡。所以人工饲养的家禽饲料中,必须加添砂砾。肌胃发达程度随食性不同而有很大差别,如肉食性鸟类肌胃不发达,而食浆果类的鸟几乎没有肌胃。

(4) 小肠:鸡的小肠较长,为体长的 4~6 倍。小肠分十二指肠、空肠和回肠 3 部分。十二指肠从肌胃末端开始,折叠成"U"字形弯曲。胰脏则位于十二指肠的肠系膜上。在十二指肠末端有从肝脏来的两根胆管和从胰脏来的 2~3 条胰管开口进入十二指肠。空肠和回肠无明显界线,但一般将回盲系膜和二盲肠相连的一段小肠称为回肠,其余大部分都称为空肠。以肠系膜悬于腹腔右半部,鸡的空肠形成10～11个弯曲的肠襻。小肠主要是进行化学性消化和营养物质吸收的部位。小肠壁肌肉收缩产生的蠕动也可以行物理性(机械性消化的作用)。

(5) 消化液:食糜进入小肠后,受到肠液、胆汁和胰液3种消化液的消化。肠液是小肠黏膜内肠腺分泌的,含有蛋白酶、脂肪酶和淀粉酶;胆汁可中和食糜中的酸性并乳化脂肪;胰液中也含有淀粉酶、蛋白酶和脂肪酶。在它们共同作用下,大部分食物最后被消化,将食物分解为可吸收的葡萄糖、氨基酸和脂肪酸等。这些营养物质再经小肠绒毛进入血液和淋巴液中,经肝门静脉入肝,经肝的储藏、调整和解毒后进入心脏,再由动脉管运及全身各部。在小肠黏膜里(尤其是下段小肠),含有丰富的淋巴组织,有的形成淋巴结,孤立存在,称为孤立淋巴结;也有集结在一起,形成淋巴集结。这些淋巴组织都起着防护作用。鸡小肠壁上有枣核样的淋巴集结,如此处溃疡出血就证明是患了鸡新城疫病的病鸡。

(6) 泄殖腔:直肠末端的膨大部分是消化系统、排泄系统和生殖系统共同的通路。鸟类的泄殖腔由发育不同程度的横褶分成3个界限分明的部分,即:①粪道(coprodaeum),这是直肠的继续,但一般比直肠粗些;②泄殖道(urodaeum)在粪道之后,输卵管或输精管和尿道都开口于此处;③肛道(proctodaeum)是泄殖腔的最后部分,最后以泄殖孔开口于体外。

(7) 腔上囊:在幼鸟的泄殖腔背壁有一个盲囊,称为腔上囊(或法氏囊,bursa of Fabricii),黏膜内含有大量淋巴小结。开口于肛道的背侧。泄殖孔由背、腹、侧唇围成,内有括约肌。腔上囊可用来鉴别鸟类的年龄;幼鸟发达,成鸟退化。

(8) 盲肠和直肠:小肠与大肠交界处有一对盲肠。杂食或食植物纤维鸟的盲肠都很发达。盲肠有多种功能:①可吸收水分;②盲肠内的细菌可分解植物纤维,所以具有微生物发酵作用;③此处还可以合成和吸收维生素。盲肠的入口处为大肠和小肠的分界线,这里有明显的肌性回盲瓣,盲肠壁内有淋巴组织,在回盲口处黏膜内有淋巴集结合成的盲肠扁桃体,鸡的盲肠扁桃体较明显。直肠较短,禽无明显结肠,位于腹腔背壁,起于盲肠入口处,向后伸至泄殖腔。

(9) 鸟类消化的特点:①鸟类的消化能力强;②消化过程迅速;③进食频繁而不耐饥;④食量大,食性广泛;⑤直肠短不储存粪便,以减轻体重。这些特点都是鸟类活动性强、新陈代谢旺盛的物质基础。

2. 消化腺　消化腺包括肝脏和胰脏。

(1) 肝脏:鸟类的肝脏很大,位于腹腔前下部,前腹侧为心脏,背侧为腺胃,后方是肌胃和肠管。肝呈红褐色,幼鸟的肝由于吸收了卵黄色素而呈现黄色或黄白色,约2周后转为红褐色。肝分左、右两叶,右叶略大。左叶发出一条肝管直接进入十二指肠,右叶的肝管局部膨大成为一个胆囊,再由它发出胆囊管通入十二指肠。胆囊既是储存胆汁的器官,又是浓缩胆汁的器官。大多数鸟类都有胆囊,但鸽无胆囊。

(2) 胰脏:鸟类的胰脏分背叶、腹叶和脾叶3部分,背叶和脾叶界线不清楚。胰脏有3条胰管直接通入十二指肠末端,开口在胆管入口的附近。胰脏即是一个分泌胰液与消化有关的腺体,也是一个无导管的内分泌腺体。

六、呼吸系统

鸟类的呼吸系统十分特化,表现在具有非常发达的气囊系统与肺气管相连通。新陈代谢旺盛,在飞翔活动中耗氧量大,是平常的21倍之多。因此,不论在肺脏和呼吸道的构造上,还是呼吸方式上,都有其独特之处。鸟类的呼吸系统由呼吸道和肺脏组成,呼吸道包括鼻腔、喉、气管及其分支;海绵状的肺及其与之相连的鸟类特有的气囊(图15-8)。

1. 鼻腔　鸟类的喙的基部有一对椭圆形的外鼻孔,鼻腔狭而短,由鼻中隔分为左右两半。每侧都有上、中、下3块软骨质的鼻甲骨,内鼻孔在腭裂缝处向后通到咽部。鼻腔黏膜有纤毛上皮,内含腺体分泌黏液或浆液,黏膜下有丰富的淋巴组织。在鼻腔两侧和眼球背侧有鼻腺开口于鼻腔。鼻腺在水禽发达,能排出多余的盐,故又称为盐腺。

2. 咽与喉 咽的后面是喉,又称为前喉,但不能发声,呈纵裂状,位于咽底壁。喉头是由1对杓状软骨和1个环状软骨构成支架,表面被覆黏膜,并有能分泌黏液的腺体,平时开放,仰头时关闭。

3. 气管、鸣管和支气管 鸟类的气管较长,呈圆柱状长管。鸟类的气管起于前喉,伴食管下行,稍偏颈部右侧。气管上有半骨化的软骨环构成支架。管壁内层为黏膜,具纤毛上皮,含有分泌黏液的细胞,黏膜下也有丰富的淋巴组织。有些鸟类(如鹅、鹤等)气管长而弯曲,盘旋在胸部龙骨突附近,甚至穿入胸骨内。

气管向后进入胸腔至心脏基部上方分为左右2个支气管(初级支气管)分别进入2个肺。在气管分叉处,有鸟类的发声器官——鸣管(图15-9)。鸣管是由气管末端和2个初级支气管起始部的内、外鸣膜形成的。鸣膜能因气流的振动而发声,又称为后喉。在鸣管的外侧附有特殊的鸣肌,鸣肌的收缩可调节鸣膜的紧张度,从而发出各种美妙的声音。一般鸣禽有复杂的鸣肌,善于婉转鸣叫。雄鸭的鸣管左侧形成一个特殊的骨质泡,起共鸣作用。

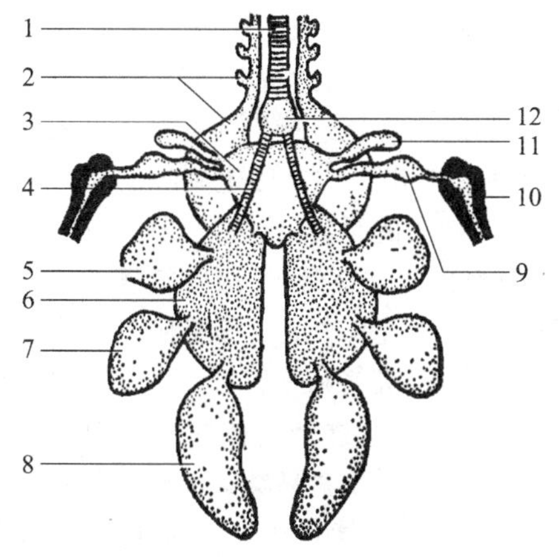

图15-8 鸟类的呼吸系统

1. 气管, 2. 颈气囊, 3. 锁间气囊, 4. 支气管, 5. 前胸气囊, 6. 肺, 7. 后胸气囊, 8. 腹气囊, 9. 腋气囊, 10. 肋骨中的气囊, 11. 胸肌间气囊, 12. 鸣管

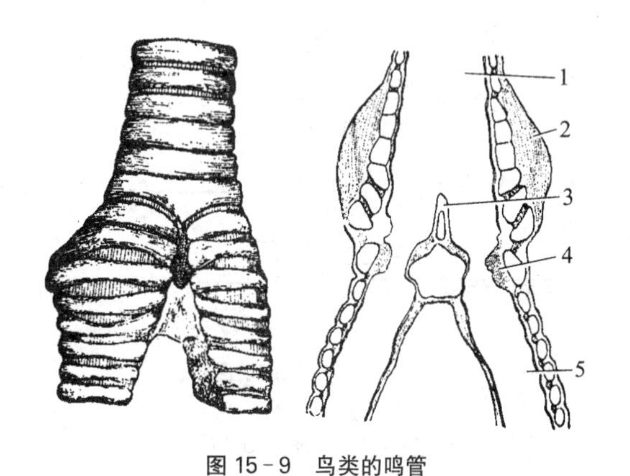

图15-9 鸟类的鸣管

1. 气管, 2. 鸣肌, 3. 半月膜, 4. 鼓膜, 5. 支气管

4. 肺 鸟类的肺不大,呈鲜红色,紧贴在胸腔背部,嵌入椎肋之间,被一膜状的斜隔将其与腹腔各器官分隔开。肺分左右两叶,弹性小,呈海绵状。肺的内部,是一个由各级支气管形成的彼此吻合相通的密网状管道系统。支气管进入肺后,首先形成一主干,即中级支气管(也叫初级支气管),它直达肺底,通入腹气囊和后胸气囊。中级支气管在肺内分出几组次级支气管,依其位置分别称为背支气管、腹支气管和侧支气管。次级支气管再分支,形成副支气管(又称三级支气管),每一个副支气管辐射出许多细小的微支气管,微支气管的管壁由单层扁平细胞构成,有很多分枝,彼此吻合没有盲端,并被毛细血管包围着。气体交换就在微支气管和毛细血管之间进行,这是鸟肺的功能单位。因此,鸟肺的气体交换的微支气管是没有盲端的彼此相通的管道系统。虽然体积不大,但与气体的接触面很大,这是鸟类所特有的高效能的气体交换装置。

5. 气囊 与肺相连的是鸟类所特有的气囊。所谓气囊是指和某些中级支气管和次级支气管末端相连的突出于肺表面的膨大的薄壁的囊。它们分布于各内脏器官之间。气囊的壁薄,不易分清,其壁上的毛细血管并不多,它本身没有气体交换的作用。气囊有4个成对的和1个单个的,其中与中级支气管相连的气囊称为后气囊(包括腹气囊和后胸气囊),其余的与次级支气管相加的称为前气囊(包括颈气囊、锁间气囊和前胸气囊)。除锁间气囊是单个的,其余皆为成对的。颈气囊是为一对小气囊,由肺脏前缘发出,位于颈基部,锁间气囊的背面,沿脊椎两侧左右排列。颈气囊附近的骨片大多是气质骨。锁间气囊是单个三角形气囊,恰位于左、右锁骨所形成的夹角之间,此气囊的分枝进入肱骨、腋下和大胸肌与小胸肌之间。前胸气囊位于胸腔中部,肺的腹面,与肋骨及围心膜贴近。后胸气囊位于胸腔后部,前胸气囊的后方。腹气囊的容积最大,位于腹腔内脏之间,与腹腔等长,并与后肢股骨内气室相通。

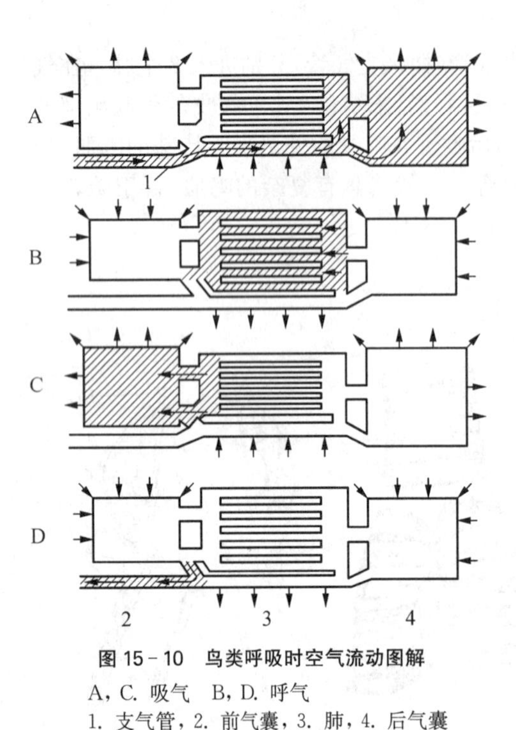

图 15-10 鸟类呼吸时空气流动图解

A, C. 吸气 B, D. 呼气

1. 支气管, 2. 前气囊, 3. 肺, 4. 后气囊

6. *双重呼吸* 当鸟类吸气时,大量的新鲜气体沿着中级支气管直接进入后气囊,这些气体未从毛细血管经过,因而是富含氧气的。与此同时,一部分新鲜气体沿着次级支气管(背支)和三级支气管,在肺内的毛细支气管处进行气体交换。吸气时前气囊和后气囊同时扩张,呼气时同时压缩。当鸟类呼气时,肺内含二氧化碳多的气体经前气囊排出;而后气囊中所储存的空气则经过"返回支"进入三级支气管而在肺内进行第 2 次气体交换,再经前气囊气管排出体外。这种在吸气和呼气时肺内均能进行气体交换的现象称为"双重呼吸",即对一气团而言,从吸进到呼出,需经历 2 个呼吸周期。应该指出的是:不论吸气或呼气时,气体在肺内的通道均为自背支气管(次级支气管的背支),经三级支气管到腹支气管(次级支气管腹支),最后进入前气囊再排出。由于吸气和呼气时均沿上述路线循进,因而是一种"单向流",这种气体在肺内沿一定方向流动又称为 d-p-v 系统。鸟类的前气囊与腹支气管是相通的。因而不论吸气和呼气,只有已经经过肺内气体交换后的空气才能进入前气囊(图 15-10)。

7. *呼吸动作* 在静止时是以肋骨和胸骨升降,改变胸廓的容积,引起肺和气囊的扩大和缩小,完成气体代谢。这与其他羊膜动物无何区别,但在飞翔时,由于胸肌处于紧张状态,肋骨与胸骨固定不动,因而胸廓就不能用上述方式进行收缩和扩张。由于呼吸运作与翼的动作相协调,翼动作愈快,呼吸动作也随着加速(但扇翅与呼吸频率不一定是 1∶1),因此鸟类不会因激烈飞翔运动而窒息。总之,鸟类气囊与前气囊的收缩和扩张是相协调的,这就使鸟类在剧烈飞翔时,前、后气囊随着扇翅的节律而张缩,犹如几副抽气机,不断地把空气抽入肺内再行排出。当然作为鸟类的连续的呼吸过程,不论每一次吸气与呼吸,肺内总是有连续不断的富含氧气的气体通过,这是与其他脊椎动物不同的。

8. *气囊的作用* 鸟类气囊的功能是多方面的:①首先是可以辅助呼吸;②减轻身体的比重;③由于气囊充气后伸入内脏器官、骨腔和肌肉之间,使各器官相对稳定不动,故减少了内脏器官之间的摩擦,增加了内部的压力,避免内脏的损伤;④调节体温,因而气囊又称为鸟类特有的冷却系统。

七、循环系统

1. *血液循环系统* 鸟类的血液循环系统比爬行动物进步而与哺乳动物相似,反映了较高的代谢水平,其特点如下。

(1) 心脏:位于胸腔后下方的心包内,偏左。分化为 2 个心房和 2 个心室;静脉窦萎缩而与右心房合并。动脉血与静脉血已不在心脏混合,左侧心房和心室内完全是多氧血;右侧心房与心室内是缺氧血。左侧房室间有二片瓣膜称为二尖瓣，此瓣膜通过心室腱索连到心室壁的乳头肌上。右侧心房和心室间的瓣膜不是膜质的，而是一片肌肉质的瓣膜，此点与爬行类的鳄近似。从左心室发出的主动脉口和从右心室发出的肺动脉口处，都有3个口朝上的半月瓣，可防止血液倒流。故鸟类属完全的双循环，即鸟类的血液循环和哺乳动物一样。从左心室压出多氧血，经体动脉弓到全身，经过气体交换后，全身各部的缺氧血，经体静脉汇集流回右心房，这一大圈称为体循环，又称为大循环；缺氧血从右心房入右心室，右心室收缩将血液压入肺动脉至肺，在肺内经气体交换后的多氧血，经肺静脉返回左心房，这一小圈称为肺循环，又称小循环。体循环和肺循环完全分开，故称为完全双循环。

(2) 心肌：心脏的体积大，重量大，在脊椎动物中占首位，通常心脏占体重的0.95%～2.37%。起着强大的唧筒作用，可保证血液迅速流动。

(3) 冠状动脉循环：第一次出现了营养心脏的冠状动脉。冠状动脉是供应心脏壁的血管，它是由主动脉基部发出，沿着心脏表面的冠状沟走行，穿过心外膜，进入心肌，然后形成稠密的毛细血管网，再汇集成冠状静脉，返回右心房。

(4) 心跳频率和血压：鸟类的心跳频率比哺乳动物快，血压也更高。这是与鸟类旺盛的新陈代谢和飞翔时剧烈运动相适应的。鸟类的心跳频率在300～500次/分。鸟类的动脉压较高，一般公鸡为188 mmHg，麻雀为140～180 mmHg，鸽子为115～135 mmHg。因此，鸟类的血液流速也很快。

(5) 动脉：鸟类的动脉系统，基本上继承了高等爬行动物的特点，在胚胎时期有6对动脉弓，到了成体，Ⅰ、Ⅱ、Ⅴ对动脉弓消失，而且第Ⅳ对动脉弓的左侧也消失，即只有右体动脉弓保留；右体动脉弓从左心室发出向前伸出不远处，即分出一对无名动脉，每一支无名动脉分出颈总动脉(流向头部)、锁骨下动脉(流向前肢)以及较大的胸动脉(流向胸肌)。体动脉弓发出无名动脉后即向右弯曲，绕到心脏的背面成为背大动脉，沿脊柱下行。除分出若干成对的肋间动脉和腰动脉到体壁、肾动脉到肾、髂动脉到后肢外，还分出不成对的腹腔动脉、肠系膜前动脉和肠系膜后动脉到腹腔内脏各器官，背大动脉最后形成细小的尾动脉通入尾部。

(6) 静脉：与爬行动物基本相似，但有2个鸟类特有的特点：①肾门静脉趋于退化。从尾静脉来的血液，汇集髂内静脉的血液，通入左右肾脏，但只有少数在肾内形成毛细血管，而含绝大多数血液的主干则穿过肾脏，直接入髂总静脉，这说明肾门脉作用已明显降低，逐渐退化。②出现了鸟类特有的尾肠系膜静脉，是从尾静脉分叉处分出，向前汇入肝门静脉。无羊膜动物的腹静脉在鸟类已经消失，而出现一条小的腹壁上静脉，收集由肠系膜来的血液流入肝静脉。

肝门静脉接收来自胃、十二指肠静脉和肠系膜前、后静脉的血液，形成两支静脉干入肝，其中右肝门静脉还汇集了尾肠系膜静脉的血液。肝门静脉入肝后和肝动脉一起分布到副肝内，通过毛细血管网后，再经肝静脉出肝，进入后腔静脉。由于后腔静脉穿行于肝的右叶内，所以肝静脉不明显，需剥去一部分肝组织才能看到。

(7) 血液：鸟类血液中的红细胞一般是卵圆形，具细胞核。红细胞的数量低于哺乳动物但比其他无羊膜动物高，一般为(2.5～3.5)×10^{12}/L。例如，鸽的红细胞数约3.2×10^{12}/L，鸡的是2.8×10^{12}/L；但随不同品种、年龄和性别也有变化。鸟类的红细胞体积比变温动物的小，但却含有大量的血红蛋白，它们很容易与氧结合，成为氧合血红蛋白，并且向组织细胞内释放氧气的能力极强，这是鸟类能始终保持高代谢水平和恒定体温的前提。

总之，鸟类的血液循环系统的特点是：有完整的四腔心脏，完全的双循环，心脏比例大；血压高，血液循环速度快；血液中红细胞数量多，体积小，但含大量血红蛋白。所有这些特点，对提高新陈代谢是很重要的因素。加之鸟类有高度发达的神经系统，消化能力强，气体交换效率高，除用羽和气囊等调温和保温以外，还有体温调节中枢，从而使鸟体温度高而恒定，在动物界只有鸟类和哺乳类享有恒温动物的称号。鸟类的体温平均在42℃(38℃～45℃)。

2. 淋巴系统　鸟类的淋巴系统包括淋巴管、淋巴结、淋巴小结、腔上囊、胸腺和脾脏等。淋巴管是输送淋巴液的管道，它以盲端起始于组织间隙，称为毛细淋巴管，由毛细淋巴管再汇合成较大的淋巴管。鸟类的淋巴管比哺乳动物少。淋巴管最终汇集成2条大的胸导管向前通入前腔静脉。

(1) 淋巴结：位于淋巴管的通路上，起滤过淋巴液、消灭病原体和补充新生淋巴细胞的作用。鸟类中只发现少数有淋巴结，如雁形目中的鸭、鹅、天鹅，鹤形目中的骨顶鸡，鸥形目中的鸥。通常只有2对淋巴结，1对叫颈胸淋巴结，呈长纺锤形，位于颈基部和胸前口处，紧贴颈静脉；1对称为腰淋巴结，呈长条形，位于腰部主动脉两侧。鸡无淋巴结，但有一些淋巴细胞集聚形成的淋巴小结，位于消化管壁，孤立存在或者集结在一起，形成淋巴集结。鸡小肠壁上枣核样的淋巴集结和盲肠起始端处的回盲扁桃体都是淋巴小结集中分布的地方。

(2) 腔上囊(又名法氏囊)：腔上囊是鸟类所特有的淋巴器官，位于泄殖腔背侧。鸡的腔上囊呈圆形，鸭、鹅的腔上囊呈椭圆形，开口于肠道。性成熟前发育最大，随年龄增长到性成熟逐渐退化，1年左右消失不见。腔上囊的黏膜形成若干纵褶，黏膜上皮下的疏松结缔组织中充满大量的淋巴小结。由它产生淋巴细胞，分布到脾脏和淋巴结中，在抗原刺激下可变为浆细胞产生抗体，参与免疫作用。

(3) 胸腺：胸腺是鸟类重要的淋巴器官，它与腔上囊一样被认为是淋巴组织起免疫作用的反应中心。幼鸟的胸腺明显，为一对长索位于气管两侧，延伸达颈部全长，以后分若干叶，到性成熟后，则胸腺由前向后产生退化。鸡的胸腺一般7叶，鸭、鹅有5叶，都分布在颈部两侧皮肤下，沿颈静脉分布至胸前口处。呈淡黄红或红色，性成熟前最大，以后逐渐萎缩，成年仅保留一些遗迹。

(4) 脾：鸟类的脾位于腺胃和肌胃交界处的背面，呈圆棱的四面体，红褐色。它具有产生淋巴细胞和单核细胞的功能，衰老的红细胞多在脾内崩溃瓦解，被脾内的吞噬细胞吞噬，而红细胞内的血红蛋白和铁质可回收用于再造血。脾脏也是免疫系统的一个外周器官。

八、神经系统

鸟类的五部脑发达，体积大，在脊椎动物中仅次于哺乳类。脑的整体观是短而圆，有明显的脑弯曲，特别是颈弯曲特别突出。这说明在鸟类有限的头骨内埋藏着体积最大的脑，脑的结构紧凑，脑的外面还有原膜及硬膜保护(图15-11)。

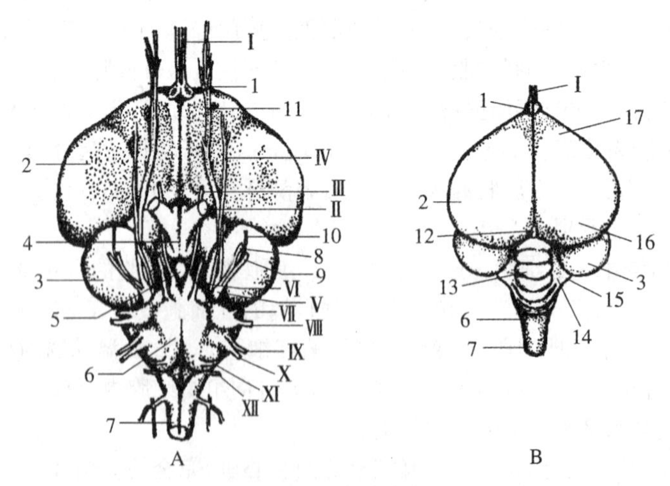

图15-11 鸽的脑

A. 腹面观 B. 背面观

1. 嗅叶，2. 大脑，3. 视叶，4. 视交叉，5. 脑垂体，6. 延髓，7. 脊髓，8. 三叉神经的下颌神经，9. 上颌神经，10. 后眼眶神经，11. 三叉神经的眼神经，12. 脑上腺，13. 小脑，14. 侧叶，15. 小脑卷，16. 顶叶，17. 额叶

Ⅰ～Ⅻ代表脑神经

1. 大脑　鸟类的大脑两半球膨大，向后盖住了间脑及中脑的前部，大脑皮质不发达，仍以原脑皮为主，虽新脑皮质也出现但还停留在爬行类的发展水平上。大脑表面薄而光滑，不形成沟回。侧脑室较大，嗅叶退化，这与鸟类在空中飞翔生活、离地面距离很远直接相关，因为嗅觉很难发挥作用。大脑膨大的主要原因是因为脑底部纹状体的增大、加厚及高度发达所致。在鸟类除新纹状体(爬行类开始出现)外，还增加了上纹状体。实验证明，上纹状体是鸟类复杂本能(如营巢、孵卵、育雏等)和智慧的中枢。如切除鸽的大脑皮质，对动物没有什么大的影响，但如切除上纹状体，则动物正常的兴奋和抑制被破坏，视觉受影响，求偶、营巢的本能丧失，许多学习性的动作也不能实现。有人实验证明，一些学习能力较强的鸟，如鹦鹉、金丝雀等的上纹状体比鸡、鹌鹑的更为发达。

2. 间脑　间脑的前面被大脑半球掩盖，内有第三脑室。从背面到腹面间脑可分为上丘脑、丘脑、下丘脑3部分。其中下丘脑极为重要，构成间脑底壁。这里有体温调节中枢和控制自主神经活动中枢；同时下丘脑也是重要的神经内分泌部位，对脑下垂体的分泌有关键性的影响。脑上腺不发达。

3. 中脑　位于大脑半球的后下方，中脑背侧形成一对很发达的视叶，这与鸟类视觉发达有关，视叶中充满了视神经。除此之外，中脑还有许多与鸟类复杂行为有关的中枢，如啄食、恐惧的行为等，但没有明显的脑桥。

4. 小脑　鸟类的小脑特别发达，不仅体积大，而且分化为3部分，中间部分称为小脑蚓部。蚓部上有许多特殊的横沟，两侧为小脑卷。小脑的发达与鸟类飞翔时复杂运动的协调和平衡有关。

5. 延脑和脊髓　延脑内为第四脑室，后接脊髓。延脑内有许多重要的神经中枢，如呼吸中枢、分泌中枢及空间方向定位和平衡身体中枢等。脊髓贯穿身体全长，有两个膨大：一个在颈部与胸部之间称为颈膨大；另一个在腰部称为腰膨大。通常善飞翔的鸟胸膨大明显；而像鸵鸟这样的走禽则腰膨大明显，这与后肢发达相关。在腰膨大处的中央管膨大形成一个菱形沟，为了区别于延脑的菱形沟，故称为第2菱形沟。与颈部脊髓相连的最后3对脊神经和第1、2对胸神经共同形成臂神经丛，分支通入肩带、翼和胸肌。腰荐部的神经形成腰荐神经丛，支配后肢的肌肉和骨盆腔的内脏器官。

6. 脑神经　鸟类的脑神经有12对，第11对副神经和第12对舌下神经是羊膜动物所特有，分别支配肩部和舌、颈、喉部的肌肉，均为运动神经。

九、感觉器官

在鸟类的感觉器官中最发达的是视觉，这是所有其他脊椎动物所不及，听觉和平衡器官也比较发达，最不发达的是嗅觉，很退化。这些特点与鸟类的飞翔有密切关系。

1. 视觉器官　鸟眼按比例比其他脊椎动物都大，位于头部两侧，大多数外观呈扁圆形，又称为扁平眼。但鹰的眼球呈球形；鸮类的呈筒状。鸟眼是不能同时聚光的，须靠头部的转动视物。眼球的外壁是坚韧的巩膜，其前壁内着生一圈称为巩膜骨，为呈覆瓦状排列的环形骨片。巩膜骨构成眼球壁的坚强支架，使其在飞行时不至于因强大的气流压力而使眼球变形。在眼后房内有称为栉膜的特殊结构。栉膜是一个具有丰富色素细胞、折叠成梳状且含有丰富毛细血管的结构，从脉络膜突出一直伸到玻璃体中。不同的鸟，栉膜的形状变异很大。它的确切功能还不清楚，但一般认为栉膜可以营养视网膜，有供给视网膜氧气、营养物质和除去代谢废物的作用；还可以调节眼球内部压力。有学者认为，凭借栉膜能使鸟类增加对迅速移动着的物体的识别能力，这主要是因为栉膜富有色素细胞，眼前移动的物体可以在视网膜上投下阴影所致。为减少日光造成的目眩，白天活动的鸟的栉膜大，夜间活动的鸟的栉膜小。

鸟眼具有发达的上眼睑和下眼睑、瞬膜及发达的泪腺，可防止飞沙走石进入眼内，保证在空中飞翔时清洁角膜，保护眼球(图15-12)。

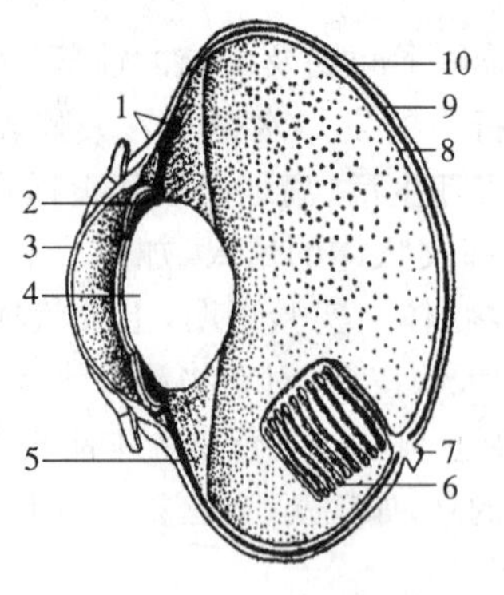

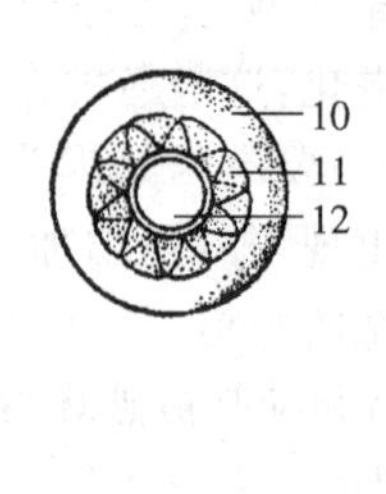

图 15－12 鸟类眼的构造

1. 睫状肌，2. 虹膜，3. 角膜，4. 晶状体，5. 睫突，6. 栉膜，7. 视神经，8. 视网膜，9. 脉络膜，10. 巩膜，11. 巩膜的骨片

鸟眼的视网膜内含有大量的视锥细胞，对物像和颜色有很强的辨别能力，适于白天视物。特别是鹰眼的视网膜上有 2 个凹陷，即中央凹和颞凹，而凹陷处是视觉最清晰的地方，也是物像最集中的地方，每平方毫米有 100 万个视锥，是人眼该处视锥密度的 3 倍。因此，鸟类的视觉极好。夜行性的鸟如猫头鹰，其视杆细胞多，适于夜间视物。鸟类的晶状体呈双凸形，质地软，其凸度可以改变。

通常认为鸟类的视觉具有三重调节，即改变水晶体的凸度、改变角膜的凸度和改变晶体与视网膜之间的距离。调节水晶体的睫状肌是横纹肌而不是平滑肌（此点与爬行类相同），睫状肌能快速有力地收缩，可迅速地改变水晶体的凸度。睫状肌分前部的角膜调节肌和后部的睫状肌，当睫状肌收缩时，使水晶体和角膜同步凸度增大，有利于鸟视近物。另外，在巩膜四周具有环肌，由于环肌的作用，可以使水晶体与视网膜之间的距离改变。所以鸟眼具有这种完善的视觉调节，可以在瞬间由远视的“望远镜”改变成近视的“显微镜”。鹰在高空盘旋时可清楚地看到地面的老鼠，能迅速俯冲到地面上，准确地抓获猎取物。

2. 听觉器官　鸟类有发达的听觉器官。耳的构造与爬行动物基本类似，由外耳、中耳和内耳 3 部分构成。无外耳壳，外耳有一个耳孔，周围有耳羽保护，内通一个短的外耳道。底部是鼓膜，它是外耳和中耳的分界线。中耳又称鼓室，内有一块听小骨——耳柱骨。耳柱骨的一端连鼓膜，另一端通内耳，具有传导声波的功能。鼓室以耳咽管与咽部相通，凭借其使鼓膜外压力取得平衡。内耳由球状囊伸出的瓶状囊比爬行动物更加延长，并稍有弯曲，但还没有形成像哺乳动物那样弯曲的耳蜗管。但鸟类在瓶状囊的单位面积上的毛细胞比哺乳动物多 10 倍，可接收到 40～29 000赫兹（Hz）声波频率，而人的是 20～20 000 Hz（图 15－13）。

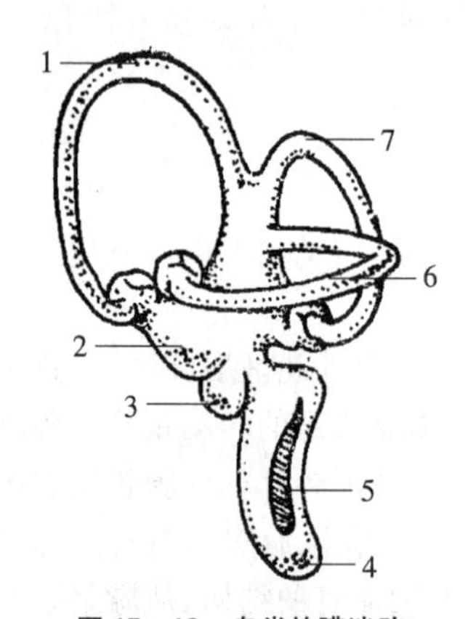

图 15－13 鸟类的膜迷路

1. 前半规管，2. 椭圆囊，3. 球囊，4. 瓶状囊，5. 柯蒂氏器，6. 水平半规管，7. 后半规管

3. 嗅觉、味觉及皮肤感受器　鸟类的嗅觉不发达，但有少数例外。味觉也不发达。体被羽毛的结果使鸟的皮肤感受器不发达。有的羽毛根部有触觉神经末梢，鸭喙的蜡膜中或啄木鸟的喙和舌上有较丰富的触觉小体，可帮助鸟类在水中觅食或寻找眼睛看不见的食物。

十、排泄系统

鸟类胚胎时期的排泄器官是中肾，成体为后肾，肾脏很发达，相对体积约占体重的 2%，这是与其新陈代谢旺盛而产生大量的废物得以及时排出及保持盐、水平衡是相适应的。

1. 肾脏　鸟有一对紫褐色紧贴在体腔背壁、形状长而扁平、质地软而脆、易破碎的肾脏。分为前、中、后3叶。肾的纵剖可分出表层的皮质部和深层的髓质部，通常皮质部厚。肾小球的数目是哺乳动物的2倍(在相同单位面积比较)。所以，肾小球的数目很多，但体积较小。肾小体上的血管比哺乳动物简单。多数肾小管也较简单，一般只有近曲小管和远曲小管，很少有髓襻的(只有少数鸟有)。

2. 输尿管　每一肾脏腹面有一条输尿管，直接开口在泄殖腔中部的泄殖道。鸟类没有膀胱，但鸵鸟例外。排泄物是以尿酸为主的多种成分，不易溶于水，加之泄殖腔对水分有重吸收的功能，因而鸟类从尿中失水很少。浓稠的白色尿液，随同粪便随时排出体外，没有膀胱，不储存尿液，有利于减轻体重。

3. 盐腺　许多海鸟喝海水，因而有多余的盐，就发展了肾外排盐的结构，以维持体内正常渗透压。海鸟的盐腺也称为鼻腺，是一对大的腺体，位于眼眶上方，有一长管在靠近鼻孔处开口，由此口处有一沟直通喙端。

十一、生殖系统

鸟类的生殖腺活动有明显的季节性变化。繁殖期的生殖腺可增大数百至近千倍(图15-14)。

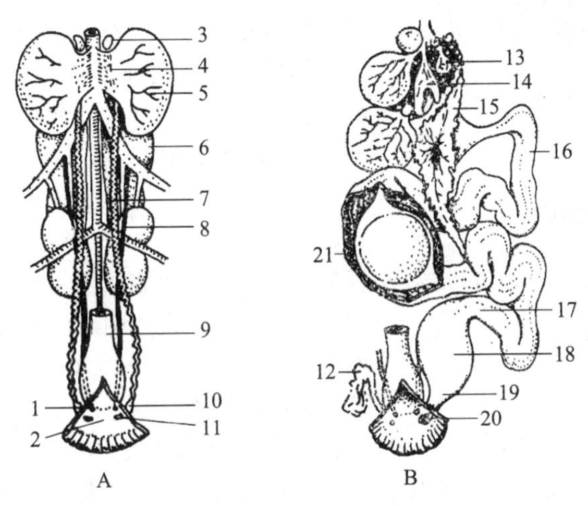

图15-14　鸟类的生殖器官

A. 雄性　B. 雌性

1. 输尿管口，2. 泄殖腔，3. 肾上腺，4. 附睾区，5. 精巢，6. 肾脏，7. 输精管，8. 输尿管，9. 直肠，10. 输精管膨大，11. 射精管，12. 右侧退化的输卵管，13. 卵巢中的卵泡，14. 卵泡膜，15. 输卵管伞，16. 蛋白分泌部，17. 峡，18. 子宫，19. 阴道，20. 输卵管口，21. 剖开的输卵管

1. 雄性鸟类的生殖系统　雄性鸟类的生殖系统基本上与爬行动物相似，具有成对的睾丸和输精管，输精管开口于泄殖腔。大多数雄鸟无交配器官，借雌雄泄殖腔口结合而受精。鸵鸟和雁、鸭类等泄殖腔腹壁突起可伸出腔外而构成了交配器，起输送精子的作用。鸟类的精子在输卵管中存活寿命比哺乳动物长，如将雌家鸭和雄家鸭隔离后，第1周产64%的受精卵，第3周为30%，最后一粒受精卵在第17天产出。

2. 雌性鸟类的生殖系统　大多数的雌鸟仅有左侧的卵巢和输卵管，右侧的卵巢和输卵管在胚胎时期虽也形成，但在发育过程中退化了。这也许与鸟类产大型带硬壳的卵有关。未成熟的幼鸟卵巢很小，呈扁平、叶状，紧贴在左肾前叶上；成熟的卵巢，卵细胞突出于卵巢表面，因而使卵巢呈结节状。

在正常的情况下，母鸡右侧的卵巢处于退化状态，但如果由于某种原因（如切除或疾病），使左侧卵巢萎缩，则右侧卵巢就开始性分化，并不形成卵巢，而是形成睾丸。这时的母鸡停止产蛋而发出公鸡的啼叫声，出现公鸡的第二性征。这在生物学上又是性逆转的一例。

鸟类的输卵管构造较完善而复杂，可以分为5部分，即输卵管伞部、蛋白分泌部、峡部、子宫和阴道。输卵管伞部在最前端，呈漏斗状，边缘薄而不整齐，形成皱褶。蛋白分泌部是输卵管最大最长的部分，壁厚，黏膜形成纵褶，分泌浓蛋白包在卵黄外。峡部形成两层薄的卵膜。子宫是输卵管扩大部分，黏膜形成深褶，肌肉发达。阴道是输卵管最末端，开口于泄殖道左侧。

3. 交配与受精　鸟类无论有无交配器，都是体内受精。交配时，雌性和雄性的泄殖腔孔相互贴近，精液被吸入雌体，精子沿输卵管上行，到达输卵管上端，在这里与排出的卵子相遇并进行受精。鸟类精子在雌性生殖道内存活的时间较长，如母鸡在交配后，最早过20～25小时就可以得到一些受精卵，一般在交配后2～3天受精率最高，最晚到第35天仍可得到受精的卵。这说明精子在母鸡的生殖道内可停留35天仍保持着使卵子受精的能力。

4. 蛋的形成和产出　卵细胞一经从卵巢里释放出来，便立即被活动的输卵管伞部卷入。鸡的卵细胞大约在伞部停留15 min，在这里与精子相遇而完成受精。然后受精卵进入蛋白分泌部，被这里管壁的腺体所分泌的蛋白所包裹。由于卵黄在输卵管中旋转下降，紧贴卵黄两端的蛋白便卷曲而形成卵带，卵黄位于蛋的中央部。卵细胞在蛋白分泌部大约停留3小时，然后向下进入峡部，在这里形成内卵壳膜和外卵壳膜。停留1小时余后，进入子宫形成蛋壳，停18～20小时。蛋壳表面有大量小孔，用以保证孵化时的气体交换。蛋壳上的颜色是输卵管最下端管壁的色素细胞在产卵前4～5小时里所分泌的。蛋离开子宫进入阴道。阴道壁肌肉通过强有力地收缩而使蛋（图15－15）产出。鸡受精卵的孵化期为21天，鸭为28天，鸽为14天。

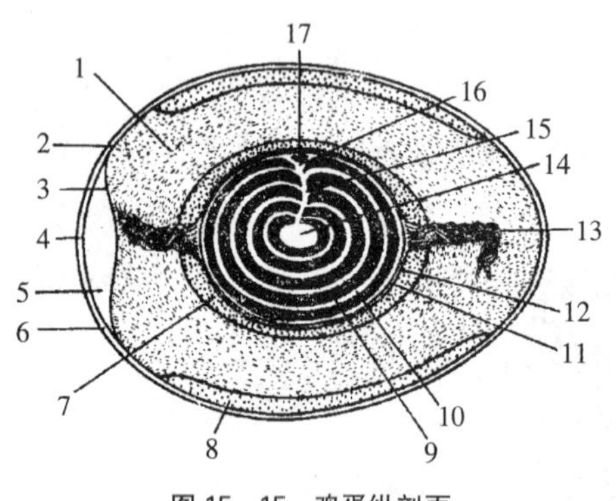

图15－15　鸡蛋纵剖面

1. 浓蛋白，2. 卵壳膜，3. 内卵壳膜，4. 外卵壳膜，5. 气室，6. 卵壳，7. 内层稀蛋白，8. 外层稀蛋白，9. 黄卵黄，10. 白卵黄，11. 卵黄膜，12. 卵带膜，13. 卵带，14. 卵黄心，15. 卵黄颈，16. 潘氏核，17. 胚盘

卵的钝端有两层壳膜，在卵产出后，由于温度下降，蛋白和蛋黄的体积缩小，两层卵膜便分离形成气室。气室的空气可供雏鸟破壳前呼吸之用。光线可刺激鸟类提早产卵，鸡在秋冬季节能产更多的卵。因为增加光照可以促进鸟类进食和运动，以12～14小时光照对脑下垂体的分泌和产卵的刺激最大。也有学者认为红光的刺激大于白光。例如，用紫外光能提高产卵率10%～19%，并可增加维生素D的合成。鸟类具有一系列育雏的本能，保证了后代有较高的成活率。

第三节　鸟纲的分类

一、鸟纲分类的依据

现代鸟的分类主要依据外部形态特征，或根据骨骼等内部结构特点。由于现代鸟在结构上非常相似，各目之间的区别主要在于喙、脚、羽色等外形差别（图15－16～图15－19）。

1. 喙的形状　喙的形状主要与鸟类的食性有密切关系。根据喙的形状分类，鸟类的代表动物如下：①钩曲状，如鹰；②楔状，如啄木鸟；③圆锥状，如鸽；④扁平宽阔、具缺刻，如鸭类；⑤强直有钩曲，如鸬鹚；⑥扁长杓状，如篦鹭；⑦上喙与下喙左右交叉，如交嘴雀。

图 15-16 鸟类的代表动物(1)

A. 非洲鸵鸟 B. 食火鸡 C. 小鹏鹏 D. 豆雁 E. 鹈鹕 F. 鸬鹚 G. 几维鸟 H. 鸸鹋 I. 苍鹭 J. 大白鹭 K. 天鹅 L. 绿头鸭 M. 原鸡 N. 老鹰 O. 红脚隼 P. 北京油鸡 Q. 环颈雉 R. 骨顶鸡

图 15-17 鸟类的代表动物(2)

A. 丹顶鹤 B. 大鸨 C. 扇尾沙锥 D. 凤头麦鸡 E. 银鸥 F. 岩鸽 G. 长耳鸮 H. 四声杜鹃 I. 夜鹰 J. 戴胜 K. 翠鸟 L. 家燕 M. 喜鹊 N. 秃鼻乌鸦 O. 鸿雁 P. 褐马鸡 Q. 鹌鹑 R. 鸢 S. 秃鹫 T. 石鸡 U. 鹧鸪 V. 白鹇

图 15-18　鸟类的代表动物(3)

A. 绿孔雀　B. 金眶鸻　C. 燕鸥　D. 针尾沙锥　E. 燕鸻　F. 红嘴鸥　G. 燕鸥　H. 原鸽　I. 山斑鸠　J. 毛腿沙鸡　K. 珠颈斑鸠　L. 绯胸鹦鹉　M. 噪鹃　N. 短耳鸮　O. 楼燕　P. 白腰雨燕　Q. 三宝鸟　R. 金丝燕　S. 蜂鸟

图 15-19　鸟类的代表动物(4)

A. 绿啄木鸟　B. 大山雀　C. 白鹡鸰　D. 黄胸鹀　E. 企鹅　F. 黑枕黄鹂　G. 百灵　H. 云雀　I. 画眉　J. 麻雀

2. 骨骼的形状和排列　主要根据胸骨有无龙骨突和口腔顶部骨块排列如腭型(口盖的类型)分类,鸟类的代表动物如下:①裂腭型:腭部中间有裂缝、犁骨发达,呈尖形。如鸡形目、鹤形目和鸽形目等。②索腭型:左右两侧颌腭突在中央合并(又称合腭型),犁骨小退化。如雁形目和鹤形目等。③雀腭型:基本同裂腭型,只有犁骨平截状。如雀形目。④蜥腭型:基本上同裂腭型,只是犁骨有 2 块。此为啄木鸟特有。

3. *翼的形状* 根据翼的形状分类,鸟类的代表动物如下:①圆翼:最外侧的飞羽比内侧的短,如黄鹂;②尖翼:最外侧的飞羽最长,如家燕;③方翼:最外侧的飞羽与内侧的几乎等长,如八哥。

4. *尾羽的形状* 根据尾羽的形状分类,鸟类的代表动物如下:①平尾:各尾羽长短相等,如鹭。②圆尾:两侧尾羽比中央的稍短,如八哥;如果短的很多,则根据差度可称为凸尾,如伯劳;楔尾,如啄木鸟(或尖尾)。③凹尾:两侧的尾羽比中央的长,如沙燕;如果长得很多,则可根据差度称为燕尾(叉尾)或狭尾。

5. *尾羽的数目* 鸟类尾羽的数目为4～32枚,一般为10～12枚。

6. *鸟脚的长短* 涉禽脚都比较长,如鹭。

7. *趾的长短* 根据趾的长短分类,鸟类的代表动物如下:①常态足:三趾朝前,一趾朝后,如鸡;②对趾足:1、4趾朝后,2、3趾朝前,如啄木鸟;③异趾足:1、2趾朝后,3、4趾朝前,如咬鹃;④并趾足:向前三趾的基部都有不同程度的愈合,如翠鸟;⑤前趾足:四趾均向前,如雨燕。

8. *蹼的类型* 根据蹼的类型分类,鸟类的代表动物如下:①蹼足:前三趾间完全由蹼相连,如雁鸭;②凹蹼足:蹼的中部是凹入状,如鸥;③全蹼足:四趾间都有蹼,如鸬鹚;④半蹼足:趾间微具蹼膜,如鹭;⑤瓣蹼足:趾的两侧有叶状瓣膜,如鸊鷉。

9. *雏的状态* 根据雏出生后的状态分类,鸟类的代表动物如下:①早成鸟:孵化后的幼鸟密生羽毛,能独立行走,随亲鸟觅食,如鸡;②晚成鸟:幼鸟孵出后羽毛少未干,不能行走,眼不能睁开,依靠亲鸟喂育,如鸽。

二、鸟纲分类

鸟类体均被羽,恒温,卵生,胚胎外有羊膜。前肢成翅,有时退化。多营飞翔生活。心脏有2个心房和2个心室。骨多空隙,内充气体。呼吸器官除肺外,有辅助呼吸的气囊。全世界已发现9 755种,我国有1 294种(郑光美,2002)。鸟纲可分为古鸟亚纲(Archaeornithes)和今鸟亚纲(Ratitae)2个亚纲。

(一) 古鸟亚纲

古鸟亚纲为化石纲,代表种有中生代的始祖鸟(*Archaeopteryx*)和孔子鸟(*Confuciusornis*)。

(二) 今鸟亚纲

今鸟亚纲包括白垩纪的化石鸟类和现存的全部鸟类。3块掌骨愈合成一块,且近端与腕骨愈合成腕掌骨;尾椎骨不超过13块,通常具尾综骨;胸骨较发达,少数为平胸,多数为突胸(具龙骨突起)。今鸟亚纲分为4个总目。

1. *齿颌总目*(Odontognathae) 该目为白垩纪的化石鸟类,口内尚有牙齿,代表种为黄昏鸟(*Hesperornis*)。

2. *平胸总目(古颌总目)*(Ratitae) 该目为适于在地面上奔走的大型走禽类。胸骨扁平不具龙骨突起。无飞翔能力而善于快速行走,翼退化,胸骨平,锁骨退化或完全消失。羽毛不发达,羽枝上无小钩,因而不形成羽片。后肢甚为强大,大多数种类趾数减少,只有2～3趾,适于快速奔走。雄性具交配器。现存种类仅分布在南半球,包括非洲、南美洲和澳洲,但在新生代第三纪时却广泛分布于欧亚大陆。包括5目。

(1) 鸵鸟目(Struthioniformes):现存仅1科、1属、1种,即非洲鸵鸟(*Struthio camelus*)。分布于非洲和阿拉伯沙漠地带,是世界上存活着的最大的鸟。雄鸟高约2.75 m,重达155 kg。颈长几占身体的一半,雌鸟稍小。后肢粗健,足2趾,并具有发达的肉垫。善走而不能飞。前肢具有3指,2指末端有爪。两翼长大,奔跑时张开,可维持身体平衡。全身羽毛柔软,羽枝分离,羽小枝无羽嗍,呈蓬松状。群居。卵是现存最大者。

(2) 美洲鸵鸟目(Rheiformes):仅1科、1属、2种,即大美洲鸵(*Rhea americana*)和小美洲鸵

(*Pterocnemia pennata*)。分布于美洲。体高约 1.6 m,重达 25 kg,为美洲最大鸟类。翅发达,有 10 枚初级飞羽,指骨 3 枚。腿强大,3 个前趾均具爪。头、颈、腿和围眼部除少数羽毛外均裸出。无真正的尾羽。群居性,1 只雄鸟与 5～6 只雌鸟同居,栖息于沙漠、草原或平原地带。每窝产 20～30 枚卵,由雌鸟孵化,卵白色、苍白或黄白色,孵化期约 6 周。

(3) 鹤鸵目(Struthioniformes):有 2 科、2 属、4 种,其中鹤鸵科(Casuariidae)3 种,鸸鹋科(Dromaiidae)1 种,均分布于澳大利亚和新几内亚。该目是世界上第二大的鸟类,仅次于鸵鸟。翼比非洲鸵鸟和美洲鸵鸟的翅膀更加退化,足三趾。其中鸸鹋(*Dromaius novaehollandia*)是澳大利亚的国鸟。

鹤鸵科:又称"食火鸡"。体型高大。3 趾,其中内趾具一长而锋利的爪,用于防御。头顶具角质盔,可击打草丛。只有鹤鸵属(*Casuarius*)1 属,该属有双垂鹤鸵(南方鹤鸵)(*Casuarius casuarius*)、单垂鹤鸵(*Casuarius unappendiculatus*)和侏鹤鸵(*Casuarius bennetti*)3 种,分布于大洋洲。栖息于热带雨林地区,成对或独栖。善奔跑和跳跃,性机警、凶猛,具有较强攻击性。鸣声粗如闷雷。

鸸鹋科:鸸鹋(érmiáo)科现存仅 1 属、1 种,即鸸鹋属(*Spheniscus*)的鸸鹋。形似鸵鸟而较小,体高约 1.5 m,体重超过 45 kg,是仅次于鸵鸟的最大鸟。嘴短而扁,羽毛灰色或褐色。翅膀退化,足三趾,腿长善走。产于澳洲森林中,吃树叶和野果。栖息于开阔的森林与平原,羽毛发育不全,具纤细垂羽,副羽甚发达,头、颈有羽毛,无肉垂。

鸸鹋分布于澳大利亚大陆(3 个亚种分布于澳大利亚北部、东南部和西南部,另一个亚种曾栖息于塔斯马尼亚岛,现已灭绝),栖息于开阔的草原地区,少见于沙漠、森林或山地。以草为食,偶食昆虫。成对或 3～5 成群生活。每年 11 月份至翌年 4 月份产卵 7～15 枚,雄性孵卵。在长达两个半月的孵化期间,雄性几乎不吃不喝,完全靠消耗自身体内的脂肪维持生命。雏鸟出壳后,仍由父鸟照料近 2 个月。3 年性成熟。鸸鹋是一种古老的鸟类,也是澳大利亚的国鸟。性情较温和,易于饲养,被广泛引入其他国家。

(4) 无翼目(几维目)(Apterygiformes):无翼目仅 1 科、1 属、3 种,分布于新西兰。"几维"翻译于其英文名"kiwis"。体型如鸡,雌大,雄小。体长 48～84 cm,体重 1.25～4.00 kg;羽呈毛状,形似发丝;嘴峰细长而稍下弯,鼻孔位近嘴端,嗅觉灵敏;两翼退化,不能飞行;腿短而强健,善走;足具 4 趾,3 前 1 后。背侧羽毛大多暗褐色,腹侧色较淡而具黑褐条纹;无尾羽。该鸟是新西兰的国鸟。

无翼科(几维科、鹬鸵科)(Apterygidae):仅 1 属、3 种。褐几维(*Apteryx australis*)为体型最大者,体长 55～80 cm,体重 3.5 kg,分布于新西兰南岛、北岛和斯图尔特岛(分别为 3 个亚种),也是数量最稀少的种类。小斑几维(*Apteryx owenii*)体型最小,体长 35 cm,体重 1.2 kg,在新西兰南岛和北岛各有 1 个亚种。大斑几维(*Apteryx haastii*)仅分布于新西兰南岛。卵巨大,仅次于鸵鸟蛋,重量达体重的 1/4,在所有鸟类中是最高的。昼伏夜出。

(5) 䳍形目(Tinamiformes):䳍形目有 1 科、9 属、47 种,分布于南美和中美洲。足具 4 趾,大趾或不存在;翅退化;体形大,长达 90 cm 以上。均为地栖型,善走而不善飞。

3. 企鹅总目(楔翼总目)(Sphenisciformes)　企鹅总目为不会飞翔而擅长游泳和潜水的海洋鸟类。体羽呈鳞片状,均匀分布于体表,骨骼沉重,胸骨有发达的龙骨突。仅包括 1 目、1 科。企鹅科(Sphenisciformes)有王企鹅属(*Aptenodytes*)、阿德利企鹅属(*Pygoscelis*)、冠企鹅属(黄眉企鹅属、角企鹅属)(*Eudyptes*)、黄眼企鹅属(*Megadyptes*)、小企鹅属(小蓝企鹅属)(*Eudyptula*)和企鹅属(环企鹅属)(*Spheniscus*)共 6 属、17 种。分布于南非到南美西部以及南极洲沿岸。前肢发育成为鳍脚,适于划水。具鳞片状羽毛,羽轴宽而短,羽片狭窄而密集,均匀分布于体表。骨骼沉重而不充气,胸骨具有发达的龙骨突起,内含有多脂肪的骨髓。尾羽短。跗跖短,并移至躯体后方。趾间具蹼。上嘴的角质部由 3～5 个角质片组成。舌表面布满钉状乳头,适于取食甲壳类、乌贼和鱼类等。

(1) 王企鹅(*Aptenodytes patagonicus*):体长约 90 cm,重 14～18 kg。

(2) 帝企鹅(皇企鹅)(*Aptenodytes forsteri*):体长达 115 cm,重可超过 30 kg,为体型最大的企鹅,寿命可达 9 年,主要天敌为海豹。

(3) 阿德利企鹅(*Pygoscelis adeliae*):分布于环南极的海岸及其附近岛屿,在海洋中越冬,为数量最多的企鹅,常可见大规模群体。

4. 突胸总目(今领总目)(Carinatae) 突胸总目是鸟纲中最大的一个总目,包括现存鸟类的绝大多数。翼发达,善于飞翔,胸骨具龙骨突起。具充气性骨骼(气质骨),锁骨呈"V"字形,肋骨上有钩状突起。正羽发达,羽小枝上具小钩,构成羽片,体表有羽区及裸区之分。最后 4~6 块尾椎骨愈合成一块尾综骨。雄鸟绝大多数均不具交配器。包括 27 个目。

(1) 潜鸟目(Gaviiformes):潜鸟目仅潜鸟科(Gaviidae)1 科,有 1 属、5 种。我国有 4 种。广泛分布于北方高纬度地区,冬季南迁。嘴直而尖;两翅短小;尾短,被覆羽所掩盖;脚在体的后部,跗骨侧扁,前 3 趾间具蹼。在岛上或水边的沼泽地营巢。雏鸟为早成鸟。

红喉潜鸟(*Gavia stellata*):红喉潜鸟的体形似鸭,翅长约 28 cm,为体型最小的潜鸟,体长仅 61 cm。头顶灰褐,杂以黑褐纵纹;上体余部(包括翅、尾等)大多为黑褐色,并散布着白色斑点;头和颈的两侧以至下体几乎纯白。夏季成鸟的脸、喉及颈侧灰色,特征为一栗色带自喉中心伸至颈前成三角形,颈背多具纵纹。上体其余部位黑褐无白色斑纹,下体白。冬季成鸟的颏、颈侧及脸白色,上体近黑而具白色纵纹,头形小,颈细,游水时嘴略上扬,与黑喉潜鸟的区别在振翼较快且较高。分布于古北界、新北界、东洋界以及非洲。种群数量稀少。在我国东北部黑龙江和下至东部沿海经北戴河、旅顺至广东、海南岛及我国台湾北部有过境记录。繁殖期主要栖息于北极苔原和森林苔原带的湖泊、江河与水塘中,迁徙期间和冬季则多栖息在沿海海域、海湾及河口地区。善游泳和潜水,游泳时颈伸得很直,常常东张西望,飞行亦很快,常呈直线飞行。起飞比较灵活,不用在水面助跑就可在水中直接飞出,因而在较小的水塘亦能起飞,但在地上行走却较困难,常常在地上匍匐前进。

(2) 鸊鷉目(Podicipediformes):鸊鷉目仅鸊鷉科(Podicedidae)1 科,有 6 属、22 种。我国有 2 属、5 种。羽毛松软如丝,头部有时具羽冠或皱领;嘴细直而尖;翅短圆,尾羽均为短小绒羽;脚位于体的后部,跗骨侧扁,前趾各具瓣状蹼。早成性。与潜鸟目的主要区别是脚趾上具瓣蹼。分布广泛,几遍全球。主要栖息繁殖于淡水湖泊,食物以小鱼、虾、昆虫等为主。

我国仅有小鸊鷉(*Tachybaptus ruficollis*),全长约 27 cm,矮扁,体重约 210 g。繁殖羽:喉及前颈偏红,头顶及颈背深灰褐,上体褐色,下体偏灰,具明显黄色嘴斑;非繁殖羽:上体灰褐,下体白。留鸟。常单独或结群活动。飞行笨拙,但善于游泳、潜水。在水草丛中建造能随水位升降的浮巢。遇到危险时会将幼鸟藏在翅膀下潜水逃避。清晨和黄昏时常发出快速带颤音的叫声。繁殖季节颈部的羽色栗红,冬季颈部羽色变淡。通常白天活动、觅食。捕食方式通过潜水追捕。食物主要为各种小型鱼类,也食虾、蜻蜓幼虫、蝌蚪、甲壳类、软体动物和蛙等小型水生无脊椎动物和脊椎动物,偶尔也食水草等少量水生植物。繁殖期为每年 5~7 月份。营巢于有水生植物的湖泊和水塘岸边浅水处水草丛中。我国大部分地区均有分布。多数为留鸟,少数迁徙。在我国东北、华北和西北地区繁殖的鸟类多数为夏候鸟,春季于 3 月初至 4 月中旬迁到北方繁殖地,秋季于 10~11 月份往南迁徙。少数个体留在当地不冻水域越冬。南方地区种群多为留鸟。

(3) 鹱形目(Procellariiformes):鹱形目广布于各大洋。为中大型海鸟。体羽以黑、白、灰或暗褐色为主。喙粗壮而侧扁,由多块角质片所覆盖,末端具钩。鼻孔开口于角质管内,可为 1 或 2 个管孔,用以排除它们喝入海水中的盐,故又称管鼻类。有些种类还可以从鼻管喷出油质向数米外的进攻者反击。前趾具蹼,后趾退化或缺如,许多种类已经几乎不能在陆地上行走。翅细长而尖,善在海面翱翔。尾呈凸尾或方尾状。裂腭型头骨。以鱼、墨鱼、海蜇或其他海生动物为食。在荒岛的地面或岩崖上营巢产卵。每窝产卵 1 枚,多集群繁殖;两性孵化,孵化期 70~80 天;雏鸟破壳后被绒羽,但尚需亲鸟反吐抚育数周。雏鸟晚成性。包括信天翁科(Diomedeidae)、鹱科(Procellariidae)、海燕科(Hydrobatidae)和鹈燕科(Pelecanoididae),共4科、23属、110种。

巨鹱(*Macronectes giganteus*):巨鹱目鸟类体长90 cm,翼展超过200 cm,是鹱科中体型最大者,体有恶臭,营巢于南极圈和亚南极海域的岛屿,以各类活的和死的动物为食,并大量捕食多种群居海鸟的幼雏。

(4) 鹈形目(Pelecaniformes):鹈形目包括鹲科(Phaethontidae)、鹈鹕科(Phaethontidae)、鲣鸟科(Sulidae)、鸬鹚科(Phalacrocracidae)、蛇鹈科(Anhingidae)和军舰鸟科(Fregatidae),共6科、7属、68种。主要分布于温热带水域,是热带海鸟的重要组成,但全球大部分地区都可以看到鹈形目鸟类,有一些种类甚至扩展到了两极地区。大多具全蹼,四趾均朝前;嘴下常常有发育程度不同的喉囊。以鱼、软体动物等为食。如鸬鹚科,有1属、39种。广布于全世界的海洋和内陆水域,以温热带水域为多。大型的食鱼游禽,善于潜水,潜水后羽毛湿透,需张开双翅在阳光下晒干后才能飞翔。嘴强而长,锥状,先端具锐钩,适于啄鱼,下喉有小囊。脚后位,趾扁,后趾较长,具全蹼。栖息于海滨、湖沼中,飞行时颈和脚均伸直。我国有5种:普通鸬鹚(*Phalacrocorax carbo*)、绿背鸬鹚(*Phalacrocorax capillatus*)、海鸬鹚(*Phalacrocorax pelagicus*)、红脸鸬鹚(*Phalacrocorax urile*)和黑颈鸬鹚(*Phalacrocorax niger*)。常被人驯化用以捕鱼,在喉部系绳,捕到后强行吐出。

(5) 鹳形目(Ciconiiformes):鹳形目包括鹭科(Ardeidae)、锤头鹳科(Scopidae)、鹳科(Ciconiidae)、鲸头鹳科(Balaenicipitidae)和鹮科(Threskiornithidae),共5科、38属、115种。遍布全球的温带和热带地区。为中型涉禽。颈和脚均长,脚适于步行;嘴形侧扁而直;眼先裸出;胫的下部裸出;后趾发达,与前趾同在一平面上。栖于水边或近水地方。觅吃小鱼、虫类及其他小型动物。在高树或岩崖上营巢。雏鸟为晚成鸟。

朱鹮(*Nipponia nippon*):朱鹮曾广泛分布于中国东部、日本、俄罗斯、朝鲜等地,由于环境恶化等因素导致种群数量急剧下降。至20世纪80年代仅我国陕西省洋县秦岭南麓有7只野生个体,后经人工繁殖,种群数量现已达到200只。中等体型,体羽白色,后枕部有长的柳叶形羽冠,额至面颊部皮肤裸露,呈鲜红色;繁殖期时用喙不断啄取从颈部肌肉中分泌的灰色素,涂抹到头部、颈部、上背和两翅羽毛上,使其变成灰黑色。栖息于海拔1 200~1 400 m的疏林地带,在附近的溪流、沼泽及稻田内涉水,漫步觅食小鱼、蟹、蛙、螺等水生动物,兼食昆虫;在高大的树木上休息及夜宿;留鸟,秋、冬季成小群向低山及平原作小范围游荡;每年4~5月份开始筑巢,每年繁殖一窝,每窝产卵2~4枚,由双亲孵化及育雏,孵化期约30天,40天离巢,性成熟为3岁,寿命最长的记录为37年。朱鹮历来被日本皇室视为圣鸟。

(6) 红鹳目(Phoenicopteriformes):红鹳目仅红鹳科(Phoenicopteridae)1科,有1属、5种。在温暖地区分布较广,又称为火烈鸟。喙侧扁而高,自中部起向下弯曲,喙边缘有滤食用的栉板,颈和腿极细长。与鹳形目和鹈形目都有一定的亲缘关系,因此分类地位争论较多。我国仅1997年在新疆有过大红鹳的报道。

红鹳科(Phoenicopteridae):红鹳科包括1属、5种。大红鹳(*Phoenicopterus rubber*)分布于地中海沿岸,东达印度西北部,南抵非洲,亦见于西印度群岛;小红鹳(*Phoenicopterus minor*)分布于非洲东部、波斯湾和印度西北部;智力红鹳(*Phoenicopterus chilensis*)、安第斯红鹳(*Phoenicopterus andinus*)和秘鲁红鹳(*Phoenicopterus jamesi*)分布均限于南美。体型大小似鹳;嘴短而厚,上嘴中部突向下曲,下嘴较大成槽状;颈长而曲;脚极长而裸出,向前的3趾间有蹼,后趾短小不着地;翅大小适中;尾短;体羽白而带玫瑰色,飞羽黑,覆羽深红,诸色相衬,非常艳丽。栖息于温热带盐湖水滨,涉行浅滩,以小虾、蛤蜊、昆虫、藻类等为食。觅食时头往下浸,嘴倒转,将食物吮入口中,把多余的水和不能吃的渣滓排出,然后徐徐吞下。性怯懦,喜群栖,常万余只结群。以泥筑成高墩作巢,巢基在水里,高约0.5 m。孵卵时亲鸟伏在巢上,长颈后弯藏在背部羽毛中。每窝产卵1~2枚。卵壳厚,色蓝绿。孵化期约1个月。雏鸟初靠亲鸟饲育,逐渐自行生活。因羽色鲜丽,被人饲为观赏鸟。

(7) 雁形目(Anseriformes):雁形目包括叫鸭科(Anhimidae)和鸭科(Anhimidae),共2科、44属、160种。全世界分布,大多具有季节性迁徙的习性。中、大型游禽。羽毛致密;嘴多扁平,先端具嘴甲;前趾间具蹼,后趾形小而不踏地;雌雄外形不同,雄性具交接器;尾脂腺发达;气管基部有膨大的骨质囊。在地面上或树洞中营巢。雏鸟早成性。

鸭科(Anhimidae):有42属、157种。世界性分布。羽毛致密,喙扁平,前趾间多具全蹼。内部分类不统一,一般可进一步分成3个亚科,分别为鹊雁亚科(Anseranatinae)、雁亚科(Anserinae)和鸭亚科(Anatinae)。其中雁亚科包括树鸭族、天鹅族和雁族;鸭亚科规模最大,包括麻鸭族、栖鸭族、船鸭族、浮水鸭族、潜鸭族、海鸭族和硬尾鸭族等不同类群。大天鹅(*Cyguns cygnus*)属于雁亚科(Anserinae)、天鹅属(*Cygnus*),体长达150 cm以上,颈修长,超过体长或与身躯等长;嘴基部高而前端缓平,眼先裸露;尾短而圆,尾羽20~24枚;蹼强大,但后趾不具瓣,是雁形目体型最大者。

(8) 隼形目(Falconiformes):隼形目为昼行性猛禽。嘴、脚强健并具利钩,适应于抓捕及撕食猎物。喙基具蜡膜;翅强而有力,善疾飞及翱翔。索腭型头骨。脚和趾强健有力,通常3趾向前,1趾向后,呈不等趾型。头骨宽阔,上眼眶骨扩大,眼球较大,视野宽阔,视觉敏锐;听觉发达。体羽大多灰、褐或褐色。多以小型至中型脊椎动物为主食,特别是鼠类及病弱动物,有益于人。食量大,食物中不消化的残余,如骨、羽、毛等物,常形成小团块吐出,称为“食丸”。除繁殖期外大多单独活动,许多种类的雌鸟比雄鸟大。在高树或岩崖缝隙内以枯枝编巢,每窝产卵1~6枚;孵化由两性负责,孵化期为35~45天;雏鸟满被白色绒羽,但需亲鸟哺育20~50天。寿命较长,小型种类能活15~25年,大型种类如金雕能活80年。广泛分布于全球,部分种类有迁徙行为。该目包括美洲鹫科(Cathartidae)、鹗科(Pandionidae)、鹰科(Accipitridae)、鹭鹰科(蛇鹫科)(Sagittariidae)和隼科(Falconidae),共5科、80属、321种。我国有2科、23属、59种。多数为农林业的益鸟,在抑制害鼠、害虫方面起重要作用。

(9) 鸡形目(Galliformes):鸡形目包括冢雉科(Megapodiidae)、凤冠雉科(Cracidae)、火鸡科(吐绶鸡科)(Meleagrididae)、松鸡科(Tetraonidae)、齿鹑科(林鹑科)(Odontophoridae)、雉科(Phasianidae)和珠鸡科(Numidiidae),共7科、76属、285种。全世界分布。为走禽。体结实,喙短,呈圆锥形,适于啄食植物种子;翼短圆,不善飞;脚强健,具锐爪,善于行走和掘地寻食;雄鸟具大的肉冠和美丽的羽毛;有的跗蹠后缘具距。早成鸟。我国已记录到的野生鸡类2科、63种,包括松鸡科8种,雉科55种,分别占世界总数的47%和36%。我国是世界上野生鸡类资源最丰富的国家,总种数居第1位,接近世界总种数的1/4,其中特有种有19种,堪称雉鸡王国。

红腹角雉(*Tragopan temminckii*):红腹角雉全长约60 cm。雌鸟上体灰褐色,下体淡黄色,杂以黑、棕、白色斑。尾羽栗褐色,有黑色和淡棕色横斑。脚无距。雄鸟体羽及两翅主要为深栗红色,满布具黑缘的灰色眼状斑,下体灰斑大而色浅。头部、颈环及喉下肉裙周缘为黑色;脸、颏的裸出部及头上肉角均为蓝色;后头羽冠橙红色。嘴角褐色。脚粉红,有距。国内分布于西藏东南部,往东至云南北部、贵州东北部、甘肃南部、陕西南部、湖南西部、湖北西南部、广西北部及四川西部和北部等地。国外见于印度阿萨姆邦东北部、缅甸北部和越南西北部。栖息于海拔1 000~3 500 m的山地森林、灌丛、竹林等不同植被类型中,其中尤以1 500~2 500 m的常绿阔叶林和针阔叶混交林最为喜欢,有时也上到海拔3 500 m左右的高山灌丛,甚至裸岩地带活动。主要食植物种子、果实、幼芽、嫩叶等。多单独活动。多筑巢于华山松主干侧枝叉处,由松萝、于枝、藤条、枯叶等构成。繁殖期为每年4~6月份。通常4月初即进入繁殖期。每窝产卵3~10枚,土黄色,密布以黄褐色斑点。孵卵期26~30天。雄鸟发情时头部一对绿蓝色肉质角不断充气、膨胀,逐渐从头部伸出和延长,喉下部钴蓝色肉据亦逐渐扩展和膨大起来,其上斑纹有似“寿”字状,故当地群众又称它为“寿鸡”。此时雄鸟首先昂首阔步,头部一点一点地点头活动,继而半蹲,耸起的一对肉角和半张的两翅微微抖动,尾亦展开如扇,肉据充气膨胀,不断向前弹跳、飞舞,达到高潮时全身几乎僵直,直立数秒不动。然后肉据和肉角开始萎缩,头一点一点地将肉据收至项下,肉角亦慢慢缩回,直至下次发情。雌鸟发情时常不停地来回走动,并发出“wa, wa”的叫声。通常待雄鸟到发情高潮时,它才来到雄鸟身边,于是雄鸟立刻跳到雌鸟背上,用嘴衔住雌鸟羽毛进行交尾。红腹角雉是一种有很高观赏价值和经济价值的鸟类,属我国二级保护动物。

褐马鸡(*Crossoptilon mantchuricum*):褐马鸡高约60 cm,体长1～1.2 m,体重5 kg;全身呈浓褐色,头和颈为灰黑色,头顶有似冠状的绒黑短羽;脸和两颊裸露无羽,呈艳红色;头侧连目有一对白色的角状羽簇伸出头后,宛如一块洁白的小围嘴。褐马鸡最爱炫耀的是它那引人瞩目的尾羽。其尾羽共有22片,长羽呈双排列。中央2对特别长而且很大,被称为“马鸡翎”,外边羽毛披散如发并下垂。平时,这2对高翘于其他尾羽之上,披散时又像马尾,故称为“褐马鸡”。褐马鸡整个尾羽向后翘起、形似竖琴,十分美观。生活习性为集群,日行性,杂食性,喜沙浴,善奔走,性机警。留鸟。褐马鸡性情暴躁、健勇善斗,有置死不避艰险的品格。褐马鸡是山区森林地带的栖息性鸟类。主要栖息在以华北落叶松、云杉次生林为主的林区和华北落叶松、云杉、杨树、桦树次生针阔混交森林中。白天多活动于灌草丛中,夜间栖宿在大树枝杈上,冬季多活动于1 000～1 500 m高山地带,夏秋两季多在1 500～1 800 m的山谷、山坡和有清泉的山坳里活动。褐马鸡的生活很有规律,一般在春季3月份进行交配繁殖,一次产卵4～17枚,多达19枚。卵壳呈灰褐色,长50.6 mm,直径42.1 mm,约重56.3 g。5月份,其卵开始孵化,孵化期26天左右。6月份,雏鸡出壳,由成鸡寻食哺育。7月份,成鸡带领幼雏活动,进行避暑、换羽。8月份,幼鸡能独立觅食。这时家庭之间开始混合成群,由高处地段逐渐转移到低处生栖。9月份,幼鸡基本长成,活动能力增强,游荡范围扩大,随之群体数量也逐渐增多,且多以群居。褐马鸡为我国特产珍稀鸟类,被列为国家一级保护动物。目前,褐马鸡分布在山西省吕梁山的关帝、管涔山林区,以及河北省西北部小五台山林区,约计有2 000只左右。

环颈雉(*Phasianus colchicus*):环颈雉雄鸟体长近90 cm,羽毛华丽,尾羽较长、中央尾羽尖长,呈灰黄色,具有对称黑色横斑;颈部下方有1圈显著白色环纹,故名。雌鸟较小,呈黄褐色,具栗红色斑纹。广泛分布于欧亚大陆,并引入北美及大洋洲,为雉科中分布最广的野生种类,约有30个亚种,我国境内约有19个,是环颈雉的分布中心。环颈雉喜栖于蔓生草莽的丘陵,夏季繁殖期,可上迁高山坡处,冬季迁至山脚草原及田野间。喜食谷类、浆果、种子和昆虫。善走而不能久飞。繁殖时在灌木丛或草丛中的地面凹陷处营简单的巢,内铺落叶、枯草。每窝产卵6～15枚。具观赏、食用、药用价值。

红腹锦鸡(*Chrysolophus pictus*):红腹锦鸡为中型陆禽。雄鸟长约1 m,雌鸟长约60 cm。体重约650 g。雌雄异色。雄鸡上体除上背为浓绿色外,主要是金黄色,下体通红。头上具金黄色丝状羽冠,且披散到后颈。后颈生有橙褐色并镶有黑色细边的扇状羽毛,形如一个美丽的披肩,闪烁着耀眼的光辉。尾羽长,超过体躯2倍,羽色黑而密杂,以橘黄色点斑。走路时尾羽随着步伐有节奏地上下颤动。雌鸟上体及尾大都棕褐,杂以黑斑;腹纯淡无光。虹膜黄色;嘴绿黄;脚角质黄色。声音:雌鸟春季发出“cha-cha”的叫声。其他雌鸟应叫。雄鸟回以“gui-gui, gui”或“gui-gu, gu, gu”或悦耳的短促“gu gu gu……”声。飞行时,雄鸟发出快速的“zi zi zi……”叫声。红腹锦鸡是著名的漂亮观赏鸟类,为我国特有鸟种,属国家二级保护动物,分布在中国中部和西部的青海西南部地区、甘肃和陕西南部、四川、湖北、云南、贵州、湖南及广西等地。分布核心区域在甘肃和陕西南部的秦岭。杂食性,以食植物为主,主要取食蕨类植物、豆科植物、草籽,亦取食麦叶、大豆等作物。兼食各种昆虫和小型无脊椎动物。红腹锦鸡每年4月份开始繁殖。筑巢于人迹罕至隐蔽性好的深山乱草中。据北京动物园的研究,在人工饲养条件下,该物种每巢产卵10～15枚,孵化期23～25天,雏鸟为早成鸟。

孔雀(*Pavo*):孔雀全长达2 m以上,其中尾屏约1.5 m,为鸡形目中体型最大者。头顶翠绿,羽

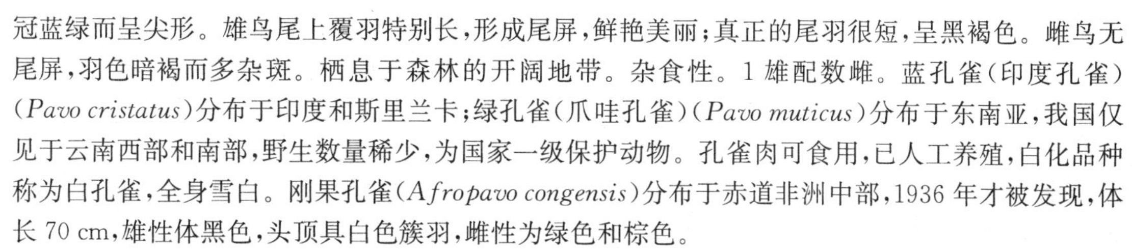
冠蓝绿而呈尖形。雄鸟尾上覆羽特别长，形成尾屏，鲜艳美丽；真正的尾羽很短，呈黑褐色。雌鸟无尾屏，羽色暗褐而多杂斑。栖息于森林的开阔地带。杂食性。1雄配数雌。蓝孔雀(印度孔雀)(*Pavo cristatus*)分布于印度和斯里兰卡；绿孔雀(爪哇孔雀)(*Pavo muticus*)分布于东南亚，我国仅见于云南西部和南部，野生数量稀少，为国家一级保护动物。孔雀肉可食用，已人工养殖，白化品种称为白孔雀，全身雪白。刚果孔雀(*Afropavo congensis*)分布于赤道非洲中部，1936年才被发现，体长70 cm，雄性体黑色，头顶具白色簇羽，雌性为绿色和棕色。

(10) 麝雉目(Opisthocomiformes)：麝雉目仅1种，即麝雉(*Opisthocomus hoazin*)。分类颇具争议，和鹃形目与鸡形目都有亲缘关系。极擅长攀爬，幼鸟的前肢具2个爪，类似于始祖鸟和孔子鸟，但并非是原始性状，而是对攀缘生活的特殊适应。栖息于南美洲亚马逊河流域的水淹森林中。

(11) 鹤形目(Gruiformes)：鹤形目包括拟鹑科(Mesitornithidae)、三趾鹑科(Turnicidae)、鹤科(Gruidae)、秧鹤科(Aramidae)、喇叭声鹤科(喇叭鸟科)(Psophiidae)、秧鸡科(Rallidae)、日鷉科(Heliornithidae)、鹭鹤科(Rhynochetidae)、日鳽科(拟鹭科)(Eurypygidae)、叫鹤科(Cariamidae)和鸨科(Otididae)，共11科、58属、203种。全世界分布。为大型涉禽。颈长，喙长，腿长，胫的下部裸露，蹼不发达，后趾细小，着生的位置较高；翼圆而短；尾短，无真正的嗉囊；鸣管由气管与支气管的一部分构成；有的种类气管发达，能在胸骨和胸肌间构成复杂的卷曲，有利于发声共鸣。早成鸟。我国鹤科有12属、9种，占总种数的60%，是鹤类种数最多的国家，且全部鹤种均是我国重点保护野生动物。

丹顶鹤(*Grus japonensis*)：丹顶鹤分布于我国东北、长江中下游及我国台湾等地，国外见于俄罗斯、日本、朝鲜。全长约120 cm。体羽几乎全为纯白色。头顶裸出部分鲜红色；额和眼先微具黑羽；喉、颊和颈大部为暗褐色。次级和三级飞羽黑色，延长弯曲呈弓状。栖息于开阔平原、沼泽、湖泊、海滩及近水滩涂。成对或结小群，迁徙时集大群，日行性，性机警，活动或休息时均有只鸟做哨兵。求偶伴随舞蹈、鸣叫，非常壮观。为我国一级保护动物。我国在丹顶鹤等鹤类的繁殖区和越冬区建立了扎龙、向海、盐城等一批自然保护区。在江苏省盐城自然保护区，越冬的丹顶鹤最多一年达600多只，成为世界上现知丹顶鹤数量最多的越冬栖息地。鹤在我国传统文化中有崇高的地位，特别是丹顶鹤，是长寿、吉祥和高雅的象征，常与神仙联系起来，又称为"仙鹤"。

(12) 鸻形目(Charadriiformes)：鸻(héng)形目包括鸻亚目(Charadrii)和鸥亚目(Lari)，共2亚目、18科。鸻亚目有12科：水雉科(雉鸻科)(Jacanidae)、彩鹬科(Rostratulidae)、蟹鸻科(Dromadidae)、蛎鹬科(Haematopodidae)、鹮嘴鹬科(Ibidorhynchidae)、反嘴鹬科(Recurvirostridae)、石鸻科(Burhinidae)、燕鸻科(Glareolidae)、鸻科(Charadriidae)、鹬科(Scolopacidae)、领鹑科(Pedionomidae)和籽鹬科(Thinocoridae)。鸥亚目有6科：鞘嘴鸥科(Chionididae)、贼鸥科(Stercorariidae)、鸥科(Laridae)、燕鸥科(Ternidae)、剪嘴鸥科(Rynchopidae)和海雀科(Alcidae)。鸻形目为中、小型涉禽。眼先被羽；嘴细而直，间亦向上或向下弯曲。颈和脚均较长，胫的下部裸出；趾间蹼不发达或缺，后趾小或缺，存在时位置亦较他趾稍高。多数结群。主食蠕虫、昆虫或其他水生动物。大多为候鸟。早成性。雌雄鸟相似。

(13) 沙鸡目(Pteroclidiformes)：沙鸡目有1科、2属、16种，其中毛腿沙鸡属(*Syrrhaptes*)2种，沙鸡属(*Pterocles*)14种。外形似鸽，但嘴基不被蜡质，翅、尾长而尖，跗蹠部被毛，后趾退化或不存在，不能分泌"鸽乳"育雏。早成鸟。主要分布于沙漠地区。喜群居沙漠上。分类地位具争议，与鸽形目有较近亲缘关系，常被列为其中一科。

(14) 鸽形目(Columbiformes)：鸽形目现存鸠鸽科(Columbidae)1科，有41属、309种，我国有8属、31种。体型中等，地栖或树栖。喙短，基部大都柔软，被蜡质；翼发达，善飞行；尾短而圆；腿短健，无蹼，后趾与前3趾同在一个水平面上或缺后趾。食物多是种子和果实。孤鸽科(Raphidae)包括3种孤鸽(渡渡鸟)(*Raphus*)，曾分布于非洲毛里求斯，因人类捕杀于1681年灭绝。

山斑鸠(*Streptopelia orientalis*):体长 32 cm,成鸟体重 260～400 g,起飞时带有高频"噗噗"声。与珠颈斑鸠在食性、活动区域、夜间栖息环境等方面基本相似,外表区别在于颈侧有带明显黑白色条纹的块状斑。上体的深色扇贝斑纹体羽羽缘棕色,腰灰,尾羽近黑,尾梢浅灰;下体多偏粉色,脚红色。与灰斑鸠区别在体型较大。常见且分布广泛,分布于喜马拉雅山脉、印度、东北亚、日本和我国大陆及我国台湾地区。北方鸟南下越冬。成对或单独活动,多在开阔农耕区、村庄及房前屋后、寺院周围,或小沟渠附近,取食于地面。食物多为带颗谷类,如高粱谷、粟谷、秫秫谷,也食用一些樟树籽核、初生螺蛳等。

(15) 鹦形目(Psittaciformes):鹦形目有凤头鹦鹉科(Cacatuidae)和鹦鹉科(Psittacidae),共 2 科、84 属、353 种。主要分布于热带森林中。典型的攀禽,对趾型足,两趾向前两趾向后,适合抓握,鹦鹉的嘴强劲有力,可以食用硬壳果。羽色鲜艳,常被作为宠物饲养。我国有 2 属、7 种。鸡尾鹦鹉(玄凤)(*Nymphicus hollandicus*)。分布于澳大利亚内陆,是世界上最常见的观赏鸟之一,也是最普遍的笼养中型鹦鹉。体长约 30 cm。雄鸟头部黄色,尾黑色;雌鸟头部灰色,尾具横斑。野外通常成对或一小群聚集活动觅食,主要栖息在干燥和半干燥地区,主要食物为植物种子,在一些地方是农业害鸟。叫声清脆清亮,能模仿人类说话和吹口哨。营巢于树洞,产卵 4～11 枚,雌雄共同孵化,孵化期约 19～21 天,雏鸟 1 年后性成熟。现已培育出白、黄、绿、灰、珍珠等多个品种,是最容易饲养的笼养鸟之一。

(16) 鹃形目(Cuculiformes):鹃形目有蕉鹃科(Musophagidae)和杜鹃科(Cuculidae),共 2 科、34 属、159 种。中小型攀禽。头骨的跗盖型为索腭。嘴形稍粗厚,微向下曲,但不具钩。翅有第 5 枚次级飞羽;尾有 8～10 枚。脚小而弱,足呈对趾型,即第 2、3 趾向前,第 1、4 趾向后。雏鸟为晚成鸟。尾脂腺裸出。羽无副羽。雌雄大都相似。大多不自营巢,在其他鸟类巢中产卵。

四声杜鹃(*Cuculus micropterus*):为我国最常见种,头顶和后颈暗灰色;头侧浅灰,眼先、颏、喉和上胸等色更浅;上体余部和两翅表面深褐色;尾与背同色,但近端处具一道宽黑斑。下体自下胸以后均白,杂以黑色横斑,与大杜鹃相仿,唯黑斑宽度可达 3～4 mm,斑距 6～8 mm。常隐栖树林间,平时不易见到。叫声格外洪亮,四声一度,音拟"快快布谷"。每隔 2～3 秒钟一叫,有时彻夜不停。杂食性,啄食松毛虫、金龟甲及其他昆虫,也吃植物种子。不营巢,在苇莺、黑卷尾等的鸟巢中产卵,卵与宿主卵的外形相似。见于我国东部沿海地区,从东北直至海南省;国外广泛分布于东南亚地区。因嗜食昆虫(尤其是毛虫)而对农、林业有益,但对宿主的卵和雏鸟有相当害处。习性奇特,为鸟类中所罕见。

(17) 鸮形目(Strigiformes):鸮形目有草鸮科(Tytonidae)和鸱鸮科(Cacatuidae),共 2 科、27 属、205 种。草鸮科常被称为"猴面鹰",鸱鸮科常被称为"猫头鹰"。夜行猛禽。喙坚强而钩曲。嘴基蜡膜为硬须掩盖。翅的外形不一,第 5 枚次级飞羽缺。尾短圆,尾羽 12 枚,有时仅 10 枚。脚强健有力,常全部被羽,第 4 趾能向后反转,以利攀缘。爪大而锐。尾脂腺裸出。无副羽,间或留存。耳孔周缘具耳羽,有助于夜间分辨声响与夜间定位。营巢于树洞或岩隙中。雏鸟晚成性。

猛鸮(长尾鸮)(*Surnia ulula*):见于北欧、北亚及北美洲,我国罕见于新疆和内蒙古部分地区。体长 35～40 cm,没有耳簇羽,面盘不明显,跗跖和趾上均被有白色的绒羽,尾羽较长,体形与隼类相似。求偶叫声常在夜里发出,强烈振颤音 1 000 m 外可闻。飞行迅速,时而振翅飞翔,时而滑翔,两者常常交替进行,特别是在觅食的时候。休息时大多栖于树木的顶端或电线杆上,见到猎物后则猛扑而下,有时也在飞行中捕食,或是靠近地面疾飞时扑向猎物,或在高空滑翔时发现猎物后再俯冲下来。叫声与鹰类相似。主要以啮齿动物为食,也捕食山鸦、松鸡等鸟类及野兔和其他小型动物。

耳鸮属(*Asio*):有 7 种,脸盘明显,耳羽簇大多发达。我国仅 2 种。长耳鸮(*Asio otus*)常见于全北界,我国常见于各地森林中,体长 35～40 cm,耳羽簇发达而极为显著。短耳鸮(*Asio flammeus*)广泛分布于欧洲、非洲北部、美洲、大洋洲和亚洲大部分地区,在我国繁殖于内蒙古东部、黑龙江和辽宁,越冬时几乎见于全国各地,体长 35～38 cm,耳羽簇退化而不明显,多栖息于地上或潜伏于草丛中,很少栖于树上,主要捕食鼠类,也吃小鸟、蜥蜴、昆虫等,偶尔也吃植物果实和种子。均为我国二级保护动物。

(18) 夜鹰目(Caprimulgiformes):夜鹰目有油鸱科(Steatornithidae)、裸鼻鸱科(Aegothelidae)、蟆口鸱科(Podargidae)、林鸱科(Myctibiidae)和夜鹰科(Caprimulgidae),共 5 科、20 属、117 种。头骨为索腭型或裂腭型,嘴短弱,嘴裂阔,嘴须甚长。鼻孔呈管状或狭隙状。翼长而尖,具 10 枚初级飞羽,第 2 枚通常最长;缺第 5 枚次级飞羽。尾呈凸尾状,尾羽 10 枚。脚和趾大小居中或稍弱,跗跖短,被羽或裸出;外趾仅具 4 枚趾骨;中爪具栉缘。尾脂腺裸出或退化。眼形特大。体羽柔软,色呈斑杂状。雌雄鸟外形无甚差别。夜行性食虫鸟类。雏鸟晚成性。

夜鹰科(Caprimulgidae):有 15 属、89 种。广泛分布于除南极洲以外的各大陆。分为夜鹰亚科(Caprimulginae)和美洲夜鹰亚科(Chordeilinae)。腿短,口裂宽,口须长且多。白天多栖息于林间地面,夜间活动,部分种类有趋光性。以昆虫为食,捕食过程中常下至地面行短暂休息,常因停在公路上而丧身于车轮下。我国有 2 属、7 种,其中中亚夜鹰(*Caprimulgus centralasicus*)为我国新疆西南部特有种,极为稀少,迄今仅 1929 年在皮山县有过记录。常见种类有林夜鹰(*Caprimulgus affinis*)、长尾夜鹰(*Caprimulgus macrurus*)和普通夜鹰(*Caprimulgus indicus*)等。旗翅夜鹰(*Macrodipteryx longipennis*)分布于非洲撒哈拉沙漠以南赤道以北的地区,翅上有根极长的羽毛,大小几乎与两翼相当,非常奇特。

(19) 雨燕目(Apodiformes):雨燕目有雨燕科(Apodidae)和凤头雨燕科(Hemipoocnidae),共 2 科、19 属、96 种。为小型攀禽。嘴形短阔而平扁;两翅尖长;尾大都呈叉状;跗骨短,大都被羽,足大多呈前趾型。雌雄相似。飞时张口,捕食空中昆虫。用自己唾液混合所取得的材料,甚至完全用唾液营巢,即"燕窝"。

雨燕科:外形接近燕科;翼尖长、足短,着陆后双翼折叠,翼尖长越尾端。喙短但喙裂较宽,大部分时间在飞翔。为飞翔速度最快的鸟类,常在空中捕食昆虫,翼长而腿、脚弱小。全世界有 18 属、92 种,我国有 4 属、7 种。包括黑雨燕属(*Cypseloides*)、白领黑雨燕属(*Streptoprocne*)、瀑布雨燕属(*Hydrochous*)、侏金丝燕属(*Collocalia*)、金丝燕属(*Aerodramus*)、珍雨燕属(*Schoutedenapus*)、新几内亚雨燕属(*Mearnsia*)、白腰雨燕属(*Zoonavena*)、黑针尾雨燕属(*Telacanthura*)、银腰针尾雨燕属(*Rhaphidura*)、白腹针尾雨燕属(*Neafrapus*)、针尾雨燕属(*Hirundapus*)、硬尾雨燕属(*Chaetura*)、白喉雨燕属(*Aeronautes*)、侏棕雨燕属(*Tachornis*)、燕尾雨燕属(*Panyptila*)、棕雨燕属(*Cypsiurus*)、高山雨燕属(*Tachymarptis*)和雨燕属(*Apus*)等属。雨燕分布广泛,有些种类在高纬度地区繁殖而到热带地区越冬,是著名的候鸟,有些则是热带地区的留鸟。能够攀岩,大多筑巢于悬崖峭壁的缝隙中,或较深的屋檐和树洞中。金丝燕属巢由唾液混合树枝、羽毛等筑成,其唾液蛋白质含量很高,即"燕窝",而被人大量采集,实则营养物质与普通肉类相当。当一些种类的金丝燕筑巢中混合红色藻类,导致燕窝呈淡红色,称为"血燕",是燕窝中的上品;也有人说是金丝燕因多次筑巢唾液不足,吐血混合筑巢,但此种说法缺乏科学依据。

(20) 蜂鸟目(Trochiliformes):蜂鸟目有蜂鸟科(Trochilidae)1 科、103 属、329 种,主要分布于拉丁美洲。体型小,体被鳞状羽,色彩鲜艳,并有金属光泽,雄鸟更为鲜艳;嘴细长而直,有的下曲,个别种类向上弯曲;舌伸缩自如;翅形狭长;尾尖,叉形或球拍形;脚短,趾细小而弱。飞翔时两翅急速拍动,快速有力而持久;频率可达每秒 50 次以上。与雨燕有较近的亲缘关系。绝大多数蜂鸟全身红色、绿色、橙红色或蓝色,体羽呈现明显的虹彩金属光泽。雌雄鸟体型和羽色差异明显。

(21) 鼠鸟目(Coliiformes):鼠鸟目仅鼠鸟科(Coliidae)1 科、2 属、6 种。如红背鼠鸟(*Colius castanotus*)、白背鼠鸟(*Colius colius*)、白头鼠鸟(*Colius leucocephalus*)、斑鼠鸟(*Colius striatus*)、红脸鼠鸟(*Urocolius indicus*)和蓝枕鼠鸟(*Urocolius macrourus*)。仅分布于非洲。体形似雀,头上有

羽冠,其羽毛质感和爬行的动作都有些似鼠,故名。社会性强,喜群居,以植物的花、芽和果实为食。常悬在树枝上,有时甚至双腿悬挂在不同的树枝上。善于攀援。与蜂鸟目有近亲关系。

(22) 咬鹃目(Trogoniformes):咬鹃目有1科、6属、39种。为小型攀禽。我国有1属、3种。主要分布于拉丁美洲、非洲和东南亚热带森林中。异趾形,1、2趾向后,3、4趾向前。羽色艳丽,具金属光泽。咬鹃科(Trogonidae),我国有3种。红头咬鹃(*Harpactes erythrocephalus*),体大,体长约33 cm。雄鸟以红色的头部为特征,背部颈圈缺失,红色的胸部上具狭窄的半月形白环;雌鸟与其他雌咬鹃的区别在腹部红色,胸部具半月形白环;而与所有雄咬鹃的区别在头黄褐色。分布于喜马拉雅山脉至我国南部、东南亚及苏门答腊。罕见留鸟,生活于热带及亚热带森林,高至海拔2 400 m。橙胸咬鹃(*Harpactes oreskios*)分布于我国南部、东南亚、婆罗洲、苏门答腊及爪哇。红腹咬鹃(*Harpactes wardi*)分布于喜马拉雅山脉东部至印度东北部,缅甸东北部及越南的东北部。

(23) 佛法僧目(Coraciiformes):佛法僧目为小型至大型攀禽。喙形多样,适应于多种生活方式。腿短,脚弱,并趾型,足的前三趾基部有不同程度的并合。翅短圆。索腭型头骨。大多在洞穴中筑巢,雏鸟晚成性。该目有翠鸟科(Alcedinidae)、短尾科(Todidae)、翠鴗科(Momotidae)、蜂虎科(Meropidae)、佛法僧科(Coraciidae)、地三宝鸟科(Brachypteraciidae)和鹃三宝鸟科(鹃鴗科)(Leptosomatidae),共7科、34属、151种。广泛分布于全球,以温带为多。我国有5科、25种。

三宝鸟(*Eurystomus orientalis*):广泛分布于东亚、东南亚、日本、菲律宾、印度尼西亚及至新几内亚和澳大利亚,但并不常见,多于林缘地带,常栖于近林开阔地的枯树上,偶尔起飞追捕过往昆虫,或向下俯冲捕捉地面昆虫。飞行姿势似夜鹰,动作怪异、笨重,会胡乱盘旋或拍打双翅,有时两三只鸟于黄昏一道翻飞或俯冲,求偶期尤是。

(24) 戴胜目(Upupiformes):戴胜目有2科、3属、10种。其中戴胜科(Upupidae)有1属、2种,林戴胜科(Phoeniculidae)有2属、8种。喙细长而尖,向下弯曲。以昆虫等为食。

戴胜(*Upupa epops*):广泛分布于非洲及欧亚大陆的大部分地方,为常见留鸟和候鸟。我国绝大部地区有分布,高可至海拔3 000 m。为不会错识的中等体型(30 cm)、色彩鲜明的鸟类。具长而尖黑的耸立型粉棕色丝状冠羽。头、上背、肩及下体粉棕,两翼及尾具黑白相间的条纹。嘴长且下弯。知名亚种冠羽黑色,羽尖下具次端白色斑。虹膜褐色;嘴黑色;脚黑色雌雄鸟相似。叫声为低柔的单音调"呼—呼—呼"("hoop-hoop hoop")声,同时做上下点头的演示。繁殖季节雄鸟偶有银铃般悦耳叫声。以虫类为食,在树上的洞内做窝。是有名的食虫鸟,大量捕食金针虫、蝼蛄、行军虫、步行虫和天牛幼虫等害虫,约占其总食量的88%,在保护森林和农田方面有着较为重要的作用。性活泼,喜开阔潮湿地面,长长的嘴在地面翻动寻找食物。有警情时冠羽立起,起飞后松懈下来。每年5~6月份繁殖,戴胜在北方常选择天然树洞和啄木鸟凿空的蛀树孔里营巢产卵,有时也建窝在岩石缝隙、堤岸洼坑、断墙残垣的窟窿中。每窝产5~9枚椭圆形的鸟卵。雏鸟孵出后,卵壳可能被亲鸟吃掉或衔出巢外,但是堆积在窝内的秽物和雏鸟粪便却从不清理,加上雌鸟在孵卵期间会从尾部的尾脂腺里分泌一种具有恶臭的褐色油液,因此弄得巢中又脏又臭、臭气四溢,污秽不堪,这就是它们俗称"臭姑姑"的由来。为我国二级保护动物。

(25) 犀鸟目(Bucerotiformes):犀鸟目有1科、13属、57种,广泛分布于非洲中南部、印度、中南半岛、大洋洲和太平洋群岛,为典型的热带森林鸟类。嘴形粗厚而直,嘴上通常具盔突。形似犀牛角而得名。并趾型。常被列入佛法僧目。我国有5种:冠斑犀鸟(*Anthracoceros albirostris*)、双角犀鸟(*Buceros bicornis*)、棕颈犀鸟(*Aceros nipalensis*)、锈颊犀鸟(*Anorrhinus tickelli*)和棕颈犀鸟(*Aceros nipalensis*),大多见于云南和广西热带雨林地区,均为我国二级保护动物。

犀鸟科(Bucerotidae):因嘴形粗厚而直,嘴上通常具盔突,形似犀牛角而得名。并趾型,外趾和中趾基部有2/3互相并合,中趾与内趾基部也有些并合,善于攀援。每年入春后约5~6月由群居转为成对,选择高大树干距地约在16~33 m处的树洞为巢,自己并不啄木,均利用天然腐朽或白蚁侵咬的洞穴。犀鸟的繁殖习性很特殊，雌鸟选好巢址后，在洞底铺一层碎木屑，就在洞内产 1～4 枚纯白色的卵。产卵后蹲在巢内不再外出，将自己的排泄物混着种子、朽木等堆在洞口。雄鸟则从巢外频频送来湿泥、果实残渣，帮助雌鸟将树洞封住。封树洞的物质渗有雌鸟黏性的胃液，因而非常牢固。最后在洞口留下一个垂直的裂隙，供雌鸟伸出嘴尖接近雄鸟的喂食。雌鸟幽囚洞中达数月之久，直到雏鸟快出生时才破洞而出。在此期间，全靠雄鸟喂食。雄鸟能将胃壁的最内层脱落吐出，呈一薄膜状，用以储存果实，以供雌鸟和雏鸟食用。雌鸟出洞时已全身换上新羽，立即负责喂雏。雌鸟在封闭的洞穴内，还不时地清扫粪便等污物，它直接用嘴抛出洞外。它自己排便时，将肛门对着洞口直接喷射出。这种奇特的生活方式，也许是防卫天敌的伤害及与恶劣的自然环境作斗争所形成的适应。冠斑犀鸟是我国最常见种，体大型，体重 700～960 g(雄)和 600～850 g(雌)；嘴巨大而下弯，象牙色，长 130～140 mm；整个体长 700～800 mm；嘴上具一个侧扁的盔突，盔突随年龄而增长；眼周有裸露部，呈紫蓝色(雄)或肉色(雌)；体羽纯黑具绿色光泽，尤其是翅和尾更鲜亮，翅端和尾尖各具一道白斑。犀鸟为珍禽，可供观赏，在东南亚一带被人们视为吉祥之物，而它的盔特形似象牙，可供做工艺品。

(26) 䴕形目(Piciformes)：䴕形目有啄木鸟科(Picidae)、巨嘴鸟科(鵎鵼科)(Ramphastidae)、响蜜䴕科(Indicatoridae)、须䴕科(Capitonidae)、蓬头䴕科(喷䴕科)(Bucconidae)和鹟䴕科(Galbulidae)，共 6 科、63 属、408 种。为中、小型攀禽。喙粗长侧扁，呈凿状。舌长，先端具角质小钩，在口内外伸缩自如，钩取昆虫。脚短而强健，对趾型，趾端有锐爪。尾呈楔形，大多具坚硬的羽干，富弹性，啄木时起支撑作用。蜥腭、索腭或雀腭型头骨。为森林鸟类，以昆虫，特别是树皮下的昆虫为主食。多在树干上凿洞为巢，产 2～5 枚白色卵，孵化期 10～18 天，雏鸟晚成性。分布遍及各地。"䴕"即啄木鸟的意思。

啄木鸟科：啄木鸟科有 27 属、217 种，是䴕形目最大且分布广泛的一科，除南极洲和大洋洲外均产。为中小型攀禽。头顶部常具红色带。脚强健，有趾 4 个，其中 2 个向前，2 个向后，各趾的趾端均具有锐利的爪，巧于攀登树木。尾羽的羽干刚硬如棘，能以其尖端撑在树干上，助脚支持体重并攀木。嘴强直如凿。舌细长，能伸缩自如，先端并列生短钩。攀木觅食时以嘴叩树，叩得非常快，频率达每秒 15～16 次。头骨十分坚固，大脑周围有一层绵状骨骼，内含液体，对外力能起缓冲和消震作用；头骨周围还具有起减震作用的肌肉，能把喙尖和头部始终保持在一条直线上。每年錾树洞营巢，吃昆虫及树皮下的蛴螬，如天牛幼虫、吉丁虫等，对防治林木害虫起到重要的作用，被称为"森林医生"。我国有 13 属、29 种，如大斑啄木鸟(*Dendrocopos major*)、黑枕绿啄木鸟(*Picus canus*)等。

灰头绿啄木鸟(*Picus canus*)：全长约 27 cm。雄鸟上体背部绿色，腰部和尾上覆羽黄绿色，额部和顶部红色，枕部灰色并有黑纹，颊部和颏喉部灰色，髭纹黑色。初级飞羽黑色具有白色横条纹。尾大部为黑色。下体灰绿色。雌雄相似，但雌鸟头顶和额部非红色。嘴、脚呈铅灰色。栖息于山林间，性胆怯。夏季取食昆虫，冬季兼食一些植物种子。繁殖于每年 5～7 月份，窝卵数为 6～8 枚。分布于欧亚大陆及非洲北部；我国为东部各地区及西南、华中等地的留鸟。数量较少。

(27) 雀形目(Passeriformes)：雀形目为中、小型鸣禽，喙形多样，适于多种类型的生活习性；鸣管结构及鸣肌复杂，大多善于鸣啭，叫声多变悦耳；离趾型足，趾 3 前 1 后，后趾与中趾等长；腿细弱，跗跖后缘鳞片常愈合为整块鳞板；雀腭型头骨。筑巢大多精巧，雏鸟晚成性。种类及数量众多，适应辐射到各种生态环境内。有阔嘴鸟亚目(亚叫禽亚目)(Eurylaimi)、霸鹟亚目(叫禽亚目)(Tyranni)、琴鸟亚目(Menura)和鸣禽亚目(Passerii)，共 4 个亚目、100 科、5 400 种以上，是鸟类中最为庞杂的一目，占鸟类全部种类的一半以上。我国有 34 科。常见种类如下。

家燕(*Hirundo rustica*)：家燕俗称"燕子"、"拙燕"。为中等体型(约 20 cm，包括尾羽延长部)的辉蓝色及白色的燕。上体钢蓝色；胸偏红而具一道蓝色胸带，腹白；尾甚长，近端处具白色斑点。与洋斑燕的区别在于腹部为较纯净的白色，尾形长，并具蓝色胸带。亚成鸟体羽色暗，尾无延长，易与洋斑燕混淆。分布几乎遍布全世界。繁殖于北半球,冬季南迁经非洲、亚洲、东南亚、菲律宾及印度尼西亚至新几内亚、澳大利亚。多数鸟冬季往南迁徙,但部分鸟留在云南南部、海南岛及我国台湾地区越冬。在高空滑翔及盘旋,或低飞于地面或水面捕捉小昆虫。降落在枯树枝、柱子及电线上。各自寻食,但大量的鸟常取食于同一地点。有时结大群夜栖一处,在城市中也如此。肉、巢泥、卵可入药,有清热解毒、补虚消肿的功效。家燕在我国均系迁徙鸟,是一种常见的夏候鸟,喜欢栖息在人类居住的环境。迁徙后常成对或成群地栖息于村屯中的房顶、电线及附近的河滩和田野里。主要以昆虫为食,食物种类常见有双翅目、鳞翅目、膜翅目、鞘翅目、同翅目和蜻蜓目昆虫,如蚊、蝇、蛾、蚁、蜂、叶蝉、象甲、金龟甲、叩头甲及蜻蜓等。系奥地利国鸟。

金腰燕(*Hirundo daurica*):金腰燕体形全长16~18 cm,寿命15年。上体黑色,具有辉蓝色光泽;腰部栗色,颊部棕色,下体棕白色,而多具有黑色的细纵纹;尾甚长,为深凹形。最显著的标志是有一条栗黄色的腰带,浅栗色的腰与深蓝色的上体成对比,下体白而多具黑色细纹,尾长而叉深。分布于欧亚大陆及非洲北部。在我国除台湾地区和西北部外,分布于国内的大部分地区,多为夏候鸟。种群数量较多。生活习性与家燕相似,不同的是常停栖在山区海拔较高的地方。有时和家燕混飞在一起,飞行却不如家燕迅速,常常停翔在高空,鸣声较家燕稍响亮。栖息于低山及平原的居民点附近,以昆虫为食。筑巢多在山地村落间,巢多呈长颈瓶状,筑巢精巧,我国民间自古称之为"巧燕"。栖息于低山及平原的居民点附近,以昆虫为食。每年4~9月份繁殖,用泥丸混以草茎筑瓶状巢于建筑物隐蔽处。每年可繁殖2次,每窝产卵4~6枚,卵近白色,具黑棕色斑点。卵的大小及重量与家燕相同。通常卵产齐后才孵卵,孵化期约17天,在巢期26~28天。巢址的选择上与家燕有别:家燕主要营巢在屋内,金腰燕主要在屋外墙壁上,且喜选木质结构房屋。

画眉(*Garrulax canorus*):画眉是我国最常见的笼养鸟之一。因眼圈白色,向后延伸成眉状而得名。分布于我国南部和越南及老挝的北部。体形似鸫,体长20~25 cm;通体棕褐色;腹部中央灰色。雌雄鸟外形相似。栖息在山丘的灌丛和村落附近的灌丛、草丛中,在城郊的灌丛、竹林间也可见到。喜单独活动,有时也结小群;性机敏而胆怯。雄鸟好斗,常追逐他种鸟类。受惊时,急速窜逃。飞翔能力不强,常在灌丛中边飞边跳,不做远距离飞行。主要取食昆虫,有时也吃野果、植物种子。鸣声婉转,并善于模仿其他鸟类鸣叫。为驰名中外的珍贵笼鸟。在作物生长时期,能摄食大量害虫,对农林有益。

第四节　鸟类的起源与适应辐射

一、鸟类的起源

鸟类是从中生代侏罗纪的一种古爬行动物进化来的,其直接祖先尚未查明。这是因为鸟类飞翔的生活方式使其形成化石的机会较少。迄今,最早的鸟类化石已发现了5例(1861年,1871年,1959年,1970和1973年),它们都采于德国巴伐利亚省索伦霍芬附近的印板石石灰岩中。其中第1例标本经迈耶(Meyer)的研究,被命名为始祖鸟,现保存在伦敦大英博物馆中;第2件标本在前一个标本的发现地附近10 km以外采到,命名为原鸟,保存在柏林博物馆中。后来经人研究,这2具标本基本相同,因而统一归为1种1属,即始祖鸟。发现始祖鸟的地层属中生代晚侏罗纪,距今有1亿5千万年。这个地方在古代是热带淡水湖泊,据推测这些鸟是在飞行中偶然坠入湖内而得以保存下来的。有人测定它的飞翔能力最慢速度为每分钟7~6 m,能鼓翼飞翔,但不能持久。

始祖鸟具有爬行类和鸟类过渡的形态。它与鸟类相似的特征主要有:①具羽毛;②有翼;③开放式骨盆;④后足4趾,3前1后。它与爬行类相似的特征主要有:①有牙齿;②尾由18~21

块尾椎骨构成；③前肢有3块分离的掌骨，指端具爪；④肋骨无钩状突。这些特征显然与鸟类有别。始祖鸟的发现，不仅对生物进化史，而且对哲学研究也具重要意义。恩格斯在自然辩证法中讲述进化论的观点时，曾提到了始祖鸟，指出"绝对分明的和固定不变的界限是与进化论不相容的……。细颚龙和始祖鸟之间只缺少几个中间环节……非此即彼是愈来愈不够了"。他在《反杜林论》中写过这样一段话："自从按进化论观点来从事生物学研究以来，有机界领域内固定的分类界线一一消失了；几乎无法分类的中间环节日益增多，更精确地研究把有机体从这一类归到另一类，过去几乎成为信条的那些区别标志，丧失了它们的绝对效力。我们现在知道有孵卵的哺乳动物，而且如果消息确切的话，还有用四肢行走的鸟。"恩格斯所说的用四肢行走的鸟就是始祖鸟。

通过对始祖鸟的研究，更能说明鸟类起源于爬行动物。一般认为鸟类是从爬行类中的主干杯龙类中原始的槽齿类进化来的。槽齿类在三叠纪最繁盛，到三叠纪末期就灭绝了。它是鳄类、翼龙类、恐龙类以及鸟类的祖先。至于其源于槽齿类的哪一种，目前看法不一。过去较一致的看法是，始祖鸟是从鸟龙类这支进化来的，而新的看法认为鸟类是由蜥龙类这支进化来的。目前尚无定论。

关于鸟类祖先是怎样发展飞翔能力的，一般有两种假说。

从村栖开始的假说：认为鸟类祖先是树栖的，当初还没有飞翔能力，而只能以前肢爪沿树干攀缘，从一个新树枝跳跃到另一个树枝上，由跳跃进一步发展到滑翔，从而前肢发生翼膜，后来翼膜上的鳞片扩大而成羽，相应地在体侧和尾两侧的鳞片也扩大成羽，再由滑翔发展成两翼扇动，最后获得飞翔能力。

从奔跑开始的假说：认为鸟的祖先有一长尾，是两足奔跑的动物，在奔跑时两前肢扇动起助跑的作用(现代鸟可见此景)。因前肢不断运动，其后缘的鳞片逐渐扩大增加与空气的接触面积，而转化为羽毛，最后由奔跑的辅助者转变为飞行器官。长尾巴在奔跑中起保持平衡作用，尾上的鳞片也逐渐加大，最后变成尾羽。这一假说在1907年由BaranFraneis提出的。1979，耶鲁大学的古鸟类学家奥斯特隆(John Ostrom)又重新提出始祖鸟的祖先是先在地面奔跑的动物。他认为始祖鸟是用带羽毛的前肢网捕动物为食，前肢上的爪不是用来攀缘的而是用来猎捕食物的。

二、鸟类的适应辐射

迄今掌握的鸟类化石材料贫乏，因鸟在空中飞翔，骨骼薄而很易破碎，保存化石机会较少，这种情况为我们正确认识鸟类的历史带来些困难。除始祖鸟外，在白垩纪地层中还发了较多的白垩纪鸟类。白垩纪鸟类在进化历史上已达到了新的阶段，体制结构已经基本上现代化了。它们的头骨骨片有愈合现象，骨骼充气是气质骨，胸骨发达，个别种类还发展了龙骨突起，前肢腕掌骨愈合，腰带和荐椎愈合成牢固的综合荐骨，长尾开始萎缩，末端开始出现尾综骨，所有这些特点都是进一步适应飞翔发展而来的，但白垩纪时鸟口内仍有牙，如在北美白垩纪地层中发现的黄昏鸟。黄昏鸟是一种大型游禽和潜水生活的鸟类，食鱼，体长1.5～2 m；上、下颌较长，口内有锥形牙齿，但无龙骨突起；翼退化，前肢仅保留肱骨，肩带不发达，已失去飞翔能力；但后肢发达，位置靠后，四肢全向前，其生活习性类似现代潜鸟。

白垩纪鸟的种类有所增加，已发掘的化石有35种，还有不少种类保留至今。

当新生代开始时，鸟类已现代化了，牙齿完全消失，可以说已基本定型。在最近的数千万年内，鸟的结构并没有什么改变，只是种类明显地增加。在距今4 000～5 000万年前的始新世的末期，现代生存的所有鸟那时已全部出现了。而后它们向不同的生活方式适应辐射，形成了数量繁多、形态各异的具备各种生态类型的现代鸟类。

在新生代早期的鸟类历史上，大型陆栖鸟加速辐射发展。有人认为在大型的陆栖鸟和早期哺乳动物之间曾经有过一段剧烈竞争的时期。以后，鸟类就朝向空中发展了，而哺乳动物则很快成为陆地的统治者，只有少数的大型平胸鸟类一直生存到现在，而且局限在南半球。

在平胸总目中包括已灭绝的两个目:恐鸟目和象鸟目。恐鸟目的代表是恐鸟。它身高 3 m,体重 450 kg,是世界上最大的鸟类,不会飞,翼和肩带退化,胸骨不具龙骨突,头小,颈长,喙短,植食性。恐鸟产于新西兰,约 300 年前还有生存者,当地毛利族人把它们称为“摩亚”。它们曾是狩猎对象,当地人用它们的羽毛做遮盖身体的装饰品。象鸟目的代表是象鸟,它比鸵鸟大些,但翼很小,后肢强大,卵的直径达 33 cm×24 cm,分布在马达加斯加岛,比恐鸟灭绝的时间晚些,大约在 200 年前还有生存的种类。

第五节　鸟类的生物学特性——繁殖与迁徙

一、鸟类的繁殖

鸟类的繁殖具有明显的季节性,并有复杂的行为(如占区、筑巢、孵卵、育雏等),这些都有利后代的成活。鸟类的性成熟大约在出生后 1 年,多数鸣禽和鸭类通常不足 1 岁就达到性成熟;热带地区的食谷鸟或雀形目小鸟在其出生后 3～5 个月即可繁殖。但鸥类需 3 年才能性成熟,鹰类要 4～5 年,信天翁和兀鹰则需 9～12 年才性成熟。一般性成熟的早晚与鸟类种群的死亡率有关,死亡率越低,性成熟越晚,每窝所繁殖的幼鸟数也少。大多数鸟类的配偶,维持到繁殖期终了、幼鸟离巢为止。少数种类可以是终身配偶,如企鹅、天鹅、雁、鹳、鹤、鹰、鹦、鹦鹉、乌鸦、喜鹊及山雀等。在整个鸟类中有 2%～4%是一雄多雌的(如松鸡、环颈雉和蜂鸟等)。极少数(0.4%～1%)是一雌多雄(如三趾鹑、彩鹬等)。绝大多数鸟类都是一雄一雌。普通鸟类一年仅繁殖一窝,只有少数种类,如麻雀、文鸟及家燕等,一年可繁殖多窝。当然,在食物丰富、气候适宜的年份,鸟类繁殖窝数及每窝的卵数都可增多。有些热带地区的食谷鸟甚至几乎终年繁殖。鸟类的性腺发育和繁殖行为是在外界条件作用下,通过神经内分泌系统的调节加以实现的。在春季,首先是光照时间增长以及环境景观的变化,通过鸟类的感观作用于神经系统,影响丘脑下部的睡眠中枢,使鸟类处于兴奋状态。丘脑下部的神经分泌细胞向脑下垂体门静脉内分泌释放因子引起脑垂体分泌。脑垂体分泌的卵泡刺激素(follicle-stimulating hormone, FSH)和黄体生成素(lutenizing hormone, LH)促使卵巢的卵细胞发育并分泌性激素,使生殖细胞成熟并出现一系列繁殖行为。脑下垂体所分泌的促甲状腺激素(thyroid-stimulating hormone, TSH)促使甲状腺分泌甲状腺素,以增进机体的代谢活动,提高生殖行为的敏感性。脑垂体分泌的促肾上腺皮质激素(adrenocorticotropic hormone, ACTH),促使肾上腺分泌肾上腺素,提高有机体对外界刺激的应激能力,有利于完成与繁殖有关的迁徙等行为。鸟类每年进入繁殖季节后随着性腺的发育,出现一系列繁殖行为,主要表现如下。

1. *雌雄异形及发情表现*　很多鸟类达到性成熟以后,雌、雄鸟在外形、羽色及特殊的皮肤突起等方面都存在性差异。一般来说,雄鸟体型较大,羽色鲜艳,多具特殊的皮肤突起(头顶的肉冠和肉垂),后肢具有角质距,也有的雄鸟羽毛特别发达,如长尾雉、环颈雉都有特别长的尾羽,孔雀还有达 1 m 长的极华丽的尾屏,鸳鸯有直立如帆的饰羽等。在交配前或交配期,雄鸟都表现出一系列的求偶表情,它们发出各种各样的鸣叫、跳舞、点头,有时发生格斗。两雄争一雌时互相格斗的现象极普遍。然后雌雄配对。其中求偶炫耀和鸣叫是使繁殖活动得以顺利进行的本能活动,使神经系统和内分泌腺处于积极状态,激发异性的性活动,从而使两性的性器官发育和性行为的发展处于同步。求偶炫耀对于两性辨认(特别是雌雄同形时)也十分重要,因为鸣叫在鸟类中存在着种的特异性,因而对亲缘关系较近的不同种鸟类起着生物学的隔离作用,可避免种间杂交。而求偶炫耀衰退或被领域附近的新的入侵者超过时,常导致繁殖进程中断。

2. *占巢区和筑巢*　鸟类在繁殖时期,由雄鸟首先占据一定的地盘作为巢区,通过不停地鸣叫,招引雌鸟来配对。鸣声是一种信号,表明这里已被占为巢区了。占巢区对鸟类很重要,因为巢区不仅是求偶、交配、筑巢、产卵和孵卵的地区,也是育雏和幼鸟觅食的区域。雄鸟担当保护巢区的任务,不准其他鸟类侵入巢区,雄鸟间常因争巢区而发生格斗。整个繁殖时期,鸟类都在巢区活动,在种群密度小的年份占领条件好的巢区,就可以繁殖大量的后代,提高种群数量。在种群密度大的年份,弱者就很难占据条件好的巢区,繁殖成功的机会就少。当然巢区的大小因鸟种不同而各异,如隼形目鸟类的巢区可从数千平方米到数万平方米;而雀形目的小鸟只有数百到数千平方米就足够了。巢区选定以后,大多数鸟类在交配之前后开始了筑巢活动,只有极少数鸟不会营巢。如红脚隼占用喜鹊的巢,杜鹃则把卵产在大苇莺等多种鸟类的巢内。为什么要筑巢,其作用是多方面的:①有了鸟巢可以使卵不至于分散而聚集在一起,有利于卵从母鸟腹部获得足够的热量;②有利于雏鸟的活动和亲鸟的哺育;③有利于亲鸟对卵和雏鸟的保护,免受风、雨、寒流的影响及天敌的侵袭,特别为晚成鸟提供好的保护条件。鸟巢要筑在什么样的地方?多数由雄鸟决定。光线好,有利于雏鸟活动、亲鸟孵育,离水源近的地方是筑巢最理想的地方。巢材可采集植物的茎杆、树枝、树叶,以及羽毛、兽毛、纤维、布条等都可以筑巢。有的是雄鸟找巢材、雌鸟筑巢,也有的是雌、雄鸟共同筑巢。鸟巢的结构及繁简,各种鸟类都不一样。一般来说,较低等的早成鸟,鸟巢简单;较高等的晚成鸟,鸟巢复杂而且细致。鸟巢的结构具有种的特异性,因而鸟巢也是鉴别鸟类的参考因数。鸟巢按大小、形状、位置、材料和结构,可分为以下几种。

地面上营巢:低等平胸类鸟的鸟巢结构极简单。例如,一些在荒漠草原或开旷地带生活的鸟类,如百灵、环颈雉、大鸨等;一些游禽和涉禽如雁、鸭、鹤等都是地面营巢。

土洞中营巢:如翠鸟在水边土中营巢,沙燕在沙土峭壁中营巢,这些巢一般位置很深,外有很长的隧道通出。

水面上浮巢:如鸊鷉用苇叶做成盘状浮巢。

树洞内营巢:如啄木鸟、山雀等。

建筑物或屋檐下营巢:如家燕、雨燕、麻雀等。

悬挂巢:如黄鹂用麻丝、草茎、棉絮编成吊篮式的巢,悬挂在近树梢的枝杈处。缝叶莺的巢是以树叶缝制而成的。

树枝叉上营巢:如鹰的巢呈盆状,喜鹊的巢筑在高大树枝杈上。巢分内外两层,外层顶部有巢盖,巢之侧面有开口。

编织巢:以树枝、草茎、羽等编织巢,其中雀形目小鸟能编织各种形式(皿状、球状、瓶状)的精制的鸟巢,以缝叶莺造的巢最著名。

3. *产卵、孵卵和育雏* 多数鸟都在春季产卵,但卵的数目不一样,如企鹅、信天翁一窝仅生1枚卵;鸽类、鹤类产2枚卵;雉和野鸭一次产10枚以上。鸟类产卵以后,孵卵的时间并不相同。大多数是一窝卵产完后再孵卵,这样雏鸟孵出的时间基本相同,容易育雏;还有部分鸟如啄木鸟在产卵中途开始孵卵;还有的如隼类、鹗类从第1枚卵产出后就开始孵卵。卵的外形(如形状、大小、颜色)、卵的数目、卵壳的显微结构及蛋白电泳特征等,在同一类群常是类似的,也可反映不同类群之间的亲缘关系,可作为分类依据。每种鸟在巢内所产的满窝卵数目称为窝卵数。同种鸟窝卵数是固定的。一般说来,对卵和雏的保护越完善,成活率越高,窝卵数越少。对同一种鸟而言,热带比寒带产卵少,食物丰盛的年份产卵数多。所以窝卵数是自然选择所赋予的,能养育出最大限度的后代数目。另外,窝卵数也与孵卵鸟腹部的孵卵斑所能掩盖的数目有关。鸟类中存在定数产卵与不定数产卵两种类型。前者在每个繁殖周期内只产固定数目的窝卵数,有遗失不补产,如鸠鸽、环颈雉、喜鹊和家燕等。在未达到满窝卵的窝卵数之前,遇有卵遗失即补产一枚,排卵活动始终处于兴奋状态,直至产满其固有的窝卵数为止,如企鹅、鸵鸟、鸡类、一些啄木鸟及一些雀形目鸟类(家麻雀)。孵卵通常由雌鸟担任,雄鸟在附近守卫或衔食给正在孵卵的雌鸟;也有不少鸟是雌、雄鸟轮流担任孵卵；只有少数鸟，由雄鸟孵卵(彩鹬)。一般雌、雄鸟外形相似的，往往两性均参与孵卵。鸟类孵卵时，腹部接触卵的地方，羽毛脱落而形成裸区，这里被称为孵卵斑。该处的毛细血管特别丰富，温度比身体其他部分高，有利于卵的孵化。孵卵期长短很不一致，如小型鸟类12～13天，鸽类16～17天，雉鸡21天，鸭类28天，鸵鸟42～50天，某些大型的猛禽要2个月。孵化期满后，雏鸟用喙上的卵齿啄破卵壳而出。鸟类的幼鸟分早成雏和晚成雏两类。早成雏在孵出时就能走动，充分发育，身被密密绒羽，眼睛睁开，腿脚有力，待绒羽长成后，即可随亲鸟觅食。大多数地栖鸟及游禽属此。而晚成雏出生时尚未充分发育，体表光裸或微具稀疏小绒，眼不能睁开，需由亲鸟衔虫哺育(从半个月至8个月不等)，继续在巢内完成后期发育，才能逐渐独立生活，雀形目、攀禽、猛禽及一部分游禽(体躯大、凶猛的种类)属此。因此可知，幼鸟的早成与晚成也是长期自然选择的产物。凡是筑巢隐蔽而安全，亲鸟凶猛足可卫雏的种类，其雏鸟多为晚成雏。而早成雏是对地栖种类提高成活率的一种适应，尽管如此，早成雏的卵和雏的死亡率也还是比晚成鸟高得多，因而它们的产卵数也多。

二、鸟类的迁徙

迁徙是自然界中最引人注意的生物学现象之一，长期以来不少人研究这个有趣的问题。但迁徙并不是鸟类所专有的本能活动。某些无脊椎动物(如东亚飞蝗、虾、蟹等)、某些鱼类、爬行类(海龟)、哺乳类(蝙蝠、鲸、海豹、鹿、角马等)也有季节性、长距离更换住处的现象。其中海龟与鲸的迁徙距离可从数百公里到上千公里。鸟的迁徙最普遍、最引人注意，因而多年来都是动物学研究的重要内容。

1. 迁徙的概念　鸟类的迁徙是对改变环境条件的一种积极适应的本能。所谓迁徙，即是每年在繁殖地和越冬地之间周期性的迁居。这种迁飞的特点是定期、定向而且多集成大群；鸟类迁徙多发生在南北半球，极少数是东西半球方向。根据鸟类是否迁徙，可把鸟类分为留鸟和候鸟两大类。所谓留鸟，即终身留居在出生地(繁殖地)，不进行迁徙，如麻雀和喜鹊等。候鸟，则在春、秋两季，沿着固定的路线，往来于繁殖地和越冬地之间。我国常见的很多鸟类都是候鸟。其中，夏季飞来繁殖、冬季南去的鸟叫夏候鸟，如家燕、杜鹃；而冬季飞来越冬、夏季北去西伯利亚繁殖的鸟类称为冬候鸟，如某些野鸭、大雁。那些夏季在我国以北繁殖、冬季在我国以南越冬，仅在春秋季节规律性的从我国某地路过的鸟称为过路鸟或旅鸟(如极北柳莺)。

2. 迁徙的原因　引起鸟类迁徙的原因很复杂，至今尚无肯定的结论。大多数鸟类学家认为，迁徙主要是对冬季不良食物条件的一种适应，以寻求较丰富的食物供应。尤其是以昆虫为食的鸟类最明显。另外有人认为北半球夏季的长日照有利于亲鸟以更多的时间捕捉昆虫喂养雏鸟。这两种意见可以相辅相成，但是还不能解释有关迁徙方面所涉及的各种复杂事实。有学者认为从地球历史来推测鸟类迁徙的起源问题。大约在10万年前，新生代第四纪曾发生过多次冰川运动，自北半球向南侵袭，冰川所到之处，气候剧变，冰天雪地，不利于鸟类生存，冰川周期的来和退却，就使鸟类形成了定期性往返的生物遗传本能。从这种认识出发，目前提出两种相对立的假说：①现存的繁殖区是候鸟的故乡，冰川到来时迫使它们向南退却，但遗传的保守性促使这些鸟类于冰川退缩后重返故乡，如此往返不断就形成了迁徙的本能；②现今越冬区是候鸟的故乡，由于大量繁殖，而把它们分布范围扩展到冰川退却的土地上，但遗传保守性促使这些鸟类每年仍返回越冬区(故乡)。

3. 迁徙的定向　迁徙的一个最显著的特点是每一物种均有其较固定的繁殖区和越冬区，它们之间距离从数百公里到数千公里以外不等。许多鸟类次年春天可返回原巢繁殖。即使用飞机将迁徙的鸟运至远离迁徙路线的地区内，释放数天后仍能返回原栖息地。鸟类靠什么来定向呢？根据野外观察、环志、雷达探测、月夜望远镜监视以及各种各样的室内实验，曾提出不少假说，但都处于探索阶段。目前比较流行的看法如下。

(1) 训练和记忆：认为鸟类有一种固有的由遗传所决定的方向感，这种方向感在幼鸟跟随亲鸟迁徙的过程中不断加强对迁徙路线的记忆,因而鸟的记忆力很强。

(2) 视觉定向:鸟类迁徙途中都是沿着高山、大川、海岸、荒漠等这些大的参照物为向导,并且不断地从老鸟那里学会传统的迁徙路线。

(3) 天体导航:白天飞行的鸟用太阳来定向;晚上用星辰导航,对夜间迁徙的鸟尤为重要。鸟类体内应该有一个生物钟,不断地调整自身与太阳的方位角,使之始终沿一定的方向飞行。

(4) 利用地球磁场定向:在阴天、无日月星辰的时候,鸽子照样能返回原地。这可能是利用地磁场来导航。夜间迁徙的鸟主要靠对磁场的感应选择方向,而迁徙方向的保持与星辰位置有关。也就是说,星辰用于校准地磁罗盘的定向,星辰定向是基于磁定向的信息。如果用雷达干扰家鸽,能使之丧失归巢定位。

除了上述依靠地形、景观、天体、磁场等定向外,目前还有大量资料表明(包括人造卫星摄制的照片),鸟类在一定的地理条件下,能依靠气象条件(主要是季节性的风)来选择迁徙方向,并借助风力进行迁徙。所有这些事实及假说还都处在探索中,对鸟类迁徙之谜的彻底揭示,还有待更深入的研究。

4. *研究迁徙的意义* 对迁徙机制和迁徙途径的研究,不论在理论和实践上都具有重要意义。在理论上能揭示迁徙本能的形成及其发展过程,为生物进化论以及有机体与环境之间的复杂关系提供更为深入的资料。在实践上除了为有效地利用和控制经济鸟类,为改造自然区系提供理论基础外,还为仿生学提供了广阔的研究领域。现今所设计制造的定向导航系统,尽管日益精确,但从某种意义上说,还远不如生物定向系统。

第六节 鸟类与人类的关系

我国的鸟类种类繁多,数量丰富,分布相当广泛,与人类的关系密切。

(1) 消灭害虫:消灭害虫是鸟类最大的益处。多数鸟能捕食农林害虫,尤其食虫鸟所消灭的害虫相当可观,我国有许多关于大群鸟类消灭蝗虫、保护农田的记载。猛禽是啮齿兽的天敌,对于消灭草原、森林及田间鼠害,起积极作用。

(2) 消除污染物:很多猛禽、海鸥、乌鸦等嗜食死尸、垃圾及废弃的有机物,所以可以消除自然环境中的污染物,加速生态系统中的物质循环,是自然界的清洁员。

(3) 传播种子和花粉:很多雁鸭类、鸠鸽类及乌鸦等食植物,很多植物的种子经过消化道后,更容易萌发,所以它们是种子的传播者。许多吃蜂蜜的蜂鸟、太阳鸟、绣眼鸟等,对植物的传粉有重要的作用。

(4) 肥料:鸟粪含有丰富的磷酸,是优质的肥料,在我国西沙群岛蕴藏着极丰富的鸟粪层。

(5) 传递信件:信鸽可以传递信件,在战争中可传递军事情报。在第一次和第二次世界大战中有许多报道信鸽参军当“英雄”的记载。

(6) 仿生学:鸟类是人类的老师。鸟类已有2亿年的飞行历史,它的飞行姿势及调节都是值得人类学习的。人类虽已造出飞机,但航空技术及航空历史仅200年,还有许多要向鸟类学习的地方。例如,蜂鸟可垂直起落,可以退飞及悬停飞,这些美妙的飞行都是人类梦寐以求的愿望。

(7) 培养新品种:从野鸟和家禽的关系谈培养新品种的问题。在鸟类中有许多待开发的种类。例如天鹅,它们有顽强的生命力,能快速生长,在生物界丰富多彩的基因库中,如能保持这种得天独厚的积极因素,对人类的未来的开发利用将起到难以预料的作用。现在人类完全可以采取生物工和遗传工程的办法,大大缩短新种育成的时间,并还可以创造世界上未有的种。

(8) 羽用:许多水禽的绒羽发达,可以用来做优良的枕、褥、被的填充材料。有些观赏鸟的美丽羽毛可做装饰品。

(9) 药用:有些人工驯化的禽类产品可直接入药,如鸡内金、乌骨鸡、燕窝等都是滋补药品。

鸟类在农、林、卫生等方面对人类的间接益处是难以估算的。因此,对益鸟要大力宣传进行保护,特别对我国的特级珍稀种类更要严格禁止捕猎。例如我国的朱鹮是世界著名珍稀鸟。褐马鸡、丹顶鹤、白鹳等都属国家一级保护动物。我们要大力宣传保护益鸟,建立起群众爱鸟习惯,保护鸟资源。另外要加强家禽的饲养和驯化,这方面我国有数千年的历史,曾培育出许多世界著名的优良品种,如北京鸭、狮头鹅、狼山鸡、寿光鸡、北京油鸡等。家禽提供人类营养丰富的肉、蛋。因此,要深入发展养殖业,建立大型机械化、自动化鸡舍,采用科学管理,用较经济的代价换取高蛋白供应,提高人民的物质生活水平。

复习思考题

1. 鸟类与爬行动物相比,其进步特征是什么?
2. 恒温在动物演化史上有什么意义?
3. 羽毛的主要功能是什么?
4. 鸟类的头骨与飞翔生活相适应的特化表现在哪几个方面?
5. 鸟类的骨骼系统与飞翔生活相适应的特点是什么?
6. 简要说明鸟类肺与气囊的结构特点及功能。
7. 鸟类有哪些适宜于飞行的特征?
8. 鸟类的 3 个总目在分类特征上有哪些主要区别?
9. 鸟巢有何功能?

(谢桐音　孙　超)

第十六章
哺乳纲(Mammalia)

哺乳动物是全身被毛、运动快速、恒温、胎生、哺乳、有高度适应能力的脊椎动物。哺乳动物种类繁多,适应于海陆空各种各样的环境条件,是躯体结构最完善、功能和行为最复杂、演化地位最高等的脊椎动物类群。当今世界上有 4 200 种,我国有 430 种,占 10.35%。哺乳动物数量多、分布广,具备许多独有的特征,特别是其高度发达的神经系统使哺乳动物能有效地保证个体的生存和种族的延续,更能适应多变的生活环境,因而在进化过程中获得了极大的成功。

第一节 哺乳纲的进步特征

一、胎生、哺乳、体表被毛,保证了后代有较高的成活率

胎生是指胚胎在母体的子宫内发育,依靠胎盘吸收母体血液中的营养和氧气,同时把代谢废物送给母体排出。一切哺乳动物(鸭嘴兽除外)在胚胎发育过程中,除羊膜以外,都由胎儿的绒毛膜和尿囊膜与母体子宫内壁共同形成胎盘。胎儿和母体之间靠胎盘进行联系,即胎儿通过胎盘从母体的血液中吸取营养物质和氧,同时把代谢废物送到母体。胎儿在母体子宫内完成的整个发育过程称为妊娠。产出幼体的过程称为分娩。胎盘是一种盘状的毛细血管网,具有特异选择性,即胎儿和母体之间的两套血管并不直接相连,物质主要是通过自由扩散在毛细血管壁两侧进行交换。胎盘可以允许小分子的水分、氧气、二氧化碳、无机盐离子、单糖、抗体及维生素等通过,而大分子的蛋白质、多糖不能通过。由于子宫能够为胎儿提供安全可靠的温度、相对湿度、营养等各种极为合适的理化条件,大大提高了胎儿的成活率,因而哺乳动物的胎生是最高级、最完善的一种繁殖方式。幼兽出生后,母兽还会用乳腺所分泌的乳汁对其进行哺育,而乳汁含有丰富的营养及抗体,因此可保证幼兽早期能够迅速地生长发育。同时,母兽还通过一系列复杂的本能活动来保护哺育期的幼兽,使之安全快速成长。幼兽体表被毛,用以保温。所有这些,都为幼兽提供了生长发育的适宜条件,使其能够健康地成长,大大提高了哺乳动物后代的成活率。

二、具有在陆地上快速运动的能力

奔跑速度的快慢由两个因素决定:一是跨步的长度;二是单位时间内跨步的次数,即频率。要达到快速奔跑目的就必须延长步幅和加快频率。哺乳动物,特别是哺乳动物中食肉类和有蹄类,有良好且特化的骨骼和肌肉,是奔跑速度最快的动物,称为捷行性动物。快速奔跑一方面有利于逃避捕食者,另一方面有利于寻找水源和食物,如进行季节性的迁徙(角马和鹿)。

三、出现了口腔咀嚼和口腔消化

哺乳类动物具有异型的槽生齿,下颌齿骨与头骨直接相连,消化道和消化腺分化更完善,这些都大大提高了哺乳动物对食物和能量的摄取能力。

四、具有高度发达的神经系统和感觉器官

哺乳类动物的大脑，不仅体积大，而且大脑皮质还特别发达，形成了高级的神经活动中枢。感觉器官尤其是嗅觉和听觉器官灵敏，故哺乳动物有着极其复杂的行为，对外界具有强大的适应能力，使得哺乳动物在生存斗争中占有了绝对的优势。

五、具有较高而恒定的体温

一般哺乳动物能将体温保持在37℃，并有较强的体温调节能力和较高的新陈代谢水平，大大地减少了对环境的依赖，使之可以广泛地分布于世界上的各个地区。

六、出现了肌肉质的膈和肺泡

膈和肺泡增强了气体交换能力，加上完全的双循环且发达的心脏，可供机体及时快速地获得足够的氧气。

上述这些进步特征决定了哺乳动物的繁荣，使之能够遍布全球，广泛地适应辐射于陆地、空中和水栖等各种多变的生态环境，成为动物界的最高级类群。

第二节　哺乳动物的形态结构概述

一、外形

由于哺乳动物可以生活在不同的环境中，具有不同的生活习性，所以其外形多种多样。最典型的陆栖哺乳动物的躯体外形是：身体明显地分为头、颈、躯干、尾和四肢5部分；以四肢着地进行行走或奔跑；躯干圆筒形，前、后肢将身体举起，远离地面；四肢垂直着生在躯干腹面下方，与地面垂直；前肢的肘关节朝后，后肢的膝关节朝前，呈多支点的杠杆状，大大提高了哺乳动物的支撑力和弹跳力，更有利于步行，快速奔跑和负重；哺乳动物头部发达，呈圆形，可以明显地分为颅顶部和颜面部；尾部一般较小，有些动物退化，如人。

在特殊的环境中生活的哺乳动物，体型有特化现象。例如，鼹鼹因其营穴居生活，其体型变化与挖土相适应，身体多呈圆锥形，头小而尖，颈短，尾退化，附肢短且呈铲状，趾与爪都很长。鲸是水栖的哺乳动物（次生入水），所以身体适于游泳，呈纺锤形，像鱼，前肢保留呈桨状，后肢退化，尾部呈水平叉状。蝙蝠的体型与飞翔生活相适应，前肢、后肢与躯干体侧有皮膜相连称为翼膜。

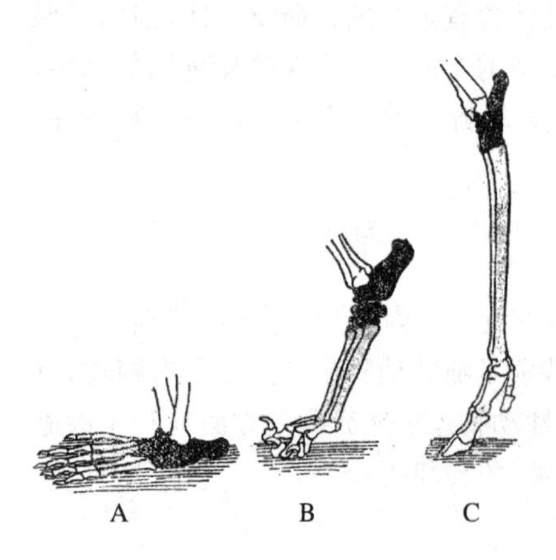

图16-1　哺乳动物脚着地方式
A. 蹠行性　B. 趾行性　C. 蹄行性

在陆地行走的哺乳动物，根据行动和站立时四肢末端着地的情况，可分以下3种形式（图16-1）。

（1）趾行性：绝大多数哺乳动物都是采用这种方式，即以趾着地行走，如食肉动物猫、狐、虎和犬等。

（2）蹄行性：四肢末端以蹄着地。蹄是爪的变形，因其着地面积更小，善快速奔跑。蹄又有奇蹄和偶蹄之分。奇蹄是四肢末端蹄只有1个，如马；偶蹄则是有2个，如牛、猪、羊、鹿等。

(3) 蹠行性:四肢末端以跗蹠部与趾部共同着地行走。如灵长类的类人猿、黑猩猩、大猩猩等。

二、皮肤系统及其衍生物

(一) 哺乳动物的皮肤特点

哺乳动物的皮肤结构致密,主要分表皮、真皮及皮下组织。

1. *表皮* 表皮的最外面是角质层,是有规律脱落的死细胞层。表皮最内层是柱状上皮细胞构成的生发层。生发层是具有生命力的细胞层,能不断地分生出新的细胞。表皮内无血管。新生的细胞不断向上顶替,表皮层细胞在外表面不断角质化形成角质层,最表面的角质细胞则不断脱落,即皮屑。表皮细胞的这种新陈代谢是连续不断地进行的。在角质层和生发层之间为扁平有折光能力的透明细胞层。各种哺乳动物表皮的厚度不一致:小型的啮齿兽表皮只有数层;大象、犀牛、河马和马来貘等动物表皮有数百层细胞,非常厚,所以也称为厚皮动物。同种动物不同部位表皮的厚薄也可不一致,如类人猿的臀部、骆驼的膝部由于摩擦较多,所以局部加厚。兔的表皮则很薄,只有2～3层细胞。

2. *真皮* 真皮由致密结缔组织构成,较厚,由占98%的胶原纤维和占1.5%的弹性纤维构成。胶原纤维和弹性纤维交织成花纹。真皮具有高度的韧性和弹性,内含有丰富的血管和神经末梢,可感觉外界刺激,供给表皮营养。猪、马、牛、羊、鹿等动物的真皮可以用来鞣制成皮革。真皮又分两层:靠近表皮薄层因伸入表皮形成圆锥状突起,故叫乳突层;乳突层之下是网状层。

3. *皮下组织* 皮下组织是皮层和肌肉之间的联系组织,位于网状层以内,由疏松结缔组织构成。在皮下组织发达的地方,皮肤松弛容易移动,对机械压力有一定的缓冲作用。另外,由于皮下脂肪细胞组成很厚的脂肪层,对冬眠的兽类来讲,可以储藏养料;对水栖的兽类(如鲸)和毛稀疏的兽类来讲(如猪),厚脂肪层还可以发挥保温和隔热的作用。

此外,哺乳动物的皮肤具有良好的抗透水性;具有敏锐的感觉功能;可以调节和控制体温,并具有排泄功能;能够有效地抵抗张力;可防止细菌的侵入;表皮与真皮内含黑色细胞,能产生色素颗粒,使皮肤呈现黄、暗红、褐、黑色等作用。

总之,哺乳动物的皮肤具有重要的保护作用。由于哺乳动物的皮肤在生命活动过程中能够不断地更新,不同哺乳动物的皮肤颜色、质地、气味、温度都不同,皮肤与动物生活的环境是相适应的,故哺乳动物的皮肤是功能最完善的、最适合陆地生活的防卫器官。

(二) 皮肤衍生物

哺乳动物的皮肤衍生物复杂多样,主要包括表皮角质化形成的角化物及各种皮肤腺等。如毛、爪、齿、鳞片、蹄、角、汗腺、乳腺、皮脂腺和气味腺等。

1. *毛* 毛是表皮角质化的产物,为哺乳动物特有,由毛干及毛根构成。毛是保温的器官,绝大多数哺乳动物体表都被有毛,只有少数有次生现象的动物例外。例如,鲸的口边有少许硬毛,海牛体表有稀疏刚毛,象、犀牛、貘、河马体表几乎没有毛。这些动物的皮下脂肪层厚,可代替毛防寒。毛与鸟类羽毛及爬行动物的鳞片都是同源器官。

(1) 毛的类型:根据毛的结构特点,将毛分为以下3种类型。

针毛(又称枪毛、刺毛):特点是长而稀少,粗而硬,具有毛向,耐摩擦,起保护作用。如刺猬身上的毛。

绒毛(绵毛):细、短、柔软而密,位于针毛之下,可在皮肤上营造一个不流动的空气层,空气是良好的热绝缘体,所以起保暖作用。绒毛无毛向。如细毛绵羊,绒毛可用于纺织,制成高级毛料等。

触毛:触毛长在吻部和唇边处,粗而长,只有数根,基部具有丰富的神经末梢,故感觉灵敏,是一种以触觉功能为主的感觉器官。

(2) 毛的构造:毛是由露在皮肤外面的毛干和埋在皮肤内的毛根组成的。将毛纵切,由外向内可将毛分为3层:鳞片层、皮层和髓层。

鳞片层(又称角层):鳞片层在毛的最外面、很薄,是一层扁平、鳞片状、无核的角质细胞。细胞排列呈鳞片状,游离缘朝向毛的尖端,能够保护里面各层,使之免受机械和化学损伤。毛的光泽程度决定于此层的结构,其鳞片重叠越少,毛表面越光滑、越光泽。毛的鳞片层,在显微镜下观察,有的呈覆瓦状排列,有的呈竹节状排列;不同动物有不同排列,这可作为毛皮种类和品质鉴定的依据。

皮层:皮层位于鳞片层内,髓层外,厚,细胞高度角质化、排列紧密而坚实,使毛坚固、有弹性。皮层细胞内含有色素颗粒,使毛有各种颜色(主要是黑、黄、灰色)。

髓层:髓层位于毛干最内层,是毛的中央部位,由排列疏松的多孔上皮细胞组成,细胞间多具充满气体的空隙。髓层有连续的,也有不连续的,甚至有的细胞内部也会有气体进入。髓层不坚固,易折断,但由于气体的填充,使之有较强的保温性能。特别是生活在北方寒带的野生毛皮动物,毛的髓层特别发达,如紫貂。

毛根:毛根埋在皮肤深处的毛囊里,外被毛鞘,毛根末端膨大部分为毛球。毛球基部即为真皮构成的毛乳突,内具丰富的血管,供应毛生长所需的营养物质。在毛囊内有皮脂腺的开口,所分泌的油脂能滋润毛和皮肤。毛囊基部有竖毛肌附着。竖毛肌是起于真皮的平滑肌,收缩时可使毛直立,有辅助调节体温的作用。

(3) 换毛:哺乳动物的毛在每年春、秋季季节性地脱落、更换,称为换毛。换毛主要是对季节性变化的适应,一般一年换 2 次。换毛时期毛囊的结构发生明显变化。开始换毛时,旧毛的毛乳头萎缩,毛乳头的血管停止供应营养,在毛乳头顶端的细胞不再增生而开始角质化,在毛乳头下面发育着的新的毛乳头和形成新毛球,这些新毛球的细胞不断增殖形成新毛,随着新毛的生长,旧毛将连同角质化的毛球一起脱落。在换毛期间,旧毛脱落,而新毛尚未长齐,此时的毛皮质量较低劣。春天开始所换的毛为夏毛,夏毛稀少、短而质量差,只有冬毛的 2/3 长。秋天开始所换的毛为冬毛,冬毛的数量多而密,纤维长,毛的皮层和髓层均厚,所以冬毛质地优良、保暖性好,所制皮草价格昂贵。例如,灰鼠的冬毛每平方厘米 4 200～8 100 根;黄鼬的冬毛每平方厘米 4 000～10 000 根。在夏季,哺乳动物生活的环境颜色较深,为适应外界环境,隐蔽自己,故夏毛通常颜色较深。例如,生活在森林或浓密的植被下层的哺乳动物的毛色较暗,生活在开阔地区的哺乳动物的毛色呈灰色,生活在沙漠荒野的哺乳动物的毛色常呈黄色。冬毛毛色稍浅。毛色与外界环境相适应,有利于哺乳动物防御和捕食。

2. 角　角是哺乳动物头部表皮和真皮的特化产物,表皮形成角质角(如犀的表皮角,牛、羊的角质鞘);真皮形成骨质角。角分 5 种类型。

(1) 洞角:洞角是由表皮产生的角质鞘和额骨上由真皮特化形成的骨质角心紧密结合而成的角,中空不分叉,角上无神经和血管,终身不脱落。洞角是牛科动物所特有,如牛角、羊角。雌、雄性均有,但雄性发达。

(2) 实角:实角是由真皮骨化后形成的末端分叉的实心骨质角,又称叉角、鹿角。一般仅雄性有角,特殊情况为驯鹿两性均有角,麝、獐两性都无角。鹿角每年都会更换一次,春天新生的骨质角外面有一层嫩皮肤,皮肤里密布血管和神经,称为鹿茸。鹿茸是珍贵的中药材。鹿茸有触觉和痛觉,碰伤会出血。秋天骨角完全长成时,鹿茸枯萎,雄鹿会在物体上摩擦,使鹿茸撕裂脱落,露出骨质,不久角枝会从角节上脱落下来。整个冬天雄鹿无角,来年春天再长出和原来一模一样的新角。人类掌握了鹿角的这种生长规律,便可在每年鹿茸枯萎之前,锯下骨角,取得鹿茸,制成名贵药材。毛冠鹿的角是鹿角中最小的,不分叉,隐埋在毛丛中,只有 2～3 cm 高。驼鹿的角分叉多,特别巨大,长度常超过 1 m。

(3) 叉角羚羊角:叉角羚羊角介于实角和洞角之间,角心骨质不分叉,但角鞘有小叉,并融合有毛,每年生殖期过后角鞘会脱落,骨质角心不脱落。羚羊角是哺乳动物中唯一脱角鞘的类型。

(4) 长颈鹿角:长颈鹿角小巧玲珑十分别致,骨质的角心外有皮肤并被毛,与身体其他部分的皮肤无差别，永不脱落，是最高等的哺乳动物长颈鹿所具有的一种角。

(5) 犀牛角：犀牛角是一种由表皮形成的表皮角，无骨质角心，也不更换，为犀牛所具有，其中单角类仅一个角长在鼻骨正中；双角类的两个角呈前后排列，前角长在鼻骨上，后角长在额部。

3. *爪、蹄和指甲*　爪、蹄和指甲都是趾(指)端表皮角质层细胞的变形物，只是形状和功能不同，蹄、指甲是爪的变形，三者都是陆栖动物步行时趾(指)端的保护器官。

(1) 爪：绝大多数哺乳动物都有爪，从事挖掘活动的穴居种类如穿山甲和贫齿类的爪特别发达。肉食类的爪较小，但特别锐利、能伸缩，是有效的捕食武器。爪自登陆就有，到爬行类以后开始发达。爪由爪体和爪下体构成，爪体较厚，两侧向下弯曲包住爪下体。

(2) 蹄：蹄是由爪体增厚变成圆形，将爪下体包围其中而成的，可减少蹄(足部)与地面接触面积，使摩擦力减小，利于迅速奔跑。

(3) 指甲：指甲爪体平展，不向两侧包下，爪下体极度退化，仅留残迹，是灵长类特有的。

4. *皮肤腺*　哺乳动物的皮肤腺相当发达，多为哺乳动物所特有，来源于表皮生发层细胞，是多细胞腺体，种类繁多，功能各异。主要有4种类型：皮脂腺、汗腺、乳腺和味腺(臭腺)。

(1) 皮脂腺：皮脂腺是一种葡萄束状多细胞泡状腺体，开口于毛囊附近，由表皮生发层细胞下陷而成，分泌的油脂含有不饱和甘油脂，能保持毛被和皮肤的柔润、光泽，防止被雨水浸湿。

(2) 汗腺：汗腺是哺乳动物特有的多细胞盲管状腺体，由表皮生发层下陷到真皮中而形成。下端为盲端，盘旋成团，上端开口于皮肤表面。汗腺末端的球状部周围缠绕着很多血管，血液中的尿素、水和氯化钠可直接进入汗腺，形成汗液，以蒸发的形式排出体外。汗液蒸发过程中可吸收大量热量，以降低体温，所以汗腺在体温调节方面有重要作用。汗液为新陈代谢废物，其性质与尿相似，故汗腺有排泄作用。汗腺的多少与动物的种类及生活环境有关。例如，人、马的汗腺发达，分布于全身体表；绝大多数多毛类汗腺仅分布在一定区域，也有的极退化，如猫等食肉类哺乳的动物汗腺分布在足和腹部；狗、鹿和牛等汗腺不发达，体热散发靠口腔、舌、鼻等表面黏膜蒸发；而鲸、蝙蝠、兔及有些鼠类几乎完全缺乏汗腺，兔的汗腺仅限于唇的周围和腹股沟(鼠蹊)部。

(3) 乳腺：乳腺为是哺乳类所特有，由汗腺演变而来，是一种管状腺和泡状腺的复合腺体；开口在身体特定的部位。乳腺主要功能是分泌乳汁，乳汁中含有丰富的营养，用于哺乳幼兽。若干乳腺集中在一起的区域称为乳区。在乳区上有乳头(单孔类哺乳动物例外)，哺乳动物的乳腺多开口在突出的乳头上。乳头又分为真乳头、假乳头、无乳头3种情况：①真乳头是指乳头的分泌管直接开口于乳头表面，如有袋类、啮齿类、灵长类哺乳动物；②假乳头是指乳腺的分泌管开口在乳头基部的腔内，再由总管道通过乳头向外开口，如牛、羊等；③无乳头：无乳头是指单孔类哺乳动物没有乳头，幼仔从乳区的毛丛中舐吸乳汁。此外，因为鲸没有软唇，无法封住乳头，但在乳腺区有肌肉，能自动将乳汁压入幼鲸口腔。

不同动物的乳腺的对数即乳头数目多少不等，一般与一胎产仔数目成正比。例如，猪乳腺开口于腹部，有4～5对；牛、羊乳腺开口于腹股沟部，有2对；灵长类乳腺开口于胸部，有1对；袋鼠的乳头有4个，位于育儿袋内。

(4) 味腺：味腺是汗腺或皮脂腺的变形，开口在特殊的囊内，具特殊气味。包括性腺、包皮腺、肛腺、背腺、腹腺、侧腺等多种。哺乳动物都有其特殊的气味，多数是由性腺等的分泌物形成的。味腺的作用：①通过气味标记领地和传递信息；②招引异性，特别在繁殖时期，可吸引互相追逐；③自卫，即特殊的气味或臭气可使捕食者避而远之。如雄麝腹部有特殊的麝香腺，每年4～7月份是分泌旺季，一般情况下一只麝平均每年可取10 g麝香。麝香是一种穿透力很强的具有浓郁香气的物质，成熟时呈颗粒状，咖啡色，可做高级药材，有开窍通络之功效，还可做高级香料。另外，麝香鼠和海狸在尾基部有香腺；山羊和犬有蹄腺，可滋润蹄底，并留下气味；雄兔有鼠鼷腺；黄鼠狼有肛腺，分泌物有臭味。

三、骨骼系统

哺乳动物的骨骼系统十分发达，骨骼、肌肉、关节三者协调一致构成了最合理的运动装置，其中骨骼可作为运动的杠杆，肌肉收缩可为运动提供动力，关节则是骨骼和肌肉的枢纽。哺乳动物骨骼的支持、保护和运动功能都进一步得到了完善。哺乳动物骨骼中膜质骨的成分多，且多数骨内都有骨髓，骨骼重而坚实，脊柱分区明显，结构坚实灵活，四肢移到身体腹面，出现肘关节和膝关节，可将身体撑起远离地面，适宜在陆地上快速运动。从形态解剖特征来看，颈椎 7 块，下颌由单一齿骨构成，头骨具 2 个枕髁，牙齿为异型槽生齿，上述都是哺乳动物骨骼的鉴别性特征（图 16-2）。

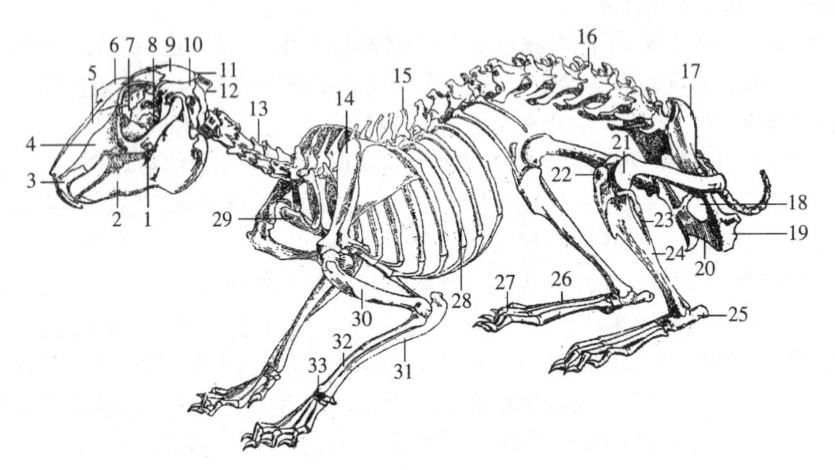

图 16-2 家兔的骨骼

1. 颧骨，2. 下颌骨，3. 前颌骨，4. 上颌骨，5. 鼻骨，6. 泪骨，7. 额骨，8. 顶骨，9. 鳞状骨，10. 间顶骨，11. 上枕骨，12. 颈椎，13. 肩胛骨，14. 胸椎，15. 腰椎，16. 髂骨，17. 闭孔，18. 坐骨，19. 耻骨，20. 股骨，21. 膝盖骨，22. 腓骨，23. 膝盖骨，24. 胫骨，25. 跗骨，26. 蹠骨，27. 趾骨，28. 肋骨，29. 胸骨，30. 肱骨，31. 尺骨，32. 桡骨，33. 腕骨

（一）头骨

哺乳动物由于脑和感觉器官（特是鼻囊）发达、口腔咀嚼产生以及次生腭完整而使哺乳动物的头骨发生显著变化。完整的次生腭位于口腔顶壁，次生腭的骨质部分由前颌骨、上颌骨和腭骨的腭突构成。完整的次生腭和软腭的形成，使内鼻孔后移，从而使哺乳动物咀嚼食物时不影响呼吸的进行。头骨中有些骨块消失、变形和愈合，所余下的骨骼因而获得扩展的可能性；顶部形成明显的"脑杓"，以容纳脑髓，枕骨大孔移到头骨腹面，额骨隆起。

哺乳动物的头骨全部骨化，仅在鼻筛部有少许软骨，骨块坚硬，成体骨缝愈合，使头骨形成一个异常坚固的完整骨匣。哺乳类头骨骨块数目减少并愈合，仅有 35 块左右（人类只有 22 块），如哺乳类的枕骨、蝶骨、颞骨、筛蝶骨等都是由多数骨块愈合而成的。骨块愈合使得骨骼既要坚固又要轻便的矛盾得以解决。

哺乳动物的嗅觉和听觉十分发达，表现在鼻囊容积扩大，出现了复杂的鼻甲骨，使主司嗅觉的嗅黏膜表面积得以扩大，这也是哺乳类嗅觉灵敏的基础。哺乳动物鼻腔中相当于爬行动物的副蝶骨的骨骼向前伸入鼻腔，构成鼻中隔的一部分，称为犁骨。哺乳类因鼻腔扩大而有明显的"脸部"。除低等类群外，多数哺乳动物的犁鼻器不发达，甚至退化。鼓骨是哺乳动物所特有，构成中耳腔的外壁和外耳道的一部分。从起源讲，鼓骨是低等脊椎动物的隅骨被改造后演变而来。

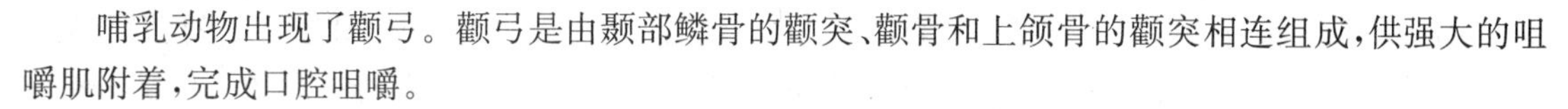

哺乳动物出现了颧弓。颧弓是由颞部鳞骨的颧突、颧骨和上颌骨的颧突相连组成，供强大的咀嚼肌附着，完成口腔咀嚼。

哺乳动物头骨的颞窝属合颞窝型，与古代兽齿类的头骨颞窝构造一致，是哺乳类起源于古兽齿类的证据之一。

哺乳动物有 2 个枕髁，与寰椎和枢椎一起形成可动关节。

哺乳动物下颌由单一齿骨组成，颌弓与脑颅直接连接，又称颅接型。在哺乳动物早期进化过程中，关节骨和方骨逐渐变小，最后转移到中耳，形成了具有传音功能的 3 块听小骨，从而使下颌仅剩下 1 块齿骨，这是哺乳动物标志性特征。

(二) 脊柱、肋骨和胸骨

哺乳动物的脊椎明显地分为颈椎、胸椎、腰椎、荐椎和尾椎 5 部。椎体两端平坦，称为双平型椎体。这种椎体提高了脊柱的负重能力。相邻两椎体间有纤维性软骨质的椎间盘，盘内有一髓核(这是退化的脊索的痕迹)。椎间盘坚韧，具弹力，能缓冲运动时对脑及内脏的震动，同时也使脊柱增加了弹性而有较大幅度的活动性。

1. 颈椎　除少数树懒 9 块、海牛 6 块以外，一般哺乳动物的颈椎都是 7 块而且比较固定。哺乳动物颈部的长短不一主要由于颈椎椎体长短不一。第 1 颈椎称为寰椎；第 2 颈椎称为枢椎。枢椎有齿状突伸入至寰椎孔内以构成旋转的轴，头骨的枕髁还可在寰椎内上下运动，大大提高了头部活动范围，这对哺乳动物充分利用感觉器官寻觅食物、捕捉食物和防卫都是有利的适应。

2. 胸椎　12～15 块，两侧与肋骨相关节。胸椎的椎体短，横突短，棘突高大且向后倒。肋骨在身体腹面与胸骨相连，胸椎、肋骨和胸骨构成完整牢固的胸廓。胸廓是保护内脏，完成呼吸动作，间接地支持前肢运动的重要器官。根据肋骨与胸骨连接方式的不同，可将肋骨分为 3 种：①真肋：肋骨腹端与胸骨连接；②假肋：肋骨的腹部附着在前一个肋骨的软骨上，间接与胸骨相连；③浮肋：一般是最后的 2 根或 3 根肋骨，末端游离，如犬。

3. 腰椎　数目不等，如人 5 块，猿、犬 6 块，兔、猪 7 块，鲸 21 块。腰椎特点是椎体长、大、粗壮，棘突前倒，横突发达且呈极长的片状伸向前方。

4. 荐椎　3～5 块，有愈合现象，构成对后肢腰带的稳固支持。

5. 尾椎　数目不定，而且多呈退化状态。

(三) 带骨与肢骨

哺乳动物的四肢主要是前、后运动。肢骨长而强健，与地面垂直，指(趾)骨朝前。疾走的种类，前、后肢均在一个平面上运动，与屈、伸无关的肌肉都退化，以减轻肢体重量。

肩带由肩甲骨、乌喙骨和锁骨组成，薄片状，肩甲骨发达。乌喙骨已退化成肩胛骨上的一个突起(乌喙突)，锁骨多趋于退化，仅在攀缘(如猴)、掘土(如鼹鼠)和飞翔(如蝙蝠)等类群发达。哺乳类肩带的简化与运动方式的单一性有密切关系。

腰带由髂骨、坐骨和耻骨构成，3 种骨骼愈合成髋骨，愈合处形成的关节窝即髋臼，与后肢的股骨构成髋关节。在背侧，髂骨与荐骨牢固地连在一起；在腹侧，左右耻骨与坐骨以坐耻骨合缝接合在一起，构成具有更大的坚固性的封闭式骨盆，加强了后肢支持体重的功能。雌兽在分娩时，坐耻骨合缝之间的韧带变软，使骨盆腔孔扩大，以利于胎儿的娩出。坐骨和耻骨之间的大孔称为闭孔，供血管神经通过。

哺乳动物具典型的 5 趾型四肢，但由于生活条件的多样化及运动的方式不同，四肢在纲内变异很大，如鲸的前肢特化成鳍形，后肢退化；蝙蝠前肢特化成翼；穴居的兽类前肢变宽阔适于掘土，快速奔跑的有蹄类趾数趋减少，以减小与地面的摩擦。

哺乳动物的四肢位于身体腹面，垂直于地面，支持身体和行走时都极灵活而稳固。前肢骨的结构与陆生脊椎动物类似，也由肱骨、桡骨、尺骨、腕骨、掌骨和指骨组成。后肢骨包括股骨、胫骨、腓骨、跗骨、蹠骨和趾骨。股骨下端前方有膝盖骨，也称髌骨。前肢的掌骨和指骨通常5列，后肢的蹠骨和趾骨通常4～5列，如家兔为4列。四肢在进化过程中都发生了扭转现象，形成了向前的膝关节和向后的肘关节，并且肱骨和股骨同身体垂直，这种结构不但增加了支持的能力，减少了与地面的摩擦，而且扩大了步幅，提高了运动的速度。

（四）能快速运动的原因

在哺乳动物中，食肉类和有蹄类在进化过程中具备了典型的高速运动的结构，成为奔跑速度最快的动物，称为捷行性动物。这是因为早在中新世时期，它们占领了开阔的草原，为了逃避捕食者，迫使它们必须快速奔跑，奔跑的速度成了战胜捕食者的重要条件。此外，为了寻找水源和食物，动物需要进行季节性的迁徙（角马和鹿），这也需要长距离的奔跑，久而久之，捷行性动物就具备了快速奔跑的能力。

1. 捷行性动物具有特化的骨骼

（1）捷行性动物四肢均较长，特别是掌、趾部极度延长，锁骨消失，从而达到延长步幅的目的。

（2）肩胛骨及肩关节不与胸骨相连。肩胛骨在某种程度上可以变换位置，即肩胛骨与前肢是同步的，当跨步向前时，肩胛骨也向前伸出，肩节关随着向前、向上移动，当前肢后移时，肩关节也向后、向下移动。以猎豹为例，由于肩胛骨的这种活动，可使奔跑时的猎豹步幅每步增加11.5 cm。

（3）脊柱的屈伸得到了充分的发展。当前肢向前伸出，后肢从地面跳起时，整个脊柱即可伸直，当后肢前伸而前肢相对后移支持于地面时，脊柱可被弯曲。如果不计猎豹腿的作用，仅靠脊椎骨的这种活动方式，每小时也能前进大约10 km。

（4）当动物从地面跳起并推进身体的时候，每个肢关节的活动速度也会影响着四肢运动的总速度。实验证明，每个肢上同方向同时活动的关节数目越多，四肢运动的总速度越快，所以所有捷行性动物都进化发展了趾行性和蹄行性的足态。这样就使整个蹄部（脚干）升高，使掌骨、蹠骨及趾骨间形成另一些关节，大大提高了四肢的速度，增加跨步时步幅的大小。

2. 捷行性动物具有特化的肌肉和韧带

（1）有蹄类四肢的肌肉近侧端发达，远端的肌肉减少，大部分都是延长的肌腱。同时趾骨数目少（同时也减重），以蹄的趾尖着地，四肢延长，肩关节和髂关节只限于前后水平活动。

（2）有蹄类有粗壮的颈（项）韧带。颈韧带是弹性的硬蛋白组织，向前附着于头骨的枕部，向后固着在最前方的胸椎棘突上。例如马和骆驼，虽然它们头大而重，但由于这些韧带特别强健，有助于支持它们的头部，大大减轻了使头抬起时肌肉的负担，同时也减轻了重量，而韧带的弹性则可使头部在吃草和饮水时自然下降。

（3）有蹄类具有特化的弹跳韧带。弹跳韧带位于前后足的腹面，是由延伸到趾部的肌肉演变来的。当足支持身体体重时，趾骨伸展，弹跳韧带拉长，当足起步时，弹跳韧带回缩，所以在足刚离开地面时，趾便马上弯曲，如马的足能够回弹。正是足离开地面时受到弹跳韧带的控制，这种回弹特性在提高速度和推进跨步方面起了决定性作用，使有蹄类在提高步速时，无需使用肌肉。

四、肌肉系统

肌肉是动物运动的动力部分，可分为骨骼肌（横纹肌）、心肌和平滑肌。

（一）心肌和平滑肌

心肌是构成脊椎动物心脏的肌肉，能够进行自动有节律地收缩。平滑肌分布在几乎所有的内脏器官中，在消化管、膀胱、子宫、血管等器官的壁上均有丰富的平滑肌。平滑肌接受自主神经调节，在管状器官壁上的平滑肌通常排列成两层，即环肌层和纵肌层。环肌层收缩、纵肌层舒张时管道变细变长，环肌层舒张、纵肌层收缩时管道变短变粗。血管的收缩、舒张及肠的蠕动等都是这两层平滑肌协调运动的结果。

(二) 骨骼肌

在3种肌肉中，骨骼肌占的比例最大，其重量可达脊椎动物体重的40%左右。骨骼肌、骨骼和关节一同构成运动装置，分布在四肢、体壁、横膈、舌、食管上段及眼周围等部位，接受脊神经支配。

哺乳动物骨骼肌的特点如下。

(1) 四肢肌肉强大以适应快速奔跑。

(2) 具有特殊的膈肌。膈肌起于胸廓后端的肋骨缘，止于中央腱，构成分隔胸腔和腹腔的膈。在神经系统的调节下发生运动而改变胸腔容积，是呼吸运动的重要组成部分。

(3) 皮肤肌发达。主要是一些横纹肌，有牵动皮肤的作用。

(4) 咀嚼肌强大。具有粗壮的颞肌(咬肌)和嚼肌，分别起自颅侧和颧弓，止于下颌骨(齿骨)。这与口腔为捕食和防御的主要武器及用口腔咀嚼密切相关。

五、消化系统

哺乳动物的消化系统包括消化道和消化腺两部分。消化道分化明显，包括口、口腔、咽、食管、胃、小肠、大肠及肛门，功能复杂多样，具异型齿；消化腺十分发达，出现口腔消化。

1. 口腔及其消化

(1) 口缘具有肌肉质的上、下唇：唇是哺乳动物特有的，由颜面肌附着以控制运动，是吸乳、摄食、辅助咀嚼的重要器官，特别是在草食兽特别发达。在人类，唇还是发音和进行感情交流的器官。家兔的上唇中央有一裂缝叫唇裂。唇与牙齿之间的空间称为口前庭。

(2) 出现颊部：哺乳动物的口裂缩小，两侧牙齿外面的口腔两侧壁部分叫颊，主要由颊肌构成，可防止食物脱落。树栖的松鼠和猿猴的颊部，有袋状的颊囊，可用以储存食物。

(3) 口腔顶壁有骨质的硬腭(次生腭)：也称为硬口盖，由前颌骨、上颌骨和口盖骨共同构成。一般硬腭上都有粗糙的横褶，与咀嚼时防止食物滑脱有关。硬腭向后延伸成肌肉质的软腭，由于软腭的出现及内鼻孔后移于咽部，使口腔和鼻腔完全分隔开。这样即使在口腔充满食物时也能进行正常呼吸，解决了呼吸与咀嚼之间的矛盾。兔的软腭很长，其后端为一凹入的游离缘，构成口腔的后界。软腭游离缘的稍前方两侧各有一窝，即扁桃腺窝。窝边缘有隆起的褶，窝内为腭扁桃体，属淋巴器官，其功能是产生淋巴细胞和抗体，并有免疫作用。

(4) 肌肉质的舌：牙齿以内为口腔，口腔底部中央有舌，舌分柔软、坚硬两部分。哺乳动物舌的活动能力比其他任何动物舌的活动能力都强。舌的前端腹面同口腔底部相连形成纵褶，称为舌系带。舌与摄食、咀嚼、搅拌和吞咽食物有密切关系。舌上分布有丰富的味蕾，是味觉器官。舌表面有4种乳头：丝状乳头、蕈状乳头、轮廓乳头和叶状乳头。其中丝状乳头数量最多，呈绒毛状，密布在舌的背面。蕈状乳头数量较少，顶端呈圆形，以舌尖处分布最多。轮廓乳头仅1对，位于舌根处。叶状乳头1对，形大、长圆形、表面有平行皱褶，位于轮廓乳头的前外侧缘。除丝状乳头为纯机械性感受器外，其他3种乳头内均有味觉感受器，称为味蕾(图16-3)。

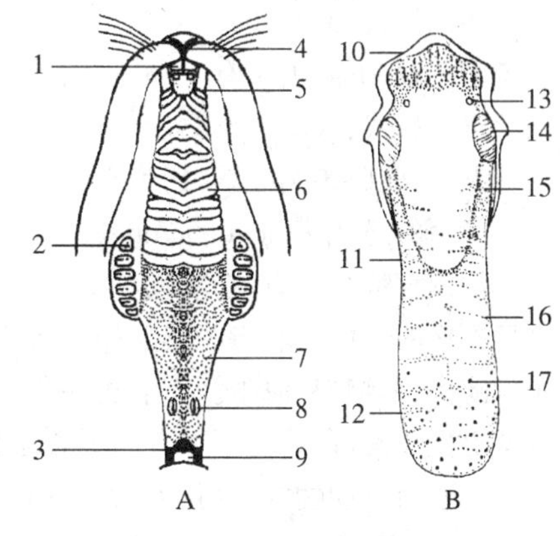

图16-3　兔的口腔结构

A. 兔的口腔顶部　B. 兔的舌

1. 门齿，2. 臼齿，3. 鼻咽管开口，4. 唇裂，5. 鼻腭管孔，6. 硬腭，7. 软腭，8. 扁桃体，9. 会厌软骨，10. 舌根，11. 舌体，12. 舌尖，13. 轮廓乳头，14. 叶状乳头，15. 舌隆起，16. 丝状乳头，17. 蕈状乳头

(5) 异型齿：哺乳动物的牙齿为异型槽生齿，着生在上颌骨、下颌骨(齿骨)及前颌骨上的齿槽中，分化为门齿(门牙、切牙)、犬齿(犬牙)、前臼齿和臼齿(磨牙)4种。门齿用来切割食物。犬齿有撕裂功能，也叫尖牙，齿冠呈圆锥状，肉食类极发达，同时也是进攻和防卫的工具。草食兽无犬

齿，称犬齿虚位。前臼齿和臼齿的齿面宽大、平坦，具有咬、切、磨、压等多种功能。

哺乳动物的牙齿是真皮和表皮(齿的釉质)的衍生物，由齿质、釉质(珐琅质)和齿骨质(白垩质)构成。每种牙齿的内部构造均相同，都可分为齿冠和齿根两部分。齿冠露在齿龈的外面，由里面的齿质和外面的釉质(珐琅质)组成；齿根长在齿槽内，是由白垩质和齿质构成。齿质内有髓腔，内充满结缔组织、血管和神经，供应牙齿所需营养。釉质是体内最坚硬的部分，覆盖于齿冠外面。象的门牙不具釉质，为艺术雕刻的优质原料。啮齿类的门牙仅在前面覆以釉质。在发生上，牙齿与楯鳞是同源器官(图 16-4)。

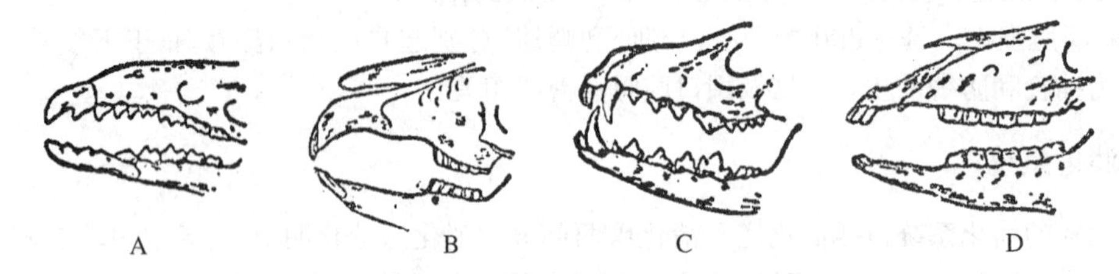

图 16-4　哺乳动物牙齿的几种类型

A. 食虫目:鼩鼱　B. 兔形目:兔　C. 食肉目:狐　D. 奇蹄目:马

早在距现在 7 000 万年前的中生代白垩纪，刚发生的、具胎盘的哺乳动物都是食虫类，它们的臼齿呈三角形，齿尖也只有 3 颗。随着哺乳动物的进化，逐渐出现了各种适应辐射:肉食、草食和杂食。因此，牙齿在进化过程中也逐渐“方化”，变成四方形的臼齿，从而扩大了臼齿的研磨面。

由于牙齿与食性的关系非常密切，因而不同生活习性及不同食性的哺乳动物的牙齿形状、数目均具有很大差异，但在同一种类中，其牙齿的齿型和齿数是稳定的，这对分类有重要意义。通常用齿式表示(这也是分类的依据)牙齿的齿型和齿数。齿式指表示一侧牙齿数目的公式。公式中，字母 i 表示门齿，c 表示犬齿，m 表示前臼齿，p 表示臼齿；横线上表示上颌牙齿一半，横线下表示下颌牙齿的一半，即门齿、犬齿、前臼齿、臼齿(上颌)/门齿、犬齿、前臼齿、臼齿(下颌)×2＝总数。如:

兔的齿式:2032/1032×2＝26，表示兔的上、下颌门齿不同，上颌门齿为 2 颗，下颌门齿有 1 颗，没有犬齿，前臼齿为 3 颗，臼齿有 2 颗，牙齿的总数为 26 颗。

猪的齿式:3143/3443×2＝50，表示猪的上、下颌门齿相同，均为 3 颗，上、下颌犬齿不同，上颌犬齿为 1 颗，下颌犬齿有 4 颗，前臼齿为 4 颗，臼齿有 3 颗，牙齿的总数为 50 颗。

猴的齿式:0033/4033×2＝32。表示猴的上、下颌门齿不同，上颌没有门齿，下颌门齿有 4 颗，没有犬齿，前臼齿为 3 颗，臼齿有 3 颗，牙齿的总数为 32 颗。

简写的通式为:icmp/icmp×2＝总数

从发育特征上看，哺乳动物的牙齿可分乳齿和恒齿。乳齿是幼兽的牙齿，要脱落更换；恒齿是终身不换的牙齿。乳齿脱落后换上恒齿。根据牙齿是否脱落分为:①一出齿:指终身牙齿不更换，如齿鲸类、鸭嘴兽、海牛。有袋类除门齿外，都一生不换牙。②再出齿:大多数哺乳动物的牙齿，一生要更换一次，以后再不换牙，即成为永久齿。③多出齿:指某些低等类群的牙齿易脱落，随掉随出。一般哺乳动物的门齿、犬齿、前臼齿有乳齿，臼齿无乳齿。

(6) 唾液腺:哺乳动物口腔内有 3 对唾液腺，即耳下腺、颌下腺和舌下腺，其分泌物除含大量黏液外，还含有唾液淀粉酶，能把淀粉分解为麦芽糖，进行口腔化学消化。有学者认为，哺乳动物的唾液腺分泌物(以及眼泪)中还含有溶菌酶，具有抑制细菌的作用。通过唾液蒸发失水，是很多哺乳动物利用口腔调节体温的一种形式。口腔的物理消化功能是咀嚼，通过牙齿机械性加工把食物切碎磨细，同时舌头搅拌，使食物与唾液充分混合进行化学性消化。

2. 咽和食管　口腔后面接咽，咽是空气进入气管及食物进入食管的共同通道。呼吸时，空气通过鼻腔、咽,由喉门进入气管,也就是从背前方通向腹后方;而吞咽时,食物经口腔,咽进入食管,也就是从腹前方通向背后方。因此,呼吸道和消化道在咽部形成交叉(咽交叉)。在喉门外盖有1个三角形的会厌软骨,食物通过咽时,会厌软骨就盖住喉门,防止食物进入气管。

吞咽反射:先由舌将食物向后推至咽,食物刺激软腭而使软腭上升,咽后壁向前,封住咽与鼻腔的通路;舌骨后推,喉头上升,使会厌软骨紧盖住喉门,封闭咽与喉的通道。此时呼吸暂停,食物便经咽部进入食管,吞咽反射完成,从而解决了咽交叉部位的呼吸与吞咽的矛盾。

3. 胃 消化道的基本功能是传送食糜、完成机械性物理消化和化学消化,以及吸收养分。哺乳动物消化道的构造和功能与一般脊椎动物相比,更进一步完善了。泄殖腔消失,直肠直接通肛门开口于体外,这是哺乳动物与低等脊椎动物的显著区别。胃一般横在膈后的腹腔内,贲门和幽门都有括约肌,能控制食物的进出。由于胃的扩大和扭转,使胃系膜的一部分呈袋状下垂,即为常有丰富的脂肪储存的大网膜(图16-5)。

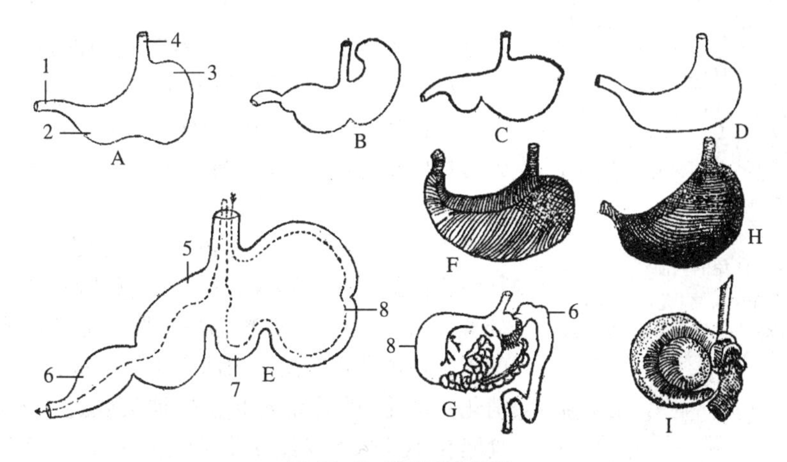

图16-5 哺乳动物的胃

A. 犬 B. 家鼠 C. 鼹鼠 D. 鼬 E. 反刍类 F. 人 G. 骆驼 H. 针鼹 I. 三趾树懒

1. 肠,2. 幽门胃,3. 贲门胃,4. 食管,5. 瓣胃,6. 皱胃,7. 网胃,8. 瘤胃

哺乳动物胃的形态与食性相关。胃有单胃和复胃两种。大多数哺乳动物的胃为单胃。单胃只有1室,也称为单室胃。胃外侧的弯曲称为胃大弯,内侧的弯曲称为胃小弯,与食管相接处称为贲门部,与十二指肠相接处称为幽门部。在贲门部和幽门部之间的是胃底部。胃壁黏膜内的胃腺能分泌含有胃蛋白酶原和盐酸的胃液。胃蛋白酶原被盐酸激活后能分解蛋白质。胃壁有厚的肌肉层,在消化食物时,胃壁肌肉收缩产生有力的蠕动,可使胃液和食物充分混合。

草食兽中的反刍类则有复杂的复胃,又称反刍胃。反刍胃分为4室,从前至后依次为瘤胃、网胃(蜂巢胃)、瓣胃和皱胃。瘤胃、网胃(蜂巢胃)和瓣胃为食管的变形,不分泌胃液;只有皱胃才是胃的本体,具有腺上皮,能分泌胃液。反刍动物取食后,食物首先不经细嚼就经食管进入瘤胃。瘤胃相当于一个发酵口袋,内含大量微小生物(如细菌、真菌及纤毛虫)。草料中的纤维质能够在这些微小生物的作用下发酵分解。网胃内壁有大量蜂窝状的壁褶,能将食物分成小的团块,也可对食物进行发酵分解。在瘤胃和网胃经初步发酵分解后的食物还很粗糙,发酵后食物上浮,刺激瘤前庭和食管沟,引起逆呕反射,再返回口中重新咀嚼,这一过程称为反刍(俗称倒嚼)。食物经牙齿细嚼后再咽下,经瓣胃,最后达皱胃。反刍过程可以反复进行,直至食物被充分分解为止。

反刍动物新生幼兽的胃液中凝乳酶特别活跃,凝乳酶能使乳汁在胃内凝结。从胃的贲门部开始,经网胃至瓣胃处,有一肌肉质的沟褶,称为食管沟。食管沟在幼兽发达,凭借肌肉收缩可构成暂

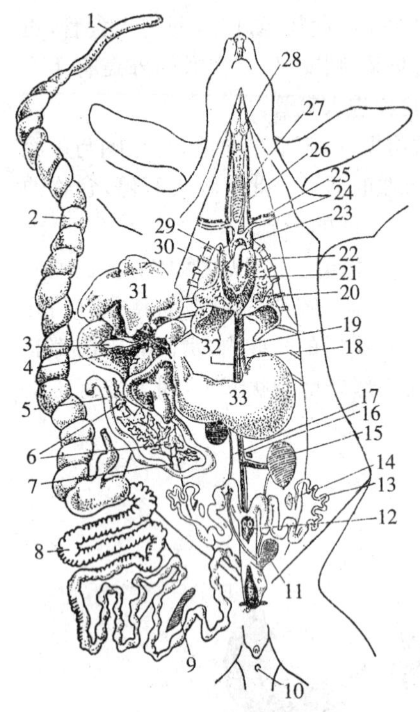

图 16-6　雌兔的内脏

1. 蚓突，2. 盲肠，3. 胆囊，4. 胆管，5. 小肠，6. 胰腺，7. 胰管，8. 大肠，9. 脾脏，10. 肛门，11. 膀胱，12. 阴道，13. 左输卵管，14. 左卵巢，15. 左肾，16. 左肾上腺，17. 左输尿管，18. 背大动脉，19. 食管，20. 左肺，21. 左心室，22. 左心房，23. 动脉弓，24. 左锁骨下动脉，25. 左锁骨下静脉，26. 气管，27. 左颈静脉，28. 颌下腺，29. 右心房，30. 右心室，31. 肝，32. 后腔静脉，33. 胃

时性的管道(有如自食管下端延续的管)，使乳汁直接流入皱胃内。食管沟在成体逐渐退化。

4. *小肠*　哺乳动物的小肠高度分化，食物的消化、吸收主要在小肠内进行。家兔小肠总长度为体长的 10 倍，非常长，这与其草食性相关。肉食兽类的肠较短，如猫狗等的小肠的长度仅为体长的 3～4 倍。

小肠分为十二指肠、空肠和回肠 3 部分。以兔为例来说明：兔的十二指肠前端连接胃的幽门，全长超过 0.5 米，形成“U”字形弯曲。十二指肠“U”字形弯曲内的系膜上有散漫状的胰脏。胰管开口于十二指肠末端，故消化腺分泌的消化液多从十二指肠处与食物混合，对食物进行化学消化，食物中的大分子物质被分解成透光率较高的小分子物质进入空肠。空肠从外面观看是透明的，好像里面没有物质，故名空肠。空肠最长约 2 m，有很多弯曲，由肠系膜固定在腹腔内特定位置。回肠较短约 40 cm，管壁厚，以回盲系膜与盲肠相连，并以此与盲肠为界。空肠和回肠在外表上常以麦氏突相互隔开(图 16-6)。

食糜在小肠内受到肠液(肠腺分泌的)、胰液和胆汁 3 种消化液的消化。胰液和肠液呈碱性，均含有能够进一步分解蛋白质、脂肪和淀粉的酶。肝脏分泌的胆汁能够使大的脂肪块被乳化成微小的油滴而易于被其他消化腺分泌的消化酶消化，最后在乳糜管处被吸收进入淋巴循环系统。食糜在小肠内不仅经受化学性消化，同时经受小肠壁蠕动的机械物理消化。此时除纤维素外，淀粉、蛋白质和脂肪等营养物质已分别被分解为葡萄糖、氨基酸、甘油和脂肪酸等可被吸收的小分子物质。

小肠黏膜上有许多指状突起称为小肠绒毛。小肠绒毛密密地分布在小肠黏膜表面，极大地扩大了小肠的消化吸收面积。小肠绒毛表面是柱状上皮细胞，中央有一条乳白色的乳糜管和许多毛细血管，还有平滑肌纤维。平滑肌的收缩和舒张可使小肠绒毛进行收缩舒张运动。消化分解的小分子物质中氨基酸和葡萄糖进入毛细血管，甘油和脂肪酸则进入乳糜管，再分别通过血管和淋巴管汇入到血液循环中。小肠绒毛舒张时将营养物质吸入，收缩时将吸入的营养物质输送走，这样不停地运动即可完成营养物质的吸收和运输。

哺乳动物的小肠黏膜里含有丰富的淋巴组织，具有防护作用。有的淋巴组织形小、孤立存在称为孤立淋巴结；有的淋巴组织集结在一起形成集合淋巴结。集合淋巴结多分布在空肠后部和回肠，呈卵圆形隆起，颜色浅，透过肠壁可看出，集合淋巴结有 6～8 个。

5. *大肠*　经过小肠消化吸收后，食糜中剩下的残渣和原封未动的纤维素(任何一种消化液都不能分解草中的纤维素)随着肠道的蠕动来到大肠。大肠包括盲肠、结肠和直肠 3 部分。家兔的盲肠非常大，在所有家畜中，兔盲肠的比例是最大的，它相当于一个发酵口袋。盲肠的游离端有 1 个狭窄的蚓突。在回肠和盲肠相接处形成 1 个厚壁的膨大，称为圆小囊。圆小囊为兔所特有，内充满淋巴组织。结肠长约 1 m，分升结肠、横结肠和降结肠 3 部分。结肠靠前面部分有 3 条纵肌带，在纵肌带间的结肠壁隆起，形成一系列结肠膨袋，其作用是增加结肠的表面积，延缓肠内容物下行。直肠长 30～40 cm，直肠后端开口为肛门。大肠总体上比小肠短，黏膜上无绒毛，主要功能是吸收水分，其大肠腺分泌的碱性黏液可保护和滑润肠壁,以利粪便直接从肛门排出。

兔的盲肠与反刍动物的瘤胃相当,里面也繁育有大量的细菌和原生动物,草料中的纤维素靠这些微小生物分泌的纤维素酶进行发酵分解。结肠前段也同样有消化能力。盲肠和结肠有明显的蠕动和逆蠕动现象,即食糜在盲肠和结肠之间来回移动,使食糜中的纤维素在微小生物的作用下被充分分解,然后分解为可以被吸收的葡萄糖,由大肠壁吸收入体内,同时水分被逐渐吸收,完成整个消化过程。

6. 消化腺 哺乳动物的消化腺包括唾液腺、胃腺、肝脏、胰腺和肠腺,主要消化酶见表 16-1。唾液腺有 3 种,即耳下腺、颌下腺和舌下腺,能分泌唾液。肝脏是体内最大的腺体,位于腹腔前部,分 6 叶:右外叶、右中叶、左中叶、左外叶、方形叶和尾叶。胆囊呈长形,位于肝脏右中叶内。肝脏分泌的胆汁通过肝管汇合出肝,储存在胆囊中,再由胆囊发出胆总管,将胆汁输送到十二指肠中。胆汁能够使大的脂肪块被乳化成微小的油滴,只能发挥乳化的作用,不含消化酶,不能对脂肪彻底分解。肝的前面通过冠状韧带悬附于横膈的中央腱上。肝脏除能够分泌胆汁外,还具有调节血糖、储藏肝糖原、中和有毒物质、形成尿素、储藏血液、参与破坏红细胞及合成维生素的作用。胰脏位于十二指肠“U”字形弯曲的肠系膜上,呈散漫树枝状,其颜色和质地类似脂肪。胰脏分泌的胰液经胰管流入十二指肠参与在小肠中进行的化学消化过程。胰脏中的胰岛细胞还能够分泌胰岛素,参与糖类的代谢调节。

表 16-1 哺乳动物的主要消化酶

对应的腺体	消化酶的种类	作用的底物	最终产物
唾液腺	淀粉酶	淀粉	麦芽糖
胃腺	胃蛋白酶原,被盐酸激活后变为胃蛋白酶	蛋白质	肽
	凝乳酶	酪蛋白	凝集的酪蛋白
胰腺	淀粉酶	淀粉	麦芽糖
	胰蛋白酶原转变为胰蛋白酶	蛋白质	肽
	糜蛋白酶原转变为糜蛋白酶	糜蛋白酶原	糜蛋白酶
		蛋白质	肽
	肽链端解酶	肽	氨基酸
	脂肪酶	乳化的脂肪	脂肪酸和甘油
肠腺	淀粉酶	淀粉	麦芽糖
	麦芽糖酶	麦芽糖	葡萄糖
	蔗糖酶	蔗糖	葡萄糖和果糖
	乳糖酶	乳糖	葡萄糖和半乳糖
	肠激酶	胰蛋白酶原	胰蛋白酶
	肽链端解酶	肽	氨基酸
	脂肪酶	乳化的脂肪	脂肪酸和甘油

六、呼吸系统

细胞生命活动所需的能量来自营养物质的氧化分解,即细胞呼吸。营养物质的氧化分解需要氧气,分解的同时产生能量、二氧化碳、水及其他分解产物。为了细胞呼吸的持续进行,氧气的供应和二氧化碳的排出必须保持稳定。但动物只能在血液和组织液中储存少量的氧,所以动物需不断地从外环境吸进氧气供应细胞,并排出细胞所产生的二氧化碳。哺乳动物的呼吸系统包括呼吸道和肺两部分，呼吸道是气体进出的通道，肺是进行气体交换的部位。

1. 呼吸道　呼吸道由鼻腔、咽、喉和气管组成(图 16－7)。呼吸道有纤毛上皮运动、腺体分泌、喷嚏反射等一系列保护性的功能结构，用以阻止有害物质进入肺内。

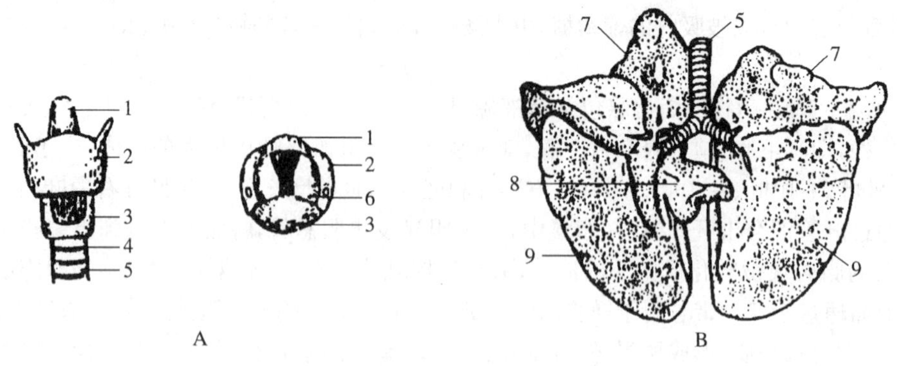

图 16－7　兔的喉和肺

A. 喉　B. 肺

1. 会厌软骨，2. 甲状软骨，3. 环状软骨，4. 气管软骨，5. 气管，6. 声带，7. 尖叶，8. 心叶，9. 膈叶

(1) 鼻腔：鼻腔是感受嗅觉的部位，也是空气入肺的起始部，鼻腔向前借外鼻孔与外界相通，向后经内鼻孔与咽相通。由于软腭出现所以内鼻孔后移，使鼻腔与口腔完全分开。鼻腔分为上端的嗅觉部分和下端的呼吸通气部分。嗅觉部分有复杂盘旋的鼻甲骨，鼻甲骨和鼻腔壁上覆有黏膜，黏膜上富于血管及腺细胞、纤毛上皮。鼻甲骨使覆在其上的黏膜面积大大增加。当空气通过鼻腔时，鼻腔可以使空气被温暖、湿润和除尘。空气在鼻腔内的净化对于正常呼吸过程非常重要，对肺具有保护作用。鼻腔上部的黏膜有丰富的嗅觉神经末梢及嗅觉细胞，是感受嗅觉的部位。哺乳动物的鼻甲骨伸入至头骨骨腔内形成鼻旁窦，鼻旁窦以狭窄的通道与鼻腔相通，进一步加强了过滤空气的作用，同时也是发音的共鸣器。

(2) 喉：喉位于气管上端咽后面的膨大部分，由肌肉、结缔组织和鳃弓演化的软骨组成，是空气入口和发声的器官。喉除了会厌软骨(喉盖)以外，由位于喉前方腹面的甲状软骨和位于喉基部的环状软骨构成喉腔。在环状软骨上方有一对小型的杓状软骨。在甲状软骨与杓状软骨之间，有黏膜皱襞构成的声带。声带通过紧张程度的改变及呼出气流的强度调节音调，是哺乳动物的发声器官。

(3) 气管：气管由一系列背面不衔接的软骨环("C"形软骨环)所支持(禽类是完整的软骨环)，食管的腹壁即位于气管环的缺口处。气管通入哺乳动物特有的胸腔后，分成左、右支气管入肺。气管内壁的黏膜具纤毛上皮和黏液腺，分泌的黏液可黏住吸入的空气中的尘粒，形成痰，在纤毛的作用下移向喉口，经鼻或口排出。

(4) 支气管：支气管进入肺内后一再分支，最后形成终末细支气管。每一终末细支气管连接一肺泡管。肺泡管通入若干肺泡囊，肺泡囊壁向外凸出半球形盲囊，即肺泡。肺泡之间有弹性纤维，伴随呼吸运动可使肺泡被动回缩。

(5) 肺：哺乳动物的肺位于胸腔内，外观海绵状，右肺常比左肺大，由覆盖在外表面的胸膜脏层和肺实质两部分组成。肺实质包括导管部(支气管树)、呼吸部(呼吸性细支气管和肺泡)和肺间质(肺泡间的结缔组织)3 部分。

肺泡壁是单层上皮细胞，毛细血管通入肺泡上皮细胞间。血液和肺泡腔之间的肺泡-毛细血管壁极薄，称为气-血屏障，厚仅 0.2～0.6 μm。气-血屏障有利于血液和空气之间进行快速的气体扩散。所以,肺泡是呼吸性细支气管末端的盲囊,由单层扁平上皮细胞组成,外面密布微血管,是气体交换的场所。这种支气管树结构,加上具有大量肺泡,使呼吸表面积极度增大,如人肺的肺泡大约有7亿个,总面积可达60～120 m^2。

2. 胸膜腔 胸膜分脏层和壁层两层,脏层紧贴在肺的表面,壁层紧贴在胸壁内面。两层之间形成的密闭腔隙,称为胸膜腔。正常情况下,两层胸膜相贴,中间有少量胸膜液使胸膜保持湿润,以减小呼吸运动时的摩擦。

呼吸道通畅时,肺泡内的气压与体外大气压的压力相等。胸膜腔是一个密闭的腔,由于肺具有弹性回缩力,胸膜腔内的压力始终低于肺内的压力,称为胸内负压。胸内负压的存在反过来又可限制肺的回缩,使肺保持扩张状态。如果胸膜腔的密闭性被打破,空气进入胸膜腔,即可使胸膜腔的气压与大气压相等,胸内负压将不复存在,肺即因弹性纤维的收缩而迅速萎缩,因此胸膜腔破裂会导致动物迅速窒息死亡。

3. 呼吸运动 因哺乳动物的体腔是借横膈膜将胸腔与腹腔分开,故其呼吸运动是通过横膈和肋骨的运动进行的。吸气时,膈肌收缩,圆顶变平,使胸腔拉长,同时肋间外肌收缩,肋骨前移使胸腔直径增大,使得胸腔扩大,肺内气压相比大气压降低了2～3 mmHg,外界空气经呼吸道流入肺内。呼气时,膈与肋间外肌舒张,使胸腔缩小,肺内气压比外界大气压高2～3 mmHg,肺内部空气被呼出。呼吸运动的频率受位于延脑的呼吸中枢控制。呼吸中枢发出的冲动沿运动神经传到肋间肌和横膈引起其收缩或舒张。

4. 氧气和二氧化碳的运输

(1) 氧气(O_2)的运输:在外呼吸时,扩散到血液内的O_2大多进入红细胞与血红蛋白结合,形成氧合血红蛋白(HbO_2);只有少量(约2%)的O_2溶解在血浆中,故O_2在血液中主要是与血红蛋白结合而运输到全身。血红蛋白与O_2结合的程度取决于氧分压(PaO_2)。当PaO_2较高时(如在肺泡毛细血管),HbO_2很容易与O_2结合;而当PaO_2较低时(如在组织毛细血管),又迅速与O_2分离。

(2) 二氧化碳(CO_2)的运输:CO_2的运输方向与O_2相反,运输方式也有区别。组织液内的CO_2扩散到血液中后,大多进入红细胞,在酶的催化下与水结合成碳酸(H_2CO_3),大部分H_2CO_3迅即离解为碳酸氢根离子(HCO_3^-)和氢离子(H^+)。部分CO_2直接与HbO_2结合成氨甲酰血红蛋白(CarHb)。还有少量CO_2溶解在血浆和红细胞中,上述反应都是可逆的。当血液流经肺泡处呼吸表面时,由于血液内的CO_2分压($PaCO_2$)比肺泡内高,来自组织毛细血管的CO_2迅速扩散到肺内,最后被排到体外。

血液中CO_2和H^+浓度的改变可引起呼吸中枢兴奋性的改变,所以血液中CO_2含量的改变以及肺内压力的变化,均能反射性地刺激呼吸中枢,以调整节律性的呼吸频率。吸气运动使肺泡膨大,引起位于肺泡周围的牵张感受器兴奋,所产生的兴奋冲动沿迷走神经传入延脑吸气中枢,使其抑制吸气,而产生被动的呼气运动,称为肺的牵张反射。大脑皮质可以控制呼吸中枢的活动,直接调整呼吸运动和发声。

(3) 哺乳动物呼吸的特点:①因为具有大量的肺泡囊和肺泡,气体交换的面积增加;②呼吸道完善而复杂,特别是喉头的构造复杂(也是发音器官);③由于内鼻孔后移,消化道和呼吸道分开;④呼吸的机械装置完善,出现了特有的肌肉质横膈。

七、循环系统

血液循环停止就意味着生命的结束,故血液循环是生命存在的显著信号之一。哺乳动物的体温能够保持恒定,在恒温下各种反应均被促进,为完成高而快的代谢,哺乳动物增加了对能量的需要,就要求血液循环能快速运动。比如人的一生,心脏搏动约260亿次,搏出的血量约为15万吨。在正常情况下,一个心动周期为0.75秒,由此可见血液循环的重要性,即血液循环每时每刻都必须

把 O_2 和养料运到全身各组织中去，把全身产生的 CO_2 水和废物带到肺、肾等器官，同时还要转运激素，调节全身的生理活动。

动物体内的水和溶解在水中的可溶性物质，总称为体液。体液大部分存在于细胞内，故称细胞内液。其余的体液称为细胞外液，包括细胞间液、血浆、淋巴液和脑脊液等。细胞外液是细胞生存的直接环境，也是组织细胞与外界进行物质交换的媒介，所以常被称为机体的内环境。外环境虽然可以发生激烈的变化，但内环境的各种理化因素（如 pH、温度、渗透压和化学成分浓度）始终都相对恒定，这叫机体的自稳状态。自稳状态是在血液参加运输的情况下完成的，只有自稳状态才能维持机体的正常生命活动。另外，体内许多生理、病理过程都依靠血液循环来完成。例如，伤口血液的凝固，白细胞吞噬和分解外来的微生物和机体内的坏死组织以来抵抗和消灭侵入体内的细菌和病毒等。

哺乳动物的循环系统由心脏、动脉、静脉和血液组成。

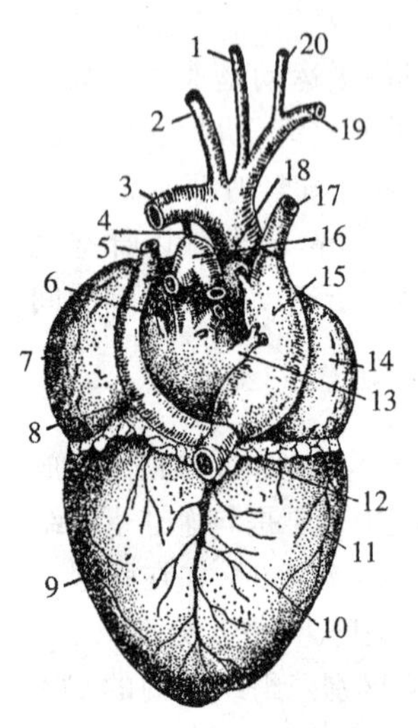

图 16-8　兔的心脏（背侧面）

1. 颈总动脉，2. 锁骨下动脉，3. 主动脉弓，4. 动脉韧带，5. 左前腔静脉，6. 左肺静脉，7. 左心房，8. 左前腔静脉，9. 左心室，10. 背纵沟，11. 右心室，12. 后腔静脉，13. 右肺静脉，14. 右心房，15. 右心房静脉窦，16. 肺动脉，17. 右前腔静脉，18. 主动脉弓，19. 锁骨下动脉，20. 颈总动脉

1. 心脏　心脏位于胸腔中偏左的心包腔内，心包腔内有大量的液体，可减少心脏搏动时的摩擦。心脏具完整的 4 腔：左、右心房和左、右心室。体静脉回来的血液流入右心房，再流入右心室。肺动脉从右心室发出后分支进入肺；从肺静脉归来的多氧血注入左心房，流入左心室，再经体动脉运到全身。心脏的左右两部分之间有完整的间隔，即房间隔和室间隔。心房和心室之间有膜质的瓣膜，即房室瓣：左侧的房室瓣是二尖瓣，右侧的房室瓣称为三尖瓣。每个瓣膜的游离缘都通过腱索与心室壁的乳头肌相连。当心室舒张时，房室瓣开放，允许血液由心房流向心室；当心室收缩时，房室瓣受血液压迫关闭房室口，防止血液倒流入心房。另外，在体动脉和肺动脉发出处各有 3 个半月瓣，防止心室舒张时，血液倒流入心室。所有这些瓣膜的作用是防止血液倒流，使血液朝一个方向流动（图 16－8）。

哺乳动物心脏的起搏点在窦房结，窦房结每兴奋一次，心脏就跳动一次。窦房结位于右心房前腔静脉的入口与右心房之间的心外膜下。房室结位于右心房接近房中隔下缘靠近冠状窦处。房室束是房室结发出的纤维束，分为左右两束。左束穿过室中隔，反复分支形成浦肯野纤维（刺激传导纤维），后再与心肌纤维相连。心脏的兴奋从窦房结开始，传至心房肌纤维，并引起左、右心房同时收缩。然后传至房室结，经房室束，浦肯野纤维传至左、右心室肌纤维，从而引起左、右心室同时收缩。

2. 动脉　哺乳动物仅具有左体动脉弓。体动脉从左心室发出后，弯向背方为背大动脉，直达尾端。沿途发出各个分支到达全身。颈总动脉和锁骨下动脉从体动脉弓上发出的位置有许多变化，甚至同一种动物不同个体也有变异。从爬行动物开始，锁骨下动脉的位置向前移，到哺乳动物时移到与颈总动脉相近处。右锁骨下动脉、右颈总动脉和左颈总动脉相融合成一总干，称为无名动脉（或称头臂动脉）。左锁骨下动脉则独自由体动脉弓发出。动脉弓在发生上的演变与鸟类一样，仅保留了颈动脉干、体动脉干和肺动脉干，分别代表胚胎时期的第Ⅲ、Ⅳ、Ⅵ对动脉弓。将右心室的血液输送到肺部的血管为肺动脉，它分成两支分别进入左、右肺。

3. 静脉　哺乳动物的静脉主干趋于简化，表现在肾门静脉、腹静脉完全消失，多数种类为非对称性的，即仅有 1 条右前大静脉，而左前大静脉退化。体静脉主要由前大静脉（前腔静脉）和后大静脉（后腔静脉）组成。家兔有 1 对前大静脉（如啮齿类、单孔类、有袋类、食虫类、翼手类，长鼻类和部分有蹄类也是 1 对）。哺乳动物在胚胎时期还形成心脏上的冠状静脉窦。2 条前大静脉和 1 条后大

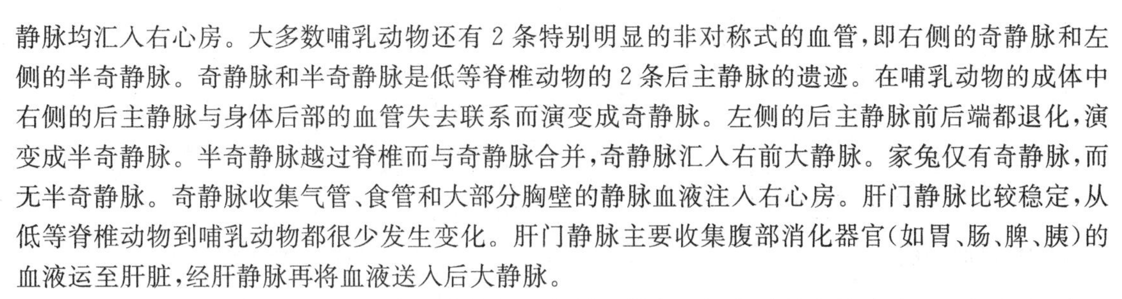

静脉均汇入右心房。大多数哺乳动物还有2条特别明显的非对称式的血管，即右侧的奇静脉和左侧的半奇静脉。奇静脉和半奇静脉是低等脊椎动物的2条后主静脉的遗迹。在哺乳动物的成体中右侧的后主静脉与身体后部的血管失去联系而演变成奇静脉。左侧的后主静脉前后端都退化，演变成半奇静脉。半奇静脉越过脊椎而与奇静脉合并，奇静脉汇入右前大静脉。家兔仅有奇静脉，而无半奇静脉。奇静脉收集气管、食管和大部分胸壁的静脉血液注入右心房。肝门静脉比较稳定，从低等脊椎动物到哺乳动物都很少发生变化。肝门静脉主要收集腹部消化器官（如胃、肠、脾、胰）的血液运至肝脏，经肝静脉再将血液送入后大静脉。

4. *心脏壁的血管* 心脏壁本身的营养由冠状循环供应。冠状动脉由体动脉弓基部发出，有左右两支，分别分布于左、右心室外壁。冠状静脉共有4条，分别回收心壁的血液进入右心房。

5. *血液* 哺乳动物的血液总量占体重的7%～8%，由血细胞和血浆构成。血细胞包括红细胞、白细胞和血小板。红细胞的体积小，数量多，含血红蛋白多，无核，圆盘状（骆驼的红细胞为卵圆形），双凹形，与氧气的接触面积更大，运载氧的能力强。

八、淋巴系统

淋巴系统是血液循环系统的一个重要的组成部分，其功能是辅助静脉将组织液运回心脏、输送某些营养物质、制造淋巴细胞和产生免疫。淋巴系统包括淋巴液、淋巴管、淋巴结和其他淋巴器官。

1. *淋巴管* 淋巴管是输送淋巴液的导管。淋巴液是无色透明的水样液体，由淋巴浆、单核细胞、脂肪及淋巴细胞等共同组成。淋巴浆为黄色，成分与血浆通过毛细血管渗入组织间隙的组织液相似，组织液通过渗透方式进入毛细淋巴管后即改称为淋巴浆。淋巴管起源于先端为盲端的毛细淋巴管，管径较小。许多毛细淋巴管汇合而进入淋巴结的淋巴管，称为输入淋巴管；出淋巴结后称为输出淋巴管。淋巴管内有许多瓣膜，用以防止淋巴液倒液。全身各部分的淋巴管最后均汇入胸导管和右淋巴导管。

2. *胸导管* 胸导管汇集全身3/4的淋巴液。胸导管的起始部位是膨大的乳糜池，乳糜池汇集后肢、骨盆腔、腹壁和腹腔内脏器官的淋巴管。胸导管沿主动脉左侧前行，再汇集左侧头部、颈部、胸壁及左前肢的淋巴液，在颈的基部与静脉相连接，最终经左前腔静脉回心脏。

3. *右淋巴导管* 右淋巴导管比胸导管短小，汇集右侧头、颈、胸腔内器官和胸壁及右前肢的淋巴液，最后注入右前腔静脉的起始部。

4. *淋巴液* 淋巴液只做从组织到静脉再到心脏的单向向心流动。淋巴管输送组织液回心，对维持血量的恒定有重要作用，同时也是脂肪运输的主要途径。小肠绒毛内乳糜管吸收的脂肪就是经过胸导管输送到血液中的。

5. *淋巴结* 淋巴结多呈肉色，形状、大小不一，通常数个集聚在一起，遍布在淋巴管的通路上。淋巴结群常位于颈部、腋下、腹股沟（鼠蹊部）及小肠肠系膜上。淋巴结能制造淋巴细胞并吞噬侵入体内的病原微生物，因此具有过滤免疫的作用。当身体某部分受到病原微生物侵袭时，常常会首先引起淋巴结的特异反应，如肿胀。

6. *脾* 脾呈长形、暗褐色，位于胃大弯的左侧。其功能包括：①产生淋巴细胞、浆细胞并参与免疫反应；②吞噬并清除血液中的异物和细菌等；③吞噬血液中衰老的红细胞，使红细胞在脾中崩溃瓦解，红细胞的血红蛋白和铁质等得到回收再用于造血；④脾脏还是一个血库，平时储存大量的血液，当机体需要时，即可送入血液循环中。

7. *胸腺* 胸腺位于心脏腹面稍前方胸骨内壁上，幼体时发达，随着年龄增大而变小，性成熟前开始萎缩。胸腺能产生淋巴细胞和分泌胸腺素。胸腺产生的胸腺素能诱导原始淋巴细胞转化为有免疫活性的淋巴细胞，并在全身的淋巴器官内大量增生。如果在初生期摘除哺乳动物的胸腺，动物全身的淋巴组织会发育不良，排斥异体组织的能力也显著降低。如在成体时摘除胸腺，因具有免疫功能的淋巴细胞已遍布各淋巴器官中，产生的影响则不会太严重。

总之，哺乳动物的淋巴系统发达，尤其是淋巴结遍布全身、极度发达，这是恒温动物对防御细菌保护自身的一种特殊的免疫机制。另外，哺乳动物的动脉和静脉血管内的压力都很大，组织液很难通过静脉回心脏，所以淋巴系统发达，淋巴液流动缓慢，可维持血管内有足够的血量。淋巴管是协助体液回流的途径，是静脉的辅助管道。

九、排泄系统

哺乳动物的排泄系统由肾脏(泌尿)、输尿管(导管)、膀胱(储尿)和尿道(排尿途径)共同组成的。此外，皮肤因可以排泄汗液，也是哺乳动物的排泄器官。肾脏的主要功能是排泄代谢废物，参与水和盐及酸碱平衡的调节，用以维持有机体内环境理化性质的稳定。肾素在肾小球附近的球旁细胞产生，有助于促进内分泌腺所分泌的血管紧张素的活性。

1. *肾脏* 哺乳动物有 1 对肾脏，为后肾，位于腹腔背面脊柱两侧，左肾靠后，右肾靠前。肾的内缘凹入称为肾门，是输尿管、血管和神经出入的门户。纵剖肾脏，在截面上可区分出皮质、髓质和肾盂 3 部分。外层为皮质，红褐色，由许多肾小体组成；内层为髓质，颜色较淡，有放射状的纹线，实际由肾小管和集合管组成(图 16-9)。肾盂为输尿管起始端的膨大部分，呈漏斗状。髓质伸入肾盂的部分呈乳头状，称为肾乳头。肾脏的实质是由许多泌尿的肾单位和排尿的集合小管构成。肾单位是泌尿的基本单位，由肾小体和肾小管组成，数量很多，每个肾脏可有数十万甚至于数百万肾单位，如人肾的肾单位有 300 万个。肾小体散于皮质内，由毛细血管盘曲形成的肾小球及包在其外的双壁的肾小囊构成，呈颗粒状。肾小球是一个弯曲盘绕成球形的毛细血管网，血液由入球小动脉流入，经肾小球后由出球小动脉流出。肾小囊是肾小管的起始部分，类似一个双层壁的杯子包在肾小球外面。血液流经肾小球时，由于过滤作用形成原尿而进入肾小囊。原尿经过肾小管时，大部分水、无机盐离子和几乎全部葡萄糖被重吸收而形成终尿，终尿中只含有少量水、多余的盐分和尿素。肾小管分为近曲小管、髓襻和远曲小管 3 段，许多肾小管的尿液汇入集合管，再经由许多集合管汇合于肾乳头，开口于肾盂，由输尿管汇入膀胱暂时储存，最后经尿道排出体外。雄性尿道是尿液和精液的共同通道，雌性尿道仅排尿液。

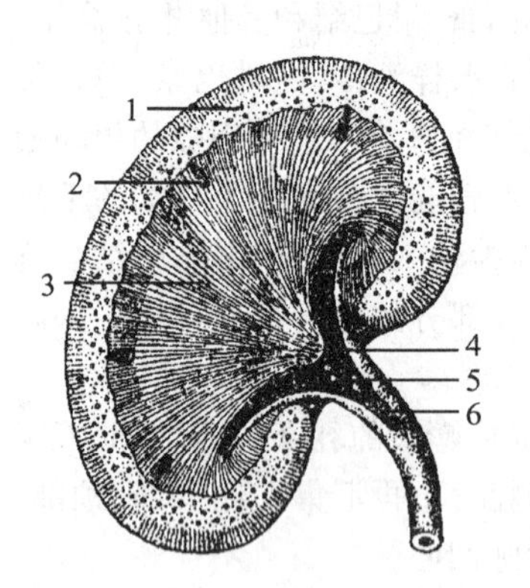

图 16-9　兔的肾脏纵切面

1. 皮质，2. 肾盏，3. 髓质，4. 肾锥体，5. 肾盂，6. 肾门

2. *尿的形成* 尿的形成包括肾小球的滤过作用、肾小管和集合管的重吸收作用及肾小管和集合管的分泌作用 3 个阶段。

首先，血液流经肾小球时，由于出球小动脉的管径小于入球小动脉，使毛细血管内的血压增加，因此血浆中的大部分物质和水(蛋白质除外)可通过毛细血管壁而进入肾小囊。这可通过下面的小实验进行验证：用微细管吸取肾小球滤出液进行分析，发现它除缺少蛋白质和血细胞外，其他成分与血浆一样，而分析取自输尿管的液体则与尿的成分相同。该实验说明肾小球的滤出液在通过肾小管的时候改变了成分。

其次，近曲小管为选择性吸收，即当肾小囊内的滤液通过肾单位的近曲小管时，大部分水和氯化钠及几乎全部的葡萄糖被重吸收，而尿素、尿酸、肌肝等极少或完全不被重吸收。滤液进入髓襻时，与血液是等渗的，尿的浓缩是通过髓襻部的对流系统进行的。髓襻降支的壁可透过水及 Cl^-、Na^+，其中 Cl^- 和 Na^+ 扩散入管，而水扩散出管。髓袢的升支壁相对地不能扩散透过水和 Cl^-、Na^+，但可以把 Cl^- 和 Na^+ 主动转运到组织间隙中去。重复通过对流的降支与升支后，尿液内的水逐渐减少，因而髓部的组织液从外到内保持着很大的渗透压梯度。

最后尿的浓缩是在集合管内进行。进入集合管时其渗透压与髓质外缘的组织液相等，在通过集合管时，周围组织液的浓度逐渐增大。此时，抗利尿激素作用于集合管，提高了集合管对水的通透性，使水扩散到组织液中，从而完成对水的重吸收。实验证明，肾小球 24 小时的滤出液量大于同时间内尿的生成量，这就说明肾小管每天都重吸收大量的水分。例如，哺乳动物尿的浓缩能力为 30～2 100 mmol，相当于血浆浓度的 1/10～7 倍。肾脏的这种浓缩能力在生活于沙漠中的动物身上尤为突出，有些沙漠地区啮齿兽的尿呈结晶状态。

除滤过和重吸收作用外，肾小管的管壁细胞还可将代谢产生的 NH_3^+、H^+ 及血浆中的肌酐、K^+ 及药物(如青霉素等)等转运到管腔中参加尿的形成，这一过程称为分泌。分泌主要发生在远曲小管，也可发生在近曲小管和集合集。分泌的方向与重吸收相反。

3. *尿素的形成* 氨基酸由消化系统吸收后主要用于蛋白质的合成，多余的氨基酸不能在体内储存，而是在脱氨酸的作用下脱氨，脱下的氨基转变成氨(NH_3)，其余的部分变成糖类。这些糖类或参加细胞的生物氧化，或转变成糖原或脂肪储存起来。体内的氨毒性很强，即使是很低的浓度也会对身体造成极大的伤害，所以必须迅速地转变为相对无毒的尿素。脱氨和尿素的形成均在肝内进行，然后由血液将尿素带到肾排出，其是肾排出的主要含氮废物。血液中渗透压的恒定及酸碱平衡等，是在中枢神系统的控制下，通过内分泌改变肾小管对盐类的选择性的重吸收作用，以及抗利尿激素对远曲小管水分的主动吸收作用实现的。

十、神经系统和感觉器官

哺乳动物具有高度发达的神经系统，能够有效地稳定和协调体内外环境，接收来自全身各处的感觉冲动，传递信息、储存信息、分析信息，并迅速做出判断和反应。哺乳动物的神经系统包括中枢神经系统、周围神经系统和交感神经系统。哺乳动物的中枢神经系统，尤其是大脑，特别增大并复杂化，形成了高级神经活动的中枢。

(一) 中枢神经系统

哺乳动物的中枢神经系统包括脑和脊髓。脑包括大脑(端脑)、间脑、中脑、小脑(后脑)和延脑(延髓)5 部分(图 16 - 10)。

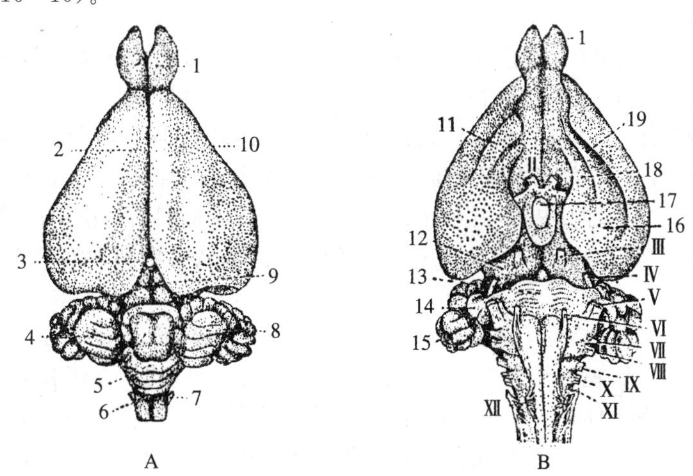

图 16 - 10 兔的脑

A. 背侧面 B. 腹侧面

1. 嗅球，2. 大脑纵裂，3. 松果体，4. 左小脑半球，5. 蚓部，6. 延脑，7. 副神经，8. 右小脑半球，9. 中脑，10. 大脑半球，11. 嗅沟，12. 大脑脚，13. 脑桥，14. 小脑半球，15. 小脑绒球，16. 梨状叶，17. 脑下垂体，18. 内侧嗅索，19. 外侧嗅索

注:罗马数字代表不同的脑神经

1. 大脑　哺乳动物的大脑特别发达，重量较重，体积大，尤其是大脑皮质高度发达。哺乳动物由低等到高等，大脑半球在整个脑中所占比例逐渐增大，如兔的大脑半脑遮盖住了中脑；犬的大脑已将小脑遮盖了一部分；而类人猿的大脑半球将小脑完全遮盖，而且厚度达 3 mm。从大脑剖面图上可见外层呈灰白色，由灰质组成，即大脑皮质。大脑皮质表面有沟和回产生：表面凹入的称沟，沟间的隆起称回。沟回的形成大大增加了大脑皮质的表面积。一般地说，低等哺乳动物的大脑皮质很少，甚至没有沟和回，如兔。而高等类群的沟回则很多，如人的大脑沟回就极多。将人的大脑沟回展开，则大脑皮质的表面积可达 2 000 cm^2，容纳的神经细胞多达 100 亿个。每个大脑半球又可分为以下部分：①前部的额叶，主管运动；②后部的枕叶是视觉区；③侧部的颞叶主管听觉；④顶部是一般感觉区；⑤两半球之间又称边缘叶等。皮质下部为白质，呈白色，由神经纤维构成，又称髓质。髓质由 3 种神经纤维构成：①与其他中枢联络的投射纤维；②通过胼胝体连接左右半球的联合纤维；③同侧半球的联络纤维。大脑皮质的发展将原脑皮推挤到侧脑室中成为海马；而原始的古脑皮也由于大脑皮质的延伸而退居至腹面成为梨状叶，以嗅沟与大脑皮质为界。海马和梨状叶仍主管嗅觉。

嗅脑：嗅脑位于大脑前方腹面，包括嗅球、嗅束、梨状叶及海马，均与嗅觉有关，故总称为嗅脑。嗅脑的外侧缘以嗅沟与大脑皮质分开。嗅球在大脑半球的前端，腹侧有大量短的嗅丝，即嗅神经。嗅球后方以嗅束连梨状叶。梨状叶为一个三角形隆起，形成大脑的后腹部。海马位于侧脑室中，是一个弯曲的白色宽带状隆起，从脑前内侧斜向后外侧。

胼胝体：胼胝体是哺乳动物所特有的、在两个大脑半球之间的、带状横行的白色神经纤维连合。由胼胝体后端折向下有一个弓状纤维束，称为穹隆，连接海马和丘脑下部的乳头体。

纹状体：纹状体是大脑基底的基底神经核，位于侧脑室的前腹侧。纹状体是包埋于白质内的灰质团，由尾状核、豆状核及其两核间的白质通道(内囊)所组成，是投射纤维的必经之路。外观呈灰白相间的条纹，故称为纹状体，其功能是协调各种动作。在鸟类，纹状体最发达，是最高的运动中枢。而在哺乳类，随着大脑皮质的发达，纹状体退居次要地位，成为调节运动的皮质下中枢，受大脑皮质的控制。

侧脑室：侧脑室是大脑半球的内腔，有左、右两个侧脑室，也称第一脑室、第二脑室，两个侧脑室经室间孔与第三脑室相通。

2. 间脑　间脑主要由背方的丘脑(视丘)和腹面的丘脑下部及第三脑室组成，大部分被大脑所覆盖。视神经从间脑腹面发出，构成视神经交叉，其后借一柄连接重要的内分泌腺脑下垂体。间脑顶部有长柄状的松果体(松果腺)，松果体也是内分泌腺，可抑制性早熟和降低血糖。

丘脑：丘脑又称视丘，是间脑两侧灰质集中的地方，为成对的椭圆形的灰质核团，斜位于纹状体和中脑之间，构成第三脑室的侧壁。丘脑是神经纤维由低级中枢向高级中枢传递的中转站，来自于全身的感觉冲动(嗅觉除外)均集聚此处，在这里交换神经元，然后再到大脑皮质。经更换神经元后达于大脑。

丘脑下部：丘脑下部包括位于间脑底部的视神经交叉、脑漏斗和脑下垂体等。视神经从丘脑下部发出，构成视神经交叉；视神经交叉后方是扁平隆起的灰结节；其后方接乳头体。脑漏斗的末端与脑下垂体相连。脑下垂体是一个内分泌腺，故丘脑下部是重要的神经内分泌部位。丘脑下部是自主神经活动调节、体温调节、性活动及睡眠等的高级中枢。实验证明：丘脑下部控制着糖代谢和脂肪代谢，能够调节体温；刺激丘脑下部后区的神经核，引起交感神经兴奋所特有的反应；刺激丘脑下部前区的神经核，可出现明显的副交感神经兴奋所产生的反应。间脑的脑室称为第三脑室，前面经室间孔与侧脑室相通，后面则通向大脑导水管。此外，在视神经(视束)的上方有视上核，在第三脑室侧壁中有室旁核。

3. 中脑　哺乳动物的中脑位于延脑和间脑之间，体积甚小，背面有大脑半球覆盖。中脑可分四叠体和大脑脚两部分，其内腔即是中脑水管(大脑导水管)。中脑水管仅为一个狭缝，借此狭缝与第三脑室和第四脑室相通。

四叠体：四叠体是中脑背面由纵沟和横沟形成的4个圆形隆起，前两叶称为前丘，为视觉反射中枢；后两叶称为后丘，为听觉反射中枢。中脑的底部(腹侧)加厚，构成大脑脚，是脑和脊髓之间的神经纤维传导路径，由下行的运动神经纤维束构成。在大脑脚内有红核和黑质两个重要的神经核，有调节肌肉紧张和协调肌肉活动的作用。

4. 小脑　哺乳动物的小脑相当发达，不仅体积增大，而且出现了哺乳动物所特有的小脑半球(新小脑发生)。小脑位于大脑后方，脑桥和延髓的背方，近似球形，表面有沟回。小脑分为5部分：中央部分为蚓部，两侧是发达的小脑半球，小脑半球的两侧又分出小脑绒球(小脑卷)。在系统发生上，发生较早的是蚓部和小脑绒球，分别称为古小脑和旧小脑，主管平衡和肌肉紧张度。两栖动物的小脑相当于蚓部，爬行动物则加上小脑绒球，只有哺乳动物才出现小脑半球。小脑半球是与大脑皮质平行发展起来的新小脑，参与随意运动。越是高等的种类，小脑半球越发达，在低等的哺乳动物单孔类，小脑半球就不明显。从小脑的纵面可以区别为表层的由灰质构成的皮层和内部由白质构成的髓质两部分。由于白质深入到灰质中去，呈树枝状，故又称小脑髓树。在小脑半球的白质中有一对较大的灰质团块叫齿状核。小脑腹面的突起形成脑桥，为哺乳动物所特有。脑桥位于大脑脚和延脑之间，呈白色弓状横隆起，内有大量横走的神经纤维，连接左、右两小脑半球，并有许多纵走的神经纤维联系大脑、间脑、中脑和延脑，纤维束间有许多神经核，所以脑桥是大脑皮质和小脑之间联系的桥梁。大脑和小脑越发达，脑桥就越发达、明显。小脑是运动协调和维持躯体正常姿势的平衡中枢。

5. 延脑　延脑位于小脑腹面，前端接脑桥，后端连脊髓。延脑为前宽后窄的扁柱形，背侧前方稍凹陷，与小脑之间构成第四脑室的后底壁，前端两侧与小脑相连。延脑是脊髓前端的直接延续，结构与脊髓有相似之处，外面是白质，内部是灰质，但灰质不成蝴蝶形，而是分散成许多灰质团块，称为神经核。所谓神经核是指由功能相同的神经细胞体聚集成团块状，分散在白质中。在延脑内重要的神经核是前庭核，此外还有网状结构。网状结构是由纵横交错的纤维网和散在其中的神经细胞构成的。延脑神经核的神经纤维与相应的感觉和运动器官相联系，是许多内脏器官反射活动的中枢，如呼吸、消化、循环、汗腺分泌及各种防御反应(如咳嗽、呕吐、泪分泌、眨眼等)，又称活命中枢。延脑背面正中有纵走的背正中沟，是脊髓背正中沟的延续，沟的两侧是有纵走的索状隆起，称为绳状体。延脑腹面有从脊髓延续来的腹正中裂，腹正中裂两侧有纵形的隆起称为锥体，是由大脑皮质发出的运动神经纤维构成的。锥体后侧的神经纤维大部分互相交叉到对侧，形成锥体交叉。从延脑发出后7对脑神经(展神经、面神经、听神经、舌咽神经、迷走神经、副神经和舌下神经)与机体的各种感觉器和效应器发生联系，并且通过各种前行和后行传导路经与中枢神经系统其他部位保持密切联系。

脑干：脑干是指脑中除大脑、间脑和小脑以外的部分，包括中脑、脑桥和延脑。脑干上接间脑，下连脊髓，背面与小脑相连。脑干背侧与小脑间形成的空腔，称为第四脑室。脑干内灰质不连续而是以神经核形式存在，既包括脑神经的神经核，也包括与传导束有关的神经核。

6. 脊髓　脊髓呈扁圆柱形，位于椎管内，前端接近脑，后端变细形成脊髓圆锥，圆锥后部延长成终丝。脊髓全长有两个膨大：一个是颈膨大，位于颈部与胸部之间，是臂神经丛分出的部位；另一个是腰膨大，位于腰部，是腰神经丛分出的部位。膨大的产生和发达与四肢的发达程度有关，如兔的颈膨大不明显，而腰膨大甚明显。

(1) 脊髓的结构：在脊髓的横断面上，可见背正中沟和腹正中裂。背正中沟和腹正中裂把脊髓分成对称的左右两半。脊髓的灰质位于内部，呈蝶形，色较深；白质在灰质外围，色较浅。灰质主要是由神经细胞体、树突及神经胶质组成；白质是由大量轴突组成的传导路径所构成。白质能够把神经冲动由脊髓传到脑(上行传导束)，由脑传到脊髓(下行传导束)或由脊髓的这一部位传到脊髓的另一部位(固有束)。在灰质的中央有一个管,称为中央管。中央管内有脑脊液,与前面的脑室相通。两边的灰质各向背、腹侧伸展形成背柱(断面上称背角)和腹柱(断面上称腹角)。脊髓灰质的背柱是中间神经元所在处,腹柱为传出神经元所在处。在脊髓胸、腰段的背、腹柱之间还有侧柱(断面上称侧角),是交感神经元所在处。在脊髓的两侧有连于背角的脊神经背根(感觉根)和连于腹角的脊神经腹根(运动根),在脊神经背根上有脊神经节,脊神经节内含有感觉神经细胞的细胞体。腹根上则无脊神经节。背根和腹根在脊髓外面相互混合成脊神经,经椎间孔离开椎管。

(2) 脊髓的功能:脊髓可传导兴奋和实现反射活动。反射是由感受器接受刺激,通过中枢神经系统而引起效应的活动的过程,反射是通过反射弧进行的。神经系统的基本活动方式是反射活动。反射只有在反射弧结构完整时才会发生。脊椎动物的反射弧包括5部分:感受器、感觉神经元、中间神经元、运动神经元和效应器。反射的过程如下:外界刺激作用于感受器后,使感受器发生兴奋,兴奋以神经冲动的方式经突触传递到感觉神经元的树突,神经冲动经过感觉细胞体沿轴突进入中枢神经系统,到达中间神经元的树突和细胞体,再经中间神经元传导到运动神经元,最后经运动神经元的轴突到达效应器,使效应器发生相应的活动。中枢神经系统内参于某一反射的神经元即为该反射的反射中枢。反射中枢包括中间神经元和运动神经元的细胞体以及两个联系突触。复杂的反射弧则包含多个中间神经元,至少有两个或更多的联系突触。在脊髓的不同节段,有着不同的脊髓反射中枢。当然,所有的脊髓反射中枢都是在中枢神经系统高级部位的控制下进行活动的。

7. 脑室、脑脊膜、脑脊液和脉络丛

(1) 脑室:脑和脊髓里面都是中空的,在脊髓里面的空腔是中央管,在脑中的空腔即为脑室。两个大脑半脑内是两个侧脑室(第一、第二脑室),侧脑室共同以室间孔(孟氏孔)通向间脑室,间脑室也称为第三脑室。中脑的空腔狭窄,称为中脑水管,或称为大脑导水管。中脑水管前面通往第三脑室,后端连接第四脑室。延脑的脑室为第四脑室,后面与脊髓的中央管相通。

(2) 脑脊膜:在脑和脊髓的表面,均包括3层膜,从外向里分别称为:硬膜、蛛网膜和软膜。硬膜紧贴颅腔内(脑硬膜)及椎管内(脊硬膜),是致密结缔组织膜,坚韧而有光泽。硬脑膜向脑内突出两个中隔,位于两个大脑半球之间的纵裂中的中隔称为大脑镰,分隔大脑与小脑的中隔称为小脑幕。硬膜下方为硬膜下腔。蛛网膜位于硬膜与软膜之间,是一层透明的薄膜。在蛛网膜与软膜之间的空腔为蛛网膜下隙,腔中含有脑脊液。脑和脊髓的蛛网膜下隙是相通的。软膜为最内层紧贴脑(脑软膜)或脊髓(脊软膜)表面的薄膜,软膜内有丰富的血管和神经。脑的蛛网膜与脑软膜紧贴,两层膜不易分清。

(3) 脑脊液:脑脊液充满于脑室、脊髓中央管以及蛛网膜下隙中,可供给脑和脊髓细胞的营养,能带走新陈代谢产生的废物,还具有调节颅内压力的作用。脑脊液不断地由脉络丛过滤血液而产生,之后沿脑室和蛛网膜下隙流动,在脑和脊髓的表面循环以后,通过脑硬膜上的静脉窦回流入颈内静脉,形成脑脊液的循环。

(4) 脉络丛:脉络丛中间有极丰富的血管,是脑顶的上皮组织与脑软膜相结合而成,包括位于间脑顶部伸入侧脑室中的前脉络丛和位于第四脑室顶部的后脉络丛。

(二) 外周(周围)神经系统

外周(周围)神经系统是指联系中枢神经系统和身体各部分器官之间的神经,包括脊神经和脑神经。

1. 脊神经　脊神经是指由脊髓发出的神经,每个体节有1对,是由脊髓的背根和腹根相结合而成的混合神经。家兔共有37～38对脊神经,其中颈部8对、胸部12～13对、腰部7对、荐部4对、尾部6对。感觉神经纤维自背根进入脊髓,通过突触与中间神经元的树突相接。背根的扩大部为背根神经节,是感觉神经元细胞体的所在之处。运动神经纤维经腹根通出脊髓,其细胞体在脊髓灰质的腹侧。背根和腹根合并成脊神经,经椎间孔通出椎管,合并后的脊神经再发出背支分布到躯体背部的皮肤和肌肉。腹支分布到躯体腹面的皮肤和肌肉。交通支(脏支)与交感神经节相连。

2. 脑神经 哺乳动物有12对脑神经，有的具有感觉功能，有的具有运动功能，有的是混合功能的。12对脑神经的名称、起点、分布和功能见表16-2。(记忆口诀：一嗅二视三动眼；四滑五叉六外展；七面八听九舌咽；十迷走，十一副，十二舌下神经连)

表16-2 脑神经的名称、起点、分布及功能

对序	名称	表面起点	分布	功能
0	终神经	前脑	鼻黏膜	可能为嗅觉
Ⅰ	嗅神经	嗅球	嗅黏膜	嗅觉
Ⅱ	视神经	间脑腹面	视网膜	视觉
Ⅲ	动眼神经	中脑腹面	眼肌：上直肌、下盲肌、下斜肌、内盲肌	运动
Ⅳ	滑车神经	中脑两侧	眼肌	上斜肌
Ⅴ	三叉神经	延脑两侧	面部皮肤、齿、舌及咀嚼肌	混合，主要为感觉
Ⅵ	展神经	延脑腹面	眼肌：外直肌	运动
Ⅶ	面神经	延脑两侧	面部肌肉、舌前部的味蕾、唾液腺	混合，主要为运动
Ⅷ	听神经	延脑两侧	内耳膜迷路	听觉
Ⅸ	舌咽神经	脑两侧	咽肌、舌后部的味蕾、腮腺	混合
Ⅹ	迷走神经	延脑两侧	咽、喉、气管、食管、胸部及腹部各脏器	混合
Ⅺ	副神经	延脑两侧	喉及气管的横纹肌，颈部和肩部的一些肌肉	混合
Ⅻ	舌下神经	延脑腹面	舌肌及颈部肌肉	运动

(三) 自主神经系统

自主神经又称为植物神经，是指分布于内脏、血管平滑肌、心肌及腺体的运动(传出)神经，即内脏运动神经或内脏传出神经，其主要功能是调节动物机体内脏器官的活动和新陈代谢过程，保证机体的正常生理功能，包括交感神经和副交感神经。交感神经和副交感神经一般均作用于同一个器官上，其功能是互相拮抗、对立统一的。

1. 自主神经与躯体神经(脊神经和脑神经)比较所具有的特点

(1) 从分布的范围和功能上：自主神经仅分布于心肌、内脏平滑肌和腺体，在中枢神经的控制下，调节内脏活动；而躯体神经仅支配骨骼肌的运动。

(2) 从发出部位上：自主神经只从中脑、延脑、脊髓的腰、胸和荐段发出；而躯体神经则从脑和脊髓的全长发出。

(3) 从中枢到效应器的路径上：自主神经由中枢发出以后，不直接到达所支配的器官，而是先进入交感或副交感神经节，再由神经节内的神经元发出神经纤维到达所支配的器官。因此，从中枢到外周效应的自主神经的路径总是由两个神经元组成的：一个神经元在脑或脊髓内，称为节前神经元，节前神经元发出的纤维称为节前纤维；另一个神经元在自主神经节内，称为节后神经元，节后神经元发出的纤维称为节后纤维。因此，一根节前纤维的兴奋可以传给很多节后纤维，引起较多效应器发生反应。而躯体神经从中枢到外周效应器仅由一个神经元组成，其细胞体在中枢神经内。

(4) 从纤维结构上：自主神经纤维比一般躯体神经细，节后纤维无髓鞘。

(5) 从所支配的器官上：内脏器官一般都由交感神经和副交感神经双重共同支配，两者对同一个器官的支配是拮抗的，对立统一的。例如，交感神经可使胃分泌活动兴奋，而副交感神经则可抑制胃分泌活动；交感神经抑制小肠平滑肌的活动，而副交感神经兴奋其活动，所以只有交感神经和副交感神经的相反而又协调的作用，才能保证机体正常的生理活动。

2. 自主神经系统

(1) 交感神经系统：自主神经由位于脊柱两侧的两条交感神经干和交感神经节组成。交感神经

节前神经元的细胞体位于脊髓的胸、腰段的灰质侧柱内，节前神经纤维和脊神经的运动神经纤维共同经过腹根外出，出椎管后，与脊神经分开，通过白交通支到达位于交感神经干上的椎旁神经节，由节后神经元发出节后神经纤维，经灰交通支到达脊神经并与之混合，然后分布到躯体各部的平滑肌及腺体内。另一部分白交通支穿过交感神经干后，到达腹腔中的椎前神经节。椎前神经节包括腹腔神经节、肠系膜前神经节和肠系膜后神经节3个神经节。在椎前神经节内更换神经元后，节后纤维通过内脏支分布到内脏器官、血管和腺体。交感神经的节后纤维较长，解剖时肉眼即能看清楚。

(2) 副交感神经系统：由发自中脑、延脑和脊髓荐部的副交感神经及副交感神经节组成。副交感神经节常常分散在所支配器官的组织内或位于器官附近，从副交感神经节发出的节后纤维很短，解剖时肉眼很难看清楚。头部的副交感神经包括：①自中脑发出，循动眼神经而达眼球，分布于睫状肌和瞳孔括约肌。②自延脑发出，有3支：一支是循面神经到达泪腺和唾液腺；另一支是循舌咽神经到达鳃腺。③第3支是循三叉神经以非常多的分枝，分布于气管、心脏、消化道各部等内脏器官。

荐部的副交感神经在第2～4脊髓荐节，随荐神经的腹根发出，出椎管后，分布到大肠后段、膀胱、生殖器官等处。

(四) 感觉器官

哺乳动物的神经系统必须通过感受器才能获得内外环境变化的信息，经神经中枢分析综合，进而调节各种生理活动。所有感受器的功能都是在受到刺激后发出神经冲动。最简单的感受器是感觉神经元的神经末梢，这些神经末梢能接受刺激，发出神经冲动，通过感觉神经传导到神经中枢。较复杂的感受器是由神经末梢及与之相联系的细胞或其他构造组成，如味蕾。更复杂的则形成感觉器官，如眼睛和耳。根据所感受刺激的类型，可将感受器分为：化学感受器、机械感受器、光感受器和温度感受器等。

1. 化学感受器

(1) 味蕾：味蕾是由支持细胞包围着的一些味觉细胞组成，味蕾顶端有味孔。味觉细胞基部有感觉神经末梢，顶端有微绒毛分布。味觉细胞在受到溶解在液体中的离子和分子的刺激后，能将兴奋传向中枢。哺乳动物的味蕾主要分布在舌背突起的乳头上，而且特别集中，其次分布在口腔、咽和腭部。

(2) 嗅觉器官：哺乳动物由于鼻腔扩大、鼻甲骨复杂(盘曲复杂的薄骨片)、嗅觉器官主要是含有嗅觉感受器的嗅黏膜上皮构成，故嗅觉高度发达。覆盖于鼻腔表面的嗅黏膜是由支持细胞、基细胞和丰富的嗅神经细胞组成的。嗅神经细胞是一种感觉神经元，位于基细胞和支持细胞之间，空气中的分子进入液体后，刺激嗅神经细胞顶端的纤毛，产生神经冲动。嗅神经细胞的轴突随即将神经冲动直接传导到中枢神经系统的嗅球。嗅神经细胞数量非常多，如兔的嗅神经细胞多达10亿个。反刍类和食肉类嗅觉很敏锐，水栖兽类嗅觉较退化。

2. 物理感受器

(1) 触觉感受器：触觉感受器是由分布在哺乳动物体表的触觉小体、分布在皮肤深层和肠系膜等部位的环层小体及一般的感觉神经末梢组成。

(2) 耳(平衡觉及听觉器官)：哺乳动物的平衡觉及听觉器官包括外耳、中耳和内耳3部分。外耳是收集声波的装置，中耳是传导声波的装置，内耳是感知声波和平衡的装置。外耳由耳廓和外耳道组成。夜间活动的兽类，如兔、蝙蝠，有蹄类等的耳廓特别发达，有很多兽类的耳廓可以向声源的方向转动。穴居及水生的种类耳廓一般退化。外耳在外耳道内端由鼓膜与中耳相隔。中耳由鼓膜、鼓室、听小骨和耳咽管构成。鼓室，又称为中耳腔，是由第1对咽囊发育而来。鼓室的外侧由鼓膜将中耳与外耳道隔开，内侧有正圆窗和卵圆窗，正圆窗和卵圆窗是2个封闭的薄膜小窗，中耳即是通过正圆窗和卵圆窗与内耳相接。鼓室内有镫骨、锤骨和砧骨3块听小骨。3块听小骨彼此通过弹性杠杆系统构成传导声音的结构。镫骨的位置正好封闭着卵圆窝。锤骨则支持在鼓膜上。砧骨介于镫骨和锤骨之间,3块听小骨之间均为可动关节。在3块听小骨中,镫骨与爬行类的耳柱骨同源。锤骨和砧骨则是哺乳动物所特有,锤骨和砧骨分别由爬行动物的关节骨和方骨演变来的。

内耳包括耳蜗管、3个半规管、椭圆囊和球状囊。半规管、椭圆囊和球状囊构成内耳前庭,半规管壶腹内具有壶腹嵴、椭圆囊和球状囊内具听斑,均有带有纤毛的感觉细胞和神经末梢,感受躯体运动的平衡觉。耳蜗管是哺乳类所特有的。在进化过程中,耳蜗管由两栖类的瓶状囊演变而来。耳蜗管形状为蜗牛壳形的卷曲,内部有构造复杂的科蒂氏器;科蒂氏器是带有纤毛的听觉细胞接纳刺激的地方。耳蜗管腔被前庭膜和基膜分隔成3条平行的管,分别称为前庭阶、中阶(蜗管)和鼓阶。前庭阶和鼓阶内充满了外淋巴,蜗管内充满了内淋巴。科蒂氏器位于基膜上,由感觉细胞和支持细胞组成。科蒂氏器上方被覆着一层覆膜,覆膜由胶样基质和纤维组成。基膜振动时,听觉细胞的纤毛来回触击覆膜,刺激听觉细胞兴奋,发出神经冲动,经听神经传入中枢。在声波由耳廓收集,经外耳道到达鼓膜,在鼓膜受到声波的刺激发生振动后,经可动连接的3块听小骨传导,声波刺激集中地被传送到体积极小的卵圆窗上,使卵圆窗的薄膜产生相应的振动,进而引起内耳中的淋巴振动,再经内淋巴传到科蒂氏器,刺激听觉细胞产生神经冲动,经听神经传到大脑皮质的听区,形成听觉。

3. 光感受器

由于哺乳动物多夜间活动,除灵长类外,眼睛一般对光感受敏感,对颜色的辨别能力差。眼球包括眼球壁和一套折光系统。眼球壁从外向里依次是虹膜、脉络膜和视网膜。虹膜是致密结缔组织,可以保护内层。虹膜前面中央部分完全透明,凸面镜形状,称为角膜,外来光线由此透入眼球。脉络膜内有丰富的血管和色素细胞,其作用是供给眼球各部的营养和吸收进入眼球内的分散的光线。脉络膜接近前端的部分逐渐加厚成为睫状体。睫状体包括睫状突和睫状肌两部分,当睫状肌收缩时,可调节晶状体的凸度,进而调节视觉。脉络膜最前面止于虹膜前端后方,虹膜前端的中央游离缘围成瞳孔。虹膜内有排列成环形的瞳孔括约肌和排列成放射状的瞳孔开肌。瞳孔括约肌收缩时瞳孔缩小,瞳孔开肌收缩时瞳孔扩大。因此瞳孔就像照相机上的光圈,可以调节进入眼内光线的量。虹膜内有色素细胞,眼睛的颜色就是由色素细胞的色素颜色决定的。缺少色素的种类,眼睛内由于具有血管而成红色。视网膜是眼球的感光部位,由视锥细胞和视杆细胞两种感光细胞组成。视锥细胞能辨别颜色和感受强光;视杆细胞只能感受弱光。夜行性或穴居兽类白天几乎看不见,原因是它们的视网膜上视杆细胞占绝对优势。许多夜行性兽类在脉络膜内有一层很薄且平滑的玻璃质结晶膜,称为照膜。照膜用以加强视网膜对光线的感受性,使动物的眼球在黑暗中常发出银光。

眼球内另一个重要的组成部分是一套折光系统包括:水状液、晶状体、玻璃体和角膜。水状液是透明液体,充盈在眼球前部、晶状体和角膜之间。在虹膜与角膜之间的部分称为眼前房,虹膜和晶状体间的部分称为眼后房。晶状体和视网膜之间的空间充满着胶状的玻璃体。进入眼内的光线经过角膜、水状液、晶状体和玻璃体就能到达视网膜。进入眼内的光线,经过折光系统调焦,再经瞳孔调节光亮度后,正好成像于视网膜上,刺激视网膜上的感光细胞,产生神经冲动,沿视神经传到视觉中枢而产生视觉。哺乳动物眼睛的附属器有眼肌、眼睑、瞬膜及泪腺等。眼肌在每个眼球上都有6条,可控制眼球的转动。眼睑发达,包括上眼睑和下眼睑。瞬膜在哺乳动物比较退化,有时还被称为第3眼睑。泪腺是位于眼后角的一个不规则肉色腺体,分泌的泪液可润湿角膜。泪液集中于内眼角,经鼻泪管,开口于鼻前庭。

4. 温度感受器

温度感受器是指接受温度刺激的感受器,包括外周温度感受器和中枢温度感受器。前者主要指存在于皮肤和某些黏膜的感受器;后者主要指下丘脑、脑干网状结构和脊髓等对温度变化敏感的

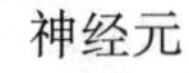

神经元。

十一、生殖系统

哺乳动物雌雄异体，体内受精，生殖系统相当复杂，特别是与胎生有关的子宫和胎盘的构造高度特化。除单孔类外均为胎生，胎儿产出后，母体以乳汁对其进行哺育，使后代成活率极高，在生存竞争中占绝对优势(图 16-11)。

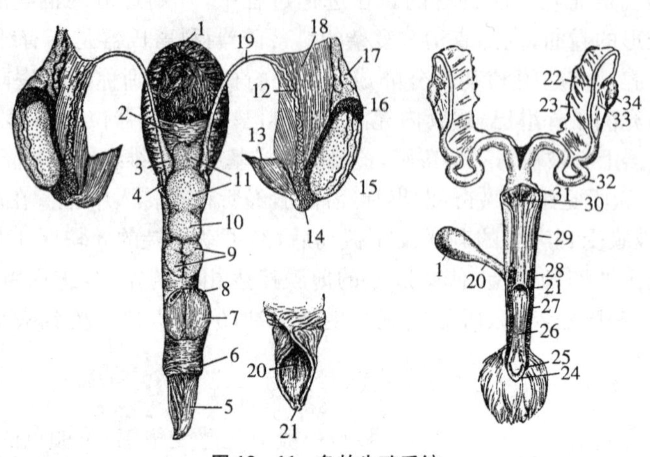

图 16-11　兔的生殖系统

A. 雄兔　B. 雌兔

1. 膀胱，2. 泄殖褶，3. 输精管膨大，4. 旁前列腺，5. 阴茎，6. 包皮，7. 球海绵体，8. 尿道球腺，9. 前列腺，10. 精囊腺，11. 精囊，12. 输精管精索部，13. 睾丸提肌，14. 附睾尾，15. 睾丸，16. 附睾头，17. 蔓状静脉丛，18. 输精管褶，19. 输精管骨盆部，20. 尿道，21. 外尿道口，22. 输卵管，23. 卵巢韧带，24. 阴门，25. 阴蒂，26. 阴道前庭，27. 静脉丛，28. 尿道瓣，29. 阴道，30. 子宫颈间膜，31. 子宫颈，32. 子宫，33. 卵巢囊，34. 卵巢

(一) 雄性动物的生殖系统

雄性哺乳动物的生殖系统包括睾丸、附睾、输精管、阴茎和附属腺体(副性腺)。

1. *睾丸*　睾丸1对，可以产生精子和雄性激素。其位置因种类不同各异。有的随年龄而异，如兔，胚胎时期兔的睾丸在腹腔内，随胎儿生长，睾丸随着下降，到成年降到阴囊内。但因兔的腹股沟管短宽，终生不封闭，所以兔的睾丸仍可以自由降到阴囊或回缩入腹腔。有的终身留在腹腔不下降阴囊(或不具阴囊)，如单孔类、食虫类、海牛、鲸和象等。有的在生殖季节睾丸下降至阴囊，生殖过后又回缩到腹腔或停留在腹股沟管中，如翼手目、食肉目等。还有的睾丸终生降至阴囊。这类动物的鞘膜腔与腹腔的通路缩小，成为很细的腹股沟管(鼠蹊管)，仅能容纳输精管、血管、神经构成的精索通过，因此睾丸终身不回缩入腹腔。因为阴囊内的温度比腹腔内温度低 2℃～7℃，有利于精子的生成和存活，所以阴囊的功能就在于能调节睾丸的温度。如在发育过程中睾丸不能正常下降，就不会产生成熟的精子，同时也会影响雄性激素睾丸素的正常分泌，曲细精管退化，这就是隐睾病。患有隐睾病的动物虽有性欲但不能生育，因此如幼儿患有隐睾病应及时治疗。睾丸的外面被有固有鞘膜和白膜两层膜。固有鞘膜是腹膜脏层的一部分，而白膜则为很厚的结缔组织被膜，当切开白膜后睾丸的实质即可外翻。睾丸内部的实质是被结缔组织的中隔分成许多睾丸小叶，在睾丸小叶中有许多迂回盘旋的曲精细管。精子就是由曲精细管的上皮细胞发育而成。每个曲精细管内都有许多发育到不同阶段的精细胞(包括精原细胞、精母细胞、精子细胞和精子)；曲精细管进入纵隔后形成睾丸网，由睾丸网发出睾丸输出小管，穿出白膜后形成附睾头。曲精细管之间的结缔组织称为间质细胞，间质细胞可以产生雄性激素，促进生殖器官的发育、成熟，并促进第二性征的形成和维持第二特征。

2. 附睾、输精管和阴茎　附睾分附睾头、附睾管和附睾尾(下端扩大)，是细长弯曲的小管。附睾管壁细胞能分泌弱酸性黏液，构成适宜于精子存活的环境。精子在附睾中停留很长的时间，经历重要的发育阶段而达到生理的成熟。精子刚离开睾丸时还未发育成熟，无活动能力和受精能力，当精子到达附睾体部的时候才稍有点活动和受精能力，然后沿着输精管下行。输精管末端形成膨大，在精囊腹侧壁开口于尿道。尿道是尿液和精液的共同通道，兼有排尿和输送精液的功能，贯穿于阴茎的腹侧面，以尿道口开口于阴茎前端。阴茎是雄性哺乳动物的交配器，由附于耻骨上的海绵体构成，海绵体包围尿道。

3. 附属腺体　重要的附属腺体有精囊腺、前列腺和尿道球腺 3 种。它们的分泌物构成精液的主体，所含的营养物质，能促进精子的活性，还可以吸收精子代谢产生的二氧化碳，激活精子的活性，促进并提高精子在雌性生殖道内的活动能力。前列腺分泌的前列腺素对平滑肌的收缩有强烈影响，可促进雌性子宫平滑肌收缩，有助于受精。尿道球腺在交配时首先分泌，腺液为偏碱性的黏液，可冲洗雌性阴道，中和阴道内的酸性物质，有利于精子存活。精囊腺位于膀胱基部和输精管膨大部的背面；前列腺位于精囊腺之后。另外还有旁前列腺及凝固腺等。

(二) 雌性动物的生殖系统

雌性哺乳动物的生殖系统包括卵巢、输卵管、子宫、阴道和外阴部。

1. 卵巢　卵巢位于肾后方，卵圆形，1 对，由卵巢系膜悬于腹腔背壁，是产生卵子和雌性激素的地方。卵巢主要由基质、生殖上皮和卵泡 3 部分构成。基质也叫白膜，由结缔组织构成，外面包有生殖上皮。剖开卵巢，可见卵巢的外周是皮质，中央是髓质。皮质中有大量来自生殖上皮的不同发育阶段的卵泡；髓质中含有许多血管、神经和少量平滑肌。每个卵泡内含有 1 个卵细胞，卵细胞外有卵泡液，卵泡液里含有雌性激素，能促进生殖管道(子宫、阴道)和乳腺的发育以及第二性征的成熟。根据卵巢里卵泡的形态和发育阶段，可以把卵泡分为初级卵泡、次级卵泡和成熟卵泡 3 种类型。卵泡中的卵细胞成熟时便移至卵巢表面，卵泡破裂后卵细胞及卵泡液一起排出，卵细胞穿破卵巢壁进入腹腔，随着被吸入输卵管的喇叭口。卵子排出以后，卵泡塌陷，残留的卵泡细胞，在脑下垂体前叶分泌的促黄体生成素的作用下逐渐缩小，并被一种黄色细胞所填充，迅速增殖形成黄体。如果排出的卵细胞未能受精，则黄体在排卵后不久开始萎缩，成为白体；如卵细胞受精，黄体则存在时间很长，称为妊娠黄体。妊娠黄体可分泌黄体酮，可抑制其他卵泡的成熟，并促进子宫内膜增生以及乳腺的发育，为受精卵着床作准备。

2. 输卵管、子宫和阴道

(1) 输卵管：输卵管与卵巢不直接相连，前端是喇叭口，称为输卵管伞部，卵子在输卵管内，由于管壁肌肉的蠕动及管壁纤毛细胞的运动，使卵子沿着输卵管下行。受精作用发生在输卵管上段。已受精的卵(受精卵)即种植于子宫壁上(着床)，接受母体的营养而进行发育。

(2) 子宫：子宫是输卵管末端的膨大部分和胎儿发育的场所，哺乳动物的子宫有 4 种类型(图 16－12)。

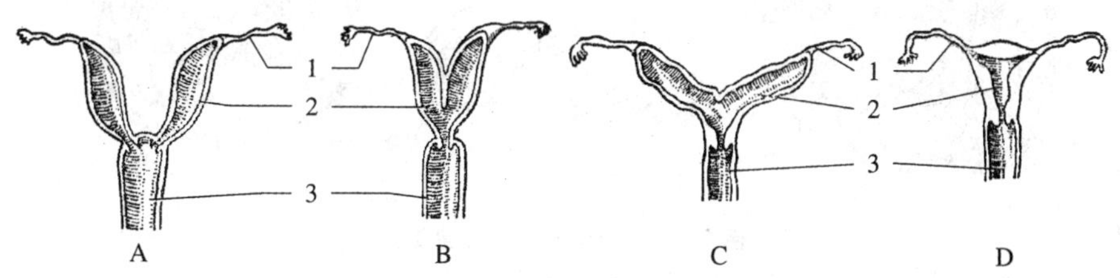

图 16－12　哺乳动物的子宫类型

A. 双子宫　B. 双分子宫　C. 双角子宫　D. 单子宫
1. 输卵管，2. 子宫，3. 阴道

双子宫:双子宫也称为双体子宫,较原始,具左、右两个子宫,两个子宫未愈合,末端分别开口于单一的阴道内。如兔、啮齿类、翼手类和象等。

双分子宫:双分子宫也称为分隔子宫,是指两子宫的底部靠近,在阴道处已合并,以共同的孔开口于阴道。如多数食肉类及猪和牛等。

双角子宫:两个子宫大部分愈合,仅在子宫腔上端两个分离的角,即只有近心端两前角分离。如多数的有蹄类、翼手类、鲸等。

单子宫:两个子宫完全并为单一的子宫。如灵长类和人。

双子宫、双阴道:子宫的末端不愈合,而且阴道也有两个,所以动物雄性相应的阴茎末端也是分叉的。如有袋类。

最低等的单孔类动物鸭嘴兽,其输卵管和子宫无大变化,产大型的硬壳羊膜卵,属卵生,末端通泄殖腔。

3. 胎盘　胎盘是哺乳动物所独有的、由胎儿的绒毛膜和尿囊与母体的子宫壁内膜结合起来所形成的结构。胎儿通过胎盘有高度特异选择性地从母体的血液循环系统中获取营养物质,并将自身产生的代谢废物排给母体。

(1) 胎盘的构造:卵受精后,向子宫的方向运行,到达子宫后已经分裂成一个实心的多细胞球体桑葚胚,随后种植于子宫黏膜上,开始形成胎盘。哺乳动物胚胎时期也产生绒毛膜、尿囊膜和羊膜3种胚胎膜。哺乳动物胚胎卵黄囊中含的卵黄很少,对供给胚胎营养所起的作用不大。而尿囊膜发达,与绒毛膜紧密结合在一起,并向子宫内膜伸出许多分枝的指状突起,称为绒毛,这一部分为胎儿胎盘。母体子宫壁也形成许多疏松指状突起,嵌在胎儿绒毛之间,称为母体胎盘。胎儿的胎盘与母体子宫内壁疏松的特殊组织相连形成的母体胎盘,共同构成胎盘。胎盘中胎儿和母体的毛细血管非常丰富,但它们的血液并未相混,只是双方血管紧密相贴,中间隔有一层极薄的膜,营养物质和代谢废物是透过膜通过弥散作用(生理渗透)来交换的。这种弥散作用有着高度特异的选择性:选择性由多种类型的胎盘细胞控制,它们同时还具有胎儿暂时性的肺、肝、小肠和肾脏的功能,并能产生激素。一般来说,这种选择性可以允许盐、碳水化合物(糖)、尿素、氨基酸、简单的脂肪、氧气、二氧化碳、水、电解质、激素和某些维生素通过,而大分子蛋白质、红细胞以及其他的细胞均不能通过。氧气、二氧化碳、水、电解质均可自由透过。胚胎在母体子宫内整个发育期间完成靠胎盘吸收母体养料和氧,胚胎的代谢产物也通过胎盘由母体带走。同时胎盘也有内分泌的功能,由胎盘制造的绒毛膜促性腺激素,保证妊娠过程的正常进行。胚胎绒毛膜上的绒毛很多,极大地扩展了吸收接触的表面积。人胎儿的整个绒毛吸收表面积约为胎儿皮肤表面积的50倍。

(2) 胎盘类型:在哺乳动物中,根据胎儿绒毛膜表面绒毛的分布不同,可将胎盘分为4种类型(图16-13)。

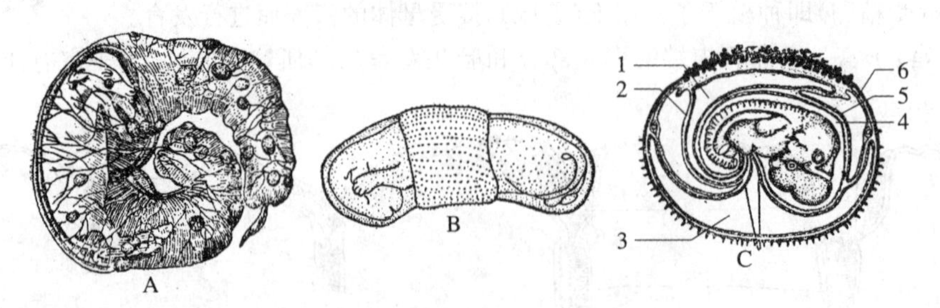

图16-13　哺乳动物的胎盘类型

A. 叶状胎盘　B. 环状胎盘　C. 盘状胎盘

1. 尿囊腔,2. 尿囊,3. 卵黄囊腔,4. 羊膜腔,5. 羊膜,6. 绒毛膜

散布状胎盘:散布状胎盘是指绒毛平均地分布在绒毛膜的表面。如贫齿类、猪、马等和大多数有蹄类、鲸及猿猴类。

叶状胎盘:叶状胎盘是指绒毛集中成丛,散布在绒毛膜的表面,如大多数的反刍动物属于这种类型。

环状胎盘:环状胎盘是指绒毛集中成宽带环状,围绕在胚胎中部的绒毛膜上。如食肉目、长鼻目、鳍脚目动物的胎盘。

盘状胎盘:盘状胎盘是指绒毛在绒毛膜上集中呈盘状分布。如灵长目、人及翼手目、啮齿目、食虫目。

根据胎儿绒毛膜与子宫内膜结合的紧密程度,胎盘可分为两类。

无蜕膜胎盘:无蜕膜胎盘是指胎儿的绒毛膜和尿囊与母体子宫内膜结合不紧密,分娩过程中在绒毛膜分离时不会使子宫内膜受到任何损伤,子宫内膜不脱落,所以不出血,产仔容易,包括散布状胎盘和叶状胎盘。

蜕膜胎盘:蜕膜胎盘是指胎儿的绒毛膜和尿囊与母体子宫内膜结合紧密,成为一体,故分娩时需将子宫壁内膜一起撕下产出,造成大量流血,包括环状胎盘和盘状胎盘。

4. 妊娠和分娩

(1) 妊娠:妊娠是指完成整个在母体子宫内的胚胎发育过程。哺乳动物借助胎盘和母体紧密联系,胎儿从母体获得所需的全部条件,受到良好的保护和稳定的恒温的发育环境。

不同哺乳动物妊娠期长短不一。如兔 30 天,猪 114 天,牛 280 天,马鹿 240 天,骆驼 390 天,犀牛 540 天,亚洲象 623 天,蓝鲸 365 天,猩猩 227 天,人 280 天。

(2) 分娩:分娩是指胎儿从母体内产出的过程。分娩的机制:①妊娠期满以后,胎盘便停止分泌绒毛膜促性腺激素和雌性激素。因为在整个妊娠期,绒毛膜促性腺激素和雌性激素都在促进子宫和乳腺的生长发育,抑制排卵和发情,从而保护胎儿正常发育。而胎盘一旦停止分泌,上述的作用即消失。②母体开始分泌大量的缩宫素,促使子宫收缩,骨盆开放,胎膜破裂,迫使胎儿降生。③胎盘脱落后与胎膜一起被排出体外。

(3) 产仔数:产仔数是指动物一胎产子的数目。如兔 7～8 个,猪 8～12 个,犬 4～5 个,人 1 个。幼仔产出后,从开始发育到性成熟的时间也不同。例如,性成熟时间兔为 8 个月,猪为 8～10 个月,牛为 1.5 年。

5. 哺乳　母体产出幼子后,母体即通过乳腺分泌乳汁进行哺育。乳汁含有丰富的蛋白质、脂肪、水、碳水化合物(糖)、无机盐、酶和多种维生素等营养物质,使幼子在优越的营养条件下发育成长。生乳作用是通过神经-体液调节方式来完成的。首先,通过吮吸刺激和视觉,反射性地引起母体丘脑下部垂体后叶的径路分泌,释放缩宫素(催产素),使乳腺末房旁的平滑肌收缩而泌乳。同时,还会引起丘脑下部分泌生乳素释放激素和生乳素抑制激素,用以调节垂体分泌生乳素,使乳腺排空腺泡制造乳汁。

6. 动情周期　动情周期是指哺乳类性成熟后,在一年中的某些季节内,规律地进入发情期。卵在动情期排出,在非动情期处于休止状态。大多数哺乳动物在一年中仅出现 1～2 次动情期,如某些单孔类:有袋类、偶蹄类和食肉类。少数哺乳动物有多动情期,在一年的某些时间里不断出现以几天为一周期的动情,如啮齿类、灵长类。野生种类多在春季繁殖 1 次。繁殖行为是内外因子综合影响的结果。在神经系统的控制下,通过脑的下垂体腺体分泌及性腺分泌的激素,调节性器官的活动,这是主要方面。环境因子对繁殖行为也有影响,环境因子主要涉及营养、光照变化及异性刺激等方面。异性刺激可使动物产生外激素,使个体间交换信息,这种现象称为化学通讯。高等的灵长类,更容易摆脱对气候、温度和食物等的依赖,任何时期都可以繁殖。

在对家畜饲养管理过程中,在人的长期干预下,提供良好的饲养管理条件,进行定向培育,可以改变其繁殖的季节性，使其在一年四季里均可繁殖。这说明了人的主观能动作用，只要掌握了事物发展的规律，就可以改变其固有的性状。

十二、内分泌系统

（一）内分泌腺的分类

哺乳动物体内的腺体可分为两类。一类是外分泌腺，又称为有管腺。外分泌腺有导管，它们的分泌物可经导管流到皮肤表面（如汗腺和皮脂腺），或流进某个管腔里（如唾液腺，胰腺等）。另一类称为内分泌腺，又称无管腺。内分泌腺没有导管，腺细胞的分泌物直接渗透入血液或淋巴，随血液循环流到全身。内分泌腺分泌的微量分泌物（有机化合物）称为激素。激素主要有含氮类和固醇类，作用机制大不相同。各激素间处于相对平衡状态时，才能体现正常的调节功能。

哺乳动物的内分泌腺包括：①有固定的形态结构，如肾上腺、甲状腺、甲状旁腺、脑下垂体、松果体；②内分泌腺分布在其他器官内，肉眼看不出来，如胰脏内的胰岛、睾丸内的间质细胞、卵巢内的卵泡和黄体。

（二）内分泌腺的特点

内分泌腺的特点包括：①没有导管（又称无管腺），分泌的激素直接进入血液，通过循环运送到全身。②内分泌腺都是一些排列成团、索，或囊泡状腺细胞组成，其间分布着丰富的毛细血管和毛细淋巴管。③内分泌腺体积虽小，但功能甚重要，激素对动物体的代谢、生长发育、生殖等重要的生理功能都具有重要的调节作用。正常情况下，各种激素的作用是相互平衡的，如果内分泌腺的分泌功能发生障碍，将引起机体显著异常并引起各种疾病。④各种内分泌腺的活动是在神经系统控制下进行的，中枢神经系统对内分泌的调控作用，间接地调节机体的形式称为神经-体液调节。⑤血液中激素浓度的变化，又反过来对内分泌腺的代谢或功能都起着调节作用，这种作用称为反馈。反馈是内分泌的自我调节形式。⑥激素调节具有特异性，是指每一种激素有特有的生理作用。机体对激素也有选择性，即某种激素可引起某一器官的兴奋，而另一种激素则抑制它的活动。

（三）重要的内分泌腺

1. *肾上腺*　肾上腺位于肾脏稍前方内侧。左右各一。由表层的皮质和内部的髓质构成。皮质分泌的数种激素统称肾上腺皮质激素，可以调节盐类（特别是钠和钾）、水分代谢、糖代谢，促进性腺和第二性征发育等。皮质的活动受脑下垂体前叶分泌的促肾上腺皮质激素的控制。髓质分泌的激素称为肾上腺素，其功能与交感神经兴奋时的作用相似，可使动物产生应激反应，如心脏收缩加强、心率加快、血压升高等。急救时常广泛用肾上腺素作为强心剂，能促进糖原分解、血糖升高、胃肠蠕动减弱减慢、支气管扩张和肌肉的收缩能力加强。

2. *甲状腺*　甲状腺1对，位于气管前端两侧，紧贴甲状软骨。分泌的激素为甲状腺激素，其主要作用是控制新陈代谢，促进氧化过程，保证机体正常生长发育。甲状腺激素的分泌也受垂体的调节和影响。甲状腺激素是唯一含有卤族元素的激素，血液中碘不足会直接影响甲状腺激素的生成。如分泌不足时，动物的生长发育受影响，出现代谢降低、行动迟缓而呆笨、被毛粗乱、脱毛及性器官发育不全等。如分泌过多时，则形成甲状腺功能亢进病症，表现为动物基础代谢增高、心率加快、眼球突出、神经兴奋性增强、神经易过敏及体变消瘦等。

3. *甲状旁腺*　甲状旁腺2对，位于甲状腺两侧背面，腺体非常小，肉眼不易看出。分泌的激素为甲状旁腺素和降钙素，可作用于骨基质和肾脏，调节机体钙、磷的代谢。甲状旁腺素的作用是升高血钙，降钙素的作用是降低血钙。

4. *脑下垂体*　脑下垂体是哺乳动物体内最重要的内分泌腺，能产生多种激素，这些激素不仅对动物体生长、代谢、生殖等起调节作用，而且还能影响和调节其他内分泌腺的分泌。神经系统对内分泌的调节也是通过丘脑下部的脑下垂体进行的。因此，脑下垂体被认为是内分泌腺的中心。

脑下垂体在脑颅底部的垂体窝内，位于间脑底部视交叉的后方，通过一个漏斗状的柄与丘脑下部相连。根据发生来源的不同，脑下垂体可分为两部分：①腺垂体：包括结节部、远侧部和中间部，来源于原始口腔顶部的突起，亦称拉克氏囊；②神经垂体：包括神经部和漏斗，来源于间脑底部向下的突出。常将腺垂体的远侧部称为垂体前叶，腺垂体的中间部称为垂体中叶，神经垂体的神经部称为垂体后叶。

垂体前叶分泌的激素有以下5种：①生长激素：促进生长和蛋白质合成；②促甲状腺素：促进甲状腺的发育和发泌；③促肾上腺皮质激素：促进肾上腺的皮质分泌激素；④促性腺激素：促进性腺发育和成熟(包括促卵泡激素和促黄体生成素)；⑤催乳激素：促进雌性动物乳腺生长，刺激乳腺分泌乳汁。

垂体中叶分泌的激素为促黑色素细胞激素，它影响色素细胞产生色素的数量。长颈鹿的垂体中叶发达，其他哺乳类一般不发达。

垂体后叶分泌的激素主要有以下2种：①缩宫素：又称催产素，具有催产和促使乳腺分泌乳汁、刺激子宫平滑肌收缩，以及促使胎儿产出的作用；②加压素，又称为抗利尿激素，可引起小动脉和毛细血管收缩，使血压升高，促进肾小管对水分的重吸收，减少尿量。实际上这两种激素并非后叶产生的，而是由丘脑下部的室旁核和视上核的神经细胞产生。神经细胞产生的分泌颗粒，沿丘脑下部垂体束的神经纤维进入后叶，积累于神经末梢，这些神经末梢紧贴毛细血管，当需要时才把激素释放到血液中。

5. 胰岛　胰岛是一些散在于胰脏外分泌部的泡状腺中的没有导管的上皮细胞，形似孤立的小岛故名胰岛。它们的体积较小，只占胰脏总体积的1%～3%。胰岛中的α细胞分泌胰高血糖素，可促进脂肪、蛋白质的分解，使血糖增多；胰岛中的β细胞分泌胰岛素，可降低血糖，促进血糖转变成糖原，储存在肝脏和肌肉中。胰岛素分泌不足时，血糖含量升高，葡萄糖随尿排出，就会导致糖尿病。

6. 性腺　睾丸和卵巢除产生生殖细胞外，还有内分泌功能。睾丸曲精细管间的间质细胞分泌雄性激素，可促进雄性器官发育、精子成熟及第二性征的发育等。卵巢的卵泡可分泌雌性激素，可促进雌性器官发育、第二性征形成及调节生殖活动周期。

7. 胸腺　胸腺位于心脏腹面前方，呈粉红色。胸腺可产生胸腺激素，用以增强免疫力，促进胸腺中未成熟的T细胞孵化成为成熟的、能引起细胞免疫作用的T细胞。幼体的胸腺较大，动物性成熟后，胸腺逐渐退化。

哺乳纲主要特征总结

(1) 体表被毛，但有些种类的毛退化，皮肤上具有多种腺体。

(2) 头骨具2个枕髁；下颌由1对齿骨组成，直接与脑颅相关节；中耳具3块听小骨。

(3) 绝大多数种类上、下颌上具有槽生齿，且多为异型齿和再出齿。

(4) 具有肉质的外耳壳、能动的舌和可活动的眼睑。

(5) 脊柱分化为颈椎、胸椎、腰椎、荐椎及尾椎5部分，椎体为双平型。颈椎均为7块(极个别种类例外)。

(6) 具四肢(鲸和海牛缺后肢)，每足5趾或少于5趾，指、趾端有角质的爪、甲或蹄。

(7) 心脏具4室，完全的双循环，仅留左体动脉弓。红细胞为双面凹的圆饼状、无核(骆驼的红细胞有核)。

(8) 肺呼吸，喉部有声带(长颈鹿无声带)。

(9) 具肌肉质的横膈，将体腔分成胸腔和腹腔。

(10) 神经系统高度发达，大脑有扩大的新脑皮(大脑皮质)，并出现了沟和回。有连接两个大脑半球的胼胝体。脑神经12对。

(11) 后肾1对，输尿管常通入膀胱，排泄的含氮废物主要是尿素。

(12) 雌雄异体，体内受精，除单孔类外均为胎生。雌性动物以乳腺分泌的乳汁哺育幼仔，故名哺乳动物。

(13) 恒温，具有体温调节机制。

第三节 哺乳纲的分类

全世界现存的哺乳动物有 4 200 余种，我国约有 450 种，根据其躯体结构和功能，可分为 3 个亚纲，即原兽亚纲、后兽亚纲和真兽亚纲。

一、原兽亚纲

原兽亚纲（Prototheria）是现存哺乳动物中最原始的类群，其原始性表现在：卵生，产带卵壳含卵黄的卵；卵大，直径为 4～14 mm，一般哺乳动物卵直径不超过 0.2 mm；母兽具孵卵行为；雄兽无阴囊，有 1 个小阴茎，位于泄殖腔内，具泄殖腔，以单一的泄殖腔孔通体外，故又称为单孔类。口缘具扁喙，无外耳壳，成体口腔内无齿，大脑皮质不发达，无胼胝体，肩带似爬行动物，有独立的乌喙骨、前乌喙骨及间锁骨。单孔类属于哺乳动物，原因是它们具备哺乳动物的特征：体表有毛，有乳腺，但不具乳头，具肌质横膈，仅具左体动脉弓，下颌由单一齿骨组成，体温波动在 26℃～35℃之间。单孔类仅分布于澳洲及其附近的岛屿上，常见有鸭嘴兽和针鼹（图 16-14）。鸭嘴兽（属鸭嘴兽科）现存 1 属、1 种。鸭嘴兽嘴形宽扁似鸭，无唇，尾扁平，趾（指）间有蹼，半水栖，穿洞为穴，以软体动物、甲壳类、蠕虫及昆虫为食。每年 10～11 月份繁殖，产 1～3 枚卵，孵出后 4 个月方可独立生活。针鼹类似刺猬，全身夹杂有棘刺的毛，吻尖，舌长，嗜食蚁虫，前肢掘土，穴居陆地，夜间活动，每次可产 1 枚卵，母兽在繁殖时期腹部的皮肤褶皱，形成育儿袋，卵在育儿袋内孵化并哺乳。

图 16-14 单孔目代表动物

A. 针鼹 B. 原针鼹 C. 鸭嘴兽

二、后兽亚纲

后兽亚纲（Metatheria）是比较低等的哺乳类，又称为有袋类，主要特点是：胎生，但尚不具有真正的胎盘；胚胎借卵黄囊与母体子宫壁接触，故幼仔发育不好；妊娠期约 40 天；幼仔产出时约 3 cm 长，需继续在母兽育儿袋中长期发育，时间为 7～8 个月。泄殖腔退化，但仍有残余。具乳腺，乳头在育儿袋中，大脑皮质不发达，无胼胝体。口中有异型齿，但门牙数目多，体温为 33℃～35℃，在环境变化的情况下能维持体温恒定。主要分布在澳洲和南美草原，后肢强大，善于跳跃，一步可跳 5 m，尾长且大，可作为栖息时的支持器官和跳跃中的平衡器。植食性，集小群活动。因幼仔早产，发育不充分，所以不能吸吮乳汁。幼仔吃奶时用嘴唇紧裹乳头，母兽乳房具特殊肌肉，可将乳汁喷出，使乳汁畅流入食管。澳洲大陆与地球上其他几个主要大陆隔离，高等哺乳类未能侵入。有袋类能够适应各种生活方式，分布广泛，发展了各种生态类群如食肉的袋狼、袋鼬，草食的袋鼠，还有袋熊、袋貂和袋兔等。该亚纲是研究动物适应辐射和进化趋同的重要对象（图 16-15）。

图 16-15 有袋类代表动物

A. 负鼠 B. 袋鼯 C. 大袋鼠 D. 树袋熊 E. 袋鼩 F. 袋鼠 G. 袋狼

三、真兽亚纲

真兽亚纲(Eutheria)是高等哺乳动物类群,又称有胎盘类,种类繁多,现存哺乳动物95%的种类属于真兽亚纲。该亚纲主要特点:具有真正的胎盘,胎儿发育完善后再产出;无泄殖腔,肩带由单一的肩甲骨所构成;乳腺充分发育,具乳头;大脑皮质发达,有胼胝体;异型齿,有良好的体温调节机制,体温一般恒定于37℃左右(图16-16~图16-18)。

图 16-16 哺乳类代表动物

A. 麝鼠 B. 麝鼩 C. 麝鼹 D. 懒猴 E. 黑猩猩 F. 金丝猴 G. 穿山甲 H. 大猩猩 I. 鼠兔 J. 松鼠 K. 黄鼠 L. 儒艮 M. 小熊猫 N. 水獭 O. 紫貂 P. 大熊猫 Q. 獾 R. 海豹 S. 白鳍豚 T. 须鲸 U. 齿鲸

图 16－17　哺乳类代表动物

A. 骆驼　B. 麋　C. 麝　D. 马鹿　E. 麋鹿　F. 缺齿鼹　G. 黄羊　H. 印度犀　I. 羚羊　J. 貘　K. 臭鼩　L. 刺猬　M. 树鼩　N. 家蝠　O. 白眉长臂猿　P. 猕猴　Q. 棕果蝠　R. 猩猩　S. 复齿鼯鼠　T. 草兔

图 16－18　哺乳类代表动物

A. 松鼠　B. 河狸　C. 鼢鼠　D. 江豚　E. 褐家属　F. 小家鼠　G. 海豚　H. 小鳁鲸　I. 狼　J. 黄胸鼠　K. 虎　L. 狼　M. 狐　N. 貉　O. 猞猁　P. 豹　Q. 黑熊　R. 豺　S. 黄鼬　T. 野驴　U. 野马　V. 亚洲象　W. 非洲象　X. 亚洲犀　Y. 野猪　Z. 河马　a. 野牛　b. 梅花鹿

真兽亚纲有18个目，其中14个目在我国有分布，我国种类约500种。

1. 食虫目(Insectivora)　食虫目是真兽亚纲中最原始的类群。个体小，吻部细尖，适于食虫，四肢多短小，趾(指)端具爪，适于掘土，牙齿结构比较原始，体被绒毛和硬刺，多夜行性。常见代表种类有刺猬、鼩鼱和鼹鼠等。刺猬体被棕、白色相间的棘刺和深浅不等的刚毛，栖于山林或平原草丛中，夜间活动，食虫及小型动物。鼩鼱是貌似小鼠的食虫目代表，尾细长，体被灰褐色绒毛，栖于山地、平原草丛下或石缝中，专食昆虫，对农林业有一定好处。

2. 翼手目(Chiroptera)　翼手目是一类会飞翔的哺乳动物，前肢特化，第2～5指骨特别延长成为翼的支架。有指骨末端至肱骨、体侧、后肢及尾间着生薄而柔韧的翼膜，借以飞翔。后肢短小，有长而弯的钩爪，适于悬挂栖息。胸骨有龙骨突，锁骨发达。齿尖锐，适于食虫、食果或吸血，夜行性。种类多，约950种，为哺乳动物第二大目，常见代表是蝙蝠(*Vespertilio superans*)。蝙蝠白天在屋洞或岩石缝隙中倒挂栖息，晨昏外出飞翔，捕食昆虫，是一种益兽。蝙蝠多有集大群栖息的习性，尤以越冬更甚，栖息地聚集的粪便是上等的肥料，中药“夜明砂”就是经加工除杂后的蝙蝠粪。蝙蝠视力弱，内耳发达，具有回声定位的能力，能在飞行中发出高频声波，并凭借耳和颜面的特殊感觉器官收集从物体折回的声波。有些种类冬眠，也有很多种类在春秋季节进行远距离迁徙。

3. 灵长目(Primates)　灵长目是哺乳动物中最高等的类群，树栖生活，除少数种类外，多数拇指(趾)与其他指(趾)都能相对，适于树栖攀缘和握物。吻短，颜面部似人。锁骨发达，手掌(及蹠部)裸露，少数种类指端具爪，多数具指甲。大脑半球高度发达，沟回多。两眼可前视，视觉与嗅觉都很发达，雌兽有月经，群栖，杂食性。广泛分布于热带、亚热带和温带。如懒猴科、卷尾猴科、猴科、长臂猿科、猩猩科及人科。

(1) 懒猴科(Lorisidae)：懒猴科动物体小，吻尖，头圆，四肢细长，尾甚短，第2趾端具爪，是本科主要特征。树栖性强，行动迟缓，昼伏夜出。常见种类：蜂猴，产于我国的云南，为国家一类保护动物。

(2) 卷尾猴科(Cebidae)：卷尾猴科动物鼻间隔宽阔，左右鼻孔距离甚远且向两侧开口，又称阔鼻类。尾长具缠绕性，有手的功能。口内不具颊囊，臀部不具臀胼胝。常见种类：白喉卷尾猴。

(3) 猴科(Cercopithecidae)：猴科动物鼻间隔狭窄，鼻孔向下开口，尾不具缠绕性。多具颊囊和臀胼胝。脸部有裸区。后肢一般比前肢长。分布于南非及亚洲温热带区域。常见种类：猕猴、金丝猴。猕猴全身毛色灰褐，耳、脸裸露，有红色臀胼胝，群居山林中，在我国西南、华南、河南、山西及长江流域均有分布。金丝猴头圆，耳壳短，脸蓝色，眼周围白色，吻部肿胀突出，鼻孔向上仰，故又称仰鼻猴；背部灰棕色夹有金黄色长毛，长度可达30 cm；尾长与体长相等；常年生活在3 000 m的高山密林中；过着典型树栖生活，很少下地。吃多种野果、种子、嫩芽、叶、花等；白昼活动、群居，数十只到数百只组成一个猴群；每群都由老、幼、雌、雄等共同组成家族性的社群。金丝猴是我国特产的珍稀动物，也是世界上最珍贵的猴类，属于国家一级保护动物，主要产地是湖北神农架保护区、四川蒙龙保护区、西藏和甘肃南部、陕西西部、云南、贵州等省。

(4) 长臂猿科(Hylobatidae)：长臂猿科动物臂特长，站立时手可及地，无尾，具小的臀胼胝，不具颊囊。常见种类黑长臂猿：典型树栖种类，前肢特长，善于在树间跳荡，无尾，成体雄性全身黑色，雌性灰棕色；是国家一级保护动物，分布于我国云南南部和海南岛。

(5) 猩猩科(Pongidae)：猩猩科动物体型较大，不具臀胼胝，前肢可长过膝盖，耳与脸部少毛。行走可半直立，无尾，大脑发达，行为复杂，在分类地位上接近人类，故称类人猿。常见种类：黑猩猩、猩猩、大猩猩，在分类上接近人类。猩猩树栖，有筑巢习性，分布于加里曼丹和苏门达腊。黑猩猩毛黑色，唇长而薄，分布于非洲。大猩猩个体高大粗壮，毛及皮肤黑色，生活于非洲。

(6) 人科(Hominidae)：人科动物直立步行，臂不过膝，体毛退化，手足分工，可制造使用工具。

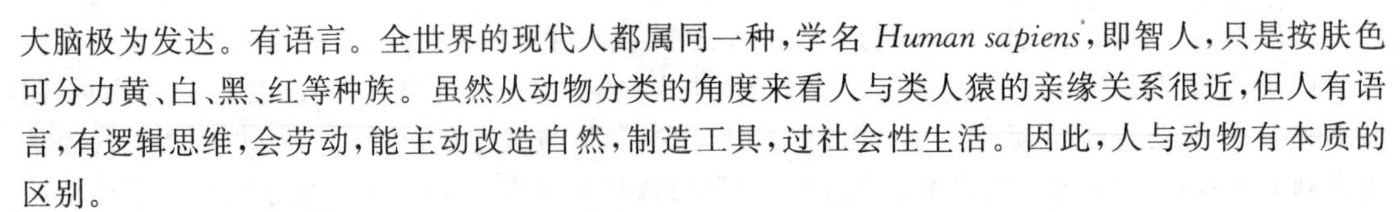

大脑极为发达。有语言。全世界的现代人都属同一种，学名 *Human sapiens*，即智人，只是按肤色可分力黄、白、黑、红等种族。虽然从动物分类的角度来看人与类人猿的亲缘关系很近，但人有语言，有逻辑思维，会劳动，能主动改造自然，制造工具，过社会性生活。因此，人与动物有本质的区别。

4. 鳞甲目(Pholidota)　鳞甲目动物全身被有大型角质鳞甲，鳞间杂有稀疏硬毛。头小，无齿，吻尖舌发达，细长富含黏液，适于捕虫。爪发达，用以挖掘蚁穴。以蚁类为食。分布于亚洲、非洲的热带和亚热带。常见种类是穿山甲。穿山甲，栖于山坡洞穴内，白天隐伏，傍晚外出觅食，遇敌害时即蜷缩成球；鳞甲和肉均可入药，有解毒、消肿、通经、下乳的功效。在我国分布于长江以南地区，为国家二级保护动物。

5. 兔形目(Lagomorpha)　兔形目动物属中、小型草食性动物。上颌具有两对前后着生的凿状门齿，后一对较小，隐于前排门齿之后，又称重齿类。门齿前后缘均具有珐琅质，无犬齿，在门齿和前臼齿之间呈现空隙，便于食草时泥土等杂物溢出。上唇中部有唇裂。多分布北半球的草原及森林草原地带。常见种类：达乌尔鼠兔、草兔、蒙古兔和家兔。蒙古兔背毛黄褐色，是重要的肉用和毛皮用兽，分布于我国的东北、华北和内蒙古。家兔由原产于地中海的穴兔驯化而来，与野兔的主要区别见表 16－3。家兔是重要的肉用和毛皮经济动物，同时也是教学、科研等的实验动物。

表 16－3　野兔与家兔的区别

野　兔	家　兔
不挖洞，仅在临时浅坑中藏身	挖洞穴居，洞穴分又有数个出口
夜行性，单独生活	晨昏活动，群居性
耳尖黑色	耳廓毛色一致
顶间骨和上枕骨愈合	顶间骨四周的骨缝终生存在
前后肢近等长	前肢短于肢
桡骨长于肱骨	桡骨短于肱骨
每窝产 2～3 仔，初生幼仔睁眼，有毛	每窝产 5～8 仔，初生仔闭眼，无毛
圈养很难成活	可以驯养

6. 啮齿目(Rodentia)　啮齿目是哺乳动物中种类最多的、数量最大的一个目，占世界已知兽类的 1/3，约 1 600 种。主要特征为：体中小型，上、下颌各有 1 对凿状门齿，仅前面被有釉质，能终身生长，无犬齿，门齿与前臼齿间有空隙。咬肌特别发达，适于啮咬坚硬物质，常凭借啃物以自行磨利。啮齿目动物适应性强，遍布全球各种生态环境中。

(1) 松鼠科(Sciuridae)：松鼠科动物适应于树栖、半树栖及地栖等多种生活方式。头骨具眶后突，颧骨发达，是构成颧弓的主要骨骼。常见种类：松鼠、达乌尔黄鼠、草原旱獭、大鼯鼠和复齿鼯鼠。松鼠体毛灰褐色又称灰鼠，典型树栖种类，尾长，尾毛蓬松，分布于亚寒带针叶林中，为我国重要的毛皮兽。草原旱獭体型大，毛棕黄色，四肢粗短，喜群居；毛皮和脂肪均可利用，分布内蒙古草原松鼠科动物是鼠疫的自然宿主。

(2) 河狸科(Aplodontidae)：河狸科是半水栖的大型啮齿动物，体重可达 30 kg，以树枝、树皮及水生植物的根茎为主食，能以树干筑堤坝以维持洞口水位。常见种类：河狸，分布于我国的新疆。

(3) 仓鼠科：仓鼠科动物为鼠形啮齿类，适应于多种生活方式，在体型上有变异。不具前臼齿，颧骨不发达，构成颧弓偏后方的极小部分。常见种类：黑线仓鼠、中华鼢鼠、麝鼠。麝鼠为水栖大型

鼠类,后肢趾间有半蹼,尾侧扁且被有鳞片;原产北美,后引入我国,是一种珍贵毛皮兽,其毛的质量仅次于水獭。

(4) 鼠科(Muridae):鼠科动物为中小型鼠类,种类极多,450 种以上,分布极广,繁殖适应能力均强。多具长而裸、外被鳞片的尾。颧弓结构似仓鼠科,不具前臼齿,臼齿齿尖常排成 3 总列。常见种类:小家鼠、褐家鼠。小家鼠体型小,长 65～85 mm,背毛灰褐到灰黑色;数量极大,分布遍及全球。褐家鼠体较粗大,背毛棕褐,灰褐。两者是对人类危害最大的害鼠。

(5) 跳鼠科(Dipodidae):跳鼠科动物为荒漠鼠类,后肢显著加长,跖骨和趾骨趋于愈合及减少,适于跳跃。尾长而具有端部丛毛,有助于栖止及跳跃。常见种类:三趾跳鼠,分布于我国内蒙古地区。

(6) 豪猪科(Hystricidae):豪猪体大型,自肩部至尾部密生有棘刺,臀部的棘刺尤为粗长;穴居山脚,夜行性,分布长江以南。

7. 鲸目(Cetacea)　鲸目是大型水栖兽类,身体流线型,似鱼,适于游泳。体毛退化,皮脂腺消失,皮下脂肪发达,前肢鳍状,后肢退化消失,颈椎有愈合现象。体末端有一水平叉状尾鳍,多数种类有由结缔组织和脂肪形成的背鳍。外耳退化,无耳壳,齿型特殊。肺具弹性,体内具有能有储气(氧气)的特殊结构,鼻孔 1 对或单一,开口于头背,其边缘具有瓣膜,入水后关闭,出水呼气时声响极大,形成甚高的雾状水柱,因而又称为喷水孔。睾丸终身留在腹腔中,双角子宫。雌性生殖孔两旁有 1 对乳房,外面为皮囊所遮蔽,授乳时借皮肤肌的收缩可将乳汁喷入仔鲸口中。包括两个亚目:须鲸亚目(Mysticeti)和齿鲸亚目(Odontoceti)。须鲸类,为目前世界上最大的哺乳动物,如蓝鲸。蓝鲸成体上、下颌具腭表皮延伸下垂而成的鲸须,呈梳状,用以滤食;最大体长可达 35 m,重 120～150 t,分布遍及全球。齿鲸类的代表有抹香鲸、白鳍豚。抹香鲸的上、下颌具数目众多的圆锥形同型齿,头特大,前端呈截形,活动在热带亚热带海洋,善潜水,以软体动物为食,所产龙涎香和鲸脑油有重要经济价值。白鳍豚为小型淡水齿鲸类,体长 1.5～2.0 m,吻细长似喙,眼小如豆,视神经退化,有 1 个三角形背鳍;体背浅蓝灰色,腹面白色;分布于洞庭湖、鄱阳湖及长江中、下游带,是我国特产的珍稀水兽,属国家一级保护动物。

8. 食肉目(Carnivora)　食肉目动物门齿小,犬齿强大而锐利,上颌最后 1 枚前臼齿和下颌第 1 枚臼齿的齿锋锐利,呈剪刀状交叉,称为裂齿(又称食肉齿,熊科、浣熊科和熊猫科例外)。指(趾)端具锐爪以撕捕食物,多为肉食性猛兽。脑及感官发达,毛厚密且多具色泽,为重要的毛皮兽。

(1) 犬科(Canidae):犬科动物颜面部长而突出,嗅觉特别灵敏,爪钝,不能伸缩,四肢修长,善奔跑。常见种类:狼、赤狐、貉、豺。狼和豺均为害兽。赤狐和貉是珍贵的毛皮兽,貉是东亚特产。

(2) 熊科(Ursidae):熊科动物为中大型兽类,体粗壮,头阔圆,颜面部长,吻长,眼耳均小,四肢短而有力,具 5 趾(指),爪强利,四肢末端半蹠形着地,杂食性。常见种类:黑熊。黑熊体黑色,前胸有"V"形白斑,其胆可入药,熊掌是珍贵补品,毛皮可做皮褥。

(3) 大熊猫科(Ailurpodidae):大熊猫科动物体形似熊,但吻短,以竹叶为食,是食肉目中的"素食"种类。该科仅包括 1 属、1 种。大熊猫的眼周、耳、肩部及前后肢黑色,余均为白色;性情孤僻,常栖于海拔 2 000～3 500 m 的原始竹林中;仅分布于我国四川西北部和甘肃、陕西最南部的狭窄地区。大熊猫是世界公认的最珍贵的动物,为我国特产,已列入国家一级保护动物,目前我国已建立了以四川卧龙地区为中心的 10 个大熊猫自然保护区。

(4) 鼬科(Mustelidae):鼬科动物为中小型兽类,身体细长,四肢短,前后肢均有 5 趾,爪不能伸缩,多数种类肛门周围有发达的臭腺。常见种类:黄鼬、獾、紫貂和水獭。黄鼬俗称黄鼠狼,全身橙黄或棕黄色,其裘皮即商品元皮,有重要经济地位,几乎遍布全国。獾又名狗獾,体肥壮,头部有 3 条白色纵纹,背毛黑褐色与白色相间,腹毛黑。獾是农业害兽,但其毛可制刷笔,皮可制褥垫,油可治烫伤。紫貂形似鼬,但身体较大,全身棕褐色,为毛皮兽中最珍贵的一种;产于我国东北,是东北三宝之一。水獭是半水栖种类,耳壳退化,尾长大,趾间有蹼,善游泳,獭皮极为贵重。

(5) 猫科(Felidae):猫科动物为中大型兽类,头圆吻短,后足四趾,爪能伸缩,趾行性,犬齿和裂齿发达,肉食性,性凶猛,以伏击形式捕杀其他热血动物。常见种类:狮、虎、豹、猞猁等。除狮产于非洲及印度西部以外,其余我国内全有分布。

(6) 灵猫科(Viverridae):灵猫科动物体多具各种条纹、斑点或单色,尾有环节,肛腺发达。常见种类:大灵猫。大灵猫尾具白环纹,肛腺所分泌的灵猫香为重要的香料,遍布华南各省。

9. 鳍足目(Pinnipedia) 鳍足目动物为海栖食肉兽类。皮下脂肪发达,无裂齿。除生殖、换毛时上陆外,一生都在海中渡过。体纺锤形、被毛,四肢特化呈鳍状,指(趾)间有蹼,前肢鳍足大而无毛,后肢转向体后,以利于上陆爬行,尾小夹在后肢间。分布在寒带、温带海洋的沿岸地区。常见种类:海豹、海狗、海象、海狮等。我国渤海一带可见到海豹和海狗。

10. 长鼻目(Proboscidea) 长鼻目动物鼻长圆筒状,鼻端有指突,鼻内富有肌肉,长鼻为上唇和鼻愈合延长而成,受颜面肌节制,借以取食。被毛稀少,具厚皮。四肢粗壮如柱,脚底有很厚弹性组织垫,具5指(趾),上颌门齿特别发达,突出唇外俗称象牙。臼齿咀嚼面具多行横棱,以磨碎坚硬的植物纤维,植食性。睾丸终身留于腹腔内,为现存世界上最大的陆栖动物,仅1属,2种,即非洲象和亚洲象。亚洲象耳较小,鼻端仅一个指突,雌性无象牙,后足四趾;分布于东南亚,我国数量极少,仅云南有分布,为国家一级保护动物。

11. 奇蹄目(Perissodactyla) 奇蹄目动物属草原奔跑兽类,第3指(趾)特别发达,其余各指(趾)退化,主要以第3指(趾)负重,指(趾)端具蹄,适于奔跑。门齿适于切草、犬齿退化,臼齿为高冠齿,咀嚼面上有复杂的棱嵴,单室胃、盲肠发达。常见种类:野驴、野马和亚洲犀。野驴形似马,夏毛赤褐色,背部有一条深色细纹,仅尾的下半部有披散的黑色长毛,为家驴的祖先;我国新疆、西藏、内蒙古、甘肃一带有分布,为国家一级保护动物。亚洲犀体粗壮,有3个负重指(趾),仅有一个表皮角,分布在印度、尼泊尔、孟加拉,我国云南的西双版纳也有发现。另有非洲犀,具前后两个表皮角;栖于沼泽地,犀角是贵重药材。

12. 偶蹄目(Artiodactyla) 偶蹄目动物第3、4指(趾)同等发育,指(趾)端有蹄,第2,5指(趾)或为悬蹄或退化。多具角。臼齿结构复杂,适于草食。多有复胃,行反刍,除澳洲外,分布遍及全世界。

(1) 猪形亚目(Suiformes):猪形亚目动物臼齿具丘状突,犬齿、门齿呈獠牙状,具悬蹄,胃单室或三室,不反刍。

猪科(Suidae):猪科动物吻长,在鼻孔处呈盘状,内有软骨垫支持,雄兽上颌犬齿成为獠牙,毛鬃状,尾细,末端具鬃毛,足具4趾,侧趾较小,为悬蹄,胃单室,杂食,繁殖能力强。常见种类有野猪。

河马科(Hippopotamidae):河马科动物体中、大型,半水栖,体躯粗壮,具有大而圆的吻部,眼凸出,位于背方,耳小,体毛稀疏。胃三室,门牙和犬牙均呈獠牙状,能终身生长,腿短,具四指(趾),分布于非洲,如河马。

(2) 反刍亚目(Ruminantia):反刍亚目动物大部分有角,上颌无门齿及犬齿,胃三室或四室,反刍,草食性。

骆驼科(Camelidae):颈长、头小、上唇延伸并有唇裂;足具2趾,趾型宽大,蹄下有厚的弹力肉垫,负重时2趾分开,适于在沙漠中行走。体毛软而纤细,胃复杂,分为三室。常见种类:双峰驼,背上有两个肉峰,产于中亚、西亚沙漠,我国西北有分布,属国家一级保护动物。

鹿科(Cervidae):鹿科动物为鹿形兽类,具4趾(指),中间1对较大。常具眶下腺和足腺。多数雄性有分叉的实角(麝、獐无),角每年更换一次,幼角未骨化时,外包以皮肤,称为鹿茸。除鹿以外均无胆囊。上颌无门齿。常见种类:梅花鹿、马鹿、麋鹿和麝。梅花鹿的夏毛栗红色,有许多白色斑点,分布于东北、华北、华南、内蒙古及四川等地,其鹿茸、鹿血、鹿胎等均为贵重药材,经济价值极高，是国家一级保护动物。马鹿的体型较大，雄性有多级叉角，夏毛赤褐色，分布于东北、西北各省，是国家二级保护动物。麋鹿俗称“四不像”，因其角似鹿非鹿，头似马非马，身似驴非驴，蹄似牛非牛，是我国特产的鹿类，曾广泛分布于东北、华北、苏北等地，现野生种早已灭绝。1986 年，英国野生动物基金会无偿提供给我国 36 头麋鹿，经 8 个月圈养，于 1987 年 4 月 29 日在江苏大丰放养，至今生活良好，麋鹿重返大自然建立种群，是人工繁殖珍稀兽类的一次成功尝试。麝又名香獐，雌雄性均无角，雄兽犬齿呈獠牙状，腹后部有麝香腺，分泌的麝香是名贵药材。

牛科(Bovidae)：牛科动物两性多数具 1 对洞角(少数 2 对)，胃四室，草食性反刍，广泛分布于世界各地。常见种类：野牛、黄羊、高鼻羚羊和盘羊。

野牛体重暗棕色，仅见西双版纳。黄羊的体色棕黄，肢细，蹄窄，尾短，奔跑极快，栖于草原半荒漠地区，是重要的狩猎对象。高鼻羚羊的四肢细长，蹄小而尖，身体轻捷，其角为药用羚羊角，分布于我国四川、甘肃、陕西南部高山，是国家一级保护动物。盘羊的两性均有角，但雄性角粗大且向下扭曲呈螺旋状，群栖，善爬山，主要分布于亚洲，我国西南、西北、内蒙古等地有分布，是国家二级保护动物。羚牛的体型粗壮似牛，前额隆起，吻鼻部大而裸露，角基部有横纹，由头顶中央向上和外侧面弯，然后向右弯，顶部略向内弯，肩高大于臀高，分布于四川、甘肃、陕西、云南等省，是我国一级保护动物。羚牛也是我国喜马拉雅山和横断山脉的高山特产动物。

牛科中有不少种类已被人类驯化为家畜。如黄牛、水牛、牦牛、山羊和绵羊等，它们是为人类提供肉食、毛皮和畜力的重要资源。

13. 海牛目(Sirenia)　海牛目动物体呈鱼形，前肢鳍状，趾上留有退化的蹄，后肢消失，具水平尾鳍，草食性，是生活在海洋中的有蹄类。常见种类：儒艮，乳头胸位，1 对，雌兽常用前肢抱住幼仔哺乳，姿态酷似人类，故有“美人鱼”之称，在我国台湾南部和两广沿海有分布。

14. 树鼩目(Scandentia)　树鼩目动物为小型树栖食虫的哺乳动物，结构上似食虫目但又有灵长目的特征，如嗅叶较小，脑颅宽大，有完整的骨质眼眶环等。仅 1 科，16 种，分布于东南亚热带森林里。常见种类：树鼩。

第四节　哺乳动物与人类的关系

哺乳动物具有重大的经济价值，与人类生活有着极为密切的关系。家畜是肉食、皮革及役用的重要对象，野生哺乳类是优质裘皮、肉、脂肪以及药材的重要来源，更是维持自然生态系统稳定的积极因素。啮齿类等兽类对农林牧业构成威胁，并能传播危险的自然疫源性疾病，如鼠疫、出血热、图拉伦斯病等，危害人、畜生存及经济建设。

动物学家所面临的主要任务是如何保护发展以及持续利用野生动物，并设法有效地控制某些动物所带来的危害。就全局而言，当前大多数野生动物，特别是有重大经济价值的动物所面临的形势是栖息地被破坏或消失，加以乱捕滥猎等因素所导致的资源枯竭、濒危以至绝灭。所以保护自然和生物物种多样性，已成为全球关注的热点。

一、野生动物资源的持续利用与保护

野生动物是可更新的自然资源，通过繁殖、衰老和病死，保持着种群的动态平衡。科学管理和有计划地适量开发、取用种群中每年通过繁殖所增加的剩余部分，可以最大限度地开发利用并使资源相对保持稳定，这是野生动物资源利用的基本原则。

狩猎、驯养和自然保护是最大限度地长期合理利用野生动物资源的重要内容。三者之间存在着相互依赖、互相促进的辩证关系，也是我国开展狩猎事业的总方针，即“护、养、猎并举”。

1. **猎场、猎期和猎量** 确定狩猎动物的猎场、猎期和猎量，是合理狩猎的前提。在猎场确定之后，必须制订合理的猎期和猎量。猎期就是从生物学和经济价值两方面考虑的适宜狩猎的时期。猎期存在着周期性。如在繁殖期和换毛期应当禁猎。猎量的确定是在保持种群正常增长速度的前提下，最大限度地利用猎区内的产量。

2. **野生动物的驯养** 对于经济价值高的珍贵动物和有饲养前途的种类，采用人工的方法加以驯化、饲养是提高毛皮、肉类、药材等产量的重要途径。驯化包括对原产我国的名贵兽类的驯养和对国外优良品种的引种驯化。驯化工作一般采用散放和栏养(或笼养)两种形式。将野生变为家养，面临一系列问题：一是饲料；二是毛皮质量退化及与之相关的选育优良品种问题。

3. **野生动物资源的保护** 栖息地的保护。建立自然保护区是保护野生动物资源的重要措施之一。1994 年，我国已建立 700 多个自然保护区，并颁布了《自然保护区法》。1985 年，世界自然保护联盟(IUCN)拟定了自然保护区的等级系统，将自然保护区划分为科学保护区、国家公园、自然纪念物、经营性保护区、景观保护区、资源保护区、自然生物保护区、多种经营区等，前 3 种置于严格保护之下。

1988 年，我国颁布了《中华人民共和国野生动物自然保护区条例》，规定了国家一级保护动物共 97 种，二级保护野生动物共 225 种，从而把野生动物保护纳入法制的轨道，这是极其重要的成就。

二、害兽及与其斗争的原则

哺乳动物中对人类危害最大的是鼠类。评定动物的害或益，不能离开其数量，没有数量就没有质量。数量稀有的种类一般说来它所能带来的益处或害处都是有限的。此外，尚有某些兽类，在局部地区或时期内密度过高时，也能造成危害，如农作区的野猪和熊，平原区的野兔，牧区的狼等。

与害兽作斗争的基本原则是控制数量，降低它们的种群密度。

灭鼠方式通常包括器械、药物和生物灭鼠。

复习思考题

1. 名词解释：哺乳动物，胎生，胎盘，妊娠，分娩，换毛，洞角，实角，乳腺，胸廓，双平型椎体，颧弓，髋臼，异型槽生齿，齿式，咽交叉，单胃，反刍胃，肺牵张反射，冠状循环，肾单位，胼胝体，活命中枢，自主神经系统，动情周期。
2. 哺乳动物的进步性特征表现在哪些方面？结合各器官系统的结构、功能加以阐述。
3. 恒温、胎生、哺乳对动物生存有什么意义？
4. 哺乳类骨骼系统有哪些特点？简单归纳从水生过渡到陆生的过程中，骨骼系统的进化趋势。
5. 简述哺乳类牙齿的结构特点及齿式在分类学上的意义。
6. 简述哺乳类的呼吸过程。
7. 简述哺乳类循环系统的特征。
8. 试述肾脏的结构、功能及泌尿过程。
9. 试述哺乳类脑的主要结构特征和各部分的功能。
10. 试述脑神经、脊神经和自主神经的主要结构和功能。
11. 绘制哺乳类生殖系统结构简图，并结合内分泌腺的活动来了解繁殖过程。
12. 简述主要内分泌腺及其功能。
13. 试述哺乳纲的主要特征。
14. 简单归纳哺乳类的各个亚纲、主要特征及代表动物。

15. 野生动物资源保护与持续利用的原则是什么？请就你所感兴趣的领域收集实例加以介绍。
16. 简述与有害动物作斗争的原则和途径有哪些？

（张明辉）

参考文献

[1] 彩万志,庞雄飞,花保祯,等.普通昆虫学.北京:中国农业大学出版社,2003
[2] 陈品健.动物生物学.北京:科学出版社,2001
[3] 陈阅增.普通生物学.北京:高等教育出版社,1997
[4] 陈振耀.昆虫世界与人类社会.广州:中山大学出版社,2003
[5] 大连水产学院.淡水生物学.北京:农业出版社,1982
[6] 丁汉波.脊椎动物学.北京:高等教育出版社,1985
[7] 堵南山.无脊椎动物学.上海:华东师范大学出版社,1989
[8] 郭郛,钱燕文,马建章.中国动物学发展史.哈尔滨:东北林业大学出版社,2004
[9] 郝守刚,马学平.生命的起源与演化.北京:高等教育出版社,2000
[10] 侯林,吴孝兵.动物学.北京:科学出版社,2007
[11] 华惠伦,殷静雯.中国保护动物.上海:上海科技教育出版社,1993
[12] 江静波.无脊椎动物学.北京:高等教育出版社,1986
[13] 姜乃澄,丁平.动物学.浙江大学出版社,2007
[14] 蒋志刚,马克平,韩兴国.保护生物学.杭州:浙江科学技术出版社,1999
[15] 李永材,黄溢明.比较生理学.北京:高等教育出版社,1984
[16] 刘凌云,郑光美.普通动物学.第3版.北京:高等教育出版社,1998
[17] 刘明玉,解玉浩,季达明.中国脊椎动物大全.沈阳:辽宁大学出版社,2000
[18] 陆承平.动物保护概论.北京:高等教育出版社,1999
[19] 罗默.脊椎动物的身体.北京:科学出版社,1985
[20] 罗增智,肖松.古生物地史学.北京:地质出版社,2007
[21] 马敬能,菲利普斯,何芬奇.中国鸟类野外手册.长沙:湖南教育出版社,2000
[22] 马克勤,郑光美.脊椎动物比较解剖学.北京:高等教育出版社,1984
[23] 曲淑蕙,李嘉泳,黄浙.动物胚胎学.北京:人民教育出版社,1980
[24] 任淑仙.无脊椎动物学(上、下册).北京:北京大学出版社,1990
[25] 赛道建.动物学野外实习教程.北京:科学出版社,2005
[26] 赛道建.鸟肺及其特殊的呼吸.北京:北京师范大学出版社,1991
[27] 尚玉昌,行为生态学.北京:北京大学出版社,2001
[28] 尚玉昌.动物行为学.北京:北京大学出版社,2005
[29] 孙儒泳,李博,诸葛阳,等.普通生态学.北京:高等教育出版社,2001
[30] 谭邦杰.珍稀野生动物丛谈.北京:科学普及出版社,1995
[31] 汪堃仁.细胞生物学.第2版.北京:北京师范大学出版社,2002
[32] 汪松,解焱,王家骏.世界哺乳动物名典.长沙:湖南教育出版社,2001
[33] 王宝青.动物学.北京:中国农业大学出版社,2009
[34] 王国秀.动物学辅导与习题解答.武汉:华中科技大学出版社,2009
[35] 谢强,卜文俊,于昕,等.现代动物分类学导论.北京:科学出版社,2012
[36] 徐再福.普通昆虫学.北京:科学出版社,2009
[37] 许崇任,程红.动物生物学.北京:高等教育出版社,2000
[38] 杨安峰.脊椎动物学.北京:北京大学出版社,1992

[39] 翟中和. 细胞生物学. 北京:高等教育出版社,1995
[40] 张素萍. 中国海洋贝类图鉴. 北京:海洋出版社,2008
[41] 张阳德. 生物信息学. 北京:科学出版社,2005
[42] 张玉静. 分子遗传学. 北京:科学出版社,2003
[43] 郑光美. 鸟类学. 北京:北京师范大学出版社,1995
[44] 郑光美. 世界鸟类分类与分布名录. 北京:科学出版社,2002
[45] 郑乐怡. 动物分类原理与方法. 北京:高等教育出版社,1987
[46] 中国野生动物保护协会. 中国两栖动物图鉴. 郑州:河南科学技术出版社,1999
[47] 中国野生动物保护协会. 中国爬行动物图鉴. 郑州:河南科学技术出版社,2002
[48] Smith A T,解焱. 中国兽类野外手册. 长沙:湖南教育出版社,2009
[49] Kent G C. Comparative anatomy of the vertebrates. 4th ed. The C. V. Mosby Company. 1978
[50] 林德贝格 G U. 世界的鱼类—科的检索表和科的名录. 北京:中国农业出版社,1985
[51] Jurd R D. 蔡益鹏译. 动物生物学. 北京: 科学出版社,2000
[52] Jurd R D. Instant Notes in Animal Biology. Colchester. Bios Scientific Publisher Limited, 1997

图书在版编目(CIP)数据

动物学/谢桂林,杜东书主编.—上海:复旦大学出版社,2014.8(2019.7重印)
ISBN 978-7-309-10721-0

Ⅰ.动… Ⅱ.①谢…②杜… Ⅲ.动物学-高等学校-教材 Ⅳ.Q95

中国版本图书馆CIP数据核字(2014)第114539号

动物学
谢桂林 杜东书 主编
责任编辑/肖 芬

复旦大学出版社有限公司出版发行
上海市国权路579号 邮编:200433
网址:fupnet@fudanpress.com http://www.fudanpress.com
门市零售:86-21-65642857 团体订购:86-21-65118853
外埠邮购:86-21-65109143 出版部电话:86-21-65642845
大丰市科星印刷有限责任公司

开本787×1092 1/16 印张21.5 字数576千
2019年7月第1版第2次印刷

ISBN 978-7-309-10721-0/Q·88
定价:49.80元

如有印装质量问题,请向复旦大学出版社有限公司出版部调换。